普通高等教育“十一五”国家级规划教材
国家级一流本科课程教材
国家级精品资源共享课程教材
国家级精品课程教材
山东省高等学校优秀教材一等奖

计算机控制技术

第3版

于海生　丁军航　潘松峰　吴贺荣　高军伟
于金鹏　王　娜　毛雪伟　王树波　刘华波　编著

机械工业出版社

本书是普通高等教育“十一五”国家级规划教材、国家级一流本科课程教材、国家级精品资源共享课程教材、国家级精品课程教材，并荣获山东省高等学校优秀教材一等奖。本书为第3版，主要是基于计算机控制与网络技术的发展，利用工业界、学术界和教育界所取得的成果对第2版进行了修订。教材针对新工科建设、工程教育专业认证和卓越工程人才培养，以培养学生解决复杂工程和实际问题的综合能力为出发点，以主流机型PC/ISA/PCI/PCI-E总线工业控制机或PC系列计算机为控制工具，系统地阐述了计算机控制系统的设计和工程实现方法。全书共9章，内容包括计算机控制系统及其组成、计算机控制系统的典型型式、发展概况和趋势；计算机控制系统的硬件设计技术；数字控制技术；常规及复杂控制技术；现代控制技术；先进控制技术；计算机控制系统的软件设计技术；分布式测控网络技术；计算机控制系统设计与实现。本书内容丰富，体系新颖，理论联系实际，实践性、工程性、系统性和集成性强。

本书可作为高等院校自动化类、电气类、机械类、仪器类、计算机类、电子信息类等专业高年级本科生的教材，也可作为相关学科专业低年级研究生的教材，还可供有关科技人员参考和自学。

图书在版编目（CIP）数据

计算机控制技术/于海生等编著. —3版. —北京：机械工业出版社，2023.7（2024.6重印）

普通高等教育“十一五”国家级规划教材

ISBN 978-7-111-73146-7

Ⅰ.①计…　Ⅱ.①于…　Ⅲ.①计算机控制-高等学校-教材　Ⅳ.①TP273

中国国家版本馆CIP数据核字（2023）第081209号

机械工业出版社（北京市百万庄大街22号　邮政编码100037）

策划编辑：王雅新　　　　责任编辑：王雅新　刘琴琴

责任校对：贾海霞　李　婷　　封面设计：王　旭

责任印制：常天培

河北鑫兆源印刷有限公司印刷

2024年6月第3版第3次印刷

184mm×260mm · 20.75印张 · 526千字

标准书号：ISBN 978-7-111-73146-7

定价：65.00元

电话服务

客服电话：010-88361066

010-88379833

010-68326294

网络服务

机　工　官　网：www.cmpbook.com

机　工　官　博：weibo.com/cmp1952

金　　书　　网：www.golden-book.com

机工教育服务网：www.cmpedu.com

前言

自动化与智能技术是计算机的一个重要应用领域，计算机控制正是为了适应这一领域的需要而发展起来的一门专业技术，它主要研究如何将计算机技术、自动控制技术、网络与通信技术、电子信息与电气技术、传感器技术和变送器技术应用于工业生产过程，并设计出所需要的计算机控制系统。“计算机控制技术”是我国高等院校自动化类、电气类、机械类、仪器类、计算机类、电子信息类等专业的主干专业课程或主要选修课程。

本书为普通高等教育“十一五”国家级规划教材、国家级一流本科课程教材、国家级精品资源共享课程教材、国家级精品课程教材，并荣获山东省高等学校优秀教材一等奖。本版主要是基于计算机控制与网络技术的发展，利用工业界、学术界和教育界所取得的成果对第 2 版进行了修订。教材以主流机型 PC/ISA/PCI/PCI-E 总线工业控制机或 PC 系列计算机为控制工具，系统地阐述了计算机控制系统的设计和工程实现方法。全书共 9 章：第 1 章是绪论，介绍计算机控制系统及其组成、计算机控制系统的典型型式、计算机控制系统的发展概况和趋势；第 2 章讨论计算机控制系统的硬件设计技术；第 3 章讨论数字控制技术，重点介绍逐点比较法插补原理、多轴步进驱动控制技术和多轴伺服驱动控制技术；第 4 章讨论常规及复杂控制技术，主要介绍数字控制器的各种控制算法；第 5 章讨论现代控制技术，主要介绍采用状态空间的输出反馈设计法、极点配置设计法、最优化设计法；第 6 章讨论先进控制技术，重点介绍模糊控制、神经网络控制、专家控制和预测控制等技术；第 7 章讨论计算机控制系统的软件设计技术；第 8 章讨论分布式测控网络技术；第 9 章讨论计算机控制系统的设计原则、步骤和工程实现，并给出了设计实例。根据专业需要，第 5 章、第 6 章可作为选讲内容。书中配有习题可供选用。本书内容丰富，体系新颖，理论联系实际，系统性和实践性强。

全书由于海生统稿。第 1~9 章的主要内容、习题由于海生修订。第 2 章 2.1、2.2 节由于海生、丁军航、王娜、潘松峰、吴贺荣、于金鹏修订。第 2 章 2.4 节和 2.5 节由于海生、王娜修订。第 3 章 3.3~3.5 节由于海生、吴贺荣修订。第 5 章由于海生、王树波修订。第 6 章由于海生、高军伟、刘华波修订。第 7 章由于海生、丁军航、毛雪伟修订。第 8 章 8.4 节由于海生、丁军航修订。全书二维码内容由于海生、王娜、毛雪伟、王树波制作，主要包括 PPT、重点、难点、音频、视频、习题答案等。

本书出版得到了机械工业出版社的大力支持，在此表示衷心的感谢。由于编著者水平有限，书中难免有不妥与错误之处，诚请读者批评指正。

于海生

课程简介

说课

目录

第 1 章　绪论

教学重点难点

目前，工业自动化与智能系统主要采用计算机控制而非模拟控制，其主要原因是低成本计算机和工业控制机的涌现，以及它们采用的数字信号具有连续信号无法比拟的优点。我们可以把计算机控制系统看作模拟控制系统的一种近似，但这种看法是相当狭隘的，因为它没有充分发挥计算机控制的潜力，最多只能获得与采用模拟控制时一样的控制效果，因此必须利用计算机控制的全部潜力分析和设计计算机控制系统。

计算机控制系统的主要理论基础是控制论、信息论、系统论（即“三论”）和工程控制论，其核心是控制论。众所周知，控制论的创始人是美国数学家诺伯特·维纳（Norbert Wiener），信息论的创始人是美国数学家克劳德·艾尔伍德·香农（Claude Elwood Shannon），系统论的创始人是美籍奥地利生物学家路德维希·冯·贝塔朗菲（Ludwig Von Bertalanffy），工程控制论的创始人是中国科学家钱学森（Hsue-Shen Tsien）。

近年来，自动控制、计算机、传感器与变送器、网络与通信、电子信息、系统集成、人工智能、光机电气磁一体化等智能工厂与智能制造技术的高速发展，给计算机控制技术带来了巨大的变革。人们利用这种技术可以完成常规控制技术无法完成的任务，达到常规控制技术无法达到的性能指标。

本章主要介绍计算机控制系统概述、计算机控制系统的典型型式以及计算机控制系统的发展概况和趋势。

1.1　计算机控制系统概述

1.1.1　自动控制系统

在工程和科学技术领域，自动控制担负着重要角色。自动控制理论和技术的不断发展，为人们提供了动态系统建模、控制与优化的方法，提高了生产率，并使人们从繁重的体力劳动和大量重复性的手工操作中解放出来。所谓自动控制，就是在没有人直接参与的情况下，通过控制器使生产过程自动地按照预定的规律运行。图 1-1 为自动控制系统原理框图。

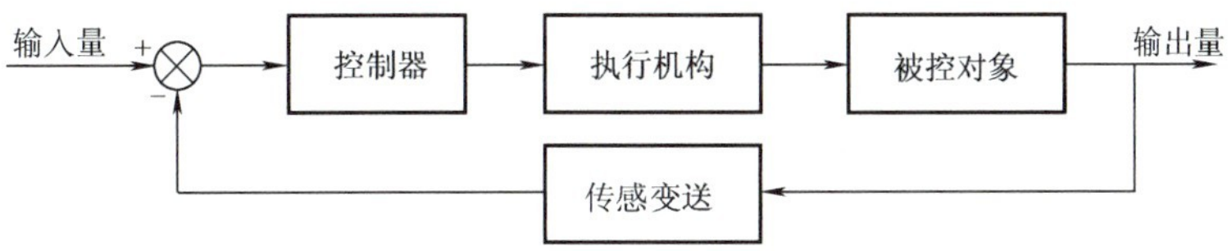

图 1-1　自动控制系统原理框图

典型的工业生产过程可分为三种：连续过程（Continuous Process）、离散过程（Discrete Process）和批量过程（Batch Process）。连续过程也称为流程工业，其产品一般都是流体，如液体、气体等。离散过程也称为制造业，其产品是固态、按件计量的，过程的输入/输出变量为时间离散和幅度离散的量，如产品的数量、开关的状态等。批量过程是指间歇性多品种生产过程，其特点是连续过程和离散过程交替进行，配方的切换和生产工艺的改变是离散过程，而在确定了配方和生产工艺后的生产过程又是一个连续过程。

1.1.2　计算机控制系统

计算机控制系统（Computer Control System，CCS）就是利用计算机（通常称为工业控制计算机，简称工业控制机）来实现生产过程自动控制的系统。由于计算机控制系统既是计算机+控制+系统，又是工程控制系统，因此其主要理论基础是控制论、信息论、系统论和工程控制论。近年来，计算机（控制器）已成为自动控制技术不可分割的重要组成部分，并为自动控制技术的发展和应用开辟了广阔的新天地。

(1) 计算机控制系统的工作原理

为了简单和形象地说明计算机控制系统的工作原理，图 1-2 给出了典型的计算机控制系统原理框图。在计算机控制系统中，由于工业控制机中控制器的输入和输出都是数字信号，因此需要有 A-D 和 D-A 转换器。从本质上看，计算机控制系统的工作原理可归纳为以下三个步骤的自动往复循环：

① 实时数据采集：对来自传感变送装置的输出量的瞬时值进行检测和输入。

② 实时控制决策：对采集到的输出量进行分析和处理，并按已定的控制规律，决定将要采取的控制行为。

③ 实时控制输出：根据控制决策，适时地对执行机构发出控制信号，完成控制任务。

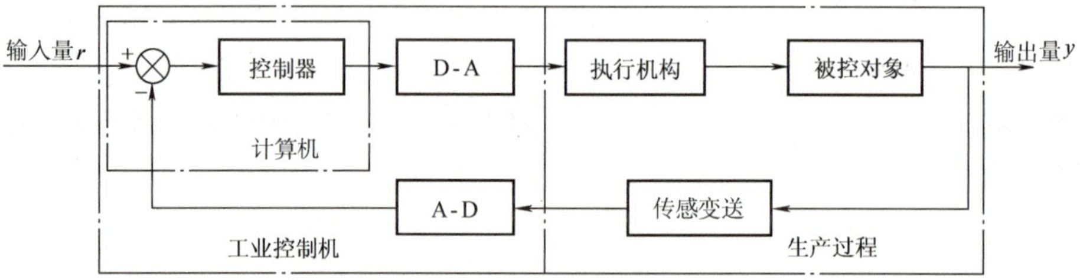

图 1-2　计算机控制系统原理图

上述过程不断重复，使整个系统按照一定的品质指标进行工作，并对输出量和设备本身的异常现象及时做出处理。

(2) 在线方式和离线方式

在计算机控制系统中，生产过程和计算机直接连接，并受计算机控制的方式称为在线方式或联机方式；生产过程不和计算机相连，且不受计算机控制，而是靠人进行联系并做相应操作的方式称为离线方式或脱机方式。

(3) 实时的含义

所谓实时，是指信号的输入、计算和输出都要在一定的时间范围内完成，亦即计算机对输入信息，以足够快的速度进行控制，超出了这个时间，就失去了控制的时机，控制也就失去了意义。实时的概念不能脱离具体过程，一个在线的系统不一定是一个实时系统，但一个实时控制系统必定是在线系统。

1.1.3 计算机控制系统的组成

计算机控制系统主要由计算机（工业控制机）和生产过程两大部分组成。图 1-3 给出了计算机控制系统的组成框图。

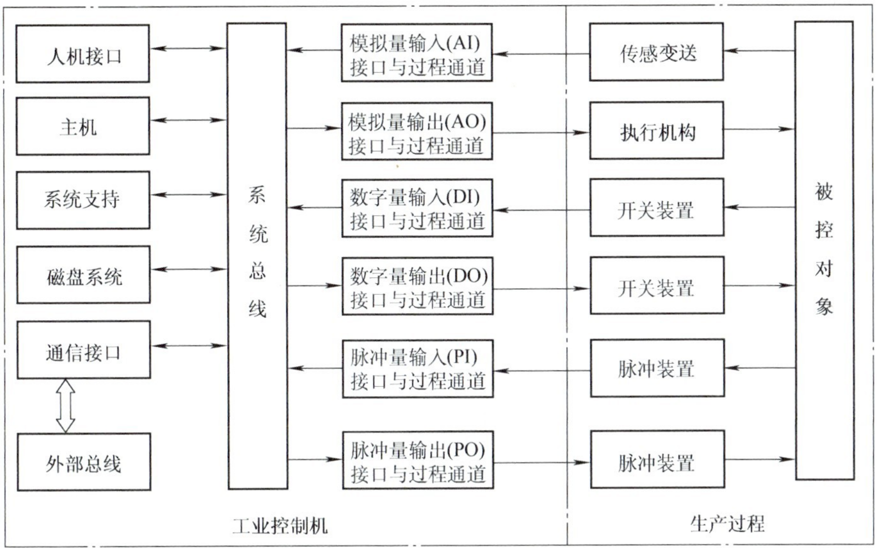

图 1-3 计算机控制系统的组成框图

1. 工业控制机

工业控制机（Industrial Personal Computer，IPC）是指按生产过程控制的特点和要求而设计的计算机，它包括硬件和软件两个组成部分。硬件包括主机（CPU、RAM、ROM 等）、系统总线和外部总线、人机接口、系统支持、磁盘系统、通信接口、输入/输出接口与过程通道。软件包括系统软件、应用软件和支持软件。

(1) 工业控制机的硬件组成

① 主机。由中央处理器（CPU）、内存储器（RAM、ROM）等部件组成的主机是工业控制机的核心。在控制系统中，主机主要进行必要的数值计算、逻辑判断、数据处理等工作。

② 系统总线。系统总线是工业控制机内部各组成部分进行信息传送的公共通道，它是一组信号线的集合。常用的系统总线有 PC 总线、ISA 总线、PCI 总线和 PCI-E 总线。

③ 外部总线。外部总线是工业控制机与其他计算机和智能设备进行信息传送的公共通道，常用外部总线有 RS-232C、USB 和 LAN（Local Area Network）接口。

④ 人机接口。人机接口是一种标准结构，即由标准的 PC 键盘、显示器、鼠标和打印机组成。

⑤ 系统支持。工业控制机的系统支持功能主要包括如下部分：

监控定时器：俗称“看门狗”（Watchdog）。其主要作用是当系统因干扰或软故障等原因出现异常时，如“飞程序”或程序进入死循环，Watchdog 可以使系统自动恢复运行，从而提高系统的可靠性。

电源掉电检测：工业控制机在工业现场运行过程中如出现电源掉电故障，应及时发现并保护当时的重要数据和计算机各寄存器的状态，一旦上电后，工业控制机能从断电处继续运行。电源掉电检测的目的正是为了检测交流电源掉电后以便保护现场。

保护重要数据的后备存储器体：Watchdog 和掉电检测功能均要有能保存重要数据的后备存储器。后备存储器通常容量不大，它能在系统掉电后保证所存数据不丢失，故通常采用后备电池的 SRAM、NOVRAM、E^2PROM。为了保护数据不丢失，在系统的存储器工作期间，后备存储器应处于上锁状态。

实时日历时钟：在实际控制系统中往往要有事件驱动和时间驱动的能力。一种情况是在某时刻设置某些控制功能，届时工业控制机应自动执行；另一种情况是工业控制机应能自动记录某个动作是在何时发生的。所有这些都必须配备实时时钟，且能在掉电后仍然不停地正常工作。常用的实时日历时钟芯片有 DS1216、DS1287 等。

⑥ 磁盘系统。磁盘系统可以用半导体虚拟磁盘，也可以配通用的软磁盘和硬磁盘。

⑦ 通信接口。通信接口是工业控制机和其他计算机或智能外设通信的接口，常用 RS-232/422/485、USB 和 LAN 接口。

⑧ 输入/输出接口与过程通道。输入/输出接口与过程通道是工业控制机和生产过程之间设置的信号传递和变换环节。它包括模拟量输入（AI）、模拟量输出（AO）、数字量（或开关量）输入（DI）、数字量（或开关量）输出（DO）、脉冲量输入（PI）及脉冲量输出（PO）等接口与过程通道。它的作用有两个，其一是将生产过程的信号变换成主机能够接收和识别的代码；其二是将主机输出的控制命令和数据，经变换后作为执行机构、开关装置或脉冲装置的控制信号。

（2）工业控制机的软件组成

工业控制机的硬件只能构成裸机，它只为计算机控制系统提供了物质基础。裸机只是系统的躯干，既无思维，又无知识和智能，因此必须为裸机提供或研制软件，才能把人的知识和思维用于对生产过程的控制。软件是工业控制机的程序系统，它可分为系统软件和应用软件。

① 系统软件。系统软件是指控制和协调计算机及外设、支持应用软件开发和运行的系统，是无须控制系统设计人员和用户干预的各种程序的集合。它包括实时多任务操作系统、引导程序、调度执行程序，如美国 Intel 公司推出的 iRMX86 实时多任务操作系统，美国 Ready System 公司推出的嵌入式实时多任务操作系统 VRTX/OS，还有 Linux、WinCE 等实时多任务操作系统。除了实时多任务操作系统以外，也常使用 Windows 等系统软件。

② 应用软件。应用软件是控制系统设计人员和用户针对某个生产过程而编制的控制和管理程序。应用软件既可利用 C、C++、Visual Basic、Visual C++等高级语言开发，又可利用 Kingview（北京亚控科技发展有限公司）、MCGS（北京昆仑通态自动化软件科技有限公司）、Force Control（北京三维力控科技有限公司）、InTouch（美国 Wonderware 公司）、Fix（美国 Intellution 公司）、WinCC（德国西门子公司）等监控组态软件开发。应用软件包括过程输入程序、过程控制程序、过程输出程序、人机接口程序、打印显示程序和公共子程序等。

工业控制机的主要特点：可靠性高和可维修性好、环境适应性强、控制实时性好（如具有硬件“看门狗”功能）、完善的输入/输出通道（扩充性、兼容性好）、丰富的软件、适当的计算机精度和运算速度。

随着科学技术和企业生产的高速发展，只有充分发挥工业控制机的特点，并将计算机控制系统的硬件和软件相互配合，才能设计出具有更高性能价格比的自动化系统。

2. 生产过程

生产过程包括被控对象、传感变送、执行机构、开关装置、脉冲装置等环节。这些环节都有各种类型的标准产品，在设计计算机控制系统时，根据需要可合理选型。

被控对象的种类：温度、压力、液位、流量、浓度、位移、转角、速度等对象。

输入通道的传感变送：传感器的输出是信号调理电路能够接收的弱小电压模拟信号。DDZ-Ⅱ型变送器的输出为 DC 0~10mA/DC 0~5V（四线制，电源为 AC 220V），DDZ-Ⅲ型变送器的输出为 DC 4~20mA/DC 1~5V（两线制，电源为 DC 24V）。

输出通道的执行机构：对于电动执行机构，DDZ-Ⅱ型执行器的输入为 DC 0~10mA（四线制，电源为 AC 220V），DDZ-Ⅲ型执行器的输入为 DC 4~20mA（两线制，电源为 DC 24V）。对于气动执行机构，执行器的输入为 0.02~0.1MPa（气源压力为 0.14MPa）。

输入通道的开关装置：光机电气磁等传感器接收由被控对象产生的开关状态信号。

输出通道的开关装置：光机电气磁等执行器接收由输出信号驱动电路产生的开关状态信号。

输入通道的脉冲装置：光机电气磁等传感器接收由被控对象产生的脉冲信号。

输出通道的脉冲装置：光机电气磁等执行器接收由输出信号驱动电路产生的脉冲信号。

1.1.4 计算机控制系统的主机

在计算机控制系统中，工控机、可编程序控制器、嵌入式系统、智能调节器、智能测控模块、运动控制器、变频器、智能视频监控装置等都是常用的计算机控制系统主机，适应不同的应用要求。在工程实际中，选择何种计算机控制系统主机，应根据控制规模、工艺要求、控制特点和所完成的工作来确定。

1. 工控机（IPC）

工业控制机（简称工控机），是一种面向工业控制、采用标准总线技术和开放式体系结构的计算机，配有丰富的外围接口产品，如模拟量输入/输出模版、数字量输入/输出模版、脉冲量输入/输出模版等。广为流行的工控机总线有 PC 总线、ISA 总线、PCI 总线、PCI-E 总线、STD 总线、VME 总线等。工控机具有可靠性高、可维修性好、环境适应性强、控制实时性强、输入/输出通道完善、软件丰富等特点。

2. 可编程序控制器（PLC）

IEC（国际电工委员会）于 1982 年（第一版）、1985 年（修订版）、1987 年（第三版）对 PC（也称 PLC）作了定义，其中修订版的定义为：PC 是一种数字运算操作的电子系统，专为在工业环境下应用而设。它采用可编程序的存储器，用来在其内部存储执行逻辑运算、顺序控制、定时、计数和算术运算等操作指令，并通过模拟量、数字量或脉冲量的输入与输出，控制各种类型机械或生产过程。为了避免与个人计算机（Personal Computer，PC）混淆，可编程序控制器仍被称为 PLC（Programmable Logic Controller）。可编程序控制器及其有关外设，都按易于与工业控制系统联成一个整体，易于扩充其功能的原则设计。

由于 PLC 是一种专为工业环境下设计的计算机控制器，具有可靠性高、编程容易、功能完善、扩展灵活、安装调试简单方便的特点。国内外生产 PLC 的厂家有很多，如德国的西门子（Siemens），瑞士的 ABB，美国的罗克韦尔（Rockwell）、艾默生（Emerson），法国的施耐德（Schneider），日本的松下（Panasonic）、欧姆龙（Omron）、三菱（Mitsubishi）。

3. 嵌入式系统

根据IEEE（电气与电子工程师协会）的定义，嵌入式系统是“控制、监视或者辅助装置、机器和设备运行的设备”（原文为 devices used to control, monitor, or assist the operation of equipment, machinery or plants）。嵌入式系统是软件和硬件的综合体，其中嵌入式系统的核心是嵌入式微处理器。嵌入式处理器可以分成下面几类：

（1）嵌入式微处理器（Micro Processor Unit, MPU）

嵌入式微处理器是具有32位以上的处理器，具有较高的性能。与计算机处理器不同的是，在实际嵌入式应用中，只保留和嵌入式应用紧密相关的功能硬件，去除其他的冗余功能部分，这样就以最低的功耗和资源实现嵌入式应用的特殊要求。与工业控制计算机相比，嵌入式微处理器具有体积小、重量轻、成本低、可靠性高的优点。目前主要的嵌入式处理器类型有Am186/88、386EX、SC-400、Power PC、68000、MIPS、ARM/Strong ARM系列等。

（2）嵌入式微控制器（Microcontroller Unit, MCU）

嵌入式微控制器的典型代表是单片机。微控制器的最大特点是单片化，体积大大减小，从而使功耗和成本下降、可靠性提高。微控制器是目前嵌入式系统工业的主流。微控制器的片上外设资源一般比较丰富，适合于控制。比较有代表性的包括MCS-8051、MCS-251、MCS-96、P51XA、C166/167、68K系列以及MCU 8XC930/931、C540、C541，并且支持I^2C、CAN-Bus、LCD及众多专用MCU和兼容系列。

（3）数字信号处理器（Digital Signal Processor, DSP）

DSP是专门用于信号处理方面的处理器，其在系统结构和指令算法方面进行了特殊设计，具有很高的编译效率和指令执行速度。在数字滤波、FFT、谱分析等各种仪器上，DSP获得了大规模的应用。

目前最为广泛应用的是美国TI公司的TMS320C2000/C5000系列，另外如Intel的MCS-296和Siemens的TriCore也有各自的应用范围。

（4）嵌入式片上系统（System on Chip, SoC）

SoC最大的特点是成功实现了软硬件无缝结合，直接在处理器片内嵌入操作系统的代码模块。而且SoC具有极高的综合性，在一个硅片内部运用VHDL等硬件描述语言，实现一个复杂的系统。

由于SoC往往是专用的，所以大部分都不为用户所知，比较典型的SoC产品是Philips的Smart XA。少数通用系列如Siemens的TriCore，Motorola的M-Core，某些ARM系列器件，Echelon和Motorola联合研制的Neuron芯片等。

4. 智能调节器

智能调节器是一种数字化的过程控制仪表，以微处理器或单片微型计算机为核心，具有数据通信功能，能完成生产过程1~4个回路直接数字控制任务，在DCS的分散过程控制级中得到了广泛的应用。智能调节器不仅可接受DC 4~20mA电流信号输入的设定值，还具有异步通信接口RS-422/485、RS-232、USB和LAN等，可与上位机连成主从式通信网络，发送接收各种过程参数和控制参数。

智能调节器在我国工业控制领域得到了广泛的应用，市场中常用的智能调节器，国外的品牌有：SHIMADEN（日本岛电）、YAKOGAWA（日本横河）、HONEWELL（美国霍尼韦尔）、OMRON（日本欧姆龙）以及RKC（日本理化）等；国内的品牌有：厦门宇电自动化科技有限公司（厦门宇光）的AI系列等。

5. 其他智能测控装置

自动化生产线、智能工程机械、智能印刷机械、自动化纺织机械、环保机械、煤炭机械、冶金机械、高效农业机械等各类专用装备，也可能使用智能测控装置。凡是具有智能、感知、分析、推理、决策、控制、网络和通信功能的远程智能测控模块、运动控制器、变频器、智能视频监控等智能测控装置，都可作为计算机控制系统的主机。

1.2　计算机控制系统的典型型式

计算机控制系统所采用的型式与生产过程的复杂程度密切相关，不同的被控对象和不同的要求应有不同的控制方案。计算机控制系统大致可分为以下几种典型的型式。

1.2.1　操作指导控制系统

操作指导控制（Operator Guide Control，OGC）系统如图 1-4 所示。该系统不仅具有数据采集和处理的功能，而且能够为操作人员提供反映生产过程工况的各种数据，并相应地给出操作指导信息，供操作人员参考。

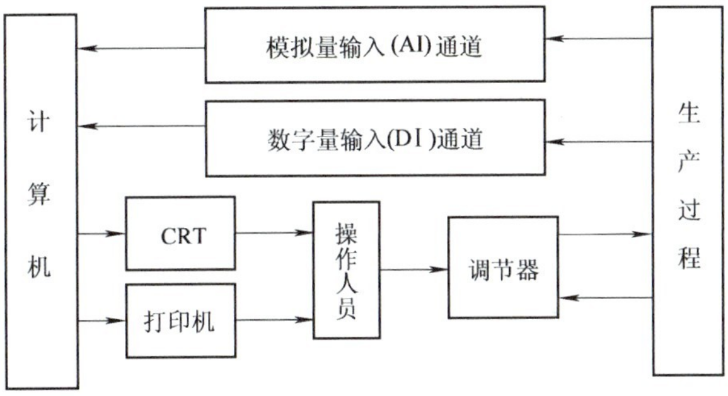

图 1-4　操作指导控制系统

操作指导控制系统属于开环控制结构。计算机根据一定的控制算法（数学模型），依赖测量元件测得的信号数据，计算出供操作人员选择的最优操作条件及操作方案。操作人员根据计算机的输出信息，如 CRT 显示图形或数据、打印机输出等去改变调节器的给定值或直接操作执行机构。

操作指导控制系统的优点是结构简单，控制灵活和安全。缺点是开环结构，无负反馈，需要由人工操作，速度受到限制，不能控制多个对象。

1.2.2　直接数字控制系统

直接数字控制（Direct Digital Control，DDC）系统如图 1-5 所示。计算机首先通过模拟量输入通道（AI）和开关量输入通道（DI）实时采集数据，然后按照一定的控制规律进行计算，最后发出控制信息，并通过模拟量输出通道（AO）和开关量输出通道（DO）直接控制生产过程。DDC 系统属于计算机闭环控制系统，是计算机在工业生产过程中最普遍的一种应用方式。

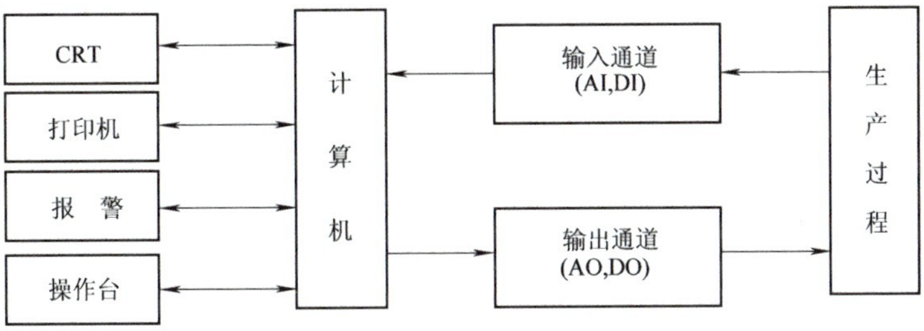

图 1-5　直接数字控制系统

由于 DDC 系统中的计算机直接承担控制任务，所以其优点是闭环结构，有负反馈，要求实时性好、可靠性高和适应性强。缺点是回路越多，硬件软件越复杂。为了充分发挥计算机的利用率，一台计算机通常要控制几个或几十个回路，那就要合理地设计应用软件，使之不失时机地完成所有功能。

1.2.3　监督计算机控制系统

监督计算机控制（Supervisory Computer Control，SCC）系统中，计算机根据原始工艺信息和其他参数，按照描述生产过程的数学模型或其他方法，自动地改变模拟调节器或以直接数字控制方式工作的微型机中的给定值，从而使生产过程始终处于最优工况（如保持高质量、高效率、低消耗、低成本等）。从这个角度上说，它的作用是改变给定值，所以又称设定值控制（Set Point Control，SPC）。监督计算机控制系统有两种不同的结构形式，如图 1-6 所示。

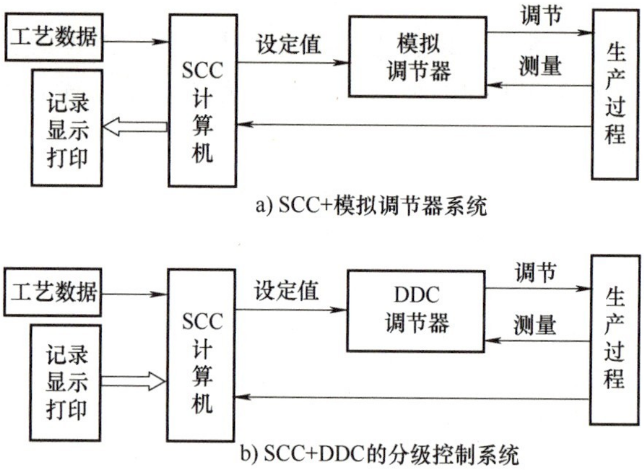

图 1-6　监督计算机控制系统

1. SCC+模拟调节器的控制系统

该系统是由微型机系统对各物理量进行巡回检测，并按一定的数学模型对生产工况进行分析、计算后得出控制对象各参数最优给定值送给调节器，使工况保持在最优状态。当 SCC 微型机出现故障时，可由模拟调节器独立完成操作。

2. SCC+DDC 的分级控制系统

这实际上是一个二级控制系统，SCC 可采用高档微型机，它与 DDC 之间通过接口进行信息联系。SCC 微型机可完成工段、车间高一级的最优化分析和计算，并给出最优给定值，送给 DDC 级执行过程控制。当 DDC 级微型机出现故障时，可由 SCC 微型机完成 DDC 的控制功能，这种系统提高了可靠性。

优点是 SCC 系统可靠性高，生产过程始终处于最优工况。SCC 能进行较为复杂的控制，并能完成某些管理工作，上一级出现故障时，下一级仍可继续执行控制任务。缺点是系统硬件软件更加复杂。

1.2.4　集散控制系统

集散控制系统（Distributed Control System，DCS），也叫分布式控制系统，采用分散控制、集中操作、分级管理、分而自治和综合协调的方法，把系统从上到下分为现场设备级、分散控制级、集中监控级、综合管理级，形成分级分布式控制，其结构如图 1-7 所示。

DCS 的优点是分散控制、集中操作、分级管理、分而自治和综合协调。缺点是系统规模庞大且硬件软件复杂。

1.2.5　现场总线控制系统

现场总线控制系统（Fieldbus Control System，FCS）是新一代分布式控制系统，如图 1-8

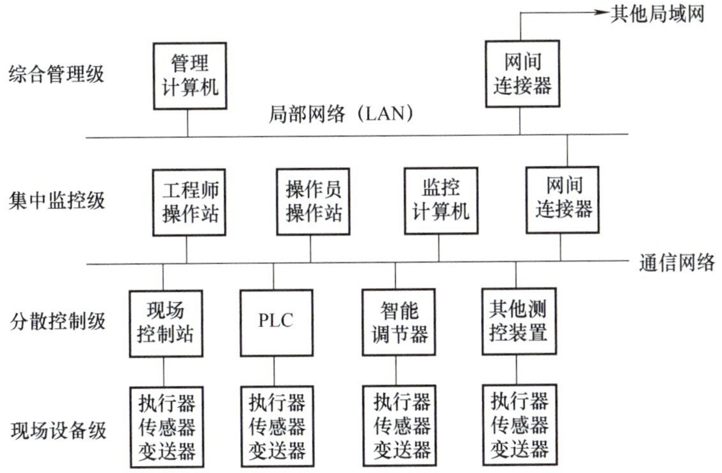

图 1-7　集散控制系统

所示。DCS 的结构模式为："操作站—控制站—现场仪表" 三层结构，系统成本较高，而且各厂商的 DCS 有各自的标准，不能互联。FCS 与 DCS 不同，它的结构模式为："工作站—现场总线智能仪表" 两层结构，FCS 用两层结构完成了 DCS 中的三层结构功能，降低了成本，提高了可靠性，可实现真正的开放式互连系统结构。

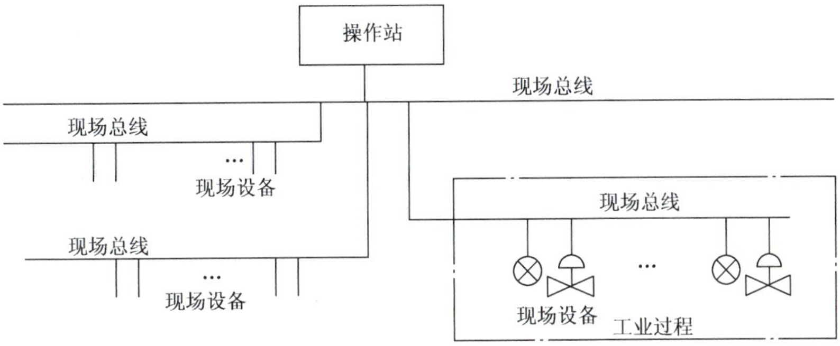

图 1-8　现场总线控制系统

FCS 的优点是实现了全数字化、多站点网络通信。与集散控制系统相比，FCS 降低了成本，提高了可靠性，可实现真正的开放式互连系统结构。系统更加扁平化，管理效率提高。缺点是系统规模较为庞大且硬件软件复杂。

1.2.6　综合自动化系统

在现代工业生产中，综合自动化系统（Integrated Automation System，IAS）不仅包括各种简单和复杂的自动调节系统、顺序逻辑控制系统、自动批处理控制系统、连锁保护系统等，而且包括各生产装置先进控制、企业实时生产数据集成、生产过程控制与优化、生产设备故障诊断和维护、根据市场和生产设备状态进行生产计划和排产调度系统、以产品质量和成本为中心的生产管理系统、营销管理系统和财务管理系统等，涉及产品物流增值链和产品生命周期的所有过程，为企业提供了全面的解决方案。

目前，由企业资源信息管理系统（Enterprise Resources Planning，ERP）、生产执行系统（Manufacturing Execution System，MES）和生产过程控制系统（Process Control System，PCS）

构成的三层结构，已成为综合自动化系统的整体解决方案，如图1-9所示。综合自动化系统主要包括离散制造业的计算机集成制造系统、流程工业的计算机集成过程系统和信息物理系统。

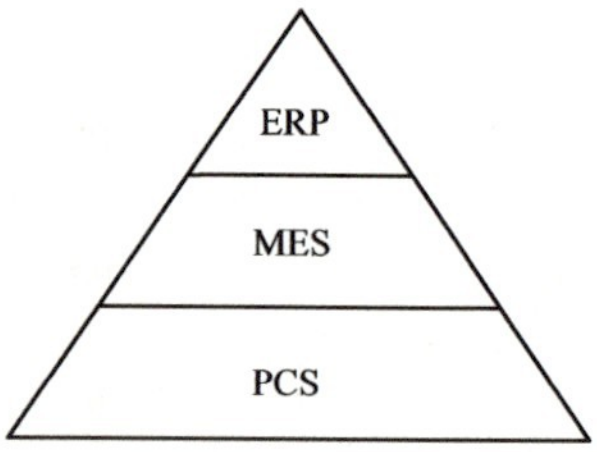

图1-9　综合自动化系统

1. CIMS

计算机集成制造系统（Computer Integrated Manufacture System，CIMS）主要用于离散制造业。借助于计算机的硬件、软件技术，综合运用现代管理技术、制造技术、信息技术、自动化技术、系统工程技术，CIMS将企业生产全部过程中有关人、技术、经营管理三要素及其信息流、物流有机地集成并优化运行，以使产品上市快、质量好、成本低、服务优，达到提高企业市场竞争能力的目的。

2. CIPS

CIMS应用到流程工业又称计算机集成过程系统（Computer Integrated Process System，CIPS），也叫流程工业综合自动化系统，在石油、化工、能源、食品、制药、炼钢和造纸等行业得到了广泛的实施和应用。CIPS充分利用企业内、外部的各种信息量，将经营管理与生产控制有机地结合起来，可以为流程工业带来更大的经济效益。

3. CPS

中国制造2025、德国工业4.0、美国工业互联网等战略，其共同点和核心均是信息物理系统（Cyber Physical Systems，CPS）。CPS是计算机技术、通信技术、控制技术有机融合的多维复杂的新一代智能系统，能对任何工程系统与信息交互系统进行实时感知与动态控制，并提供相应的信息服务。CPS的意义在于，把不同的物理设备接入一个互联网体系当中。经过信息通信技术改造的物理设备，获得了数据计算、实时通信、精确控制、远程协调与自我管理五个功能。从根本上说，CPS就是一种具备控制系统功能的互联网体系，比普通的控制系统多了开放、共享、信息交换功能。

综合自动化系统主要包括ERP、MES、PCS三层结构，涉及计算机集成制造系统（CIMS）、计算机集成过程系统（CIPS）、信息物理系统（CPS）。其优点是综合自动化系统已成为企业全流程决策、管理、优化、调度、协调、网络、智能、集成、控制的智能制造系统整体解决方案。缺点是系统的功能、规模非常庞大且硬件软件非常复杂。

1.3　计算机控制系统的发展概况和趋势

1946年，世界上第一台电子计算机（Electronic Numerical Integrator and Computer，ENIAC）在美国宾夕法尼亚大学诞生。此后，电子计算机在世界各国得到了极大的重视和迅速的应用。由于“中断”技术的发明和自动控制理论的发展，计算机逐渐用于生产过程的实时控制。计算机控制技术是自动控制理论与计算机技术相结合的产物，它的发展同样也离不开自动控制理论和计算机技术的发展，本节将回顾计算机控制系统的发展概况，并讨论计算机控制系统的发展趋势。

1.3.1　计算机控制系统的发展概况

1. 计算机技术的发展过程

约翰·冯·诺依曼（John Von Neumann）被称为“现代计算机之父”，美籍匈牙利数学家、计算机科学家、物理学家。冯·诺依曼提出了计算机由五个部分组成（运算器、控制器、存储器、输入设备、输出设备）。根据存储器结构中程序指令与数据是否分开存储，计算机可分为冯·诺依曼结构和哈佛结构。

冯·诺依曼结构也称普林斯顿结构，程序指令和数据存储于同一个存储器，因此程序指令和数据的宽度相同，指令与数据经由同一个总线传输，主要应用于通用计算机领域。

哈佛结构的程序指令与数据存储于不同存储器。其中，存放程序指令的存储器为程序存储器，一般是只读存储器（ROM）；存放数据的存储器为数据存储器，一般为随机存取存储器（RAM）。由于程序指令与数据分开存储，因此主要应用于嵌入式系统领域。

在生产过程控制中采用数字计算机的思想出现在 20 世纪 50 年代中期。最重要的工作开始于 1956 年 3 月，当时美国德克萨斯州的一个炼油厂与美国的 TRW 航空工业公司合作进行计算机控制研究，经过三年的努力，设计出了一个采用 RW-300 计算机控制的聚合装置的系统，该系统控制 26 个流量、72 个温度、3 个压力、3 个成分，控制的目的是使反应器的压力最小，确定对 5 个反应器供料的最佳分配，根据催化剂活性测量结果来控制热水的流量以及确定最优循环。TRW 公司的这项开创性工作，为计算机控制技术的发展奠定了基础，从此，计算机控制技术获得了迅速的发展。

为了讨论这种急剧的发展，可按以下四个阶段来描述其发展过程：

(1) 开创时期（1955—1962 年）

早期的计算机使用电子管，体积庞大，价格昂贵，可靠性差，所以它只能从事一些操作指导和设定值控制。过程控制向计算机提出了许多特殊的要求，需要它对各种过程命令做出迅速响应，从而导致中断技术的发明，使计算机能够对更紧迫的过程任务及时做出响应。

(2) 直接数字控制时期（1962—1967 年）

早期的计算机控制按照监督方式运行，属于操作指导或设定值控制，仍需要常规的模拟控制装置。1962 年，英国的帝国化学工业公司利用计算机完全代替了原来的模拟控制。该计算机控制 224 个变量和 129 个阀门。由于计算机直接控制过程变量，完全取代了原来的模拟控制，因而称这样的控制为直接数字控制（Direct Digital Control，DDC）。

采用 DDC 系统一次投资较大，而增加一个控制回路并不需要增加很多费用。灵活性是 DDC 系统的又一个优点，改变模拟控制系统需要改变线路，而改变计算机控制系统只需要改变程序即可。DDC 是计算机控制技术发展方向上的重大变革，为以后的发展奠定了基础。

(3) 小型计算机时期（1967—1972 年）

20 世纪 60 年代计算机技术有了很大的发展，主要特点是计算机的体积更小，速度更快，工作可靠，价格更便宜。到了 20 世纪 60 年代后半期，出现了各种类型的适合工业控制的小型计算机，从而使得计算机控制系统不再是大型企业的工程项目，对于较小的工程问题也能利用计算机来控制。由于小型机的出现，过程控制计算机的台数迅速增长。

(4) 微型计算机时期（1972 年至今）

1972 年之后，由于微型计算机的出现和发展，计算机控制技术进入了崭新的阶段。20 世纪 80 年代，微电子学出现了超大规模集成电路技术而获得急剧发展，出现了各种类型的计算机和计算机控制系统。多媒体计算机的出现也将推动计算机控制技术的发展。

目前，采用微型计算机（工业控制机），已经制造出大量的分级递阶控制系统、分散型控制系统、现场总线控制系统、综合自动化系统、专用控制器等，这对工业的发展起到了巨大的促进作用。

与计算机的硬件相比，计算机的软件发展则要慢得多，在20世纪50年代至70年代，软件生产的改进很有限。到20世纪70年代末，许多计算机控制系统仍采用汇编语言编程。现在已采用了高级语言进行实时控制，如Forth、BASIC、Fortran、C、Pascal等语言，这是今后的发展方向。

中国工控机技术发展非常迅速。第一代工控机主要是STD总线（8位和16位）工控机，20世纪80年代初开始推广应用。第二代工控机主要是ISA总线IPC工控机，20纪90年代开始推广应用。第三代工控机主要是Compact PCI总线工控机，1997年开始推广应用。新一代工控机主要是PCI-E总线工控机，它包括各种I/O卡（模块）、运动控制卡（模块）、机器视觉卡、图形处理器或加速卡在内的设备多插卡需求，适应各行业数字化场景创新需求，2001年至今一直推广应用。

2. 计算机控制理论的发展过程

虽然采样系统理论目前主要用在计算机控制方面，并已取得重要成果，但仍然在发展之中，为了获得这个领域的全面知识，有必要回顾一下其发展过程。

（1）采样定理

既然所有的计算机控制系统都只根据离散的过程变量值来工作，那么就要弄清楚在什么条件下信号才能只根据它在离散点上的数值重现出来。此关键性的问题是由奈奎斯特（Nyquist）解决的，他证明：要把正弦信号从它的采样值中复现出来，每周期至少必须采样两次。香农（Shannon）于1949年在他的重要论文中完全解决了这个问题。

（2）差分方程

采样系统理论的最初起源与某些特殊控制系统的分析有关。奥尔登伯格（Oldenburg）和萨托里厄斯（Sartorius）于1948年对落弓式检流计的特性做了研究，这项研究对采样系统理论做出了最早的贡献。业已证明，许多特征都可以通过分析一个线性时不变的差分方程来理解，即用差分方程代替了微分方程。例如，稳定性研究可以采用舒尔-科恩（Schur-Cohn）法，它相当于连续时间系统的劳斯-霍尔维兹判据（Routh-Hurwitz criterion）。

（3）*Z*变换法

由于拉普拉斯（Laplace）变换理论已经成功地应用于连续时间系统中，人们自然想到为采样系统建立一种类似的变换理论。霍尔维兹于1947年对采样周期为T的序列$\{f(kT)\}$引进了一个变换

$$Z[f(kT)] = \sum_{k=0}^{\infty} z^{-k} f(kT)$$

后来，这种变换由拉格兹尼（Ragazzini）和扎德（Zadeh）于1952年定义为Z变换。建立采样理论的许多工作都是由美国哥伦比亚大学的拉格兹尼领导的研究小组来完成的，即朱里（Jury）、卡尔曼（Kalman）、比特伦（Bertram）、扎德（Zadeh）、富兰克林（Franklin）、弗里德兰德（Friedland）、克兰克（Kranc）、弗里曼（Freeman）、萨拉奇克（Sarachik）和斯克兰斯凯（Sklansky）等人在拉格兹尼指导下做博士论文时完成的。

（4）状态空间理论

状态空间理论的建立来自许多数学家的共同努力，如莱夫谢兹（Lefchetz）、庞特里亚金（Pontryagin）、贝尔曼（Bellman）等。卡尔曼把状态空间法应用于控制理论，享有较高的声誉，他建立了许多概念并解决了许多重要问题。

(5) 最优控制与随机控制

20 世纪 50 年代后期，贝尔曼（1957 年）与庞特里亚金（1962 年）等人证明了许多设计问题都可以形式化为最优化问题。20 世纪 60 年代初，随机控制理论的发展引出所谓线性二次型高斯（LQG）理论。

(6) 代数系统理论

代数系统理论对线性系统理论有了更好的理解，并应用多项式方法解决特殊问题。

(7) 系统辨识与自适应控制

奥斯特隆姆（Aström）和威顿马克（Wittenmark）等人在系统辨识与自适应控制方面做出了重要贡献。应当承认，在理论联系实际方面，奥斯特隆姆教授处于领先地位，他提出的自校正调节器便是一个突出的例子。

(8) 先进控制技术

先进控制技术主要包括模糊控制技术、神经网络控制技术、专家控制技术、预测控制技术、内模控制技术、分层递阶控制技术、鲁棒控制技术、学习控制技术、非线性控制技术、网络化控制技术、多智能体控制技术、协同优化控制技术等。先进控制技术主要解决传统的、经典的控制技术所难以解决的控制问题，代表着控制技术最新的发展方向，并且与多种智能控制算法是相互交融、相互促进发展的。目前先进控制技术仍处于不断发展和完善阶段。

1.3.2　计算机控制系统的发展趋势

根据计算机控制技术的发展情况，展望未来，前景诱人。要发展计算机控制技术，必须对生产过程知识、测量技术、计算机技术和控制理论等领域进行广泛深入的研究。

1. 推广应用成熟的先进技术

(1) 普及应用可编程序控制器（PLC）

近年来，由于开发了具有智能 I/O 模块的 PLC，它可以将顺序控制和过程控制结合起来，实现对生产过程的控制，并具有高可靠性。

(2) 广泛使用智能调节器

智能调节器不仅可以接受 4~20mA 电流信号，还具有 RS-232、RS-422/485、现场总线通信或 LAN 网络接口，可与上位机连成主从式测控网络。

(3) 采用新型的 DCS、FCS 和以太网控制系统

发展以以太网控制系统、现场总线控制系统、智能工厂、工业互联网等先进网络通信技术为基础的 DCS 和 FCS（包括 LAN 网络）控制结构，并采用先进的控制策略，向低成本综合自动化系统的方向发展，实现计算机集成制造/过程系统（CIMS/CIPS）。

2. 大力研究和发展先进控制技术

先进过程控制（Advanced Process Control，APC）技术以多变量解耦、推断控制和估计、多变量约束控制、各种预测控制、人工神经元网络控制和估计等技术为代表。模糊控制技术、神经网络控制技术、专家控制技术、预测控制技术、内模控制技术、分层递阶控制技术、鲁棒控制技术、学习控制技术等已成为先进控制的重要研究内容。在此基础上，又将生产调度、计划优化、经营管理与决策等内容加入 APC 之中，使 APC 的发展体现了计算机集成制造/过程系统的基本思想。由于先进控制算法的复杂性，先进控制的实现需要足够的计算能力作为支持平台。构建各种控制算法的先进控制软件包，形成工程化软件产品，也是先

进控制技术发展的一个重要研究方向。

3. 计算机控制系统的发展趋势

我国全面实施制造强国重大战略的“中国制造2025”明确指出，推进制造过程智能化，在重点领域试点建设智能工厂/数字化车间。随着“中国制造2025”、第四次工业革命和工业4.0技术的发展，计算机控制系统正朝着数字化、网络化、智能化、扁平化、综合化、绿色化的方向发展。

(1) 计算机控制系统的数字化

随着大数据和数据驱动控制技术的发展，企业在离散工业和过程工业等领域全面推进数字化转型，实现真正意义上的“全数字”。数字化车间作为智能制造的核心单元，其标准化已经成为智能制造技术推广应用的瓶颈问题。全国工业过程测量控制和自动化标准化技术委员会制定了国家标准《数字化车间　通用技术要求》(GB/T 37393—2019)，企业正在打造透明工厂，通过设备互联、协同生产、虚实融合、数字孪生、智能制造，将现实世界和数字世界有机融合，实现整个产品生命周期、工厂生命周期以及绩效数据的有效集成，最终实现产品和生产的持续优化循环。

(2) 计算机控制系统的网络化

工业互联网正在成为第四次工业革命的重要基石。工业互联网是物联网、大数据及云计算等新一代信息科学技术与工业系统深度融合集成而形成的一种新的应用生态。随着计算机技术和网络技术的迅猛发展，各种层次的计算机网络在控制系统中的应用越来越广泛，规模也越来越大，从而使传统意义上的回路控制系统所具有的特点在工业互联网（有线网、无线网）中发生了根本变化，并逐步实现了控制系统的网络化。

(3) 计算机控制系统的智能化

人工智能促进了自动控制向更高的层次发展，即智能控制。智能控制是一类无须人的干预就能够自主地驱动智能机器实现其目标的过程，也是用机器模拟人类智能的又一重要领域。由工业和信息化部、国家标准化管理委员会组织编制的《国家智能制造标准体系建设指南（2021版）》正式发布，对国家智能制造的基础共性标准、关键技术标准、行业应用标准进行了说明。随着计算机、人工智能和智能工厂技术的发展，应用自动控制理论和智能控制技术来实现先进的计算机控制系统，必将大大推动科学技术进步和智能制造水平。

(4) 计算机控制系统的扁平化

随着工业互联网技术的发展，网络通信能力和网络连接规模得到了极大的提高。工业现场网络技术使得控制系统的底层也可以通过网络相互连接起来。现场网络的连接能力逐步提高，使得现场网络能够接入更多的设备。新一代计算机控制系统的结构发生了明显变化，逐步形成两层网络的系统结构，使得整体系统出现了扁平化趋势，简化了系统的结构和层次。

(5) 计算机控制系统的综合化

随着现代自动化技术、管理技术、信息技术、系统技术、集成技术、工程技术、智能技术和制造技术的发展，综合自动化技术（ERP+MES+PCS）广泛地应用到工业过程，借助于计算机的硬件、软件技术，将企业生产全部过程中有关人、技术、经营管理三要素及其信息流、物流有机地集成并优化运行，为工业生产带来更大的经济效益。

(6) 计算机控制系统的绿色化

绿色化是时代发展的趋势。绿色指标对生产、生活、安全、照明、建筑、环境、污水、能源、电磁、辐射等监测与控制提出了新的绿色科技要求，需要做好自动化系统和相关产品的设计、制造、包装、运输、能源、低碳、使用、报废等整个寿命周期的管理。另外，自动化与控制系统中须使用绿色环保建材。因此，绿色化要求行业企业切实转变发展方式，推动质量变革、效率变革、动力变革，实现自动化系统资源配置更加合理、利用效率大幅提高，推动自动化系统清洁低碳安全高效利用。

习　题

1. 什么是计算机控制系统？它的工作原理是怎样的？
2. 计算机控制系统由哪几部分组成？请画出计算机控制系统的组成框图。
3. 计算机控制系统的典型型式有哪些？各有什么优缺点？
4. 实时、在线方式和离线方式的含义是什么？
5. 简述计算机控制系统的发展概况。
6. 讨论计算机控制系统的发展趋势。

第 2 章　计算机控制系统的硬件设计技术

教学重点难点

在计算机控制系统中，工业控制机必须经过输入/输出接口与过程通道才能和生产过程相连，因此输入/输出接口与过程通道是计算机控制系统的重要组成部分。

接口是计算机与外部设备交换信息的桥梁，它包括输入接口和输出接口。接口技术是研究计算机与外部设备之间如何交换信息的技术。外部设备的各种信息通过输入接口送到计算机，而计算机的各种信息通过输出接口送到外部设备。系统运行过程中，信息的交换是频繁发生的。

过程通道是在计算机和生产过程之间设置的信息传送和转换的连接通道，它包括模拟量输入通道、模拟量输出通道、数字量（开关量）输入通道、数字量（开关量）输出通道、脉冲量输入通道、脉冲量输出通道。生产过程的各种参数通过输入通道送到计算机，计算机将计算和处理后的结果通过输出通道送到生产过程，从而实现计算机对生产过程的自动控制。

2.1　工控机的总线技术

2.1.1　总线概述

总线就是一组信号线的集合，它定义了各引线的信号、电气、机械特性，使计算机内部各组成部分之间以及不同的计算机之间建立信号联系，进行信息传送和通信。总线是工业控制机的重要组成部分，它包括内部总线和外部总线。

1. 内部总线

所谓内部总线，就是计算机内部功能模板之间进行通信和芯片之间进行通信的总线，它是构成完整的计算机系统的内部信息枢纽。

内部总线又可分为片级总线和系统总线。

片级总线是模板内各芯片、元器件相互连接的信息传输通道，包括数据总线、地址总线、控制总线、I^2C 总线、SPI 总线、SCI 总线等。

系统总线是模板间传输信息的公共通道，包括 PC 总线、ISA 总线、PCI/Compact PCI 总线、PCI-E 总线等。

2. 外部总线

所谓外部总线，就是计算机与计算机之间或计算机与其他智能设备之间进行通信的连线，常用的外部总线有 RS-232C、USB、IEEE-488 等总线。

计算机控制系统的输入/输出接口与过程通道，主要基于工控机的系统总线和外部总线进行硬件设计。

2.1.2　系统总线简介

1. PC 总线简介

1981 年，伴随以 Intel 8088 为 CPU 的 IBM PC/XT 计算机的问世，62 线的 IBM PC 总线诞生了。PC 总线是 IBM PC 总线的简称，是 8 位的系统总线，工作频率为 4.77MHz，最大数据传输速率为 2.38MB/s，其插槽引脚共有 62 根信号线。

2. ISA 总线简介

1984 年，IBM PC/AT 问世。为了开发与 IBM PC 兼容的外围设备，行业内便逐渐确立了以 IBM PC 总线规范为基础的 ISA（Industry Standard Architecture）总线。1987 年，IEEE 正式制定了 ISA 总线标准。ISA 是 8/16 位的系统总线，工作频率为 8MHz，最大数据传输速率为 8MB/s，插槽引脚共有 98 根信号线（62+36）。ISA 总线插槽由上下两部分组成：62 引脚的 8 位基本插槽和 36 引脚的 16 位扩充插槽。16 位的 ISA 总线与 8 位的 PC 总线向下兼容。

ISA 总线基本插槽可以独立使用，但只能有 8 位的数据宽度和 20 位的地址。如果需要 16 位的数据或者需要 20 位以上的地址，则需要采用 8 位基本插槽加 16 位扩充插槽的方式。但是 16 位扩充插槽不能独立工作。16 位扩充插槽部分除了增加数据宽度和地址宽度以外，还扩充了中断和 DMA 请求等信号。

ISA 总线数据线宽度为 16 位，地址线宽度为 24 位，总线时钟为 8MHz，中断源为边沿触发，其特点是硬件配置技术性强，但欠灵活。ISA 总线主要用于基于 Intel 处理器 80x86（或兼容产品）的 PC，它的信号线与 Intel 系列处理器和控制器的信号线非常相似。下面对 ISA 信号作简要说明。

- $A_0 \sim A_{19}$输出，地址信号线。
- $SA_{17} \sim SA_{23}$ 输出，扩展地址信号线，为基于 80386CPU 以上的系统输出高位地址 $A_{17} \sim A_{23}$。地址线 $A_0 \sim A_{19}$ 可以访问 ISA 的 1MB 地址空间。而扩展地址信号线 $SA_{17} \sim SA_{23}$ 用于确定 16MB 地址空间的高位。$A_0 \sim A_{19}$ 是经过锁存的地址信号，在整个 ISA 总线访问周期内一直保持有效。$SA_{17} \sim SA_{23}$ 为非锁存信号，但它比 $A_0 \sim A_{19}$ 提前有效，可以使地址译码电路提前开始译码。
- $D_0 \sim D_7$、$SD_8 \sim SD_{15}$ 输入/输出，数据信号线。
- $\overline{SBHE}$ 输出，高位字节选择信号。高 8 位数据总线 $SD_8 \sim SD_{15}$ 是 16 位 ISA 扩充插槽的信号。$\overline{SBHE}$ 为高位数据选择信号，$\overline{SBHE}$ 有效时高 8 位数据通过 $SD_8 \sim SD_{15}$ 传送，这样可同时进行 16 位的操作。
- ALE 输出，地址锁存信号。其作用同 80x86 的 ALE。
- AEN 输出，DMA 地址使用信号，高电平有效。AEN 信号用来指出当前是 DMA 工作周期还是 CPU 工作周期。当 AEN 为高电平时，DMA 控制器控制总线，实现 DMA 传送，即系统由 DMA 提供读写、地址等总线信号；当 AEN 为低电平时，CPU 控制总线。通常 AEN 用于连接地址译码器的输入功能，用来选择 DMA 要访问的设备或者选择 CPU 将要访问的设备。

● $\overline{\text{SMEMR}}$、$\overline{\text{SMEMW}}$、$\overline{\text{IOR}}$、$\overline{\text{IOW}}$、$\overline{\text{MEMR}}$、$\overline{\text{MEMW}}$：输出，存储器读写和 I/O 读写信号。其中，$\overline{\text{SMEMR}}$、$\overline{\text{SMEMW}}$ 为访问 1MB 以上存储空间的读写信号。$\overline{\text{MEMR}}$、$\overline{\text{MEMW}}$ 有效时，$\overline{\text{SMEMR}}$、$\overline{\text{SMEMW}}$ 信号无效。

● IOCHRDY 输入，高电平有效，输入为高电平表示 I/O 通道准备好。

● $\overline{\text{NOWS}}$ 输入，零等待信号，输入，低电平有效。此信号有效时，不再插入等待时钟。

● $\overline{\text{IOCHCHK}}$输入，I/O 通道校验错信号。$\overline{\text{IOCHCHK}}$ 用于 I/O 通道设备的逻辑校验。注意，该信号在 PC 内部连接了非屏蔽中断，使用时要谨慎。

● CLK 输出，系统时钟信号。早期的 ISA 总线为了保持与 CPU 同步，其时钟频率通常在 4.77～8.33MHz 之间变化。但目前 ISA 通常作为系统低速的扩充总线，没必要保持与 CPU 一致的时钟频率，因而大多是固定的频率，即 8MHz。

● $DRQ_{0\sim3}$、$DRQ_{5\sim7}$输入，DMA 应答信号。

● TC 输出，所有 DMA 通道的计数结束信号。

● $IRQ_{3\sim7}$、IRQ_9、$IRQ_{10\sim15}$输入，中断请求信号。直接由 2 片 8259 引出，总线上的外部设备利用这些信号向 CPU 提出中断请求。信号的上升沿有效，并要求其保持高电平一直到 CPU 响应为止。其余的 $IRQ_{0\sim2}$、IRQ_8 和 IRQ_{13} 由 PC 主板所占用。

● $\overline{\text{M16}}$、$\overline{\text{IO16}}$ 输入，16 位存储器传送请求、16 位 I/O 传送请求。ISA 可以进行 8 位数据传送，也可以进行 16 位数据传送。当 ISA 扩展设备希望进行 16 位数据传送时，可以令 $\overline{\text{M16}}$ 或$\overline{\text{IO16}}$ 为有效的低电平，向总线控制器发出 16 位数据传送请求。否则，ISA 以 8 位形式进行传送。

● $\overline{\text{MASTER}}$ 输入，总线主设备确认。ISA 设备一般工作在从模块方式，接受 CPU 访问。即使 DMA 取得了总线控制权，ISA 扩展卡仍以从模块方式响应。只有在$\overline{\text{MASTER}}$ 信号与 DMA 控制器配合使用时，ISA 设备才真正体现主模块功能。

3. PCI/Compact PCI 总线简介

PCI（Peripheral Component Interconnect）是美国 SIG（Special Interest Group of Association for Computer Machinery）集团推出的 64 位总线。1991 年，Intel 公司首先提出了 PCI 的概念。PCI 总线也支持总线主控技术，允许智能设备在需要时取得总线控制权，以加速数据传送。

（1）PCI/Compact PCI 总线信号定义

PCI 总线引脚：总引脚数为 120 条，其中，主控设备 49 条，目标设备 47 条。可选引脚 51 条，主要用于 64 位扩展、中断请求、高速缓存支持等。

PCI 总线结构连接方式：CPU 总线和 PCI 总线由桥接电路（习惯上称为北桥芯片）相连。芯片中除了含有桥接电路外，还有 Cache 控制器和 DRAM 控制器等其他控制电路。

PCI 总线和 ISA/EISA 总线之间也通过桥接电路（习惯上称为南桥芯片）相连，ISA/EISA 上挂接传统的慢速设备，继承原有的资源。

此外，PCI 总线还有其他一些连接方式，如双 PCI 总线方式、PCI to PCI 方式、多处理器服务器方式等。鉴于篇幅关系不再详细介绍。

Compact PCI 是一种基于标准 PCI 总线的小巧而坚固的高性能总线技术。1994 年 PCI 工业计算机制造商联盟（PCI Industrial Computer Manufacturers Group，PICMG）提出了 Compact PCI 技术，它定义了更加坚固耐用的 PCI 版本。在电气、逻辑和软件方面，它与 PCI 标准完全兼容。

(2) PCI 总线的主要性能

- 支持 10 台外设
- 总线时钟频率 33.3MHz/66MHz
- 最大数据传输速率 133MB/s
- 时钟同步方式
- 与 CPU 及时钟频率无关
- 总线宽度 32 位（5V）/64 位（3.3V）
- 能自动识别外设
- 特别适合与 Intel 的 CPU 协同工作

(3) 其他性能

- 具有与处理器和存储器子系统完全并行操作的能力
- 具有隐含的中央仲裁系统
- 采用多路复用方式（地址线和数据线）减少了引脚数
- 支持 64 位寻址
- 完全的多总线主控能力
- 提供地址和数据的奇偶校验
- 可以转换 5V 和 3.3V 的信号环境

4. PCI-E 总线简介

PCI-E（PCI-Express）是 Intel 公司于 2001 年提出的高速串行全双工多通道差分传输计算机总线标准。PCI-E 保持与传统 PCI 的软件兼容性，它的主要优势是数据传输速率高，目前最高可达到 10GB/s 以上，而且还有相当大的发展潜力。因为体系结构发生了改变，所以插槽并不兼容。但是，目前大部分计算机主板将既提供 PCI 插槽又提供 PCI-E 插槽，从而提高了硬件的兼容性和灵活性。

(1) PCI-E 总线与 PCI 总线相比具有的主要技术优势

① PCI-E 是高速串行差分传输总线，进行点对点传输，每个传输通路独享带宽，总线频率为 2500MHz（100MHz 基准频率下）。

② PCI-E 总线支持双向传输模式和数据分通路传输模式，其中数据分通路传输模式支持 1、2、4、8、12、16 和 32 个数据通路（Lane），即 x1、x2、x4、x8、x12、x16 和 x32 宽度的 PCI-E 链路，x1 单向传输带宽即可达到 250MB/s，双向传输带宽更能达到 500MB/s。

③ PCI-E 总线充分利用先进的点到点互连、基于交换的技术、基于包的协议来实现新的总线性能和特征。电源管理、服务质量、热插拔支持、数据完整性、错误处理机制等也是 PCI-E 总线所支持的高级特征。

④ 与 PCI 总线良好的继承性，可以保持软件的继承和可靠性。PCI-E 总线关键的 PCI 特征，比如应用模型、存储结构、软件接口等与传统 PCI 总线保持一致，但是并行的 PCI 总线被一种具有高度扩展性的、完全串行的总线所替代。

⑤ PCI-E 总线充分利用先进的点到点互连，降低了系统硬件平台设计的复杂性和难度，从而大大降低了系统的开发制造设计成本，极大地提高了系统的性价比和健壮性。系统总线带宽提高的同时，减少了硬件 PIN 的数量，硬件的成本直接下降。

(2) PCI-E 总线硬件协议

PCI-E 的连接是建立在一个双向序列的（1-bit）点对点连接基础之上，这称为“传输通道”。与 PCI 连接形成鲜明对比的是 PCI-E，它是基于总线控制，所有设备共同分享的单向 32 位并行总线。PCI-E 是一个多层协议，由一个交换层、一个数据链接层和一个物理传输层构成。物理层又可进一步分为逻辑子层和电气子层。逻辑子层又可分为物理代码子层（PCS）和介质访问控制子层（MAC）。

PCI-E 总线物理链路的一个 Lane，由两组差分信号，共 4 根信号线组成。其中发送端的 TX 部件与接收端的 RX 部件使用一组差分信号连接，该链路也被称为发送端的发送链路，也是接收端的接收链路；而发送端的 RX 部件与接收端的 TX 部件使用另一组差分信号连接，该链路也被称为发送端的接收链路，也是接收端的发送链路。一个 PCI-E 链路可以由多个 Lane 组成。

高速差分信号电气规范要求其发送端串接一个电容，以进行 AC 耦合。该电容也被称为 AC 耦合电容。PCI-E 链路使用差分信号进行数据传送，一个差分信号由 D+和 D-两根信号组成，信号接收端通过比较这两个信号的差值，判断发送端发送的是逻辑“1”还是逻辑“0”。

(3) PCI-E 6.0 标准

PCI-E 是一项不断发展和完善的技术。2022 年 1 月 12 日，PCI-SIG 正式发布了 PCI-E 6.0 标准，与 PCI-E 5.0 相比带宽再次翻倍，达到了 64GT/s。2022 年 1 月 27 日，Rambus 发布了全球首个完全符合 PCI-E 6.0 的控制器，支持全部新特性，主要面向高性能计算、数据中心、人工智能与机器学习、汽车、物联网、国防、航空等高精尖领域。该控制器支持 PCI-E 6.0 的 64GT/s 数据传输速率，x1 通路即可带来 8GB/s 的单向物理带宽（相当于 PCI-E 4.0x4），x16 通路则更高。

5. 其他总线简介

(1) PC/104 总线

PC/104 是一种专门为嵌入式控制而定义的工业总线标准。PC/104 有两个版本，分别与 PC 和 ISA 总线相对应，8 位 PC/104 总线有 64 线引脚（单列双排插针和插孔），16 位 PC/104 总线有 104（64+40）线引脚（双列双排插针和插孔），PC/104 因此得名。其小型化的尺寸（90mm×96mm），极低的功耗（典型模块为 1～2W）和堆栈的总线形式（决定了其高可靠性），受到了众多从事嵌入式产品生产厂商的欢迎，在嵌入式系统领域逐渐流行开来。全世界已有多家厂商在生产和销售符合 PC/104 规范的嵌入式板卡。

(2) PC/104 plus 总线

PC/104 plus 为单列三排 120 线引脚，为了向下兼容，PC/104 plus 保持了 PC/104 的所有特性。PC/104 plus 与 PCI 总线相对应。一个计算机主板可以同时拥有 ISA 和 PCI 总线，同样，一个 PC/104 CPU 模块则可以同时拥有 PC/104 和 PC/104 plus 总线。

(3) STD 总线

STD 总线是国际上流行的一种用于工业控制的标准微机总线，于 1987 年被批准为 IEEE-961 标准。STD 总线采用 56 线双列插座，插件尺寸为 165.1mm×114.3mm，是 8/16 位微处理器总线标准（可使用各种型号的 CPU）。STD 总线采用公共母板结构，即其总线布置在一块母板（底板）上，板上安装若干个插座，插座对应引脚都是连到同一根总线信号线上。系统采用模块式结构，各种功能模块（如 CPU 模块、存储器模块、图形显示模块、

A-D 模块、D-A 模块、开关量 I/O 模块等）都按标准的插件尺寸制造。各功能模块可插入任意插座，只要模块的信号、引脚都符合 STD 规范，就可以在 STD 总线上运行。因此可以根据需要组成不同规模的微机系统。

2.1.3　外部总线简介

1. RS-232C 总线

RS-232C 是一种串行外部总线，是由美国电子工业协会（EIA）制定的一种串行接口标准。RS 为“推荐标准”的缩写，232 为标识号，C 表示修改次数。RS-232C 的机械特性要求，使用 25 芯标准连接插头或 9 芯标准连接插头，每个引脚有固定的定义。

RS-232C 的电气特性要求总线信号采用负逻辑，如表 2-1 所示。逻辑“1”状态电平为 -15～-5V，逻辑“0”状态电平为 5～15V，其中-5～5V 用作信号状态的变迁区。在串行通信中还把逻辑“1”称为传号（MARK）或 OFF 状态，把逻辑“0”称为空号（SPACE）或 ON 状态。

表 2-1　RS-232C 信号状态

状态	$-15V<V_1<-5V$	$5V<V_1<15V$
逻辑状态	1	0
信号条件	传号(MARK)	空号(SPACE)
功能	OFF	ON

RS-232C 采用集成电路 MC1488 发送器和 MC1489 接收器，进行 TTL 电平与 RS-232C 电平的相互转换及接口。RS-232C 总线规定了其通信距离不大于 15m，传送信号的速率不大于 20kbit/s，每个信号使用一根导线，并共用一根信号地线。由于采用单端输入和公共信号地线，所以容易引进干扰。

2. USB 总线

USB（Universal Serial Bus）称为通用串行总线，是由 Compaq、DEC、IBM、Intel、Microsoft、NEC 和 NT（北方电讯）七大公司共同推出的新一代接口标准。它是一种连接外围设备的机外总线。USB 的主要性能特点：

（1）具有热插拔功能

USB 提供机箱外的热插拔连接，连接外设不必再打开机箱，也不必关闭主机电源。这个特点为用户提供了很大的方便。

（2）USB 采用“级联”方式连接各个外部设备

每个 USB 设备用一个 USB 插头连接到前一个外设的 USB 插座上，而其本身又提供一个 USB 插座供下一个 USB 外设连接用。通过这种类似菊花链式的连接，一个 USB 控制器可以连接多达 127 个外设，而两个外设间的距离（线缆长度）可达 5m。

USB 统一的 4 针圆形插头将取代机箱后部众多的串/并口（鼠标、Modem）、键盘等插头。USB 能智能识别 USB 链上外围设备的插入或拆卸，扩充卡、DIP 开关、跳线、IRQ、DMA 通道、I/O 地址都将成为过去。

（3）适用于外设连接

根据 USB 规范，现已发展到 USB 4.0 版本。USB 1.0 的传输速度最大为 1.5Mbit/s、USB 1.1 的传输速率达到了 12Mbit/s，USB 2.0 的传输速率达到了 480Mbit/s，USB 3.0 的传输速率达到了5Gbit/s，USB 4.0的传输速率达到了40Gbit/s。USB 4.0可兼容USB 3.0和USB 2.0的设备。也就是说，USB 4.0可以向后兼容到以前的协议标准，不过不支持USB 1.0和USB 1.1。

2.2　总线接口扩展技术

2.2.1　系统总线接口扩展技术

1. I/O端口及I/O操作

接口电路内部一般设置若干寄存器，用以暂存CPU和外设之间传输的数据、状态和控制信息。相应的寄存器分别称为数据寄存器、状态寄存器和控制寄存器。这些能够被CPU直接访问的寄存器统称为端口（Port），分别叫作数据端口、状态端口和控制端口。每个端口具有一个独立的地址，作为CPU区分各个端口的依据。接口功能不同，内部包含的端口数目也不尽相同。

（1）数据端口

数据端口（Data Port）用以存放外设送往CPU的数据以及CPU输出到外设的数据。这些数据是主机和外设之间交换的最基本信息，长度一般为1~2个字节。数据端口主要起数据缓冲作用。

（2）状态端口

状态端口（State Port）主要用来指示外设的当前状态。每种状态用一个二进制位表示，每个外设可以有几个状态位，它们可被CPU读取，以测试或检查外设的状态，决定程序的流程。

一般接口电路中常见的状态位有："准备就绪位（Ready）""外设忙位（Busy）""错误位（Error）"等。

（3）命令端口

命令端口（Command Port）也称控制端口（Control Port），用来存放CPU向接口发出的各种命令和控制字，以便控制接口或设备的动作。接口功能不同，接口芯片的结构也就不同，控制字的格式和内容自然各不相同。一般可编程接口芯片往往具有工作方式命令字、操作命令字等。

CPU可以对端口进行读写操作。归根到底，CPU和外设的数据交换实质就是CPU的内部寄存器和接口内部的端口之间的数据交换。CPU对数据端口进行一次读或写操作也就是与该接口连接的外设进行一次数据传送；CPU对状态端口进行一次读操作，就可以获得外设或接口自身的状态代码；CPU把若干位控制代码写入控制端口，则意味着对该接口或外设发出一个控制命令，要求该接口或外设按规定的要求工作。

可见，CPU与外设之间的数据输入/输出、联络、控制等操作，都是通过对相应端口的读/写操作完成的。通常所说的外设地址就是外设接口各端口的地址。一个外设接口可能包含多个端口，相应就有多个端口地址。

2. I/O端口编址方式

类似于CPU读写存储器需要通过存储器地址区分内存单元，CPU通过端口地址实现对多个端口的读写选择。给I/O端口编址时，一种方式是把端口看作特殊的内存单元，和存储器统一编址，称为存储器映射方式；另一种是把I/O端口和存储单位分开，独立编址，称为

I/O 映射方式。

(1) 统一编址

把系统中的每一个 I/O 端口看作一个存储单元，与存储单元一样统一编址，访问存储器的所有指令均可用来访问 I/O 端口，不用设置专门的 I/O 指令，所以称为存储器映射 I/O (Memory Mapped I/O) 编址方式。该方式实质上是把 I/O 地址映射到存储空间，作为整个存储空间的一小部分。换言之，系统把存储空间的一小部分划归外设使用，大部分仍归存储单元所有。Motorola 的 MC6800 及 68HC05 等处理器采用这种方式访问 I/O 设备。

统一编址方式的优点是系统指令集中，不必包含专门的 I/O 指令，简化指令系统设计；可以使用种类多、功能强的存储器指令访问外设端口；I/O 地址空间可大可小，灵活性强。缺点是 I/O 地址具有与存储器地址相同的长度，增加了译码复杂程度，延长了译码时间，降低了输入/输出效率。

(2) 独立编址

对系统中的 I/O 端口单独编址，构成独立的 I/O 地址空间，采用专门的 I/O 指令来访问具有独立空间的 I/O 端口，称为 I/O 映射方式。Intel 的 80x86 系列机采用单独编址方式访问外设。

独立编址方式的优点是将输入/输出指令和访问存储器指令明显区分开，使程序清晰，可读性好；I/O 地址较短，I/O 指令长度短，译码电路简单，指令执行速度快。不足之处是指令系统必须设置专门的 I/O 指令，其功能不如存储器指令强大。

以上两种 I/O 编址方式各有利弊，不同类型的 CPU 根据外设特点可以采用不同的编址方式。

3. I/O 端口地址译码技术

微机系统中有多个接口存在，接口内部往往包含多个端口，I/O 操作就是 CPU 对端口寄存器的读/写操作。CPU 是通过地址对不同的接口或端口加以区分的。把 CPU 送出的地址转变为芯片选择和端口区分依据的就是地址译码电路。每当 CPU 执行输入/输出指令时，就进入 I/O 端口读/写周期，此时首先是端口地址有效，然后是 I/O 读/写控制信号"或"有效，把对端口地址译码产生的译码信号同"或"结合起来一同控制对 I/O 端口的读或写操作。

(1) 三种译码方式

从寻址方式上看，地址译码方法基本上可以分为全译码、部分译码和线选法。三种方法各有特点，在硬件设计过程中，可以根据具体需求来适当选择。

① 线选法：高位地址线不经过译码，直接（或经反相器）接各存储器芯片或者端口的片选端来区别各芯片或端口的地址。如果采用线选法，会造成地址重叠，且各芯片地址不连续，因此在软件上必须保证这些片选线每次寻址时只能有一个部件有效。

② 全译码：最终目标是唯一确定一个端口或寄存器的地址，需要所有地址线都参加译码。一般情况下，片内寻址未用的全部高位地址线都参加译码，译码输出作为片选信号，并再与片内寻址地址线一起译码生成一个唯一地址。全译码的优点是每个芯片的地址范围是唯一确定的，而且各片之间是连续的。缺点是译码电路比较复杂。

③ 部分译码：用片内寻址外的高位地址的一部分译码产生片选信号。部分译码较全译码简单，但存在地址重叠区。因此，也必须通过软件保证这些片选线每次寻址时只能有一个部件有效。

（2）I/O 端口地址译码电路信号

在译码过程中，译码电路不仅与地址信号有关，而且与控制信号有关。它把地址和控制信号进行组合，产生对芯片或端口的选择信号。以 ISA 总线为例，I/O 译码电路除了受 A_0~A_9 这 10 根地址线所确定的地址范围的限制之外，还要用到其他一些控制信号。如：利用 $\overline{IOR}$ 或 $\overline{IOW}$ 信号控制对端口的读/写，利用 AEN 信号控制非 DMA 传送，利用 $\overline{IO16}$ 信号控制对 8 位还是 16 位端口操作，利用 $\overline{SBHE}$ 信号控制端口的奇偶地址。

可见，在设计地址译码电路时，不仅要选择地址范围，还要根据 CPU 与 I/O 端口交换数据时的流向（读/写）、数据宽度（8 位/16 位），以及是否采用奇偶地址等要求来引入相应的控制信号，从而形成端口地址译码电路。

（3）I/O 端口地址译码方法及电路形式

基于 ISA 总线的工控机系统由主板和系列工业过程通道板卡组成。ISA 总线底板的每个插槽的总线信号是互连互通的，可以将多块过程通道板卡插在机箱内的总线底板的各个插槽。为避免多块板卡出现总线争用情况，必须为每块过程通道板卡和外设接口板卡设置不同的 I/O 地址空间。在设计通道板卡时，一般使用地址空间 I/O 端口的译码电路实现这一要求。

I/O 端口地址译码的方法灵活多样，通常可由地址信号和控制信号的不同组合来选择端口地址。与存储器的地址单元类似，一般是把地址信号分为两部分：一部分是高位地址线与 CPU 或总线的控制信号组合，经过译码电路产生一个片选信号去选择某个 I/O 接口芯片，从而实现接口芯片的片间选择；另一部分是低位地址线直接连到 I/O 接口芯片，经过接口芯片内部的地址译码电路选择该接口电路的某个寄存器端口，实现接口芯片的片内寻址。

I/O 端口的译码一般有两种，即固定地址译码和开关选择译码。

① 固定地址译码：固定地址译码是 PC 系统板卡译码常用的方法，它是根据确定的地址字段来设计译码电路，图 2-1 给出了一个典型的固定地址 I / O 端口译码电路，该电路译码出 8 个端口地址。

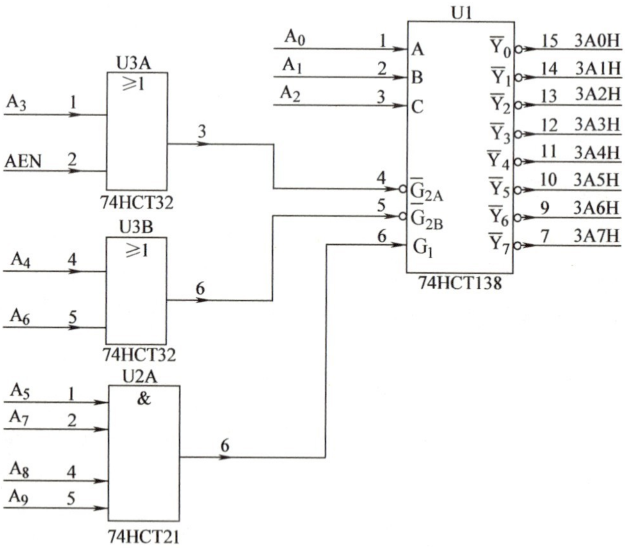

图 2-1　固定地址译码电路

- 根据要求选译码器：3A0H~3A7H 共 8 个，故采用 3-8 译码器；
- 根据地址限定确定逻辑电路与译码器接法；
- 3A0H~3A7H 中仅 A_2~A_0 变化（连接译码器 3 个输入端）；
- 不变的 A_9~A_3 = 1110100B，这是确定高地址与译码器控制端连接的关键。

AEN 是 ISA 总线上的 DMA 周期的地址使能信号。CPU 控制总线时，AEN 输出逻辑 0；DMA 控制总线时，AEN 输出逻辑 1。把 AEN 连接在译码器的低电平使能低端上，就保证了该数据采集卡是在 CPU 控制下工作的。在 CPU 工作周期该扩展卡是可以被访问的，而在 DMA 控制周期数据采集系统是无效的。

② 开关选择译码：固定译码方法的一个缺点是，它可能会与将来加入系统的同类板卡地址译码冲突。ISA 板卡的地址一般设计成用户可以设置的，通常采用数据比较器和一组逻辑开关来实现 ISA 板卡高位地址的设定。

常用的数据比较器如 74HCT688，将比较器的一组数据输入端连接逻辑选择开关，另一组数据输入端连接到 ISA 总线的高位地址线上。逻辑选择开关可以设定成任意一组二进制编码，作为给该 ISA 板卡分配的高位地址。当 ISA 地址总线上发出地址时，数据比较器将它和开关设定的地址值相比较，如果相等，比较器的输出端（P=Q）输出有效的低电平，表示该板卡被选中。再将（P=Q）端连接板内的低位地址译码器，作为板内地址译码器的使能。图 2-2 中地址线 $A_{15}\sim A_{10}$ 和 $A_9\sim A_4$ 确定了板卡的基地址，$A_3\sim A_1$ 确定了板卡内各端口的地址。如果把连接 $Q_5\sim Q_0$ 的逻辑开关全部设置为闭合状态，则该板卡的高 12 位地址为 03EXH。因此，由译码器 $\overline{Y}_0$ 端连接的端口地址为 03E0H，由 $\overline{Y}_1$ 连接的端口地址为 03E2H。

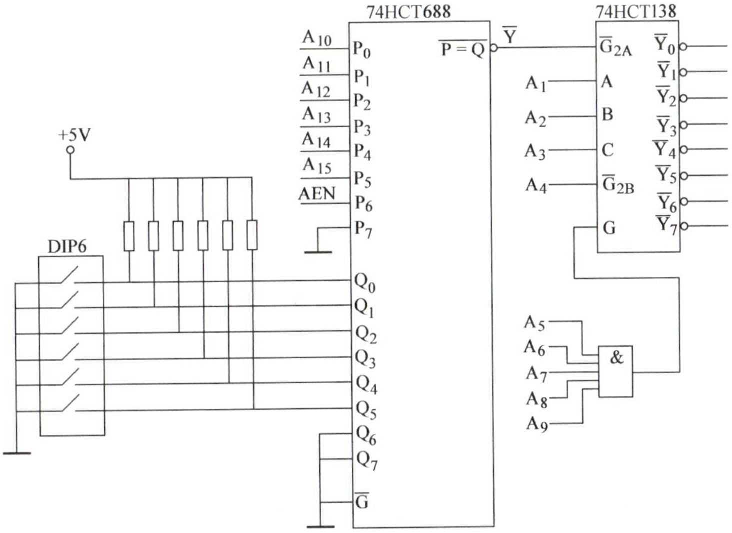

图 2-2　开关式译码电路

应该指出，除了上述两种地址译码方法外，可编程逻辑器件（PLD）也被广泛地应用于译码电路，如通用阵列逻辑（GAL）、可编程阵列逻辑（PAL）器件、可擦除的可编程逻辑器件（EPLD）、现场可编程门阵列（FPGA）等。

4. 总线端口扩展

以 ISA 总线为例，扩展 8 位数据传送的输入/输出端口模板线路原理如图 2-3 所示。

（1）板选译码与板内译码

板选译码采用开关式全译码电路，主要选用 74HCT688，$P_2\sim P_7$ 接开关 W，$Q_2\sim Q_7$ 接地址线 $A_9\sim A_4$，AEN 接 74HCT688 的有效控制端 $\overline{G}$，对模板操作时，AEN 为低电平，$A_9\sim A_4$ 的输出信息与开关状态须一致，即 P=Q，74HCT688 的输出为低电平，控制板内译码电路 74HCT138 和数据总线驱动器 74HCT245。此时，可对模板进行读/写操作。因此，开关状态决定模板的基地址。

板内译码电路采用 74HCT138，板选译码输出控制 74HCT138 的使能控制端，ABC 译码

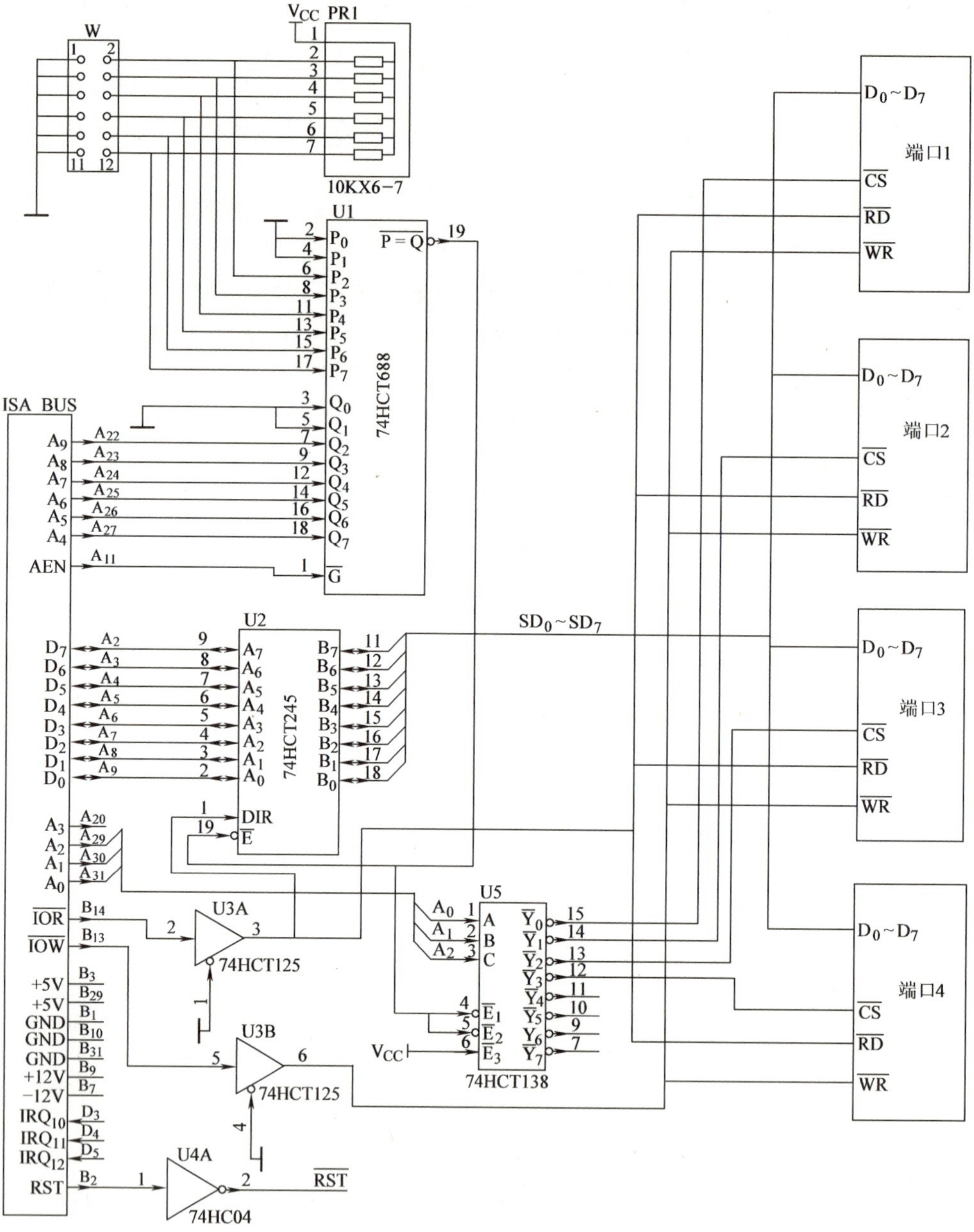

图 2-3　ISA 总线端口扩展模板线路原理图

输入信号接地址线 $A_0A_1A_2$，译码器 74HCT138 的输出选通各输入/输出端口，其中 $\overline{Y}_0$ 选通端口 1（端口地址 = 基地址 +0），$\overline{Y}_1$ 选通端口 2（端口地址 = 基地址 +1），$\overline{Y}_2$ 选通端口 3（端口地址 = 基地址 +2），$\overline{Y}_3$ 选通端口 4（端口地址 = 基地址 +3）。

（2）总线驱动及逻辑控制

数据总线缓冲器采用 74HCT245，其有效控制端 $\overline{G}$ 由板选译码 74HCT688 输出控制，其方向控制端 DIR 由 $\overline{IOR}$ 控制。

地址总线因板上只接一个负载，省去了地址总线驱动器。

控制总线中，$\overline{IOR}$、$\overline{IOW}$ 通过 74HCT125 驱动，控制板内有关信号。

(3) 端口及其读/写控制

输入/输出端口的读/写控制，由 $\overline{Y}_0$、$\overline{Y}_1$、$\overline{Y}_2$、$\overline{Y}_3$ 等译码输出信号与 $\overline{IOR}$、$\overline{IOW}$ 组合控制端口的读/写操作。

2.2.2 外部总线接口扩展技术

1. 平衡与不平衡传输方式

串行数据传输的线路通常有两种方式，即平衡方式与不平衡方式，其电气接口电路如图 2-4 所示。不平衡方式是用单线传输信号，以地线作为信号的回路，接收器是用单线输入信号的；平衡方式是用双绞线传输信号，信号在双绞线中自成回路不通过地线，接收器是用双端差分方式输入信号的。在不平衡方式中，信号线上所感应到的干扰和地线上的干扰将叠加后影响到接收信号；而在平衡方式中，双绞线上所感应的干扰相互抵消，地线上的干扰又不影响接收端。因此平衡传输方式在抗干扰方面有较良好的性能，并适合较远距离的数据传输。

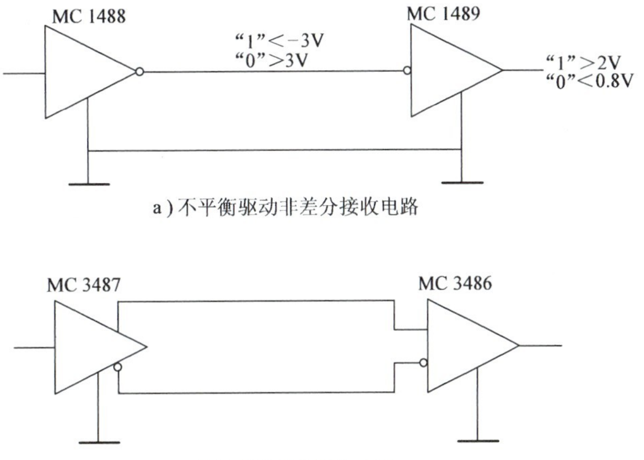

a) 不平衡驱动非差分接收电路

b) 平衡驱动差分接收电路

图 2-4　串行数据传输的电气接口电路

RS-232C 的电气接口使用了不平衡的发送器和接收器，是单端双极性电源供电电路，其原理如图 2-4a 所示。每个信号只有一根导线，两个传输方向仅有一个信号地线；可能在各信号成分间产生干扰。这种电路有较大的局限性，其速度和距离均受到限制。所以 RS-232C 规定其最高速率为 19. 2kbit/s，最大距离为 15m。

2. RS-422A/RS-485

为了解决上述地电平的电位差问题，RS-422A 采用平衡驱动和差分接收方法，从根本上消除信号地线。这种驱动器相当于两个单端驱动器，它们的输入是同一个信号，而其中一个驱动器的输出正好与另一个反相。当干扰信号作为共模信号出现时，接收器则接收差分输入电压。只要接收器具有足够的抗共模电压工作范围，它就能识别这两种信号而正确接收传送信息。

RS-422A 标准规定了差分平衡的电气接口，如图 2-4b 所示。它能够在较长距离内明显地提高数据速率，能够在 1200m 距离内把速率提高到 100kbit/s，或在较短距离内提高到 10Mbit/s。这种性能的改善是由于平衡结构的优点而产生的，这种差分平衡结构能从地线的干扰中分离出有效信号。实际上，差分接收器可以区分 0. 20V 以上的电位差，因此，可不受对地参考系统之地电位的波动和共模电路电磁干扰的影响。

采用 RS-422A，实现两点之间远程通信时，其连接方式如图 2-5a 所示，需要两对平衡差分电路形成全双工传输电路。

RS-485 是 RS-422A 的变形，它与 RS-422A 都是采用平衡差分电路，区别在于按照上述的工作要求，RS-485 为半双工工作方式，因而可以采用一对平衡差分信号线来连接。采用 RS-485 进行两点之间远程通信时的连接电路如图 2-5b 所示。由于任何时候只能有一点处于发送状态，因此发送电路必须由使能信号加以控制。

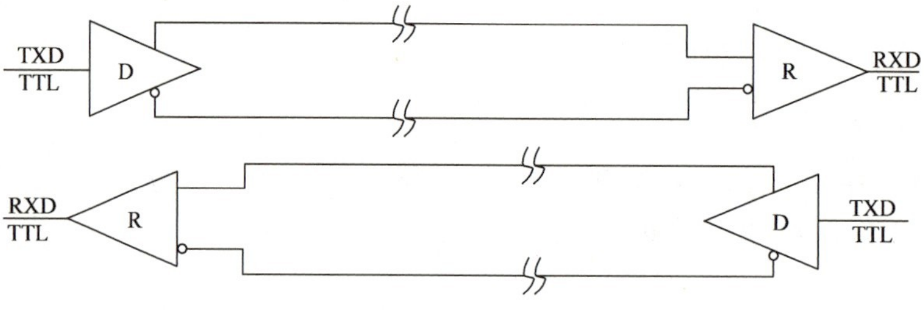

a）RS-422A 两点传输电路

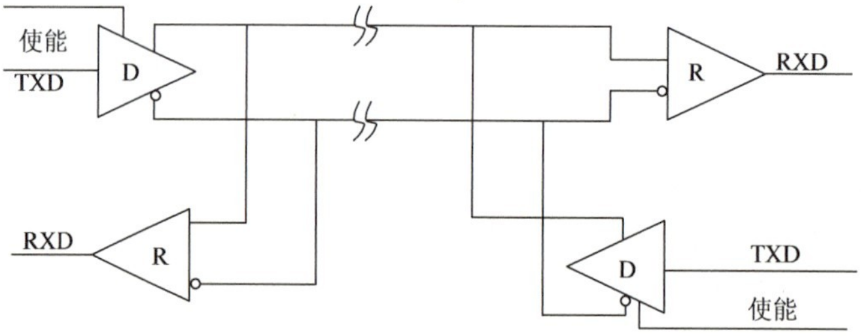

b）RS-485两点传输电路

图 2-5　两点传输电路

由于传统的 RS-232C 应用十分广泛，为了在实际应用中把处于远距离的两台或多台带有 RS-232C 接口的系统连接起来，进行通信或组成分布式系统，这时不能直接应用 RS-232C 连接，但可用 RS-232C/422A 转换环节来解决。在原有的 RS-232C 接口上，附加一个转换装置，两个转换装置之间采用 RS-422A 方式连接，其结构示意如图 2-6 所示。

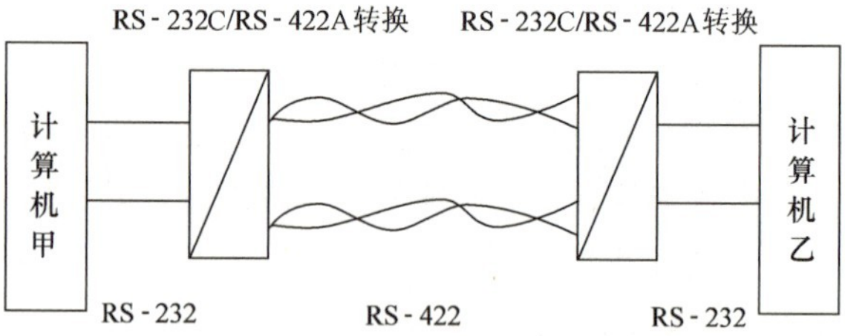

图 2-6　RS-232C/422A 转换传输示意图

RS-232C/422A 转换装置的原理是通过光电隔离器件将 RS-232C 的 1489 与 RS-422A 的 75174 相连，而 RS-232C 电路中的 1488 则与 RS-422A 中的 75175 相连，从而完成电气接口标准的转换。

3. RS-485 多点互连

在许多工业控制及通信联络系统中，往往有多点互连而不是两点直连，而且大多数情况下，在任一时刻只有一个主控模块（点）发送数据而其他模块（点）处在接收数据的状态，于是便产生了主从结构形式的 RS-485 标准。RS-485 用于多点互连时非常方便，可以省掉许多信号线。应用 RS-485 可以连网构成分布式系统，其连接示意图如图 2-7 所示。

RS-422A 和 RS-485 的驱动/接收电路没有多大区别，在许多情况下，RS-422A 可以和 RS-485 互连。RS-485 标准允许最多并联 32 台驱动器和 32 台接收器。几种通信接口比较如表 2-2 所示。

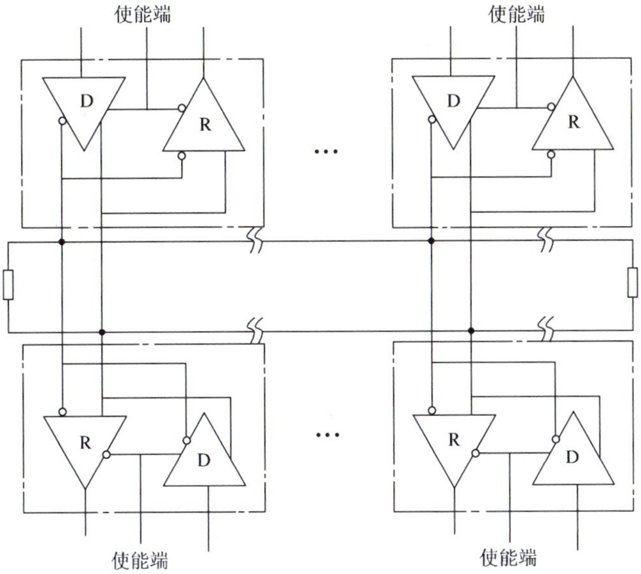

图 2-7　RS-485 连网示意图

表 2-2　RS-232C、RS-422A 以及 RS-485 的比较

接口	RS-232C	RS-422A	RS-485
连接台数	1 台驱动器 1 台接收器	1 台驱动器 10 台接收器	32 台驱动器 32 台接收器
传送距离与速率	15m,20kbit/s	12m,10Mbit/s 120m,1Mbit/s 1200m,100kbit/s	12m,10Mbit/s 120m,1Mbit/s 1200m,100kbit/s

2.3　输入/输出接口与过程通道设计原理

在计算机控制系统中，由于实时性要求，工控机不仅具有系统支持功能，而且拥有各种输入/输出接口与过程通道，因此本节以 PC/ISA/PCI/PCI-E 总线为例，详细阐述各种输入/输出接口与过程通道的设计原理，如图 2-8 所示。

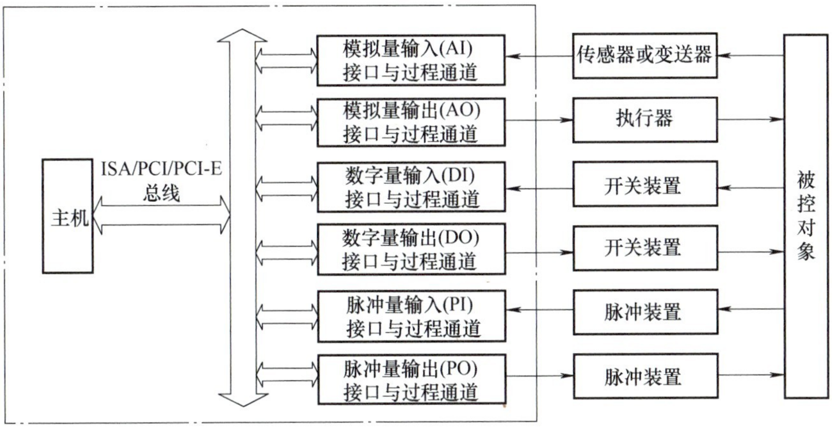

图 2-8　基于系统总线的输入/输出接口与过程通道设计原理框图

2.3.1 数字量输入/输出接口与过程通道

1. 数字量输入接口与过程通道

工业控制机用于生产过程的自动控制，需要处理一类最基本的输入/输出信号，即数字量（开关量）信号，这些信号包括：开关的闭合与断开、指示灯的亮与灭、继电器或接触器的吸合与释放、电动机的起动与停止、阀门的打开与关闭等，这些信号的共同特征是以二进制的逻辑“1”和“0”出现的。在计算机控制系统中，数字量的二进制数码的每一位都可以代表生产过程的一个状态，这些状态作为控制的依据。下面主要阐述数字量输入接口与过程通道的设计原理。

(1) 数字量输入接口与过程通道的结构

数字量输入接口与通道主要由输入信号调理电路、数字量输入接口、输入口地址译码器等组成，如图2-9所示。

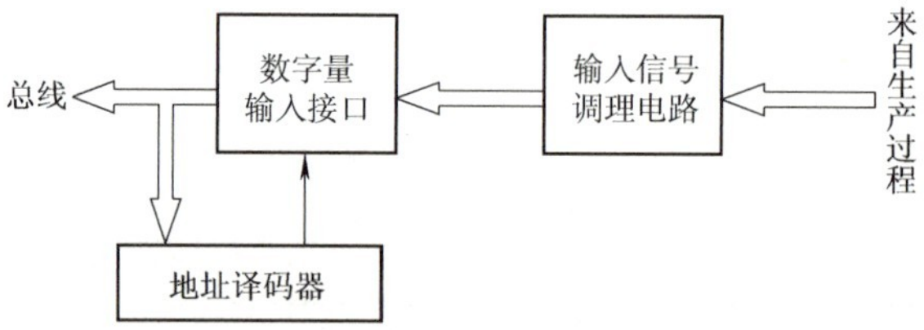

图2-9 数字量输入接口与过程通道结构

(2) 输入信号调理电路

数字量（开关量）输入通道的基本功能就是接收外部装置或生产过程的状态信号。这些状态信号的形式可能是电压、电流、开关的触点，因此引起瞬时高压、过电压、接触抖动等现象。为了将外部开关量信号输入计算机，必须将现场输入的状态信号经转换、保护、滤波、隔离等措施转换成计算机能够接收的逻辑信号，这些功能称为数字量（开关量）输入信号调理。下面针对不同情况分别介绍相应的信号调理技术。

① 小功率输入调理电路。图2-10所示为从开关、继电器等触点输入信号的电路。它将触点的接通和断开动作，转换成TTL电平信号与计算机相连。为了清除由于触点的机械抖动而产生的振荡信号，一般都应加入有较长时间常数的积分电路来消除这种振荡。图2-10a所示为一种简单的、采用积分电路消除开关抖动的方法。图2-10b所示为R-S触发器消除开关两次反跳的方法。

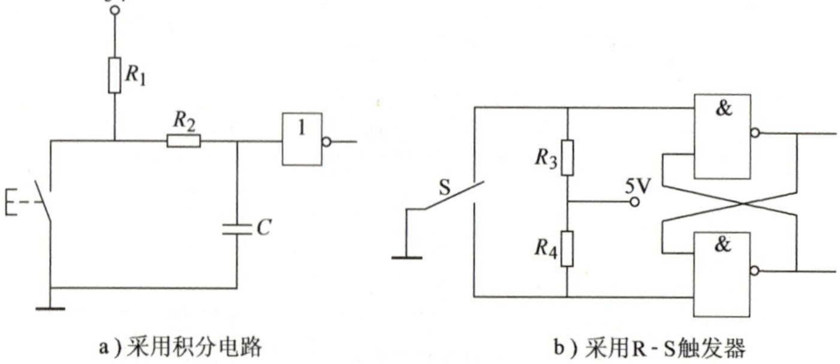

a）采用积分电路　b）采用R-S触发器

图2-10 小功率输入调理电路

② 大功率输入调理电路。在大功率系统中，需要从电磁离合等大功率器件的触点输入信号。在这种情况下，为了使触点工作可靠，触点两端至少要加 24V 的直流电压。因为直流电平的响应快、不易产生干扰、电路又简单，因而被广泛采用。

但是这种电路，由于所带电压高，所以高压与低压之间，用光电耦合器进行隔离，如图 2-11 所示。

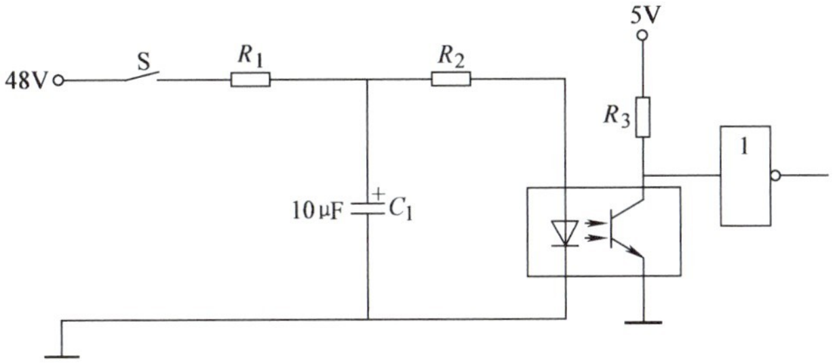

图 2-11　大功率输入调理电路

(3) 数字量输入接口

对生产过程进行控制，往往要收集生产过程的状态信息，根据状态信息，再给出控制量，因此，数字量输入接口可用三态门缓冲器 74HCT244 作为输入缓冲器来获得状态信息，如图 2-12 所示。经过端口地址译码，得到片选信号 $\overline{CS}$，当在执行 IN 指令周期时，产生 $\overline{IOR}$ 信号，则被测的状态信息可通过三态门送到 PC 总线工业控制机的数据总线，然后装入 AL 寄存器，设片选端口地址为 port，可用如下指令来完成取数：

```
MOV   DX, port
IN    AL, DX
```

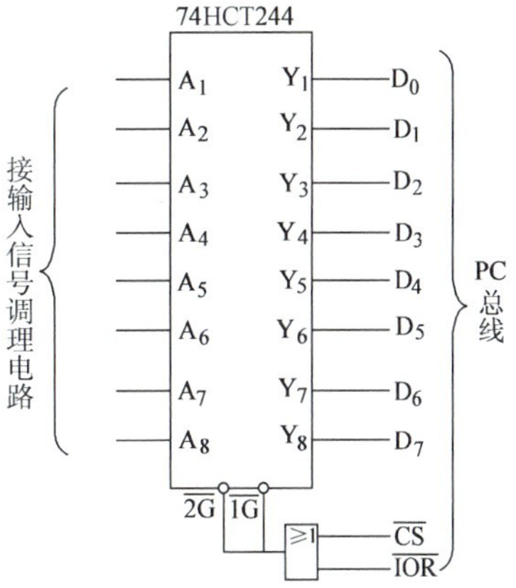

图 2-12　数字量输入接口

三态门缓冲器 74HCT244 用来隔离输入和输出线路，在两者之间起缓冲作用。另外，74HCT244 有 8 个通道，可输入 8 个开关状态。

2. 数字量输出接口与过程通道

(1) 数字量输出接口与过程通道的结构

数字量输出通道主要由数字量输出接口、输出信号驱动电路、输出口地址译码电路等组成，如图 2-13 所示。

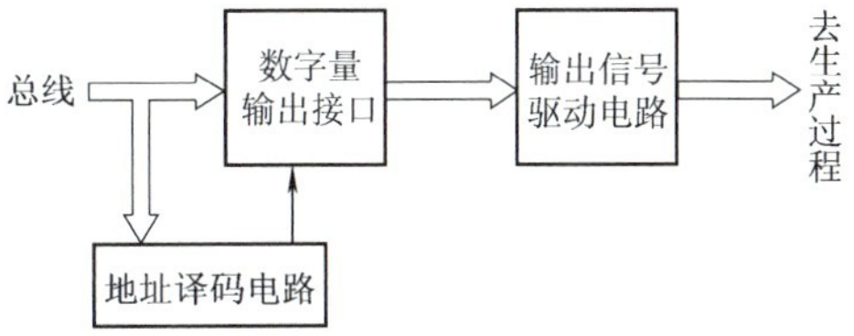

图 2-13　数字量输出接口与过程通道结构

(2) 输出信号驱动电路

① 小功率直流驱动电路。功率晶体管输出驱动继电器电路：采用功率晶体管输出驱动继电器的电路如图 2-14 所示。因负载呈电感性，所以输出必须加装克服反电动势的保护二极管 VD。J 为继电器的线圈，其触点须串联在负载回路中。

达林顿阵列输出驱动继电器电路：MC1416 是达林顿阵列驱动器，它内含 7 个达林顿复合管，每个复合管的电流都在 500mA 以上，截止时承受 100V 电压。图 2-15 给出了 MC1416

内部电路原理图和使用方法。为了防止 MC1416 组件反向击穿，可使用内部保护二极管。$J_1 \sim J_7$ 为 7 个继电器的线圈，其触点分别串联在各自的负载回路中。

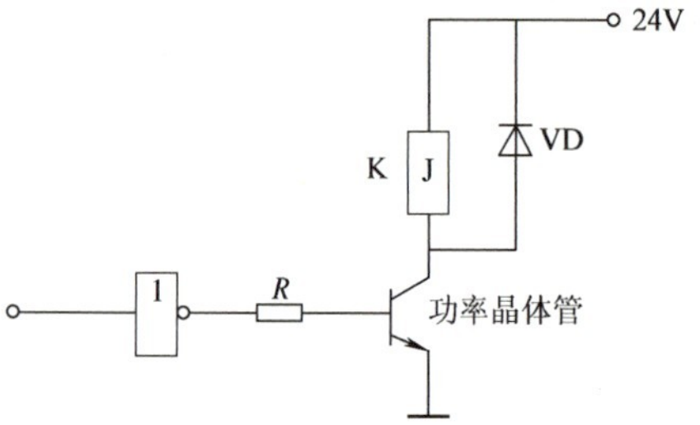

图 2-14　功率晶体管输出驱动继电器

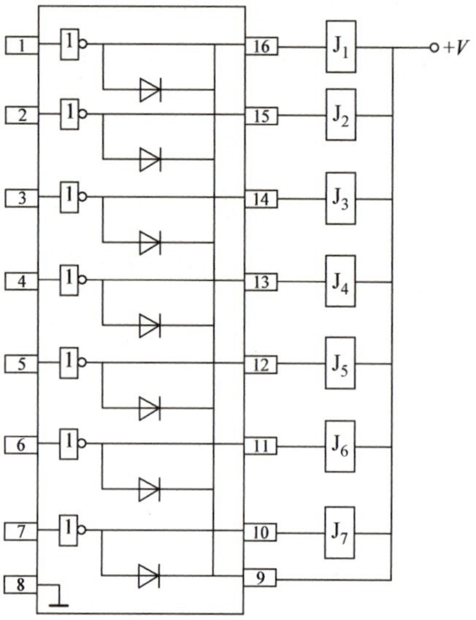

图 2-15　MC1416 内部电路原理图和使用方法

② 大功率交流驱动电路。固态继电器（SSR）是一种四端有源器件，图 2-16 为固态继电器的结构和使用方法。输入/输出之间采用光电耦合器进行隔离。零交叉电路可使交流电压变化到 0V 附近时让电路接通，从而减少干扰。电路接通以后，由触发电路给出晶闸管器件的触发信号。

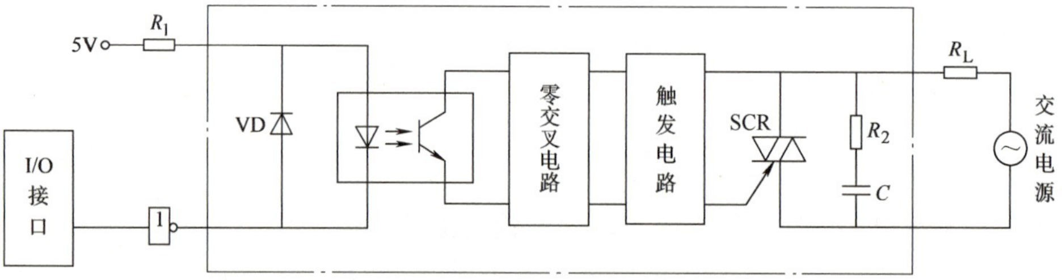

图 2-16　固态继电器的结构和使用方法

（3）数字量输出接口

当对生产过程进行控制时，一般控制状态需进行保持，直到下次给出新的值为止，这时输出就要锁存。因此，数字量输出接口可用 74HCT273 作 8 位输出锁存器，对状态输出信号进行锁存，如图 2-17 所示。由于 PC 总线工业控制机的 I/O 端口写总线周期时序关系中，总线数据 $D_0 \sim D_7$ 比 $\overline{IOW}$ 前沿（下降沿）稍晚，因此利用 $\overline{IOW}$ 的后沿产生的上升沿锁存数据。经过端口地址译码，得到片选信号 $\overline{CS}$，当在执行 OUT 指令周期时，产生 $\overline{IOW}$ 信号，设片选端口地址为 port，可用以下指令完成数据输出控制

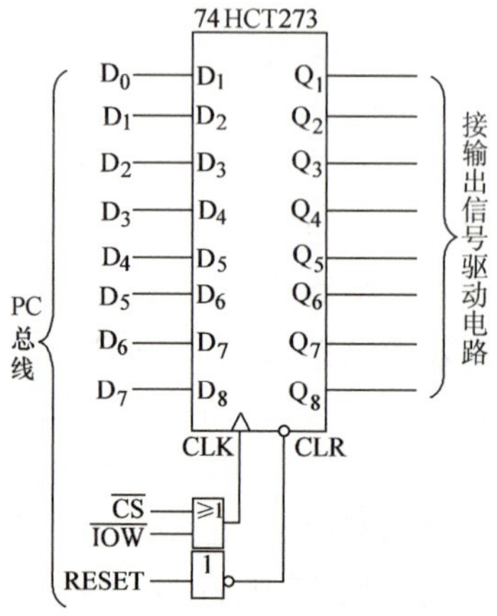

图 2-17　数字量输出接口

```
MOV     AL,   DATA
MOV     DX,   port
OUT     DX,   AL
```

74HCT273 有 8 个通道，可输出 8 个开关状态，并可驱动 8 个输出装置。

2.3.2　模拟量输入接口与过程通道

在计算机控制系统中，模拟量输入接口与过程通道的任务是把从系统生产过程中检测到的模拟信号变成二进制数字信号，并送往计算机。传感器是将生产过程工艺参数转换为电参数的装置。大多数传感器的输出是直流电压（或电流）信号，也有一些传感器把电阻值、电容值、电感值的变化作为输出量。传感器的输出经过信号调理电路变成 0~5V 或 1~5V 的标准信号。为了避免弱小电压模拟信号传输带来的麻烦，经常要将传感器的输出信号经变送器（如温度变送器、压力变送器、流量变送器等）变送，即将温度、压力、流量等信号变成 0~10mA 或 4~20mA 的标准信号。

1. 模拟量输入接口与过程通道的组成

模拟量输入接口与过程通道的组成结构如图 2-18 所示，一般由信号调理或 I/V 变换、多路转换器、采样保持器、A-D 转换器、接口逻辑电路等环节组成。

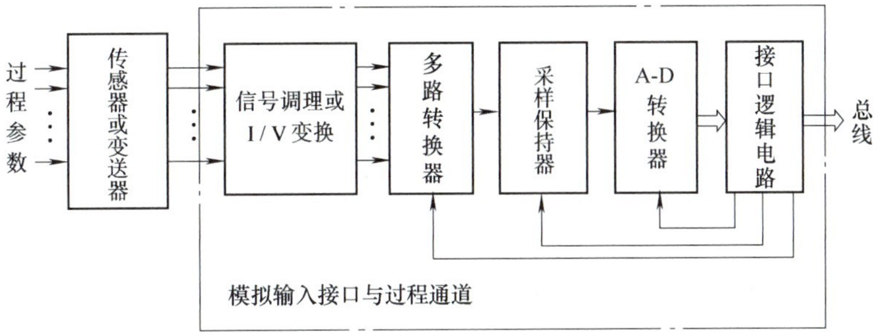

图 2-18　模拟量输入接口与过程通道的组成结构

2. 信号调理或 I/V 变换

（1）信号调理电路

信号调理电路主要通过非电量的转换、信号的变换、放大、滤波、线性化、共模抑制及隔离等方法，将非电量和非标准的电信号转换成标准的电信号。信号调理电路是传感器和 A-D 之间以及 D-A 和执行机构之间的桥梁，也是测控系统中重要的组成部分。

1）非电信号的检测——不平衡电桥

电桥是将电阻、电感、电容等参数的变化变换为电压或电流输出的一种测量电路。由于电桥电路具有灵敏度高、测量范围宽、容易实现温度补偿等优点，因此被广泛采用。图 2-19 为一个热电阻测量电桥，由 3 个精密电阻 R_1、R_2、R_3 和热电阻 R_{Pt} 构成。激励源（电压或电流）接到 E 端，AB 两端接到测量放大电路。

一般情况下，$R_2=R_3$，$R_1=100\Omega$，当测量温度为 0℃ 时，$R_{Pt}=100\Omega$（铂热电阻分度号为 Pt100），此时电桥平衡，输出电压 $V_{OUT}=0V$。当温度变化时，R_{Pt} 的阻值是温度的函数，即

$$R_{Pt}(t)=R_0+\alpha(t)t=R_0+\Delta R$$

式中，R_0 为 0℃ 时的电阻值；$\alpha(t)$ 是电阻温度系数；t 为被测量温度。在某温度情况下，若产生不平衡电压 ΔV，由 ΔV 即可推算出温度值。

用热电阻测温时，工业设备距离计算机很远，引线将很长，若采用两线制连接，由于导线电阻容易产生误差，为此，热电阻采用三线制与调理电路相连，如图 2-20 所示。引线 A 和引线 B 分别接在两个可抵消的桥臂上，引线的常值误差及随温度变化引起的误差一起被补偿掉，这种方法简单、价廉，实践中可用于百米以上距离。

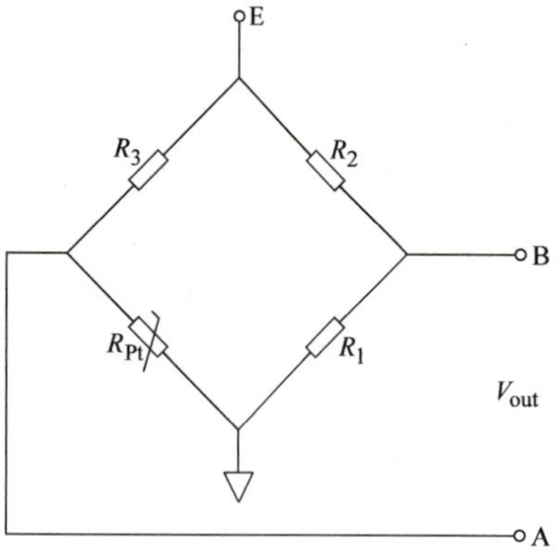

图 2-19　热电阻测量电桥电路

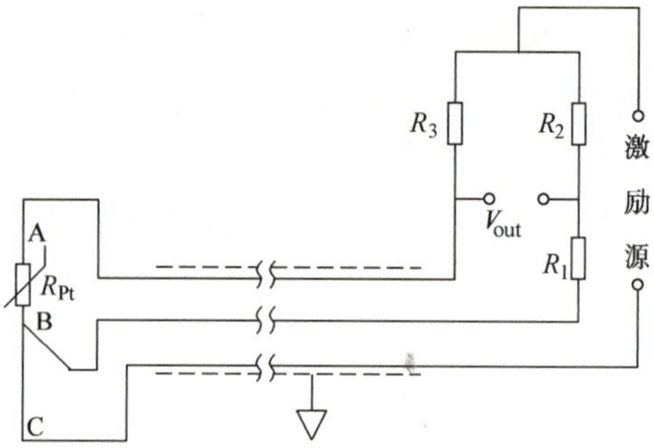

图 2-20　热电阻三线制接线图

2）信号放大电路

信号放大电路是最常用的电路，如上述电桥输出电压一般达不到要求的电平，需要运算放大器放大。运算放大器的选择主要考虑精度要求（失调及失调温漂）、速度要求（带宽、上升率）、幅度要求（工作电压范围及增益）及共模抑制要求。常用于前置放大器的有 μA741，LF347（低精度）；OP-07，OP-27（中等精度）；ILC7650，AD526（高精度）等。

① 基于 ILC7650 的前置放大电路。基于 ILC7650 的前置放大电路如图 2-21 所示。第一级差分放大电路采用了性能优良的自校零放大器（ILC7650），该放大器失调电压（V_o）为 0.7μV，失调电压平均温度系数（$\Delta V_{os}/\Delta T$）为 0.01μV/℃，输入电流（I_i）为 35μA，输入电阻（R_i）为 $10^{12}\Omega$，输出电压摆幅为−4.85～4.95V，共模抑制比（CMRR）为 130dB，单位增益带宽为 2MHz，放大器增益可以设置为 $K=1\sim500$ 倍，输出电压精度≤0.2%，输出噪声≤5mV。

对于热电偶信号调理可用前述信号放大电路。

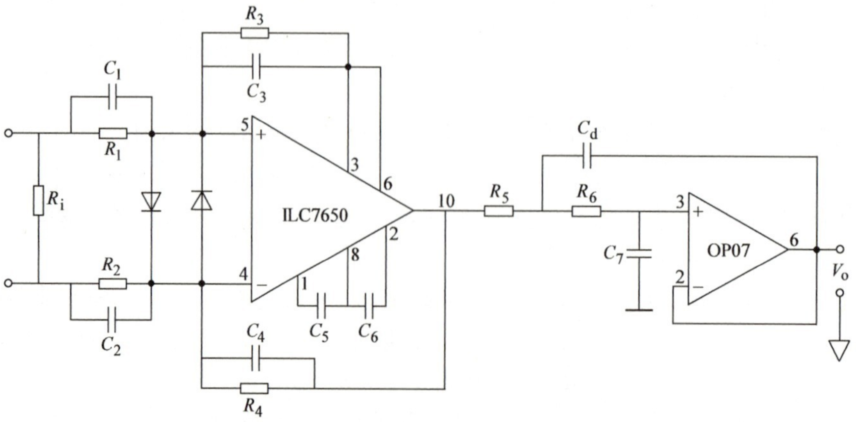

图 2-21　ILC7650 的前置放大电路

② AD526 可编程增益仪用放大器。AD526 是可通过软件对增益进行编程的单端输入的仪用放大器，器件本身所提供的增益是 x1、x2、x4、x8、x16 五挡。它是一个完整的包括放大器、电阻网络和 TTL 数字逻辑电路的器件，使用时不需外加任何元件就可工作。器件经激光修正后的电路，具有很低的增益误差和很低的非线性。在增益 $A_u=16$ 时，小信号带宽为 35kHz，输入偏置电流小于 50pA，输入失调电压低于 0.5mV。在增益 A_u 为 1、2、4 时，增益误差仅为 0.01%。这些性能使得 AD526 可广泛应用于需要软件编程的任何放大电路中。

AD526 可以在透明与锁存两种模式下工作。透明模式是 13 引脚 $\overline{CLK}$ 端接地。锁存模式是 $\overline{CLK}$ 由逻辑信号提供。在透明模式下，如果 B 为高电平，$\overline{CS}$ 或 $\overline{CLK}$ 为逻辑“0”时，输入模拟信号在 A_2、A_1、A_0 逻辑电平到来时增益立即响应。在锁存模式下，当 $\overline{CS}$ 或 $\overline{CLK}$ 变为逻辑“1”时，增益码 A_2、A_1、A_0、B 被锁存到内部寄存器中。直到 $\overline{CS}$ 或 $\overline{CLK}$“1”电平回到“0”时才消除。通常，A_0、A_1、A_2、$\overline{CLK}$、$\overline{CS}$ 和 B 由 CPU 提供。表 2-3 列出了透明、锁存与增益的关系。

表 2-3　增益控制状态表

增益码				控制	状态		增益码				控制	状态	
A_2	A_1	A_0	B	$\overline{CLK}$ ($\overline{CS}=0$)	增益	模式	A_2	A_1	A_0	B	$\overline{CLK}$ ($\overline{CS}=0$)	增益	模式
x	x	x	x	1	前状态	锁存	x	x	x	0	0	1	透明
0	0	0	1	0	1	透明	x	x	x	0	1	1	锁存
0	0	1	1	0	2	透明	0	0	0	1	1	1	锁存
0	1	0	1	0	4	透明	0	0	1	1	1	2	锁存
0	1	1	1	0	8	透明	0	1	0	1	1	4	锁存
1	x	x	1	0	16	透明	0	1	1	1	1	8	锁存
							1	x	x	1	1	16	锁存

注：x 表示为任意状态

利用 AD526 进行放大器的设计既可采用透明模式，也可以采用锁存模式。若采用透明模式，用户必须另行解决 A_2、A_1、A_0 的锁存问题，如利用 I/O 口中的锁存器 74LS174、74LS74 等，否则增益的大小将会随 A_2、A_1、A_0 的变化而变化。图 2-22a 是内部结构图，图 2-22b 是其基本接法。

(2) I/V 变换

变送器输出的信号为 0~10mA 或 4~20mA 的统一信号，需要经过 I/V 变换电路变成电压信号后才能处理。对于电动单元组合仪表，DDZ-Ⅱ型的输出信号标准为 0~10mA，而 DDZ-Ⅲ型和 DDZ-S 系列的输出信号标准为 4~20mA，因此，针对以上情况来讨论 I/V 变换的实现方法。

1）无源 I/V 变换

无源 I/V 变换主要是利用无源器件电阻来实现，并加滤波和输出限幅等保护措施，如图 2-23 所示。

对于 0~10mA 输入信号，可取 $R_1=100\Omega$，$R_2=500\Omega$，且 R_2 为精密电阻，这样当输入的电流为 0~10mA 电流时，输出的电压为 0~5V。对于 4~20mA 输入信号，可取 $R_1=100\Omega$，

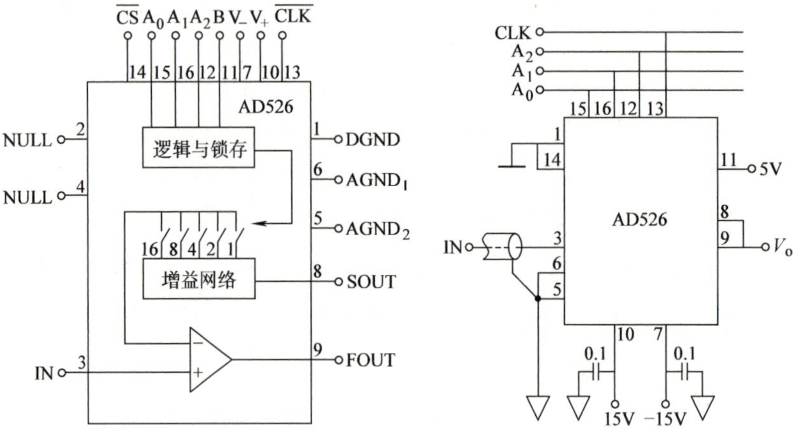

a）内部结构　　b）基本接法

图 2-22　AD526 内部结构和基本接法

$R_2=250\Omega$，且 R_2 为精密电阻，这样当输入的电流为 4~20mA 时，输出的电压为 1~5V。

2）有源 I/V 变换

有源 I/V 变换主要是利用有源器件运算放大器、电阻来实现，如图 2-24 所示。

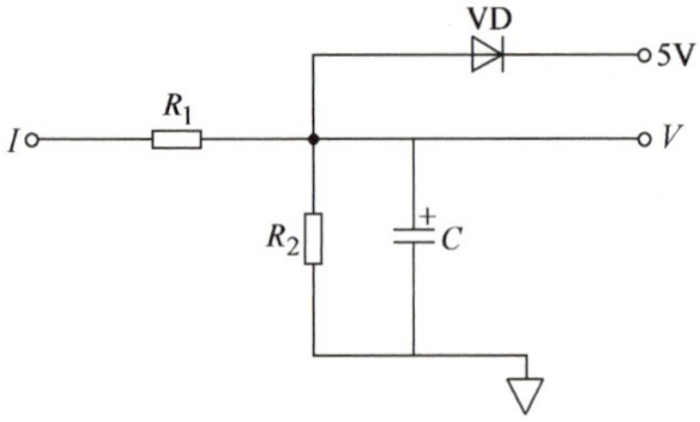

图 2-23　无源 I/V 变换电路

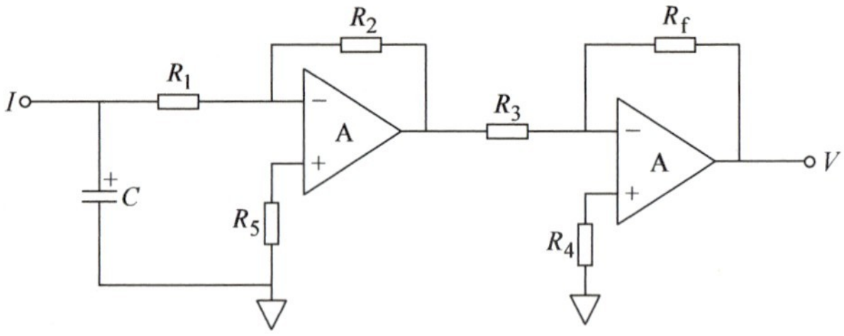

图 2-24　有源 I/V 变换电路

R_2 为精密电阻，阻值为 250Ω，通过取样电阻 R_2，将电流信号转换为电压信号。取精密电阻 $R_3=1\text{k}\Omega$，R_f 设定为 4.7kΩ 的精密多圈电位器，通过调整 R_f 的值，可使 0~10mA 输入对应于 0~5V 的电压输出，4~20mA 输入对应于 1~5V 的电压输出。

3. 多路转换器

多路转换器又称多路开关，它是用来切换模拟电压信号的关键器件。利用多路转换器可将各个输入信号依次地或随机地连接到公用放大器或 A-D 转换器上。为了提高过程参数的测量精度，对多路转换器提出了较高的要求。理想的多路转换器其开路电阻为无穷大，其接通时的导通电阻为零。此外，还希望切换速度快、噪声小、寿命长、工作可靠。

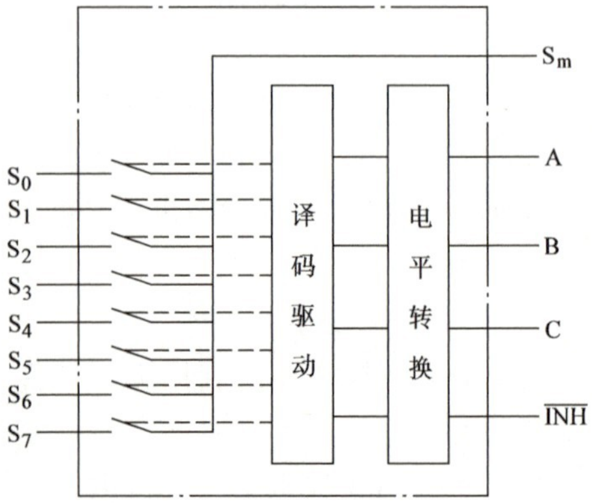

图 2-25　CD4051 原理图

常用的多路转换器有 CD4051（或 MC14051）、AD7501、LF13508 等。CD4051 的原理如图 2-25 所示，它是单端的 8 通道开关，它有三根二进制的控制输入端和一根禁止输入端 $\overline{\text{INH}}$（高电平禁止）。片上有二进制译码器，可由 A、B、C 三个二进制信号在 8 个通道中选择一个，使输入和输出接通。而当 INH 为高电平时，不论 A、B、C 为何值，8 个通道均不通。

CD4051 通道选择如表 2-4 所示。CD4051 有较宽的数字和模拟信号电平，数字信号为 3~15V，模拟信号峰-峰值为 $15V_{PP}$；当 $V_{DD}-V_{EE}=15V$，输入幅值为 $15V_{PP}$ 时，其导通电阻为 80Ω；当 $V_{DD}-V_{EE}=10V$ 时，其断开时的漏电流为±10pA；静态功耗为 1μW。

表 2-4　CD4051 通道选择表

地址输入				S_m 接通
$\overline{INH}$	C	B	A	
1	x	x	x	禁止
0	0	0	0	S_0
0	0	0	1	S_1
0	0	1	0	S_2
0	0	1	1	S_3
0	1	0	0	S_4
0	1	0	1	S_5
0	1	1	0	S_6
0	1	1	1	S_7

4. 采样、量化及采样/保持器

(1) 信号的采样

采样过程如图 2-26 所示。按一定的时间间隔 T，把时间上连续和幅值上也连续的模拟信号，转变成在时刻 0，T，$2T$，…，kT 的一连串脉冲输出信号的过程称为采样过程。执行采样动作的开关 S 称为采样开关或采样器。τ 称为采样宽度，代表采样开关闭合的时间。采样后的脉冲序列 $y^*(t)$ 称为采样信号，采样器的输入信号 $y(t)$ 称为原信号，采样开关每次通断的时间间隔 T 称为采样周期。采样信号 $y(t)$ 在时间上是离散的，但在幅值上仍是连续的，所以采样信号是一个离散的模拟信号。

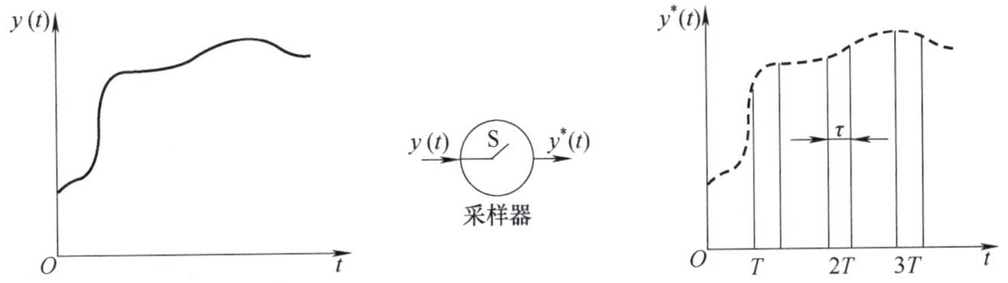

图 2-26　信号的采样过程

从信号的采样过程可知，经过采样，不是取全部时间上的信号值，而是取某些时间上的值。这样处理后会不会造成信号的丢失呢？香农（Shannon）采样定理指出：如果模拟信号（包括噪声干扰在内）频谱的最高频率为 f_{max}，只要按照采样频率 $f\geqslant 2f_{max}$ 进行采样，那么采样信号 $y^*(t)$ 就能唯一地复观 $y(t)$。采样定理给出了 $y^*(t)$ 唯一地复观 $y(t)$ 所必需的最低采样频率。实际应用中，常取 $f\geqslant(5\sim10)f_{max}$，甚至更高。

(2) 量化

所谓量化，就是采用一组数码（如二进制码）来逼近离散模拟信号的幅值，将其转换为数字信号。将采样信号转换为数字信号的过程称为量化过程，执行量化动作的装置是 A-D 转换器。字长为 n 的 A-D 转换器把 $y_{min} \sim y_{max}$ 范围内变化的采样信号变换为数字 $0 \sim 2^n-1$，其最低有效位（LSB）所对应的模拟量 q 称为量化单位

$$q=\frac{y_{max}-y_{min}}{2^n-1}$$

量化过程实际上是一个用 q 去度量采样值幅值高低的小数归整过程，如同人们用单位长度（毫米或其他）去度量人的身高一样。由于量化过程是一个小数归整过程，因而存在量化误差，量化误差为 $(\pm 1/2)q$。例如，$q=20\text{mV}$ 时，量化误差为 $\pm 10\text{mV}$，$0.990 \sim 1.009\text{V}$ 范围内的采样值，其量化结果是相同的，都是数字 50。

在 A-D 转换器的字长 n 足够长时，整量化误差足够小，可以认为数字信号近似于采样信号。在这种假设下，数字系统便可沿用采样系统理论分析、设计。

(3) 采样保持器

1）孔径时间和孔径误差的消除

在模拟量输入通道中，A-D 转换器将模拟信号转换成数字量总需要一定的时间，完成一次 A-D 转换所需的时间称之为孔径时间。对于随时间变化的模拟信号来说，孔径时间决定了每一个采样时刻的最大转换误差，即为孔径误差。例如，图 2-27 所示的正弦模拟电压信号，如果从 t_0 时刻开始进行 A-D 转换，但转换结束时已为 t_1，模拟电压信号已发生 Δu 的变化。因此，对于一定的转换时间，最大的误差可能发生在信号过 0 的时刻。因为此时 $\mathrm{d}u/\mathrm{d}t$ 最大，孔径时间 t_{A-D} 一定，所以此时 Δu 为最大。

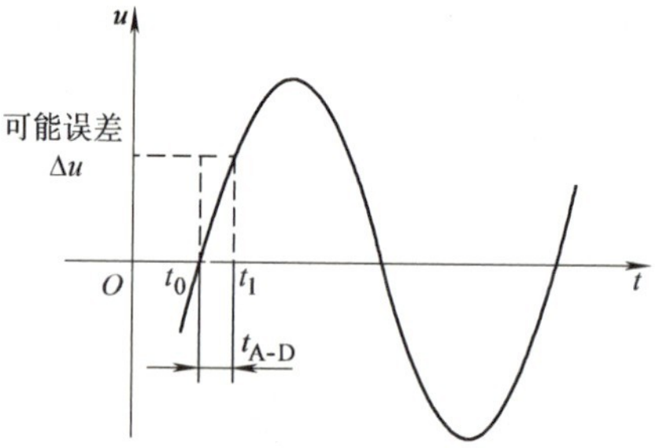

图 2-27　由 t_{A-D} 引起的误差

令 $u=U_m \sin\omega t$，则

$$\frac{\mathrm{d}u}{\mathrm{d}t}=U_m \omega\cos\omega t=U_m 2\pi f\cos\omega t$$

式中，U_m 为正弦模拟信号的幅值；f 为信号频率。

在坐标的原点上，有

$$\frac{\Delta u}{\Delta t}=U_m 2\pi f$$

取 $\Delta t=t_{A-D}$，则可得原点处 A-D 转换的不确定电压误差为

$$\Delta u=U_m 2\pi f t_{A-D}$$

误差的百分数

$$\sigma=\frac{\Delta u \times 100}{U_m}=2\pi f t_{A-D}\times 100$$

由此可知，对于一定的转换时间 t_{A-D}，误差的百分数和信号频率成正比。为了确保 A-D 转换的精度，使它不低于 0.1%，不得不限制信号的频率范围。

一个 10 位的 A-D 转换器（量化精度 0.1%），孔径时间为 $10\mu s$，如果要求转换误差在转

换精度内，则允许转换的正弦波模拟信号的最大频率为

$$f=\frac{0.1}{2\pi\times10\times10^{-6}\times100\text{s}}\approx16\text{Hz}$$

为了提高模拟量输入信号的频率范围，以适应某些随时间变化较快的信号的要求，可采用带有保持电路的采样器，即采样保持器。

2）采样保持原理

A-D 转换过程（即采样信号的量化过程）需要时间，这个时间称为 A-D 转换时间。在 A-D 转换期间，如果输入信号变化较大，就会引起转换误差。所以，一般情况下采样信号都不直接送至 A-D 转换器转换，还需加保持器作信号保持。保持器把 $t=kT$ 时刻的采样值保持到 A-D 转换结束。T 为采样周期，$k=0$，1，2，…，为采样序号。

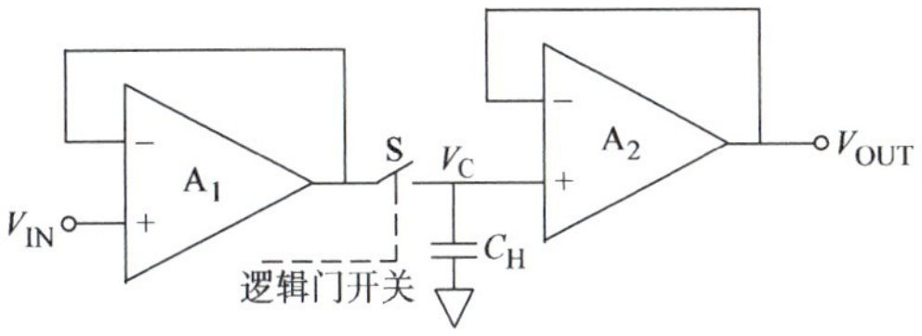

图 2-28　采样保持器的组成

采样保持器的基本组成电路如图 2-28 所示，由输入/输出缓冲器 A_1、A_2 和采样开关 S、保持电容 C_H 等组成。采样时，S 闭合，V_{IN} 通过 A_1 对 C_H 快速充电，V_{OUT} 跟随 V_{IN}；保持期间，S 断开，由于 A_2 的输入阻抗很高，理想情况下 $V_{OUT}=V_C$ 保持不变，采样保持器一旦进入保持期，便应立即启动 A-D 转换器，保证 A-D 转换期间输入恒定。

3）常用的采样保持器

常用的集成采样保持器有 AD582（原理结构如图 2-29a 所示）、LF398（原理结构如图 2-29b 所示）。采用 TTL 逻辑电平控制采样和保持。LF398 的采样控制电平为“1”，保持电平为“0”，AD582 相反。OFFSET 用于零位调整。保持电容 C_H 通常是外接的，其取值与采样频率和精度有关，常选 510～1000pF。减小 C_H 可提高采样频率，但会降低精度。一般选用聚苯乙烯、聚四氟乙烯等高质量电容器作 C_H。逻辑电平基准输入端（AD582 的第 11 引脚、LF398 的第 7 引脚）能使逻辑电平采样保持控制输入端（AD582 的第 12 引脚、LF398 的第 8 引脚）与各种逻辑电平兼容。当逻辑电平基准输入端接地时，逻辑电平采样保持控制输入端与 TTL 电平兼容。

选择采样保持器的主要因素有获取时间、电压下降率等。LF398 的 C_H 取 0.01μF 时，信号达到 0.01%精度所需的获取时间（采样时间）为 25μs，保持期间的输出电压下降率为

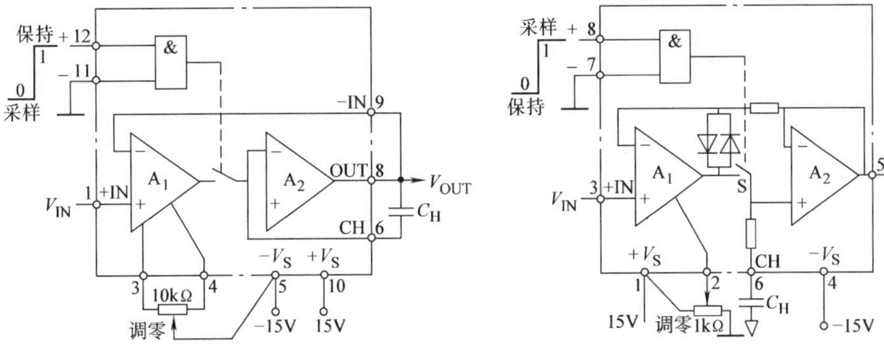

a) AD582　　b) LF398

图 2-29　常用集成采样保持器的原理结构

3mV/s。若 A-D 转换器的转换时间为 100μs，转换期间，保持器输出电压下降约 300μV。当被测信号变化缓慢时，若 A-D 转换器转换时间足够短，可以不加采样保持器。

5. A-D 转换器及其接口技术

(1) 8 位 A-D 转换器及其接口技术

1）8 位 A-D 转换器 ADC0809

ADC0809 是一种带有 8 通道模拟开关的 8 位逐次逼近式 A-D 转换器，转换时间为 100μs 左右，线性误差为（±1/2）LSB，采用 28 引脚双立直插式封装，其逻辑结构如图 2-30 所示。ADC0809 由 8 通道模拟开关、通道选择逻辑（地址锁存与译码）、8 位 A-D 转换器及三态输出锁存缓冲器组成。

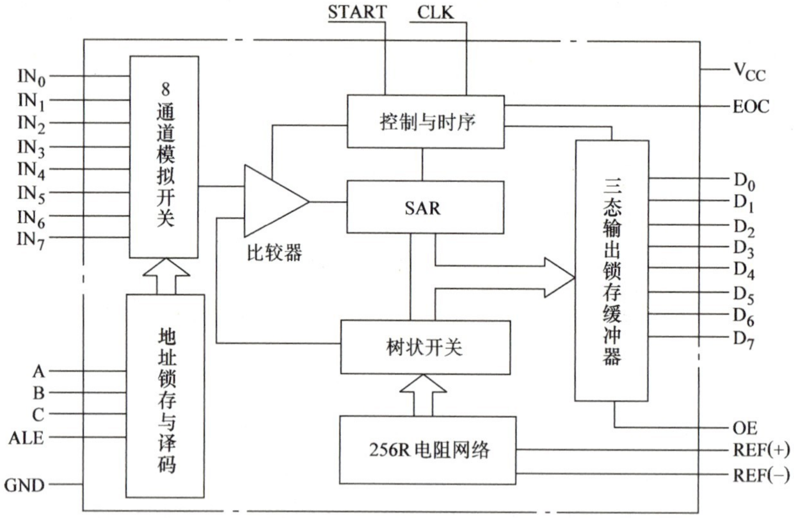

图 2-30　ADC0809 逻辑结构

① 8 通道模拟开关及通道选择逻辑。该部分的功能是实现 8 选 1 操作，通道选择信号 C、B、A 与所选通道之间的关系如表 2-5 所示。

表 2-5　通道选择逻辑

C	B	A	所选通道
0	0	0	V_{IN0}
0	0	1	V_{IN1}
⋮	⋮	⋮	⋮
1	1	1	V_{IN7}

地址锁存允许信号（ALE、正脉冲）用于通道选择信号 C、B、A 的锁存。加至 C、B、A 上的通道选择信号在 ALE 的作用下送入通道选择逻辑后，通道 i（V_{INi}，$i=0, 1, \cdots, 7$）上的模拟输入被送至 A-D 转换器转换。

② 8 位 A-D 转换器。8 位 A-D 转换器对选送至输入端的信号 V_I 进行转换，转换结果 D [$D=0\sim(2^8-1)$] 存入三态输出锁存缓冲器。它在 START 上收到一个启动转换命令（正脉冲）后开始转换，100μs 左右（64 个时钟周期）转换结束（相应的时钟频率为 640kHz）。转换结束时，EOC 信号由低电平变为高电平，通知 CPU 读结果。启动后，CPU 可用查询方式（将转换结束信号接至一条 I/O 线上）或中断方式（EOC 作为中断请求信号引入中断逻

辑）了解 A-D 转换过程是否结束。

③ 三态输出锁存缓冲器。用于存放转换结果 D，输出允许信号 OE 为高电平时，D 由 $DO_7 \sim DO_0$ 上输出；OE 为低电平输入时，数据输出线 $DO_7 \sim DO_0$ 为高阻态。

ADC0809 的量化单位：$q=\dfrac{V_{REF(+)}-V_{REF(-)}}{2^8}$。

通常基准电压 $V_{REF(+)}=5.12V$，$V_{REF(-)}=0V$，此时 $q=20mV$，则转换结果为

$$D=\frac{V_{IN}(mV)}{q(mV)}$$

如 $V_{IN}=2.5V$ 时，$D=125$。V_{CC}（+5V）、GND（0V）分别为 ADC0809 的工作电源和电源地。

2）ADC0809 与工控机接口

A-D 转换器通常都具有三态数据输出缓冲器，因而允许 A-D 转换器直接同系统总线相连接。图 2-31 给出了 ADC0809 与工控机的接口原理，ALE 与 START 引脚相连接，转换结束信号 EOC 接 IRQ_{10}。

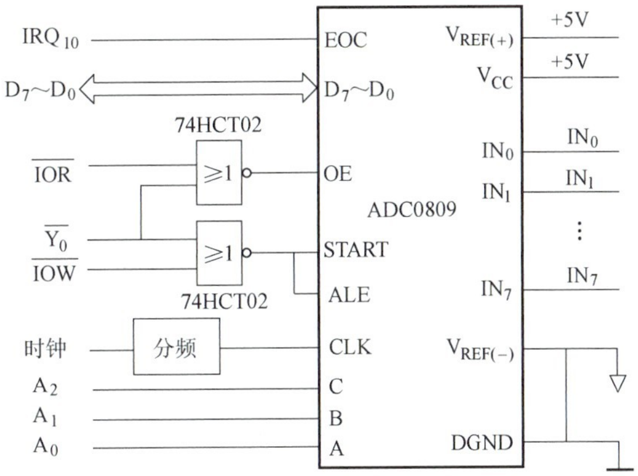

图 2-31　ADC0809 与工控机接口原理图

下列过程是 ADC0809 的模拟量采集程序。

若 I/O 操作时，对于输入端 IN_0，A-D 启动输入的端口地址为 BASE，则 A-D 结束后进入中断服务程序，读取 A-D 结果的端口地址为 BASE。

A-D 转换的子程序段如下：

① 启动子程序

```
ADSTART: MOV    DX, BASE
         OUT    DX, AL
         NOP
         RET
```

② 读数子程序

```
ADREAD: MOV    DX, BASE
        IN     AL, DX
        RET
```

若需要 8 路模拟量采集程序时，则再加上循环并修改输入通道号的端口地址和 A-D 结果存储地址即可。

(2) 12位A-D转换器及其接口技术

1）12位A-D转换器AD574A/AD1674

AD574A/AD1674是一种高性能的12位逐次逼近式A-D转换器，转换时间约为25μs/10μs，线性误差为±1/2LSB，内部有时钟脉冲源和基准电压源，单通道单极性或双极性电压输入，采用28引脚双立直插式封装，其原理结构如图2-32所示。AD574A不带采样保持器，而AD1674自带采样保持器。AD1674是AD574A的升级替代产品，与AD574A引脚兼容。AD574A由12位A-D转换器、控制逻辑、三态输出数据锁存器、10V参考电压源四部分构成。

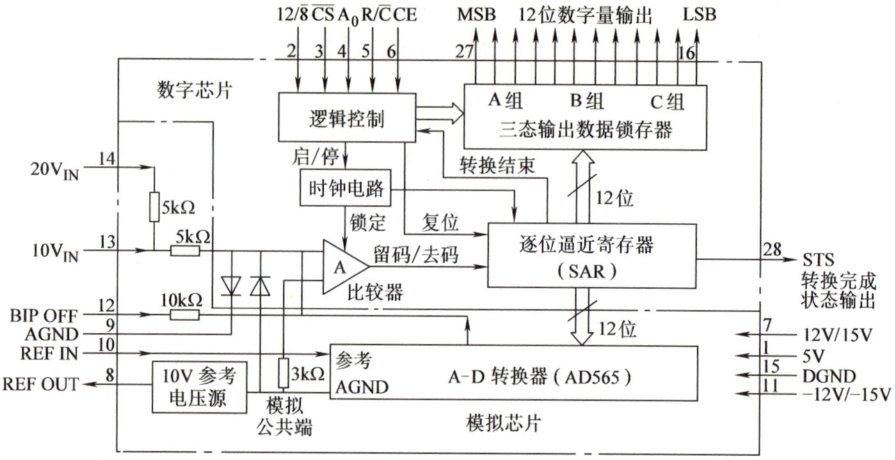

图2-32　AD574A原理图

① 12位A-D转换器。这个12位的A-D转换器的模拟输入，可以是单极性的，也可以是双极性的。单极性应用时，将BIPOFF接0V，双极性时接10V。输入量程可以是10V，也可以是20V。输入信号在10V范围内变化时，将输入信号接至$10V_{IN}$；在20V范围内变化时，接至$20V_{IN}$。量程为10V和20V时，A-D转换器的量化单位分别为$10V/2^{12}$和$20V/2^{12}$。

图2-33是AD574A的单、双极性应用时的线路连接方法，以及零点和满度调整方法。

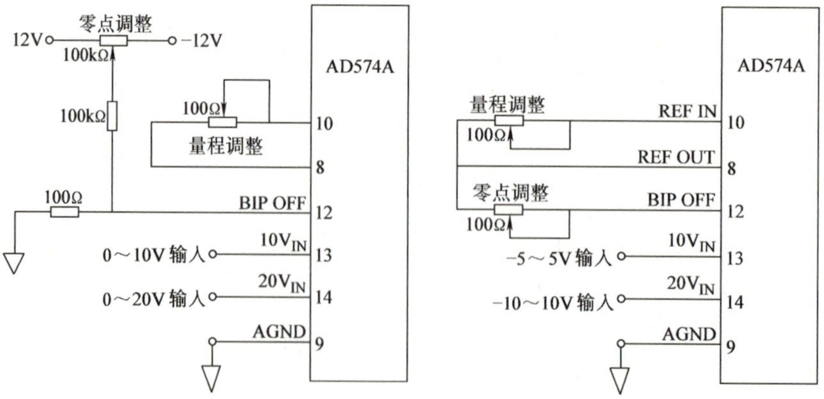

a）单极性　　b）双极性

图2-33　AD574A的输入信号连接方法

② 三态输出锁存缓冲器。该缓冲器用于存放12位转换结果$D[D=0\sim(2^{12}-1)]$。D的输出方式有两种，引脚12/$\overline{8}$=1时，D的$D_{11}\sim D_0$并行输出；12/$\overline{8}$=0时，D的高8位$D_{11}\sim$

D_4 与低 4 位 $D_3 \sim D_0$ 分时输出。

③ 控制逻辑。控制逻辑的任务包含：启动转换、控制转换过程和控制转换结果 D 的输出。控制信号的作用如表 2-6 所示。CE、$\overline{CS}$ 均为片选信号，$R/\overline{C}$ 为读/启动控制信号。STS 为 AD574A 的状态输出信号。启动后，STS 为高电平表示正在转换；25μs 后转换结束，STS 为低电平。CPU 可用查询或中断方式了解转换过程是否结束。

V_{LOGIC} 为逻辑电源端（5V），V_{CC}（12~15V）、V_{EE}（−15V~−12V）分别为工作电源正、负端。

表 2-6　AD574A 控制信号真值表

CE	$\overline{CS}$	$R/\overline{C}$	$12/\overline{8}$	A_0	工作状态
0	×	×	×	×	禁止
×	1	×	×	×	禁止
1	0	0	×	0	启动 12 位转换
1	0	0	×	1	启动 8 位转换
1	0	1	接 1 脚(+5V)	×	12 位并行输出有效
1	0	1	接 15 脚(地)	0	高 8 位并行输出有效
1	0	1	接 15 脚(地)	1	低 4 位加上尾随 4 个 0 有效

2）AD1674/AD574A 与工控机接口

12 位 A-D 转换器 AD1674（AD574A 也可参考，但其输入 V_{IN0} 或 V_{IN1} 需接采样保持器）与工控机接口原理如图 2-34 所示。如模拟输入电压信号接 V_{IN0}（−5V~5V 双极性输入），A-D 数据输出线接 ISA 总线的 $D_7 \sim D_0$，8 位输出方式。转换结束信号 STS 经反相后接 IRQ_{10}。

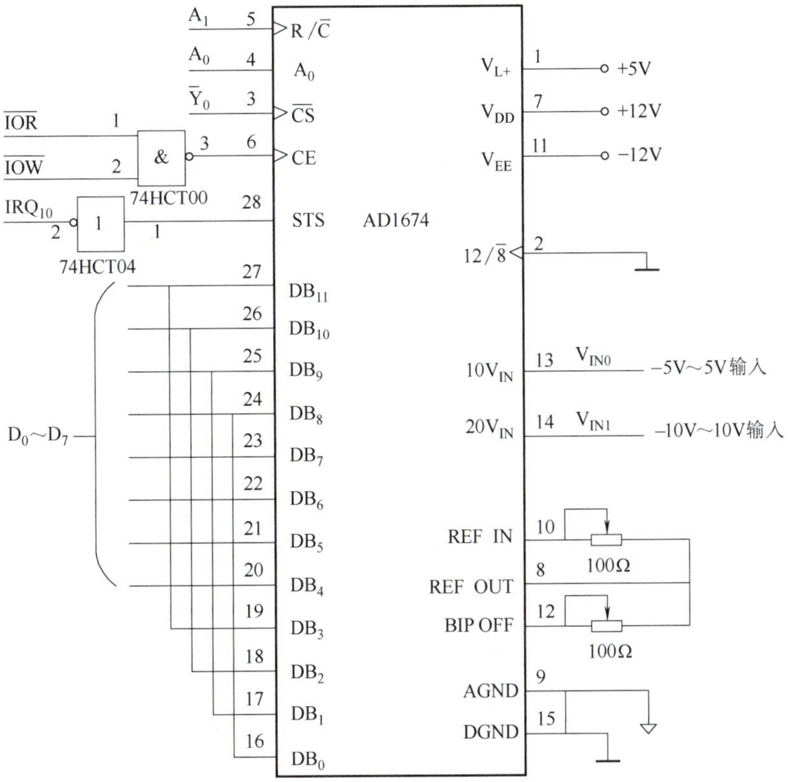

图 2-34　AD1674 与工控机接口原理图

若片选信号有效时，高位地址为 BASE，则 12 位 A-D 启动控制端口地址为 BASE+0。A-D 转换结束后进入中断服务程序，A-D 数据输出高 8 位端口地址为 BASE+2，低 4 位端口地址为 BASE+3。

A-D 转换的子程序段如下：

① 启动子程序

```
ADSTART: MOV    DX, BASE+0
         OUT    DX, AL
         NOP
         RET
```

② 读数子程序

```
ADREAD: MOV    DX, BASE+2
        IN     AL, DX
        MOV    AH, AL
        MOV    DX, BASE+3
        IN     AL, DX
        RET
```

2.3.3 模拟量输出接口与过程通道

模拟量输出接口与过程通道是计算机控制系统实现控制输出的关键，它的任务是把计算机输出的数字量转换成模拟电压或电流信号，以便驱动相应的执行机构，达到控制的目的。模拟量输出通道一般由接口电路、D-A 转换器、V/I 变换等组成。

1. 模拟量输出接口与过程通道的结构型式

模拟量输出接口与过程通道的结构型式，主要取决于输出保持器的构成方式。输出保持器的作用主要是在新的控制信号来到之前，使本次控制信号维持不变。保持器一般有数字保持方案和模拟保持方案两种，这就决定了模拟量输出通道的两种基本结构型式。

（1）一个通道设置一个 D-A 转换器的型式

图 2-35 给出了一个通道设置一个 D-A 转换器的结构型式，微处理器和通道之间通过独立的接口缓冲器传送信息，这是一种数字保持的方案。它的优点是转换速度快、工作可靠，即使某一路 D-A 转换器有故障，也不会影响其他通道的工作。缺点是使用了较多的 D-A 转换器。但随着大规模集成电路技术的发展，这个缺点正在逐步得到克服，这种方案较易实现。

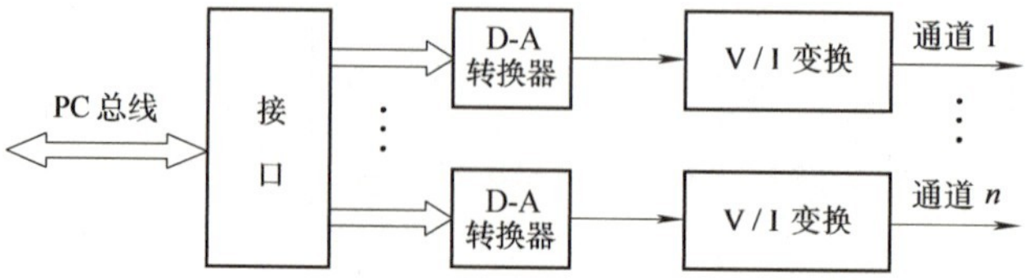

图 2-35　一个通道设置一个 D-A 转换器的结构型式

（2）多个通道共用一个 D-A 转换器的型式

图 2-36 给出了多个通道共用一个 D-A 转换器的结构型式。因为共用一个 D-A 转换器，故它必须在微型机控制下分时工作，即依次把 D-A 转换器转换成的模拟电压（或电流），通

过多路模拟开关传送给输出采样保持器。这种结构型式的优点是节省了 D-A 转换器。但因为分时工作，这种结构只适用于通道数量多且速度要求不高的场合，另外，它还要用多路开关，且要求输出采样保持器的保持时间与采样时间之比较大，所以这种方案的可靠性较差。

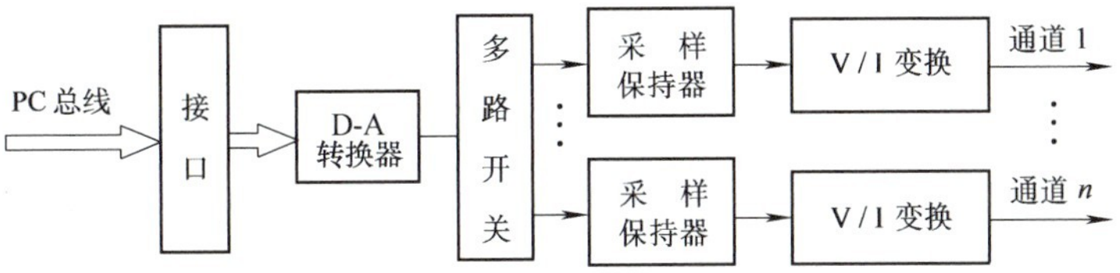

图 2-36 多个通道共用一个 D-A 转换器的结构型式

2. D-A 转换器及其接口技术

(1) 8 位 D-A 转换器及其接口

DAC0832 主要由 8 位输入寄存器、8 位 DAC 寄存器、采用 R-2R 电阻网络的 8 位 D-A 转换器、相应的选通控制逻辑四部分组成，采用 20 引脚双立直插式封装。在集成电路 DAC0832 的内部，I_{OUT1} 和 R_{FB} 之间连接了一个反馈电阻 $R_{FB}=15\text{k}\Omega$。V_{REF} 为基准电压。

$DI_7 \sim DI_0$ 是 DAC0832 的 8 位数字信号 D 输入端，I_{OUT1} 和 I_{OUT2} 是它的模拟电流输出端，$I_{OUT1}+I_{OUT2}=C$（常数）。I_{OUT1} 和 I_{OUT2} 与 8 位输入数字量 D 之间的关系为：当 $D=00H$ 时，$I_{OUT1}=0$，$I_{OUT2}=C$；当 $D=80H$ 时，$I_{OUT1}=0.5C$，$I_{OUT2}=0.5C$；当 $D=FFH$ 时，$I_{OUT1}=C$，$I_{OUT2}=0$。

D-A 转换器与工控机接口由 8 位 D-A 转换芯片 DAC0832、运算放大器和总线接口逻辑组成，如图 2-37 所示。

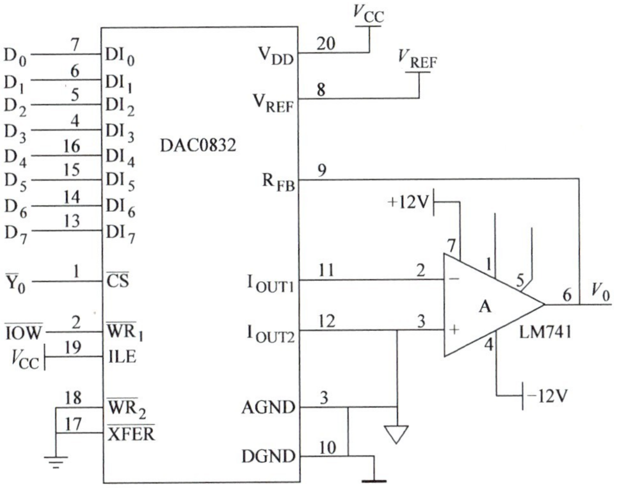

图 2-37 8 位 D-A 转换器与工控机接口原理图

在输入锁存允许 ILE、片选 $\overline{CS}$ 有效时，写选通信号 $\overline{WR_1}$（负脉冲）能将输入数字 D 锁入 8 位输入寄存器。在传送控制 $\overline{XFER}$ 有效条件下，$\overline{WR_2}$（负脉冲）能将输入寄存器中的数据传送到 DAC 寄存器。数据送入 DAC 寄存器后 1μs（建立时间），I_{OUT1} 和 I_{OUT2} 稳定。

一般情况下，把 $\overline{XFER}$ 和 $\overline{WR_2}$ 接地（此时 DAC 寄存器直通），ILE 接+5V，总线上的

I/O 端口写信号作为 $\overline{WR_1}$，接口地址译码信号作为 $\overline{CS}$ 信号，使 DAC0832 接为单缓冲形式，数据 D 写入输入寄存器即可改变其模拟输出。在要求多个 D-A 同步工作（多个模拟输出同时改变）时，才将 DAC0832 接为双缓冲，此时，$\overline{XFER}$、$\overline{WR_2}$ 分别受接口地址译码信号、I/O 端口信号驱动。

DAC0832 工作在单缓冲寄存器方式，即当 $\overline{CS}$ 信号来时，D_0 ~ D_7 数据线送来的数据直通进行 D-A 转换，当 $\overline{IOW}$ 变高时，则此数据便被锁存在输入寄存器中，因此 D-A 转换的输出也保持不变。

DAC0832 将输入的数字量转换成差动的电流输出（I_{OUT1} 和 I_{OUT2}），为了使其能变成电压输出，所以又经过运算放大器 A，将形成单极性电压输出 0~5V（V_{REF} 为-5V）或 0~10V（V_{REF} 为 - 10V）。若要形成负电压输出，则 V_{REF} 需接正的基准电压。为了保证输出电流的线性度，两个电流输出端 I_{OUT1} 和 I_{OUT2} 的电位应尽可能地接近 0 电位，只有这样，将数字量转换后得到的输出电流将通过内部的反馈电阻 R_{fb} 流到放大器的输出端，否则运放两输入端微小的电位差，将导致很大的线性误差。

若 DAC0832 $\overline{CS}$ 的端口地址为 BASE，则 7FH 转换为模拟电压的接口程序为

```
DAOUT：MOV    DX，BASE
       MOV    AL，7FH
       OUT    DX，AL
       RET
```

（2）12 位 D-A 转换器及其接口

DAC1210 的原理和控制信号（$\overline{CS}$、$\overline{WR_1}$、$\overline{WR_2}$、$\overline{XFER}$）功能基本上和 DAC0832 相同，但有两点区别：一是它是 12 位的，有 12 条数据输入线（DI_0 ~ DI_{11}），其中 DI_0 为最低有效位 LSB，DI_{11} 为最高有效位 MSB。由于它比 DAC0832 多了 4 条数据输入线，故采用 24 引脚双列直插式封装。二是可以用字节控制信号 $BYTE_1/\overline{BYTE_2}$ 控制数据的输入，当该信号为高电平时，12 位数据（DI_0 ~ DI_{11}）同时存入第一级的两个输入寄存器；反之，当该信号为低电平时，只将低 4 位数据（DI_0 ~ DI_3）存入 4 位输入寄存器。

D-A 转换器与工控机接口由 12 位 D-A 转换芯片 DAC1210、运算放大器和总线接口逻辑组成，如图 2-38 所示。端口地址译码器译出 $\overline{Y_0}$ 地址为基地址 BASE，则 D-A 高 8 位地址为 BASE+1，低 8 位地址为 BASE+0。

该电路的转换过程是：当 $\overline{Y_0}$ 信号有效且 $A_0=1$，则 $BYTE_1/\overline{BYTE_2}$ 为高电平，同时当 $\overline{IOW}$ 信号来时，高 8 位数据被写入 DAC1210 的高 8 位输入寄存器和低 4 位输入寄存器。当又一次 $\overline{IOW}$ 信号来时，$A_0=0$，由于 $BYTE_1/\overline{BYTE_2}$ 为低电平，则高 8 位输入数据被锁存，低 4 位数据写入低 4 位输入寄存器，原先写入的内容被冲掉，同时 DAC1210 内的 12 位 DAC 寄存器和高 8 位及低 4 位输入第二级寄存器直通，因而这一新的数据由片内的 12 位 D-A 转换器开始转换。

接口程序为

```
DA12OUT：MOV    DX，BASE+1
         MOV    AL，dataH          ；送高 8 位数据
```

```
OUT     DX, AL
MOV     DX, BASE+0
MOV     AL, dataL          ; 送低 4 位数据
OUT     DX, AL             ; 12 位数据进行转换
RET
```

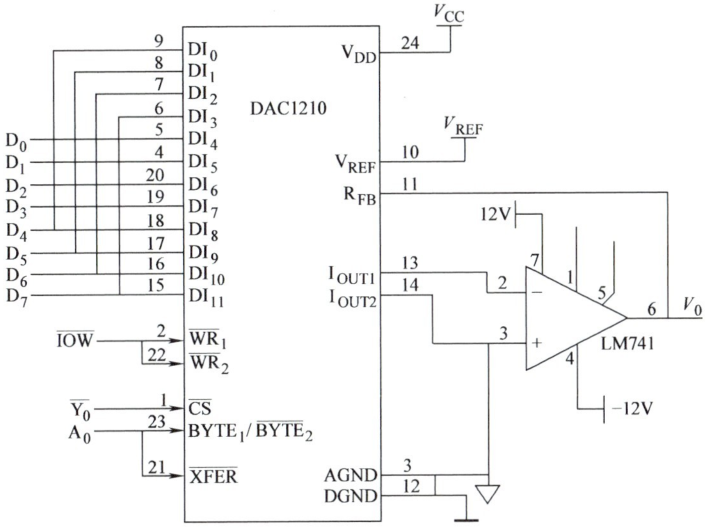

图 2-38　12 位 D-A 转换器与工控机接口原理图

3. 单极性与双极性电压输出电路

在实际应用中，通常采用 D-A 转换器外加运算放大器的方法，把 D-A 转换器的电流输出转换为电压输出。图 2-39 给出了 D-A 转换器的单极性与双极性输出电路。电阻 R_1、R_2、R_3 都为精密电阻。

V_{OUT1} 为单极性输出，若 D 为输入数字量，V_{REF} 为基准参考电压，且为 n 位 D-A 转换器，则有

$$V_{OUT1}=-V_{REF}\frac{D}{2^n}$$

V_{OUT2} 为双极性输出，且可推导得到

$$V_{OUT2}=-\left(\frac{R_3}{R_1}V_{REF}+\frac{R_3}{R_2}V_{OUT1}\right)=V_{REF}\left(\frac{D}{2^{n-1}}-1\right)$$

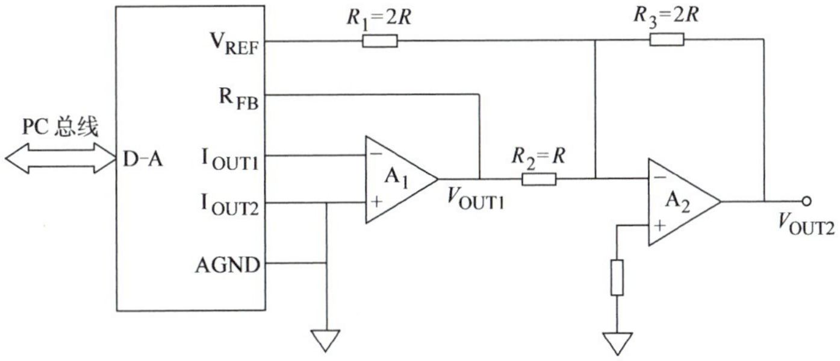

图 2-39　D-A 转换器的单极性与双极性输出电路

4. V/I 变换

在实现 0~5V、0~10V、1~5V 直流电压信号到 0~10mA、4~20mA 转换时，可直接采用集成 V/I 转换电路来完成。AD694 是 16 引脚的 4~20mA 集成 V/I 转换器，适当接线也可使其输出范围为 0~20mA。

AD694 的主要特点是：

- 输出范围：4~20mA，0~20mA。
- 输入范围：0~2V 或 0~10V。
- 电源范围：4.5~36V。
- 可与电流输出型 D-A 转换器直接配合使用，实现程控电流输出。
- 具有开路或超限报警功能。

AD694 对于不同的电源电压、输入和输出范围，其引脚接线也各不相同。表 2-7 为不同场合使用时的接线表。

表 2-7　AD694 引脚接线表

输入电压/V	输出电流/mA	参考电压/V	MinV_S/V	Pin9	Pin4	Pin8
0~2	4~20	2	4.5	Pin5	Pin5	Pin7
0~10	4~20	2	12.5	Pin5	Open	Pin7
0~2.5	0~20	2	5.0	≥3V	Pin5	Pin7
0~12	0~20	2	15.0	≥3V	Open	Pin7
0~2	4~20	10	12.5	Pin5	Pin5	Open
0~10	4~20	10	12.5	Pin5	Open	Open
0~2.5	0~20	10	12.5	≥3V	Pin5	Open
0~12.5	0~20	10	15.0	≥3V	Open	Open

AD694 的使用也较为简单，对于 0~10V 输入，4~20mA 输出，电源电压高于 12.5V 的情况，可参考图 2-40 的基本接法，在这种情况下，输出能驱动的最大负载电阻 R_L 为

$$R_L=(V_S-2)/20\text{mA}$$

当电源电压 $V_S=12.5\text{V}$ 时，其最大负载电阻 $R_L=525\Omega$。

AD694 还可与 8 位、10 位、12 位等电流型 D-A 转换器直接配合使用，如利用 12 位 D-A 转换器 DAC1210 时，可参考图 2-41 的接法。其中 DAC1210 用单电源供电，AD694 输出范围为 4~20mA。AD694 还设有调零端和满度调整端，具体调整方法可参考其使用手册，这里不再讨论。

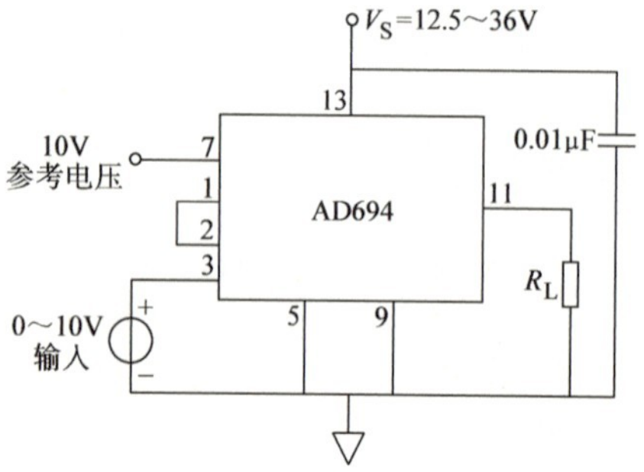

图 2-40　AD694 的基本应用

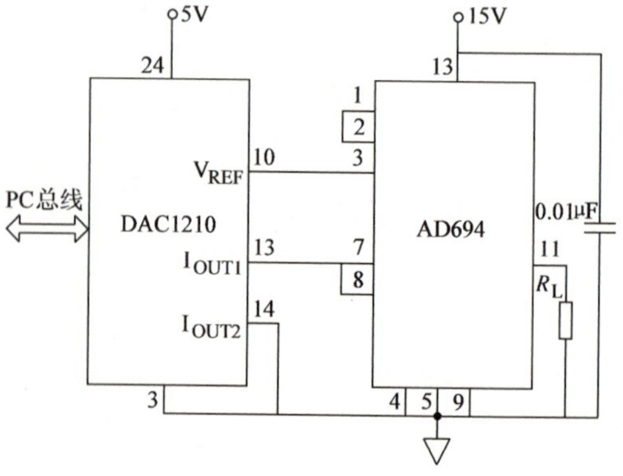

图 2-41　DAC1210 与 AD694 的接口

2.3.4　脉冲量输入/输出接口与过程通道

1. 脉冲量输入接口与过程通道

工业现场有许多光电磁等传感器，如脉冲编码器、旋转变压器、感应同步器、光栅、磁栅等。这些传感器产生的脉冲信号都需要脉冲量输入板卡或模块进行测量。脉冲量测量可以实现脉冲信号的输入和采集，并通过计数实现测频、测周期等功能。考虑到工业现场电磁干扰，常采用光电隔离技术，提高系统的抗干扰能力。

(1) 脉冲量输入接口与过程通道的结构

计算机控制系统中，生产线产品的计数、直线运动的位移、旋转运动的角度，这些信号的测量都需要传感器，而这些传感器的输出多为脉冲信号。脉冲量输入接口与过程通道主要由脉冲量输入信号调理电路、计数器/定时器与输入接口、地址译码器与接口控制逻辑等组成，如图 2-42 所示。

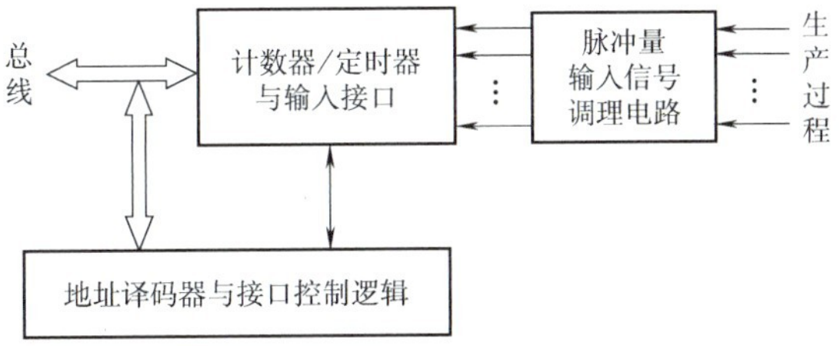

图 2-42　脉冲量输入接口与过程通道结构

(2) 输入信号调理电路

光电磁等传感器的输出是微弱电压脉冲信号，一般需经过放大、比较、隔离、整形等环节进行输入脉冲信号调理，变换成计数器能够接收的信号。脉冲量输入信号调理电路的组成如图 2-43 所示。

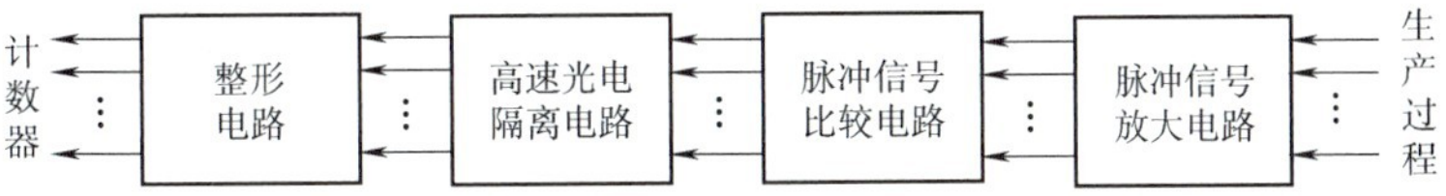

图 2-43　脉冲量输入信号调理电路的组成

这里，可采用 LM324 放大器对输入脉冲信号进行放大，采用 LM311 电压比较器把固定电压作为电平比较，采用 6N137 高速光耦合器进行光电隔离，采用 74LS14 施密特触发器进行整形。脉冲量输入信号调理电路设计可见参考文献 [22] 和 [55]。

(3) 计数器/定时器与输入接口

① 计数器/定时器工作原理。Intel 8254（8253 的改进型）是一个 24 引脚的可编程计数器/定时器通用芯片，其内部结构如图 2-44 所示。芯片内有 3 个相互独立的 16 位定时器/计数器（T/C），每个 T/C 可按二进制或十进制计数，有 6 种工作方式，可作为外部事件计数器、频率发生器、实时时钟等，8254 有读回状态功能（8253 没有），最高工作频率可达到 10MHz（8253 为 2MHz）。

② 计数器/定时器与 PC 总线接口。8254 与 PC 总线接口原理如图 2-45 所示。这里，

GATE 为控制计数器启动或中止的门控端，CLK 是计数器的脉冲输入端，OUT 为 CLK 的分频输出端（可接输出信号驱动电路）。计数器的计数结果可由数据总线 $D_0 \sim D_7$ 输入计算机中。当 CLK 与外部脉冲量输入信号调理电路连接时，8254 可对外部传感器的脉冲信号进行计数；当 CLK 与 PC 总线的 CLK 连接时，8254 可通过 OUT 向外部输出脉冲信号。电路的主要技术参数如下：

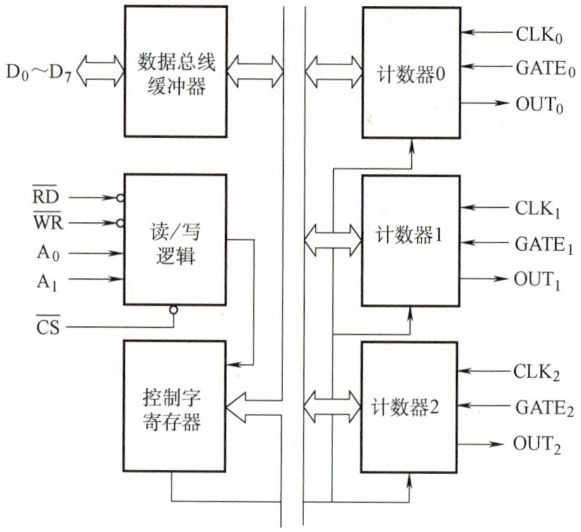

图 2-44 Intel 8254 内部结构原理图

输入通道数：9 路（采用 3 片 8254）。

工作模式：脉冲测量、事件计数、定时控制、频率输出。

计数器字长：16 位。

计数范围：0~65535（任一通道）。

隔离方式：光电隔离。

本电路采用 3 片 8254。8254 可用程序设置成多种工作方式，按二进制或十进制计数。本电路通过不同的连接方式，可使 8254 的时钟输入端 CLK 通过光电耦合器与被测现场信号相连，或与电路中的基准时钟相连。本电路也可将 2~3 个计数器串联使用。对于 8254 的启停控制端 GATE，同样可以通过不同的连接方式选择，使其受外部信号的控制或设置为常允许。

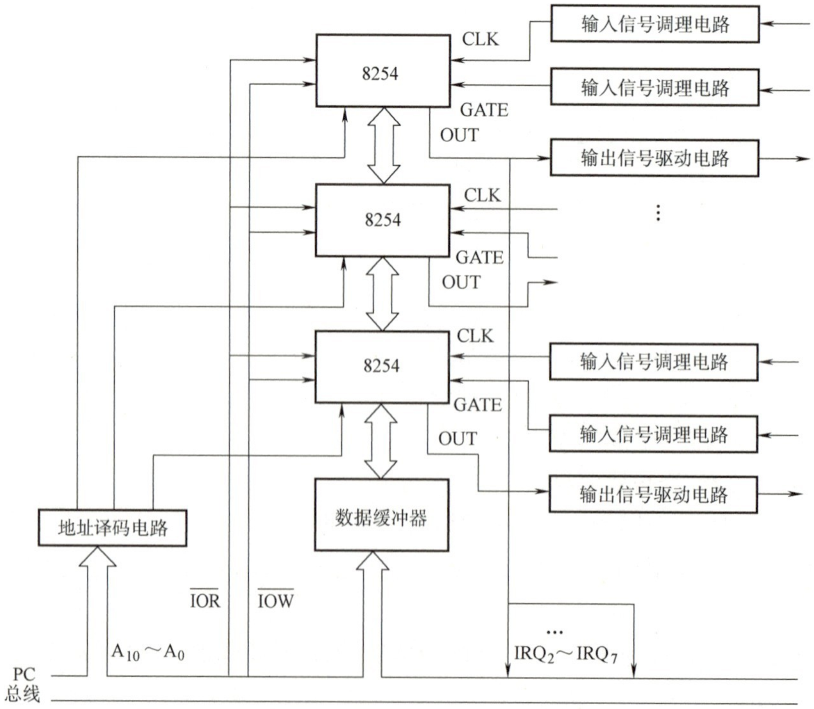

图 2-45 计数器/定时器与 PC 总线接口

本电路还采用中断方式工作，提供了 3 个中断源 IRQ_2、IRQ_3、IRQ_7。用户可根据需要将 8254 的 OUT 信号接至这 3 个中断源上，并可编写相应的中断管理及服务程序。注意，不要将几个 OUT 信号接在同一中断源上。每个 8254 的 OUT 信号也可经过光电耦合器供给工业过程现场使用。计数器/定时器 8254 和计算机的接口及编程与 8253 类似，对于学过“微机原理与接口技术”的人来说，非常简单，这里不再赘述。

当然，对于电机等旋转设备常采用脉冲编码器作为传感器，并采用 M/T 法测量转速，其测速原理与方法可参考《运动控制系统》教材，这里不再赘述。

2. 脉冲量输出接口与过程通道

在计算机控制系统中，经常需要输出脉冲信号或设计脉冲功率接口，包括脉宽调制（Pulse Width Modulation，PWM）控制脉冲信号、数字触发脉冲信号、运动轨迹插补及数控系统运动控制等。因此需要设计脉冲量输出接口与过程通道。

（1）脉冲量输出接口与过程通道的结构

脉冲量输出接口与过程通道主要由脉冲量输出信号驱动电路、脉冲量输出接口、地址译码器与接口控制逻辑等组成，如图 2-46 所示。

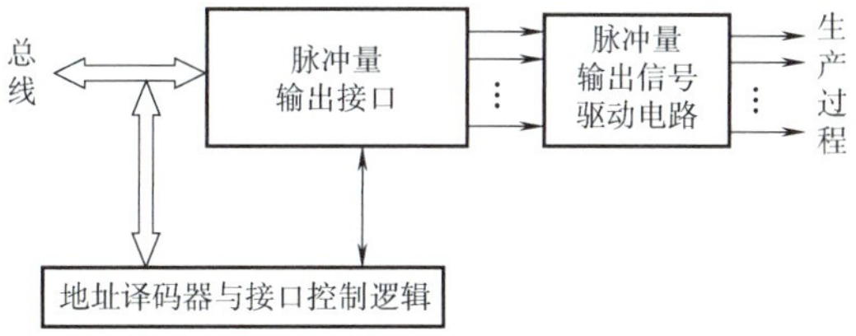

图 2-46　脉冲量输出接口与过程通道结构

（2）输出信号驱动电路

在一些计算机控制系统中，被控对象是大功率装置或部件（如电动机），功率接口技术则是关键技术，包括直流电动机、交流电动机、步进电动机等的 PWM 控制技术和数字触发器控制技术。

① PWM 脉冲信号输出。PWM 控制技术得到了广泛应用。对于 PWM 整流器/逆变器，主电路常用全控型绝缘栅双极型晶体管（Insulated Gate Bipolar Transistor，IGBT），控制电路常用 DSP 集成电路 TMS320F2407、TMS320F2812 和 TMS320F28335 等。同样，设计脉冲信号 PWM 控制电路的详细内容，也可参考《电力电子技术》《运动控制系统》教材和有关产品手册，这里不再赘述。

② 触发脉冲信号输出。数字触发器控制技术得到了实际应用。对于相控整流器/逆变器（弱电控制、强电输出），主电路常用半控型晶闸管，控制电路常用数字触发器和脉冲变压器（主电路和控制电路电磁隔离）等。控制电路除了采用集成触发器 KJ004、KJ041 和 KJ042 等，还常使用数字触发器实现晶闸管电路的触发脉冲移相控制。为了保证数字触发器和主电路频率一致，采用同步变压器对数字触发电路进行定相。设计数字触发器的详细内容，可参考《电力电子技术》《运动控制系统》教材和有关产品手册，这里不再赘述。

（3）脉冲量输出接口

计算机（工控机）的脉冲量输出接口与数字量（开关量）输出接口类似，但高速的脉冲量输出接口有所不同。当然，根据图 2-45 所示的 8254，可以通过 OUT 向外部输出脉冲信号。高速的脉冲量输出接口也可使用 TMS320F2407、TMS320F2812 或 TMS320F28335 等直接与计算机总线接口，芯片内容和程序设计可参考有关 DSP 的资料和产品手册，这里不再赘述。

2.4　基于系统总线的计算机控制系统硬件设计

本节以研华公司推出的系统总线板卡为例，介绍数字量输入/输出板卡、模拟量输入/输出板卡和脉冲量输入/输出板卡的设计技术。

2.4.1　数字量输入/输出接口与过程通道模板设计

PCL-730 是研华公司推出的 32 通道隔离型 I/O 板卡，提供 16 路数字量（开关量）隔离输入通道和 16 路数字量（开关量）隔离输出通道，组成框图如图 2-47 所示，由总线接口、地址译码及控制电路、光电隔离电路、输出锁存器和输入缓冲器及连接器等部分组成。

$D_7 \sim D_0$（对应 ISA 总线的 $SD_7 \sim SD_0$）为数据线，$A_9 \sim A_0$（对应 ISA 总线的 $SA_9 \sim SA_0$）为地址线，$\overline{IOR}$、$\overline{IOW}$ 和 RESET 分别为 I/O 读、I/O 写和复位信号，$\overline{CS_1}$ 用来选通隔离开关量输入低 8 位寄存器，$\overline{CS_2}$ 选通隔离开关量输入高 8 位寄存器，$IDI_0 \sim IDI_{15}$ 为 16 路隔离开关量输入通道，$IDO_0 \sim IDO_{15}$ 为 16 路隔离开关量输出通道。

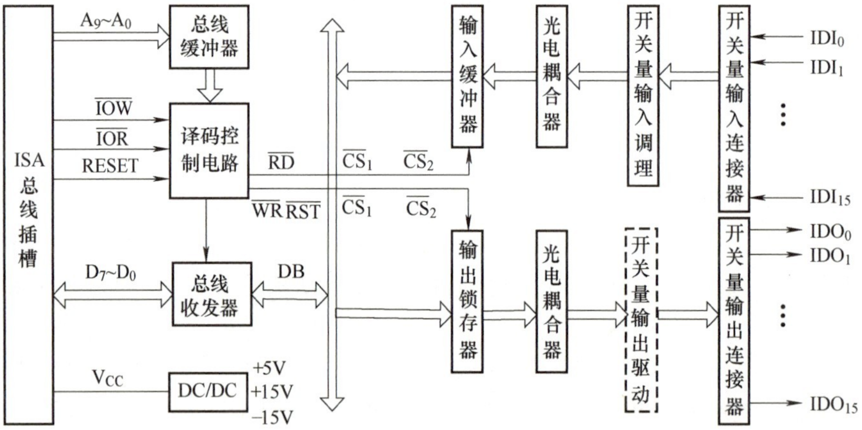

图 2-47　PCL-730 板卡组成框图

(1) 寄存器地址

PCL-730 寄存器地址分配如表 2-8 所示。

表 2-8　PCL-730 寄存器地址分配

地址	W/R	寄存器名称	地址	W/R	寄存器名称
基地址+00	R	隔离开关量输入低 8 位	基地址+00	W	隔离开关量输出低 8 位
基地址+01	R	隔离开关量输入高 8 位	基地址+01	W	隔离开关量输出高 8 位

(2) 程序设计举例（基地址设为 220H）

PCL-730 板卡的开关量输入/输出都只需要两条指令就可以完成。下面的程序段实现了隔离开关量输出的奇数通道输出低电平并读入 16 路隔离开关量输入通道的输入电平的功能。

C 语言程序如下：

```
outportb(0x220,0x55)     //隔离开关量输出的奇数通道输出低电平
outportb(0x221,0x55)
inportb(0x220)           //读入隔离开关量输入通道 0~7 的输入电平
inportb(0x221)           //读入隔离开关量输入通道 8~15 的输入电平
```

汇编语言程序如下：

```
MOV   DX,  220H    ;隔离开关量输出的奇数通道输出低电平
MOV   AL,  55H
OUT   DX,  AL
MOV   DX,  221H
OUT   DX,  AL
MOV   DX,  220H    ;读入隔离开关量输入通道 0~7 的输入电平
IN    AL,    DX
MOV   AH,  AL
MOV   DX,  221H    ;读入隔离开关量输入通道 8~15 的输入电平
IN    AL,  DX      ;读入 16 路隔离开关量输入通道的输入电平存在 AX 中
```

2.4.2　模拟量输入接口与过程通道模板设计

PCL-813B 是研华公司推出的基于 ISA 总线的数据采集卡，分辨率为 12 位，A-D 转换器为 AD574A/1674，转换时间为 25/10μs；提供 32 路单端隔离模拟量输入通道。通过软件编程双极性可选择±5V、±2. 5V、±1. 25V、±0. 625V 电压；单极性可选择 0~10V、0~5V、0~2. 5V、0~1. 25V 电压。

基于 ISA 总线的 A-D 板卡的组成如图 2-48 所示，由总线接口、地址译码及控制电路、光电隔离电路、A-D 转换器、放大器、控制字寄存器、多路开关、滤波电路及连接器等部分组成。图 2-48 中的 $D_7 \sim D_0$（对应 ISA 总线的 $SD_7 \sim SD_0$）为数据线，$A_9 \sim A_0$（对应 ISA 总线的 $SA_9 \sim SA_0$）为地址线，$\overline{IOW}$、$\overline{IOR}$ 和 RESET 分别为 I/O 读、I/O 写和复位信号，IRQ 为中断请求输入，CHS 为通道选择线（多条），RDL（RDH）控制读 A-D 转换数据的低（高）字节，GC、SC、MC 分别为增益控制信号、采样控制信号和多路开关控制信号，ADS 表示隔离后的 A-D 转换状态，RL（RH）/ST 和 EOC 分别表示隔离后的低（高）字节读控制、启

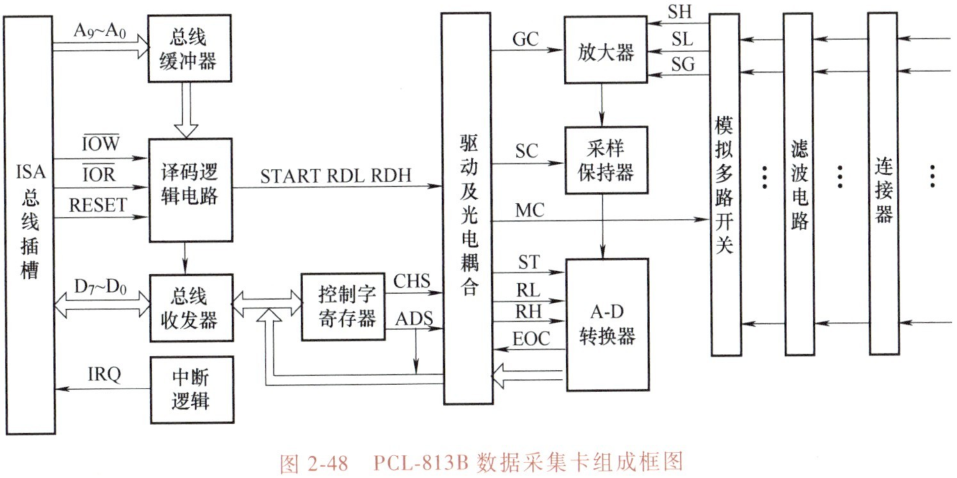

图 2-48　PCL-813B 数据采集卡组成框图

动控制信号和隔离前的 A-D 转换状态。

(1) 寄存器地址分配

基地址+04：A-D 转换结果的低字节（只读）；

基地址+05：A-D 转换结果的高字节（只读，包括 A-D 转换准备位）；

基地址+09：增益控制（只写）；

基地址+10：多路转换控制（只写）；

基地址+12：A-D 转换软件触发。

(2) 寄存器格式

PCL-813B 的寄存器格式如表 2-9 所示。DRDY 为数据准备位（A-D 转换状态位），“0”表示准备好，可以读取结果；$D_{11} \sim D_0$ 为 A-D 转换结果的数据位；G_1、G_0 为增益控制位，其组合用于选择增益及输入范围，如表 2-10 所示；$C_4 \sim C_0$ 为通道选择位，C_4 为高位，C_0 为低位，其二进制组合与通道号相对应，全“0”时选择通道 0（CH00），全“1”时选择通道 31（CH31）。

启动 A-D 转换只需向基地址+12 单元进行一次写操作，与写入的内容无关。

表 2-9　PCL-813B 寄存器格式

基地址+04(base+04)									基地址+05(base+05)								
位	7	6	5	4	3	2	1	0	位	7	6	5	4	3	2	1	0
定义	D_7	D_6	D_5	D_4	D_3	D_2	D_1	D_0	定义	×	×	×	DRDY	D_{11}	D_{10}	D_9	D_8
基地址+09(base+09)									基地址+10(base+10)								
位	7	6	5	4	3	2	1	0	位	7	6	5	4	3	2	1	0
定义	×	×	×	×	×	×	G_1	G_0	定义	×	×	×	C_4	C_3	C_2	C_1	C_0
基地址+12(base+12)																	
位	7	6	5	4	3	2	1	0									
定义	×	×	×	×	×	×	×	×									

表 2-10　PCL-813B 增益控制

G_1	G_0	增益	双极性输入范围/V	单极性输入范围/V
0	0	×1	±5	0～10
0	1	×2	±2.5	0～5
1	0	×4	±1.25	0～2.5
1	1	×8	±0.625	0～1.25

(3) 程序设计举例

PCL-813B A-D 转换基于查询方式，由软件触发。A-D 转换器被触发后，利用程序检查 A-D 状态寄存器的数据准备位（DRDY）。如果检测到该位为“1”，则 A-D 转换正在进行。当 A-D 转换完成后，该位变为低电平，此时转换数据可由程序读出。其编程的基本步骤如下：

第 1 步：设置增益寄存器（base+09），选择输入范围；

第 2 步：设置多路扫描寄存器，选择通道，并延时 5μs 以上；

第 3 步：向触发寄存器 BASE + 12 写入任意值，触发 A-D 转换，并延时 20μs 以上；

第 4 步：等待 A-D 转换完成，直到数据准备好信号变为低电平；

第 5 步：读 A-D 数据寄存器（BASE+5 和 BASE+4）得到二进制数据。先读高字节，再读低字节，并将二进制转换成整数。

C 语言参考程序段如下（基地址为 220H，单极性输入）：

```
int i,adch,adcl;
outportb(0x229,0x01);           //置增益地址、选择 0~5V 输入范围
for(i=0;i<20;i++);              //延时
ourportb(0x22a,chno);           //写入通道号
for(i=0;i<50;i++);              //延时
ourportb(0x22c,0);              //启动 A-D 转换
do{
adch=inportb (0x225);           //读 A-D 转换器状态
} while ( ( adch & 0x10 )= = 0x10);
adch=inportb(0x225);            //读高字节
adcl=inportb(0x224);            //读低字节
i =(adch&0x0f) * 256 +adcl;     //拼装成整数
```

汇编语言参考程序段如下（基地址为 220H，单极性输入）：

```
          MOV    DX,0229H       ;置增益地址
          MOV    AL,01H         ;选择 0~5V 输入范围
          OUT    DX,AL
          CALL   L1             ;L1 为延时 5μs 子程序
          MOV    DX,022AH       ;写入通道号
          MOV    AL,00H
          OUT    DX,AL
          CALL   L2             ;L2 为延时 20μs 子程序
          MOV    DX,022CH       ;写入通道号
          MOV    AL,00H         ;启动 A-D 转换
          OUT    DX,AL
          MOV    DX,0225H       ;置状态口地址
POLLING:  IN     AL,DX          ;读 A-D 转换器状态
          TEST   AL,00010000B   ;检测 DRDY 是否为 1
          JNZ    POLLING
          MOV    DX,0225H       ;读高字节,存于 BH 中
          IN     AL,DX
          AND    AL,0FH
          MOV    BH,AL
          MOV    DX,0224H       ;读低字节,存于 BL 中
          IN     AL,DX
          MOV    BL,AL
```

2.4.3　模拟量输出接口与过程通道模板设计

PCL-726是研华公司推出的D-A板卡，分辨率为12位；线性度为±1/2位，提供6通道模拟量输出，每个通道可以设置成0~5V、0~10V、±5V、±10V和4~20mA输出。另外，PCL-726还提供与TTL兼容的16通道数字量输出和16通道数字量输入。板卡组成框图如图2-49所示。

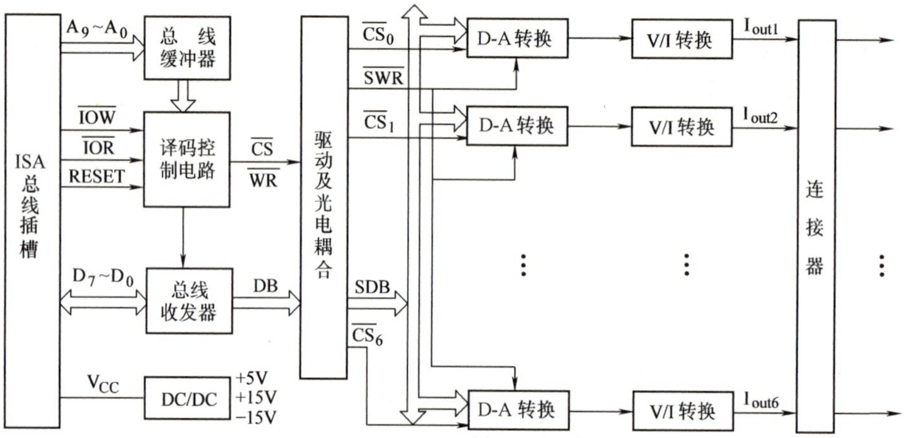

图2-49　PCL-726板卡组成框图

(1) 寄存器格式

寄存器的地址分配如表2-11所示。

表2-11　PCL-726寄存器地址分配

地址	W/R	寄存器名称	地址	W/R	寄存器名称
基地址+00	W	D-A通道1#高4位寄存器	基地址+06	W	D-A通道4#高4位寄存器
基地址+01	W	D-A通道1#低8位寄存器	基地址+07	W	D-A通道4#低8位寄存器
基地址+02	W	D-A通道2#高4位寄存器	基地址+08	W	D-A通道5#高4位寄存器
基地址+03	W	D-A通道2#低8位寄存器	基地址+09	W	D-A通道5#低8位寄存器
基地址+04	W	D-A通道3#高4位寄存器	基地址+10	W	D-A通道6#高4位寄存器
基地址+05	W	D-A通道3#低8位寄存器	基地址+11	W	D-A通道6#低8位寄存器

(2) D-A转换程序流程

D-A转换程序流程如下（以通道1为例）：

- 选择通道地址 $n=1$ （$n=1\sim6$）。
- 确定D-A高4位数据地址（基地址+00）。
- 置D-A高4位数据（$D_3\sim D_0$ 有效）。
- 确定D-A低8位数据地址（基地址+01）。
- 置D-A低8位数据并启动转换。

(3) 程序设计举例

PCL-726的D-A输出、数字量输入等操作均不需要状态查询，分辨率为12位，000H~0FFFH分别对应输出0%~100%，若输出50%，则对应的输出数字量为7FFH，设基地址为

220H，D-A 通道 1 输出 50%的程序如下：

汇编语言参考程序如下（基地址为 220H）：

```
MOV    AL,  07H     ;D-A 通道 1 输出 50%
MOV    DX,  0220H
OUT    DX,  AL
MOV    DX,  0221H
MOV    AL,  0FFH
```

2.4.4 脉冲量输入/输出接口与过程通道模板设计

PCI-1780U 是研华公司推出的 PCI 总线计数/定时板卡，采用了门控（GATE）脉冲边沿触发信号或门控电平触发信号，可使计数器启动或中止，可用作脉冲计数、周期测量、频率测量、脉宽测量、频率-电压转换、频率移相键控、日月时间的计数、即时报警等，其组成框图如图 2-50 所示。

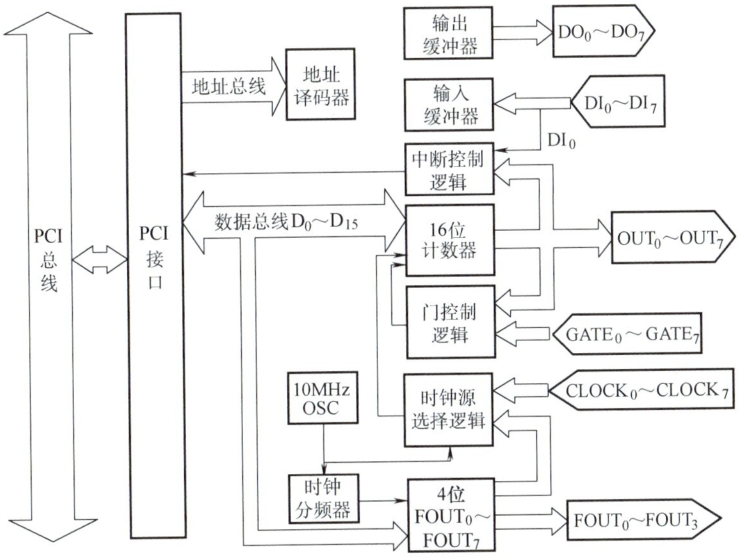

图 2-50　PCI-1780U 计数/定时板卡组成框图

该板卡使用了比 8254 功能更强的 AM9513 芯片，能够通过 CPLD 实现计数器/定时器功能，此外，该板卡还提供 8 个 16 位计数器通道，具有 8 通道可编程时钟资源，8 路 TTL 数字量输出/8 路 TTL 数字量输入，最高输入频率达 20MHz，多种时钟可以选择。AM9513 相邻的计数器可内部级联成 80 位有效长度的计数器，每个计数器可按二进制或十进制作加 1 或减 1 计数。计算机可通过总线接口读取 PCI-1780U 计数/定时板卡的计数结果。

当然，该板卡可以通过计数器的 OUT 向外部输出脉冲信号，也可以通过频率输出通道 $FOUT_0$ ~ $FOUT_3$ 向外部输出频率。

PCI-1780U 板卡的程序设计与 8254（或 8253）类似，非常简单。如需要，读者可从研华公司网站直接下载该板卡的使用说明作为参考，这里不再介绍。

另外，研华 ADAM-4080/4080D 计数器/频率输入模块（采用 RS-485 总线通信），具有两个 32 位计数器（计数器 0 和计数器 1），也可用于事件计数、频率测量和周期测量。

2.5　基于外部总线的计算机控制系统硬件设计

前面介绍了基于系统总线的计算机控制系统硬件设计技术，本节主要介绍基于外部总线的计算机控制系统硬件技术。计算机控制系统硬件设计常用外部总线 RS-232C、USB 或外部扩展总线 RS-485、RS-422。在工业控制方面，RS-485 总线由于平衡差分传输特性具有的抗干扰性好、传输距离远、互联方便等特点，非常适合于组成工业级的多机通信系统并得到了广泛的应用。

2.5.1　基于外部总线的硬件设计方案

基于外部总线 RS-485 可构成主从分布式测控系统。IPC 作为测控系统主站，并配有 RS-232/485 转换器，实现对系统的监控与管理。可编程控制器（PLC）、智能调节器、智能远程 I/O 模块等装置大都具有 RS-485 总线，可作为测控系统的从站，实现控制功能。

1. 基于 IPC+RS-232/RS-485 转换模块的硬件设计

基于 IPC+RS-232/RS-485 转换模块的硬件设计方案如图 2-51 所示。

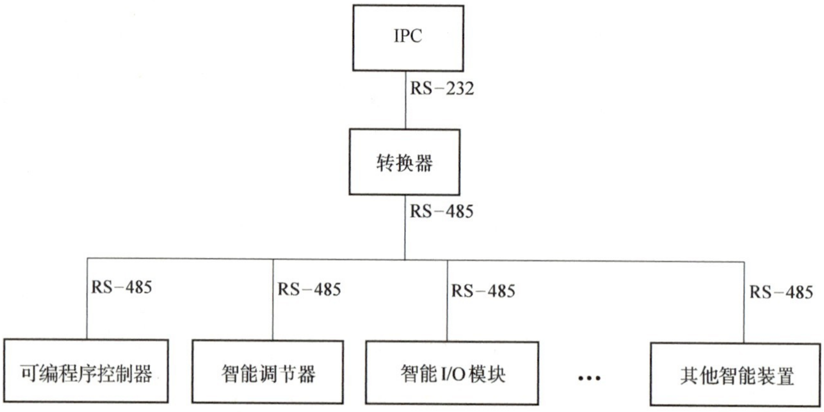

图 2-51　基于 IPC+RS-232/RS-485 转换模块的硬件设计方案

2. 基于 IPC+ISA/PCI/PCI-E 总线 RS-485 转换卡的硬件设计

基于 IPC+ISA/PCI/PCI-E 总线 RS-485 转换卡的硬件设计方案如图 2-52 所示。

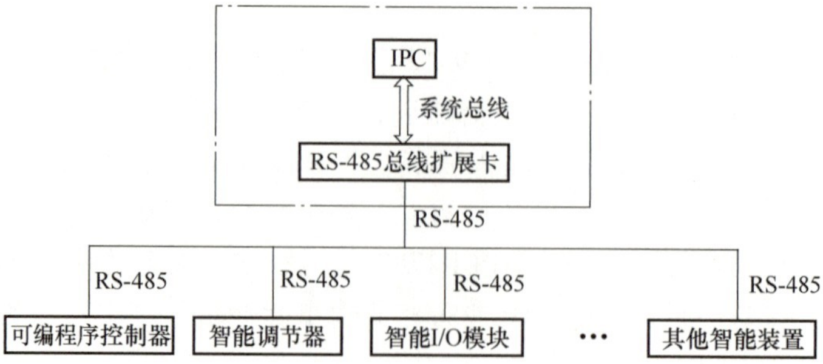

图 2-52　基于 IPC+ISA/PCI/PCI-E 总线 RS-485 转换卡的硬件设计方案

2.5.2　远程 I/O 模块

智能远程 I/O 模块是传感器和执行机构到计算机的多功能远程 I/O 单元，专为恶劣环境下的可靠操作而设计，具有内置的微处理器，严格的工业级塑料外壳，使其可以独立提供智能信号调理、I/O 隔离、模拟量 I/O、数字量 I/O、数据显示和串行数字通信接口。远程 I/O 模块可以安装在现场，就地完成 A-D 转换、D-A 转换、I/O 操作及脉冲量的计数、累计等操作，以通信方式和计算机交换信息，构成数据采集控制系统。通过采用 RS-485 中继器，可以将多达 256 个远程模块连接到 RS-485 网络上，或者将最大通信距离延伸到 10km。

典型的远程 I/O 模块有研华公司的 ADAM-4000 系列和 ADAM-5000 系列、研发公司的 DAC-8000 系列、研祥公司的 Ark-14000 系列以及威达公司的牛顿-7000 系列。下面主要以研华公司的 ADAM-4000 系列模块为例进行介绍。

1. ADAM-4000 系列模块

ADAM-4000 系列模块的功能特点如下：

(1) 远端可编程输入范围

ADAM-4000 在存取多类型和范围的模拟量输入方面具有出色的能力，通过执行主机的命令，可以远端选择类型和范围，对不同的信号类型可使用同一种模块，极大地简化了设计和维护工作，可以使用一种模块处理整个工厂的测量数据。所有模块完全由主机在远端进行配置，因此不需任何物理性调节。

(2) 内置看门狗

看门狗也称为看门狗定时器或警戒定时器，它是工控机系统中常用的自恢复技术。其基本原理是将看门狗定时器的输出作为微处理器的复位信号，迫使系统重新启动。ADAM-4000 的看门狗计时器管理功能可以自动复位 ADAM-4000 系列模块，减少维护需求，提高了系统的可靠性和自恢复能力。

(3) 网络配置灵活

ADAM-4000 通过 RS-485 总线与主站连接成一个主从式测控系统，可以实现点对点通信和广播通信（仅有的模块允许广播通信）。一条 RS-485 通信链路所连接的模块数是有限的，当需要配置更多的模块数时，可以使用 ADAM-4510 中继器，每个 ADAM-4510 中继器可再增加 32 个模块或将网络再延伸 1200m，一条 RS-485 通信链路最多可以连接 256 个 ADAM-4000 系列模块。

(4) 可选的独立控制策略

如果 ADAM-4000 系列模块由基于 PC 的 ADAM-4500 通信控制器所控制，即可组成一个独立控制策略，用户把用高级语言所编写的程序下载安装到 ADAM-4500 的 FLASH ROM 中，可根据用户的需要定做自己的应用环境。

(5) 模块化的工业设计

可以轻易地将模块安装在面板上、DIN 导轨上或重叠安装在一起，通过插入式螺丝端子可以进行信号连接，确保了模块易安装、易更改、易维护。

(6) 满足工业环境的需要

ADAM-4000 系列模块可使用 DC 10~30V 范围之内的非调节电源，具有电源反相保护功能，并在不影响运行网络的情况下安全地接线或拆线。

2. ADAM-5000 系列模块

ADAM-5000 系列分布式数据采集控制系统体积紧凑，符合现场总线的发展趋势，对诸如基于 RS-485 和 CAN 的流行现场总线架构，ADAM-5000 系列提供 3 种不同的数据采集及控制（DA&C）系统，使现场 I/O 设备容易地构成 PC 应用网络。

ADAM-5000 系列模块具有以下功能特点：

(1) 系统设计灵活

ADAM-5000 模块允许用户根据需求架构适合自己的方案，内建可编程 I/O 范围及报警输出，提高了系统设计的灵活性，同时支持双绞线、无线 Modem 及光纤等通信媒介。

(2) 系统维护及故障处理

ADAM-5000 系列产品使用硬件自检及软件诊断来监测系统可能出现的问题，同时有看门狗定时器，若系统崩溃，看门狗会自动对系统复位。

(3) 易于安装及组网

ADAM-5000 系列非常易于安装在导轨或面板上。信号连接、网络修改及维护简单而快捷，构建一个多点网络只需带屏蔽双绞线即可。网络地址用 DIP 开关很容易地设定。现场信号线可以接好端子后再插入模块上。

(4) 数据采集及控制

ADAM-5000 系列通过多通道 I/O 模块进行数据采集和控制，系统由两部分组成：基座和 I/O 模块，基座可装 4 个模块（可达 64 个 I/O 点），根据 I/O 类型，可做出适合应用需要的配置。

(5) 三端隔离

由于噪声能通过 I/O 模块、电源以及通信进入系统，ADAM-5000 系列提供了 I/O 模块（DC 3000V）、电源（DC 3000V）及通信（DC 2500V）的隔离，三端隔离避免了接地环流，减少了噪声对系统的影响，并提供对系统在浪涌及尖峰电压下的保护。

(6) 看门狗定时器

看门狗对微处理器进行监视并自动复位系统，减少了现场的维护工作。

(7) 内置诊断器

ADAM-5000 系统提供两种方式的诊断：硬件自诊断和软件诊断，这有助于用户检测及辨识系统或 I/O 模块的各种故障。

(8) 远程配置

ADAM-5000 系列模拟量输入模块可以配置成不同的电压、电流、热电偶及热电阻输入范围。在系统某一节点上，所有参数，包括通信速度、高低限报警及校正参数等均可通过远程设定。

(9) ADAM-5000 系统中数字量输出通道可配置为模拟量输入通道的报警输出

模拟量输入模块的高低报警信号及极限值可远程配置，每次 A-D 转换后，所得数字量将与预设的高、低报警限值相比较，根据比较结果系统能改变数字量输出的状态，这就使 ADAM-5000 能独立于 PC 主机进行 ON/OFF 控制。

3. 典型 ADAM-4000 系列 I/O 模块

(1) 典型模块组成与工作原理

典型 ADAM-4000 系列模块包括：8 通道 16 位差分模拟量输入模块 ADAM-4017+、4 通道 12 位模拟量输出模块 ADAM-4024、7 通道数字量输入与 8 通道数字量输出模块 ADAM-4050、2 通道 32 位计数器模块 ADAM-4080D，这些模块的工作原理和前面介绍的输入/输出接口与过程通道设计原理基本相同，这里不再赘述。此外，还有通信模块 ADAM-4520，它是隔离的 RS-232 与 RS-485 转换模块，完成 RS-485 总线的信号转换到 RS-232 总线的信号，由计算机通过 RS-232 端口进行采集和控制。ADAM-4000 系列所有模块都提供了光电隔离保护。

(2) ADAM 模块远程通信

由于模块与传感器、执行机构等的信号传输距离较短，加之采用电缆屏蔽、双绞线等措施，因此可以很方便地解决信号的传输问题。模块的通信接口一般采用 RS-485，只需简单的命令就可以与远程模块通信实现远程监控的目的，通信协议与模块的生产厂家有关，但都是采用面向字符的通信协议。主控计算机通过 RS-232 或 RS-485 通信协议以 ASCII 码格式与远程模块通信，实现远程模块的监控。主机向其中一个模块发出一个命令/回答序列。命令通常包含主机想要与之通信的模块地址、设置命令和数据。地址符合的模块执行命令并向主机送出应答。

计算机与 ADAM-4000 系列模块之间的数据交换有 3 个步骤，如图 2-53 所示。

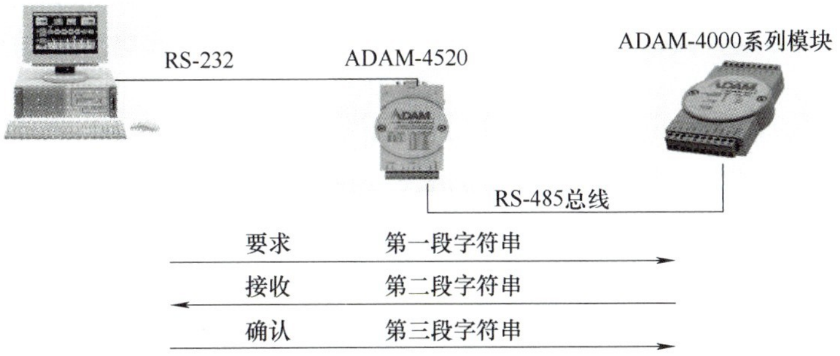

图 2-53 计算机与 ADAM-4000 系列模块之间的数据交换

1）设备要求传送数据时，计算机会传送一个字符串过去。此字符串的第一个字符是前导符，在前导符之后的是地址，地址之后是要设备解读的命令或数据。

2）当设备收到要求字符串，并经判读确定后，便会送出计算机所要求的数据。数据被送出时会在其之前加上前导符与地址。

3）计算机收到设备传送回来的字符串后进行检查，当检查完成后，回送一个确定的字符串给设备，以说明计算机已成功收到字符串；而若传送失败，计算机也在此回送的字符串中要求设备重发数据。

另外，数据传送时，一般也会加上错误检查机制，最常用的方法是将此字符作运算，而在字符串的最后加上校验和字符。传送的双方利用此字符的检查判断字符串的正确性。

通信的基本形式就是命令/响应，主机给指定地址的模块发送命令，等待模块一定时间后响应。如果没有响应，发生超时异常中断，命令返回。

(3) 通信协议

中小型工业测控网络支持常用的两种通信协议，其一是通过使用特定的字符来执行通信控制功能，称之为面向字符的数据通信协议，其标准为 ISO-1745；其二是通过定义各字段长度、位置及作用来实现通信控制功能，所以称之为面向位流（比特）的数据通信协议，如高速数据链路控制（High-level Data Link Control，HDLC）协议，其标准为 ISO-3309、ISO-4335 和 ISO-7809。后者比前者的通信效率高，适用于通信数据量较大的工业控制网络或 DCS。面向字符协议具有简单明了的特点，又有比较长的使用历史及广泛的应用范围，所以对于通信速率要求不高、采用主从结构的中小型工业控制网络，使用面向字符协议具有一定优势。目前，工业微机、调节仪表、中小型 PLC 和智能远程 I/O 子系统等标准化的工业控制设备都支持或部分支持面向字符协议。

(4) 通信方法

计算机与具有串行通信接口的设备实现通信的方法有三种：第一种是直接端口访问，实时性强，但界面编写麻烦，需要了解底层硬件的详细信息，不支持 Windows 2000 及以上操作系统，实际工程中一般不采用；第二种是调用 MSCOMM 控件，编程方便，具有更完善的发送和接收功能；第三种是调用 Windows API 函数，使用 Windows 提供的通信函数编写应用程序，要求对 Windows API 函数有深入了解，编程较难，但程序可移植性强。

2.5.3 其他测控装置

1. 智能调节器

智能调节器是一种智能化、数字化的过程控制仪表，不仅可接收 DC 4~20mA 电流信号，还具有数字通信接口 RS-422/485、RS-232 等，可与上位机连成主从式通信网络，能完成生产过程 1~4 个回路直接数字控制任务。除了在控制系统中作为常规的单机控制器使用外，智能调节器在现代工业控制中还可以作组态使用，常常与上位机一起使用构成计算机监督控制系统。常用的智能调节器国外品牌有 SHIMADEN（日本岛电）、YAKOGAWA（日本横河）、HONEWELL（美国霍尼韦尔）、OMRON（日本欧姆龙）以及 RKC（日本理化）等；国内品牌有厦门宇电自动化科技有限公司（厦门宇光）的 AI 系列。

（1）硬件构成

智能调节器也被称为单回路数字调节器（Single Strategy Controller，SSC），其结构原理如图 2-54 所示。

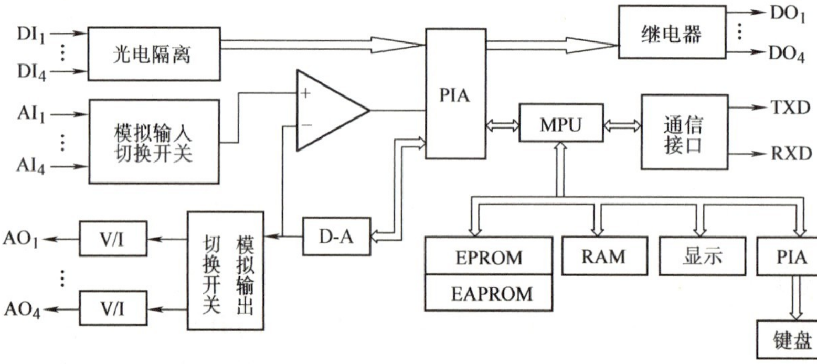

图 2-54 智能调节器的结构原理

SSC 的硬件主要由 MPU 单元、过程 I/O 单元、PIA 单元、面板单元、编程单元、通信单元和硬手操单元等组成。

MPU 单元是调节器的核心，它包括微处理器（或单片微机）、系统存储器（PROM/EPROM、EAPROM、RAM）、时钟、看门狗和接口电路等。PROM/EPROM 中固化有调节器的监控程序和功能程序。监控程序负责面板（键盘、显示器等）管理和巡回采样控制等。功能程序即各种运算、控制、通信子程序（模块）的集合。EAPROM 用来存放系统组态程序。系统组态程序是根据系统控制流程，抽取所需的运算、控制模块（固化在 PROM/EPROM 中）进行软连接而形成的。系统组态用编程单元完成，组态结果即系统组态程序写入 EAPROM。有些单回路数字调节器的系统组态程序固化在 EPROM 中。

PIA（Peripheral Interface Adapter）单元是过程 I/O 单元、键盘及显示单元与 MPU 连接的桥梁电路，实现电气隔离与数据缓冲、锁存等功能。

不同的系统组态程序能实现不同的控制过程，SSC 能通过编程组态的方法，方便地组建和修改控制系统，故又称为可编程序调节器。

键盘、显示器也是数字调节器的重要组成部分，它是一种简单的人机接口，通过键盘修改调节器参数和工作状态，显示器可让操作人员了解系统的工作状态。

通信单元（通信接口）使 SSC 能与集中监视操作站、上位机通信，组成多级微机控制系统，实现各种高级控制和管理。

(2) 软件构成

数字调节器的全部工作都是在硬件环境下，由微处理机执行程序完成的。数字调节器的软件包括以下几部分：

1）监控管理程序

这是一种较简单的系统软件，由它实现对输入/输出通道、键盘、显示器及通信等部件的管理，以及对调节器各硬件部分和程序进行故障监测及处理等。对于固定程序的调节器，监控管理程序较简单，主要用于修改和显示调节器的工作方式和参数及监视系统状态，如对各个调节回路的 PID 参数 T_I、T_D、K_P 及采样周期 T 等进行整定、设定、修改传感器或变送器量程、上下限报警值及进行调节器手动/自动工作方式的切换等。对于可编程序调节器，还需提供一套可由用户进行系统组态的软件，包括编程语言的编辑及编译软件，这种程序编写比较复杂，但提供给用户的编程语言却十分简单，只要是有控制系统常识的人员都很容易掌握。这种调节器一般功能都十分丰富，具有很好的通用性和灵活性，让用户有很大的选择余地。

2）应用程序

根据调节器的应用功能所编的程序，有数据采集、数字滤波、标度变换、数据处理、控制算法、报警及输出等程序。在可编程序调节器中，这些应用程序以模块形式给出，用户可用数字调节器的编程语言将这些模块进行组态，构成用户所需系统。

SSC 的运算、控制功能十分丰富，一般包括几十种运算、控制模块。运算模块不仅能实现各种复杂组合的四则运算，还能完成函数运算和逻辑运算。例如，用超前环节模块 $1+T_d s$（T_d 为超前时间）和滞后环节模块 $1/(1+T_i s)$（T_i 为滞后时间）组成函数 $(1+T_d s)/(1+T_i s)$；通过控制模块组态可构成 PID、串级、比值、前馈、选择、非线性、程序控制等。

另外，SSC 还有断电保护和自诊断功能，提高了系统的可靠性。

2. 可编程序控制器（PLC）

(1) PLC 的硬件结构

PLC 内部电路的基本结构与普通微机是类似的，特别是和单片机的结构极为相似，如图 2-55 所示。其主要由中央处理单元 CPU、存储器（RAM、ROM、EEPROM、EPROM 等）、专门设计的输入/输出接口电路、通信接口和电源等单元组成。

可编程序控制器的结构形式分为整体式和模块式两类。近期还出现有内插板式。

1）整体式结构的可编程序控制器是把电源、主机、输入/输出（DI，DO，AI，AO）、通信接口和外设接口集中装在一个机箱内，构成一个独立的复合模块。这种结构体积小，适用于输入/输出点少的设备。

2）模块式结构是将可编程序控制器按功能分为电源模块、主机模块、开关量输入模块、开关量输出模块、模拟量输入模块、模拟量输出模块、机架接口模块、通信模块和专用功能模块等。这种积木式结构可以灵活地配置成小、中、大系统。

从结构上讲，由模块组合成系统有 4 种方法。

① 无底板：靠模块间接口直接相连，然后再固定到相应导轨上。OMRON 公司的 COM1、CJ1 机就是这种结构，比较紧凑。西门子的 S7-300 也如此，只是它还要用接线插头

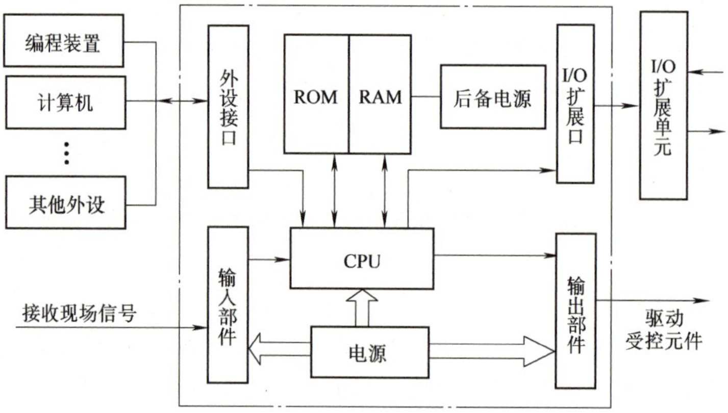

图 2-55　PLC 组成结构示意图

连接，如要单独固定时，还得另定购固定支架。

② 有底板：所有模块都固定在底板上，比较牢固，但底板的槽数是固定的，如 3、5、8、10 槽等。这个槽数与实际的模块数不一定相等，所以，配置时难免有空槽。这既浪费，又多占空间，甚至有时还得用占空单元，把多余的槽覆盖好。

③ 用机架代替底板：所有模块都固定在机架上。这种结构比底板式的复杂，但更牢靠。用这种组合时，它的模块不用外壳，但有小面板，用组合后密封与信号显示。

模块式结构的优点之一是用户根据生产要求，可以灵活地配置成小、中、大系统，这种积木式结构可以供用户逐步扩展系统和增加功能；优点之二是模块有密封外壳，既安全又防尘；优点之三是模块采用独立接线方式，安装和维护方便。

④ 内插板式为了适应机电一体化的要求，有的 PLC 制造成内插板式的，可嵌入有关装置中。如有的数控系统，其逻辑量控制用的内置 PLC，就可用这个内插板式的 PLC 代替。它有输入点、输出点，还有通信口、扩展口及编程器口。PLC 有的功能，它也都有。但它只是一个控制板，可很方便地镶嵌到有关装置中。

（2）PLC 的软件结构

可编程序控制器的软件可分为系统软件、编程软件和应用软件 3 部分。

1）系统软件

可编程序控制器的系统软件分为两部分，一部分是固化于存储器（ROM、PROM 或 EPROM）内的由可编程序控制器生产厂家编写的系统程序（内核软件），和机器的硬件组成有关，完成系统诊断、命令解释、功能子程序调用管理、逻辑运算、通信和各种参数设定等功能，并对可编程序控制器的运行进行管理；另一部分是安装在编程器、操作监视器、工程师站和操作员站的组态编程软件及人机界面软件，供工程师对可编程序控制器进行组态编程，供操作员对被控设备进行操作监视。

2）编程软件

根据 IEC 61131-3 标准，可编程序控制器支持 5 种编程软件或编程语言：指令表、梯形图、功能块图、顺序功能图、结构化文本。每种可编程序控制器可以支持其中一种或几种编程语言，视其功能或性能而定。

3）应用软件

用户根据生产过程的控制要求首先设计控制方案或控制策略，再用编程语言将其编写成应用程序或应用软件，并编译成可执行文件，然后下载到可编程序控制器中运行，实现控制策略，达到设计目的。为了对生产过程进行操作监视，用户还需要在监控组态软件的支持下绘制操作监视画面，这些应用画面在操作员站上运行，为操作员提供了图文并茂、形象逼真的动态操作环境。这些操作监视画面也属于应用软件，但它不在可编程序控制器中运行，而是在操作员站上运行。

3. 运动控制器

运动控制器是在以高速数字信号处理器（DSP）为代表的高性能高速微处理器及大规模可编程序逻辑器件 FPGA 的基础上发展而来的。运动控制器主要用于对机械传动装置的位置、速度进行实时的控制管理，使运动部件按照预期的轨迹和规定的运动参数完成相应的动作。

（1）基于计算机标准总线的运动控制器

这种运动控制器大都采用 DSP 或微机芯片作为 CPU，具有开放体系结构，以 PC 作为信息处理平台，运动控制器以插卡形式嵌入 PC，即“PC+运动控制器”的模式。这样将 PC 的信息处理能力和开放式的特点与运动控制器的运动轨迹控制能力有机地结合在一起，具有信息处理能力强、开放程度高、运动轨迹控制准确、通用性好的特点，可完成运动规划、高速实时插补、伺服滤波控制和 PLC 功能，它开放的函数库可供用户根据不同的需求，在 DOS 或 Windows 等平台下自行开发应用软件，组成各种控制系统，如美国 Delta Tau 公司的 PMAC 多轴运动控制器和固高公司的 GT/GH 系列运动控制器等。基于 PC 总线的运动控制器构成的开放式运动控制系统如图 2-56 所示。

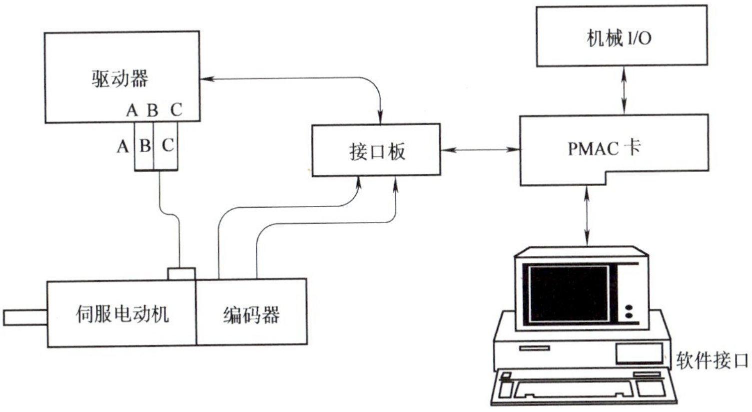

图 2-56　开放式结构的运动控制系统示意图

（2）Soft 型开放式运动控制器

这种运动控制器提供给用户最大的灵活性，它的运动控制软件全部装在计算机中，而硬件部分仅是计算机与伺服驱动和外部 I/O 之间的标准化通用接口。就像计算机中可以安装各种品牌的声卡、CDROM 和相应的驱动程序一样。用户可以在 Windows 平台和其他操作系统的支持下，利用开放的运动控制内核开发所需的控制功能，构成各种类型的高性能运动控制系统，从而提供给用户更多的选择和灵活性。基于 Soft 型开放式运动控制器开发的典型产品有美国 MDSI 公司的 Open CNC、德国 PA（Power Automation）公司的 PA8000NT、美国 Soft SERVO 公司的基于网络的运动控制器和固高科技公司的 GO 系列运动控制器产品等。Soft 型开放式运动控制的特点是开发、制造成本相对较低，能够给予系统集成商和开发商更加个性化的发展。

(3) 嵌入式结构的运动控制器

这种运动控制器是把计算机嵌入运动控制器中的一种产品，它能够独立运行。运动控制器与计算机之间的通信依然是靠计算机总线，实质上是基于总线结构的运动控制器的一种变种。对于标准总线的计算机模块，这种产品采用了更加可靠的总线连接方式（采用针式连接器），更加适合工业应用。在使用中，采用如工业以太网、RS-485、SERCOS、PROFIBUS等现场网络通信接口连接上级计算机或控制面板。嵌入式的运动控制器也可配置软盘和硬盘驱动器，甚至可以通过 Internet 进行远程诊断，如美国 ADEPT 公司的 Smart Controller、固高科技公司的 GU 嵌入式运动控制平台系列产品等。

美国 Delta Tau Data System 公司推出的 PMAC 系列伺服控制器比较有代表性，属于开放式的基于 PC 总线的运动控制器。PMAC 以 Motorola 公司的 DSP56001 为微处理器，主频 20/30MHz，60/40μs/轴的伺服更新率，36 位（64 千兆）位置计数范围，16 位 DAC 输出分辨率，10/15MHz 编码计数率，每秒可处理多达 500 条程序，可以完成直线或圆弧插补，“S-曲线”加速和减速，三次轨迹计算、样条曲线计算。利用 DSP 强大的运算功能单卡可实现 1~32 轴多轴实时伺服控制，以串口、总线两种方式与上位机进行通信。

PMAC 控制器本身就相当于一个完整的计算机系统。依靠集成在卡上 ROM 中的程序，它能独立完成实时、多任务控制，而无须主机介入。PMAC 控制器配有较强的命令、函数库，用户可用制造商提供的编程语言（类似 QBASIC）调用这些命令和函数，编程较为方便。另外制造商还提供 PCOMM、PTALK 等函数库作为开发工具，用户可用高级语言调用自己所需的函数，完成控制软件的开发。PMAC 系统的开放性特征允许 CNC 系统通过 ODBC（开放数据库连接）、OLE（目标连接和嵌入）、DDE（动态数据交换）等运行专门设计的第三方软件程序。对于 OEM（原始设备制造商），Delta Tau Data System 公司提供 PMAC 软件库的 C++源代码许可证，允许整个系统全部用户化。PMAC 主要利用 ISA、PC104、VEM、PCI 及 USB 等总线方式与上位机交换信息。

4. 变频器

变频器的主要任务就是把恒压恒频（Constant Voltage Constant Frequency，CVCF）的交流电转换为变压变频（Variable Voltage Variable Frequency，VVVF）的交流电，以满足交流电动机变频调速的需要。从结构上分，变频器可以分为交-交变频器（亦称直接变频器）和交-直-交变频器（亦称间接变频器）。

变频器的使用日益普及，功能也越来越强，已经跳出了仅作为交流电动机调速驱动器应用的范围，现在很多变频器具有 PID 调节功能，与温度、压力、流量等传感器配合使用，可以构成一个单独的控制系统应用，而省去了控制器。新一代变频器均具有标准通信接口，用户可以利用通信接口在远处如中央控制台对变频器进行集中控制，适应了自动化的要求；也可以使多台变频器组网应用，与计算机连接构成分布式控制系统。使用场地相对分散，远距离集中控制成为变频器管理的趋势。在变频器中使用的串行通信接口通常为标准 485 接口，这种接口具有控制距离远、抗干扰能力强等优点。

2.6　硬件抗干扰技术

很多从事计算机控制工程的人员都有这样的经历，当他将经过千辛万苦安装和调试好的样机投入工业现场进行实际运行时，却不能正常工作。有的一开机就失灵，有的时好时坏，让人不知所措。为什么实验室能正常模拟运行的系统，到了工业环境就不能正常运行呢？原因是工业环境有强大的干扰，微机系统没有采取抗干扰措施，或者措施不力。由此可见抗干扰技术的重要性。所谓干扰，就是有用信号以外的噪声或造成计算机设备不能正常工作的破坏因素。

在与干扰做斗争的过程中，人们积累了很多经验，有硬件措施，有软件措施，也有软硬结合的措施。硬件措施如果得当，可将绝大多数干扰拒之门外，但仍然有少数干扰窜入微机系统，引起不良后果，所以软件抗干扰措施作为第二道防线是必不可少的。软件抗干扰措施是以 CPU 的开销为代价的，影响到系统的工作效率和实时性。因此一个成功的抗干扰系统是由硬件和软件相结合构成的。硬件抗干扰效率高，但要增加系统的投资和设备的体积。软件抗干扰投资低，但要降低系统的工作效率。

对于计算机控制系统来说，干扰既可能来源于外部，也可能来源于内部。外部干扰指那些与系统结构无关，而是由外界环境因素决定的；而内部干扰则是由系统结构、制造工艺等决定的。外部干扰主要是空间电或磁的影响，环境温度、湿度等气象条件也是外来干扰。内部干扰主要是分布电容、分布电感引起的耦合感应，电磁场辐射感应，长线传输的波反射，多点接地造成的电位差引起的干扰，寄生振荡引起的干扰，甚至元器件产生的噪声也属于内部干扰。

2.6.1　过程通道抗干扰技术

1. 串模干扰及其抑制方法

(1) 串模干扰

所谓串模干扰是指叠加在被测信号上的干扰噪声。这里的被测信号是指有用的直流信号或缓慢变化的交变信号，而干扰噪声是指无用的变化较快的杂乱交变信号。串模干扰和被测信号在回路中所处的地位是相同的，总是以两者之和作为输入信号。串模干扰也称为常态干扰，如图 2-57 所示，U_s 为信号源，U_n 为干扰源。

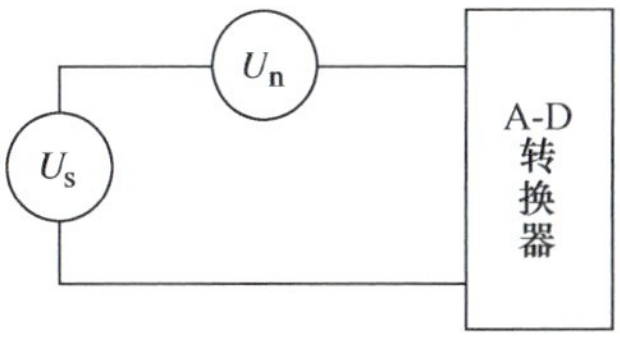

图 2-57　串模干扰示意图

(2) 串模干扰的抑制方法

串模干扰的抑制方法应从干扰信号的特性和来源入手，分别对不同情况采取相应的措施。

① 如果串模干扰频率比被测信号频率高，则采用输入低通滤波器来抑制高频率串模干扰；如果串模干扰频率比被测信号频率低，则采用高通滤波器来抑制低频串模干扰；如果串模干扰频率落在被测信号频谱的两侧，则应用带通滤波器。

一般情况下，串模干扰均比被测信号变化快，故常用二级阻容低通滤波网络作为 A-D 转换器的输入滤波器，如图 2-58 所示，它可使 50Hz 的串模干扰信号衰减 600 倍左右。该滤

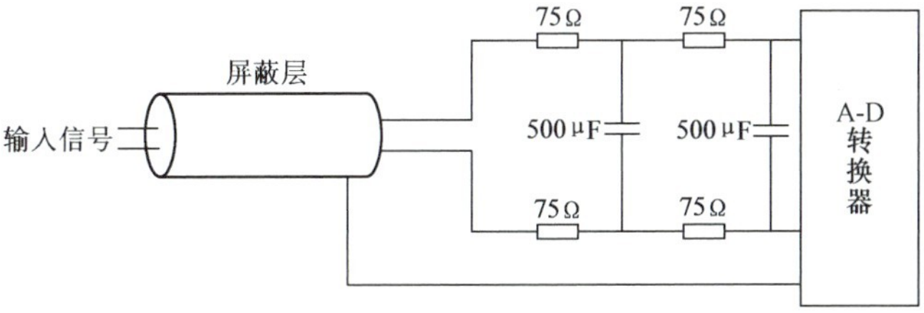

图 2-58　二级阻容低通滤波网络

波器的时间常数小于 200ms，因此，当被测信号变化较快时，应相应改变网络参数，以适当减小时间常数。

② 当尖峰型串模干扰成为主要干扰源时，用双积分式 A-D 转换器可以削弱串模干扰的影响。因为此类转换器对输入信号的平均值而不是瞬时值进行转换，所以对尖峰干扰具有抑制能力。如果取积分周期等于主要串模干扰的周期或为整数倍，则通过积分比较变换后，对串模干扰有更好的抑制效果。

③ 对于串模干扰主要来自电磁感应的情况下，对被测信号应尽可能早地进行前置放大，从而达到提高回路中的信号噪声比的目的；或者尽可能早地完成 A-D 转换或采取隔离和屏蔽等措施。

④ 从选择逻辑器件入手，利用逻辑器件的特性来抑制串模干扰。此时可采用高抗扰度逻辑器件，通过高阈值电平来抑制低噪声的干扰；也可采用低速逻辑器件来抑制高频干扰；当然也可以人为地通过附加电容器，以降低某个逻辑电路的工作速度来抑制高频干扰。对于主要由所选用的元器件内部的热扰动产生的随机噪声所形成的串模干扰，或在数字信号的传送过程中夹带的低噪声或窄脉冲干扰时，这种方法是比较有效的。

⑤ 采用双绞线作信号引线的目的是减少电磁感应，并且使各个小环路的感应电动势互相呈反向抵消。选用带有屏蔽的双绞线或同轴电缆作信号线，且有良好接地，并对测量仪表进行电磁屏蔽。

2. 共模干扰及其抑制方法

（1）共模干扰

所谓共模干扰是指 A-D 转换器两个输入端上共有的干扰电压。这种干扰可能是直流电压，也可以是交流电压，其幅值可达几伏甚至更高，取决于现场产生干扰的环境条件和计算机等设备的接地情况。共模干扰也称为共态干扰。

因为在计算机控制生产过程时，被控制和被测试的参量可能很多，并且是分散在生产现场的各个地方，一般都用很长的导线把计算机发出的控制信号传送到现场中的某个控制对象，或者把安装在某个装置中的传感器所产生的被测信号传送到计算机的 A-D 转换器。因此，被测信号 U_s 的参考接地点和计算机输入信号的参考接地点之间往往存在着一定的电位差 U_{cm}，如图 2-59 所示。对于 A-D 转换器的两个输入端来说，分别有 U_s+U_{cm} 和 U_{cm} 两个输入信号。显然，U_{cm} 是共模干扰电压。

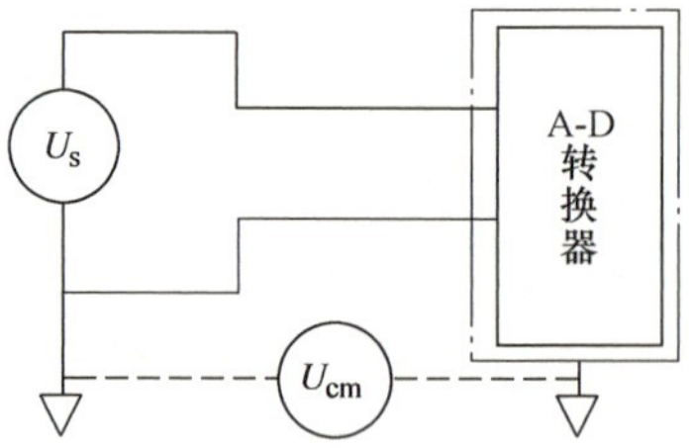

图 2-59　共模干扰示意图

在计算机控制系统中，被测信号有单端对地输入和双端不对地输入两种输入方式，如图 2-60 所示。对于存在共模干扰的场合，不能采用单端对地输入方式，因为此时的共模干扰电压将全部成为串模干扰电压，如图 2-60a 所示，所以必须采用双端不对地输入方式，如图 2-60b 所示。

这里，Z_s、Z_{s1}、Z_{s2} 为信号源 U_s 的内阻抗，Z_c、Z_{c1}、Z_{c2} 为输入电路的输入阻抗。共模干扰电压 U_{cm} 对两个输入端形成两个电流回路，每个输入端 A 和 B 的共模电压分别为

$$U_A = \frac{U_{cm}}{Z_{s1}+Z_{c1}} Z_{c1} \tag{2-1}$$

$$U_B = \frac{U_{cm}}{Z_{s2}+Z_{c2}} Z_{c2} \tag{2-2}$$

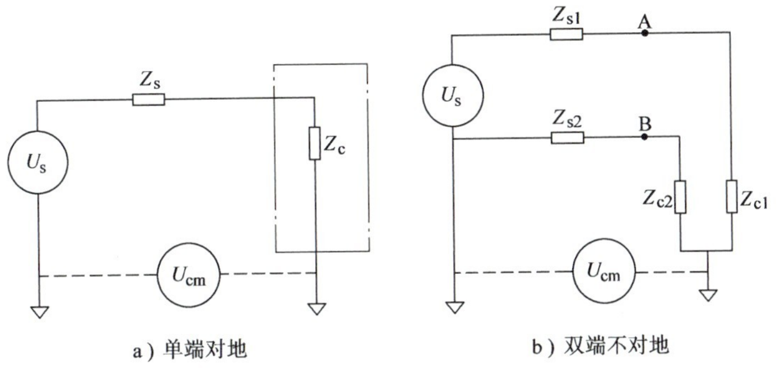

图 2-60　被测信号的输入方式

两个输入端之间的共模电压为

$$U_{AB}=U_A-U_B=\left[\frac{Z_{c1}}{Z_{s1}+Z_{c1}}-\frac{Z_{c2}}{Z_{s2}+Z_{c2}}\right]U_{cm} \tag{2-3}$$

如果此时 $Z_{s1}=Z_{s2}$，$Z_{c1}=Z_{c2}$，那么 $U_{AB}=0$，表示不会引入共模干扰，但上述条件实际上无法满足，只能做到 Z_{s1} 接近 Z_{s2}，Z_{c1} 接近 Z_{c2}，因此有 $U_{AB}\neq 0$，也就是说实际上总存在一定的共模干扰电压。显然，当 Z_{s1} 和 Z_{s2} 越小，Z_{c1} 和 Z_{c2} 越大，并且 Z_{c1} 与 Z_{c2} 越接近时，共模干扰的影响就越小。一般情况下，共模干扰电压 U_{cm} 总是转化成一定的串模干扰 U_n 出现在两个输入端之间。

为了衡量一个输入电路抑制共模干扰的能力，常用共模抑制比（Common Mode Rejection Ratio，CMRR）来表示，即

$$\text{CMRR}=20\lg\frac{U_{cm}}{U_n}(\text{dB}) \tag{2-4}$$

式中，U_{cm} 是共模干扰电压，U_n 是 U_{cm} 转化成的串模干扰电压。显然，对于单端对地输入方式，由于 $U_n=U_{cm}$，所以 CMRR=0，说明无共模抑制能力。对于双端不对地输入方式来说，由 U_{cm} 引入的串模干扰 U_n 越小，CMRR 就越大，所以抗共模干扰能力越强。

(2) 共模干扰的抑制方法

1) 变压器隔离

利用变压器把模拟信号电路与数字信号电路隔离开来，也就是把模拟地与数字地断开，以使共模干扰电压 U_{cm} 不成回路，从而抑制了共模干扰。另外，隔离前和隔离后应分别采用两组互相独立的电源，切断两部分的地线联系。

在图 2-61 中，被测信号 U_s 经放大后，首先通过调制器变换成交流信号，经隔离变压器 T 传输到二次侧，然后用解调器再将它变换为直流信号 U_{s2}，再对 U_{s2} 进行 A-D 变换。

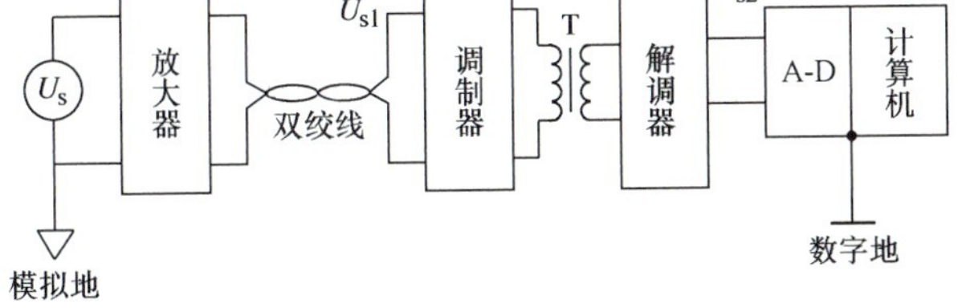

图 2-61　变压器隔离

2）光电隔离

光电耦合器是由发光二极管和光电晶体管封装在一个管壳内组成的，发光二极管两端为信号输入端，光电晶体管的集电极和发射极分别作为光电耦合器的输出端，它们之间的信号是靠发光二极管在信号电压的控制下发光，传给光电晶体管来完成的。

光电耦合器有以下几个特点：首先，由于是密封在一个管壳内，或者是模压塑料封装的，所以不会受到外界光的干扰。其次，由于是靠光传送信号，切断了各部件电路之间地线的联系。再次，发光二极管动态电阻非常小，而干扰源的内阻一般很大，能够传送到光电耦合器输入端的干扰信号就变得很小。最后，光电耦合器的传输比和晶体管的放大倍数相比一般很小，远不如晶体管对干扰信号那样灵敏，而光电耦合器的发光二极管只有在通过一定的电流时才能发光。因此，即使是在干扰电压幅值较高的情况下，由于没有足够的能量，仍不能使发光二极管发光，从而可以有效地抑制掉干扰信号。此外，光电耦合器提供了较好的带宽，较低的输入失调漂移和增益温度系数。因此，能够较好地满足信号传输速度的要求。

在图2-62中，模拟信号 U_s 经放大后，再利用光电耦合器的线性区，直接对模拟信号进行光电耦合传送。由于光电耦合器的线性区一般只能在某一特定的范围内，因此，应保证被传信号的变化范围始终在线性区内。为保证线性耦合，既要严格挑选光电耦合器，又要采取相应的非线性校正措施，否则将产生较大的误差。另外，光电隔离前后两部分电路应分别采用两组独立的电源。

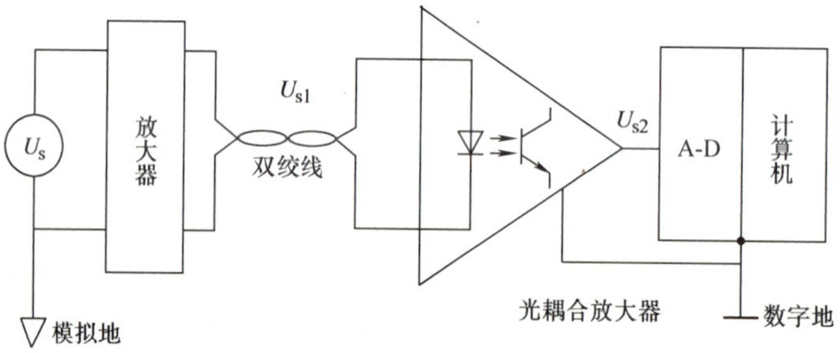

图2-62　光电隔离

光电隔离与变压器隔离相比，实现起来比较容易，成本低，体积也小。因此在计算机控制系统中光电隔离得到了广泛的应用。

3）浮地屏蔽

采用浮地输入双层屏蔽放大器来抑制共模干扰，如图2-63所示。这是利用屏蔽方法使输入信号的“模拟地”浮空，从而达到抑制共模干扰的目的。

这里，Z_1 和 Z_2 分别为模拟地与内屏蔽盒之间和内屏蔽盒与外屏蔽层（机壳）之间的绝缘阻抗，它们由漏电阻和分布电容组成，所以此阻抗值很大。图2-63中，用于传送信号的屏蔽线的屏蔽层和 Z_2 为共模电压 U_{cm} 提供了共模电流 I_{cm1} 的通路，但此电流不会产生串模干扰，因为此时模拟地与内屏蔽盒是隔离的。由于屏蔽线的屏蔽层存在电阻 R_c，因此共模电压 U_{cm} 在 R_c 电阻上会产生较小的共模信号，它将在模拟量输入回路中产生共模电流 I_{cm2}，此 I_{cm2} 在模拟量输入回路中产生串模干扰电压。显然，由于 $R_c \ll Z_2$，$Z_s \ll Z_1$，故由 U_{cm} 引入的串模干扰电压是非常弱的。所以这是一种十分有效的共模抑制措施。

4）采用仪表放大器提高共模抑制比

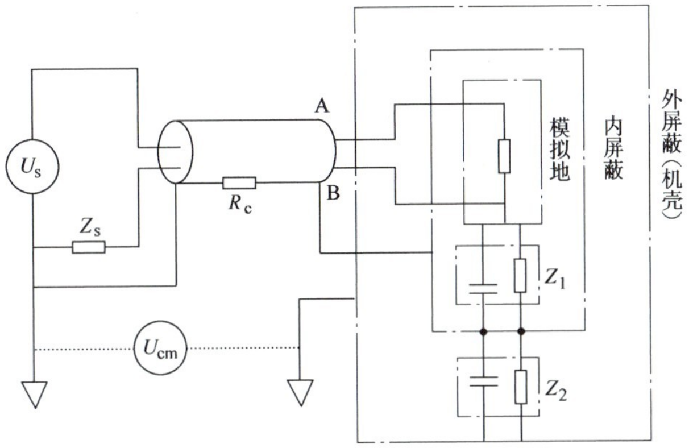

图 2-63　浮地输入双层屏蔽放大器

仪表放大器具有共模抑制能力强、输入阻抗高、漂移低、增益可调等优点，是一种专门用来分离共模干扰与有用信号的器件。

3. 长线传输干扰及其抑制方法

(1) 长线传输干扰

计算机控制系统是一个从生产现场的传感器到计算机，再到生产现场执行机构的庞大系统。由生产现场到计算机的连线往往长达几十米，甚至几百米。即使在中央控制室内，各种连线也有几米到十几米。由于计算机采用高速集成电路，致使长线的“长”是相对的。这里所谓的“长线”其长度并不长，而且取决于集成电路的运算速度。例如，对于毫微秒级的数字电路来说，1m 左右的连线就应当作长线来看待；而对于十毫微秒级的电路，几米长的连线才需要当作长线处理。

信号在长线中传输遇到三个问题：一是长线传输易受到外界干扰，二是具有信号延时，三是高速度变化的信号在长线中传输时，还会出现波反射现象。当信号在长线中传输时，由于传输线的分布电容和分布电感的影响，信号会在传输线内部产生正向前进的电压波和电流波，称为入射波；另外，如果传输线的终端阻抗与传输线的波阻抗不匹配，那么当入射波到达终端时，便会引起反射；同样，反射波到达传输线始端时，如果始端阻抗也不匹配，还会引起新的反射。这种信号的多次反射现象，使信号波形严重失真和畸变，并且引起干扰脉冲。

(2) 长线传输干扰的抑制方法

采用终端阻抗匹配或始端阻抗匹配，可以消除长线传输中的波反射或者把它抑制到最低限度。

1）终端匹配

为了进行阻抗匹配，必须事先知道传输线的波阻抗 R_p，波阻抗的测量如图 2-64 所示。调节可变电阻 R，并用示波器观察门 A 的波形，当达到完全匹配时，即 $R = R_P$ 时，门 A 输出的波形不畸变，反射波完全消失，这时的 R 值就是该传输线的波阻抗。

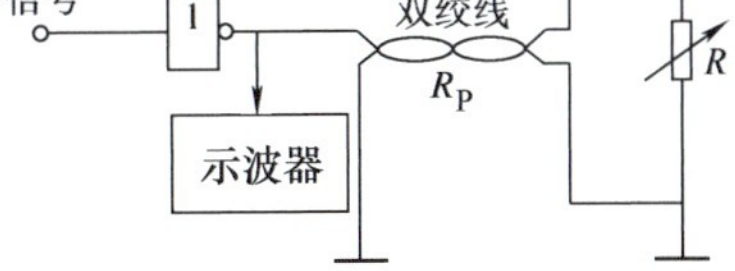

图 2-64　测量传输线波阻抗

为了避免外界干扰的影响，在计算机中常常采用双绞线和同轴电缆作信号线。双绞线的波阻抗一般在 100~200Ω，绞花越密，波阻抗越低。同轴电缆的波阻抗为 50~100Ω。根据传输线的基本理论，无损耗导线的波阻抗 R_P 为

$$R_P = \sqrt{\frac{L_0}{C_0}} \quad (2\text{-}5)$$

式中，L_0 为单位长度的电感（H）；C_0 为单位长度的电容（F）。

最简单的终端匹配方法如图 2-65a 所示，如果传输线的波阻抗是 R_P，那么当 $R=R_P$ 时，便实现了终端匹配，消除了波反射。此时终端波形和始端波形的形状相一致，只是时间上滞后。由于终端电阻变低，则加大负载，使波形的高电平下降，从而降低了高电平的抗干扰能力，但对波形的低电平没有影响。

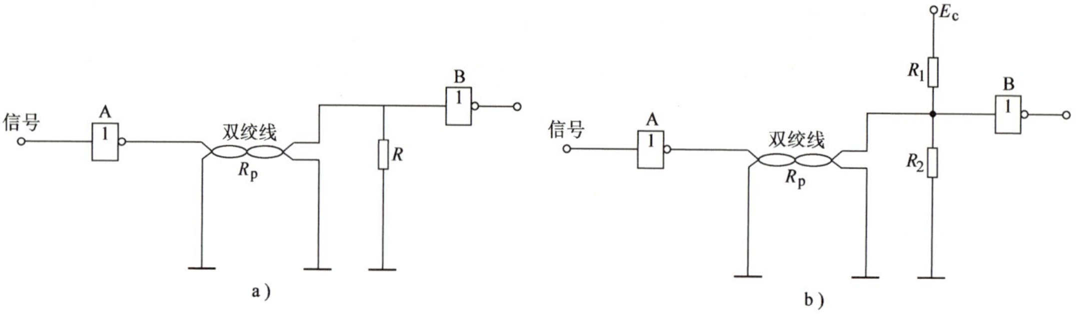

图 2-65　终端匹配

为了克服上述匹配方法的缺点，可采用图 2-65b 所示的终端匹配方法。其等效电阻 R 为

$$R = \frac{R_1 R_2}{R_1 + R_2}$$

适当调整 R_1 和 R_2 的阻值，可使 $R=R_P$。这种匹配方法也能消除波反射，优点是波形的高电平下降较少，缺点是低电平抬高，从而降低了低电平的抗干扰能力。为了同时兼顾高电平和低电平两种情况，可选取 $R_1=R_2=2R_P$，此时等效电阻 $R=R_P$。实践中，宁可使高电平降低得稍多一些，而让低电平抬高得少一些，可通过适当选取电阻 R_1 和 R_2，使 $R_1>R_2$ 达到此目的，当然还要保证等效电阻 $R=R_P$。

2）始端匹配

在传输线始端串入电阻 R，如图 2-66 所示，也能基本上消除反射，达到改善波形的目的。一般选择始端匹配电阻 R 为

$$R = R_P - R_{sc}$$

式中，R_{sc} 为门 A 输出低电平时的输出阻抗。

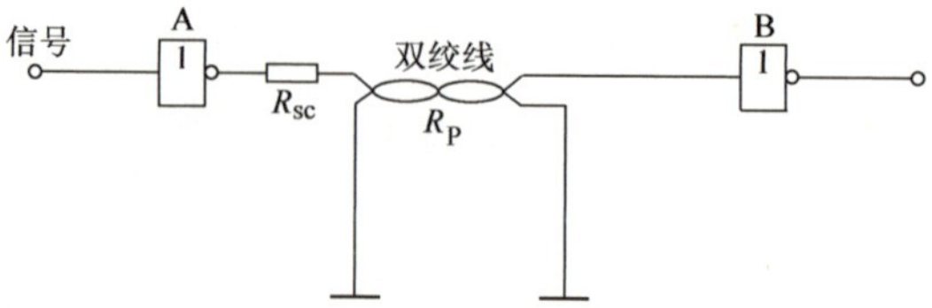

图 2-66　始端匹配

这种匹配方法的优点是波形的高电平不变，缺点是波形低电平会抬高。其原因是终端门 B 的输入电流 I_{sr} 在始端匹配电阻 R 上的压降所造成的。显然，终端所带负载门个数越多，则低电平抬高越显著。

2.6.2　主机抗干扰技术

计算机控制系统的 CPU 抗干扰措施常常采用 Watchdog（俗称“看门狗”）、电源监控（掉电检测及保护）、复位等方法。这些方法可用微处理器监控电路 MAX1232 来实现。

1. MAX1232 的结构原理

MAX1232 微处理器监控电路给微处理器提供辅助功能以及电源供电监控功能，MAX1232 通过监控微处理器系统电源供电及监控软件的执行，来增强电路的可靠性，它提供一个反弹的（无锁的）手动复位输入。

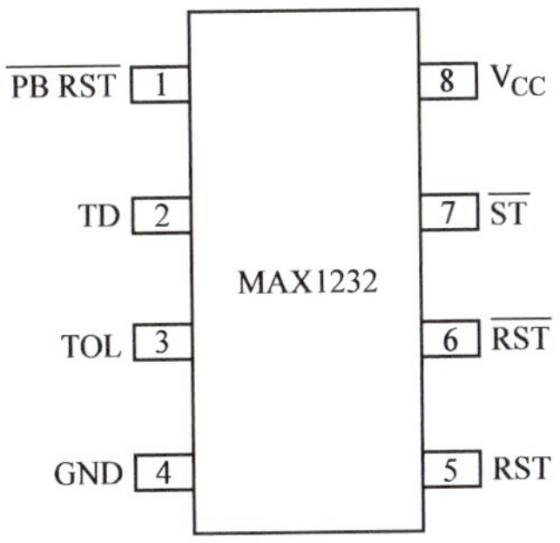

图 2-67　MAX1232 引脚图

当电源过电压、欠电压时，MAX1232 将提供至少 250ms 宽度的复位脉冲，其中的容许极限能用数字式的方法来选择 5%或 10%的容限，这个复位脉冲也可以由无锁的手动复位输入；MAX1232 有一个可编程的监控定时器（Watchdog）监督软件的执行，该 Watchdog 可编程为 150ms、600ms 或 1.2s 的超时设置。MAX1232 的引脚如图 2-67 所示。

图 2-68 给出了 MAX1232 的内部结构框图。其中：

- $\overline{\text{PB RST}}$ 为按键复位输入。反弹式低电平有效输入，忽略小于 1ms 宽度的脉冲，确保识别 20ms 或更宽的输入脉冲。
- TD 为时间延迟，Watchdog 时基选择输入。TD = 0V 时，t_{TD} = 150ms；TD 悬空时，t_{TD} = 600ms；TD = V_{CC} 时，t_{TD} = 1.2s。
- TOL 为容差输入。TOL 接地时选取 5%的容差；TOL 接 V_{CC} 时选取 10%的容差。
- GND 为地。
- RST 为复位输出（高电平有效）。RST 产生的条件为：若 V_{CC} 下降低于所选择的复位电压阈值，则产生 RST 输出；若 $\overline{\text{PB RST}}$ 变低，则产生 RST 输出；若在最小暂停周期内 $\overline{\text{ST}}$ 未选通，则产生 RST 输出；若在加电源期间，则产生 RST 输出。
- $\overline{\text{RST}}$ 为复位输出（低电平有效）。产生条件同 RST。
- $\overline{\text{ST}}$ 为选通输入 Watchdog 定时器输入。
- V_{CC} 为+5V 电源。
- N. C. 悬空。

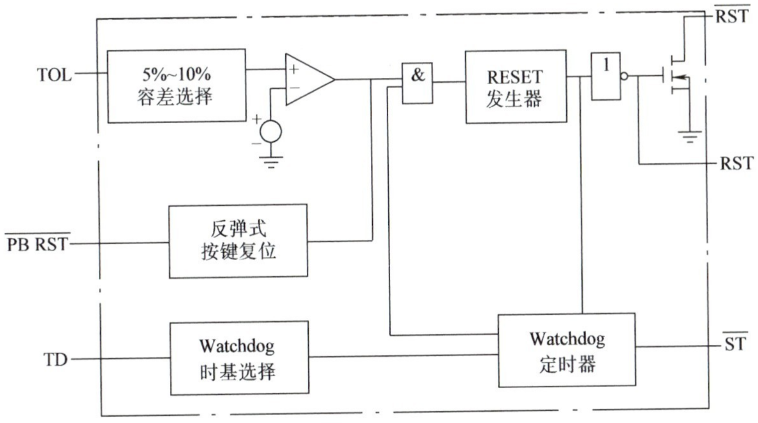

图 2-68　MAX1232 的内部结构

2. MAX1232 的主要功能

(1) 电源监控

电压检测器监控 V_{CC}，每当 V_{CC} 低于所选择的容限时（5%容限时的电压典型时为

4.62V，10%容限时的电压典型时为4.37V）就输出并保持复位信号。选择5%的容许极限时，TOL端接地；选择10%的容许极限时，TOL端接V_{CC}。当V_{CC}恢复到容许极限内，复位输出信号至少保持250ms的宽度，才允许电源供电并使微处理器稳定工作。RST输出吸收和提供电流。当$\overline{\text{RST}}$端输出时，形成一个开路漏电极MOSFET（即金属氧化物半导体场效应晶体管），该端降低并吸收电流，因而该端必须被拉高。

（2）按钮复位输入

MAX1232的$\overline{\text{PB RST}}$端靠手动强制复位输出，该端保持t_{PBD}是按钮复位延迟时间，当$\overline{\text{PB RST}}$升高到大于一定的电压值后，复位输出保持至少250ms的宽度。

一个机械按钮或一个有效的逻辑信号都能驱动$\overline{\text{PB RST}}$，无锁按钮输入至少忽略了1ms的输入抖动，并且被保证能识别出20ms或更大的脉冲宽度。该$\overline{\text{PB RST}}$在芯片内部被上拉到大约100μA的V_{CC}上，因而不需要附加上拉电阻。

（3）监控定时器（Watchdog）

Watchdog俗称“看门狗”，是工业控制机普遍采用的抗干扰措施。尽管系统采用各种抗干扰措施，仍然难以保证万无一失，Watchdog则有看守大门的作用，刚好弥补了这一缺憾。Watchdog有多种用法，但其最主要的应用则是用于因干扰引起的系统“飞程序”等出错的检测和自动恢复。微处理器用一根I/O线来驱动$\overline{\text{ST}}$输入，微处理器必须在一定时间内触发$\overline{\text{ST}}$端（其时间取决于TD），以便来检测正常的软件执行。如果一个硬件或软件的失误导致$\overline{\text{ST}}$没被触发，在一个最小超时间隔内，$\overline{\text{ST}}$的触发只仅仅被脉冲的下降沿作用，这时MAX1232的复位输出至少保持250ms的宽度。

图2-69是一个典型的启动微处理器的例子。如果这个中断继续，那么在每一个超时间隔内将产生一个新的复位脉冲，直到$\overline{\text{ST}}$被触发为止。这个超时间隔取决于TD输入的连接，当TD接地时，Watchdog为150ms；当TD悬空时，Watchdog为600ms；TD接V_{CC}时，Watchdog为1.2s。触发$\overline{\text{ST}}$的软件例行程序是非常关键的，这个代码必须是在循环执行的软件中，并且这个时间（工作步长）至少要比所定的Watchdog的时间短。一个普通的技术是从程序中的两个部分来控制微处理器的I/O线。当软件工作在前台时，可以设置I/O线为高，当软件工作在后台方式或中断方式时，可以设置为低，如果这两种模式都不能正确执行，那么监控定时器即Watchdog就会产生复位脉冲信号。

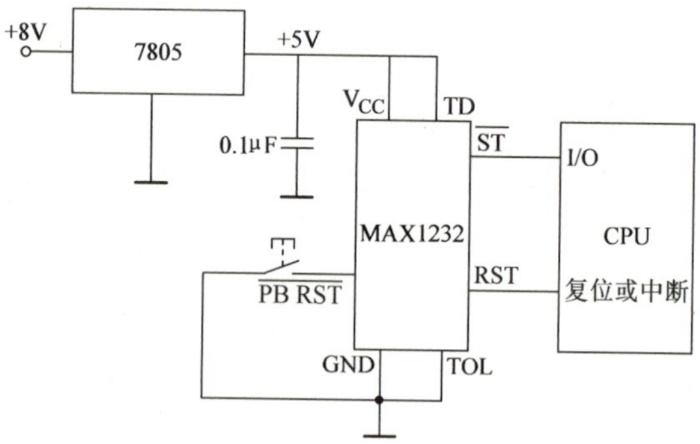

图2-69 监控电路MAX1232的典型应用

3. 掉电保护和恢复运行

电网瞬间断电或电压突然下降将使微机系统陷入混乱状态，电网电压恢复正常后，微机系统难以恢复正常。掉电信号由监控电路MAX1232检测得到，加到微处理器（CPU）的外部中断输入端。软件中将掉电中断规定为高级中断，使系统能够及时对掉电做出响应。在掉电中断服务子程序中，首先进行现场保护，把当时的重要状态参数、中间结果、某些专用寄存器的内容转移到专用的有后备电源的 RAM 中。其次是对有关外设做出妥善处理，如关闭各输入/输出口，使外设处于某一个非工作状态等。最后必须在专用的有后备电源的 RAM 中某一个或两个单元做特定标记即掉电标记。为保证掉电子程序能顺利执行，掉电检测电路必须在电源电压下降到 CPU 最低工作电压之前就提出中断申请，提前时间为几百微秒至数毫秒。

当电源恢复正常时，CPU 重新上电复位，复位后应首先检查是否有掉电标记，如果没有，按一般开机程序执行（系统初始化等）。如果有掉电标记，不应将系统初始化，而应按掉电中断服务子程序相反的方式恢复现场，以一种合理的安全方式使系统继续未完成的工作。

2.6.3　系统供电与接地技术

1. 供电技术

(1) 供电系统的一般保护措施

计算机控制系统的供电一般采用图 2-70 所示的结构。交流稳压器用来保证 AC 220V 供电，交流电网频率为 50Hz，其中混杂了部分高频干扰信号。为此采用低通滤波器让 50Hz 的基波通过，而滤除高频干扰信号。最后由直流稳压电源给计算机供电，建议采用开关电源。开关电源用调节脉冲宽度的办法调整直流电压，调整管以开关方式工作，功耗低。这种电源用体积很小的高频变压器代替了一般线性稳压电源中的体积庞大的工频变压器，对电网电压的波动适应性强，抗干扰性能好。

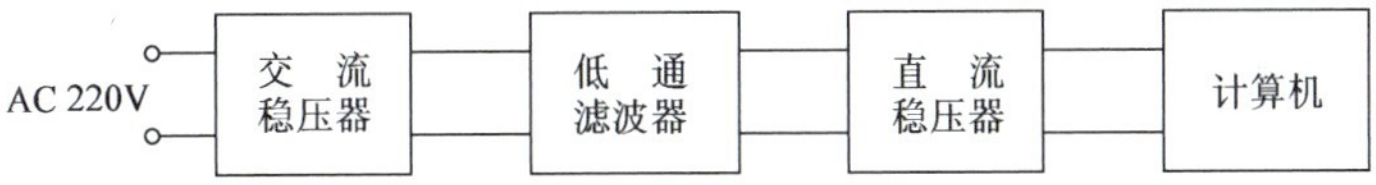

图 2-70　一般供电结构

(2) 电源异常的保护措施

计算机控制系统的供电不允许中断，一旦中断将会影响生产。为此，可采用不间断电源（UPS），其原理如图 2-71 所示。正常情况下由交流电网供电，同时电池组处于浮充状态。如果交流供电中断，电池组经逆变器输出交流代替外界交流供电，这是一种无触点的不间断切换。UPS 是用电池组作为后备电源。如果外界交流电中断时间长，就需要大容量的蓄电池组。为了确保供电安全，可以采用交流发电机或第二路交流供电线路。

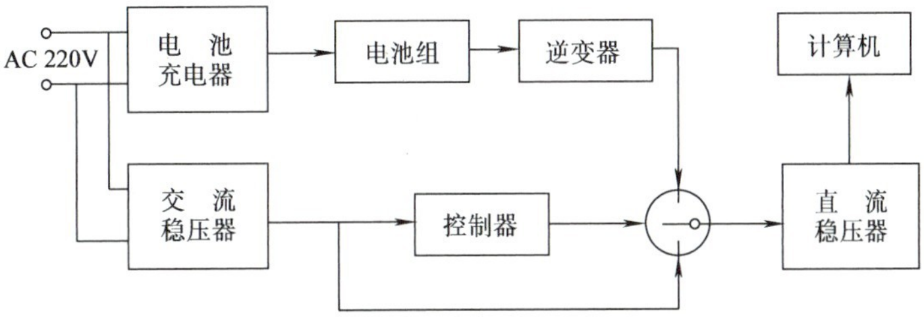

图 2-71　具有不间断电源的供电结构

2. 接地技术

(1) 地线系统分析

在计算机控制系统中，一般有以下几种地线：模拟地、数字地、安全地、系统地、交流地。

模拟地作为传感器、变送器、放大器、A-D和D-A转换器中模拟电路的零电位。模拟信号有精度要求，有时信号比较小，而且与生产现场连接。因此，必须认真地对待模拟地。

数字地作为计算机中各种数字电路的零电位，应该与模拟地分开，避免模拟信号受数字脉冲的干扰。

安全地的目的是使设备机壳与大地等电位，以避免机壳带电而影响人身及设备安全。通常安全地又称为保护地或机壳地，机壳包括机架、外壳、屏蔽罩等。

系统地就是上述几种地的最终回流点，直接与大地相连，如图2-72所示。众所周知，地球是导体而且体积非常大，因而其静电容量也非常大，电位比较恒定，所以人们把它的电位作为基准电位，也就是零电位。

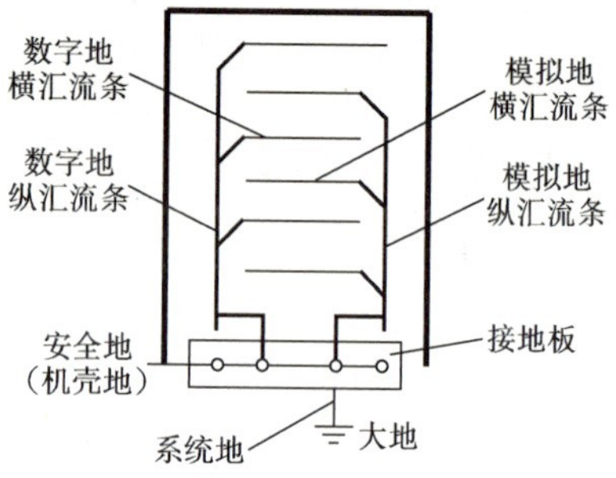

图2-72　回流法接地示意图

交流地是计算机交流供电电源地，即动力线地，它的地电位很不稳定。在交流地上任意两点之间，往往很容易就有几伏至几十伏的电位差存在。另外，交流地也很容易带来各种干扰。因此，交流地绝对不允许分别与上述几种地相连，而且交流电源变压器的绝缘性能要好，绝对避免漏电现象。

显然，正确接地是一个十分重要的问题。根据接地理论分析，低频电路应单点接地，高频电路应就近多点接地。一般来说，当频率小于1MHz时，可以采用单点接地方式；当频率高于10MHz时，可以采用多点接地方式。在1~10MHz之间，如果用单点接地时，其地线长度不得超过波长的1/20，否则应使用多点接地。单点接地的目的是避免形成地环路，地环路产生的电流会引入信号回路内引起干扰。

在过程控制计算机中，对上述各种地的处理一般是采用分别回流法单点接地。模拟地、数字地、安全地（机壳地）的分别回流法如图2-72所示。回流线往往采用汇流条而不采用一般的导线。汇流条由多层铜导体构成，截面呈矩形，各层之间有绝缘层。采用多层汇流条以减少自感，可减少干扰的窜入途径。在稍考究的系统中，分别使用横向及纵向汇流条，机柜内各层机架之间分别设置汇流条，以最大限度地减少公共阻抗的影响。在空间上将数字地汇流条与模拟地汇流条间隔开，以避免通过汇流条间电容产生耦合。安全地（机壳地）始终与信号地（模拟地、数字地）是浮离开的。这些地之间只在最后汇聚一点，并且常常通过铜接地板交汇，然后用线径不小于300mm^{2}的多股铜软线焊接在接地极上后深埋地下。

（2）低频接地技术

在一个实际的计算机控制系统中，通道的信号频率绝大部分在1MHz以下。因此，本节只讨论低频接地而不涉及高频问题。

1）一点接地方式

信号地线应采用一点接地，而不采用多点接地。一点接地主要有两种接法：即串联接地（或称共同接地）和并联接地（或称分别接地）。

从防止噪声角度看，如图2-73所示的串联接地方式最不适用。由于地电阻r_1、r_2和r_3是串联的，所以各电路间相互发生干扰。虽然这种接地方式很不合理，但由于比较简单，用的地方仍然很多。当各电路的电平相差不大时还可勉强使用；但当各电路的电平相差很大时就不能使用，因为高电平将会产生很大的地电流并干扰到低电平电路中去。使用这种串联一点接地方式时还应注意把低电平的电路放在距接地点最近的地方，即图 2-73 最接近于地电位的 A 点上。

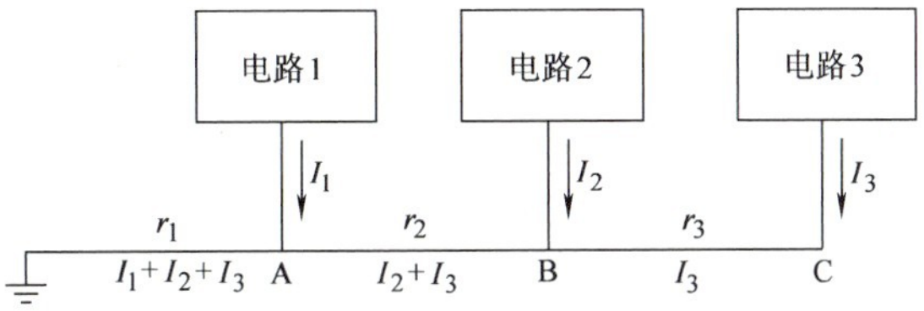

图 2-73　串联一点接地

如图 2-74 所示的并联接地方式在低频时是最适用的，因为各电路的地电位只与本电路的地电流和地线阻抗有关，不会因地电流而引起各电路间的耦合。这种方式的缺点是需要连很多根地线，用起来比较麻烦。

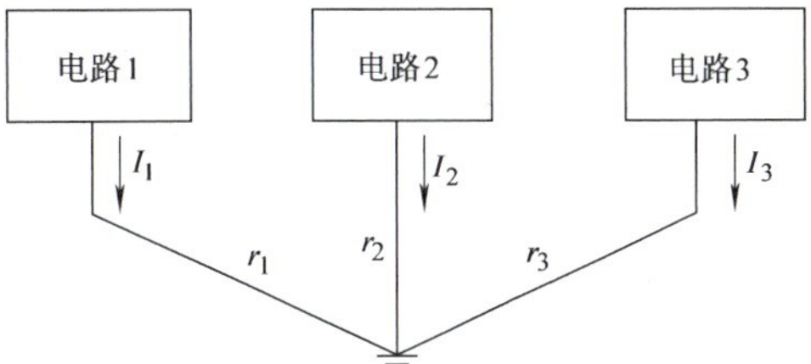

图 2-74　并联一点接地

2）实用的低频接地

一般在低频时用串联一点接地的综合接法，即在符合噪声标准和简单易行的条件下统筹兼顾。也就是说可用分组接法，即低电平电路经一组共同地线接地，高电平电路经另一组共同地线接地。注意，不要把功率相差很多、噪声电平相差很大的电路接入同一组地线接地。

在一般的系统中至少要有 3 条分开的地线（为避免噪声耦合，3 种地线应分开），如图 2-75 所示。一条是低电平电路地线；一条是继电器、电动机等的地线（称为“噪声”地线）；一条是设备机壳地线（称为“金属件”地线）。若设备使用交流电源，则电源地线应和金属件地线相连。这 3 条地线应在一点连接接地。使用这种方法接地时，可解决计算机控制系统的大部分接地问题。

（3）通道馈线的接地技术

在“导线”的屏蔽中针对电场耦合和磁场耦合干扰，讨论了屏蔽和抑制这种干扰的措施。其中也涉及了接地问题，但只讨论了该怎样接地，并没有说明应该在何处接地。这里则从如何克服地环流影响的角度来分析和解决应在哪里接地的问题。

1）电路一点地基准

一个实际的模拟量输入通道，总可以简化成由信号源、输入馈线和输入放大器三部分组成。如图 2-76 所示的将信号源与输入放大器分别接地的方式是不正确的。这种接地方式之所以错误，是因为它不仅会受到磁场耦合的影响，而且还会因 A 和 B 两点地电位不等而引起环流噪声干扰。忽略导线电阻，误认为 A 和 B 两点都是地球地电位应该相等，是造成这种接地错误的根本原因。实际上，由于各处接地体几何形状、材质、埋地深度不可能完全相

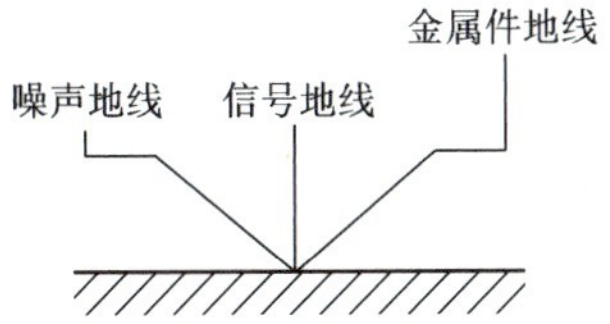

图 2-75　实用低频接地

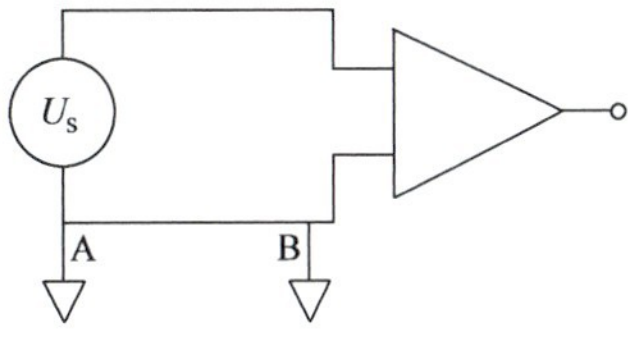

图 2-76　错误的接地方式

同，土壤的电阻率因地层结构各异也相差甚大，使得接地电阻和接地电位可能有很大的差值。这种接地电位的不相等，几乎每个工业现场都要碰到，一定要引起注意。

为了克服双端接地的缺点，应将图 2-76 输入回路改为单端接地方式。当单端接地点位于信号源端时，放大器电源不接地；当单端接地点位于放大器端时，信号源不接地。

2）电缆屏蔽层的接地

当信号电路是一点接地时，低频电缆的屏蔽层也应一点接地。如欲将屏蔽一点接地，则应选择较好的接地点。

当一个电路有一个不接地的信号源与一个接地的（即使不是接大地）放大器相连时，输入线的屏蔽应接至放大器的公共端；当接地信号源与不接地放大器相连时，即使信号源端接的不是大地，输入线的屏蔽层也应接到信号源的公共端。这种单端接地方式如图 2-77 所示。

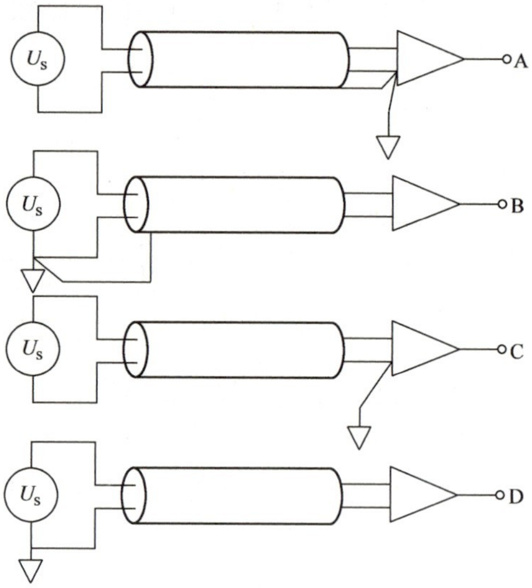

图 2-77　在低频时屏蔽电缆的单端接地方式

（4）主机外壳接地但机芯浮空

为了提高计算机的抗干扰能力，将主机外壳作为屏蔽罩接地。而把机内器件架与外壳绝缘，绝缘电阻大于 50MΩ，即机内信号地浮空，如图 2-78 所示。这种方法安全可靠，抗干扰能力强，但制造工艺复杂，一旦绝缘电阻降低就会引入干扰。

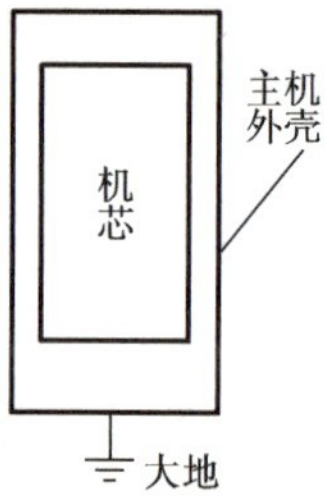

图 2-78　外壳接地、机芯浮空

（5）多机系统的接地

在计算机网络系统中，多台计算机之间相互通信，资源共享。如果接地不合理，将使整个网络系统无法正常工作。近距离的几台计算机安装在同一机房内，可采用类似图 2-79 那样的多机一点接地方法。对于远距离的计算机网络，多台计算机之间的数据通信，通过隔离的办法把地分开，如采用变压器隔离技术、光电隔离技术和无线电通信技术。

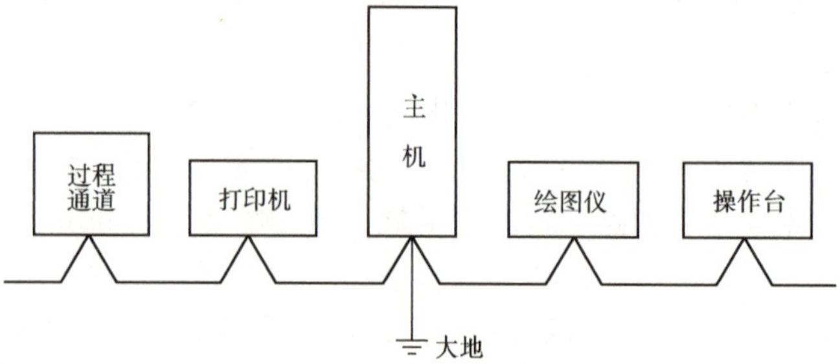

图 2-79　多机系统的接地

习　题

1. 什么是接口、接口技术和过程通道？

2. 采用 74LS244 和 74LS273 与 PC/ISA 总线工业控制机接口，设计 8 路数字量（开关量）输入接口和 8 路数字量（开关量）输出接口，请画出接口电路原理图，并分别编写数字量输入和数字量输出程序。

3. 用 8 位 A-D 转换器 ADC0809 与 PC/ISA 总线工业控制机接口，实现 8 路模拟量采集。请画出接口原理图，并设计出 8 路模拟量的数据采集程序。

4. 用 12 位 A-D 转换器 AD574A 与 PC/ISA 总线工业控制机接口，实现模拟量采集。请画出接口电路原理图，并设计出 A-D 转换程序。

5. 请分别画出一路有源 I/V 变换电路和一路无源 I/V 变换电路图，并分别说明各元器件的作用。

6. 什么是采样过程、量化、孔径时间？

7. 采样保持器的作用是什么？是否所有的模拟量输入通道中都需要采样保持器？为什么？

8. 一个 8 位 A-D 转换器，孔径时间为 100μs，如果要求转换误差在 A-D 转换器的转换精度（0.4%）内，求允许转换的正弦波模拟信号的最大频率是多少？

9. 试使用 AD1674、LF398、CD4051 和 PC/ISA 总线工业控制机接口，设计出 8 路模拟量采集系统，请画出接口电路原理图，并编写相应的 8 路模拟量数据采集程序。

10. 采用 DAC0832 和 ISA 总线工业控制机接口，请画出接口电路原理图，并编写 D-A 转换程序。

11. 采用 DAC1210 和 ISA 总线工业控制机接口，请画出接口电路原理图，并编写 D-A 转换程序。

12. 请分别画出 D-A 转换器的单极性和双极性电压输出电路，并分别推导出输出电压与输入数字量之间的关系式。

13. 什么是串模干扰和共模干扰？如何抑制？

14. MAX1232 有哪些主要功能？

15. 计算机控制系统中一般有哪几种地线？请画出回流法接地和一点接地示意图。

第 3 章　数字控制技术

教学重点难点

数字控制亦称数值控制（Numerical Control，NC），是利用数字化信息对机械运动及加工过程进行控制的一种方法，简称数控。装有数字程序控制系统的机床叫作数控机床。数控机床具有能加工形状复杂的零件、加工精度高、生产效率高、便于改变加工零件品种等许多特点，它是实现机床自动化的一个重要发展方向。典型的数控机床有铣床、车床、加工中心、线切割机和焊接机等。数控技术和数控机床是实现柔性制造系统（Flexible Manufacturing System，FMS）和计算机集成制造系统（Computer Integrated Manufacturing System，CIMS）的最重要基础技术之一。

另外，顺序控制是开环数字程序控制，也是自动化技术的重要应用领域。顺序控制是使生产过程按照规定的时序或事序而顺序工作的自动控制。由于工控机、数字量（开关量）输入/输出接口与过程通道已具有与、或、非等逻辑运算和记忆、判断、定时、延时等功能，并能实现有触点的继电器逻辑控制、无触点的集成电路和晶体管逻辑控制，因此本章不再赘述。

本章主要介绍数字控制基础、运动轨迹插补原理、步进与伺服驱动控制技术、数控系统的多轴运动控制技术。

3.1　数字控制基础

所谓数字控制，就是生产机械（如各种加工机床）根据数字计算机输出的数字信号，按规定的工作顺序、运动轨迹、运动距离和运动速度等规律自动地完成工作的控制方式。

3.1.1　数控技术发展概况

世界上第一台数控机床是 1952 年美国麻省理工学院（MIT）伺服机构实验室开发出来的，当时主要是为了满足高精度和高效率加工复杂零件的需要。众所周知，即使二维轮廓零件的加工也是很困难的，而数控机床则很容易地实现二维和三维轮廓零件的加工。早期的数控是以数字电路技术为基础来实现的，随着小型和微型计算机的发展，20 世纪 70 年代初期在数控系统中用计算机代替控制装置，从而诞生了计算机数控（Computer Numerical Control，CNC）。表 3-1 给出了数控技术的现状和发展趋势。

数控系统一般由数控装置、驱动装置、可编程序控制器和检测装置等构成。数控装置能接收零件图样加工要求的信息，进行插补运算，实时地向各坐标轴发出速度控制指令。驱动装置能快速响应数控装置发出的指令，驱动机床各坐标轴运动，同时能提供足够的功率和扭

表 3-1　数控技术的现状和发展趋势

特征阶段	年代	典型应用	工艺方法	数控功能	驱动特点
研究开发	1952—1969	数控车床、钻床、铣床	简单工艺	NC	3 轴以下步进、液压电动机
推广应用	1970—1985	加工中心、电加工、锻压	多种工艺方法	CNC、刀具自动交换、五轴联动、较好的人机界面	直流伺服电动机
系统化	1982	柔性制造单元（FMU）、柔性制造系统（FMS）	复合设计加工	友好的人机界面	交流伺服电动机
高性能集成化	1990 至今	计算机集成制造系统（CIMS）、无人化工厂	复合设计加工	多过程、多任务调度、模板化和复合化、智能化	直线驱动

矩。调节控制是数控装置发出运动的指令信号，驱动装置快速响应跟踪指令信号。检测装置将坐标的实际值检测出来，反馈给数控装置的调节电路中的比较器，有差值就发出运动控制信号，从而实现偏差控制。数控装置包括输入装置、输出装置、控制器和插补器 4 大部分，这些功能都由计算机来完成。

3.1.2　数字控制原理

首先分析图 3-1 所示的平面图形，如何用计算机在绘图仪或数控加工机床上重现，以此来简要说明数字控制的基本原理。

1）将图 3-1 所示的曲线分割成若干段，可以是直线段，也可以是曲线段，图中分割成了 3 段，即 $\overline{ab}$、$\overline{bc}$ 和 $\overset{\frown}{cd}$，然后把 a、b、c、d 4 点坐标记下来并送给计算机。图形分割的原则应保证线段所连的曲线（或折线）与原图形的误差在允许范围之内。由图可见，显然采用 $\overline{ab}$、$\overline{bc}$ 和 $\overset{\frown}{cd}$ 比 $\overline{ab}$、$\overline{bc}$ 和 $\overline{cd}$ 要精确得多。

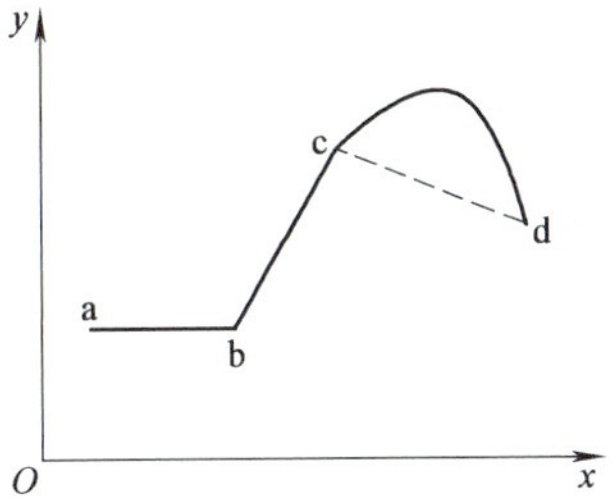

图 3-1　曲线分段

2）当给定 a、b、c、d 各点坐标 x 和 y 值之后，如何确定各坐标值之间的中间值？求得这些中间值的数值计算方法称为插值或插补。插补计算的宗旨是通过给定的基点坐标，以一定的速度连续定出一系列中间点，而这些中间点的坐标值是以一定的精度逼近给定的线段。从理论上讲，插补可用任意函数形式，但为了简化插补运算过程和加快插补速度，常用的是直线插补和二次曲线插补两种形式。所谓直线插补是指在给定的两个基点之间用一条近似直线来逼近，也就是由此定出中间点连接起来的折线近似于一条直线，并不是真正的直线。所谓二次曲线插补是指在给定的两个基点之间用一条近似曲线来逼近，也就是实际的中间点连线是一条近似于曲线的折线弧。常用的二次曲线有圆弧、抛物线和双曲线等。对图 3-1 所示的曲线来说，显然 ab 和 bc 段用直线插补、cd 段用圆弧插补是合理的。

3）把插补运算过程中定出的各中间点，以脉冲信号形式去控制 x、y 方向上的步进电动机，带动绘图笔、刀具等，从而绘出图形或加工出所要求的轮廓来。这里的每一个脉冲信号代表步进电动机走一步，即绘图笔或刀具在 x 或 y 方向移动一个位置。把对应于每个脉冲移动的相对位置称为脉冲当量，又称为步长，常用 Δx 和 Δy 来表示，并且总是取 $\Delta x=\Delta y$。

图 3-2 是一段用折线逼近直线的直线插补线段，其中（x_0，y_0）代表该线段的起点坐标值，（x_e，y_e）代表终点坐标值，则 x 方向和 y 方向应移动的总步数 N_x 和 N_y 分别为

$$N_x=(x_e-x_0)/\Delta x,\ N_y=(y_e-y_0)/\Delta y$$

如果把 Δx 和 Δy 定义为坐标增量值，即 x_0、y_0、x_e、y_e 均是以脉冲当量定义的坐标值，则

$$N_x=x_e-x_0,\ N_y=y_e-y_0$$

所以，插补运算就是如何分配 x 和 y 方向上的脉冲数，使实际的中间点轨迹尽可能地逼近理想轨迹。实际的中间点连接线是一条由 Δx 和 Δy 的增量值组成的折线，只是由于实际的 Δx 和 Δy 的值很小，眼睛分辨不出来，看起来似乎和直线一样而已。显然，Δx 和 Δy 的增量值越小，就越逼近理想的直线段，图中均以“→”代表 Δx 或 Δy 的长度和方向。

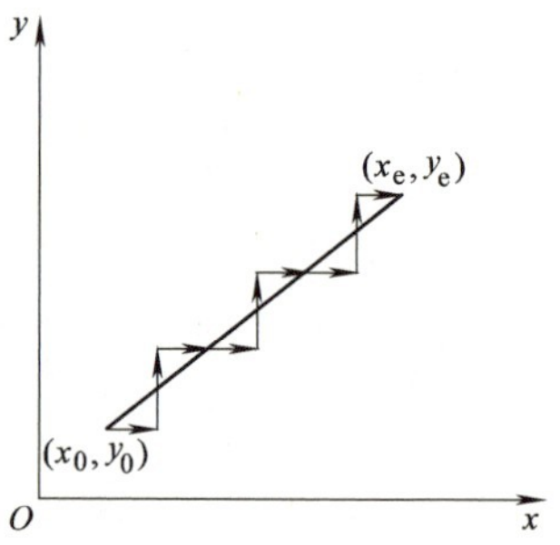

图 3-2　用折线逼近直线段

实现直线插补和二次曲线插补的方法有很多，常见的有逐点比较法（又称富士通法或醉步法）、数字积分法（又称数字微分分析器——DDA 法）、数字脉冲乘法器（又称 MIT 法，由麻省理工学院首先使用）等，其中又以逐点比较法使用最广。

3.1.3　数字控制方式

数控系统按控制方式来分类，可以分为点位控制、直线切削控制和轮廓切削控制，这 3 种控制方式都是运动的轨迹控制。

1. 点位控制

在一个点位控制系统中，只要求控制刀具行程终点的坐标值，即工件加工点准确定位，至于刀具从一个加工点移到下一个加工点走什么路径、移动的速度、沿哪个方向趋近都无须规定，并且在移动过程中不做任何加工，只是在准确到达指定位置后才开始加工。在机床加工业中，采用这类控制的主要是孔加工机床，如钻床、镗床、冲床等。

2. 直线切削控制

这种控制也主要是控制行程的终点坐标值，不过还要求刀具相对于工件平行某一直角坐标轴作直线运动，且在运动过程中进行切削加工。需要这类控制的有铣床、车床、磨床、加工中心等。

3. 轮廓切削控制

这类控制的特点是能够控制刀具沿工件轮廓曲线不断地运动，并在运动过程中将工件加工成某一形状。这种方式是借助于插补器进行的，插补器根据加工的工件轮廓向每一坐标轴分配速度指令，以获得图样坐标点之间的中间点。这类控制用于铣床、车床、磨床、齿轮加工机床等。

在上述 3 种控制方式中以点位控制最简单，因为它的运动轨迹没有特殊要求，运动时又不加工，所以它的控制电路只要具有记忆（记下刀具应走的移动量和已走过的移动量）和比较（将所记忆的两个移动量进行比较，当两个数值的差为零时，刀具立即停止）的功能即可，根本不需要插补计算。和点位控制相比，由于直线切削控制进行直线加工，其控制电路要复杂一些。轮廓切削控制要控制刀具准确地完成复杂的曲线运动，所以控制电路更复杂，且需要进行一系列的插补计算和判断。

3.1.4　数字控制系统

计算机数控系统主要分为开环数字控制和闭环数字控制两大类，由于它们的控制原理不同，因此其系统结构差异很大。

1. 开环数字控制

随着计算机技术的发展，开环数字控制得到了广泛的应用，如各类数控机床、线切割机、低速小型数字绘图仪等，它们都是利用开环数字控制原理实现控制的机械加工设备或绘图设备。开环数字控制的结构如图 3-3 所示，这种控制结构没有反馈检测元件，工作台由步进电动机驱动。步进电动机接收步进电动机驱动电路发来的指令脉冲作相应的旋转，把刀具移动到与指令脉冲相当的位置，至于刀具是否到达了指令脉冲规定的位置，那是不受任何检查的，因此这种控制的可靠性和精度基本上由步进电动机和传动装置来决定。

图 3-3　开环数字控制

开环数字控制结构简单，因此可靠性高、成本低、易于调整和维护等，国内经济型数控系统应用最为广泛。由于采用了步进电动机作为驱动元件，使得系统的可控性变得更加灵活，更易于实现各种插补运算和运动轨迹控制。本章主要讨论开环数字控制技术。

2. 闭环数字控制

图 3-4a 给出了一种闭环数字控制的结构图。这种结构的执行机构多采用直流电动机（小惯量伺服电动机和宽调速力矩电动机）作为驱动元件，反馈测量元件采用光电编码器（码盘）、光栅、感应同步器等，该控制方式主要用于大型精密加工机床，但其结构复杂，难于调整和维护，一些常规的数控系统很少采用。

将测量元件从工作台移动到伺服电动机的轴端，这就构成了半闭环控制系统，如图 3-4b 所示。这样构成的系统，工作台不在控制环内，克服了由于工作台的某些机械环节的特性引起的参数变动，容易获得稳定的控制特性，广泛应用于连续控制的数控机床上。

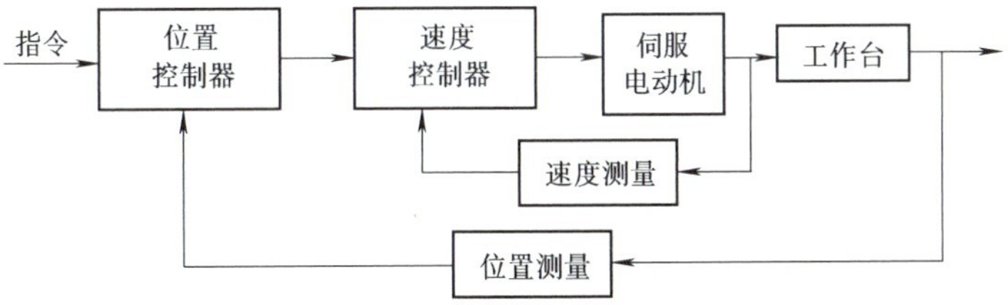

a）闭环数字控制

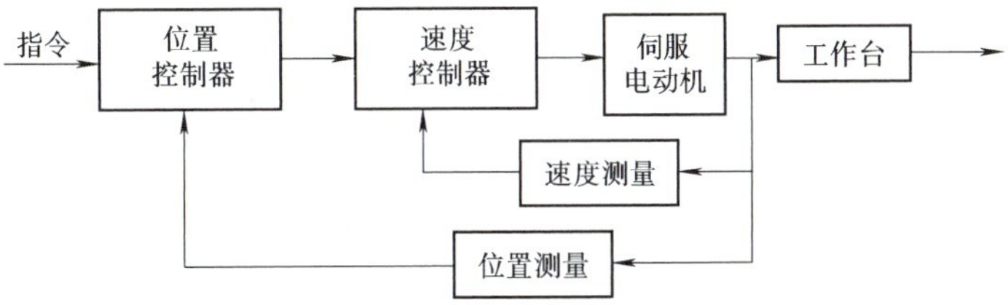

b）半闭环数字控制

图 3-4　闭环数字控制和半闭环数字控制

3.1.5　数控系统的分类

1. 传统数控系统

传统数控系统，又称为硬件式数控，零件程序的输入、运算、插补及控制功能均由专用硬件来完成，这是一种专用的封闭体系结构，其功能简单、柔性通用性差、设计研发周期长。

2. 开放式数控系统

（1） PC IN NC 结构的开放式数控系统

这是一类基于传统数控系统的半开放式数控系统。这一类数控系统是在不改变原系统基本结构的基础上，在传统的非开放式的 NC 上插入一块专门开发的个人计算机模板，使得传统的 NC 带有计算机的特点。该系统借助了 PC 丰富的软硬件资源和多媒体部件，把 PC 和 NC 联系在一起，它既具有原数控系统工作可靠的特点，同时它的界面又比原来的数控系统开放，大大提高了人机界面的功能，使数控系统的功能得以完美体现，而且使用更加方便。

（2） NC IN PC 结构的开放式数控系统

这种数控系统以 PC 作为系统的核心，由 PC 和开放式的运动控制卡构成。所谓的开放式运动控制卡，就是一个可以单独使用的数控系统，具有很强的运动控制和 PLC 控制能力，它还具有开放的函数库可供用户进行自主开发，以构造自己所需要的数控系统。这类数控系统具有可靠性高、功能强、性能好、操作简单方便、开发周期短、成本低等优点，而且适合各种类型数控系统的开发，因而这种数控系统目前被广泛应用于制造业自动化控制各个领域。

（3） SOFT 型开放式数控系统

这是一种最新开放体系的数控系统。它提供给用户最大的选择和灵活性。它的 CNC 软件全部装在计算机中，而硬件部分仅是计算机与伺服驱动和外部 I/O 之间的标准化通用接口。用户可以在 Windows NT 平台上，利用开放的 CNC 内核，开发所需要的各种功能，构成各种类型的高性能数控系统。SOFT 型开放式数控系统具有较高的性能价格比，因而更具有生命力。

3. 网络化数控系统

网络化数控装备是近几年数控技术发展的一个新亮点。随着计算机技术、网络技术普遍运用，数控机床走向网络化、集成化，互联网进入制造工厂的车间。对于面临全球化竞争的现代制造工厂来说，一是要提高数控机床的拥有率，二是所拥有的数控机床必须具有联网通信功能，以保证信息流在工厂、车间的底层之间及底层与上层之间的通信。数控系统生产厂商已在几年前推出了具有网络功能的数控系统。在这些系统中，除了传统的 RS-232 接口外，还备有以太网接口，为数控机床联网提供了基本条件。目前数控的网络化主要采用以太网以及现场总线的方式，随着无线技术的发展，数控系统网络在不久的将来会无处不在。

3.2　运动轨迹插补原理

在 CNC 数控机床上，各种曲线轮廓加工都是通过插补计算实现的，插补计算的任务就是对轮廓线的起点到终点之间密集地计算出有限多个坐标点，刀具沿着这些坐标点移动，用折线逼近所要加工的曲线，进而获得理论轮廓。而确定刀具或绘图笔坐标的过程就称为插补。

插补方法可以分为两大类：脉冲增量插补和数据采样插补。

① 脉冲增量插补是控制单个脉冲输出规律的插补方法，每输出一个脉冲，移动部件都要相应地移动一定距离，这个距离就是脉冲当量，因此，脉冲增量插补也叫作行程标量插

补，如逐点比较法、数字积分法。该插补方法通常用于步进电动机控制系统。

② 数据采样插补，也称为数字增量插补，是在规定的时间内计算出各坐标方向的增量值、刀具所在的坐标位置及其他一些需要的值。这些数据严格地限制在一个插补时间内计算完毕，送给伺服系统，再由伺服系统控制移动部件运动，移动部件也必须在下一个插补时间内走完插补计算给出的行程，因此数据采样插补也称作时间标量插补。数据采样插补采用数值量控制机床运动，机床各坐标方向的运动速度与插补运算给出的数值量和插补时间有关。该插补方法适用于直流伺服电动机和交流伺服电动机的闭环或半闭环控制系统。

数控系统中完成插补工作的部分装置称为插补器。下面主要介绍脉冲增量插补中的逐点比较法插补原理。

3.2.1　逐点比较法直线插补

所谓逐点比较法插补，就是刀具或绘图笔每走一步都要和给定轨迹上的坐标值进行比较，看这点在给定轨迹的上方或下方，或是给定轨迹的里面或外面，从而决定下一步的进给方向。如果原来在给定轨迹的下方，下一步就向给定轨迹的上方走，如果原来在给定轨迹的里面，下一步就向给定轨迹的外面走……如此，走一步、看一看，比较一次，决定下一步走向，以便逼近给定轨迹，即形成逐点比较插补。

逐点比较法是以阶梯折线来逼近直线或圆弧等曲线的，它与规定的加工直线或圆弧之间的最大误差为一个脉冲当量，因此只要把脉冲当量（每走一步的距离即步长）取得足够小，就可达到加工精度的要求。

1. 第一象限内的直线插补

（1）偏差计算公式

根据逐点比较法插补原理，必须把每一插值点（动点）的实际位置与给定轨迹的理想位置间的误差，即“偏差”计算出来，根据偏差的正、负决定下一步的走向，来逼近给定轨迹。因此偏差计算是逐点比较法关键的一步。

在第一象限想加工出直线段 OA，取直线段的起点为坐标原点，直线段终点坐标（x_e，y_e）是已知的，如图 3-5 所示。点 $m(x_m, y_m)$ 为加工点（动点），若点 m 在直线段 OA 上，则有

$$y_m/x_m = y_e/x_e$$

即

$$y_m/x_m - y_e/x_e = 0$$

现定义直线插补的偏差判别式为

$$F_m = y_m x_e - x_m y_e \tag{3-1}$$

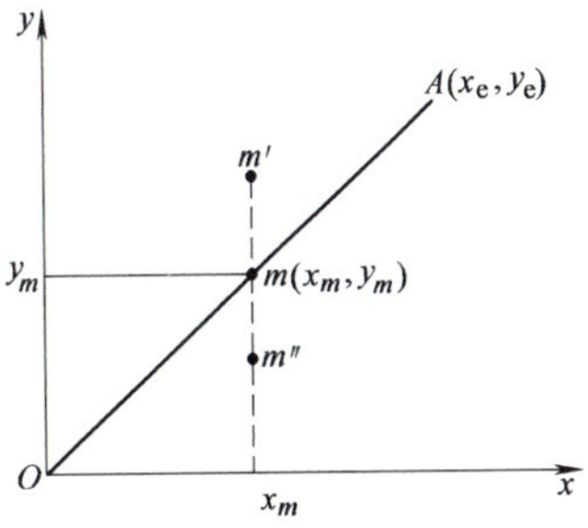

图 3-5　第一象限直线

若 $F_m=0$，表明点 m 在 OA 直线段上；若 $F_m>0$，表明点 m 在 OA 直线段的上方，即点 m'处；若 $F_m<0$，表明点 m 在 OA 直线段的下方，即点 m''处。

由此可得第一象限直线逐点比较法插补的原理是：从直线的起点（即坐标原点）出发，当 $F_m \geqslant 0$ 时，沿 $+x$ 轴方向走一步；当 $F_m<0$ 时，沿 $+y$ 方向走一步；当两方向所走的步数与到终点坐标（x_e，y_e）的步数相等时，发出终点到信号，停止插补。

按式（3-1）计算偏差，要做两次乘法，一次减法，比较麻烦，因此需要进一步简化。下面推导简化的偏差计算公式。

1）设加工点正处于 m 点，当 $F_m \geqslant 0$ 时，表明 m 点在 OA 上或 OA 上方，应沿 $+x$ 方向进

给一步至（$m+1$）点，该点的坐标值为

$$x_{m+1}=x_m+1$$

$$y_{m+1}=y_m$$

该点的偏差为

$$F_{m+1}=y_{m+1}x_e-x_{m+1}y_e=y_mx_e-(x_m+1)y_e=F_m-y_e \tag{3-2}$$

2）设加工点正处于 m 点，当 $F_m<0$ 时，表明 m 点在 OA 下方，应向 $+y$ 方向进给一步至（$m+1$）点，该点的坐标值为

$$x_{m+1}=x_m$$

$$y_{m+1}=y_m+1$$

该点的偏差为

$$F_{m+1}=y_{m+1}x_e-x_{m+1}y_e=(y_m+1)x_e-x_my_e=F_m+x_e \tag{3-3}$$

式（3-2）和式（3-3）是简化后偏差计算公式，在公式中只有一次加法或减法运算，新的加工点的偏差 F_{m+1} 都可以由前一点偏差 F_m 和终点坐标相加或相减得到。特别要注意，加工的起点是坐标原点，起点的偏差是已知的，即 $F_0=0$。

（2）终点判断方法

逐点比较法的终点判断有多种方法，下面介绍两种方法：

① 设置 N_x 和 N_y 两个减法计数器，在加工开始前，在 N_x 和 N_y 计数器中分别存入终点坐标值 x_e 和 y_e，当向 x 坐标（或 y 坐标）进给一步时，就在 N_x 计数器（或 N_y 计数器）中减去1，直到这两个计数器中的数都减到零时，到达终点。

② 用一个终点计数器，寄存 x 和 y 两个坐标进给方向的总步数 N_{xy}。当向 x 或 y 坐标进给一步，N_{xy} 就减1；若 $N_{xy}=0$，则达到终点。

（3）插补计算过程

插补计算时，每走一步，都要进行以下4个步骤的插补计算过程，即偏差判别、坐标进给、偏差计算、终点判断。

2. 4个象限的直线插补

不同象限直线插补的偏差符号与坐标进给方向如图3-6所示。

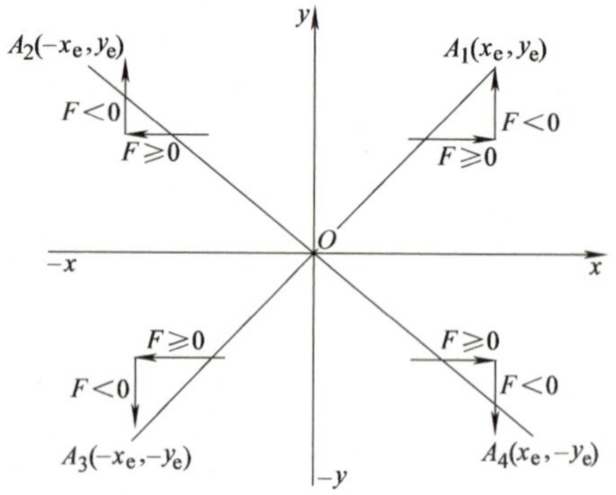

图3-6　偏差符号与坐标进给方向的关系

由图3-6可以推导得出，4个象限直线插补的坐标进给方向和偏差计算公式，详见表3-2。表中4个象限的终点坐标值取绝对值后，再代入偏差计算公式中。

表3-2　直线插补的坐标进给方向和偏差计算公式

$F_m\geqslant0$			$F_m<0$		
所在象限	进给方向	偏差计算	所在象限	进给方向	偏差计算
一、四	$+x$	$F_{m+1}=F_m-y_e$	一、二	$+y$	$F_{m+1}=F_m+x_e$
二、三	$-x$		三、四	$-y$	

3. 直线插补计算的程序实现

(1) 数据的输入及存放

在计算机的内存中开辟 6 个单元 XE、YE、NXY、FM、XOY 和 ZF，分别存放终点横坐标 x_e、终点纵坐标 y_e、总步数 N_{xy}、加工点偏差 F_m、直线所在象限值 xOy 和走步方向标志。这里 $N_{xy}=N_x+N_y$，xOy 等于 1、2、3、4 分别代表第一、第二、第三、第四象限，xOy 的值可由终点坐标（x_e，y_e）的正、负符号来确定，F_m 的初值为 $F_0=0$，ZF = 1、2、3、4 分别代表+x、-x、+y、-y 走步方向。

(2) 直线插补计算的程序流程

图 3-7 为直线插补计算的程序流程图，该图按照插补计算过程的 4 个步骤即偏差判别、坐标进给、偏差计算、终点判断来实现插补计算程序。偏差判别、偏差计算、终点判断是逻辑运算和算术运算，容易编写程序，而坐标进给通常是给步进电动机发走步脉冲，通过步进电动机带动机床工作台或刀具移动。

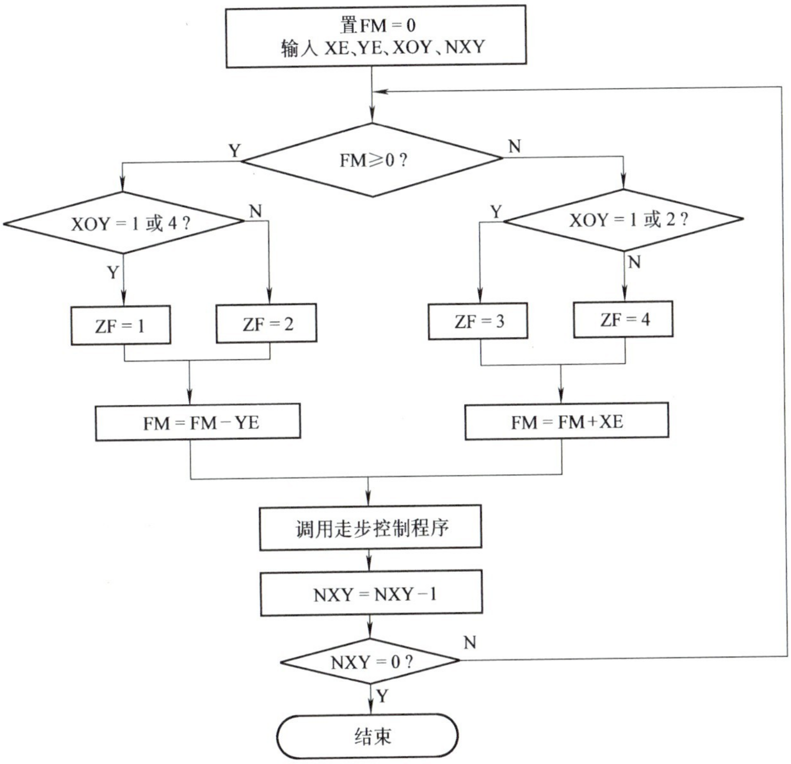

图 3-7　直线插补计算的程序流程图

例 3-1　设加工第一象限直线 OA，起点为 O（0，0），终点坐标为 A（6，4），试进行插补计算并作出走步轨迹图。

解　$N_{xy}=|6-0|+|4-0|=10$，$x_e=6$，$y_e=4$，$F_0=0$，$xOy=1$。插补计算过程如表 3-3 所示。

表 3-3　插补计算过程

步数	偏差判别	坐标进给	偏差计算	终点判断
起点			$F_0=0$	$N_{xy}=10$
1	$F_0=0$	$+x$	$F_1=F_0-y_e=-4$	$N_{xy}=9$

（续）

步数	偏差判别	坐标进给	偏差计算	终点判断
2	$F_1<0$	$+y$	$F_2=F_1+x_e=2$	$N_{xy}=8$
3	$F_2>0$	$+x$	$F_3=F_2-y_e=-2$	$N_{xy}=7$
4	$F_3<0$	$+y$	$F_4=F_3+x_e=4$	$N_{xy}=6$
5	$F_4>0$	$+x$	$F_5=F_4-y_e=0$	$N_{xy}=5$
6	$F_5=0$	$+x$	$F_6=F_5-y_e=-4$	$N_{xy}=4$
7	$F_6<0$	$+y$	$F_7=F_6+x_e=2$	$N_{xy}=3$
8	$F_7>0$	$+x$	$F_8=F_7-y_e=-2$	$N_{xy}=2$
9	$F_8<0$	$+y$	$F_9=F_8+x_e=4$	$N_{xy}=1$
10	$F_9>0$	$+x$	$F_{10}=F_9-y_e=0$	$N_{xy}=0$

直线插补的走步轨迹图如图 3-8 所示。

3.2.2　逐点比较法圆弧插补

1. 第一象限内的圆弧插补

(1) 偏差计算公式

设要加工逆圆弧$\widehat{AB}$，如图 3-9 所示，圆弧的圆心在坐标原点，并已知起点为 $A(x_0, y_0)$，终点为 $B(x_e, y_e)$，圆弧半径为 R。令瞬时加工点为 $m(x_m, y_m)$，它与圆心的距离为 R_m，显然，可以比较 R_m 和 R 来反映加工偏差。比较 R_m 和 R，实际上是比较它们的二次方值。

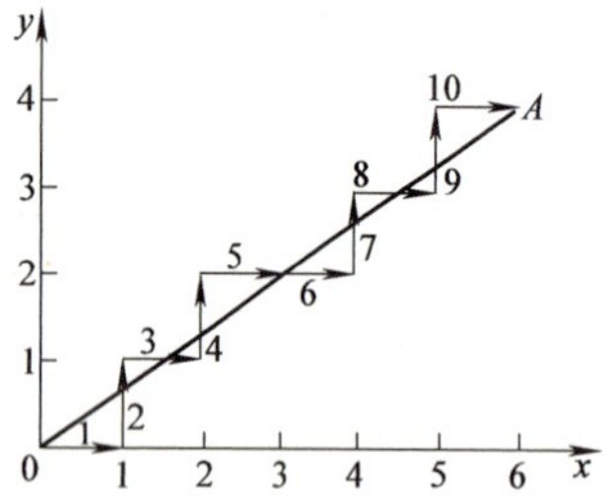

图 3-8　直线插补走步轨迹图

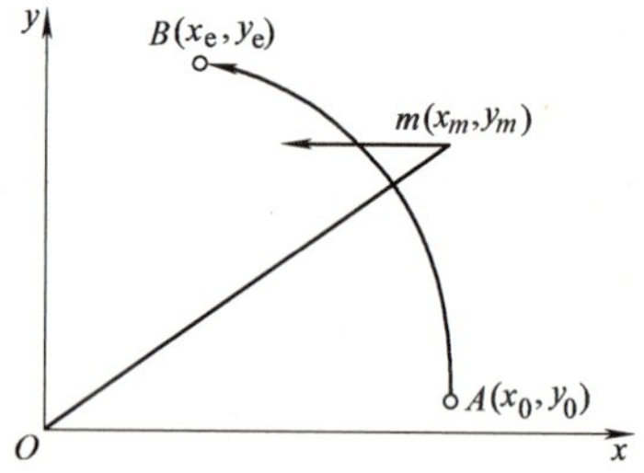

图 3-9　第一象限逆圆弧

由第一象限逆圆弧$\widehat{AB}$可知

$$R_m^2=x_m^2+y_m^2,\quad R_0^2=x_0^2+y_0^2$$

因此，可定义偏差判别式为

$$F_m=R_m^2-R^2=x_m^2+y_m^2-R^2 \tag{3-4}$$

若 $F_m=0$，表明加工点 m 在圆弧上；$F_m>0$，表明加工点在圆弧外；$F_m<0$，表明加工点在圆弧内。

由此可得第一象限逆圆弧逐点比较插补的原理是：从圆弧的起点出发，当 $F_m\geqslant 0$，为了逼近圆弧，下一步向 $-x$ 方向进给一步，并计算新的偏差；若 $F_m<0$，为了逼近圆弧，下一步向 $+y$ 方向进给一步，并计算新的偏差。如此逐步计算和逐步进给，并在到达终点后停止计算，就可插补出图 3-9 所示的第一象限逆圆弧。

为了简化偏差判别式（3-4）的计算，下面推导出简化的偏差计算的递推公式。

① 设加工点正处于 $m(x_m, y_m)$ 点，当 $F_m \geqslant 0$ 时，应沿 $-x$ 方向进给一步至（$m+1$）点，其坐标值为

$$\begin{aligned} x_{m+1} &= x_m - 1 \\ y_{m+1} &= y_m \end{aligned} \tag{3-5}$$

新的加工点的偏差为

$$F_{m+1} = x_{m+1}^2 + y_{m+1}^2 - R^2 = (x_m - 1)^2 + y_m^2 - R^2 = F_m - 2x_m + 1 \tag{3-6}$$

② 设加工点正处于 $m(x_m, y_m)$ 点，当 $F_m < 0$ 时，应沿 $+y$ 方向进给一步至（$m+1$）点，其坐标值为

$$\begin{aligned} x_{m+1} &= x_m \\ y_{m+1} &= y_m + 1 \end{aligned} \tag{3-7}$$

新的加工点偏差为

$$F_{m+1} = x_{m+1}^2 + y_{m+1}^2 - R^2 = x_m^{\ 2} + (y_m + 1)^2 - R^2 = F_m + 2y_m + 1 \tag{3-8}$$

由式（3-6）和式（3-8）可知，只要知道前一点的偏差和坐标值，就可求出新的一点的偏差。因为加工点是从圆弧的起点开始，故起点的偏差 $F_0 = 0$。

（2）终点判断方法

圆弧插补的终点判断方法和直线插补相同。可将 x 方向的走步步数 $N_x = |x_e - x_0|$ 和 y 方向的走步步数 $N_y = |y_e - y_0|$ 的总和 N_{xy} 作为一个计数器，每走一步，从 N_{xy} 中减 1，当 $N_{xy} = 0$ 时发出终点到信号。

（3）插补计算过程

圆弧插补计算比直线插补计算多一个环节，即要计算加工点瞬时坐标（动点坐标）值，其计算公式为式（3-5）和式（3-7）。因此圆弧插补计算过程分为 5 个步骤，即偏差判别、坐标进给、偏差计算、坐标计算、终点判断。

2. 四个象限的圆弧插补

其他各象限中逆、顺圆弧都可以同第一象限比较而得出各自的偏差计算公式及进给方向。前面介绍了第一象限逆圆弧的插补计算，为了导出其他各象限的插补计算，下面先来推导一下第一象限顺圆弧的偏差计算公式。

（1）第一象限顺圆弧的插补计算

设第一象限顺圆弧 $\widehat{CD}$，圆弧的圆心在坐标原点，并已知起点 $C(x_0, y_0)$，终点 $D(x_e, y_e)$，如图 3-10 所示。设加工点现处于 $m(x_m, y_m)$ 点，若 $F_m \geqslant 0$，则沿 $-y$ 方向进给一步到（$m+1$）点，新加工点坐标将是（x_m，$y_m - 1$），可求出新的偏差为

$$F_{m+1} = F_m - 2y_m + 1 \tag{3-9}$$

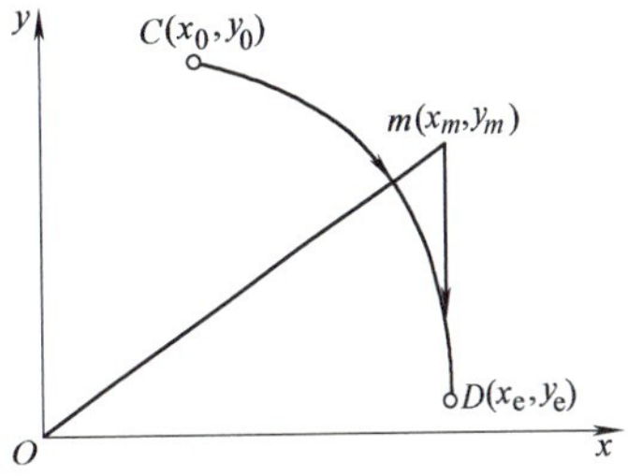

图 3-10　第一象限顺圆弧

若 $F_m < 0$，则沿 $+x$ 方向进给一步至（$m+1$）点，新加工点的坐标将是（$x_m + 1$，y_m），同样可求出新的偏差为

$$F_{m+1} = F_m + 2x_m + 1 \tag{3-10}$$

(2) 4 个象限的圆弧插补

式 (3-6)、式 (3-8)、式 (3-9)、式 (3-10) 给出了第一象限逆、顺圆弧的插补计算公式，其他象限的圆弧插补可与第一象限的情况相比较而得出，因为其他象限的所有圆弧总是与第一象限中的逆圆弧或顺圆弧互为对称，且动点 m 的坐标和所在象限有关，如图 3-11 所示。这里，用 SR 和 NR 分别表示顺圆弧和逆圆弧，所以可用 8 种圆弧 SR_1、SR_2、SR_3、SR_4 和 NR_1、NR_2、NR_3、NR_4 分别表示第一至第四象限的顺圆弧和逆圆弧。

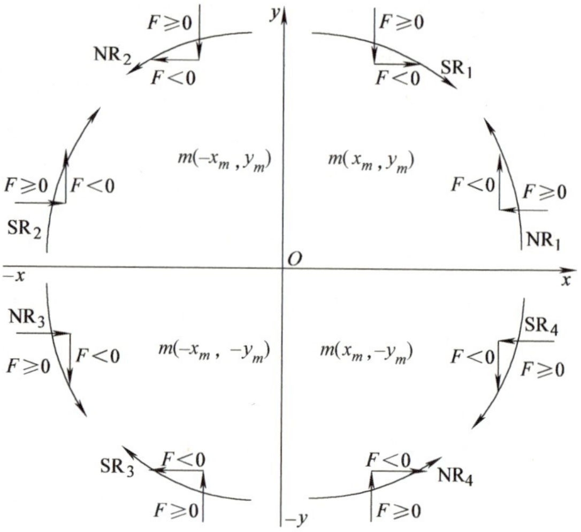

图 3-11　4 个象限圆弧插补的对称关系

对于图 3-11，SR_1 与 NR_2 对称于 $+y$ 轴，SR_3 与 NR_4 对称于 $-y$ 轴，NR_1 与 SR_4 对称于 $+x$ 轴，NR_3 与 SR_2 对称于 $-x$ 轴，SR_1 与 NR_4 对称于 $+x$ 轴，SR_3 与 NR_2 对称于 $-x$ 轴，NR_1 与 SR_2 对称于 $+y$ 轴，NR_3 与 SR_4 对称于 $-y$ 轴。所有 4 个象限，8 种圆弧插补时的偏差计算公式和坐标进给方向列于表 3-4。这里，同图 3-6 所示的直线插补一样，4 个象限的起点坐标、终点坐标和动点坐标值取绝对值后，再代入偏差计算公式和坐标计算公式。

表 3-4　圆弧插补的偏差计算公式和坐标进给方向

偏差	圆弧种类	进给方向	偏差计算	坐标计算
$F_m \geq 0$	SR_1, NR_2	$-y$	$F_{m+1}=F_m-2y_m+1$	$x_{m+1}=x_m$ $y_{m+1}=y_m-1$
	SR_3, NR_4	$+y$		
	NR_1, SR_4	$-x$	$F_{m+1}=F_m-2x_m+1$	$x_{m+1}=x_m-1$ $y_{m+1}=y_m$
	NR_3, SR_2	$+x$		
$F_m<0$	SR_1, NR_4	$+x$	$F_{m+1}=F_m+2x_m+1$	$x_{m+1}=x_m+1$ $y_{m+1}=y_m$
	SR_3, NR_2	$-x$		
	NR_1, SR_2	$+y$	$F_{m+1}=F_m+2y_m+1$	$x_{m+1}=x_m$ $y_{m+1}=y_m+1$
	NR_3, SR_4	$-y$		

3. 圆弧插补计算的程序实现

(1) 数据的输入及存放

在计算机的内存中开辟 8 个单元 X0、Y0、NXY、FM、RNS、XM、YM 和 ZF，分别存放起点的横坐标 x_0、起点的纵坐标 y_0、总步数 N_{xy}、加工点偏差 F_m、圆弧种类值 RNS、x_m、y_m 和走步方向标志。这里 $N_{xy}=|x_e-x_0|+|y_e-y_0|$，$RNS$ 等于 1、2、3、4 和 5、6、7、8 分别代表 SR_1、SR_2、SR_3、SR_4 和 NR_1、NR_2、NR_3、NR_4，RNS 的值可由起点和终点的坐标的正、负符号来确定，F_m 的初值为 $F_0=0$，x_m 和 y_m 的初值为 x_0 和 y_0，$ZF=1$、2、3、4 分别表示 $+x$、$-x$、$+y$、$-y$ 走步方向。

(2) 圆弧插补计算的程序流程

图 3-12 为圆弧插补的程序流程，该图按照插补计算的 5 个步骤即偏差判别、坐标进给、偏差计算、坐标计算、终点判断来实现插补计算程序。

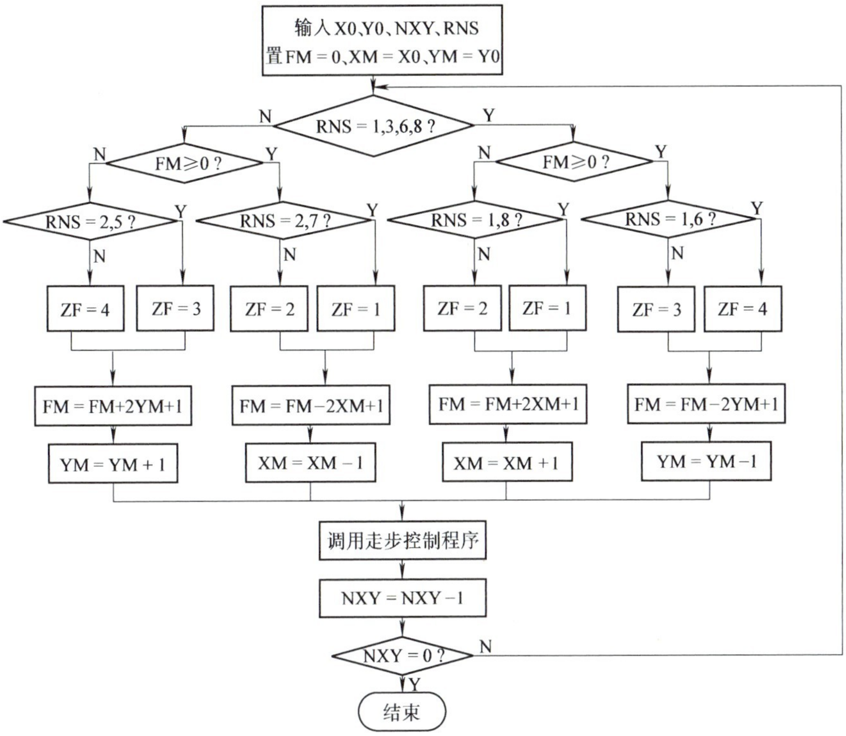

图 3-12　四象限圆弧插补程序流程图

例 3-2　设加工第一象限逆圆弧$\overset{\frown}{AB}$，已知起点的坐标为 $A(4,\ 0)$，终点的坐标为 $B(0,\ 4)$，试进行插补计算并作出走步轨迹图。

解　插补计算过程如表 3-5 所示。

表 3-5　圆弧插补计算过程

步数	偏差判别	坐标进给	偏差计算	坐标计算	终点判断
起点			$F_0=0$	$x_0=4, y_0=0$	$N_{xy}=8$
1	$F_0=0$	$-x$	$F_1=F_0-2x_0+1=-7$	$x_1=x_0-1=3, y_1=0$	$N_{xy}=7$
2	$F_1<0$	$+y$	$F_2=F_1+2y_1+1=-6$	$x_2=3, y_2=y_1+1=1$	$N_{xy}=6$
3	$F_2<0$	$+y$	$F_3=F_2+2y_2+1=-3$	$x_3=3, y_3=y_2+1=2$	$N_{xy}=5$
4	$F_3<0$	$+y$	$F_4=F_3+2y_3+1=2$	$x_4=3, y_4=y_3+1=3$	$N_{xy}=4$
5	$F_4>0$	$-x$	$F_5=F_4-2x_4+1=-3$	$x_5=x_4-1=2, y_5=3$	$N_{xy}=3$
6	$F_5<0$	$+y$	$F_6=F_5+2y_5+1=4$	$x_6=2, y_6=y_5+1=4$	$N_{xy}=2$
7	$F_6>0$	$-x$	$F_7=F_6-2x_6+1=1$	$x_7=x_6-1=1, y_7=4$	$N_{xy}=1$
8	$F_7>0$	$-x$	$F_8=F_7-2x_7+1=0$	$x_8=x_7-1=0, y_8=4$	$N_{xy}=0$

根据表 3-5，可作出走步轨迹如图 3-13 所示。

3.2.3　数字积分法插补

数字积分法，也称数字微分分析器（Digital Differential Analyzer，DDA）法，是根据数字中的积分几何概念，将函数的积分运算变成变量的求和运算，求积分的过程是用数的累加近似，如果脉冲当量足够小，则用求和运算来代替积分运算，所引起的误差可以控制在容许的范围内。用数字积分插补方法可以实现一次、二次及高次曲线插补，脉冲分配均匀，容易实现多坐标联动控制，因此应用广泛。

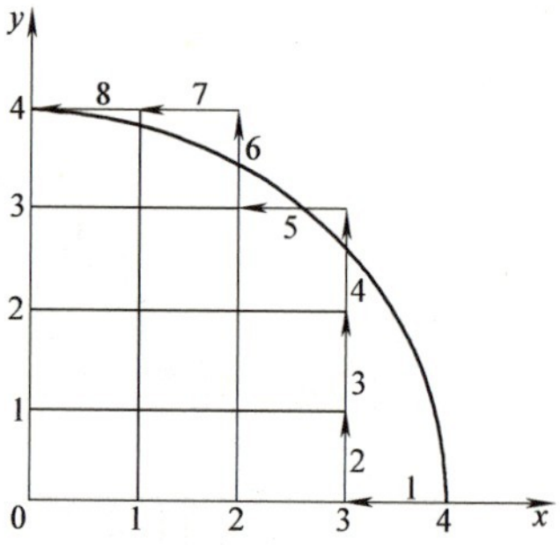

图 3-13　圆弧插补走步轨迹图

1. 数字积分法原理

设函数曲线 $y=f(t)$，$t_0 \leqslant t \leqslant t_n$，曲线 y、横轴 t 在区间 $[t_0, t_n]$ 上所包围的面积为

$$S = \int_{t_0}^{t_n} y\mathrm{d}t \tag{3-11}$$

当将 $t_0 \sim t_n$ 划分成 n 个间隔 Δt 的区间时，用数的累加来求此面积的公式为

$$S = \lim_{n \to \infty} \sum_{i=1}^{n} y_i \Delta t \tag{3-12}$$

于是，可求得此面积的近似矩形公式为

$$S \approx \sum_{i=1}^{n} y_i \Delta t \tag{3-13}$$

当 Δt 取的足够小，就可求出所需精度的面积。数字积分法就是基于此原理而实现的一种插补算法。

对于一个脉冲当量，若 Δt 取一个最小单位时间（一个脉冲周期时间），即

$$\Delta t = 1 \tag{3-14}$$

则有

$$S \approx \sum_{i=1}^{n} y_i \tag{3-15}$$

2. 数字积分法的直线插补

数字积分法的工作原理可用加工图 3-14 中的第一象限直线 AB 来加以说明，且起点为 $A(x_0, y_0)$，终点为 $B(x_e, y_e)$。

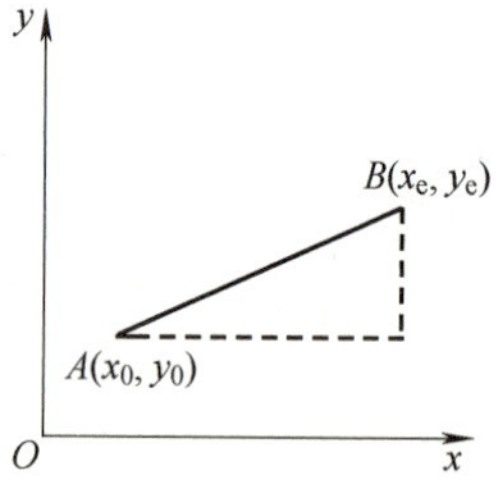

图 3-14　DDA 法直线插补

直线 AB 的方程为

$$y = \frac{y_e - y_0}{x_e - x_0}(x - x_0) + y_0 \tag{3-16}$$

将上式微分得

$$\frac{\mathrm{d}y}{\mathrm{d}x} = \frac{\mathrm{d}y/\mathrm{d}t}{\mathrm{d}x/\mathrm{d}t} = \frac{y_e - y_0}{x_e - x_0} \tag{3-17}$$

将 x、y 化为对时间 t 的参数方程，则有

$$\begin{cases} \dfrac{\mathrm{d}x}{\mathrm{d}t} = K(x_e - x_0) \\ \dfrac{\mathrm{d}y}{\mathrm{d}t} = K(y_e - y_0) \end{cases} \tag{3-18}$$

式中，K 为比例系数。

对式（3-18）每个方程的两边进行积分，得

$$\begin{cases} x(t) = \int_{t_0}^{t} K(x_e - x_0)\,\mathrm{d}t + x_0 \\ y(t) = \int_{t_0}^{t} K(y_e - y_0)\,\mathrm{d}t + y_0 \end{cases} \tag{3-19}$$

式中，t_0 为直线起点 A 的时间，t_n 为直线终点 B 的时间，$t_0 \leqslant t \leqslant t_n$。于是，有

$$\begin{cases} x(t_0) = x_0 \\ y(t_0) = y_0 \end{cases}, \quad \begin{cases} x(t_n) = x_e \\ y(t_n) = y_e \end{cases} \tag{3-20}$$

因积分是从直线起点 A 开始的，故此坐标增量就是直线终点坐标 B，即

$$\begin{cases} \int_{t_0}^{t_n} K(x_e - x_0)\,\mathrm{d}t = x_e - x_0 \\ \int_{t_0}^{t_n} K(y_e - y_0)\,\mathrm{d}t = y_e - y_0 \end{cases} \tag{3-21}$$

若将 $t_0 \sim t_n$ 平均分成 n 份（$i=1,2,\cdots,k,\cdots,n$），相邻两份之间的时间间隔为插补周期 Δt，则当足够小的 $\mathrm{d}t \approx \Delta t$ 时，且在 $t=t_k=k\cdot\Delta t$ 时，式（3-19）的积分可用累加来代替，即

$$\begin{cases} x(t_k) = \sum_{i=1}^{k} K(x_e - x_0)\cdot\Delta t + x_0 \\ y(t_k) = \sum_{i=1}^{k} K(y_e - y_0)\cdot\Delta t + y_0 \end{cases} \tag{3-22}$$

式（3-22）表明，若数字积分用一累加器来进行，且累加器的溢出脉冲由计数器计数，则积分完成后计数器中所存的数就是坐标（x_e-x_0）和（y_e-y_0）。

从式（3-22）可以看出，可用两个累加器来完成直线的插补计算，它们分别对（x_e-x_0）或（y_e-y_0）进行累加，累加器每溢出一个脉冲，就表明相应的坐标值变化了一个脉冲当量，即 $\Delta t=1$。若将累加器的溢出脉冲送到数控系统进给部分的执行机构，每当累加器溢出一个脉冲就在相应的坐标进给一步，数控系统进给运动的轨迹就是接近于 AB 的一条直线。当积分到终点 B 时，x 轴和 y 轴所走的总步数就恰好等于各轴的坐标（x_e-x_0）和（y_e-y_0）。

当累加 n 次后，加工动点就到达了终点，插补结束，此时

$$\begin{cases} x(t_n) = \sum_{i=1}^{n} K(x_e - x_0)\cdot\Delta t + x_0 = nK(x_e - x_0) + x_0 = x_e \\ y(t_n) = \sum_{i=1}^{n} K(y_e - y_0)\cdot\Delta t + y_0 = nK(y_e - y_0) + y_0 = y_e \end{cases} \tag{3-23}$$

使式（3-23）成立的条件为

$$n = \frac{1}{K} \tag{3-24}$$

K 的数值与累加器的容量有关，应为

$$K = \frac{1}{2^N} \tag{3-25}$$

式中，N 为累加器的位数。于是，累加次数为

$$n = 2^N \tag{3-26}$$

以上表明，若累加器的位数为 N，则整个插补过程要进行 2^N 次累加才能到达直线的终点 B。

图3-15是数字积分直线插补器框图，它由被积函数寄存器 J_x、J_y，累加器 J_{RX}、J_{RY} 及全加器 J_Σ 组成。

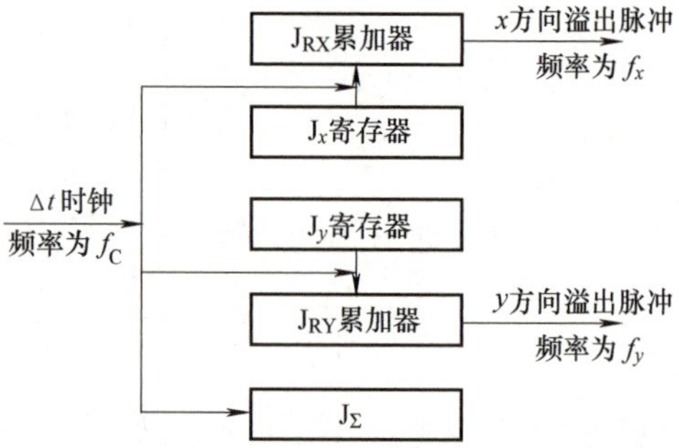

图3-15　数字积分直线插补器框图

首先把 (x_e-x_0)、(y_e-y_0) 的值初始化处理，即把以毫米为单位的数值，除以脉冲当量，变成脉冲数字量。然后把 (x_e-x_0) 值输入 J_x 寄存器，(y_e-y_0) 值输入 J_y 寄存器。每出现一个时钟脉冲，J_x 中的内容要进入 J_{RX} 累加器中累加，J_y 中的内容要进入 J_{RY} 累加器中累加，在从 A 点到 B 点的加工过程中，要给出 n 个时钟脉冲，J_{RX}、J_{RY} 累加器要做 n 次累加，在 J_{RX} 溢出端要溢出 (x_e-x_0) 个脉冲，在 J_{RY} 溢出端要溢出 (y_e-y_0) 个脉冲。对每一个时钟脉冲，全加器 J_Σ 都要做加1运算，当 $J_\Sigma=n$ 时，加工结束。

由于累加器的累加过程类似积分过程，因此称作数字积分法，J_x、J_y 中的数也叫作被积函数。

从上述的数字积分器工作过程可以看出，数字积分器必须满足下述要求才能正确工作：

1）输入的 n 个时钟脉冲必须使 J_{RX} 端溢出 (x_e-x_0) 个脉冲，J_{RY} 端溢出 (y_e-y_0) 个脉冲。

2）J_{RX} 端溢出脉冲的速度与 J_{RY} 溢出脉冲的速度之比，必须等于 $(x_e-x_0)/(y_e-y_0)$ 才能保证加工轨迹与 AB 线吻合。

上述的 n 值是累加器 J_{RX}、J_{RY}，寄存器 J_x、J_y 有效位的最大容量值。若寄存器为16位，(x_e-x_0) 的数值（二进制）的字长为8位，它占用 J_x 中的8位；(y_e-y_0) 的字长为6位，它的有效位也是8，则 $n=2^8$。有效位的位长是两个坐标方向的坐标值大者的二进制位数长，且各寄存器都相同。寄存器 J_x、J_y 的位长通常与累加器 J_{RX}、J_{RY} 的位长相等，它所用的有效位也与累加器的有效位相等。由于被加工线段 AB 的长短不同，所以累加器的有效位长也随之变化。加工线段的最大长度，是它在各坐标方向投影值的大者，等于寄存器的最大容量值。例如，对16位的累加器和寄存器，它的最大容量是 $2^{16}-1$，最多能输出65535个脉冲，若脉冲当量为0.001mm，则 (x_e-x_0) 或 (y_e-y_0) 中的大者不能大于65.535mm。

若 $(x_e-x_0)=101B$、$(y_e-y_0)=010B$，则它们占用寄存器和累加器中的3位，有效位为3位，$n=2^3=8$，当累加器作8次累加后，在 J_{RX} 端必定溢出5个脉冲，在 J_{RY} 端溢出2个脉冲。若3位初始值都为零的二进制数，如每次都作加1计算，则加到第8次时，这个1必然进位到第4位，而前3位仍然是零。由于101B是1的5倍，010B是1的2倍，它们分别与初始值为零的数累加8次后必然从第4位分别溢出5个1和2个1，因此，对于 (x_e-x_0) 和 (y_e-y_0) 的任何数值，在经过 n 次累加后，从高位溢出1的数量必然等于它们本身的数值。

x 方向溢出的频率 f_x 等于时钟脉冲频率 f_C 与 $\dfrac{n}{x_e-x_0}$ 之积，即

$$f_x=\frac{f_C n}{x_e-x_0}$$

y 方向的溢出频率 f_y 等于时钟脉冲频率 f_C 与 $\frac{n}{y_e-y_0}$ 之积，即

$$f_y=\frac{f_C n}{y_e-y_0}$$

x、y 方向的溢出速度分别为 $v_x=1/f_x$，$v_y=1/f_y$，则

$$\frac{v_y}{v_x}=\frac{y_e-y_0}{x_e-x_0}$$

由上式可以看出，累加器溢出脉冲的速度与其中的数值成正比。

在累加器累加之前，需把 J_x、J_y 中的被积函数（x_e-x_0）、（y_e-y_0）左移作规格化处理，由于被积函数的位长常常小于 J_x、J_y 寄存器的位长，只有有效位处于累加器的最左端（高位）时，才能及时地溢出脉冲，n 次累加后才能完成插补工作。例如，若 J_x、J_y、J_{RX}、J_{RY} 是 8 位，$(x_e-x_0)=101B$，$(y_e-y_0)=010B$，J_{RX}、J_{RY} 中的有效位为 3 位，若没有作左移规格化处理，则 J_x、J_y 中的数据情况如图 3-16a 所示，这样的数据格式，需进行 2^N（N=寄存器位数）次累加才能溢出正确的脉冲数。若 $N=8$，需累加 $2^8=256$ 次。在这 256 次累加中，$(2^8-2^3)=248$ 次累加溢出为零，只有最后的 2^3 次累加才能溢出需要的脉冲，这显然是不行的。左移规格化处理，是把有效位移到被积函数寄存器的最左端，使它们占据高位。如图 3-16b 所示，由于被积函数处在高位端，因而累加 n 次后就能完成积分插补计算。左移的位数 M 等于寄存器位数 N 减去被积函数有效位数 N_1，即 $M=N-N_1$。对其他象限的直线加工，可通过对电动机转向的控制来实现。

J_x

0	0	0	0	0	1	0	1

J_y

0	0	0	0	0	0	1	0

a)

J_x

1	0	1	0	0	0	0	0

J_y

0	1	0	0	0	0	0	0

b)

图 3-16　左移规格化处理

3. 数字积分法的圆弧插补

假设在 xy 平面内加工第一象限逆圆弧 $\overset{\frown}{AB}$，如图 3-17 所示，圆心为 O'，A 点对圆心 O' 的坐标为 I_A、J_A。P_i 点为圆上任意一点，相对 O' 点的坐标为 I_i、J_i。圆的方程为

$$I^2+J^2=R^2$$

参数方程为

$$\begin{cases}I_i=R\cos t\\J_i=R\sin t\end{cases}$$

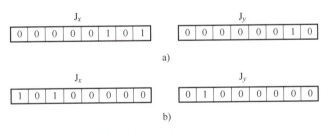

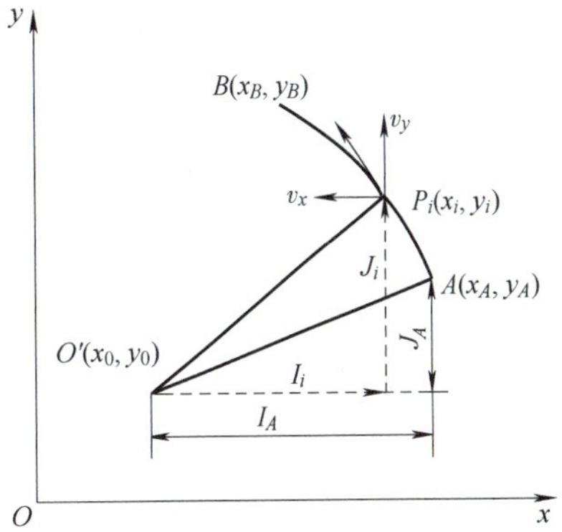

图 3-17　数字积分圆弧插补

在 P_i 点刀具沿各坐标方向的速度分量为

$$v_x=\frac{\mathrm{d}I_i}{\mathrm{d}t}=-R\sin t=-J_i$$

$$v_y = \frac{\mathrm{d}J_i}{\mathrm{d}t} = R\cos t = I_i$$

由上式可以看出：圆弧上任意一点在 x 方向的速度分量的绝对值 $|v_x|$，等于该点在 y 方向的瞬时坐标值 J_i；在 y 方向的速度分量 v_y，等于该点在 x 方向的瞬时坐标值 I_i；v_x、v_y 是随 P_i 点的位置变化而变化的。

$$\mathrm{d}I_i = -J_i\mathrm{d}t$$

$$\mathrm{d}J_i = I_i\mathrm{d}t$$

用累加和代替积分，得

$$I_i = \sum_{i=1}^{m} - J_i\Delta t$$

$$J_i = \sum_{i=1}^{m} I_i\Delta t$$

式中，m 为从 A 点到 P_i 点的累加次数。

图 3-18 是圆弧插补器原理简图。在插补运算开始前，在 J_x 寄存器中装入圆弧起点 A 对圆心 O' 的 y 向增量值 J_A，而在 J_y 寄存器中装入 I_A 值。$\mathrm{J_{RX}}$、$\mathrm{J_{RY}}$ 中清零。插补开始时，使时钟脉冲有效，对应每一个时钟脉冲，J_x、J_y 中的被积函数都要对应进入 $\mathrm{J_{RX}}$、$\mathrm{J_{RY}}$ 中累加。当累加器 $\mathrm{J_{RX}}$ 有脉冲溢出时，要在 J_y 寄存器中减 1；而当累加器 $\mathrm{J_{RY}}$ 中有脉冲溢出时，需在寄存器 J_x 中加 1。这是因为 x 方向溢出脉冲使 x 方向步进电动机反转一步，在 x 方向减小一个脉冲当量值，使 I_i 比 I_{i-1} 少一个 1，因而，J_x 中的值要减 1。同理，当 y 方向的步进电动机正向走一步时，应使 J_i 比 J_{i-1} 增加一个 1。

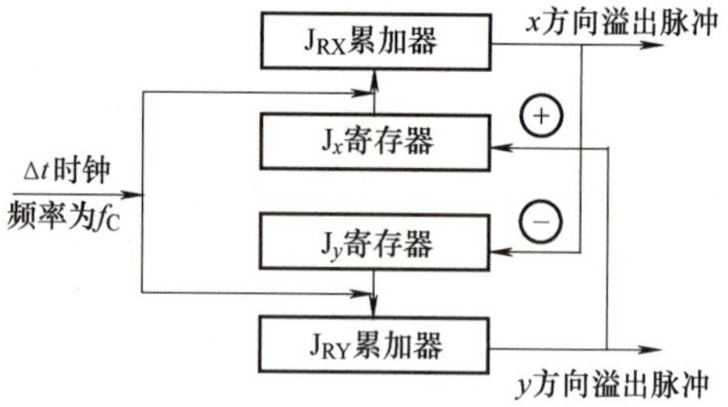

图 3-18　圆弧插补器原理简图

上述为第一象限逆圆弧插补情况。对于顺圆弧插补和其他象限的插补，与上述的原理基本相同，不同之处是溢出脉冲使被积函数作加 1 或减 1 运算，要由圆弧的顺逆加工和它所在的象限来决定。

圆弧插补时，插补器中被积函数 I_i、J_i 是坐标的绝对值，在对 4 个象限顺逆圆弧加工时，I_i、J_i 的绝对值变小的要减 1，变大的要加 1。

与直线插补类似，J_x、J_y 寄存器中的被积函数也要做左移规格化处理。左移时，有效位要占据寄存器的最高位。

两个被积函数中一定有一个作减 1 运算的，当它减到零时表示过象限一定要变为加 1 运算；而另一个作加 1 运算的被积函数过象限后要作减 1 运算，因而减 1 的次数最多等于有效位的容量，不能大于这个容量。有效位的容量要能容纳圆弧半径的值，过象限时，寄存器中出现的最大值是圆弧半径值。初始值是圆弧起点到圆心在坐标轴方向的投影值，一定小于或等于半径值。

例如，在图 3-19 中，圆的半径 $R = 30\mathrm{mm}$，系统的脉冲当量为 0.01mm，则 R 值就为 3000 个脉冲，它的二进制数为 101110111000，字长 12 位，因而有效位长应为 12 位。若寄存器 J_x、J_y，累加器 $\mathrm{J_{RX}}$、$\mathrm{J_{RY}}$ 为 16 位，则规格化时左移的位数为 4 位。由图 3-19 可以看出，圆弧终点 B 点相对圆心 I_B、J_B 坐标的绝对值，与 C、D、E 点对圆心坐标的绝对值相等。因而用 B 点坐标的绝对值作终点判别时，必须判别从起点到终点经过几个象限。图中的圆弧，从 A 点经过 3 个象限到达 B 点，因而被积函数有 3 次出现零值，3 次改变加 1 减 1 运算。因此，利用中点坐标的绝对值和被积函数出现零的次数来作终点判别是可行的。在插补计算时，存取各插补点的有符号坐标值与 B 点有符号坐标值相比较，作终点判别也是可行的。

4 个象限的数字积分法直线和圆弧插补原理，可参考逐点比较法插补的具体做法，也可查阅有关资料，这里不再赘述。

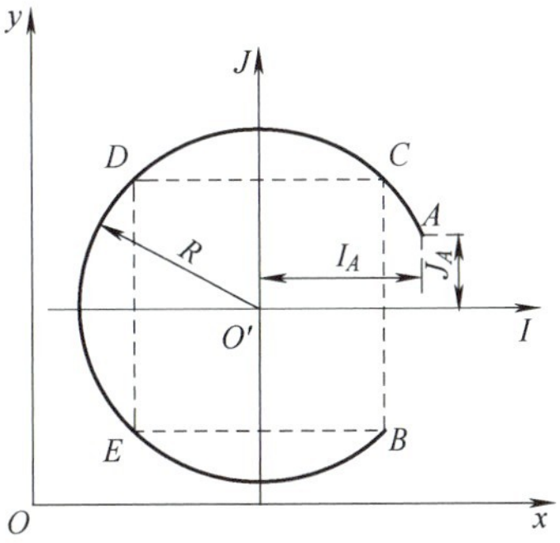

图 3-19　圆弧加工终点判别

3.3　进给速度与加减速控制

对于连续工作的数控机床，进给速度的控制意义重大。它不仅直接影响加工零件的粗糙度和精度，而且与刀具和机床的寿命、生产效率密切相关。对于不同材料的零件，需根据切削量、粗糙度和精度的要求，选择合适的进给速度，数控系统应能提供足够的速度范围和灵活的设定方法。在加工过程中，因为可能发生各种事先不能决定或没有预料到的情况需要适时改变进给速度，因此还应允许操作者手动调节进给速度。此外，当速度高于一定值时，为了保证在启动或停止阶段不产生冲击、失步、超程或振荡，保证运动平稳和准确定位，数控系统还需要对机床的进给运动速度进行加减速控制。在进给速度发生突变时必须对送到伺服电动机的脉冲频率或电压进行加减速控制。在启动或速度突然升高时，应保证加在伺服电动机上的进给脉冲频率或电压逐渐增大；当速度突降时，应保证加在伺服电动机上的进给脉冲频率或电压逐渐减少。

3.3.1　进给速度控制

由于脉冲增量插补和数据采样插补的计算方法不同，其速度控制方式也有所不同。

1. 脉冲增量插补算法的进给速度控制

脉冲增量插补的输出形式是脉冲，其频率与进给速度成正比，因此可通过控制插补运算的频率来控制进给速度。数控装置每输出一个脉冲信号使工作台移动的位移量叫作脉冲当量。一般的数控装置脉冲当量可达到 0.001mm/脉冲，精密数控装置要求达到 0.0001mm/脉冲。常用的方法有软件延时法和中断控制法。

（1）软件延时法

根据编程进给速度，可以求出要求的数控装置进给脉冲频率 f，从而得到两次插补运算之间的时间间隔 t，它必须大于 CPU 执行插补程序的时间 t_P。t 与 t_P 之差即为应调节的时间 t_D，可以编写一个延时子程序来改变进给速度。

例 3-3　已知某数控装置的脉冲当量 $\delta=0.01$mm/脉冲，插补程序运行时间 $t_P=0.1$ms，设编程进给速度 $v=300$mm/min，求调节时间 t_D。

解　根据 $v=60\delta f$，得

$$f=\frac{v}{60\delta}=\frac{300}{60\times0.01}=500\text{Hz}$$

则插补时间间隔

$$t=\frac{1}{f}=0.002\text{s}=2\text{ms}$$

调节时间

$$t_D=t-t_P=2-0.1=1.9\text{ms}$$

用软件编写程序实现上述延时，即可达到控制进给速度的目的。

（2）中断控制法

由进给速度计算出定时器/计数器的定时时间常数，以控制 CPU 中断。定时器每申请一次中断，CPU 执行一次中断服务程序，并在中断服务程序中完成一次插补运算且发出进给脉冲。如此连续进行，直至插补完毕。

这种方法使得 CPU 可以在两个进给脉冲时间间隔内做其他工作，如输入、译码、显示等。进给脉冲频率由定时器的定时常数决定。时间常数的大小决定了插补运算的频率，也决定了进给脉冲的输出频率。该方法速度控制比较精确，控制速度不会因为不同计算机主频的不同而改变，所以在很多数控系统中得到广泛应用。

2. 数据采样插补算法的进给速度控制

数据采样插补根据编程进给速度计算出一个插补周期内合成速度方向上的进给量，即

$$v_s=\frac{vTK}{60\times1000} \tag{3-27}$$

式中，v_s 为系统在稳定进给状态下的插补进给量，称为稳定速度（mm/min）；v 为编程进给速度（mm/min）；T 为插补周期（ms）；K 为速度系数，包括快速倍率、切削进给倍率等。

为了调速方便，设置了速度系数 K 来反映速度倍率的调节范围。通常 K 取 0~200%；当中断服务程序扫描到面板上倍率开关状态时，给 K 设置相应参数，从而对数控装置面板手动速度调节做出正确响应。

3.3.2 加减速控制

在计算机数控系统中，加减速控制多采用软件实现，这给系统带来了较大的灵活性。由软件实现的加减速控制可以放在插补前进行，也可放在插补后进行。放在插补前的加减速控制称为前加减速控制，放在插补后的加减速控制称为后加减速控制，如图 3-20 所示。

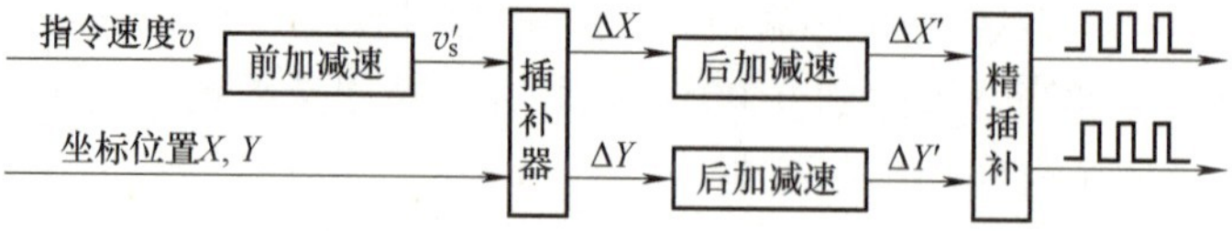

图 3-20 前后加减速示意图

前加减速控制的优点仅对合成速度即编程指令速度 v 进行控制，所以它不影响实际插补输出的位置精度。其缺点是要根据实际刀具位置与程序段终点之间的距离预测减速点，这种预测工作的计算量很大。

后加减速控制与前加减速控制相反，它是对各运动轴分别进行加减速控制，这种加减速控制不需要专门预测减速点，而是在插补输出为零时开始减速，并通过一定的时间延迟逐渐靠近程序段的终点。由于它对各运动坐标轴分别进行控制，所以在加减速控制中各坐标轴的实际合成位置可能不准确，这是它的缺点。但是这种影响仅在加速或减速过程中才会有，当

系统进入匀速状态时，这种影响就不存在了。

1. 前加减速控制

(1) 稳定速度和瞬时速度

所谓稳定速度，就是指系统处于稳定进给状态时，一个插补周期内的进给量 v_s，可用式 (3-27) 表示。通过该计算公式将编程速度指令或快速进给速度 v 转换成了每个插补周期的进给量，并包括了速率倍率调整的因素在内。如果计算出的稳定速度超过系统允许的最大速度（由参数设定），取最大速度为稳定速度。

所谓瞬时速度，指系统在每个插补周期内的进给量。当系统处于稳定进给状态时，瞬时速度 v_i 等于稳定速度 v_s；当系统处于加速（或减速）状态时，$v_i<v_s$（或 $v_i>v_s$）。

(2) 线性加减速处理

当机床起动、停止或在切削加工过程中改变进给速度时，数控系统自动进行线性加、减速处理。加、减速速率分为快速进给和切削进给两种，它们必须作为机床的参数预先设置好。设进给速度为 v(mm/min)，加速到 v 所需的时间为 t(ms)，则加速度/减速度 a 按下式计算：

$$a=\frac{1}{60\times1000}\cdot\frac{v}{T}=1.67\times10^{-5}\ \frac{v}{T}(\mathrm{mm/ms^2})$$

1）加速处理：系统每插补一次，都应进行稳定速度、瞬时速度的计算和加/减速处理。当计算出的稳定速度 v_s' 大于原来的稳定速度 v_s 时，需进行加速处理。每加速一次，瞬时速度为

$$v_{i+1}=v_i+aT$$

式中，T 为插补周期。

新的瞬时速度 v_{i+1} 作为插补进给量参与插补运算，对各坐标轴进行分配，使坐标轴运动直至新的稳定速度为止。

2）减速处理：系统每进行一次插补计算，系统都要进行终点判别，计算出刀具距终点的瞬时距离 s_i，并判别是否已到达减速区域 s。若 $s_i\leqslant s$ 表示已到达减速点，则开始减速。在稳定速度 v_s 和设定的加速度/减速度 a 确定后，可由下式确定减速区域：

$$s=\frac{v_s^2}{2a}+\Delta s$$

式中，Δs 为提前量，可作为参数预先设置好。若不需要提前一段距离开始减速，则可取 $\Delta s=0$，每减速一次后，新的瞬时速度

$$v_{i+1}=v_i-aT$$

新的瞬时速度 v_{i+1} 作为插补进给量参与插补运算，控制各坐标轴移动，直至减速到新的稳定速度或减速到 0。

2. 后加减速控制

后加减速控制主要有指数加减速控制算法和直线加减速控制算法。

(1) 指数加减速控制算法

在切削进给或手动进给时，跟踪响应要求较高，一般采用指数加减速控制，将速度突变处理成速度随时间指数规律上升或下降，如图 3-21 所示。

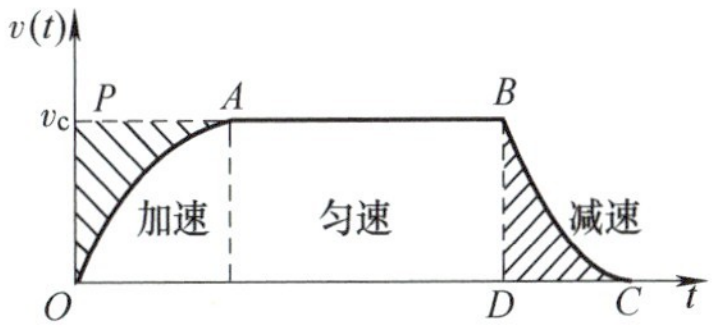

图 3-21　指数加减速

指数加减速控制时速度与时间的关系如下：

加速时 $$v(t)=v_c(1-e^{-\frac{t}{T}})$$
匀速时 $$v(t)=v_c$$
减速时 $$v(t)=v_c e^{-\frac{t}{T}}$$
式中，T 为时间常数；v_c 为稳定速度。

(2) 直线加减速控制算法

快速进给时速度变化范围大，要求平稳性好，一般采用直线加减速控制，使速度突然升高时，沿一定斜率的直线上升，速度突然降低时，沿一定斜率的直线下降，如图3-22中的速度变化曲线 $OABC$。直线加减速控制分5个过程。

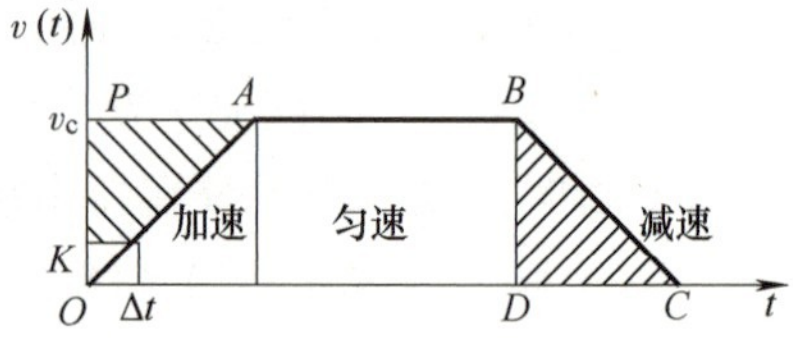

图3-22　直线加减速

1）加速过程：若输入速度 v_c 与上一个采样周期的输出速度 v_{i-1} 之差大于一个常数值 K，即 $v_c-v_{i-1}>K$，则必须进行加速控制，使本次采样周期的输出速度增加 K 值，为 $v_i=v_{i-1}+K$。式中，K 为加减速的速度阶跃因子。

2）加速过渡过程：当输入速度 v_c 与上次采样周期的输出速度 v_{i-1} 之差满足 $0<v_c-v_{i-1}<K$，说明速度已上升至接近匀速，这时可改变本次采样周期的输出速度 v_i，使之与输入速度 v_c 相等，这时系统进入稳定速度状态。

3）匀速过程：这时输出速度保持不变。

4）减速过渡过程：当输入速度 v_c 与上一个采样周期的输出速度 v_{i-1} 之差满足 $0<v_{i-1}-v_c<K$，应开始减速处理，使输出速度 v_i 减小到与输入速度 v_c 相等。

5）减速过程：若输入速度 v_c 小于一个采样周期的输出速度 v_{i-1}，但其差值大于 K 值，即 $v_{i-1}-v_c>K$ 时，要进行减速控制，使本次采样周期的输出速度 v_i 减小一个 K 值，即 $v_i=v_{i-1}-K$。

后加减速控制的关键是加速过程和减速过程的对称性，即在加速过程中输入加减速控制器的总进给量必须等于该加减速控制器减速过程中实际输出的进给量之和，以保证系统不产生失步和超程。因此，对于指数加减速和直线加减速，必须分别使图3-21和图3-22中区域 OPA 的面积等于区域 BCD 的面积。为此，用位置误差累加寄存器E来记录由于加速延迟而失去的进给量之和。当发现剩下的总进给量小于寄存器E中的值时，即开始减速。在减速过程中，又将寄存器E中保存的值按一定规律（指数或直线）逐渐放出，以保证在加减速过程全程结束时，机床到达指定的位置。由此可见，后加减速控制不需预测减速点，而是通过误差寄存器的进给量来保证加减速过程的对称性，简化了计算，但在加减速过程中会产生局部的实际位置误差。

3.4　电动机驱动控制与位置伺服系统

3.4.1　步进电动机驱动控制

1. 步进电动机的工作原理

步进电动机又叫脉冲电动机，它是一种将电脉冲信号转换为角位移的机电式数-模（D-A）转换器。在开环数字程序控制系统中，输出控制部分常采用步进电动机作为驱动元件。步进电动机控制线路接收计算机发来的指令脉冲，控制步进电动机作相应的转动，驱动数控系统（如数控机床）的工作台或刀具。很明显，指令脉冲的总数决定了数控系统的工作台或刀具的总移动量，指令脉冲的频率决定了移动的速度。因此，指令脉冲能否被可靠地执行，基本上取决于步进电动机的性能优劣。

步进电动机的工作就是步进转动。在一般的步进电动机工作中，其电源都是采用单极性的直流电源。要使步进电动机转动，就必须对步进电动机定子的各相绕组以适当的时序进行通电。步进电动机的步进过程可以用图 3-23 来说明。

图 3-23 是一个三相反应式步进电动机，其定子的每相都有一对磁极，每个磁极都只有一个齿，即磁极本身，故三相步进电动机有 3 对磁极共 6 个齿；其转子有 4 个齿，分别称为 0、1、2、3 齿。直流电源 U 通过开关 S_A、S_B、S_C 分别对步进电动机的 A、B、C 相绕组轮流通电。

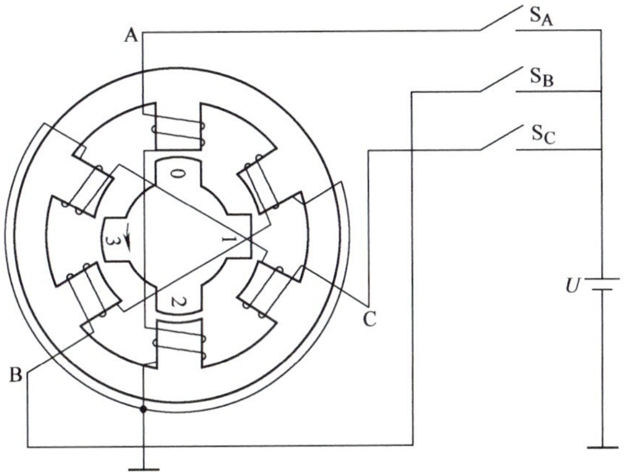

图 3-23　三相反应式步进电动机

初始状态时，开关 S_A 接通，则 A 相磁极和转子的 0、2 号齿对齐，同时转子的 1、3 号齿和 B、C 相磁极形成错齿状态。

当开关 S_A 断开，S_B 接通，由于 B 相绕组和转子的 1、3 号齿之间的磁力线作用，使得转子的 1、3 号齿和 B 相磁极对齐，则转子的 0、2 号齿就和 A、C 相绕组磁极形成错齿状态。

此后，开关 S_B 断开，S_C 接通，由于 C 相绕组和转子 0、2 号之间的磁力线的作用，使得转子 0、2 号齿和 C 相磁极对齐，这时转子的 1、3 号齿和 A、B 相绕组磁极产生错齿。

当开关 S_C 断开，S_A 接通后，由于 A 相绕组磁极和转子 1、3 号齿之间的磁力线的作用，使转子 1、3 号齿和 A 相绕组磁极对齐，这时转子的 0、2 号齿和 B、C 相绕组磁极产生错齿。很明显，这时转子移动了一个齿距角。

如果对一相绕组通电的操作称为一拍，那对 A、B、C 三相绕组轮流通电需要三拍。对 A、B、C 三相绕组轮流通电一次称为一个周期。从上面分析看出，该三相步进电动机转子转动一个齿距，需要三拍操作。由于按 A→B→C→A 相轮流通电，则磁场沿 A、B、C 方向转动了 360°空间角，而这时转子沿 ABC 方向转动了一个齿距的位置。在图 3-23 中，转子的齿数为 4，故齿距角 90°，转动了一个齿距也即转动了 90°。

对于一个步进电动机，如果它的转子的齿数为 Z，它的齿距角 θ_Z 为

$$\theta_Z = 2\pi / Z = 360° / Z \tag{3-28}$$

而步进电动机运行 N 拍可使转子转动一个齿距位置。实际上，步进电动机每一拍就执行一次步进，所以步进电动机的步距角 θ 可以表示如下：

$$\theta = \theta_Z / N = 360° / NZ \tag{3-29}$$

式中，N 是步进电动机工作拍数；Z 是转子的齿数。

对于三相步进电动机，若采用三拍方式，则它的步距角是

$$\theta = 360° / (3\times4) = 30°$$

对于转子有 40 个齿且采用三拍方式的步进电动机而言，其步距角是

$$\theta=360°/(3\times40)=3°$$

2. 步进电动机的控制方法

由步进电动机的工作原理可知，要使电动机正常地一步一步地运行，控制脉冲必须按一定的顺序分别供给电动机各相，比如三相单拍驱动方式，供给脉冲的顺序为 A→B→C→A 或 A→C→B→A，称为环形脉冲分配。脉冲分配有两种方式：一种是硬件脉冲分配（或称为脉冲分配器）；另一种是软件脉冲分配，是由计算机的软件完成的。

（1）硬件脉冲分配

脉冲分配器可以用门电路及逻辑电路构成，提供符合步进电动机控制指令所需的顺序脉冲。目前已经有很多可靠性高、尺寸小、使用方便的集成电路脉冲分配器供选择，按其电路结构不同，可分为 TTL 集成电路和 CMOS 集成电路。

市场上提供的国产 TTL 脉冲分配器有三相（YBO13）、四相（YBO14）、五相（YBO15）和六相（YBO16）等，均为 18 个引脚的直插式封装。CMOS 集成脉冲分配器也有不同型号，如 CH250 型用来驱动三相步进电动机，封装形式为 16 引脚直插式。

这两种脉冲分配器的工作方法基本相同，当各个引脚连接好之后，主要通过一个脉冲输入端控制步进的速度，一个输入端控制电动机的转向，并由与步进电动机相数同数目的输出端分别控制电动机的各相。这种硬件脉冲分配器通常直接包含在步进电动机驱动控制电源内。数控系统通过插补运算，得出每个坐标轴的位移信号，通过输出接口，只要向步进电动机驱动控制电源定时发出位移脉冲信号和正反转信号，即可实现步进电动机的运动控制。

（2）软件脉冲分配

在计算机控制的步进电动机驱动系统中，可以采用软件的方法实现环形脉冲分配。软件环形分配器的设计方法很多，如查表法、比较法、移位寄存器法等，它们各有特点。其中常用的是查表法。

3. 步进电动机的工作方式

步进电动机有三相、四相、五相、六相等多种，为了分析方便，下面仍以三相步进电动机为例进行分析和讨论。步进电动机可工作于单相通电方式，也可工作于双相通电方式和单相、双相交叉通电方式。选用不同的工作方式，可使步进电动机具有不同的工作性能，如减小步距，提高定位精度和工作稳定性等。

对于三相步进电动机则有单相三拍（简称单三拍）、双相三拍（简称双三拍）、三相六拍工作方式。

（1）步进电动机的单三拍工作方式

单三拍工作方式各相的通电顺序为：A→B→C→A→…，各相通电的电压波形如图 3-24 所示。

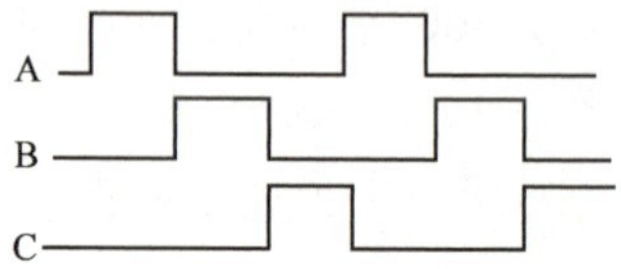

图 3-24　单三拍工作的电压波形

（2）步进电动机的双三拍工作方式

双三拍工作方式各相的通电顺序为：AB→BC→CA→AB→…，各相通电的电压波形如图 3-25 所示。

（3）步进电动机的三相六拍工作方式

三相六拍工作方式各相的通电顺序为：A→AB→B→BC→C→CA→A→…，各相通电的电压波形如图 3-26 所示。

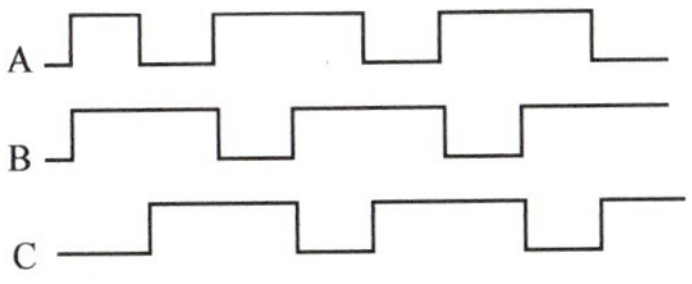

图 3-25　双三拍工作的电压波形

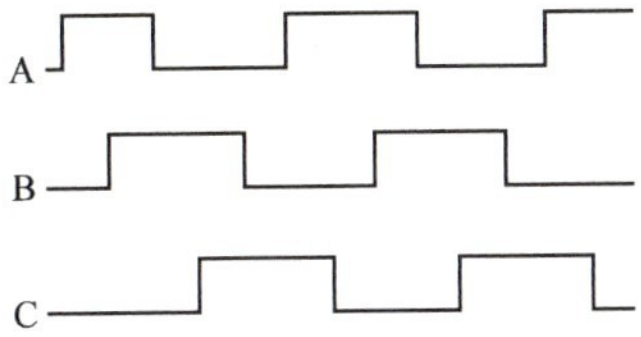

图 3-26　三相六拍工作的电压波形

4. 步进电动机控制接口及输出字表

过去常规的步进电动机控制电路主要由脉冲分配器和驱动电路组成。采用微机控制，主要取代脉冲分配器，而给步进电动机提供驱动电源的驱动电路是必不可省的，同时用微机实现对步进电动机的走步数、转向以及速度控制等。

(1) 步进电动机控制接口

假定微机通过 ISA 总线同时控制 x 轴和 y 轴两台三相步进电动机，控制接口如图 3-27 所示。此接口电路选用研华公司推出的 32 通道隔离型 I/O 板卡 PCL-730，PCL-730 提供 16 路开关量输入通道和 16 路开关量输出通道。开关量输出低 8 位（由基地址+0 输出）中的 DO_0、DO_1、DO_2 控制 x 轴三相步进电动机，开关量输出高 8 位（由基地址+1 输出）中的 DO_8、DO_9、DO_{10} 控制 y 轴三相步进电动机。只要确定了步进电动机的工作方式，就可以控制各相绕组的通电顺序，实现步进电动机正转或反转。

(2) 步进电动机控制的输出字表

在图 3-27 所示的步进电动机控制接口电路中，选定由 DO_0、DO_1、DO_2 通过驱动电路来控制 x 轴步进电动机，由 DO_8、DO_9、DO_{10} 通过驱动电路来控制 y 轴步进电动机，并假定数据输出为“1”时，相应的绕组通电；为“0”时，相应的绕组断电。下面以三相六拍控制方式为例确定步进电动机控制的输出字。

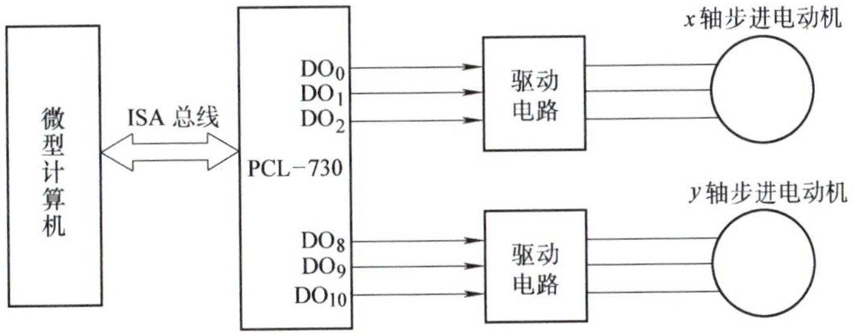

图 3-27　两台三相步进电动机控制接口示意图

当步进电动机的相数和控制方式确定之后，DO_0、DO_1、DO_2 和 DO_8、DO_9、DO_{10} 输出数据变化的规律就确定了，这种输出数据变化规律可用输出字来描述。为了便于寻找，输出字以表的形式存放在计算机指定的存储区域。表 3-6 给出了三相六拍控制方式的输出字表。

表 3-6　三相六拍控制方式输出字表

x 轴步进电动机输出字表		y 轴步进电动机输出字表	
存储地址标号	低 8 位输出字	存储地址标号	高 8 位输出字
ADX_1	00000001 = 01H	ADY_1	00000001 = 01H
ADX_2	00000011 = 03H	ADY_2	00000011 = 03H
ADX_3	00000010 = 02H	ADY_3	00000010 = 02H

（续）

x 轴步进电动机输出字表		y 轴步进电动机输出字表	
存储地址标号	低 8 位输出字	存储地址标号	高 8 位输出字
ADX_4	00000110 = 06H	ADY_4	00000110 = 06H
ADX_5	00000100 = 04H	ADY_5	00000100 = 04H
ADX_6	00000101 = 05H	ADY_6	00000101 = 05H

（3）步进电动机正转与反转控制

显然，若要控制步进电动机正转，则分别按 $ADX_1 \to ADX_2 \to \cdots \to ADX_6$ 和 $ADY_1 \to ADY_2 \to \cdots \to ADY_6$ 顺序，向图 3-27 中的 PCL-730 板卡低位口和高位口送输出字即可；若要控制步进电动机反转，则按相反的顺序送输出字。

5. 步进电动机走步控制程序

若用 ADX 和 ADY 分别表示 x 轴和 y 轴步进电动机输出字表的取数地址指针，且仍用 ZF = 1、2、3、4 分别表示 $+x$、$-x$、$+y$、$-y$ 走步方向，则可用图 3-28 表示步进电动机走步控制程序流程。

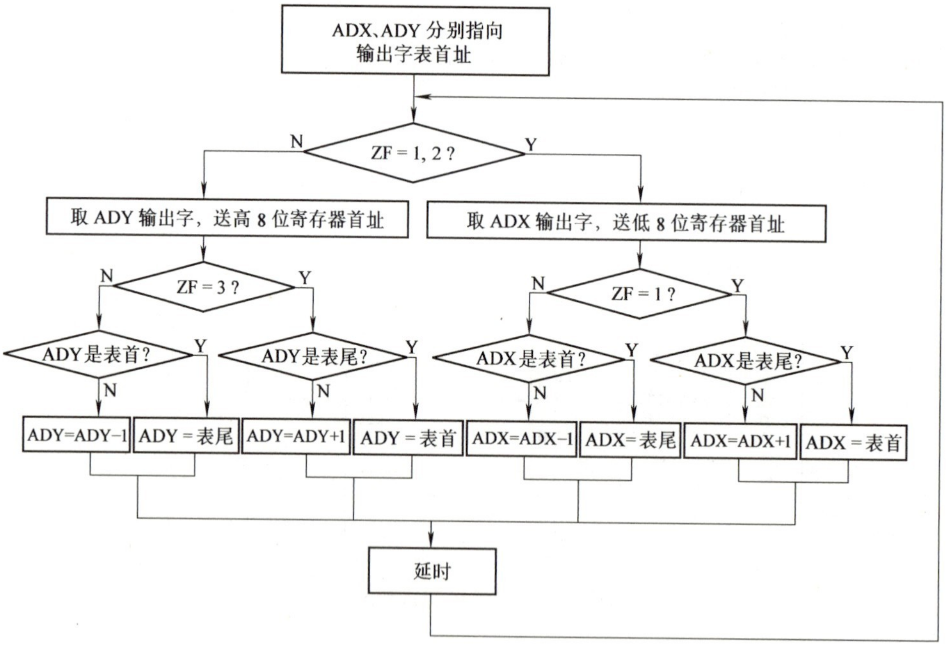

图 3-28　步进电动机走步控制程序流程

若将走步控制程序和插补计算程序结合起来，并修改程序的初始化和循环控制判断等内容，便可很好地实现 xOy 坐标平面的数字程序控制，为机床的自动控制提供了有力的手段。

6. 步进电动机的功率驱动

（1）单电压功率放大电路

图 3-29 所示为一种典型的单电源功率放大电路，步进电动机的每一相绕组都有一套这样的电路。图中 L 为电动机励磁绕组的电感，R_a 为绕组的电阻，R_C 是限流电阻。为了减小回路的时间常数 $L/(R_a+R_C)$，将电阻 R_C 并联一电容 C，使回路电流上升沿变陡，提高了步

进电动机的高频性能和起动性能。续流二极管 VD 和阻容吸收回路 RC 是功率管 VT 的保护电路，在 VT 由导通到截止瞬间释放电感产生高的反电势。

此电路的优点是电路结构简单；不足之处是 R_C 消耗能量大，电流脉冲前后沿不够陡，在改善了高频性能后，低频工作时会使振荡有所增加，使低频特性变坏。

(2) 高低电压功率放大电路

图 3-30 所示为一种高低电压功率放大电路。图中电源 U_1 为高电压电源，大约为 80～150V；U_2 为低电压电源，大约为 5～20V。在绕组指令脉冲到来时，脉冲的上升沿同时使 VT_1 和 VT_2 导通。由于二极管 VD_1 的作用，使绕组只加上高电压 U_1，绕组的电流很快达到规定值。到达规定值后，VT_1 的输入脉冲先变成下降沿，使 VT_1 截止，电动机由低电压 U_2 供电，维持规定电流值，直到 VT_2 输入脉冲下降沿到来 VT_2 截止。下一绕组循环这一过程。由于采用高压驱动，电流增长快，绕组电流前沿变陡，提高了电动机的工作频率和高频时的转矩；同时由于额定电流是由低电压维持，只需阻值较小的限流电阻 R_C，故功耗较低。其不足之处是高低压衔接处的电流波形在顶部有下凹，影响电动机运行的平稳性。

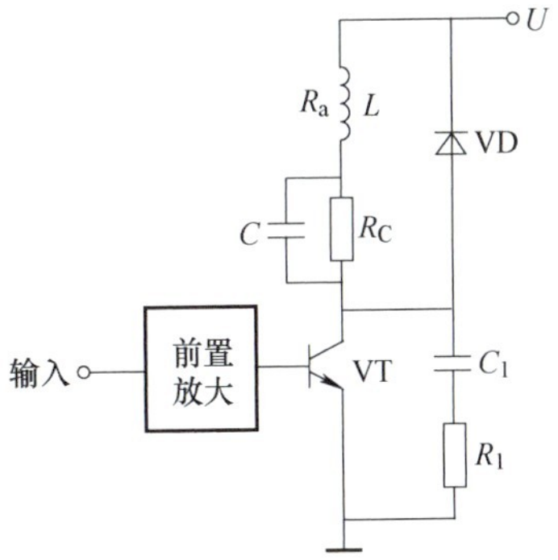

图 3-29 单电源功率放大电路原理图

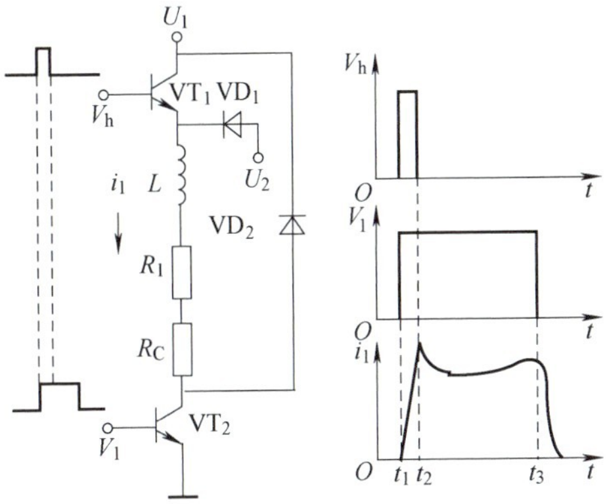

图 3-30 高低电压功率放大电路原理图

(3) 斩波恒流功放电路

斩波恒流功放电路如图 3-31a 所示。该电路的特点是工作时 V_{in} 端输入方波步进信号：当 V_{in} 为“0”电平，由与门 A_2 输出的 V_b 为“0”电平，功率管（达林顿管）VT 截止，绕组电感 L 上无电流通过，采样电阻 R_3 上无反馈电压，A_1 放大器输出高电平；而当 V_{in} 为高电平时，由与门 A_2 输出的 V_b 也是高电平，功率管 VT 导通，绕组电感 L 上有电流，采样电阻 R_3 上出现反馈电压 V_f，由分压电阻 R_1、R_2 得到设定电压与反馈电压相减，来决定 A_1 输出电平的高低，并决定 V_{in} 信号能否通过与门 A_2。若 $V_{ref}>V_f$，V_{in} 信号通过与门，形成 V_b 正脉冲，打开功率管 VT；反之，$V_{ref}<V_f$ 时，V_{in} 信号被截止，无 V_b 正脉冲，功率管 VT 截止。这样在一个 V_{in} 脉冲内，功率管 VT 会多次通断，使绕组电流在设定值上下波动。各点的波形如图 3-31b 所示。

以上控制方法中，绕组上的电流大小与外加电压大小+U 无关，由于采样电阻 R_3 的反馈作用，使绕组上的电流可以稳定在额定的数值上，成为一种恒流驱动方案，因此对电源的要求很低。

这种驱动电路中绕组上的电流不随步进电动机的转速而变化，从而保证在很大的频率范围内，步进电动机都输出恒定的转矩。以上驱动电路虽然复杂，但通过绕组的脉冲电流边沿

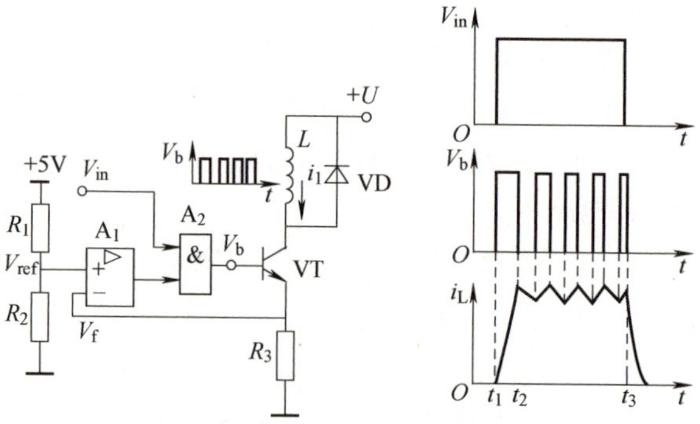

a) 电路原理　　b) 波形

图 3-31　斩波恒流功放电路原理及各点波形

陡，因为采样电阻 R_3 的阻值很小（一般小于 1Ω），所以主回路电阻较小，系统的时间常数较小，反应较快，功耗小、效率高。这种功放电路在实际中经常使用。

3.4.2　直流伺服电动机驱动控制

近年来，直流伺服电动机的结构和控制方式都发生了很大变化。随着计算机技术的发展以及新型的电力电子功率器件的不断出现，采用全控型开关功率器件进行脉宽调制（PWM）的控制方式已经成为主流，详见有关《运动控制系统》教材。

1. PWM 控制原理

直流伺服电动机的转速控制方法可以分为两类，即对磁通 ϕ 进行控制的励磁控制和对电枢电压 U_a 进行控制的电枢电压控制。

绝大多数直流伺服电动机采用开关驱动方式，常以电枢电压控制方式的直流伺服电动机为分析对象，并通过 PWM 来控制电枢电压实现调速。

2. 单极性可逆调速系统

单极性驱动是指在一个 PWM 周期里，电动机电枢的电压极性呈单一性变化。

单极性驱动电路有两种。一种称为 T 形，由两个开关管组成，需要采用正、负电源，相当于两个不可逆系统的组合，因其电路形状像英文字母“T”，故称为 T 形。由于 T 形单极性驱动系统的电流不能反向，并且两个开关管正、反转切换的工作条件是电枢电流为零，因此，电动机动态性能较差。这种电路很少采用。另一种称为 H 形，也称为桥式电路。这种电路中电动机动态性能较好，因此在各种控制系统中广泛采用。

3. 双极性可逆调速系统

双极性驱动是指在一个 PWM 周期内，电动机电枢的电压极性呈正负变化。与单极性一样，双极性驱动电路也分为 T 形和 H 形。由于在 T 形驱动电路中，开关管要承受较高的反向电压，因此使其在功率稍大的伺服电动机系统中的应用受到限制，而 H 形驱动电路不存在这个问题，因此得到了较广泛的应用。

3.4.3　交流伺服电动机驱动控制

交流伺服电动机的旋转机理都是由定子绕组产生旋转磁场使转子运转。不同点是交流永磁式伺服电动机的转速和外加电源频率之间存在严格的关系，所以电源频率不变时，它的转速是不变的；交流感应式伺服电动机由于需要转速差才能在转子上产生感应磁场，所以电动机的转速比其同步转速小，外加负载越大，转速差越大。旋转磁场的同步速度由交流电的频率来决定：频率低，转速低；频率高，转速高。因此，这两类交流电动机的调速方法主要是通过改变供电频率来实现的。

交流伺服电动机速度控制可分为标量控制法和矢量控制法。标量控制法是开环控制，矢量控制法是闭环控制，详见有关《运动控制系统》教材。对于简单的系统可使用标量控制；对于要求较高的系统，使用矢量控制。无论用何种控制法都是改变电动机的供电频率，从而达到调速目的。

3.4.4　位置伺服系统

伺服广义上是指用来控制被控对象的某种状态或某个过程，使其输出量能自动地、连续地、精确地复现或跟踪输入量的变化规律。其控制行为的主要特征表现为输出“服从”输入，输出“跟随”输入，因此，伺服系统也叫作随动系统。

从狭义上而言，对于被控制量（输出量）是负载机械空间位置的线位移或角位移，当位置给定量（输入量）做任意变化时，使其被控制量（输出量）快速、准确地复现给定量的变化，通常把这类伺服系统称作位置伺服系统，或叫位置随动系统。

图 3-32 所示的伺服系统由以下 5 大部分组成：传动机构和工作机械本体、伺服电动机、功率放大器、控制器和传感器。

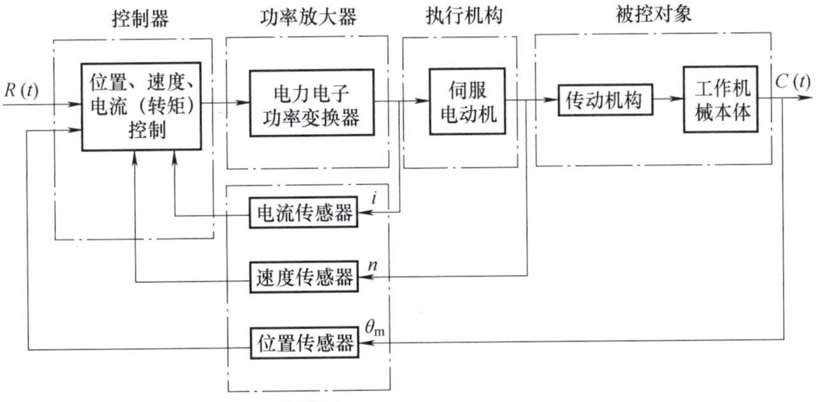

图 3-32　位置伺服系统结构

伺服系统的传感器主要有脉冲编码器、旋转变压器、感应同步器、光栅、磁栅等位置与速度传感器。

控制器是伺服系统的基本环节和运动精度的重要保证，由它实现伺服系统的控制规律，控制器应根据偏差信号，经过必要的控制算法，产生功率放大器的控制信号。位置控制环和速度控制环是紧密相连的。速度控制环的给定值来自位置控制环。而位置控制环的输入一方面来自轮廓插补运算，即在每一个插补周期内插补运算输出一组数据给位置环，另一方面来自位置检测反馈装置，即将机床移动部件的实际位置量的信号送给位置环。插补得到的指令位移和位置检测得到的机床移动部件的实际位移在位置控制单元进行比较，得到位置偏差。位置控制环根据速度指令的要求及各环节的放大倍数（称为增益）对位置数据进行处理，再把处理的结果送给速度环，作为速度环的给定值。

伺服电动机是伺服系统的执行机构元件，在小功率伺服系统中多用永磁式伺服电动机，如直流伺服电动机、直流无刷伺服电动机、交流永磁同步电动机。在大功率或较大功率的情况下也可采用电励磁的直流或交流伺服电动机。此外，还有特殊伺服电动机，如步进伺服电动机、磁阻式伺服电动机、力矩伺服电动机、直线伺服电动机等。伺服驱动器主要起功率放大的作用，根据不同的伺服电动机，输出合适的电压和频率（对于交流伺服电动机），控制伺服电动机的转矩和转速，满足伺服系统的要求。由于伺服电动机需要四象限运行，故伺服驱动器必须是可逆的。

根据位置环比较的方式不同，又可将位置伺服系统分为数字脉冲比较伺服系统、相位比较伺服系统和幅值比较伺服系统。相位比较伺服系统和幅值比较伺服系统的结构与安装都比较复杂，因此一般情况下选用数字脉冲比较伺服系统，同时相位比较伺服系统较幅值比较伺服系统应用得广泛一些。早期的位置控制环是把位置数据经 D-A 转换变成模拟量后送给速度环。现代的全数字伺服系统不进行 D-A 转换，全部用计算机软件进行数字处理，输出的结果也是数字量。

1. 脉冲比较伺服系统

用脉冲比较的方法构成闭环和半闭环控制的系统称为数字脉冲比较伺服系统。在半闭环控制中多采用光电编码器作为检测元件，在闭环控制中多采用光栅尺作为检测元件。通过检测元件进行位置检测和反馈，实现脉冲比较。

数字脉冲比较伺服系统闭环控制的结构框图如图 3-33 所示。整个系统分为 3 部分：采用光电编码器产生位置反馈脉冲信号 P_f，实现指令脉冲 F 与反馈脉冲 P_f 的比较，以取得位置偏差 e 信号；将位置偏差信号 e 放大后经速度控制单元控制伺服电动机运行，从而实现偏差的闭环控制。该系统结构简单，容易实现，整机工作稳定，因此得到广泛应用。

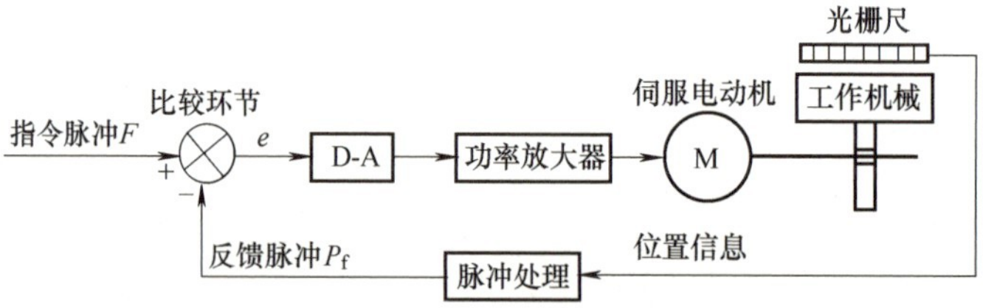

图 3-33　数字脉冲比较伺服系统闭环控制的结构框图

数字脉冲比较伺服系统的工作原理简述如下：

1）开始时，指令脉冲 $F=0$，且工作台处于静止状态，则反馈脉冲 P_f 为零。经比较环节可得偏差 $e=F-P_f=0$，则伺服电动机的速度给定为零，所以伺服电动机静止不动。

2）当 CNC 装置输出正向指令脉冲时，即 $F>0$，在工作台没有移动之前，反馈脉冲 P_f 仍为零。经比较环节比较，$e=F-P_f>0$，于是调速系统驱动工作台做正向进给。随着电动机的运转，检测元件的反馈脉冲信号通过采样进入比较环节。该脉冲比较环节对 F 和 P_f 进行比较，按负反馈原理，只有当 F 和 P_f 的脉冲个数相等时，偏差 $e=0$，工作台才重新稳定在指令所规定的位置上。

3）当 CNC 装置输出负向指令脉冲时，即 $F<0$，其控制过程与 F 为正向指令脉冲的控制过程相类似，只是此时 $e<0$，工作台做反方向进给。最后，工作台准确地停在指令所规定的反向的某个稳定位置上。

4）比较环节输出的位置偏差信号 e 是一个数字量，经 D-A 转换后，才能变为模拟电压，使模拟调速系统工作。

2. 相位比较伺服系统

在高精度的数控伺服系统中，直线光栅和感应同步器是两种应用广泛的位置检测元件。根据感应同步器励磁信号的形式，它们可以是相位工作方式或是幅值工作方式。如果位置检测元件采用相位工作方式，在控制系统中要把指令信号与反馈信号都变成某个载波的相位，然后通过两者相位的比较，得到实际位置与指令位置的偏差。由此可见，感应同步器相位工作状态下的伺服系统，指令信号与反馈信号的比较采用相位比较方式，该系统称为相位比较伺服系统，简称相位伺服系统。由于这种系统调试比较方便，精度又高，特别是抗干扰性能好，是数控机床常用的一种位置控制系统，如图 3-34 所示。在该系统中，感应同步器取相位工作状态，以定尺的相位检测信号经整形放大后得到的 $P_B(\theta)$ 作为位置反馈信号。指令脉冲 F 经脉冲调相后，转换成相位和极性与 F 有关的脉冲信号 $P_A(\theta)$。$P_A(\theta)$ 和 $P_B(\theta)$ 为两个同频的脉冲信号，输入鉴相器进行比较。比较后得到它们的相位差 $\Delta\theta$。伺服放大器和伺服电动机构成的调速系统，接收相位差 $\Delta\theta$ 信号，以驱动工作台朝指令位置进给，实现位置跟踪，其工作原理概述如下：

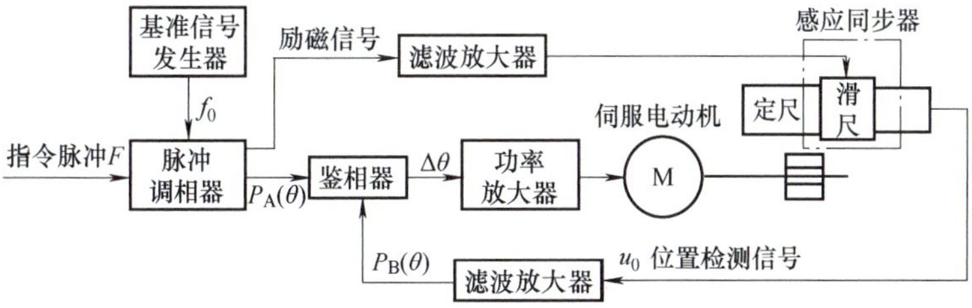

图 3-34　相位比较伺服系统原理框图

当指令脉冲 $F=0$ 且工作台处于静止时，$P_A(\theta)$ 和 $P_B(\theta)$ 应为两个同频同相的脉冲信号，经鉴相器进行相位比较判别，输出的相位差 $\Delta\theta=0$。此时，伺服放大器的速度给定为 0，它输出到伺服电动机的电枢电压也为 0，工作台维持在静止状态。

当指令脉冲 $F\neq0$ 时，若设 F 为正，经过脉冲调相器，$P_A(\theta)$ 产生正的相移 $+\theta$，由于工作台静止，$P_B(\theta)=0$，故鉴相器的输出 $\Delta\theta=\theta>0$，伺服驱动部分使工作台正向移动，此时 $P_B(\theta)\neq0$，经反馈比较，$\Delta\theta$ 变小，直到消除 $P_B(\theta)$ 与 $P_A(\theta)$ 的相位差；反之，若设 F 为负，则 $P_A(\theta)$ 产生负的相移 $-\theta$，在 $\Delta\theta=-\theta<0$ 的控制下，伺服机构驱动工作台做反向移动。

3. 幅值比较伺服系统

幅值比较伺服系统是以位置检测信号的幅值大小来反映机械位移的数值，并以此作为位置反馈信号与指令信号进行比较构成的闭环控制系统（简称幅值伺服系统）。在幅值伺服系统中，必须把反馈通道的模拟量变换成相应的数字信号，才可以完成与指令脉冲的比较。感应同步器和旋转变压器都可以用于幅值伺服系统。

图 3-35 所示的幅值伺服系统为闭环控制系统。该系统由鉴幅器、电压频率变换器 U/f 组成的位置测量信号处理电路、比较电路、励磁电路和由伺服放大器、伺服电动机组成的速度控制电路 4 部分组成。其工作原理与相位伺服系统基本相同，不同之处在于幅值伺服系统的位置检测器将测量出的实际位置转换成测量信号的幅值大小，再通过测量信号处理电路，将幅值的大小转换成反馈脉冲频率的高低。反馈脉冲一路进入比较电路，与指令脉冲进行比较，从而得到位置偏差，经 D-A 转换后，作为速度控制电路的速度控制信号；另一路进入励磁电路，控制产生幅值工作方式的励磁信号。

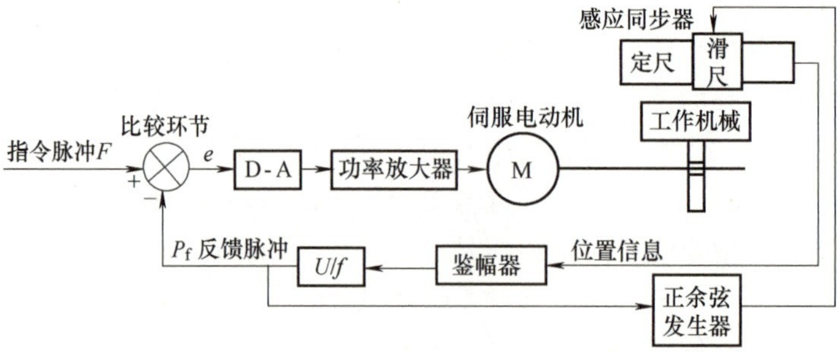

图 3-35 幅值比较伺服系统原理框图

3.5 多轴运动控制技术

在现代数控系统中，多轴运动控制已经越来越普遍，用电子方式来实现机械运动轴之间协调同步，取代了传统的机械凸轮和齿轮，给机械设计制造带来了巨大的灵活性。以往只有通过复杂的机械设计和加工才能实现的运动过程，现在可以通过软件编程轻松实现。而且，使用电子运动控制，精度更高，动态性能更好，没有机械损耗，使维护变得方便而简单。用户可以实现更加灵活的、模块化的机械结构。

3.5.1 多轴运动控制系统结构

从结构上看，一个典型的多轴运动控制系统通常包含上位计算机、运动控制器、驱动器、电动机、反馈装置、被控对象等几个部分，如图 3-36 所示。上位计算机负责系统管理、人机交互和任务协调等上层功能。运动控制器则根据工作要求和传感器返回的信号进行必要的逻辑/数学运算，将计算结果以数字脉冲信号或者模拟信号的形式输送到各个轴的驱动器中。

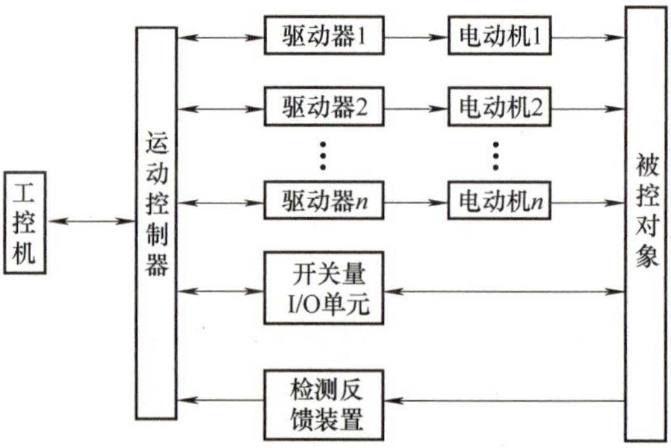

图 3-36 多轴运动控制系统构成

3.5.2 多轴运动控制系统硬件设计

运动控制技术的发展是制造自动化前进的旋律，是推动新的产业革命的关键技术。运动控制器已经从以单片机或微处理器为核心和以专业芯片（ASIC）作为核心处理器，发展到了基于 ISA/PCI/PCI-E 总线的以 DSP 和 FPGA 作为核心处理器的开放式运动控制器。

基于 ISA/PCI/PCI-E 总线的运动控制系统通常是 PC 结合运动控制器/卡的上下位机控制结构。采用 PC+运动控制器的体系结构，既可以充分利用计算机资源，又能保证控制的实时性要求。运动控制器中的专用 CPU 与 PC 中的 CPU 构成主从式双 CPU 控制模式。PC 中的 CPU 可以专注于人机界面、实时监控和发送指令等系统管理工作；卡上专用 CPU 来处理所有运动控制的细节，如升降速计算、行程控制、多轴插补等，无须占用 PC 资源。

基于 PC 的运动控制系统基本结构由硬件系统和软件系统两大部分组成，其基本结构如

图 3-37 所示。硬件系统由 PC 和运动控制器组成。无论是普通 PC 还是工业 PC，其硬件平台都是通用的。运动控制器硬件模块是为完成特定任务而附加到 PC 硬件平台上的功能模块。

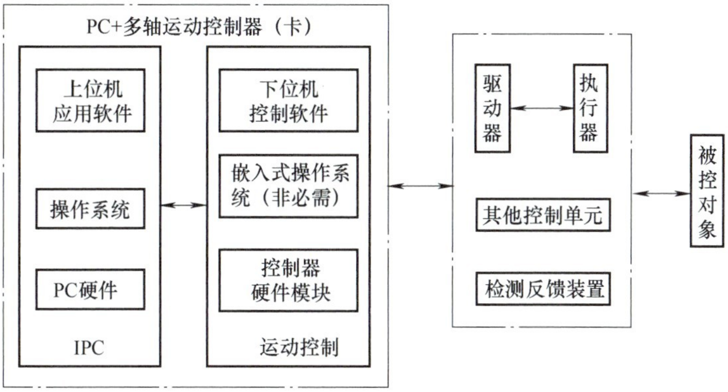

图 3-37　基于 PC 的运动控制系统基本结构

图 3-38 为典型的基于 PC 的运动控制系统硬件总体方案。该方案由 PC、运动控制器（卡）、伺服单元、外围辅助器件和配电系统组成。

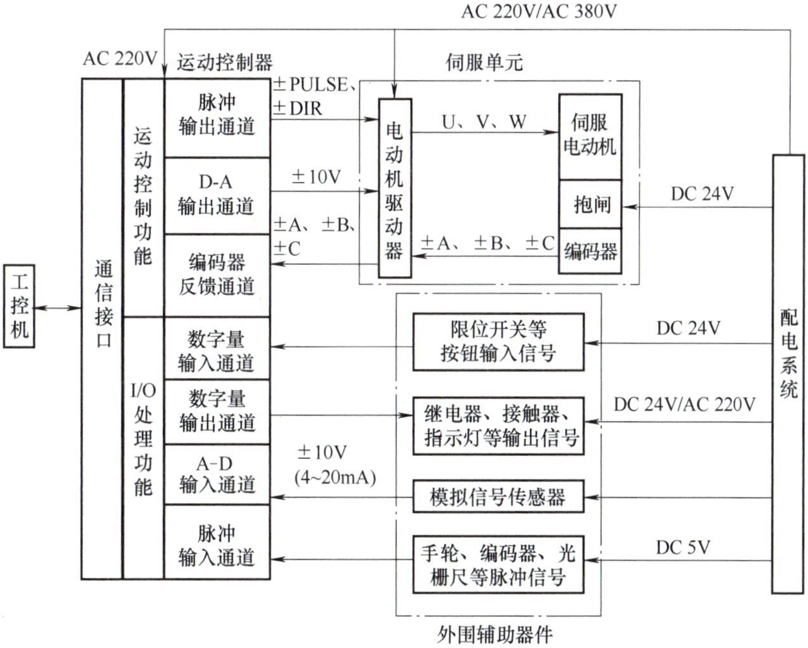

图 3-38　基于 PC 的运动控制系统硬件总体方案

工控机通过通信总线与运动控制器进行通信。常用的通信接口有 PCI/ISA 接口、工业以太网、USB 接口、RS-232/485 接口、PC104 总线接口等。

运动控制器的功能可分为运动控制功能和 I/O 功能两大部分。运动控制功能部分通过编码器反馈通道、D-A 输出通道以及脉冲输出通道与驱动控制器和伺服电动机构成控制回路。整个运动控制系统中所涉及的外部辅助器件，如限位开关、行程开关、编码器、光栅尺以及继电器、接触器、信号指示灯等都与运动控制器的 I/O 功能部分相连接。

运动控制器在运动控制系统中处于核心地位，它的性能好坏对整个控制系统具有决定性作用。目前常用的运动控制器有美国 Delta Tau 公司的 PMAC、Parker hannifin 公司的 ACR9000、Galil 公司的 DMC 及中国固高公司的运动控制器等。

3.5.3　多轴运动控制系统软件设计

软件系统包括 PC 操作系统和应用软件两大部分。PC 操作系统属于系统软件，是通用的，可从市场上选购。应用软件由完成控制任务的各种信息处理软件模块和控制软件模块组成，具有很强的针对性，需由运动控制系统设计者自行开发。

1. 运动控制软件简介

运动控制（Motion Control，MC）软件的主要任务就是将运动程序表达的运动信息转换成各个进给轴的位置指令和辅助动作指令，进而来控制设备的运动轨迹和逻辑动作。不同的 MC 装置，其功能和控制方案也不同，因而各控制系统软件在结构上和规模上差别较大，厂家的软件各不兼容。现代运动控制设备的功能大都能采用软件来实现，所以，系统软件的功能设计是 MC 系统的关键。

运动控制软件是按照事先编制好的控制程序来实现各种控制的，而控制程序是根据用户对 MC 系统所提出的各种要求进行设计的。在设计系统软件之前必须细致地分析被控对象的特点和对控制功能的要求。在确定好控制方式、计算方法和控制顺序后，将其处理顺序用框图描述出来，使系统设计者对所设计的系统有一个明确而又清晰的轮廓。

在运动控制系统中，软件和硬件在逻辑上是等价的，即由硬件完成的工作原则上也可以由软件来完成，但是它们各有特点：硬件处理速度快，造价相对较高，适应性差；软件的设计灵活、适应性强，但是处理速度慢。因此，在 MC 系统中软硬件的分配比例是由性价比决定的。

2. 运动控制系统软件的结构特点

运动控制系统软件的结构特点主要包括系统的多任务性和并行处理。作为一个独立的数字控制器应用于工业自动化生产中，其多任务性表现在它的管理软件必须完成管理和控制两大任务。其中系统管理包括输入、I/O 处理、通信、显示、诊断以及运动程序的编制管理等。系统的控制部分包括译码、预处理、速度处理、插补和位置控制等，如图 3-39 所示。

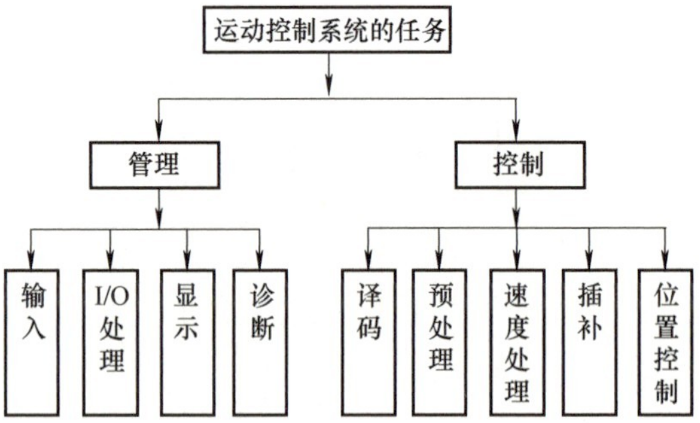

图 3-39　运动控制任务分解

3. 典型的软件结构类型

运动控制系统的基本功能是由各种功能程序实现的，不同的软件结构对这些子程序的安排方式不同，管理的方法也不同。目前运动控制系统的软件主要采用 3 种典型的结构形式：一是前后台型软件结构；二是中断型软件结构；三是基于实时操作系统的软件结构。

（1）前后台型软件结构

前后台软件结构将运动控制系统整个控制软件分为前台程序和后台程序。前台程序是一个实时中断服务程序，实现插补、位置控制及设备开关逻辑控制等实时功能；后台程序又称为背景程序，是一个循环运动程序，实现预处理、人机对话、管理等功能。前后台程序相互配合完成整个控制任务。

(2) 中断型软件结构

中断型软件结构除了初始化程序外，把控制程序安排成不同级别的中断服务程序，整个系统是个大的多重中断系统。系统的管理功能主要通过各级中断服务程序之间的通信来实现，在中断型运动控制系统中，插补、进给、数据的输入/输出显示、磁盘数据的读取等任何一个动作或功能都由相关的中断程序来实现。

(3) 基于实时操作系统的软件结构

实时操作系统作为操作系统的一个重要分支，除具备通用操作系统的功能外，还应该具备任务管理、多种实时任务的调度机制、任务之间的通信机制等功能。对于在实时操作系统基础上开发的软件结构，要扩展和修改系统功能十分方便，只需将编写好的任务模块挂到实时操作系统上，再按系统的要求进行编译即可。所以采用基于实时操作系统的软件结构，系统的开放性和可维护性更好。

3.5.4 数控系统设计举例——基于 IPC 的多轴运动控制

1. 多轴运动控制卡——PMAC

(1) PMAC 的结构和工作原理

美国 Delta Tau 公司生产的可编程序多轴控制器（Programmable Multi-Axis Controller, PMAC)，是目前世界上功能最强的运动控制器之一，是完全开放体系结构、PC 平台上的运动控制卡。该产品使用高速 DSP，提供全新的高性能技术和 Windows 平台，其最新产品 TURBO PMAC 可以控制 32 个轴，CPU 速度为 150MHz，具有光纤通信、MACRO 链等功能。

PMAC 是一种非常灵活的运动控制器，它可以插接于各种类型的主机，通过配接各种类型的放大器、电动机和传感器，应用于其软件和硬件的特性，可以设置和实现特定的功能，完成特定的任务。PMAC 的核心是 Motorola DSP56001（数字信号处理器），具有 I/O 功能，A-D、D-A 转换功能。

PMAC 就是一台完整的计算机，它可以通过存储在自己内部的程序进行独立的操作。此外，它还是一台实时的多任务的计算机，能自动对任务进行优先等级判断，从而使具有高的优先等级的任务比具有低的优先等级的任务能被先执行，这是很多个人计算机上也无法实现的。即使是与一台主计算机连接到一起使用，它们之间的通信应被认为是一台计算机与另一台计算机之间的通信，而绝不是主计算机和它的外围设备之间的通信，在许多应用中，PMAC 能够执行多个任务并能正确地进行优先级排序的能力，使它能够在处理时间和任务切换的复杂性这两个方面大大减轻主机和编程器的负担。

PMAC 卡的突出特性是其开放性，这不仅表现在它控制轴数可以扩展，所连接的被控对象及传感器形式多样，更重要的是它在控制内核上实现了很大程度的开放性。对控制算法而言，PMAC 提供了通用的 PID 控制和阶式位置伺服环滤波算法，以及用以减小伺服系统轨迹误差的速度、加速度前馈算法和双位置环反馈的能力。控制算法中各项参数的调节，只需简单改变 PMAC 提供的运动控制变量，即使是非控制专家也很容易调节控制器。PMAC 还允许使用者将自己设计的控制算法下载到板卡的数字信号处理器中，这样，用户就可利用 PMAC 在自己的系统中实现各种先进的智能控制算法。

(2) PMAC 的硬件开放性

PMAC 支持多种工作平台，允许在 PC、VME、PCI 等不同总线上运行，方便了用户选择主机类型。

PMAC 有模拟和数字 2 种伺服接口，能与步进电动机、直流伺服电动机、交流伺服电动机等多种电动机连接，并可对不同的电动机提供相应的控制信号。

PMAC 可接收各种检测元件的反馈信息，包括测速发电机、光电编码器、光栅、旋转变压器等。提供串行方式、并行方式和双端口 RAM 方式与 PC 进行双向通信。绝大部分地址向用户开放，包括电动机信息、坐标信息及各种保护信息。

（3）PMAC 的软件开放性

PMAC 支持各种高级语言，用户可以使用 VB、VC、Delphi、C++ Builder 等在 Windows 软件平台上制定用户专用界面。

PMAC 提供了包含速度和加速度前馈的 PID 控制和阶式滤波器，电动机和负载的双编码器。能纳入用户开发的伺服算法。PMAC 具有很强的计算能力，许多数学、逻辑和超越函数的计算都能通过用户程序中的变量和常数进行。

PMAC 内含了可编程序逻辑控制器。PMAC 的 I/O 点可以扩展至 2018 位，所有的 I/O 点都由软件来控制，只要使用一个类似高级程序中的指针变量指向某一 I/O 地址，就可以方便地在运动程序和 PLC 程序中通过该指针变量来对该 I/O 点进行输入或输出控制。同时该 PLC 工具有强大的逻辑功能和判断能力，可编制复杂的逻辑关系。

2. 基于 PMAC 开放式数控系统的硬件设计

采用 PMAC 的开放式数控系统的硬件结构如图 3-40 所示。

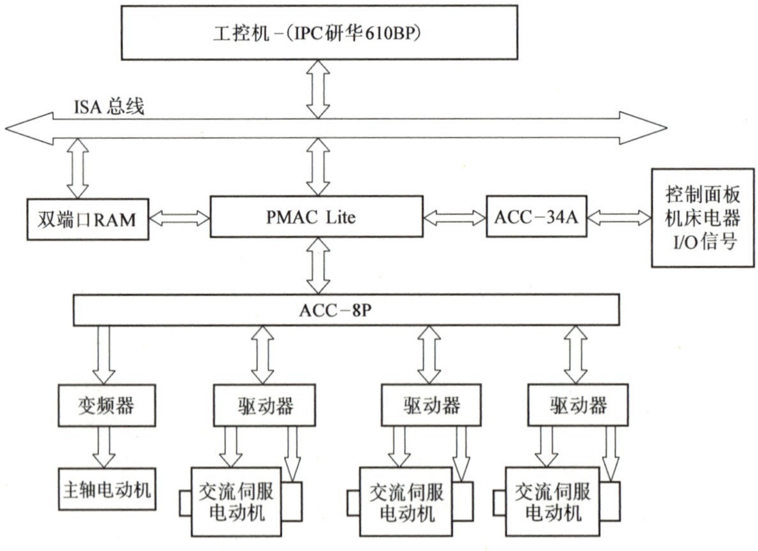

图 3-40　基于 PMAC 的开放式数控系统硬件结构

数控系统的主机为研华工业控制机，操作系统为 Windows NT，运动控制器采用的是 PMAC 四轴运动控制卡 PMAC Lite，板卡配置有双端口 RAM；以 ACC-34A 作为 I/O 扩展接口板，共有 62 个带光隔的 I/O 结点；ACC-8P 为普通接线器，便于 PMAC 与各个伺服驱动器的连接。伺服驱动电动机选用的是松下永磁同步交流伺服电动机，电动机自身配有 2500 线光电编码器作为速度和位置反馈元件，主轴电动机采用变频器实现主轴的无级调速。PMAC 与 IPC 之间的通信可以通过 PC 总线和双端口 RAM 两种方式进行。双端口 RAM 主要用于与 PMAC 的快速数据通信和命令通信，当 IPC 向 PMAC 写数据时，双端口 RAM 能够在实时状态下快速地将位置指令数据或程序信息进行下载；当从 PMAC 中读取数据时，IPC 通过双端口 RAM 可以快速地获取系统的状态、电动机的位置、速度、跟随误差等各种数据。因而，利用双端口 RAM 大大提高了数控系统的响应能力和加工精度，同时也方便了用户的编程和开发。

3. 基于 PMAC 开放式数控系统的软件设计

由于 PMAC 具有良好的软件开放性，从而大大方便了数控软件系统的开发。基于 PMAC 的数控系统的软件结构如图 3-41 所示，由主控模块及各个功能模块组成。

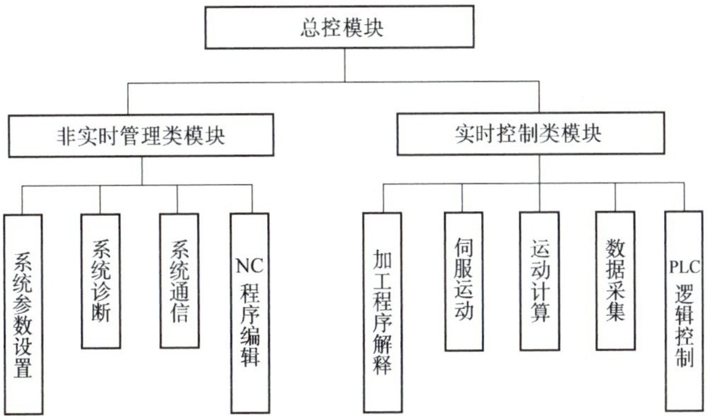

图 3-41　基于 PMAC 的数控系统的软件结构

主控模块是为用户提供一个友好的系统操作界面，在此界面下，系统的各功能模块以菜单的形式被调用。系统的功能模块可分为实时控制类模块和非实时管理类模块两大类。实时控制类模块是控制机床当前运动和动作的软件模块，具有毫秒级甚至更高要求的时间响应；非实时管理类模块没有具体的时间响应要求。

非实时管理类模块包括系统参数设置、系统诊断、系统通信以及 NC 程序编辑等内容。这类软件模块可利用 PC 和 PMAC 所提供的计算机语言和软件工具实现。由于时间响应要求不高，故由 PC 负责运行。实时控制类功能模块包括加工程序解释、伺服驱动、运动插补、数据采集以及 PLC 等。在这些实时控制类功能模块中，PMAC 已提供了基本功能，开发者仅需进行简单的参数输入或选择便可直接调用，如：加工程序解释模块可在 PEWIN 环境下对已有的 PMAC 解释程序进行编辑和调试，并下载到 PMAC 固定内存中，在实际加工时被 PMAC 自动调用；可直接选择调用 PMAC 提供的直线插补、圆弧插补及样条插补功能，也可自行定义 G、M、T 代码；伺服驱动模块可对现有的控制模式设置控制参数，也可以定制自己的伺服控制算法，实现个性化的伺服控制。在实时控制类功能模块中，有一定开发量的仅为 PLC 控制模块，需要开发者根据自身控制面板要求和机床控制逻辑编制实时的 PLC 控制程序。

PLC 控制程序适用于机床系统的开关量的逻辑控制。当运动程序在前台有序运行时，PMAC 可以在后台运行多达 32 个异步 PLC 程序。PLC 程序可以极高的采样速率监视模拟输入和数字输入、设定输出值、发送信息、改变增益、命令运动停止/起动等作业，以 5～10ms 甚至更高的循环速度对 PLC 程序进行反复扫描。PLC 程序由系统 I/O 端口映射、回参考点、使能许可，自动、单步、点动、MDA、JOG 等工作方式，快速、增量、倍率等速率调整，冷却、润滑、主轴电动机起停等控制子程序组成。PLC 程序采用 PMAC 提供的命令语言编写，可以直接运行，也可经编译后执行。

在目前较为流行的开放式数控系统开发策略中，以工业控制机为系统支撑单元，以运动控制器为核心的系统组合是一种较为理想的开放式数控系统开发方法，能够实现软件管理和实时控制两个级别的开放度，具有开发周期短、易于技术实现、成本低廉的特点。以PMAC多轴运动控制器开发的数控系统硬件结构简单，调试方便；软件系统的开发重点主要是用户操作界面的实现和PLC程序的编制。

习　题

1. 什么是数字程序控制？数字程序控制有哪几种方式？

2. 什么是逐点比较法插补？直线和圆弧插补计算过程各有哪几个步骤？

3. 试用高级或汇编语言编写下列各插补计算程序：

（1）第一象限直线插补程序；

（2）第一象限逆圆弧插补程序。

4. 若加工第一象限直线 OA，起点 O（0，0），终点 A（11，7）。要求：

（1）按逐点比较法插补进行列表计算；

（2）作出走步轨迹图，并标明进给方向和步数。

5. 设加工第一象限逆圆弧 $\overset{\frown}{AB}$，起点 A（6，0），终点 B（0，6）。要求：

（1）按逐点比较法插补进行列表计算；

（2）作出走步轨迹图，并标明进给方向和步数。

6. 三相步进电动机有哪几种工作方式？分别画出每种工作方式的各相通电顺序和电压波形图。

7. 采用PC（ISA或PCI）总线和研华PCL-730板卡设计 x 轴步进电动机和 y 轴步进电动机的控制接口，要求：

（1）画出接口电路原理图；

（2）分别列出 x 轴和 y 轴步进电动机在三相单三拍、三相双三拍和三相六拍工作方式下的输出字表。

8. 位置伺服系统分为哪几种类型？

9. 讨论多轴步进驱动控制技术和多轴伺服驱动控制技术各有何特点？并分别列举设计或应用实例。

第 4 章　常规及复杂控制技术

教学重点难点

计算机控制系统设计，是指在给定系统性能指标的条件下，设计出数字控制器的控制规律和相应的控制算法（Control Algorithm）。本章主要介绍计算机控制系统的常规及复杂控制技术。常规控制技术介绍数字控制器的连续化设计技术和离散化设计技术，并分别以数字 PID 控制器和最少拍控制器为例来具体阐述；复杂控制技术介绍纯滞后控制、串级控制、前馈-反馈控制、解耦控制等技术。对大多数系统，采用常规控制技术均可达到满意的控制效果，但对于复杂及有特殊控制要求的系统，采用常规控制技术难以达到目的，在这种情况下，则需要采用复杂控制技术，甚至采用现代控制和先进控制等技术。

4.1　控制系统的性能指标

控制系统的基本要求是稳、快、准，即系统运行的稳定性、响应动作的快速性、跟踪精度的准确性。控制系统的设计问题由 3 个基本要素组成，分别是模型、指标和容许控制，三者缺一不可。性能指标的提法随设计方法的不同而不同，最常见的有时域指标、频域指标、零极点分布及二次型积分指标等。另外对于跟踪系统和调节系统，性能指标的要求也不相同。计算机控制系统结构如图 4-1 所示。

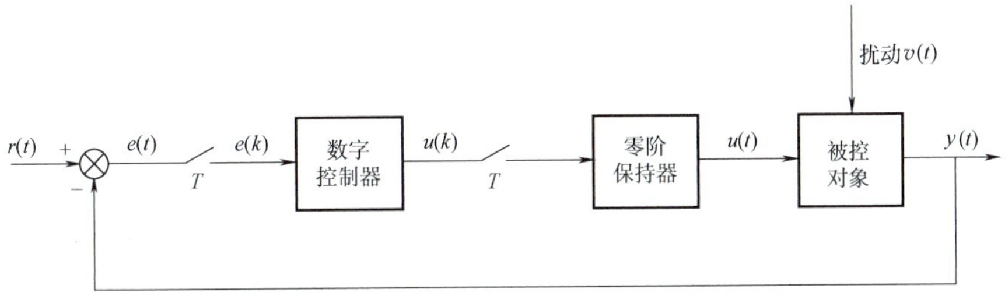

图 4-1　计算机控制系统结构

4.1.1　稳态性能指标

在输入的作用下，控制系统的输出响应在过渡过程结束后的变化形态称为稳态（静态）。稳态误差是期望的稳态输出量与实际的稳态输出量之差。控制系统的稳态误差越小，控制精度越高。

稳态误差是衡量控制系统精度的重要标志，它表明了控制系统的准确程度。不稳定的系统不能实现稳态，因此也就谈不上稳态误差。对于连续系统，稳态误差可以用基于拉普拉斯变换的终值定理求得；对于离散系统，稳态误差可以用基于 z 变换的终值定理求得。

4.1.2　动态性能指标

在输入的作用下，控制系统的输出响应由初始状态到最终稳态的过渡过程（中间变化过程）称为动态（暂态）。动态性能指标有很多种表示方式。

对于连续系统，最常见的时域指标有超调量 $\sigma\%$ 和调整时间（过渡过程时间）t_S、峰值时间 t_P、上升时间 t_r 等；开环频域指标有截止频率 ω_c、幅值裕度 h 和相位裕度 γ；闭环频域指标有带宽频率 ω_b、谐振频率 ω_r、谐振峰值 M_r 等。动态性能指标有时也用闭环系统零极点的分布，尤其是用主导极点来表示。

对于离散系统，也有相应的几种表示方式。由于人们对性能指标与连续系统之间的关系较为熟悉，因此常常首先提出对于连续系统的性能指标要求，然后再根据 $z=e^{Ts}$ 的映射关系，将其变换到相应的离散系统。

4.1.3　抗干扰性能

为了讨论抗干扰性能，在图 4-1 中，令输入 $r(t)=0$，扰动为 $v(t)$。这时可以求得误差的 z 变换为

$$E(z)=\frac{V(z)G(z)}{1+D(z)G(z)} \tag{4-1}$$

如果在某个频率范围内有 $D(z)G(z)\gg 1$（一般情况下，低频段都能满足这个要求），那么式（4-1）可化简为

$$E(z)\approx\frac{V(z)}{D(z)} \tag{4-2}$$

如果在同一频率范围内 $D(z)$ 有较高的增益，则系统对这个频率范围的干扰有较好的抑制作用。如果 $D(z)$ 中包含有积分环节，即 $D(z)$ 中有 $z=1$ 的极点，对于恒定干扰（即 $\omega=0$，$z=1$），这时有 $D(1)\to\infty$，由式（4-2），$E(1)=0$。也就是说，这时该系统可以完全抑制恒定的干扰，对于低频干扰则具有较好的抑制作用。

如果在某个频段内（通常是高频段）有 $D(z)G(z)\ll 1$，那么式（4-1）可以简化为

$$E(z)\approx V(z)G(z) \tag{4-3}$$

此时若 $G(z)$ 也较小，则在该频段内干扰对系统的影响也较小。

4.1.4　对控制作用的限制

为了达到同样的响应性能，所需的控制作用越小越好。因此，所需控制作用的大小也是衡量系统性能的一个方面。换句话说，施加同样大小的控制作用，希望系统能获得尽量好的响应性能。对于实际的系统，控制作用总是受到一定的限制。因此设计系统时应考虑到控制作用的限制条件。在实际系统中，对控制作用的限制通常具有以下 3 种情况：

1）控制量的幅度受到限制，即 $|u|\leqslant U_m$。这是最经常碰到的情况，如放大器的饱和、阀门的全开或全关等。

2）控制能量受到限制，即 $\int_0^\infty u^2\mathrm{d}t\leqslant J_1$。例如，当用电动机驱动负载时，控制量的大小

将直接影响电动机发热的程度，因此需对控制能量加以限制。

3）消耗的燃料受到限制，即 $\int_0^{\infty} |u| \mathrm{d}t \leqslant J_2$。在飞行器的控制中，控制量常常有这样的限制。

在常规的设计方法中，开始一般难以考虑这些关于控制作用的限制条件，但是在设计完成后，一定要校验这些限制条件，若不能满足要求，则需要重新修改设计。而在其他设计方法中，如最优控制的设计，则在开始设计时便将控制作用的限制条件作为性能指标的一部分，或者将它们作为寻求最优控制的约束条件而加以考虑。

4.2　数字控制器的连续化设计技术

数字控制器的连续化设计是忽略控制回路中所有的零阶保持器和采样器，在 S 域中按连续系统进行初步设计，求出连续控制器，然后通过某种近似，将连续控制器离散化为数字控制器，并由计算机来实现。由于广大工程技术人员对 S 平面比 Z 平面更为熟悉，因此数字控制器的连续化设计技术被广泛采用。

4.2.1　数字控制器的连续化设计步骤

在图 4-2 所示的计算机控制系统中，$G(s)$ 是被控对象的传递函数，$H(s)$ 是零阶保持器，$D(z)$ 是数字控制器，T 是采样周期。现在的设计问题是：根据已知的系统性能指标和 $G(s)$ 设计出数字控制器 $D(z)$。

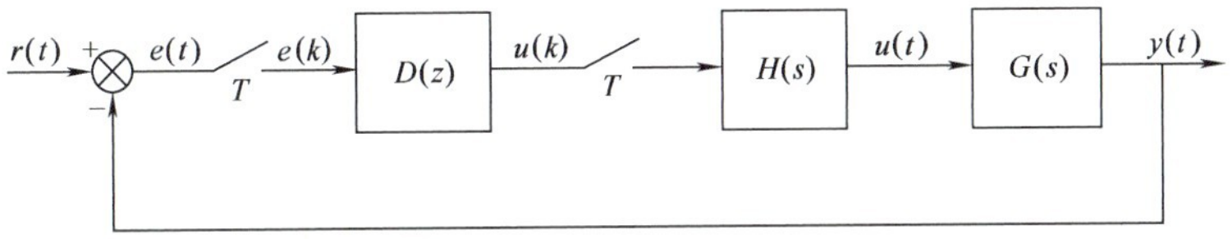

图 4-2　计算机控制系统的结构图

1. 设计假想的连续控制器 $D(s)$

由于人们对连续系统的设计方法比较熟悉，因此，可先对图 4-3 所示的假想的连续控制系统进行设计，如利用连续系统的二阶工程设计法、频率特性法、根轨迹法等设计出假想的连续控制器 $D(s)$。关于连续系统设计 $D(s)$ 的各种方法可参考有关自动控制原理方面的资料，这里不再讨论。

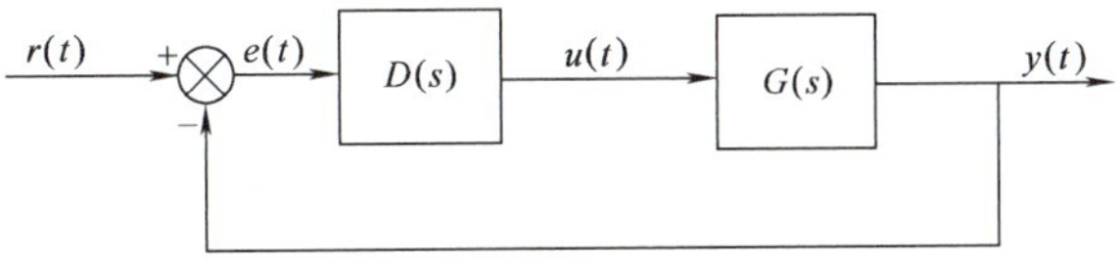

图 4-3　假想的连续控制系统结构图

2. 选择采样周期 T

香农采样定理给出了从采样信号恢复连续信号的最低采样频率。在计算机控制系统中，完成信号恢复功能一般由零阶保持器 $H(s)$ 来实现。零阶保持器的传递函数为

$$H(s)=\frac{1-\mathrm{e}^{-Ts}}{s} \tag{4-4}$$

其频率特性为

$$H(\mathrm{j}\omega)=\frac{1-\mathrm{e}^{-\mathrm{j}\omega T}}{\mathrm{j}\omega}=T\frac{\sin\frac{\omega T}{2}}{\frac{\omega T}{2}}\angle-\frac{\omega T}{2} \tag{4-5}$$

从式（4-5）可以看出，零阶保持器将对控制信号产生附加相移（滞后）。对于小的采样周期 T，可把零阶保持器 $H(s)$ 近似为

$$\begin{aligned}H(s)&=\frac{1-\mathrm{e}^{-sT}}{s}\approx\frac{1-1+sT-\frac{(sT)^2}{2}+\cdots}{s}\\&=T\left(1-s\frac{T}{2}+\cdots\right)\approx T\mathrm{e}^{-s\frac{T}{2}}\end{aligned} \tag{4-6}$$

式（4-6）表明，零阶保持器 $H(s)$ 可用半个采样周期的时间滞后环节来近似。假定相位裕量可减少 5°~15°，则采样周期应选为

$$T\approx(0.15\sim0.5)\frac{1}{\omega_{\mathrm{c}}} \tag{4-7}$$

式中，ω_{c} 是连续控制系统的剪切频率。

按式（4-7）的经验法选择的采样周期相当短。因此，采用连续化设计方法，用数字控制器去近似连续控制器，要有相当短的采样周期。

3. 将 $D(s)$ 离散化为 $D(z)$

将连续控制器 $D(s)$ 离散化为数字控制器 $D(z)$ 的方法有很多，如双线性变换法、后向差分法、前向差分法、冲击响应不变法、零极点匹配法、零阶保持法等。在这里，只介绍常用的双线性变换法、前向差分法和后向差分法。

(1) 双线性变换法

由 Z 变换的定义可知，$z=\mathrm{e}^{sT}$，利用级数展开可得

$$z=\mathrm{e}^{sT}=\frac{\mathrm{e}^{\frac{sT}{2}}}{\mathrm{e}^{\frac{-sT}{2}}}=\frac{1+\frac{sT}{2}+\cdots}{1-\frac{sT}{2}+\cdots}\approx\frac{1+\frac{sT}{2}}{1-\frac{sT}{2}} \tag{4-8}$$

式（4-8）称为双线性变换或塔斯廷（Tustin）近似。

为了由 $D(s)$ 求解 $D(z)$，由式（4-8）可得

$$s=\frac{2}{T}\cdot\frac{z-1}{z+1} \tag{4-9}$$

且有

$$D(z)=D(s)\Big|_{s=\frac{2}{T}\cdot\frac{z-1}{z+1}} \tag{4-10}$$

式（4-10）就是利用双线性变换法由 $D(s)$ 求取 $D(z)$ 的计算公式。

双线性变换也可从数值积分的梯形法对应得到。设积分控制规律为

$$u(t)=\int_0^t \mathrm{e}(t)\,\mathrm{d}t \tag{4-11}$$

两边求拉普拉斯变换后可推导得出控制器为

$$D(s)=\frac{U(s)}{E(s)}=\frac{1}{s} \tag{4-12}$$

当用梯形法求积分运算，可得算式如下

$$u(k)=u(k-1)+\frac{T}{2}[e(k)-e(k-1)] \tag{4-13}$$

式（4-13）两边求 Z 变换后可推导得出数字控制器为

$$D(z)=\frac{U(z)}{E(z)}=\frac{1}{\frac{2}{T}\cdot\frac{z-1}{z+1}}=D(s)\Big|_{s=\frac{2}{T}\cdot\frac{z-1}{z+1}} \tag{4-14}$$

(2) 前向差分法

利用级数展开可将 $z=e^{Ts}$ 写成以下形式

$$z=e^{sT}=1+sT+\cdots\approx 1+sT \tag{4-15}$$

式（4-15）称为前向差分法或欧拉法的计算公式。

为了由 $D(s)$ 求取 $D(z)$，由式（4-15）可得

$$s=\frac{z-1}{T} \tag{4-16}$$

且

$$D(z)=D(s)\Big|_{s=\frac{z-1}{T}} \tag{4-17}$$

式（4-17）便是前向差分法由 $D(s)$ 求取 $D(z)$ 的计算公式。

前向差分法也可由数值微分中得到。设微分控制规律为

$$u(t)=\frac{de(t)}{dt} \tag{4-18}$$

两边求拉普拉斯变换后可推导出控制器为

$$D(s)=\frac{U(s)}{E(s)}=s \tag{4-19}$$

对式（4-19）采用前向差分近似可得

$$u(k)\approx\frac{e(k+1)-e(k)}{T} \tag{4-20}$$

式（4-20）两边求 Z 变换后可推导出数字控制器为

$$D(z)=\frac{U(z)}{E(z)}=\frac{z-1}{T}=D(s)\Big|_{s=\frac{z-1}{T}} \tag{4-21}$$

(3) 后向差分法

利用级数展开还可将 $z=e^{sT}$ 写成以下形式

$$z=e^{sT}=\frac{1}{e^{-sT}}\approx\frac{1}{1-sT} \tag{4-22}$$

由式（4-22）可得

$$s=\frac{z-1}{Tz} \tag{4-23}$$

且有

$$D(z)=D(s)\Big|_{s=\frac{z-1}{Tz}} \tag{4-24}$$

式（4-24）便是利用后向差分法求取 $D(z)$ 的计算公式。

后向差分法也同样可由数值微分计算中得到。对式（4-18）采用后向差分近似可得

$$u(k)\approx\frac{e(k)-e(k-1)}{T} \tag{4-25}$$

式（4-25）两边求 Z 变换后可推得数字控制器为

$$D(z)=\frac{U(z)}{E(z)}=\frac{z-1}{Tz}=D(s)\Big|_{s=\frac{z-1}{Tz}} \tag{4-26}$$

双线性变换的优点在于，它把左半 S 平面转换到单位圆内。如果使用双线性变换，一个稳定的连续控制系统在变换之后仍将是稳定的，可是使用前向差分法，就可能把它变换为一个不稳定的离散控制系统。

4. 设计由计算机实现的控制算法

设数字控制器 $D(z)$ 的一般形式为

$$D(z)=\frac{U(z)}{E(z)}=\frac{b_0+b_1z^{-1}+\cdots+b_mz^{-m_D}}{1+a_1z^{-1}+\cdots+a_nz^{-n_D}}=\frac{\sum\limits_{i=0}^{m_D}b_iz^{-i}}{1+\sum\limits_{i=1}^{n_D}a_iz^{-i}} \tag{4-27}$$

式中，$n_D\geqslant m_D$，各系数 a_i、b_i 为实数，且有 n_D 个极点和 m_D 个零点。

式（4-27）可改写为

$$U(z)=\sum_{i=0}^{m_D}b_iz^{-i}E(z)-\sum_{i=1}^{n_D}a_iz^{-i}U(z)$$

上式用时域的差分方程可表示为

$$u(k)=\sum_{i=0}^{m_D}b_i\mathrm{e}(k-i)-\sum_{i=1}^{n_D}a_iu(k-i) \tag{4-28}$$

利用式（4-28）即可实现计算机编程，因此式（4-28）称为数字控制器 $D(z)$ 的控制算法。

5. 校验

控制器 $D(z)$ 设计完并求出控制算法后，须按图 4-2 所示的计算机控制系统检验其闭环特性是否符合设计要求，这一步可由计算机控制系统的数字仿真计算或实验来验证，如果满足设计要求设计结束，否则应修改设计。

4.2.2　理想数字 PID 控制器的设计

根据偏差的比例（P）、积分（I）、微分（D）进行控制（简称 PID 控制），是控制系统中应用最为广泛的一种控制规律。实际运行的经验和理论的分析都表明，使用这种控制规律对许多工业过程进行控制时，都能得到满意的效果。不过，用计算机实现 PID 控制，不是简单地把模拟 PID 控制规律数字化，而是进一步与计算机的逻辑判断功能结合，使 PID 控制更加灵活，更能满足生产过程提出的要求。

1. 理想模拟 PID 控制器算式

在工业控制系统中，理想模拟 PID 调节器常采用如图 4-4 所示的系统结构，其控制规律为

$$u(t)=K_{\mathrm{P}}\left[e(t)+\frac{1}{T_{\mathrm{I}}}\int_0^t e(t)\mathrm{d}t+T_{\mathrm{D}}\frac{\mathrm{d}e(t)}{\mathrm{d}t}\right] \tag{4-29}$$

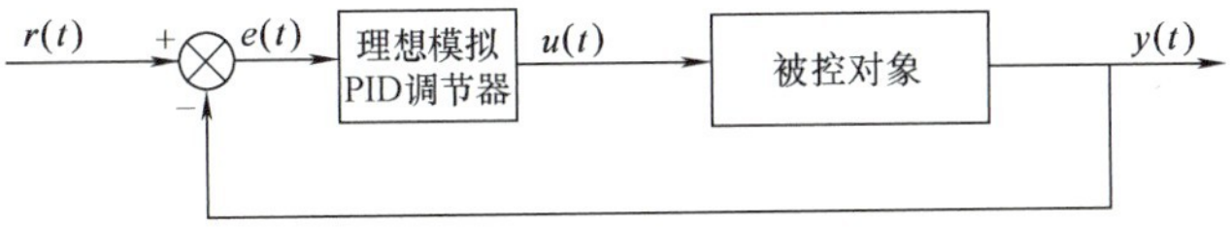

图 4-4　理想模拟 PID 控制系统

理想模拟 PID 调节器的传递函数为

$$D(s)=\frac{U(s)}{E(s)}=K_P\left(1+\frac{1}{T_I s}+T_D s\right) \tag{4-30}$$

式中，K_P 为比例增益，K_P 与比例度 δ 成倒数关系（$K_P=1/\delta$）；T_I 为积分时间常数；T_D 为微分时间常数；$u(t)$ 为控制量；$e(t)$ 为偏差。

比例控制能迅速反应误差，从而减小误差，但比例控制不能消除稳态误差，比例增益加大，会引起系统的不稳定；积分控制的作用是只要系统存在误差，积分控制作用就不断地积累，输出控制量以消除误差，因而，只要有足够的时间，积分控制将能完全消除误差，积分作用太强会使系统超调加大，甚至使系统出现振荡；微分控制可以减小超调量，克服振荡，使系统的稳定性提高，同时加快系统的动态响应速度，减少调整时间，从而改善系统的动态性能。

2. 理想数字 PID 控制器算式

在计算机控制系统中，PID 控制规律的实现必须用数值逼近的方法。当采样周期相当短时，用求和代替积分、用后向差分代替微分，使模拟 PID 离散化变为差分方程。

(1) 理想数字 PID 位置型控制算法

为了便于计算机实现，必须把式（4-29）变换成差分方程，为此，当 $t=kT$ 时，可作如下近似

$$\int_0^t e(t)\,\mathrm{d}t \approx \sum_i^k Te(i) \tag{4-31}$$

$$\frac{\mathrm{d}e(t)}{\mathrm{d}t} \approx \frac{e(k)-e(k-1)}{T} \tag{4-32}$$

式中，T 为采样周期，k 为采样序号。

由式（4-29）、式（4-31）、式（4-32）可得理想数字 PID 位置型控制算式为

$$u(k)=K_P\left[e(k)+\frac{T}{T_I}\sum_{i=0}^{k}e(i)+T_D\frac{e(k)-e(k-1)}{T}\right] \tag{4-33}$$

式（4-33）表示的控制算法提供了执行机构的位置 $u(k)$，如阀门的开度，所以被称为理想数字 PID 位置型控制算式。

(2) 理想数字 PID 增量型控制算法

由式（4-33）可看出，位置型控制算式不够方便，这是因为要累加偏差 $e(i)$，不仅要占用较多的存储单元，而且不便于编写程序，为此可对式（4-33）进行改进。

根据式（4-33）不难写出 $u(k-1)$ 的表达式，即

$$u(k-1)=K_P\left[e(k-1)+\frac{T}{T_I}\sum_{i=0}^{k-1}e(i)+T_D\frac{e(k-1)-e(k-2)}{T}\right] \tag{4-34}$$

将式（4-33）和式（4-34）相减，即得理想数字 PID 增量型控制算式为

$$\begin{aligned}\Delta u(k) &= u(k)-u(k-1)\\ &= K_P[e(k)-e(k-1)]+K_I e(k)+K_D[e(k)-2e(k-1)+e(k-2)]\end{aligned} \tag{4-35}$$

式中，$K_P=1/\delta$ 称为比例增益；$K_I=K_P T/T_I$ 称为积分系数；$K_D=K_P T_D/T$ 称为微分系数。

为了编程方便，可将理想数字 PID 增量型控制算式整理成如下形式

$$\Delta u(k)=q_0 e(k)+q_1 e(k-1)+q_2 e(k-2) \tag{4-36}$$

其中

$$\begin{cases} q_0=K_P\left(1+\dfrac{T}{T_I}+\dfrac{T_D}{T}\right)\\ q_1=-K_P\left(1+\dfrac{2T_D}{T}\right)\\ q_2=K_P\dfrac{T_D}{T}\end{cases} \tag{4-37}$$

4.2.3　实际数字 PID 控制器的设计

事实上，无论是模拟 PID 调节器还是数字 PID 控制器，其中的微分作用都不是理想微分，而是实际微分（不完全微分）。因为在实际系统中，理想微分作用难以实现，且微分作用对生产过程和误差信号 $e(t)$ 的高频扰动响应过于灵敏，容易引起控制过程振荡，降低调节品质。另外，计算机对每个控制回路输出时间是短暂的，而执行器具有惯性，驱动执行器动作又需要一定时间，如果输出较大，在短暂时间内执行器达不到应有的相应开度，会使输出失真，从而使理想 PID 控制的实际效果并不理想。所以必须使用实际数字 PID 控制算法。实际数字 PID 控制算法主要有以下两种形式。

1. 实际微分 PID 控制器算式

(1) 实际微分模拟 PID 控制器算式

实际微分模拟 PID 调节器的传递函数为

$$D(s)=\frac{U(s)}{E(s)}=K_P\left(1+\frac{1}{T_I s}+\frac{T_D s}{\dfrac{T_D}{K_D}s+1}\right) \tag{4-38}$$

这里，K_D 是微分增益，一般 K_D 取 3~20。

(2) 实际微分数字 PID 控制器算式

1）实际微分数字 PID 位置型控制算法

由于比例积分项为

$$U_{PI}(s)=K_P\left(1+\frac{1}{T_I s}\right)E(s) \tag{4-39}$$

实际微分项为

$$U_D(s)=K_P\frac{T_D s}{\dfrac{T_D}{K_D}s+1}E(s) \tag{4-40}$$

因此比例积分项的差分方程为

$$u_{PI}(k)=K_P\left[e(k)+\frac{T}{T_I}\sum_{i=0}^{k}e(i)\right] \tag{4-41}$$

实际微分项的差分方程为

$$u_D(k)=K_P\frac{T_D}{T_\alpha}[e(k)-e(k-1)]+\alpha u_D(k-1) \tag{4-42}$$

式中，$T_\alpha=\frac{T_D}{K_D}+T$；$\alpha=\frac{\frac{T_D}{K_D}}{\frac{T_D}{K_D}+T}$。

根据以上容易推导得出

$$u(k)=u_{PI}(k)+u_D(k) \tag{4-43}$$

于是，实际微分数字 PID 位置型控制算式为

$$u(k)=K_P\left\{e(k)+\frac{T}{T_I}\sum_{i=0}^{k}e(i)+\frac{T_D}{T_\alpha}[e(k)-e(k-1)]\right\}+\alpha u_D(k-1) \tag{4-44}$$

2）实际微分数字 PID 增量型控制算法

由于

$$u(k-1)=K_P\left\{e(k-1)+\frac{T}{T_I}\sum_{i=0}^{k-1}e(i)+\frac{T_D}{T_\alpha}[e(k-1)-e(k-2)]\right\}+\alpha u_D(k-2) \tag{4-45}$$

$$\Delta u(k)=u(k)-u(k-1) \tag{4-46}$$

因此，实际微分数字 PID 增量型控制算式为

$$\Delta u(k)=K_P\left\{e(k)-e(k-1)+\frac{T}{T_I}e(k)+\frac{T_D}{T_\alpha}[e(k)-2e(k-1)+e(k-2)]\right\}+\alpha[u_D(k-1)-u_D(k-2)] \tag{4-47}$$

2. 不完全微分 PID 控制器算式

(1) 不完全微分模拟 PID 控制器算式

为了使微分控制作用有效，对于实际 PID 控制器算式，还可以在理想 PID 控制的输出部分串联一阶惯性环节，这就组成了不完全微分 PID 控制器，如图 4-5 所示。

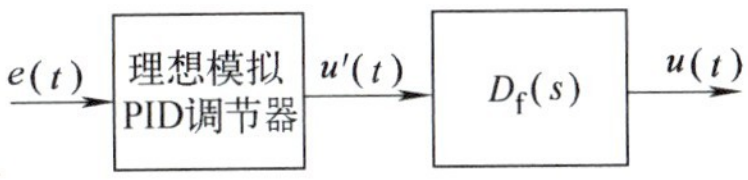

图 4-5　不完全微分 PID 控制器

一阶惯性环节 $D_f(s)$ 的传递函数为

$$D_f(s)=\frac{1}{T_f s+1} \tag{4-48}$$

由于理想模拟 PID 调节器的传递函数为

$$D'(s)=\frac{U'(s)}{E(s)}=K_P\left(1+\frac{1}{T_I s}+T_D s\right)$$

因此图 4-5 的不完全微分 PID 控制器的传递函数为

$$D(s)=\frac{U(s)}{E(s)}=\frac{1}{T_f s+1}\cdot K_P\left(1+\frac{1}{T_I s}+T_D s\right)=\frac{K_P(1+T_I s+T_I T_D s^2)}{T_I s(T_f s+1)}$$

令

$$K_P=K_c\frac{T_1+T_2}{T_1},\quad T_I=T_1+T_2,\quad T_D=\frac{T_1 T_2}{T_1+T_2},\quad T_f=\gamma T_2$$

这里，K_c 为实际比例系数，T_1 为实际积分时间常数，T_2 为实际微分时间常数，γ 为实际微分增益系数。

于是，可得不完全微分 PID 控制器为

$$D(s)=\frac{U(s)}{E(s)}=\frac{K_c(T_1s+1)(T_2s+1)}{T_1s(\gamma T_2s+1)}=\frac{T_2s+1}{\gamma T_2s+1}\cdot K_c\left(1+\frac{1}{T_1s}\right)$$

将上式连续控制器 $D(s)$ 离散化，可得到数字 PID 控制算式，这里不再赘述。

(2) 不完全微分数字 PID 控制算式

1）不完全微分数字 PID 位置型控制算法

在图 4-5 中，因为

$$u'(t)=K_P\left[e(t)+\frac{1}{T_I}\int_0^t e(t)\mathrm{d}t+T_D\frac{\mathrm{d}e(t)}{\mathrm{d}t}\right]$$

$$T_f\frac{\mathrm{d}u(t)}{\mathrm{d}t}+u(t)=u'(t)$$

所以

$$T_f\frac{\mathrm{d}u(t)}{\mathrm{d}t}+u(t)=K_P\left[e(t)+\frac{1}{T_I}\int_0^t e(t)\mathrm{d}t+T_D\frac{\mathrm{d}e(t)}{\mathrm{d}t}\right]$$

对上式进行离散化，可得不完全微分数字 PID 位置型控制算式为

$$u(k)=\sigma u(k-1)+(1-\sigma)u'(k) \tag{4-49}$$

$$u'(k)=K_P\left[e(k)+\frac{T}{T_I}\sum_{i=0}^{k}e(i)+T_D\frac{e(k)-e(k-1)}{T}\right] \tag{4-50}$$

式中，$\sigma=\frac{T_f}{T_f+T}$。

2）不完全微分数字 PID 增量型控制算法

同样，不完全微分数字 PID 增量型控制算式为

$$\Delta u(k)=\sigma\Delta u(k-1)+(1-\sigma)\Delta u'(k) \tag{4-51}$$

$$\Delta u'(k)=K_P[e(k)-e(k-1)]+K_Ie(k)+K_D[e(k)-2e(k-1)+e(k-2)] \tag{4-52}$$

式中，$K_I=K_PT/T_I$ 称为积分系数，$K_D=K_PT_D/T$ 称为微分系数。

3. 实际数字 PID 控制算法与理想数字 PID 控制算法的响应比较

图 4-6a 表示理想数字 PID 位置型控制算式（4-33），在单位阶跃输入时输出的控制作用。图 4-6b 表示实际微分数字 PID 位置型控制算式（4-44）或不完全微分数字 PID 位置型控制算式（4-49），在单位阶跃输入时输出的控制作用。由图 4-6a 可见，理想数字 PID 位置型控制算式中的微分作用只在第一个采样周期内起作用，而且作用很强。而实际微分数字 PID 位置型控制算式或不完全微分数字 PID 位置型控制算式的输出，在较长时间内仍有微分作用，因此可获得较好的控制效果，如图 4-6b 所示。

4. 数字 PID 控制算法实现方式比较

在控制系统中，如果执行机构采用调节阀，则控制量对应阀门的开度表征了执行机构的位置，此时控制器应采用数字 PID 位置型控制算法，如图 4-7a 所示。如执行机构采用步进电动机，每个采样周期控制器输出的控制量，是相对于上次控制量的增加，此时控制器应采用数字 PID 增量型控制算法，如图 4-7b 所示。

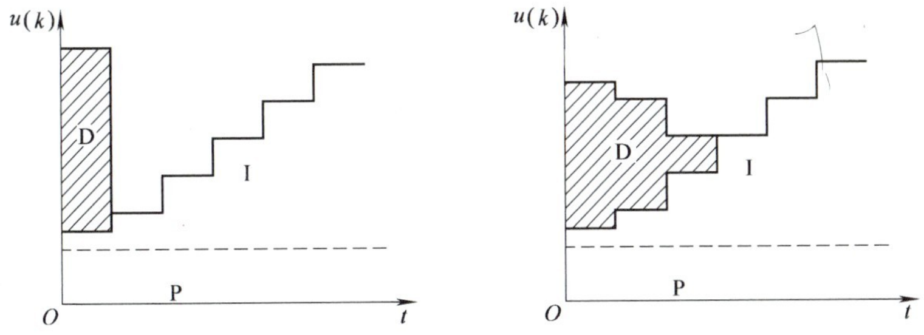

a) 理想数字PID控制　　b) 实际数字PID控制

图 4-6　数字 PID 控制的阶跃响应比较

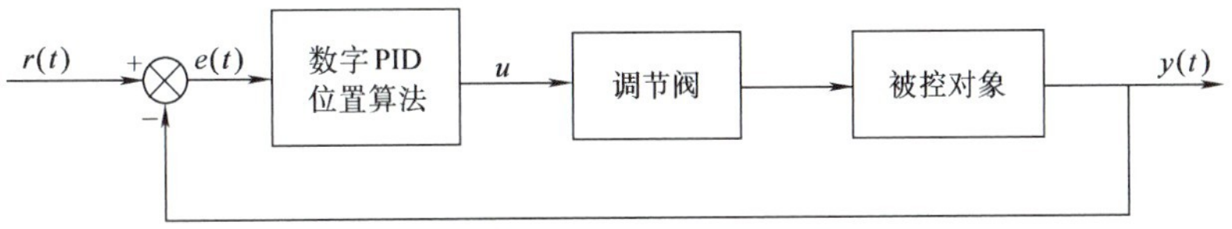

a) 数字PID位置型控制

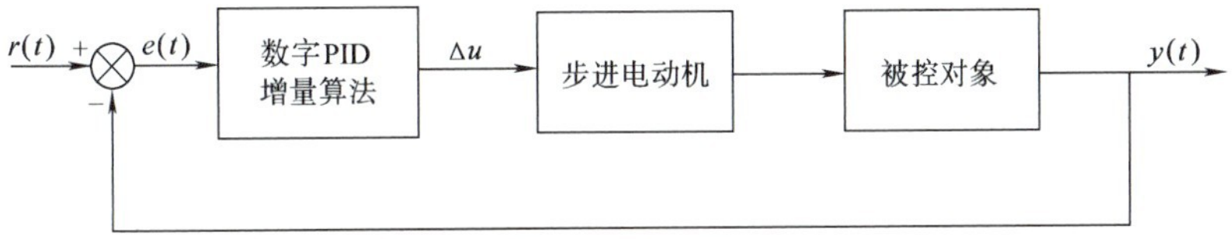

b) 数字PID增量型控制

图 4-7　数字 PID 控制比较示意图

增量型算法与位置型算法相比，具有以下优点：

1）增量算法不需要做累加，控制量增量的确定仅与最近几次误差采样值有关，计算误差或计算精度问题对控制量的计算影响较小。而位置算法要用到过去的误差的累加值，容易产生大的累加误差。

2）增量型算法得出的是控制量的增量，如阀门控制中只输出阀门开度的变化部分，误动作影响小，必要时通过逻辑判断限制或禁止本次输出，不会严重影响系统的工作。而位置算法的输出是控制量的全量输出，误动作影响大。

3）采用增量算法，易于实现手动到自动的无冲击切换。

5. 实际微分数字 PID 控制算法流程

根据式（4-44）~式（4-46），可以得到简化的实际微分数字 PID 增量型控制算法、实际微分数字 PID 位置型控制算法分别为

$$\Delta u=q_0'e(k)+q_1'e(k-1)+q_2'e(k-2)+\alpha[u_D(k-1)-u_D(k-2)] \tag{4-53}$$

$$u(k)=u(k-1)+\Delta u(k) \tag{4-54}$$

$$\begin{cases} q_0'=K_P\left(1+\dfrac{T}{T_I}+\dfrac{T_D}{T_\alpha}\right) \\ q_1'=-K_P\left(1+\dfrac{2T_D}{T_\alpha}\right) \\ q_2'=K_P\dfrac{T_D}{T_\alpha} \end{cases} \tag{4-55}$$

图4-8给出了式（4-53）所示的实际微分数字PID增量型控制算法流程图。实际微分数字PID位置型控制算法流程，仅需按式（4-54）进行修改即可。

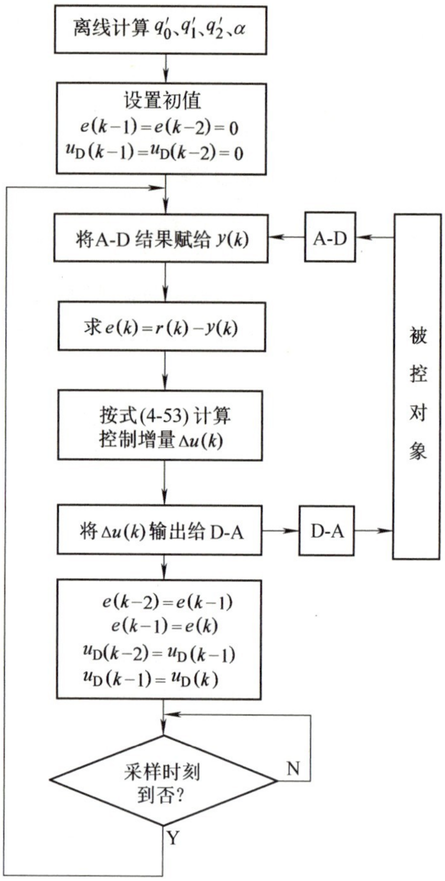

图4-8 实际微分数字PID增量型控制算法流程图

4.2.4 数字PID控制器的改进

如果单纯地用数字PID控制器去模仿模拟调节器，就不会获得更好的效果。只有在工程上发挥计算机运算速度快、逻辑判断功能强、编程灵活等优势，才能在控制性能上超过模拟调节器。这里只介绍积分项、微分项的改进方法，数字控制器工程实现的详细内容详见第7.4节。

1. 积分项的改进

在PID控制中，积分的作用是消除残差，为了提高控制性能，对积分项可采取以下4条改进措施。

（1）积分分离

在一般的PID控制中，当有较大的扰动或大幅度改变给定值时，由于此时有较大的偏差，以及系统有惯性和滞后，故在积分项的作用下，往往会产生较大的超调和长时间的波动。特别对于温度、成分等变化缓慢的过程，这一现象更为严重。为此，可采用图4-9曲线 a 的积分分离措施，即偏差 $e(k)$ 较大时，取消积分作用；当偏差 $e(k)$ 较小时才将积分作用投入。亦即

当 $|e(k)|>\beta$ 时，采用PD控制；当 $|e(k)|\leq\beta$ 时，采用PID控制。

积分分离阈值 β 应根据具体对象及控制要求确定。若 β 值过大，达不到积分分离的目的；若 β 值过小，一旦被控量 $y(t)$ 无法跳出各积分分离区，只进行PD控制将会出现残差，如图4-9所示的曲线 b。为了实现积分分离，编写程序时必须从数字PID差分方程式中分离出积分项，进行特殊处理。

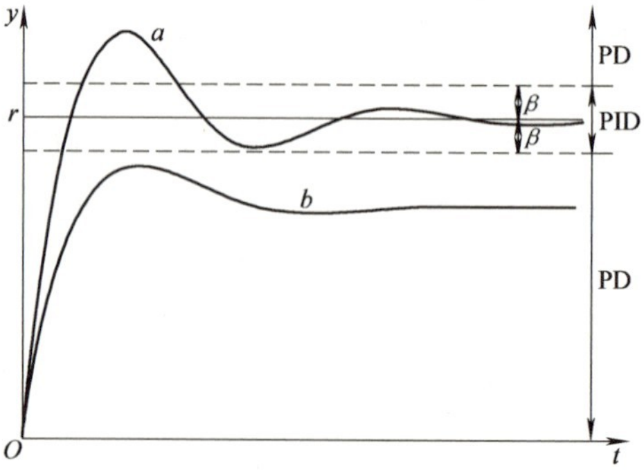

图4-9 积分分离曲线

（2）抗积分饱和

因长时间出现偏差或偏差较大，计算出的控制量有可能溢出或小于零。所谓溢出就是计算机运算得出的控制量 $u(k)$ 超出D-A转换器所能表示的数值范围。例如，8位D-A的数据范围为00H～FFH（H表示十六进制）。一般执行机构有两个极限位置，如调节阀全开或全关。设 $u(k)$ 为FFH时，调节阀全开；反之，$u(k)$ 为00H时，调节阀全关。为了提高运算精度，通常采用双字节或浮点数计算PID差分方程式。

如果执行机构已到极限位置，仍然不能消除偏差时，由于积分作用，尽管计算 PID 差分方程式所得的运算结果继续增大或减小，但执行机构已无相应的动作，这就称为积分饱和。当出现积分饱和时，势必使超调量增加，控制品质变坏。作为防止积分饱和的办法之一，可对计算出的控制量 $u(k)$ 限幅，同时，把积分作用切除掉。若以 8 位 D-A 为例，则有

当 $u(k)<00\text{H}$，取 $u(k)=0$；当 $u(k)>\text{FFH}$，取 $u(k)=0\text{FFH}$。

（3）梯形积分

在 PID 控制器中，积分项的作用是消除稳态误差。为了保证积分作用，应提高积分项的运算精度。为此，可将矩形积分改为梯形积分，其计算公式为

$$\int_0^t e\mathrm{d}t \approx \sum_{i=0}^{k}\frac{e(i)+e(i-1)}{2}T \tag{4-56}$$

（4）消除积分不灵敏区

由式（4-35）知，数字 PID 增量型控制算式中的积分项输出为

$$\Delta u_{\mathrm{I}}(k)=K_{\mathrm{I}}e(k)=K_{\mathrm{P}}\frac{T}{T_{\mathrm{I}}}e(k) \tag{4-57}$$

由于计算机字长的限制，当运算结果小于字长所能表示的数的精度，计算机就作为“零”将此数丢掉。从式（4-57）可知，当计算机的运行字长较短，采样周期 T 也短，而积分时间 T_{I} 又较长时，$\Delta u_{\mathrm{I}}(k)$ 容易出现小于字长的精度而丢数，此积分作用消失，这就称为积分不灵敏区。

例如，某温度控制系统，温度量程为 0~1275℃，D-A 转换为 8 位，并采用 8 位字长定点运算。设 $K_{\mathrm{P}}=1$，$T=1\mathrm{s}$，$T_{\mathrm{I}}=10\mathrm{s}$，$e(k)=50℃$，根据式（4-57）得

$$\Delta u_{\mathrm{I}}(k)=K_{\mathrm{P}}\frac{T}{T_{\mathrm{I}}}e(k)=\frac{1}{10}\times\left(\frac{255}{1275}\times 50\right)=1$$

这就说明，如果偏差 $e(k)<50℃$，则 $\Delta u_{\mathrm{I}}(k)<1$，计算机就作为“零”将此数丢掉，控制器就没有积分作用。只有当偏差达到 50℃ 时，才会有积分作用。这样，势必造成控制系统的残差。

为了消除积分不灵敏区，通常采用以下措施：

① 增加 D-A 和 A-D 转换位数，加长运算字长，这样可以提高运算精度。

② 当积分项 $\Delta u_{\mathrm{I}}(k)$ 连续 n 次出现小于输出精度 ε 的情况时，不要把它们作为“零”舍掉，而是把它们一次次累加起来，即

$$S_{\mathrm{I}}=\sum_{i=1}^{n}\Delta u_{\mathrm{I}}(i) \tag{4-58}$$

直到累加值 S_{I} 大于 ε 时，才输出 S_{I}，同时把累加单元清零，其程序流程如图 4-10 所示。

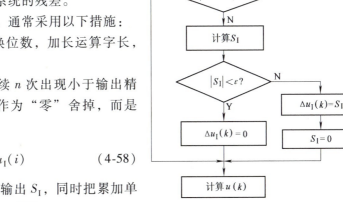

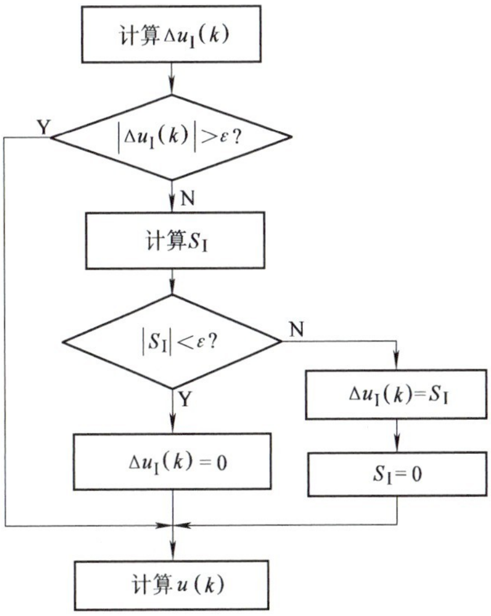

图 4-10　消除积分不灵敏区程序流程图

2. 微分项的改进

为了避免给定值的升降给控制系统带来冲击，如超调量过大，调节阀动作剧烈，可采用如图 4-11 所示的微分先行 PID 控制方案。它和理想 PID 控制的不同之处在于，只对被控量 $y(t)$ 微分，不对偏差 $e(t)$ 微分，也就是说对给定值 $r(t)$ 无微分作用。被控量微分 PID 控

制算法称为微分先行 PID 控制算法，该算法对给定值频繁升降的系统无疑是有效的。图中，γ 为微分增益系数。

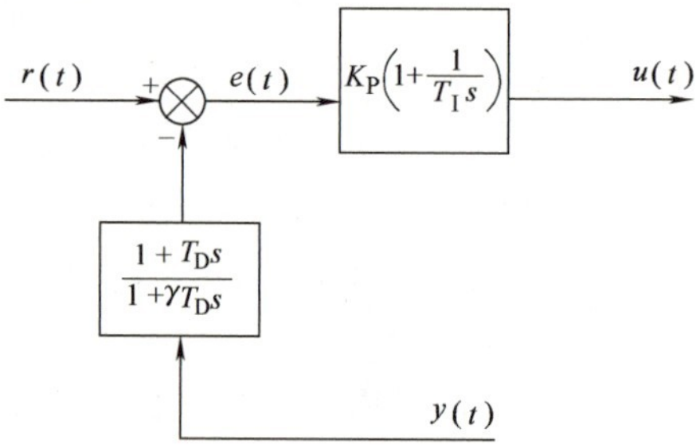

图 4-11　微分先行 PID 控制图

3. 时间最优 PID 控制

最大值原理是庞特里亚金(Pontryagin)于 1956 年提出的一种最优控制理论，最大值原理也叫快速时间最优控制原理，它是研究满足约束条件下获得允许控制的方法。用最大值原理可以设计出控制变量只在 $u(t)\leqslant 1$ 范围内取值的时间最优控制系统。而在工程上，设 $u(t)\leqslant 1$ 都只取±1 两个值，而且依照一定法则加以切换，使系统从一个初始状态转到另一个状态所经历的过渡时间最短，这种类型的最优切换系统称为开关控制(Bang-Bang 控制）系统。

在工业控制应用中，最有发展前途的是 Bang-Bang 控制与反馈控制相结合的系统，这种控制方式在给定值升降时特别有效，具体形式为

$$|e(k)|=|r(k)-y(k)|\begin{cases}>\alpha,\text{Bang-Bang 控制}\\ \leqslant\alpha,\text{PID 控制}\end{cases}$$

时间最优位置随动系统，从理论上讲应采用 Bang-Bang 控制。但 Bang-Bang 控制很难保证足够高的定位精度，因此对于高精度的快速伺服系统，宜采用 Bang-Bang 控制和线性控制相结合的方式，在定位线性控制段采用数字 PID 控制就是可选的方案之一。

4. 带死区的 PID 控制算法

在计算机控制系统中，某些系统为了避免控制动作过于频繁，以消除由于频繁动作所引起的振荡，有时采用所谓带有死区的 PID 控制系统，如图 4-12 所示，相应的算式为

$$P(k)=\begin{cases}e(k), & \text{当}|r(k)-y(k)|=|e(k)|>\varepsilon\\ 0, & \text{当}|r(k)-y(k)|=|e(k)|\leqslant\varepsilon\end{cases}$$

在图 4-12 中，死区 ε 是一个可调参数，其具体数值可根据实际被控对象由实验确定。ε 值太小，使调节过于频繁，达不到稳定被调节对象的目的；如果 ε 取得太大，则系统将产生很大的滞后；当 $\varepsilon=0$，即为常规 PID 控制。

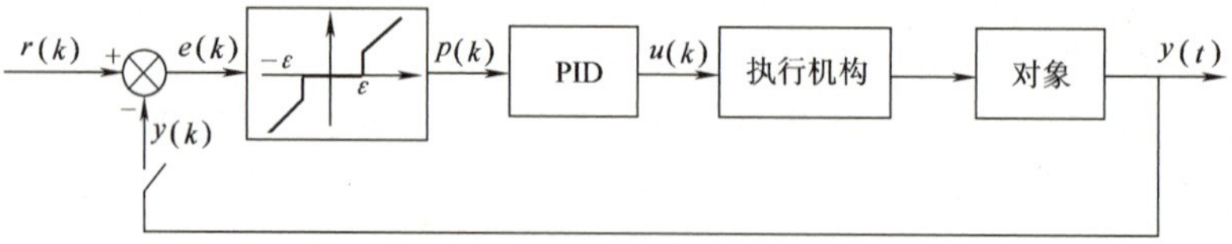

图 4-12　带死区的 PID 控制系统框图

该系统实际上是一个非线性控制系统。即当偏差绝对值 $|e(k)|\leqslant\varepsilon$ 时，$P(k)=0$；当 $|e(k)|>\varepsilon$ 时，$p(k)=e(k)$，输出值 $u(k)$ 以 PID 运算结果输出。

4.2.5　数字 PID 控制器的参数整定

1. 采样周期的选择

(1) 首先要考虑的因素

香农采样定理给出了采样周期的上限。根据采样定理，采样周期应满足

$$T \leqslant \pi / \omega_{\max}$$

式中，$\omega_{\max}$ 为被采样信号的上限角频率。

采样周期的下限为计算机执行控制程序和输入/输出所耗费的时间，系统的采样周期只能在 $T_{\min}$ 与 $T_{\max}$ 之间选择。采样周期 T 既不能太大也不能太小，T 太小时，一方面增加了微型计算机的负担，不利于发挥计算机的功能；另一方面，两次采样间的偏差变化太小，数字控制器的输出值变化不大。因此，采样周期 T 应在 $T_{\min}$ 和 $T_{\max}$ 之间，即

$$T_{\min} \leqslant T \leqslant T_{\max}$$

若选择采样周期在 T 与 $T_{\max}$ 之间，则系统可以稳定工作，但控制质量较差。若采样周期选择在 $T_{\min}$ 与 T 之间，满足采样定理，可得到较好的控制质量。

（2）其次要考虑以下各方面的因素

1）给定值的变化频率：加到被控对象上的给定值变化频率越高，采样频率应越高。这样给定值的改变可以迅速得到反映。

2）被控对象的特性：若被控对象是慢速的热工或化工对象时，采样周期一般取得较大；若被控对象是较快速的系统时，采样周期应取得较小。

3）执行机构的类型：执行机构动作惯性大，采样周期也应大一些，否则执行机构来不及反映数字控制器输出值的变化。

4）控制算法的类型：当采用 PID 算式时，积分作用和微分作用与采样周期 T 的选择有关。选择采样周期 T 太小，将使微分积分作用不明显。因为当 T 小到一定程度后，由于受计算精度的限制，偏差 $e(k)$ 始终为零。另外，各种控制算法也需要计算时间。

5）控制的回路数：控制的回路数 n 与采样周期 T 有下列关系

$$T \geqslant \sum_{j=1}^{n} T_j$$

式中，T_j 指第 j 回路控制程序执行时间和输入/输出时间。

2. 按简易工程法整定 PID 参数

在连续控制系统中，模拟调节器的参数整定方法较多，但简单易行的方法还是简易工程法。这种方法最大的优点在于，整定参数时不必依赖被控对象的数学模型。一般情况下，难于准确得到数学模型。简易工程整定法是由经典的频率法简化而来的，虽然稍微粗糙一点，但是简单易行，适于现场应用。

（1）扩充临界比例度法

扩充临界比例度法是对模拟调节器中使用的临界比例度法的扩充。下面叙述用来整定数字控制器参数的步骤。

1）选择一个足够短的采样周期，具体地说就是选择采样周期为被控对象纯滞后时间的1/10 以下。

2）用选定的采样周期使系统工作。这时，数字控制器去掉积分作用和微分作用，只保留比例作用。然后逐渐减小比例度 $\delta(\delta=1/K_{\mathrm{P}})$，直到系统发生持续等幅振荡。记下使系统发生振荡的临界比例度 δ_k 及系统的临界振荡周期 T_k。

3）选择控制度。所谓控制度就是以模拟调节器为基准，将 DDC 的控制效果与模拟调节器的控制效果相比较。控制效果的评价函数通常用误差二次方积分 $\int_0^{\infty} e^2(t)\mathrm{d}t$ 表示。

$$\text{控制度}=\frac{\left[\int_0^{\infty}e^2(t)\,\mathrm{d}t\right]_{\text{DDC}}}{\left[\int_0^{\infty}e^2(t)\,\mathrm{d}t\right]_{\text{模拟}}}$$

实际应用中并不需要计算出两个误差二次方积分，控制度仅表示控制效果的物理概念。例如，当控制度为 1.05 时，就是指 DDC 与模拟控制效果相当；当控制度为 2.0 时，是指 DDC 比模拟控制效果差。

4）根据选定的控制度，查表 4-1，求得 T、K_P、T_I、T_D 的值。

表 4-1　按扩充临界比例度法整定参数

控制度	控制规律	T	K_P	T_I	T_D
1.05	PI	$0.03T_k$	$0.53\delta_k$	$0.88T_k$	
	PID	$0.014T_k$	$0.63\delta_k$	$0.49T_k$	$0.14T_k$
1.2	PI	$0.05T_k$	$0.49\delta_k$	$0.91T_k$	
	PID	$0.043T_k$	$0.47\delta_k$	$0.47T_k$	$0.16T_k$
1.5	PI	$0.14T_k$	$0.42\delta_k$	$0.99T_k$	
	PID	$0.09T_k$	$0.34\delta_k$	$0.43T_k$	$0.20T_k$
2.0	PI	$0.22T_k$	$0.36\delta_k$	$1.05\ T_k$	
	PID	$0.16T_k$	$0.27\delta_k$	$0.40T_k$	$0.22T_k$

（2）扩充响应曲线法

在模拟控制系统中可用响应曲线法代替临界比例度法，在 DDC 中也可以用扩充响应曲线法代替扩充临界比例度法。用扩充响应曲线法整定 T 和 K_P、T_I、T_D 的步骤如下。

1）数字控制器不接入控制系统，让系统处于手动操作状态下，将被调量调节到给定值附近，并使之稳定下来。然后突然改变给定值，给对象一个阶跃输入信号。

2）用记录仪表记录被调量在阶跃输入下的整个变化过程曲线，如图 4-13 所示。

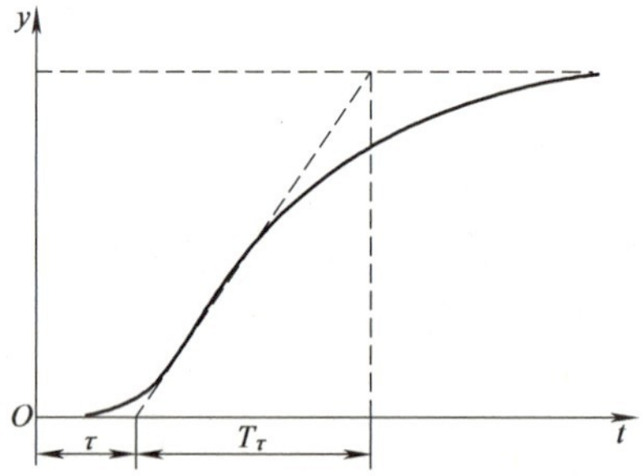

图 4-13　被调量在阶跃输入下的变化过程曲线

3）在曲线最大斜率处作切线，求得滞后时间 τ，被控对象时间常数 T_τ 以及它们的比值 T_τ/T，查表 4-2，即可得数字控制器的 K_P、T_I、T_D 及采样周期 T。

表 4-2　按扩充响应曲线

控制度	控制规律	T	K_P	T_I	T_D
1.05	PI	0.1τ	$0.84T_\tau/\tau$	0.34τ	
	PID	0.05τ	$1.15T_\tau/\tau$	2.0τ	0.45τ
1.2	PI	0.2τ	$0.78T_\tau/\tau$	3.6τ	
	PID	0.16τ	$1.0T_\tau/\tau$	1.9τ	0.55τ
1.5	PI	0.5τ	$0.68T_\tau/\tau$	3.9τ	
	PID	0.34τ	$0.85T_\tau/\tau$	1.62τ	0.65τ

（续）

控制度	控制规律	T	K_P	T_I	T_D
2.0	PI	0.8τ	$0.57\ T_\tau/\tau$	4.2τ	
	PID	0.6τ	$0.6T_\tau/\tau$	1.5τ	0.82τ

（3）归一参数整定法

除了上面讲的一般的扩充临界比例度法，Roberts P. D 在 1974 年提出一种简化扩充临界比例度整定法。由于该方法只需整定一个参数即可，故称为归一参数整定法。

已知增量型 PID 控制的公式为

$$\Delta u(k)=K_P\left\{e(k)-e(k-1)+\frac{T}{T_I}e(k)+\frac{T_D}{T}[e(k)-2e(k-1)+e(k-2)]\right\}$$

如令 $T=0.1T_k$；$T_I=0.5T_k$；$T_D=0.125T_k$。式中 T_k 为纯比例作用下的临界振荡周期。则

$$\Delta u(k)=K_P[2.45e(k)-3.5e(k-1)+1.25e(k-2)]$$

这样，整个问题便简化为只要整定一个参数 K_P。改变 K_P，观察控制效果，直到满意为止。该法为实现简易的自整定控制带来方便。

3. 优选法

由于实际生产过程错综复杂，参数千变万化，因此，如果确定被调对象的动态特性并非容易之事。有时即使能找出来，不仅计算麻烦，工作量大，而且其结果与实际相差较远。因此，目前应用最多的还是经验法，即根据具体的调节规律和不同调节对象的特征，经过闭环试验，反复凑试，找出最佳调节参数。这里向大家介绍的也是经验法的一种，即用优选法对自动调节参数进行整定的方法。

其具体做法是根据经验，先把其他参数固定，然后用 0.618 法对其中某一参数进行优选，待选出最佳参数后，再换另一个参数进行优选，直到把所有的参数优选完毕为止。最后根据 T、K_P、T_I、T_D 诸参数优选的结果取一组最佳值即可。

4. 凑试法确定 PID 参数

增大比例系数 K_P 一般将加快系统的响应，在有静差的情况下有利于减小静差。但过大的比例系数会使系统有较大的超调，并产生振荡，使稳定性变坏。增大积分时间 T_I 有利于减小超调，减小振荡，使系统更加稳定，但系统静差的消除将随之减慢。增大微分时间 T_D 也有利于加快系统响应，使超调量减小，稳定性增加，但系统对扰动的抑制能力减弱，对扰动有较敏感的响应。

在凑试时，可参考以上参数对控制过程的影响趋势，对参数实行先比例、再积分、后微分的整定步骤。

1）首先只整定比例部分。即将比例系数由小变大，并观察相应的系统响应，直到得到反应快、超调小的响应曲线。如果系统没有静差或静差已小到允许范围内，并且响应曲线已属满意，那么只需用比例调节器即可，最优比例系数可由此确定。

2）在比例调节的基础上，若系统的静差不能满足设计要求，则需加入积分环节。整定时首先置积分时间 T_I 为一较大值，并将经第一步整定得到的比例系数略为缩小（如缩小为原值的 0.8 倍），然后减小积分时间，使在保持系统良好动态性能的情况下，静差得到消除。在此过程中，可根据响应曲线的好坏反复改变比例系数与积分时间，以期得到满意的控制过

程与整定参数。

3）若使用比例积分调节器消除了静差，但动态过程经反复调整仍不能满意，则可加入微分环节，构成比例积分微分调节器。在整定时，可先置微分时间 T_D 为零。在第二步整定的基础上，增大 T_D，同时相应地改变比例系数和积分时间，逐步凑试，以获得满意的调节效果和控制参数。

5. PID 控制参数的自整定法

被控对象大多用近似一阶惯性加纯滞后环节来表示，其传递函数为 $G(s)=\dfrac{Ke^{-\tau s}}{T_\tau s+1}$，对于典型 PID 控制器 $D(s)=K_P\left(1+\dfrac{1}{T_I s}+T_D s\right)$，有齐格勒-尼科尔斯（Ziegler-Nichols）整定公式

$$\begin{cases} K_P=\dfrac{1.2T_\tau}{K\tau} \\ T_I=2\tau \\ T_D=0.5\tau \end{cases} \tag{4-59}$$

实际应用时，通常根据如图 4-14 所示的阶跃响应曲线，人工测量出 K、T_τ、τ 参数，然后按式（4-59）计算 K_P、T_I、T_D。用计算机进行辅助设计时，一是可以用模式辨识的方法辨识出这些特征参数；二是可用曲线拟合的方法将阶跃响应数据拟合成近似的一阶惯性加纯滞后环节的模型。

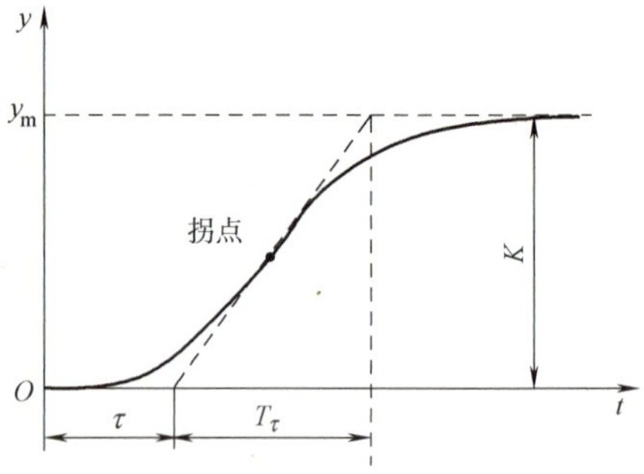

图 4-14　阶跃响应曲线

参数自整定就是在被控对象特性发生变化后，立即使 PID 控制参数随之作相应的调整，使得 PID 控制器具有一定的“自调整”或“自适应”能力。在此引入特征参数法，来描述 PID 参数的自整定技术。

所谓特征参数法就是抽取被控对象的某些特征参数，以其为依据自动整定 PID 控制参数。基于被控对象参数的 PID 控制参数自整定法的首要工作是，在线辨识被控对象某些特征参数，比如临界增益 K 和临界周期 T（频率 $\omega=2\pi/T$）。这种在线辨识特征参数占用计算机较少的软硬件资料，在工业中应用比较方便。典型的有上面介绍的齐格勒-尼科尔斯研究出的临界振荡法，在此基础上 K. J. Asröm 又进行了改进，采用具有滞环的继电器非线性反馈控制系统，如图 4-15 所示。其中继电器型非线性特性的幅值为 d，滞环宽度为 h，继电器输出为周期性的对称方波。

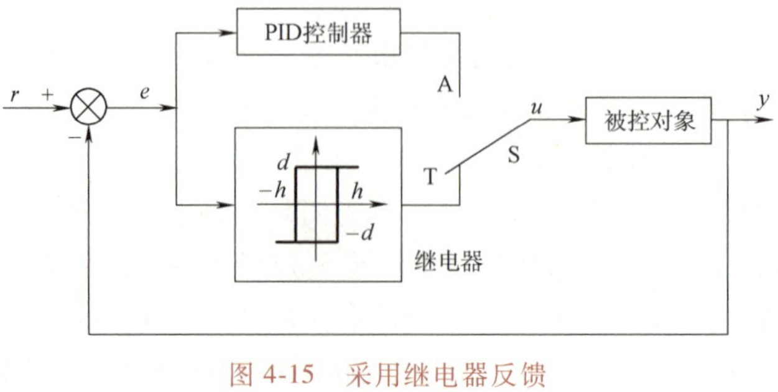

图 4-15　采用继电器反馈

首先通过人工控制使系统进入稳定工况，然后将整定开关 S 接通 T，获得极限环，使被控量 y 出现临界等幅振荡。其振荡幅度为 a，振荡周期即为临界周期 T_k，临界增益为 $K=4d/\pi a$。一旦获得 T_k 和 $\delta_k(\delta_k=1/K)$，再根据表 4-1 即可求得 PID 控制器的整定参数。最后，将整定开关 S 接通 A，使 PID 控制器投入正常运行。

该方法简单、概念清楚。但是，有时因噪声干扰会对被控量 y 的采样值带来误差，从而影响 T 和 K 的精度，使之因为系统干扰太大，不存在稳定的极限环。

4.3　数字控制器的离散化设计技术

数字控制器的连续化设计技术，是立足于连续控制系统控制器的设计，然后在计算机上进行数字模拟来实现的。这种方法在被控对象的特性不太清楚的情况下，人们可以充分利用技术成熟的连续化设计技术（如 PID 控制器的设计技术），并把它移植到计算机上予以实现，以达到满意的控制效果。但是连续化设计技术要求相当短的采样周期，因此只能实现较简单的控制算法。由于控制任务的需要，当所选择的采样周期比较大或对控制质量要求比较高时，必须从被控对象的特性出发，直接根据计算机控制理论（采样控制理论）来设计数字控制器，这类方法称为离散化设计方法。离散化设计技术比连续化设计技术更具有一般意义，它完全是根据采样控制系统的特点进行分析和综合，并导出相应的控制规律和算法。

4.3.1　数字控制器的离散化设计步骤

在图 4-16 所示的计算机控制系统框图中，$G_c(s)$ 是被控对象的连续传递函数，$D(z)$ 是数字控制器的脉冲传递函数，$H(s)$ 是零阶保持器的传递函数，T 为采样周期。

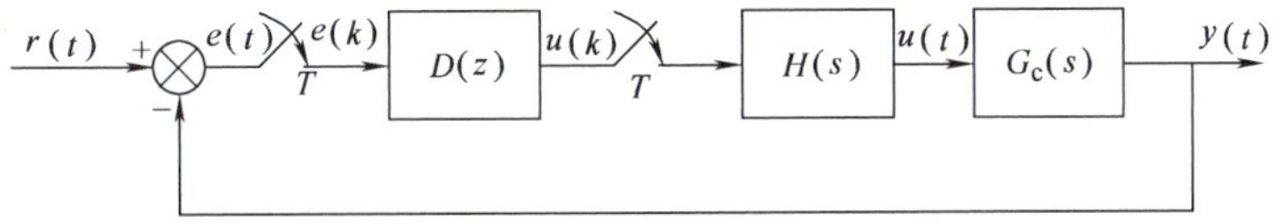

图 4-16　计算机控制系统框图

在图中，定义广义被控对象的脉冲传递函数为

$$G(z)=\frac{B(z)}{A(z)}=Z[H(s)G_c(s)]=Z\left[\frac{1-e^{-Ts}}{s}G_c(s)\right] \tag{4-60}$$

可得图 4-16 对应的闭环脉冲传递函数为

$$\Phi(z)=\frac{D(z)G(z)}{1+D(z)G(z)} \tag{4-61}$$

由式（4-61）可求得

$$D(z)=\frac{1}{G(z)}\frac{\Phi(z)}{1-\Phi(z)} \tag{4-62}$$

设数字控制器 $D(z)$ 的一般形式为

$$D(z)=\frac{U(z)}{E(z)}=\frac{b_0+b_1z^{-1}+\cdots+b_mz^{-m_D}}{1+a_1z^{-1}+\cdots+a_nz^{-n_D}}=\frac{\sum_{i=0}^{m_D}b_iz^{-i}}{1+\sum_{i=1}^{n_D}a_iz^{-i}} \tag{4-63}$$

式中，$n_D \geq m_D$，各系数 a_i、b_i 为实数，且有 n_D 个极点和 m_D 个零点。

数字控制器的输出 $U(z)$ 为

$$U(z) = \sum_{i=0}^{m_D} b_i z^{-i} E(z) - \sum_{i=1}^{n_D} a_i z^{-i} U(z) \tag{4-64}$$

因此，数字控制器 $D(z)$ 的计算机控制算法为

$$u(k) = \sum_{i=0}^{m_D} b_i e(k-i) - \sum_{i=1}^{n_D} a_i u(k-i) \tag{4-65}$$

按照式（4-65），就可编写出控制算法程序。

若已知 $G_c(s)$ 且可根据控制系统性能指标要求构造 $\Phi(z)$，则可由式（4-60）和式（4-62）求得 $D(z)$。由此可得出数字控制器的离散化设计步骤如下：

1）根据控制系统的性能指标要求和其他约束条件，确定所需的闭环脉冲传递函数 $\Phi(z)$。

2）根据式（4-60）求取广义对象的脉冲传递函数 $G(z)$。

3）根据式（4-62）求取数字控制器的脉冲传递函数 $D(z)$。当然，也可以直接在 z 域中，利用离散系统的 w 变换设计法（频率特性法）和根轨迹法求取 $D(z)$。同样，关于控制系统设计 $D(z)$ 的各种方法可参考有关自动控制原理方面的资料，这里不再讨论。

4）根据式（4-63）求取控制量 $u(k)$ 的递推计算公式（4-65），方法与数字控制器的连续化设计步骤相同。

5）校验。控制器 $D(z)$ 设计完并求出控制算法 $u(k)$ 后，需按图 4-16 所示的计算机控制系统检验其闭环特性是否符合设计要求，这一步可由计算机控制系统的数字仿真计算或实验来验证，如果满足设计要求设计结束，否则应修改设计。

4.3.2 最少拍控制器的设计

在数字随动控制系统中，要求闭环控制系统必须满足稳定性、快速性、准确性的要求，即闭环控制系统在渐近稳定的基础上，输出值快速地准确跟踪给定值的变化。对于计算机控制系统，一个采样周期称为一拍。最少拍控制（Deadbeat Control）也称为有限拍控制或无差拍控制，是满足稳、快、准要求的一种离散化设计方法。

所谓最少拍控制，就是闭环系统对于某种特定的输入，能在最少的几个采样周期内输出达到采样时刻无偏差的稳态，且闭环脉冲传递函数具有以下形式

$$\Phi(z) = \phi_1 z^{-1} + \phi_2 z^{-2} + \cdots + \phi_N z^{-N} \tag{4-66}$$

式中，N 是可能情况下的最小正整数，ϕ_1，ϕ_2，…，ϕ_N 为系数。这一形式表明闭环系统的脉冲响应在 N 个采样周期（N 拍）后变为零，从而意味着系统在 N 拍之内达到稳态且稳态误差为零。

1. 按照准确性和快速性的要求确定闭环脉冲传递函数 $\Phi(z)$

由图 4-16 可知，误差 $E(z)$ 的脉冲传递函数为

$$\Phi_e(z) = \frac{E(z)}{R(z)} = \frac{R(z) - Y(z)}{R(z)} = 1 - \Phi(z) \tag{4-67}$$

式中，$E(z)$ 为误差信号 $e(t)$ 的 Z 变换；$R(z)$ 为输入量 $r(t)$ 的 Z 变换；$Y(z)$ 为输出量 $y(t)$ 的 Z 变换。于是误差 $E(z)$ 为

$$E(z) = R(z)\Phi_e(z) \tag{4-68}$$

对于典型输入函数

$$r(t)=\frac{1}{(q-1)!}t^{q-1} \tag{4-69}$$

对应的 Z 变换为

$$R(z)=\frac{B_r(z)}{(1-z^{-1})^q} \tag{4-70}$$

式中，$B_r(z)$ 是不包含 $(1-z^{-1})$ 因子的关于 z^{-1} 的多项式，当 q 分别等于 1、2、3 时，对应的典型输入为单位阶跃、单位速度、单位加速度输入函数。

为了满足闭环控制系统准确性的要求，根据 Z 变换的终值定理，系统的稳态误差为

$$\begin{aligned} e(\infty)&=\lim_{z\to1}[(1-z^{-1})E(z)]=\lim_{z\to1}[(1-z^{-1})R(z)\Phi_e(z)] \\ &=\lim_{z\to1}\left[(1-z^{-1})\frac{B_r(z)}{(1-z^{-1})^q}\Phi_e(z)\right] \end{aligned} \tag{4-71}$$

由于 $B_r(z)$ 没有 $(1-z^{-1})$ 因子，因此要使稳态误差 $e(\infty)$ 为零，必须有

$$\Phi_e(z)=1-\Phi(z)=(1-z^{-1})^qF(z) \tag{4-72}$$

即有

$$\Phi(z)=1-\Phi_e(z)=1-(1-z^{-1})^qF(z) \tag{4-73}$$

这里 $F(z)$ 是关于 z^{-1} 的待定系数多项式。显然，为了使 $\Phi(z)$ 能够实现，$F(z)$ 中的首项应取为 1，即

$$F(z)=1+f_1z^{-1}+f_2z^{-2}+\cdots+f_pz^{-p} \tag{4-74}$$

可以看出，$\Phi(z)$ 具有 z^{-1} 的最高幂次为 $N=p+q$，这表明系统闭环输出响应在采样点的值经 N 拍可达到稳态。

为了满足闭环控制系统快速性的要求，特别当 $p=0$ 时，即 $F(z)=1$ 时，系统在采样点的输出可在最少拍 $N_{\min}=q$ 内达到稳态，即为最少拍控制。因此最少拍控制器设计时选择 $\Phi(z)$ 为

$$\Phi(z)=1-\Phi_e(z)=1-(1-z^{-1})^q \tag{4-75}$$

即

$$\Phi_e(z)=(1-z^{-1})^q$$

由式（4-62）可知，最少拍控制器 $D(z)$ 为

$$D(z)=\frac{1}{G(z)}\cdot\frac{\Phi(z)}{1-\Phi(z)}=\frac{1-(1-z^{-1})^q}{G(z)(1-z^{-1})^q} \tag{4-76}$$

2. 典型输入下的最少拍控制系统分析

(1) 单位阶跃输入（$q=1$）

输入函数 $r(t)=1(t)$，其 Z 变换和拉普拉斯变换分别为

$$R(z)=\frac{1}{1-z^{-1}},\quad R(s)=\frac{1}{s}$$

由式（4-75）可知

$$\Phi(z)=1-(1-z^{-1})^q=z^{-1}$$

因而有

$$E(z)=R(z)\Phi_e(z)=R(z)[1-\Phi(z)]=\frac{1}{1-z^{-1}}(1-z^{-1})=1$$

$$=1\cdot z^{0}+0\cdot z^{-1}+0\cdot z^{-2}+\cdots$$

进一步求得

$$Y(z)=R(z)\Phi(z)=\frac{1}{1-z^{-1}}z^{-1}=z^{-1}+z^{-2}+z^{-3}+\cdots$$

以上两式说明，只需一拍（一个采样周期）输出就能跟踪输入，误差为零，过渡过程结束。

(2) 单位速度输入($q=2$)

输入函数 $r(t)=t$，其 Z 变换和拉普拉斯变换分别为

$$R(z)=\frac{Tz^{-1}}{(1-z^{-1})^{2}},\quad R(s)=\frac{1}{s^{2}}$$

由式（4-75）知，有 $$\Phi(z)=1-(1-z^{-1})^{2}=2z^{-1}-z^{-2}$$

且有 $$E(z)=R(z)\Phi_{e}(z)=R(z)[1-\Phi(z)]=\frac{Tz^{-1}}{(1-z^{-1})^{2}}(1-2z^{-1}+z^{-2})=Tz^{-1}$$

$$Y(z)=R(z)\Phi(z)=2Tz^{-2}+3Tz^{-3}+4Tz^{-4}+\cdots$$

以上两式说明，只需两拍（两个采样周期）输出就能跟踪输入，达到稳态。

(3) 单位加速度输入($q=3$)

单位加速度输入 $r(t)=\frac{1}{2}t^{2}$，其 Z 变换和拉普拉斯变换分别为

$$R(z)=\frac{T^{2}z^{-1}(1+z^{-1})}{2(1-z^{-1})^{3}},\quad R(s)=\frac{1}{s^{3}}$$

根据式（4-75），有 $$\Phi(z)=1-(1-z^{-1})^{3}=3z^{-1}-3z^{-2}+z^{-3}$$

同理 $$E(z)=\frac{1}{2}T^{2}z^{-1}+\frac{1}{2}T^{2}z^{-2}$$

上式说明，只需三拍（三个采样周期）输出就能跟踪输入，达到稳态。

3. 最少拍控制器的局限性

(1) 最少拍控制器对典型输入的适应性差

最少拍控制器的设计是使系统对某一典型输入的响应为最少拍，但对于其他典型输入不一定为最少拍，甚至会引起大的超调和静差。例如，当 $\Phi(z)$ 是按等速输入设计时有

$$\Phi(z)=1-(1-z^{-1})^{2}=2z^{-1}-z^{-2}$$

三种不同输入时对应的输出如下：

阶跃输入时

$$r(t)=1(t),\quad R(z)=1/(1-z^{-1})$$

$$Y(z)=R(z)\Phi(z)=\frac{2z^{-1}-z^{-2}}{1-z^{-1}}=2z^{-1}+z^{-2}+z^{-3}+\cdots$$

等速输入时

$$r(t)=t,\quad R(z)=\frac{Tz^{-1}}{(1-z^{-1})^{2}}$$

$$Y(z)=\frac{Tz^{-1}}{(1-z^{-1})^{2}}(2z^{-1}-z^{-2})=2Tz^{-2}+3Tz^{-3}+4Tz^{-4}+\cdots$$

等加速输入时

$$r(t)=\frac{1}{2}t^2, R(z)=\frac{T^2z^{-1}(1+z^{-1})}{2(1-z^{-1})^3}$$

$$Y(z)=R(z)\Phi(z)=\frac{T^2z^{-1}(1+z^{-1})}{2(1-z^{-1})^3}(2z^{-1}-z^{-2})$$

$$=T^2z^{-2}+3.5T^2z^{-3}+7T^2z^{-4}+11.5T^2z^{-5}+\cdots$$

对于上述三种情况，进行 Z 反变换后得到输出序列，如图 4-17 所示。从图中可见，阶跃输入时，超调严重（达 100%），加速输入时有静差。

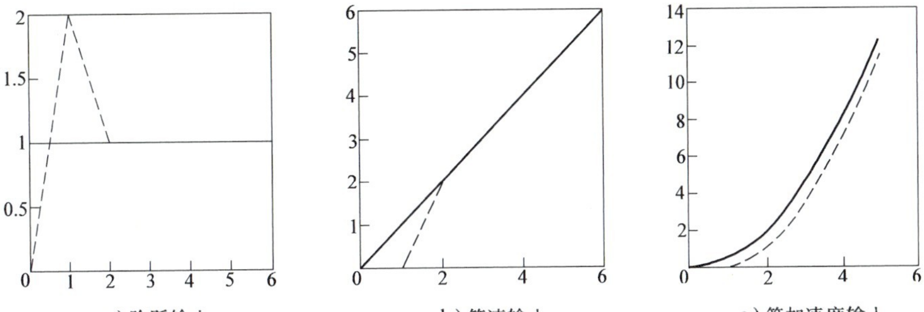

图 4-17　按等速输入设计的最少拍控制器对不同输入的响应

一般来说，针对一种典型的输入函数 $R(z)$ 设计得到系统的闭环脉冲传递函数 $\Phi(z)$，用于次数较低的输入函数 $R(z)$ 时，系统将出现较大的超调，响应时间也会增加，但稳态时在采样时刻的误差为零。反之，当一种典型的最少拍特性用于次数较高的输入函数时，输出将不能完全跟踪输入以致产生稳态误差。由此可见，一种典型的最少拍闭环脉冲传递函数 $\Phi(z)$ 只适应一种特定的输入而不能适应于各种输入。

(2) 最少拍控制器的可实现性问题

设图 4-16 和式（4-60）所示的广义对象的脉冲传递函数为

$$G(z)=\frac{B(z)}{A(z)} \tag{4-77}$$

若用 $\deg A(z)$ 和 $\deg B(z)$ 分别表示 $A(z)$ 和 $B(z)$ 的阶数，显然有

$$\deg A(z)>\deg B(z) \tag{4-78}$$

设数字控制器 $D(z)$ 为

$$D(z)=\frac{Q(z)}{P(z)} \tag{4-79}$$

要使 $D(z)$ 物理上是可实现的，则必须要求

$$\deg P(z)\geqslant \deg Q(z) \tag{4-80}$$

式（4-80）的含义是：要产生 k 时刻的控制量 $u(k)$，最多只能利用直到 k 时刻的误差 $e(k)$，$e(k-1)$，…以及过去时刻的控制量 $u(k-1)$，$u(k-2)$，…。

闭环系统的脉冲传递函数为

$$\Phi(z)=\frac{D(z)G(z)}{1+D(z)G(z)}=\frac{B(z)Q(z)}{A(z)P(z)+B(z)Q(z)}=\frac{B_m(z)}{A_m(z)} \tag{4-81}$$

由式（4-81）可得

$$\deg A_m(z)-\deg B_m(z)=\deg[A(z)P(z)+B(z)Q(z)]-\deg[B(z)Q(z)]$$

$$=\deg[A(z)P(z)]-\deg[B(z)Q(z)]$$
$$=\deg A(z)-\deg B(z)+\deg P(z)-\deg Q(z) \tag{4-82}$$

所以

$$\deg A_m(z)-\deg B_m(z)\geqslant \deg A(z)-\deg B(z) \tag{4-83}$$

式（4-83）给出了为使 $D(z)$ 物理上可实现时 $\Phi(z)$ 应满足的条件，该条件的物理意义是：若 $G(z)$ 的分母比分子高 N 阶，则确定 $\Phi(z)$ 时必须至少分母比分子高 N 阶。

设给定连续被控对象有 d 拍的纯滞后，即纯滞后时间 $\tau=dT$，T 为采样周期，相应于图4-16和式（4-77）的广义对象脉冲传递函数为

$$G(z)=\frac{B(z)}{A(z)}z^{-d} \tag{4-84}$$

则所设计的闭环脉冲传递函数 $\Phi(z)$ 中必须含有纯滞后，且滞后时间至少要等于被控对象的滞后时间。否则系统的响应超前于被控对象的输入，这实际上是实现不了的。

（3）最少拍控制的稳定性问题

在前面讨论的设计过程中，对 $G(z)$ 并没有提出限制条件。实际上，只有当 $G(z)$ 是稳定的（即在 z 平面单位圆上和圆外没有极点），且不含有纯滞后环节时，式（4-75）才成立。如果 $G(z)$ 不满足稳定条件，则需对设计原则作相应的限制。

由式

$$\Phi(z)=\frac{D(z)G(z)}{1+D(z)G(z)} \tag{4-85}$$

可以看出，$D(z)$ 和 $G(z)$ 总是成对出现的，但却不允许它们的零点、极点互相对消。这是因为，简单地利用 $D(z)$ 的零点去对消 $G(z)$ 中的不稳定极点，虽然从理论上可以得到一个稳定的闭环系统，但是这种稳定是建立在零极点完全对消的基础上的。当系统的参数产生漂移，或辨识的参数有误差时，这种零极点对消不可能准确实现，从而将引起闭环系统不稳定。上述分析说明，在单位圆外或圆上 $D(z)$ 和 $G(z)$ 不能对消零极点，但并不意味含有这种现象的系统不能补偿成稳定的系统，只是在选择 $\Phi(z)$ 时必须加一个约束条件，这个约束条件称为稳定性条件。

4.3.3　最少拍有纹波控制器的设计

在图4-16所示的系统中，被控对象的传递函数为

$$G_c(s)=G_c'(s)\mathrm{e}^{-\tau s} \tag{4-86}$$

式中，$G_c'(s)$ 是不含滞后部分的传递函数；τ 为纯滞后时间。

若令

$$d=\tau/T \tag{4-87}$$

则有

$$G(z)=Z\left[\frac{1-\mathrm{e}^{-Ts}}{s}G_c(s)\right]=Z\left[\frac{1-\mathrm{e}^{-Ts}}{s}G_c'(s)\mathrm{e}^{-\tau s}\right]$$
$$=z^{-d}Z\left[\frac{1-\mathrm{e}^{-Ts}}{s}G_c'(s)\right]=z^{-d}\frac{B(z)}{A(z)} \tag{4-88}$$

这里，当连续被控对象 $G_c(s)$ 中不含纯滞后时，$d=0$；当 $G_c(s)$ 中含有纯滞后时，$d\geqslant1$，即有 d 拍的纯滞后。一般通过合适选择采样周期 T，可以使 d 为自然数（非负整数）。

设 $A(z)$ 的阶次为 n，$B(z)$ 的阶次为 m，$n \geqslant m$，于是，式（4-88）可改写为

$$G(z)=z^{-d}\frac{B(z)}{A(z)}=z^{-d}\frac{z^{-(n-m)}(c_0+c_1z^{-1}+\cdots+c_mz^{-m})}{d_0+d_1z^{-1}+\cdots+d_nz^{-n}} \tag{4-89}$$

设 $G(z)$ 有 u 个零点 b_1，b_2，…，b_u 和 v 个极点 a_1，a_2，…，a_v 在 z 平面的单位圆外和圆上，$G'(z)$ 是 $G(z)$ 中不含单位圆外和圆上的零极点部分，则广义对象的传递函数可表示为

$$G(z)=\frac{z^{-(d+n-m)}\prod_{i=1}^{u}(1-b_iz^{-1})}{\prod_{i=1}^{v}(1-a_iz^{-1})}G'(z) \tag{4-90}$$

于是，有

$$D(z)=\frac{1}{G(z)}\frac{\Phi(z)}{1-\Phi(z)}=\frac{\prod_{i=1}^{v}(1-a_iz^{-1})}{z^{-(d+n-m)}G'(z)\prod_{i=1}^{u}(1-b_iz^{-1})}\frac{\Phi(z)}{\Phi_e(z)} \tag{4-91}$$

$$e(\infty)=\lim_{z\to 1}[(1-z^{-1})R(z)\Phi_e(z)]=\lim_{z\to 1}\left[(1-z^{-1})\frac{B_r(z)}{(1-z^{-1})^q}\Phi_e(z)\right] \tag{4-92}$$

由式（4-91）和式（4-92）可以看出，为了避免使 $G(z)$ 在单位圆外和圆上的零点、极点与 $D(z)$ 的极点、零点对消，同时又能实现对系统的补偿，且 $e(\infty)=0$，则由稳定性、快速性和准确性要求选择最少拍控制系统的闭环脉冲传递函数时必须满足下面的约束条件。

1. $\Phi_e(z)$ 零点的选择

根据式（4-91）、式（4-92），$\Phi_e(z)$ 的零点中必须包含 $G(z)$ 在 z 平面单位圆外和圆上的所有极点和 $(1-z^{-1})^q$，即

$$\Phi_e(z)=\left[\prod_{i=1}^{v}(1-a_iz^{-1})\right](1-z^{-1})^qF_1(z) \tag{4-93}$$

式中，$F_1(z)$ 是关于 z^{-1} 的待定多项式，且不含 $G(z)$ 中的不稳定极点 a_i。为了使 $\Phi_e(z)$ 能够实现，$F_1(z)$ 应具有以下形式

$$F_1(z)=1+f_{11}z^{-1}+f_{12}z^{-2}+\cdots+f_{1k}z^{-k} \tag{4-94}$$

式中，f_{11}，f_{12}，…，f_{1k} 为待定系数。当 $k=0$ 时，$F_1(z)=1$。

实际上，若 $G(z)$ 有 j 个极点在单位圆上，即在 $z=1$ 处，则由式（4-71）和式（4-72）可知，$\Phi_e(z)$ 的选择方法应对式（4-93）进行修改，可按以下方法确定 $\Phi_e(z)$：

1）若 $j\leqslant q$，则

$$\Phi_e(z)=\left[\prod_{i=1}^{v-j}(1-a_iz^{-1})\right](1-z^{-1})^qF_1(z) \tag{4-95}$$

2）若 $j>q$，则

$$\Phi_e(z)=\left[\prod_{i=1}^{v-j}(1-a_iz^{-1})\right](1-z^{-1})^jF_1(z) \tag{4-96}$$

2. $\Phi(z)$ 零点的选择

根据式（4-91）、式（4-92），$\Phi(z)$ 的零点中必须包含 $G(z)$ 在 z 平面单位圆外和圆上的所有零点和 $z^{-(d+n-m)}$，即确定 $\Phi(z)$ 时必须满足的约束条件为

$$\Phi(z)=z^{-(d+n-m)}\left[\prod_{i=1}^{u}(1-b_iz^{-1})\right]F_2(z) \tag{4-97}$$

式中，$F_2(z)$ 是关于 z^{-1} 的待定多项式，且不含 $G(z)$ 中的不稳定零点 b_i。$F_2(z)$ 具有以下形式

$$F_2(z)=f_{20}+f_{21}z^{-1}+f_{22}z^{-2}+\cdots+f_{2p}z^{-p} \tag{4-98}$$

式中，f_{20}，f_{21}，…，f_{2p} 为待定系数。

3. 待定多项式 $F_1(z)$ 和 $F_2(z)$ 阶次的确定

（1）k 值的求取

1）因 $\Phi_e(z)=1-\Phi(z)$ 恒等成立，故 $\Phi_e(z)$ 和 $\Phi(z)$ 关于 z^{-1} 的多项式阶次相同且方程两边对应项系数相等。

2）对于最少拍控制，式（4-94）中的 k 是使 $\Phi_e(z)$ 与 $1-\Phi(z)$ 阶次相同且对应项系数相等时的最小值，以此求取 k 值。可以先选 $k=0$（如不满足要求，可再选 $k=1$，k 不断递增，直至满足要求）。

（2）p 值的求取

因式（4-97）与式（4-95）或与式（4-96）关于 z^{-1} 的阶次相同，故有

1）若 $G(z)$ 中有 j 个极点在单位圆上，当 $j\leqslant q$ 时，式（4-98）的 p 值为

$$p=q+v-j-u-d-n+m+k \tag{4-99}$$

2）若 $G(z)$ 中有 j 个极点在单位圆上，当 $j>q$ 时，式（4-98）的 p 值为

$$p=v-u-d-n+m+k \tag{4-100}$$

4. $F_1(z)$ 和 $F_2(z)$ 中待定系数的确定

（1）方法一

$F_1(z)$ 和 $F_2(z)$ 的阶次确定以后，先根据式（4-93）写出 $\Phi_e(z)$ 的表达式，再根据式（4-97）写出 $\Phi(z)$ 的表达式，然后，利用恒等式 $\Phi_e(z)=1-\Phi(z)$ 两边对应 z^{-1} 指数项系数相等的方法求取 $F_1(z)$ 和 $F_2(z)$ 中的待定系数。

以上给出了确定 $\Phi(z)$ 时必须满足的约束条件。根据此约束条件，可求得最少拍控制器为

$$D(z)=\frac{1}{G(z)}\frac{\Phi(z)}{1-\Phi(z)}=\begin{cases}\dfrac{F_2(z)}{G'(z)(1-z^{-1})^{q-j}F_1(z)}, & j\leqslant q\\[2ex]\dfrac{F_2(z)}{G'(z)F_1(z)}, & j>q\end{cases} \tag{4-101}$$

（2）方法二

当然，根据式（4-93）、式（4-97），$\Phi_e(z)$ 和 $\Phi(z)$ 也可以采用以下方法求解，也就是求取 $F_1(z)$ 和 $F_2(z)$ 的另一种方法。

对于单位负反馈控制系统，$\Phi(z)=1-\Phi_e(z)$。由准确性要求 $e(\infty)=0$ 可知，式（4-93）中的 $\Phi_e(z)$ 含有 $(1-z^{-1})^q$，从而使 $\Phi_e(1)=\Phi'_e(1)=\Phi''_e(1)=\cdots=\Phi_e^{q-1}(1)=0$，也就是 $\Phi(1)=1$，$\Phi'(1)=\Phi''(1)=\cdots=\Phi^{q-1}(1)=0$，这可以得到 q 个方程。由稳定性要求可知，式（4-93）中 $\Phi_e(z)$ 含有 $\prod_{i=1}^{v}(1-a_iz^{-1})$，故 $\Phi_e(a_i)=0$，因此，$\Phi(a_i)=1$，又可以得到

v 个方程。

根据准确性和稳定性要求，对于式（4-97）的 $\Phi(z)$，有 $q+v$ 个方程联立形成以下方程组

$$\begin{cases}\Phi(1)=1\\ \Phi'(1)=\left.\dfrac{\mathrm{d}\Phi(z)}{\mathrm{d}z}\right|_{z=1}=0\\ \vdots\\ \Phi^{(q-1)}(1)=\left.\dfrac{\mathrm{d}^{q-1}\Phi(z)}{\mathrm{d}z^{q-1}}\right|_{z=1}=0\\ \Phi(a_i)=1(i=1,2,\cdots,v)\end{cases} \tag{4-102}$$

由以上方程组，可求解式（4-97）中 $\Phi(z)$ 的表达式。

当 $G(z)$ 有 j 个极点在单位圆上，即在 $z=1$ 处，以上方程组中的第 1 个方程与后面 v 个方程在 $z=1$ 处有 j 个重复，因此，上面的方程组少于 $q+v$ 个方程。根据闭环控制系统快速性和最少拍控制要求，$\Phi(z)$ 的项数应该最少，即 $\Phi(z)$（也就是 $\Phi_e(z)$）应降阶处理，再结合式（4-92）中 $e(\infty)=0$，于是，上述方程组中应减少的方程个数为 $\max\{j, q\}$。

根据上述方法求得 $\Phi(z)$ 以后，可由 $\Phi_e(z)=1-\Phi(z)$ 进一步求得 $\Phi_e(z)$，从而求出数字控制器 $D(z)$。

仅根据上述约束条件设计的最少拍控制系统，只保证了在最少的几个采样周期后系统的响应在采样点时是稳态误差为零，而不能保证任意两个采样点之间的稳态误差为零。这种控制系统输出信号 $y(t)$ 有纹波存在，故称为最少拍有纹波控制系统，式（4-101）的控制器为最少拍有纹波控制器。$y(t)$ 的纹波在采样点上观测不到，要用修正 Z 变换方能计算得出两个采样点之间的输出值，这种纹波称为隐蔽振荡（Hidden Oscillations）。

例 4-1　在图 4-18 所示的计算机控制系统中，被控对象的传递函数和零阶保持器的传递函数分别为 $G_c(s)=\dfrac{10}{s(s+1)}$ 和 $H(s)=\dfrac{1-e^{-Ts}}{s}$。采样周期 $T=1\text{s}$，试针对单位速度输入函数设计最少拍有纹波系统，画出数字控制器和系统的输出波形。

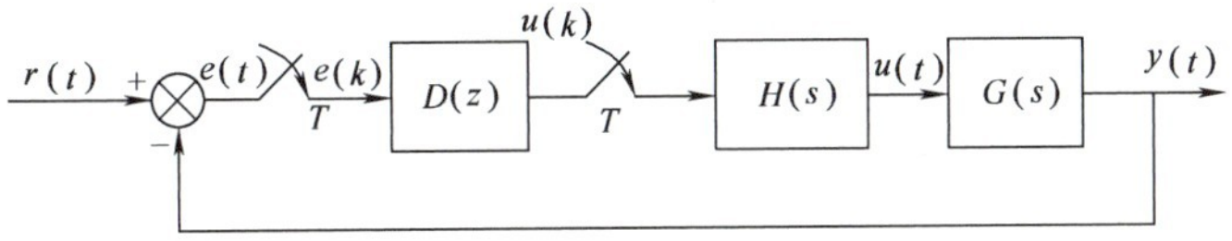

图 4-18　计算机控制系统框图

解　首先求取广义对象的脉冲传递函数

$$\begin{aligned}G(z)&=Z\left[\frac{1-e^{-Ts}}{s}\ \frac{10}{s(s+1)}\right]=(1-z^{-1})Z\left[\frac{10}{s^2(s+1)}\right]\\&=10(1-z^{-1})Z\left[\frac{1}{s^2}-\frac{1}{s}+\frac{1}{s+1}\right]\\&=10(1-z^{-1})\left[\frac{z^{-1}}{(1-z^{-1})^2}-\frac{1}{1-z^{-1}}+\frac{1}{1-0.3679z^{-1}}\right]\\&=\frac{3.679z^{-1}(1+0.718z^{-1})}{(1-z^{-1})(1-0.3679z^{-1})}\end{aligned}$$

根据式（4-95）及式（4-97），可得

$$\Phi_{\mathrm{e}}(z)=\left[\prod_{i=1}^{v-j}(1-a_i z^{-1})\right](1-z^{-1})^q F_1(z)=(1-z^{-1})^2 F_1(z)$$

$$\Phi(z)=z^{-(d+n-m)}\left[\prod_{i=1}^{u}(1-b_i z^{-1})\right]F_2(z)=z^{-1}F_2(z)$$

根据式（4-94）选择 $k=0$（如不满足要求，k 可不断递增直至满足要求），则

$$F_1(z)=1$$

依式（4-98）有

$$F_2(z)=f_{20}+f_{21}z^{-1}$$

于是，有

$$\Phi_{\mathrm{e}}(z)=\left[\prod_{i=1}^{v-j}(1-a_i z^{-1})\right](1-z^{-1})^q F_1(z)=(1-z^{-1})^2$$

$$\Phi(z)=z^{-(d+n-m)}\left[\prod_{i=1}^{u}(1-b_i z^{-1})\right]F_2(z)=z^{-1}(f_{20}+f_{21}z^{-1})$$

因要使方程

$$\Phi_{\mathrm{e}}(z)=1-\Phi(z)$$

恒等成立，必须使上式两边 $\Phi_{\mathrm{e}}(z)$ 和 $1-\Phi(z)$ 关于 z^{-1} 的多项式阶次相同且方程两边对应项系数相等，即

$$(1-z^{-1})^2=1-z^{-1}(f_{20}+f_{21}z^{-1})$$

且

$$\begin{cases} f_{20}=2 \\ f_{21}=-1 \end{cases}$$

故

$$\Phi(z)=2z^{-1}-z^{-2}$$

$$\Phi_{\mathrm{e}}(z)=1-2z^{-1}+z^{-2}$$

$$D(z)=\frac{1}{G(z)}\frac{\Phi(z)}{1-\Phi(z)}=\frac{(1-z^{-1})(1-0.3679z^{-1})(2z^{-1}-z^{-2})}{3.679z^{-1}(1+0.718z^{-1})(1-z^{-1})^2}$$

$$=\frac{0.5434(1-0.5z^{-1})(1-0.3679z^{-1})}{(1-z^{-1})(1+0.718z^{-1})}$$

进一步求得

$$E(z)=\Phi_{\mathrm{e}}(z)R(z)=(1-z^{-1})^2\frac{Tz^{-1}}{(1-z^{-1})^2}=z^{-1}$$

$$Y(z)=R(z)\Phi(z)=\frac{Tz^{-1}}{(1-z^{-1})^2}(2z^{-1}-z^{-2})=2z^{-2}+3z^{-3}+4z^{-4}+\cdots$$

$$U(z)=E(z)D(z)=z^{-1}\frac{0.5434(1-0.5z^{-1})(1-0.3679z^{-1})}{(1-z^{-1})(1+0.718z^{-1})}$$

$$=0.54z^{-1}-0.32z^{-2}+0.40z^{-3}-0.12z^{-4}+0.25z^{-5}+\cdots$$

由此，可画出数字控制器和系统的输出波形，如图4-19a和b所示。

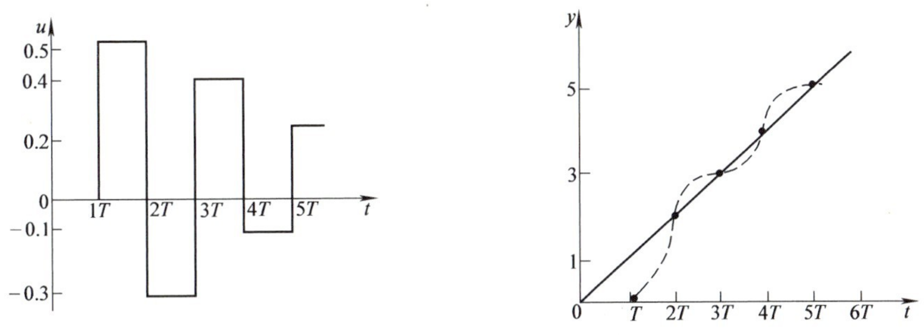

a）控制器输出　　b）系统输出

图 4-19　输出序列波形

4.3.4　最少拍无纹波控制器的设计

按最少拍有纹波系统设计的控制器，其系统的输出值跟踪输入值后，在非采样点有纹波存在。原因在于数字控制器的输出序列 $u(k)$ 经过若干拍后，不为常值或零，而是振荡收敛的。非采样时刻的纹波现象不仅造成非采样时刻有偏差，而且浪费执行机构的功率，增加机械磨损，因此必须消除。

1. 设计最少拍无纹波控制器的必要条件

无纹波系统要求系统的输出信号在采样点之间不出现纹波，必须满足：

1）对阶跃输入，当 $t \geqslant NT$ 时，有 $y(t)=$ 常数。

2）对速度输入，当 $t \geqslant NT$ 时，有 $\dot{y}(t)=$ 常数。

3）对加速度输入，当 $t \geqslant NT$ 时，有 $\ddot{y}(t)=$ 常数。

这样，被控对象 $G_c(s)$ 必须有能力给出与系统输入 $r(t)$ 相同的且平滑的输出 $y(t)$。如果针对速度输入函数进行设计，那么稳态过程中 $G_c(s)$ 的输出也必须是速度函数，为了产生这样的速度输出函数，$G_c(s)$ 中必须至少有一个积分环节，使得控制信号 $u(k)$ 为常值（包括零）时，$G_c(s)$ 的稳态输出是所要求的速度函数。同理，若针对加速度输入函数设计的无纹波控制器，则 $G_c(s)$ 中必须至少有两个积分环节。因此，设计最少拍无纹波控制器时，$G_c(s)$ 中必须含有足够的积分环节，以保证 $u(t)$ 为常数时，$G_c(s)$ 的稳态输出完全跟踪输入，且无纹波。

2. 最少拍无纹波系统确定 $\Phi(z)$ 的约束条件

要使系统的稳态输出无纹波，就要求稳态时的控制信号 $u(k)$ 为常数或零。控制信号 $u(k)$ 的 Z 变换为

$$U(z)=\sum_{k=0}^{\infty}u(k)z^{-k}=u(0)+u(1)z^{-1}+\cdots+u(l)z^{-l}+u(l+1)z^{-(l+1)}+\cdots \tag{4-103}$$

如果系统经过 l 个采样周期到达稳态，无纹波系统要求 $u(l)=u(l+1)=u(l+2)=\cdots=$ 常数或零。

设广义对象 $G(z)$ 含有 d 个采样周期的纯滞后

$$G(z)=\frac{B(z)}{A(z)}z^{-d} \tag{4-104}$$

而
$$U(z)=\frac{Y(z)}{G(z)}=\frac{\Phi(z)}{G(z)}R(z)$$

将式（4-104）代入上式，得
$$U(z)=\frac{\Phi(z)}{z^{-d}B(z)}A(z)R(z)=\Phi_u(z)R(z) \tag{4-105}$$

其中
$$\Phi_u(z)=\frac{\Phi(z)}{z^{-d}B(z)}A(z) \tag{4-106}$$

要使控制信号 $u(k)$ 在稳态过程中为常数或零，那么 $\Phi_u(z)$ 只能是关于 z^{-1} 的有限多项式。因此式（4-106）中的 $\Phi(z)$ 必须包含 $G(z)$ 的分子多项式 $B(z)$，即 $\Phi(z)$ 必须包含 $G(z)$ 的所有零点。这样，原来最少拍有纹波系统设计时确定 $\Phi(z)$ 的式（4-97）应修改。于是，最少拍无纹波系统确定 $\Phi(z)$ 的约束条件为
$$\Phi(z)=z^{-(d+n-m)}\left[\prod_{i=1}^{\omega}(1-b_iz^{-1})\right]F_2(z) \tag{4-107}$$
式中，ω 为 $G(z)$ 的所有零点数；b_1，b_2，…，b_ω 为 $G(z)$ 的所有零点；$F_2(z)$ 是关于 z^{-1} 的多项式，且不含 $G(z)$ 中的不稳定零点 b_i。

$F_2(z)$ 具有以下形式
$$F_2(z)=f_{20}+f_{21}z^{-1}+f_{22}z^{-2}+\cdots+f_{2p}z^{-p} \tag{4-108}$$
式中，f_{20}，f_{21}，…，f_{2p} 为待定系数。

3. 多项式 F_1（z）和 F_2（z）中阶次的确定

（1）k 值的求取

1）因 $\Phi_e(z)=1-\Phi(z)$ 恒等成立，故 $\Phi_e(z)$ 和 $\Phi(z)$ 关于 z^{-1} 的多项式阶次相同且方程两边对应项系数相等。

2）对于最少拍控制，式（4-94）中的 k 是使 $\Phi_e(z)$ 与 $1-\Phi(z)$ 阶次相同且对应项系数相等时的最小值，以此求取 k 值。可以先选 $k=0$（如不满足要求，可再选 $k=1$，k 不断递增，直至满足要求）。

（2）p 值的求取

因式（4-107）与（4-95）或与式（4-96）关于 z^{-1} 的阶次相同，故有

1）若 $G(z)$ 中有 j 个极点在单位圆上，当 $j\leqslant q$ 时，有
$$p=q+v-j-\omega-d-n+m+k \tag{4-109}$$

2）若 $G(z)$ 中有 j 个极点在单位圆上，当 $j>q$ 时，有
$$p=v-\omega-d-n+m+k \tag{4-110}$$

4. $F_1(z)$ 和 $F_2(z)$ 中待定系数的确定

（1）方法一

$F_1(z)$ 和 $F_2(z)$ 的阶次确定以后，利用恒等式 $\Phi_e(z)=1-\Phi(z)$ 两边对应的关于 z^{-1} 指数项系数相等的方法求取 $F_1(z)$ 和 $F_2(z)$ 中的待定系数。

（2）方法二

当然，最少拍无纹波系统的 $\Phi_e(z)$ 和 $\Phi(z)$ 也可同样像最少拍有纹波系统设计一样，采用式（4-102）求导的方法求解，这里不再赘述。

5. 调整时间的增加

无纹波系统的调整时间要增加若干拍，增加的拍数等于 $G(z)$ 在单位圆内的零点数。

例 4-2　在例 4-1 中，广义对象为（$T=1\text{s}$）

$$G(z)=\frac{3.679z^{-1}(1+0.718z^{-1})}{(1-z^{-1})(1-0.3679z^{-1})}$$

试针对单位速度输入函数，设计最少拍无纹波系统，并绘出数字控制器和系统的输出波形图。

解　在例 4-1 中，由 $G(z)$ 的表达式和 $G_c(s)$ 知，满足无纹波设计的必要条件，且 $d=0$，$n=2$，$m=1$，$q=2$，$w=1$，$v=1$，$j=1$，且 $j<q$。

由于根据式（4-94）选择 $k=0$ 时，按式（4-95）写出 $\Phi_e(z)$ 和按式（4-107）写出 $\Phi(z)$ 的表达式，且很容易验证 $1-\Phi(z)\neq\Phi_e(z)$，因此，根据式（4-94）只能选择最小的 k 为 $k=1$。

选择 $k=1$（如不满足要求，k 可不断递增直至满足要求），则由式（4-94）得

$$F_1(z)=1+f_{11}z^{-1}$$

对于 $k=1$，由式（4-95）得

$$\Phi_e(z)=\left[\prod_{i=1}^{v-j}(1-a_iz^{-1})\right](1-z^{-1})^qF_1(z)$$
$$=(1-z^{-1})^2(1+f_{11}z^{-1})=1+(f_{11}-2)z^{-1}+(1-2f_{11})z^{-2}+f_{11}z^{-3}$$

依式（4-108）及式（4-109）有

$$F_2(z)=f_{20}+f_{21}z^{-1}$$

由式（4-107）得

$$\Phi(z)=z^{-(d+n-m)}\left[\prod_{i=1}^{\omega}(1-b_iz^{-1})\right]F_2(z)$$
$$=z^{-1}(1+0.718z^{-1})(f_{20}+f_{21}z^{-1})=f_{20}z^{-1}+(f_{21}+0.718f_{20})z^{-2}+0.718f_{21}z^{-3}$$

因有恒等式　　$$1-\Phi(z)=\Phi_e(z)$$

故　$$1-f_{20}z^{-1}-(f_{21}+0.718f_{20})z^{-2}-0.718f_{21}z^{-3}=1+(f_{11}-2)z^{-1}+(1-2f_{11})z^{-2}+f_{11}z^{-3}$$

$$\begin{cases}f_{11}-2=-f_{20}\\1-2f_{11}=-(f_{21}+0.718f_{20})\\f_{11}=-0.718f_{21}\end{cases}\Rightarrow\begin{cases}f_{11}=0.592\\f_{20}=1.408\\f_{21}=-0.825\end{cases}$$

于是　$$\Phi(z)=(1+0.718z^{-1})(1.408z^{-1}-0.852z^{-2})$$

$$\Phi_e(z)=(1-z^{-1})^2(1+0.592z^{-1})$$

$$D(z)=\frac{1}{G(z)}\frac{\Phi(z)}{1-\Phi(z)}=\frac{0.272(1-0.3679z^{-1})(1.408-0.825z^{-1})}{(1-z^{-1})(1+0.592z^{-1})}$$

$$Y(z)=R(z)\Phi(z)=\frac{Tz^{-1}}{(1-z^{-1})^2}(1+0.718z^{-1})(1.408z^{-1}-0.825z^{-2})$$
$$=1.41z^{-2}+3z^{-3}+4z^{-4}+5z^{-5}+\cdots$$

$$U(z)=\frac{Y(z)}{G(z)}=\frac{R(z)\Phi(z)}{G(z)}$$

$$=\frac{Tz^{-1}}{(1-z^{-1})^2}(1+0.718z^{-1})(1.408z^{-1}-0.825z^{-2})\frac{(1-z^{-1})(1-0.3679z^{-1})}{3.679z^{-1}(1+0.718z^{-1})}$$
$$=0.38z^{-1}+0.02z^{-2}+0.09z^{-3}+0.09z^{-4}+\cdots$$

数字控制器和系统的输出波形如图 4-20 所示。

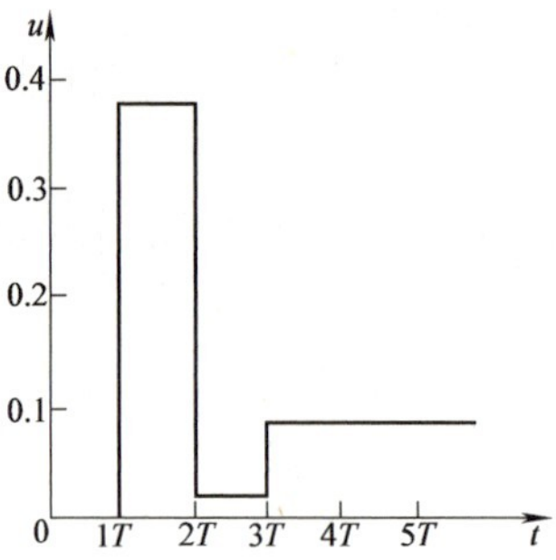

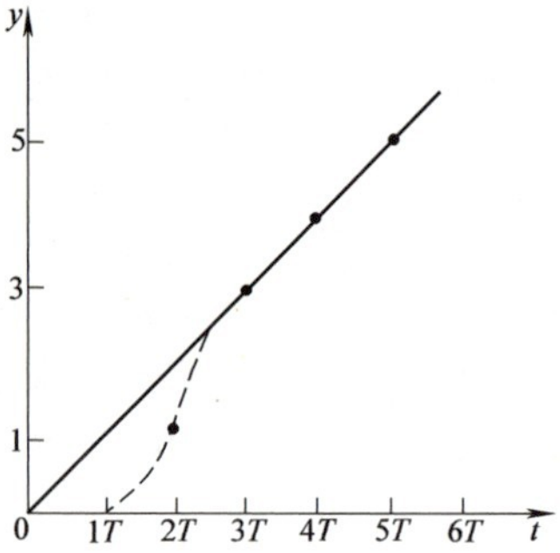

图 4-20　输出序列波形图

比较例 4-1 和例 4-2 的输出序列波形图可以看出，有纹波系统的调整时间为 2 个采样周期，无纹波系统的调整时间为 3 个采样周期，比有纹波系统调整时间增加 1 拍，因为 $G(z)$ 在单位圆内有 1 个零点。

4.4　纯滞后系统控制技术

在工业过程（如热工、化工）控制中，由于物料、能量或信号的传输延迟，许多被控对象具有纯滞后性质。被控对象的这种纯滞后性质与惯性不同，常引起系统产生超调或者振荡。早在 20 世纪 50 年代，国外就对工业生产过程中纯滞后对象进行了深入的研究。

4.4.1　史密斯预估控制——连续化设计技术

史密斯（Smith）提出了一种纯滞后补偿模型，但由于模拟仪表不能实现这种补偿，致使这种方法在工程中无法实现。现在人们利用计算机可以方便地实现纯滞后补偿。

1. 史密斯预估控制原理

在图 4-21 所示的带纯滞后环节的控制系统中，$D(s)$ 表示调节器的传递函数，用于校正 $G_P(s)$ 部分；$G_P(s)e^{-\tau s}$ 表示被控对象的传递函数，$G_P(s)$ 为被控对象中不包含纯滞后部分的传递函数，$e^{-\tau s}$ 为被控对象纯滞后部分的传递函数。

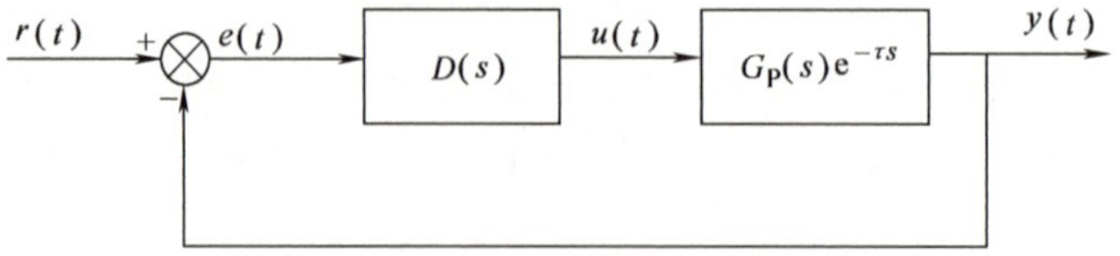

图 4-21　带纯滞后环节的控制系统

史密斯预估控制原理是：与 $D(s)$ 并接一补偿环节，用来补偿被控对象中的纯滞后部分。这个补偿环节称为预估器，其传递函数为 $G_P(s)(1-e^{-\tau s})$，τ 为纯滞后时间，补偿后的系统框图如图 4-22 所示。

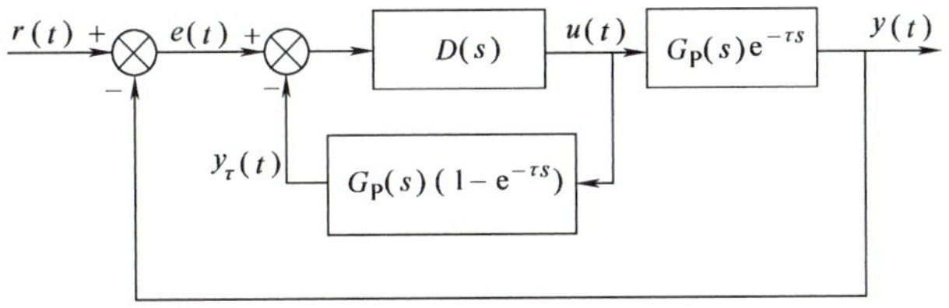

图 4-22　带史密斯预估器的控制系统

由史密斯预估器和调节器 $D(s)$ 组成的补偿回路称为纯滞后补偿器，其传递函数为 $D'(s)$，即

$$D'(s)=\frac{D(s)}{1+D(s)G_P(s)(1-e^{-\tau s})}$$

经补偿后的系统闭环传递函数为

$$\Phi(s)=\frac{D'(s)G_P(s)e^{-\tau s}}{1+D'(s)G_P(s)e^{-\tau s}}=\frac{D(s)G_P(s)}{1+D(s)G_P(s)}e^{-\tau s} \tag{4-111}$$

式（4-111）说明，经补偿后，消除了纯滞后部分对控制系统的影响，因为式中的 $e^{-\tau s}$ 在闭环控制回路之外，不影响系统的稳定性，拉普拉斯变换的位移定理说明，$e^{-\tau s}$ 仅将控制作用在时间坐标上推移了一个时间 τ，控制系统的过渡过程及其他性能指标都与对象特性为 $G_P(s)$ 时完全相同。

2. 具有纯滞后补偿的数字控制器

由图 4-23 可见，纯滞后补偿的数字控制器由两部分组成：一部分是数字 PID 控制器（由 $D(s)$ 离散化得到）；另一部分是史密斯预估器。

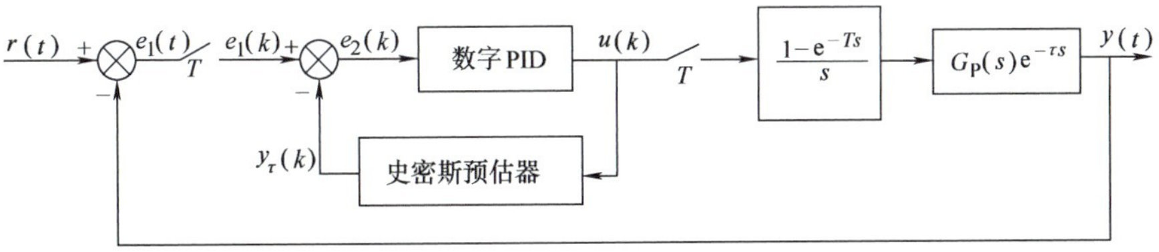

图 4-23　具有纯滞后补偿的控制系统

（1）史密斯预估器

滞后环节使信号延迟，为此，在内存中专门设定 $N+1$ 个单元作为存放信号 $m(k)$ 的历史数据，N 由下式决定：

$$N=\tau/T$$

式中，τ 为纯滞后时间；T 为采样周期。

每采样一次，把 $m(k)$ 记入 0 单元，同时把 0 单元原来存放数据移到 1 单元，1 单元原来存放数据移到 2 单元，…，依此类推。从单元 N 输出的信号，就是滞后 N 个采样周期的 $m(k-N)$ 信号。

史密斯预估器的输出可按图 4-24 的顺序计算。图中，$u(k)$ 是 PID 数字控制器的输出，$y_\tau(k)$ 是史密斯预估器的输出。从图中可知，必须先计算传递函数 $G_P(s)$ 的输出 $m(k)$ 后，才能计算预估器的输出

$$y_\tau(k)=m(k)-m(k-N)$$

许多工业对象可近似用一阶惯性环节和纯滞后环节的串联来表示

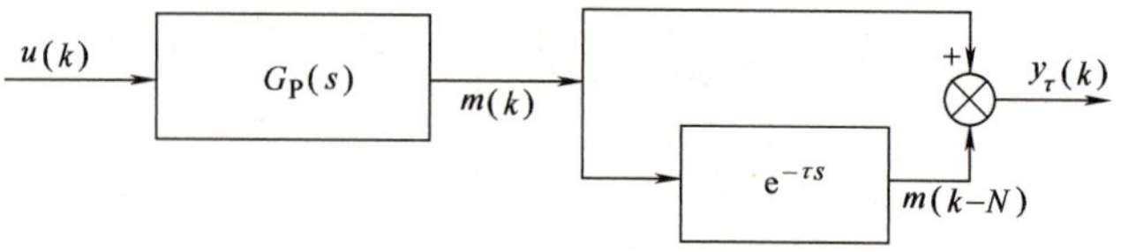

图 4-24　史密斯预估器方框图

$$G_c(s)=G_P(s)e^{-\tau s}=\frac{K_f}{1+T_f s}e^{-\tau s}$$

式中，K_f 为被控对象的放大系数；T_f 为被控对象的时间常数；τ 为纯滞后时间。

预估器的传递函数为

$$G_\tau(s)=G_P(s)(1-e^{-\tau s})=\frac{K_f}{1+T_f s}(1-e^{-\tau s})$$

（2）纯滞后补偿控制算法步骤

1）计算反馈回路的偏差 $e_1(k)$

$$e_1(k)=r(k)-y(k)$$

2）计算纯滞后补偿器的输出 $y_\tau(k)$

$$\frac{Y_\tau(s)}{U(s)}=G_P(s)(1-e^{-\tau s})=\frac{K_f(1-e^{-NTS})}{T_f s+1}$$

化成微分方程式，则可写成

$$T_f\frac{dy_\tau(t)}{dt}+y_\tau(t)=K_f[u(t)-u(t-NT)]$$

利用后向差分代替微分，上式相应的差分方程为

$$y_\tau(k)=ay_\tau(k-1)+b[u(k)-u(k-N)] \tag{4-112}$$

式中，$a=\dfrac{T_f}{T_f+T}$，$b=K_f\dfrac{T}{T_f+T}$。式（4-112）称为史密斯预估控制算式。

3）计算偏差 $e_2(k)$

$$e_2(k)=e_1(k)-y_\tau(k)$$

4）计算控制器的输出 $u(k)$

当控制器采用 PID 控制算法时，则

$$\begin{aligned}u(k)&=u(k-1)+\Delta u(k)\\&=u(k-1)+K_P[e_2(k)-e_2(k-1)]+K_I e_2(k)+\\&\quad K_D[e_2(k)-2e_2(k-1)+e_2(k-2)]\end{aligned}$$

式中，K_P 为 PID 控制的比例系数；$K_I=K_P T/T_I$ 为积分系数；$K_D=K_P T_D/T$ 为微分系数。

4.4.2　达林算法——离散化设计技术

1. 数字控制器 $D(z)$ 的形式

被控对象 $G_c(s)$ 是带有纯滞后的一阶或二阶惯性环节，即

$$G_c(s)=\frac{K}{1+T_1 s}e^{-\tau s} \tag{4-113}$$

或

$$G_c(s)=\frac{K}{(1+T_1s)(1+T_2s)}e^{-\tau s} \tag{4-114}$$

式中，τ 为纯滞后时间；T_1、T_2 为时间常数；K 为放大系数。

达林（Dahlin）算法的设计目标是使整个闭环系统所期望的传递函数 $\Phi(s)$ 相当于一个延迟环节和一个惯性环节相串联，即

$$\Phi(s)=\frac{1}{T_\tau s+1}e^{-\tau s} \tag{4-115}$$

并期望整个闭环系统的纯滞后时间和被控对象 $G_c(s)$ 的纯滞后时间 τ 相同。式（4-115）中 T_τ 为闭环系统的时间常数，纯滞后时间 τ 与采样周期 T 有整数倍关系，即

$$\tau=NT,\quad N=1,2,\cdots$$

由计算机组成的控制系统如图 4-16 所示。用脉冲传递函数近似法求得与 $\Phi(s)$ 对应的闭环脉冲传递函数 $\Phi(z)$

$$\Phi(z)=\frac{Y(z)}{R(z)}=Z\left[\frac{1-e^{-Ts}}{s}\cdot\frac{e^{-\tau s}}{T_\tau s+1}\right]$$

将 $\tau=NT$ 代入，并进行 Z 变换

$$\Phi(z)=\frac{(1-e^{-T/T_\tau})z^{-N-1}}{1-e^{-T/T_\tau}z^{-1}} \tag{4-116}$$

由式（4-62）有

$$\begin{aligned}D(z)&=\frac{1}{G(z)}\frac{\Phi(z)}{1-\Phi(z)}\\&=\frac{1}{G(z)}\frac{z^{-N-1}(1-e^{-T/T_\tau})}{1-e^{-T/T_\tau}z^{-1}-(1-e^{-T/T_\tau})z^{-N-1}}\end{aligned} \tag{4-117}$$

假若已知被控对象的脉冲传递函数 $G(z)$，就可由式（4-117）求出数字控制器的脉冲传递函数 $D(z)$。

1）被控对象为带纯滞后的一阶惯性环节，其脉冲传递函数为

$$G(z)=Z\left[\frac{1-e^{-Ts}}{s}\cdot\frac{Ke^{-\tau s}}{T_1s+1}\right]$$

将 $\tau=NT$ 代入，得

$$G(z)=Z\left[\frac{1-e^{-Ts}}{s}\cdot\frac{Ke^{-\tau s}}{T_1s+1}\right]=Kz^{-N-1}\frac{1-e^{-T/T_1}}{1-e^{-T/T_1}z^{-1}} \tag{4-118}$$

将式（4-118）代入式（4-117）得到数字控制器的算式

$$D(z)=\frac{(1-e^{-T/T_\tau})(1-e^{-T/T_1}z^{-1})}{K(1-e^{-T/T_1})[1-e^{-T/T_\tau}z^{-1}-(1-e^{-T/T_\tau})z^{-N-1}]}$$

2）被控对象为带纯滞后的二阶惯性环节，其脉冲传递函数为

$$G(z)=Z\left[\frac{1-e^{-Ts}}{s}\cdot\frac{Ke^{-\tau s}}{(T_1s+1)(T_2s+1)}\right]$$

将 $\tau=NT$ 代入，并进行 Z 变换，得到

$$G(z)=\frac{K(C_1+C_2z^{-1})z^{-N-1}}{(1-e^{-T/T_1}z^{-1})(1-e^{-T/T_2}z^{-1})} \tag{4-119}$$

其中

$$\begin{cases} C_1 = 1+\dfrac{1}{T_2-T_1}(T_1\mathrm{e}^{-T/T_1}-T_2\mathrm{e}^{-T/T_2}) \\ C_2 = \mathrm{e}^{-T(1/T_1+1/T_2)}+\dfrac{1}{T_2-T_1}(T_1\mathrm{e}^{-T/T_2}-T_2\mathrm{e}^{-T/T_1}) \end{cases} \tag{4-120}$$

将式（4-119）代入式（4-117）得

$$D(z)=\frac{(1-\mathrm{e}^{-T/T_\tau})(1-\mathrm{e}^{T/T_1}z^{-1})(1-\mathrm{e}^{-T/T_2}z^{-1})}{K(C_1+C_2z^{-1})[1-\mathrm{e}^{T/T_\tau}z^{-1}-(1-\mathrm{e}^{-T/T_\tau})z^{-N-1}]} \tag{4-121}$$

2. 振铃现象及其消除

所谓振铃（Ringing）现象，是指数字控制器的输出以 1/2 采样频率大幅度衰减的振荡。这与前面所介绍的快速有纹波系统中的纹波是不一样的。纹波是由于控制器输出一直是振荡的，影响到系统的输出一直有纹波。而振铃现象中的振荡是衰减的。由于被控对象中惯性环节的低通特性，使得这种振荡对系统的输出几乎无任何影响。但是振铃现象却会增加执行机构的磨损，在有交互作用的多参数控制系统中，振铃现象还有可能影响到系统的稳定性。

（1）振铃现象的分析

如图 4-16 所示，系统的输出 $Y(z)$ 和数字控制器的输出 $U(z)$ 间有下列关系：

$$Y(z)=U(z)G(z)$$

系统的输出 $Y(z)$ 和输入 $R(z)$ 之间有下列关系：

$$Y(z)=R(z)\Phi(z)$$

由上面两式得到数字控制器的输出 $U(z)$ 与输入 $R(z)$ 之间的关系为

$$\frac{U(z)}{R(z)}=\frac{\Phi(z)}{G(z)} \tag{4-122}$$

令

$$\Phi_u(z)=\frac{\Phi(z)}{G(z)} \tag{4-123}$$

显然可由式（4-122）得到

$$U(z)=\Phi_u(z)R(z)$$

$\Phi_u(z)$ 表达了数字控制器的输出与输入函数在闭环时的关系，是分析振铃现象的基础。

对于单位阶跃输入函数 $R(z)=1/(1-z^{-1})$，含有极点 $z=1$，如果 $\Phi_u(z)$ 的极点在 z 平面的负实轴上，且与 $z=-1$ 点相近，那么数字控制器的输出序列 $u(k)$ 中将含有这两种幅值相近的瞬态项，而且瞬态项的符号在不同时刻是不相同的。当两瞬态项符号相同时，数字控制器的输出控制作用加强，符号相反时，控制作用减弱，从而造成数字控制器的输出序列大幅度波动。分析 $\Phi_u(z)$ 在 z 平面负实轴上的极点分布情况，就可得出振铃现象的有关结论。下面分析带纯滞后的一阶或二阶惯性环节系统中的振铃现象。

1）带纯滞后的一阶惯性环节

被控对象为带纯滞后的一阶惯性环节时，其脉冲传递函数 $G(z)$ 为式（4-118），闭环系统的期望传递函数为式（4-116），将 $G(z)$ 和 $\Phi(z)$ 代入式（4-123），有

$$\Phi_u(z)=\frac{\Phi(z)}{G(z)}=\frac{(1-\mathrm{e}^{-T/T_\tau})(1-\mathrm{e}^{-T/T_1}z^{-1})}{K(1-\mathrm{e}^{-T/T_1})(1-\mathrm{e}^{-T/T_\tau}z^{-1})} \tag{4-124}$$

求得极点 $z=e^{-T/T_\tau}$，显然 z 永远是大于零的。故得出结论：在带纯滞后的一阶惯性环节组成的系统中，数字控制器输出对输入的脉冲传递函数不存在负实轴上的极点，这种系统不存在振铃现象。

2）带纯滞后的二阶惯性环节

被控对象为带纯滞后的二阶惯性环节时，其脉冲传递函数 $G(z)$ 为式（4-119），闭环系统的期望传递函数 $\Phi(z)$ 仍为式（4-116），把 $G(z)$ 和 $\Phi(z)$ 代入式（4-123）后有

$$\Phi_u(z)=\frac{\Phi(z)}{G(z)}=\frac{(1-e^{-T/T_\tau})(1-e^{-T/T_1}z^{-1})(1-e^{-T/T_2}z^{-1})}{KC_1(1-e^{-T/T_\tau}z^{-1})\left(1+\frac{C_2}{C_1}z^{-1}\right)} \tag{4-125}$$

式（4-125）有两个极点，第一个极点在 $z=e^{-T/T_\tau}$，不会引起振铃现象；第二个极点在 $z=-\frac{C_2}{C_1}$。由式（4-120），在 $T\to 0$ 时，有

$$\lim_{T\to 0}\left[-\frac{C_2}{C_1}\right]=-1$$

说明可能出现负实轴上与 $z=-1$ 相近的极点，这一极点将引起振铃现象。

(2) 振铃幅度 *RA*

振铃幅度 RA 是用来衡量振铃强烈的程度。为了描述振铃强烈的程度，应找出数字控制器输出量的最大值 $u_{\max}$。由于这一最大值与系统参数的关系难于用解析的式子描述出来，所以常用单位阶跃作用下数字控制器第 0 次输出量与第 1 次输出量的差值来衡量振铃现象强烈的程度。

由式（4-123），$\Phi_u(z)=\Phi(z)/G(z)$ 是 z 的有理分式，写成一般形式为

$$\Phi_u(z)=\frac{1+b_1z^{-1}+b_2z^{-2}+\cdots}{1+a_1z^{-1}+a_2z^{-2}+\cdots} \tag{4-126}$$

在单位阶跃输入函数的作用下，数字控制器输出量的 Z 变换是

$$\begin{aligned}U(z)=R(z)\Phi_u(z)&=\frac{1}{1-z^{-1}}\frac{1+b_1z^{-1}+b_2z^{-2}+\cdots}{1+a_1z^{-1}+a_2z^{-2}+\cdots}\\&=\frac{1+b_1z^{-1}+b_2z^{-2}+\cdots}{1+(a_1-1)z^{-1}+(a_2-a_1)z^{-2}+\cdots}\\&=1+(b_1-a_1+1)z^{-1}+\cdots\end{aligned}$$

所以

$$RA=1-(b_1-a_1+1)=a_1-b_1 \tag{4-127}$$

对于带纯滞后的二阶惯性环节组成的系统，其振铃幅度由式（4-125）可得

$$RA=\frac{C_2}{C_1}-e^{-T/T_\tau}+e^{-T/T_1}+e^{-T/T_2} \tag{4-128}$$

根据式（4-120）及式（4-128），当 $T\to 0$ 时，可得

$$\lim_{T\to 0}RA=2$$

(3) 振铃现象的消除

有两种方法可用来消除振铃现象。第一种方法是先找出 $D(z)$ 中引起振铃现象的因子

($z=-1$ 附近的极点)，然后令其中的 $z=1$，根据终值定理，这样处理不影响输出量的稳态值。下面具体说明这种处理方法。

前面已介绍在带纯滞后的二阶惯性环节系统中，数字控制器的 $D(z)$ 为

$$D(z)=\frac{(1-\mathrm{e}^{-T/T_\tau})(1-\mathrm{e}^{-T/T_1}z^{-1})(1-\mathrm{e}^{-T/T_2}z^{-1})}{K(C_1+C_2z^{-1})[1-\mathrm{e}^{-T/T_\tau}z^{-1}-(1-\mathrm{e}^{-T/T_\tau})z^{-N-1}]}$$

其极点 $z=-C_2/C_1$ 将引起振铃现象。令极点因子 $(C_1+C_2z^{-1})$ 中的 $z=1$，就可消除这个振铃极点。

由式（4-120）得

$$C_1+C_2=(1-\mathrm{e}^{-T/T_1})(1-\mathrm{e}^{-T/T_2})$$

消除振铃极点 $z=-C_2/C_1$ 后，有

$$D(z)=\frac{(1-\mathrm{e}^{-T/T_\tau})(1-\mathrm{e}^{-T/T_1}z^{-1})(1-\mathrm{e}^{-T/T_2}z^{-1})}{K(1-\mathrm{e}^{-T/T_1})(1-\mathrm{e}^{-T/T_2})[1-\mathrm{e}^{-T/T_\tau}z^{-1}-(1-\mathrm{e}^{-T/T_\tau})z^{-N-1}]}$$

这种消除振铃现象的方法虽然不影响输出稳态值，但却改变了数字控制器的动态特性，将影响闭环系统的瞬态性能。

第二种方法是从保证闭环系统的特性出发，选择合适的采样周期 T 及系统闭环时间常数 T_τ，使得数字控制器的输出避免产生强烈的振铃现象。从式（4-128）中可以看出，带纯滞后的二阶惯性环节组成的系统中，振铃幅度与被控对象的参数 T_1、T_2 有关，与闭环系统期望的时间常数 T_τ 以及采样周期 T 有关。通过适当选择 T 和 T_τ，可以把振铃幅度抑制在最低限度以内。有的情况下，系统闭环时间常数 T_τ 作为控制系统的性能指标被首先确定了，但仍可通过式（4-128）选择采样周期 T 来抑制振铃现象。

3. 达林算法的设计步骤

具有纯滞后系统中直接设计数字控制器所考虑的主要性能是控制系统不允许产生超调并要求系统稳定。系统设计中一个值得注意的问题是振铃现象。下面是考虑振铃现象影响时设计数字控制器的一般步骤。

1）根据系统的性能，确定闭环系统的参数 T_τ，给出振铃幅度 RA 的指标。

2）由式（4-128）所确定的振铃幅度 RA 与采样周期 T 的关系，解出给定振铃幅度下对应的采样周期，如果 T 有多解，则选择较大的采样周期。

3）确定纯滞后时间 τ 与采样周期 T 之比（τ/T）的最大整数 N。

4）求广义对象的脉冲传递函数 $G(z)$ 及闭环系统的脉冲传递函数 $\Phi(z)$。

5）求数字控制器的脉冲传递函数 $D(z)$。

4.5 串级控制技术

串级控制是在单回路 PID 控制的基础上发展起来的一种控制技术。当 PID 控制应用于单回路控制一个被控量时，其控制结构简单，控制参数易于整定。但是，当系统中同时有几个因素影响同一个被控量时，如果只控制其中一个因素，将难以满足系统的控制性能。串级控制针对上述情况，在原控制回路中，增加一个或几个控制内回路，用以控制可能引起被控量变化的其他因素，从而有效地抑制了被控对象的时滞特性，提高了系统动态响应的快速性。

4.5.1　串级控制的结构和原理

图 4-25 是一个炉温控制系统，其控制目的是使炉温保持恒定。假如煤气管道中的压力是恒定的，管道阀门的开度对应一定的煤气流量，这时为了保持炉温恒定，只需测量实际炉温，并与炉温设定值进行比较，利用两者的偏差以 PID 控制规律控制煤气管道阀门的开度。

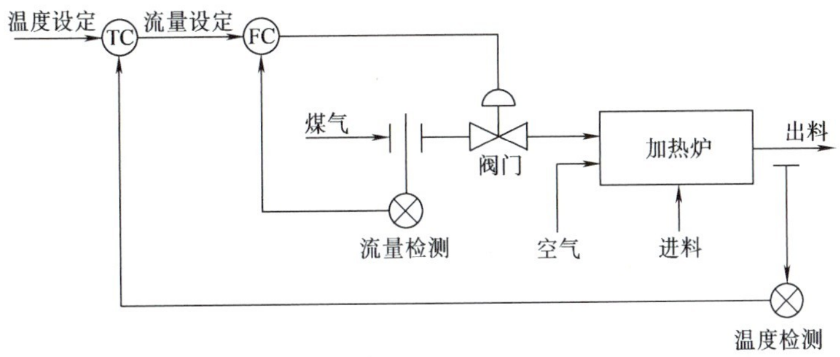

图 4-25　炉温控制系统

但是，实际上，煤气总管道同时向许多炉子供应煤气，管道中的压力可能波动。对于同样的阀位，由于煤气压力的变化，煤气流量要发生变化，最终将引起炉温的变化。系统只有检测到炉温偏离设定值时，才能进行控制，但这种已产生了控制滞后。为了及时检测系统中可能引起被控量变化的某些因素并加以控制，本例中，在炉温控制主回路中，增加煤气流量控制副回路，构成串级控制结构，如图 4-26 所示，图中主控制器 $D_1(s)$ 和副控制器 $D_2(s)$ 分别表示温度调节器 TC 和流量调节器 FC 的传递函数。

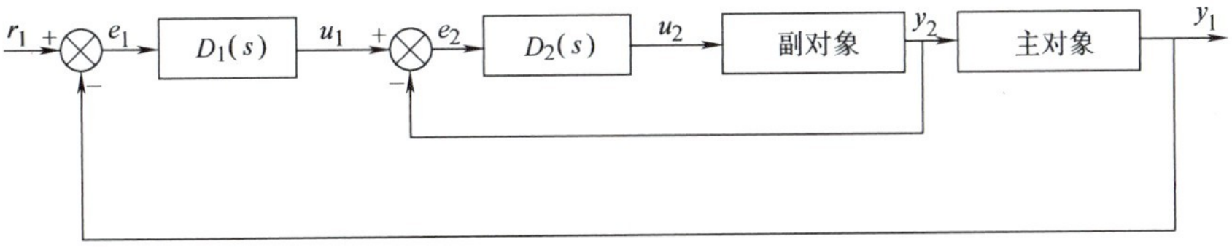

图 4-26　炉温和煤气流量的串级控制结构

4.5.2　数字串级控制算法

根据图 4-26，$D_1(s)$ 和 $D_2(s)$ 若由计算机来实现时，则计算机串级控制系统如图 4-27 所示，图中的 $D_1(z)$ 和 $D_2(z)$ 是由计算机实现的数字控制器，$H(s)$ 是零阶保持器，T 为采样周期，$D_1(z)$ 和 $D_2(z)$ 通常是 PID 控制规律。

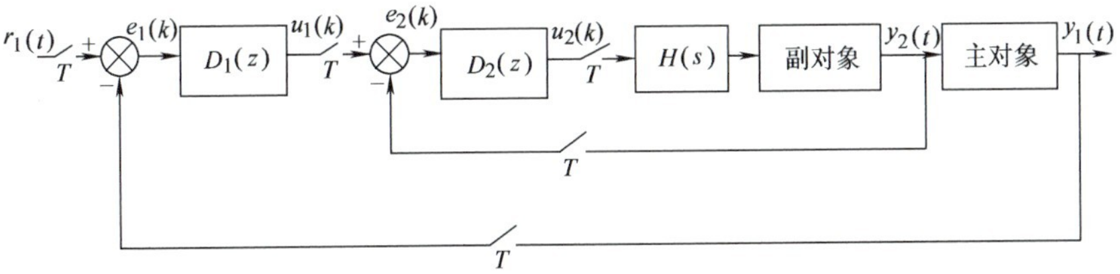

图 4-27　计算机串级控制系统

不管串级控制有多少级，计算的顺序总是从最外面的回路向内进行。对图 4-27 所示的双回路串级控制系统，其计算顺序为：

1）计算主回路的偏差 $e_1(k)$

$$e_1(k)=r_1(k)-y_1(k) \tag{4-129}$$

2）计算主回路控制器 $D_1(z)$ 的输出 $u_1(k)$

$$\Delta u_1(k)=K_{P_1}[e_1(k)-e_1(k-1)]+K_{I_1}e_1(k)+K_{D_1}[e_1(k)-2e_1(k-1)+e_1(k-2)] \tag{4-130}$$

$$u_1(k)=u_1(k-1)+\Delta u_1(k) \tag{4-131}$$

式中，K_{P_1} 为比例增益；$K_{I_1}=K_{P_1}\dfrac{T}{T_{I_1}}$为积分系数；$K_{D_1}=K_{P_1}\dfrac{T_{D_1}}{T}$为微分系数。

3）计算副回路的偏差 $e_2(k)$

$$e_2(k)=u_1(k)-y_2(k) \tag{4-132}$$

4）计算副回路控制器 $D_2(z)$ 的输出 $u_2(k)$

$$\Delta u_2(k)=K_{P_2}[e_2(k)-e_2(k-1)]+K_{I_2}e_2(k)+K_{D_2}[e_2(k)-2e_2(k-1)+e_2(k-2)] \tag{4-133}$$

式中，K_{P_2} 为比例增益；$K_{I_2}=K_{P_2}\dfrac{T}{T_{I_2}}$为积分系数；$K_{D_2}=K_{P_2}\dfrac{T_{D_2}}{T}$为微分系数。

且

$$u_2(k)=u_2(k-1)+\Delta u_2(k) \tag{4-134}$$

4.5.3 副回路微分先行串级控制算法

为了防止主控制器输出（也就是副控制器的给定值）过大而引起副回路的不稳定，同时，也为了克服副对象惯性较大而引起调节品质的恶化，在副回路的反馈通道中加入微分控制，称为副回路微分先行，系统的结构如图 4-28 所示。

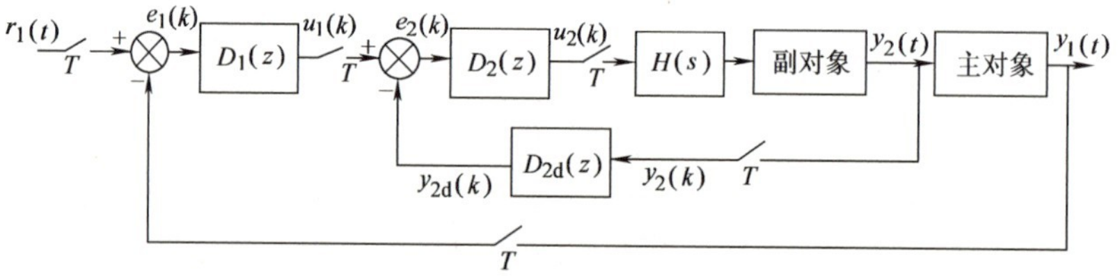

图 4-28　副回路微分先行的串级控制系统

微分先行部分的传递函数为

$$D_{2d}(s)=\frac{Y_{2d}(s)}{Y_2(s)}=\frac{T_2(s)}{\alpha T_2(s)+1} \tag{4-135}$$

式中，α 为微分放大系数。式（4-135）相应的微分方程为

$$\alpha T_2\frac{\mathrm{d}y_{2d}(t)}{\mathrm{d}t}+y_{2d}(t)=T_2\frac{\mathrm{d}y_2(t)}{\mathrm{d}t}+y_2(t) \tag{4-136}$$

写成差分方程为

$$\frac{\alpha T_2}{T}[y_{2d}(k)-y_{2d}(k-1)]+y_{2d}(k)=\frac{T_2}{T}[y_2(k)-y_2(k-1)]+y_2(k) \tag{4-137}$$

整理得

$$y_{2d}(k)=\frac{\alpha T_2}{\alpha T_2+T}y_{2d}(k-1)+\frac{T_2+T}{\alpha T_2+T}y_2(k)-\frac{T_2}{\alpha T_2+T}y_2(k-1)$$

$$=\phi_1 y_{2d}(k-1)+\phi_2 y_2(k)-\phi_3 y_2(k-1) \tag{4-138}$$

式中，$\phi_1=\dfrac{\alpha T_2}{\alpha T_2+T}$；$\phi_2=\dfrac{T_2+T}{\alpha T_2+T}$；$\phi_3=\dfrac{T_2}{\alpha T_2+T}$。

系数 ϕ_1、ϕ_2、ϕ_3 可先离线计算，并存入内存指定单元，以备控制计算时调用。下面给出副回路微分先行的串级控制算法。

1）计算主回路的偏差 $e_1(k)$

$$e_1(k)=r_1(k)-y_1(k) \tag{4-139}$$

2）计算主控制器的输出 $u_1(k)$

$$\Delta u_1(k)=K_{P_1}[e_1(k)-e_1(k-1)]+K_{I_1}e_1(k)+K_{D_1}[e_1(k)-2e_1(k-1)+e_1(k-2)] \tag{4-140}$$

$$u_1(k)=u_1(k-1)+\Delta u_1(k) \tag{4-141}$$

3）计算微分先行部分的输出 $y_{2d}(k)$

$$y_{2d}(k)=\phi_1 y_{2d}(k-1)+\phi_2 y_2(k)-\phi_3 y_2(k-1) \tag{4-142}$$

4）计算副回路的偏差 $e_2(k)$

$$e_2(k)=u_1(k)-y_{2d}(k) \tag{4-143}$$

5）计算副控制器的输出 $u_2(k)$

$$\Delta u_2(k)=K_{P_2}[e_2(k)-e_2(k-1)]+K_{I_2}e_2(k) \tag{4-144}$$

$$u_2(k)=u_2(k-1)+\Delta u_2(k) \tag{4-145}$$

串级控制系统中，副回路给系统带来了一系列的优点：串级控制较单回路控制系统有更强的抑制扰动的能力，通常副回路抑制扰动的能力比单回路控制高出十几倍乃至上百倍，因此设计此类系统时应把主要的扰动包含在副回路中；对象的纯滞后比较大时，若用单回路控制，则过渡过程时间长，超调量大，参数恢复较慢，控制质量较差，采用串级控制可以克服对象纯滞后的影响，改善系统的控制性能；对于具有非线性的对象，采用单回路控制，在负荷变化时，不相应地改变控制器参数，系统的性能很难满足要求，若采用串级控制，把非线性对象包含在副回路中，由于副控回路是随动系统，能够适应操作条件和负荷的变化，自动改变副控制器的给定值，因而控制系统仍有良好的控制性能。

在串级控制系统中，主、副控制器的选型非常重要。对于主控制器，为了减少稳态误差，提高控制精度，应具有积分控制，为了使系统反应灵敏，动作迅速，应加入微分控制，因此主控制器应具有 PID 控制规律；对于副控制器，通常可以选用比例控制，当副控制器的比例系数不能太大时，则应加入积分控制，即采用 PI 控制规律，副回路较少采用 PID 控制规律。

4.6　前馈-反馈控制技术

按偏差的反馈控制能够产生作用的前提是，被控量必须偏离设定值。就是说，在干扰作用下，生产过程的被控量必然是先偏离设定值，然后通过对偏差进行控制，以抵消干扰的影响。如果干扰不断增加，则系统总是跟在干扰作用之后波动，特别是系统滞后严重时波动就更为严重。前馈控制则是按扰动量进行控制的，当系统出现扰动时，前馈控制就按扰动量直接产生校正作用，以抵消扰动的影响。这是一种开环控制形式，在控制算法和参数选择合适的情况下，可以达到很高的精度。

4.6.1　前馈控制的结构和原理

前馈控制的典型结构如图4-29所示。

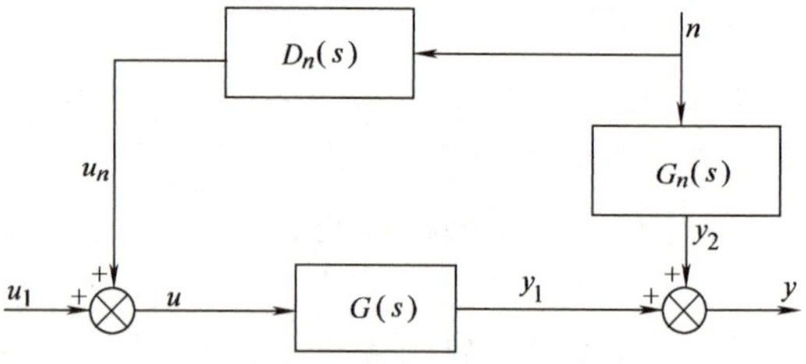

图4-29　前馈控制的典型结构

图4-29中，$G_n(s)$ 是被控对象扰动通道的传递函数；$D_n(s)$ 是前馈控制器的传递函数；$G(s)$ 是被控对象控制通道的传递函数；n，u，y 分别为扰动量、控制量、被控量。

为了便于分析扰动量的影响，假定 $u_1=0$，则有

$$Y(s)=Y_1(s)+Y_2(s)=[D_n(s)G(s)+G_n(s)]N(s) \tag{4-146}$$

若要使前馈作用完全补偿扰动作用，则应使扰动引起的被控量变化为零，即 $Y(s)=0$，因此

$$D_n(s)G(s)+G_n(s)=0 \tag{4-147}$$

由此可得前馈控制器的传递函数为

$$D_n(s)=-\frac{G_n(s)}{G(s)} \tag{4-148}$$

在实际生产过程控制中，因为前馈控制是一个开环系统，因此，很少只采用前馈控制的方案，常常采用前馈-反馈控制相结合的方案。

4.6.2　前馈-反馈控制结构

采用前馈控制与反馈控制相结合的控制结构，既能发挥前馈控制对扰动的补偿作用，又能保留反馈控制对偏差的控制作用。图4-30给出了前馈-反馈控制结构。

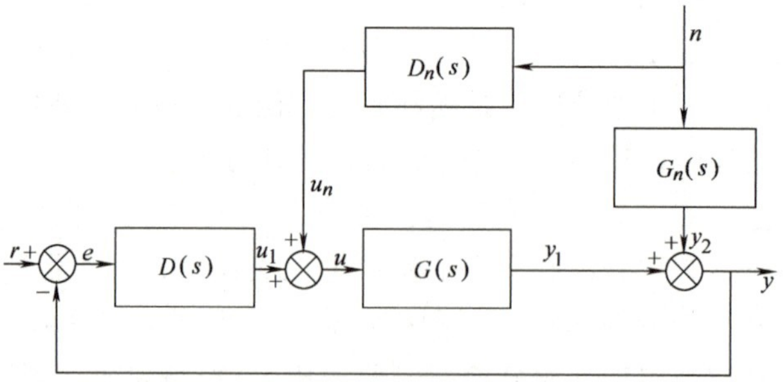

图4-30　前馈-反馈控制结构图

由图4-30可知，前馈-反馈控制结构是在反馈控制的基础上，增加了一个扰动的前馈控制，由于完全补偿的条件未变，因此仍有

$$D_n(s)=-\frac{G_n(s)}{G(s)}$$

实际应用中，还常采用前馈-串级控制结构，如图4-31所示。图中：$D_1(s)$、$D_2(s)$ 分别为主、副控制器的传递函数；$G_1(s)$、$G_2(s)$ 分别为主、副对象。

前馈-串级控制能及时克服进入前馈回路和串级副回路的干扰对被控量的影响，因前馈控制的输出不是直接作用于执行机构，而是补充到串级控制副回路的给定值中，这样就降低了对执行机构动态响应性能的要求，这也是前馈-反馈控制结构广泛被采用的原因。

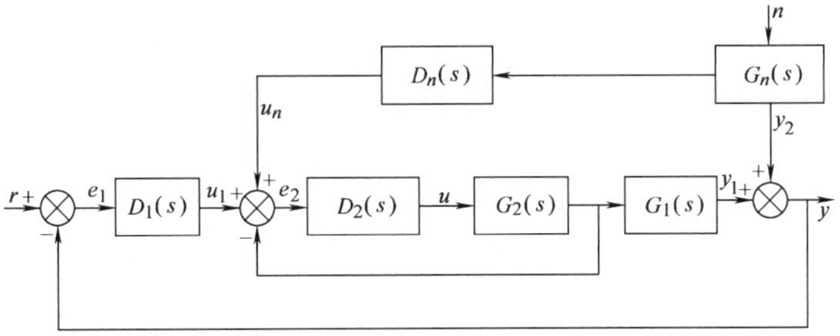

图 4-31　前馈-串级控制结构

例 4-3　火电厂锅炉锅筒三冲量水位控制系统如图 4-32 所示。在锅炉的水位控制系统中，锅炉锅筒水位控制系统的控制目标是：保持给水流量 D 和蒸汽流量 Q 平衡，以控制水位 H 为设定值 H_0。

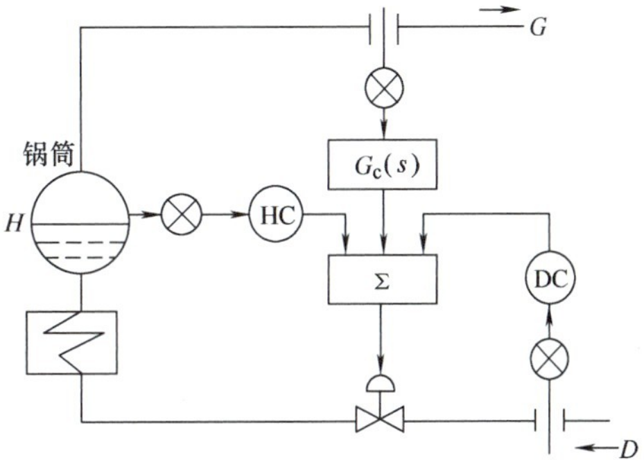

图 4-32　锅炉锅筒水位控制系统示意图

锅炉的给水流量 D 和蒸汽流量 Q（表征系统负荷）的变化是引起锅筒水位 H 变化的主要扰动。为了控制水位 H，系统采用了前馈-串级反馈控制结构，以前馈控制蒸汽流量 Q，以串级控制的内控制回路控制给水流量 D，水位 H 作为系统的最终输出量，以串级控制的外控制回路进行闭环控制。

由于整个控制系统要求控制蒸汽流量 Q、给水流量 D 以及锅筒水位 H 3 个现场信号，故又称为三冲量水位控制系统。

图 4-33 为控制系统结构框图。其中：$G_g(s)$ 为蒸汽流量水位通道的传递函数；$G_o(s)$ 为给水流量水位通道的传递函数；$G_d(s)$ 为给水流量反馈通道的传递函数；$G_c(s)$ 为蒸汽流量前馈补偿环节传递函数；$G_{p2}(s)$ 为副控制器（给水控制器）传递函数；$G_{p1}(s)$ 为主控制器（水位控制器）传递函数；K_g、K_d、K_h 分别是蒸汽流量、给水流量、锅筒水位测量装置的传递函数；K_u 为执行机构的传递函数。

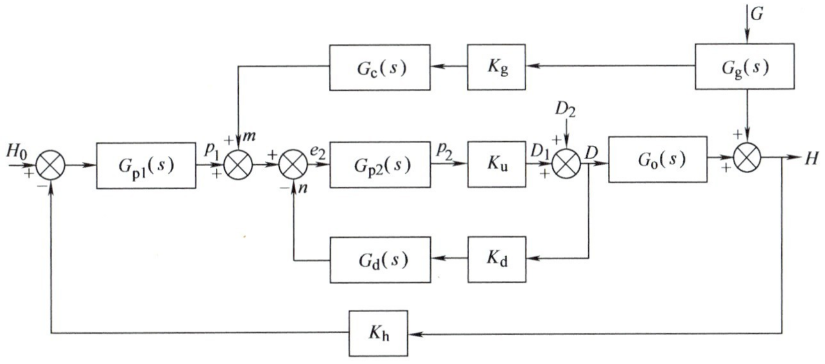

图 4-33　锅炉锅筒水位控制系统结构框图

当系统负荷变化引起蒸汽流量的变化时，通过前馈通道和串级内回路的补偿控制，将迅速改变给水流量，以适应蒸汽流量的变化，并减小对水位的影响；流量 D_2 表征由于各种原因引起的给水流量的扰动，这个扰动主要由内回路闭环反馈控制进行补偿；不管由于何种原因（包括前馈控制未能对蒸汽流量变化进行完全补偿的情况），锅筒水位偏离设定值时，串级主控回路以闭环反馈控制进行总补偿控制，使锅筒水位维持在设定值。

4.6.3 数字前馈-反馈控制算法

以前馈-反馈控制系统为例，介绍计算机前馈控制系统的算法步骤和算法流程图。图4-34是计算机前馈-反馈控制系统的方框图。图中：T 为采样周期，$D_n(z)$ 为前馈控制器，$D(z)$ 为反馈控制器，$H(s)$ 为零阶保持器。

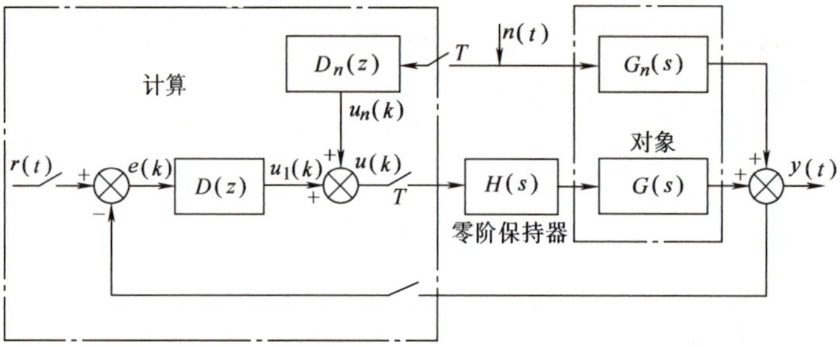

图4-34 计算机前馈-反馈控制系统

$D_n(z)$、$D(z)$ 是由数字计算机实现的。

若 $G_n(s)=\dfrac{K_1}{1+T_1 s}e^{-\tau_1 s}$ 和 $G(s)=\dfrac{K_2}{1+T_2 s}e^{-\tau_2 s}$，令 $\tau=\tau_1-\tau_2$，则

$$D_n(s)=\frac{U_n(s)}{N(s)}=K_f\frac{s+\dfrac{1}{T_2}}{s+\dfrac{1}{T_1}}e^{-\tau s} \tag{4-149}$$

式中，$K_f=-\dfrac{K_1T_2}{K_2T_1}$。

由式（4-149）可得前馈调节器的微分方程

$$\frac{du_n(t)}{dt}+\frac{1}{T_1}u_n(t)=K_f\left[\frac{dn(t-\tau)}{dt}+\frac{1}{T_2}n(t-\tau)\right] \tag{4-150}$$

假如选择采样频率 f_s 足够高，也即采样周期 $T=\dfrac{1}{f_s}$ 足够短，可对微分离散化，得到差分方程。设纯滞后时间 τ 是采样周期 T 的整数倍，即 $\tau=mT$，离散化时，令

$$u_n(t)\approx u_n(k),\quad n(t-\tau)\approx n(k-m),\quad dt\approx T$$

$$\frac{du_n(t)}{dt}\approx\frac{u_n(k)-u_n(k-1)}{T}$$

$$\frac{dn(t-\tau)}{dt}\approx\frac{n(k-m)-n(k-m-1)}{T}$$

由式（4-149）和式（4-150）可得到差分方程

$$u_n(k)=A_1u_n(k-1)+B_mn(k-m)+B_{m+1}n(k-m+1) \tag{4-151}$$

式中，$A_1=\dfrac{T_1}{T+T_1}$；$B_m=K_f\dfrac{T_1(T+T_2)}{T_2(T+T_1)}$；$B_{m+1}=-K_f\dfrac{T_1}{T+T_1}$。

根据差分方程式（4-151），便可编制出相应的软件，由计算机实现前馈调节器了。

下面推导计算机前馈-反馈控制的算法步骤：

1）计算反馈控制的偏差 $e(k)$

$$e(k)=r(k)-y(k) \tag{4-152}$$

2）计算反馈控制器（PID）的输出 $u_1(k)$

$$\Delta u_1(k)=K_p\Delta e(k)+K_I e(k)+K_D[\Delta e(k)-\Delta e(k-1)] \tag{4-153}$$

$$u_1(k)=u_1(k-1)+\Delta u_1(k) \tag{4-154}$$

3）计算前馈调节器 $D_n(s)$ 的输出 $u_n(k)$

$$\Delta u_n(k)=A_1\Delta u_n(k-1)+B_m\Delta n(k-m)+B_{m+1}\Delta n(k-m+1) \tag{4-155}$$

$$u_n(k)=u_n(k-1)+\Delta u_n(k) \tag{4-156}$$

4）计算前馈-反馈调节器的输出 $u(k)$

$$u(k)=u_n(k)+u_1(k) \tag{4-157}$$

4.7　解耦控制技术

早期的过程系统，主要是单回路单变量的调节，随着石油、化工、冶金等生产过程对控制的要求越来越高，往往在系统中用若干个控制回路来控制多个变量。由于各控制回路之间可能存在相互关联、相互耦合，因而构成了多输入多输出的多变量控制系统。

例如，化工生产中的精馏塔，其两端组分的控制采用如图 4-35 所示的控制方案。图中：D_1 为塔顶组分控制器，它的输出 u_1 用来控制调节阀 RV_1，调节进入塔顶的回流量 q_r，以便控制塔顶的组分 y_1。D_2 为塔釜组分控制器，它的输出 u_2 用来控制调节阀 RV_2，调节进入再沸器的加热蒸汽量 q_s，以便控制塔底的组分 y_2。显然，u_2 的改变不仅影响 y_2，还会引起 y_1 的变化；同样，u_1 的改变不仅对 y_1 有影响，还会引起 y_2 的变化。因此，这两个控制回路之间存在着相互关联、相互耦合。

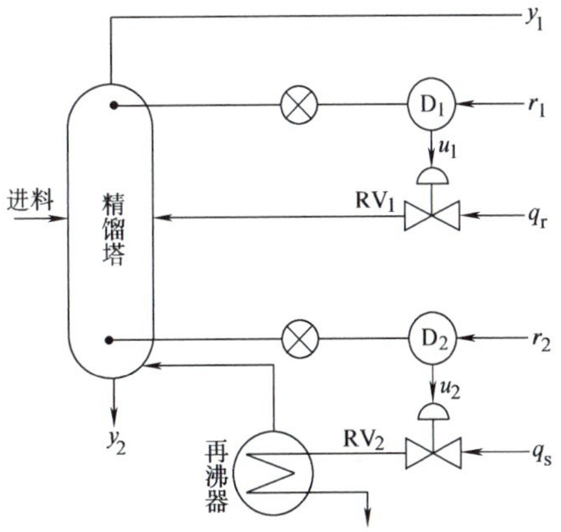

图 4-35　精馏塔组分控制示意图

两个控制回路之间的耦合，往往会造成两个回路久久不能平衡，以致无法正常工作，这种耦合关系如图 4-36 所示。

图中：$R_1(s)$、$R_2(s)$ 分别为两个组分系统的给定值；$Y_1(s)$、$Y_2(s)$ 分别为两个组分系统的被控量；$D_1(s)$、$D_2(s)$ 分别为两个组分调节器的传递函数。

被控对象的传递函数矩阵为

$$\boldsymbol{G}(s)=\begin{pmatrix} G_{11}(s) & G_{12}(s) \\ G_{21}(s) & G_{22}(s) \end{pmatrix} \tag{4-158}$$

则被控对象输入/输出间的传递关系为

$$\begin{pmatrix} Y_1(s) \\ Y_2(s) \end{pmatrix}=\boldsymbol{G}(s)\begin{pmatrix} U_1(s) \\ U_2(s) \end{pmatrix} \tag{4-159}$$

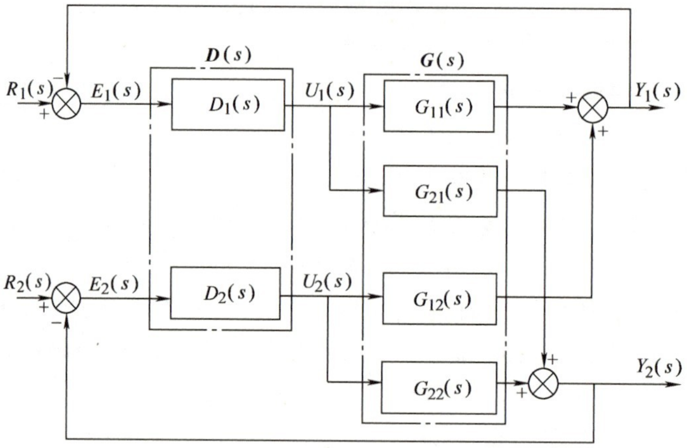

图 4-36　精馏塔组分的耦合关系

而

$$\begin{pmatrix} U_1(s) \\ U_2(s) \end{pmatrix} = \begin{pmatrix} D_1(s) & 0 \\ 0 & D_2(s) \end{pmatrix} \begin{pmatrix} E_1(s) \\ E_2(s) \end{pmatrix} = \boldsymbol{D}(s) \begin{pmatrix} E_1(s) \\ E_2(s) \end{pmatrix} \tag{4-160}$$

式中，$\boldsymbol{D}(s) = \begin{pmatrix} D_1(s) & 0 \\ 0 & D_2(s) \end{pmatrix}$ 为控制矩阵。

根据以上分析，可画出多变量控制系统框图，如图 4-37 所示。

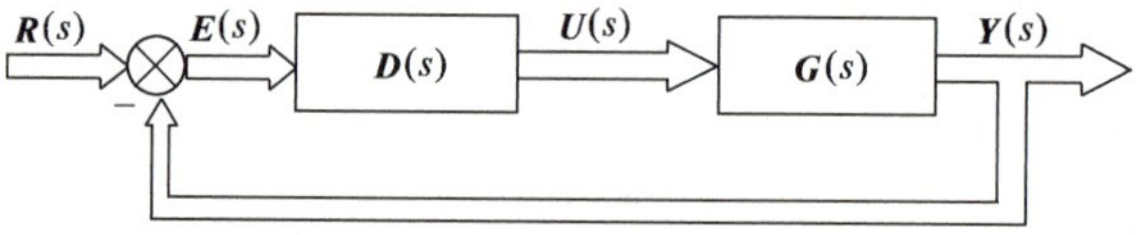

图 4-37　多变量控制系统框图

多变量控制系统的开环传递函数矩阵为

$$\boldsymbol{G}_{\mathrm{k}}(s) = \boldsymbol{G}(s)\boldsymbol{D}(s) \tag{4-161}$$

闭环传递函数矩阵为

$$\boldsymbol{\Phi}(s) = (\boldsymbol{I}+\boldsymbol{G}_{\mathrm{k}}(s))^{-1}\boldsymbol{G}_{\mathrm{k}}(s) \tag{4-162}$$

式中，$\boldsymbol{I}$ 为单位矩阵。

4.7.1　解耦控制原理

解耦控制的主要目标是通过设计解耦补偿装置，使各控制器只对各自相应的被控量施加控制作用，从而消除回路间的相互影响。

对于一个多变量控制系统，如果系统的闭环传递函数矩阵 $\boldsymbol{\Phi}(s)$ 为一个对角线矩阵，那么这个多变量控制系统各控制回路之间是相互独立的。因此，多变量控制系统解耦的条件是系统的闭环传递函数矩阵 $\boldsymbol{\Phi}(s)$ 为对角线矩阵，即

$$\boldsymbol{\Phi}(s) = \begin{pmatrix} \Phi_{11}(s) & 0 & \cdots & 0 \\ 0 & \Phi_{22}(s) & \cdots & 0 \\ \vdots & \vdots & & \vdots \\ 0 & 0 & \cdots & \Phi_{nn}(s) \end{pmatrix} \tag{4-163}$$

为了达到解耦的目的，必须在多变量控制系统中引入解耦补偿装置 $\boldsymbol{F}(s)$，如图 4-38 所示。

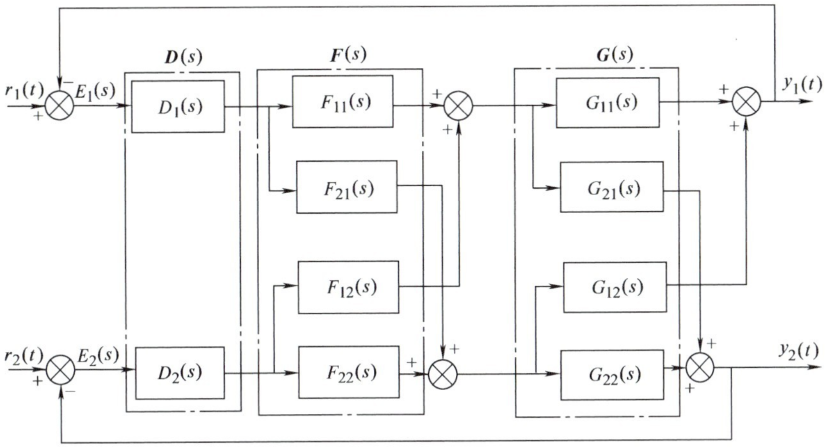

图 4-38　多变量解耦控制系统框图

由式（4-162）可知，为了使系统的闭环传递函数矩阵 $\boldsymbol{\Phi}(s)$ 为对角线矩阵，必须使系统的开环传递函数矩阵 $\boldsymbol{G}_{\mathrm{k}}(s)$ 为对角线矩阵。因为 $\boldsymbol{G}_{\mathrm{k}}(s)$ 为对角线矩阵时，$(\boldsymbol{I}+\boldsymbol{G}_{\mathrm{k}}(s))^{-1}$ 也必为对角线矩阵，那么 $\boldsymbol{\Phi}(s)$ 必为对角线矩阵。

引入解耦补偿装置后，系统的开环传递函数矩阵变为

$$\boldsymbol{G}_{\mathrm{kf}}(s)=\boldsymbol{G}(s)\boldsymbol{F}(s)\boldsymbol{D}(s) \tag{4-164}$$

式中，$\boldsymbol{F}(s)=\begin{pmatrix} F_{11}(s) & F_{12}(s) \\ F_{21}(s) & F_{22}(s) \end{pmatrix}$ 为解耦补偿矩阵。

由于各控制回路的控制器一般是相互独立的，控制矩阵 $\boldsymbol{D}(s)$ 本身已为对角线矩阵，因此，在设计时，只要使 $\boldsymbol{G}(s)$ 与 $\boldsymbol{F}(s)$ 的乘积为对角线矩阵，就可使 $\boldsymbol{G}_{\mathrm{kf}}(s)$ 为对角线矩阵，即

$$\begin{pmatrix} G_{11}(s) & G_{12}(s) \\ G_{21}(s) & G_{22}(s) \end{pmatrix}\begin{pmatrix} F_{11}(s) & F_{12}(s) \\ F_{21}(s) & F_{22}(s) \end{pmatrix}=\begin{pmatrix} G_{11}(s) & 0 \\ 0 & G_{22}(s) \end{pmatrix}$$

因而，解耦补偿矩阵 $\boldsymbol{F}(s)$ 为

$$\begin{pmatrix} F_{11}(s) & F_{12}(s) \\ F_{21}(s) & F_{22}(s) \end{pmatrix}=\begin{pmatrix} G_{11}(s) & G_{12}(s) \\ G_{21}(s) & G_{22}(s) \end{pmatrix}^{-1}\begin{pmatrix} G_{11}(s) & 0 \\ 0 & G_{22}(s) \end{pmatrix} \tag{4-165}$$

根据上述分析，采用对角线矩阵综合方法，解耦之后的两个控制回路相互独立，如图 4-39 所示。

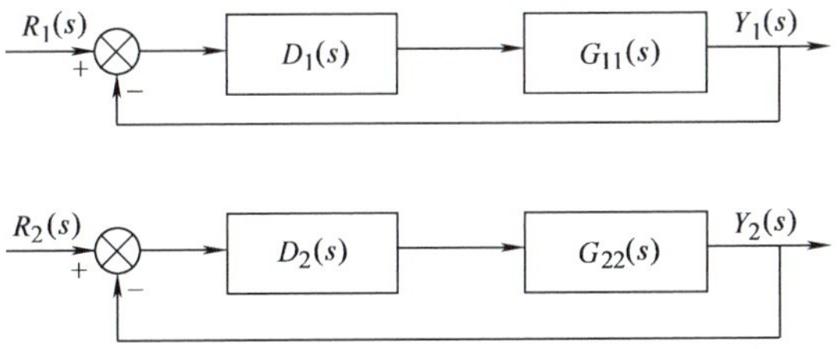

图 4-39　多变量解耦后的等效框图

4.7.2　数字解耦控制算法

当采用计算机控制时，图4-38所对应的离散化形式如图4-40所示。图中，$D_1(z)$、$D_2(z)$分别为回路1和回路2的控制器脉冲传递函数，$F_{11}(z)$、$F_{12}(z)$、$F_{21}(z)$、$F_{22}(z)$为解耦补偿装置的脉冲传递函数，$H(s)$为零阶保持器的传递函数，并有广义对象的脉冲传递函数为

$$G_{11}(z)=Z[H(s)G_{11}(s)],\quad G_{12}(z)=Z[H(s)G_{12}(s)]$$
$$G_{21}(z)=Z[H(s)G_{21}(s)],\quad G_{22}(z)=Z[H(s)G_{22}(s)]$$

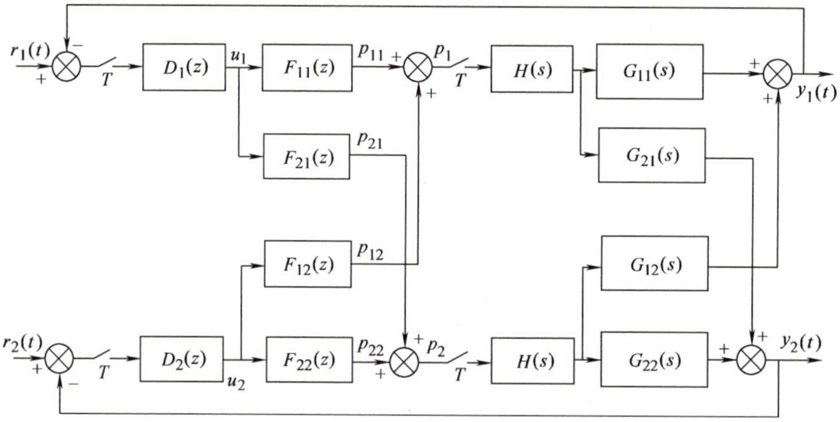

图4-40　计算机解耦控制系统框图

由图4-40可得

$$\begin{pmatrix}Y_1(z)\\Y_2(z)\end{pmatrix}=\begin{pmatrix}G_{11}(z) & G_{12}(z)\\G_{21}(z) & G_{22}(z)\end{pmatrix}\begin{pmatrix}P_1(z)\\P_2(z)\end{pmatrix}\tag{4-166}$$

$$\begin{pmatrix}P_1(z)\\P_2(z)\end{pmatrix}=\begin{pmatrix}F_{11}(z) & F_{12}(z)\\F_{21}(z) & F_{22}(z)\end{pmatrix}\begin{pmatrix}U_1(z)\\U_2(z)\end{pmatrix}\tag{4-167}$$

由式（4-166）和式（4-167）可得

$$\begin{pmatrix}Y_1(z)\\Y_2(z)\end{pmatrix}=\begin{pmatrix}G_{11}(z) & G_{12}(z)\\G_{21}(z) & G_{22}(z)\end{pmatrix}\begin{pmatrix}F_{11}(z) & F_{12}(z)\\F_{21}(z) & F_{22}(z)\end{pmatrix}\begin{pmatrix}U_1(z)\\U_2(z)\end{pmatrix}\tag{4-168}$$

根据解耦控制的条件，知

$$\begin{pmatrix}G_{11}(z) & G_{12}(z)\\G_{21}(z) & G_{22}(z)\end{pmatrix}\begin{pmatrix}F_{11}(z) & F_{12}(z)\\F_{21}(z) & F_{22}(z)\end{pmatrix}=\begin{pmatrix}G_{11}(z) & 0\\0 & G_{22}(z)\end{pmatrix}\tag{4-169}$$

由此，可求得解耦补偿矩阵为

$$\begin{pmatrix}F_{11}(z) & F_{12}(z)\\F_{21}(z) & F_{22}(z)\end{pmatrix}=\begin{pmatrix}G_{11}(z) & G_{12}(z)\\G_{21}(z) & G_{22}(z)\end{pmatrix}^{-1}\begin{pmatrix}G_{11}(z) & 0\\0 & G_{22}(z)\end{pmatrix}\tag{4-170}$$

将式（4-170）的解耦补偿矩阵$\boldsymbol{F}(z)$化为差分方程形式，即可用计算机编程来实现。

以上解耦控制方法，虽然是以两变量控制系统为例来讨论的，但对三变量以上相关联的系统，解耦控制方法同样适用。

习 题

1. 数字控制器的连续化设计步骤是什么？

2. 某系统的连续控制器设计为

$$D(s)=\frac{U(s)}{E(s)}=\frac{1+T_1 s}{1+T_2 s}$$

试用双线性变换法、前向差分法、后向差分法分别求取数字控制器 $D(z)$，并分别给出 3 种方法对应的递推控制算法。

3. 什么是数字 PID 位置型控制算法和增量型控制算法？试比较它们的优缺点。

4. 已知模拟调节器的传递函数为

$$D(s)=\frac{U(s)}{E(s)}=\frac{1+0.17s}{1+0.085s}$$

试写出相应数字控制器的位置型和增量型控制算式，设采样周期 $T=0.2\text{s}$。

5. 什么叫积分饱和？它是怎样引起的？如何消除？

6. 选择采样周期需要考虑哪些因素？

7. 试叙述试凑法、扩充临界比例度法、扩充响应曲线法整定 PID 参数的步骤。

8. 数字控制器的离散化设计步骤是什么？

9. 已知被控对象的传递函数为

$$G_c(s)=\frac{10}{s(0.1s+1)}$$

采样周期 $T=1\text{s}$，采用零阶保持器。要求：

（1）针对单位阶跃输入信号设计最少拍有纹波系统的 $D(z)$，并计算输出响应 $y(k)$、控制信号 $u(k)$ 和误差 $e(k)$ 序列，画出它们对时间变化的波形。

（2）针对单位速度输入信号设计最少拍无纹波系统的 $D(z)$，并计算输出响应 $y(k)$、控制信号 $u(k)$ 和误差 $e(k)$ 序列，画出它们对时间变化的波形。

10. 已知被控对象的传递函数为

$$G_c(s)=\frac{6}{s(s+2)}e^{-2s}$$

采样周期 $T=1\text{s}$，采用零阶保持器。要求：

针对单位速度输入信号设计最少拍无纹波系统的 $D(z)$，并计算输出响应 $y(k)$、控制信号 $u(k)$ 和误差 $e(k)$ 序列，画出它们对时间变化的波形。

11. 被控对象的传递函数为

$$G_c(s)=\frac{1}{s^2}$$

采样周期 $T=1\text{s}$，采用零阶保持器，针对单位速度输入函数，按以下要求设计：

（1）用最少拍无纹波系统的设计方法，设计 $\Phi(z)$ 和 $D(z)$；

（2）求出数字控制器输出序列 $u(k)$ 的递推形式；

（3）画出采样瞬间数字控制器的输出和系统的输出曲线。

12. 被控对象的传递函数为

$$G_c(s)=\frac{1}{s+1}e^{-s}$$

采样周期 $T=1\text{s}$。要求：

（1）采用史密斯预估控制，并按图 4-23 所示的结构，求取控制器的输出 $u(k)$；

（2）试用达林算法设计数字控制器 $D(z)$，并求取 $u(k)$ 的递推形式。

13. 在图 4-27 所示的计算机串级控制系统中，已知采样周期为 T，且有

$$D_1(z)=\frac{a_0-a_1z^{-1}+a_2z^{-2}}{1-z^{-1}},\quad D_2(z)=\frac{b_0-b_1z^{-1}}{1-z^{-1}}$$

其中，a_0、a_1、a_2、b_0、b_1 是使 $D_1(z)$ 和 $D_2(z)$ 能够实现的常数，试写出计算机串级控制算法。

14. 前馈控制完全补偿的条件是什么？前馈和反馈相结合有什么好处？

15. 多变量控制系统解耦的条件是什么？

第 5 章　现代控制技术

教学重点难点

在经典控制理论中，用传递函数模型来设计和分析单输入单输出系统，但传递函数模型只能反映出系统的输出变量与输入变量之间的关系，而不能了解到系统内部的变化情况。在现代理论中，用状态空间模型来设计和分析多输入多输出系统，便于计算机求解，同时也为多变量系统的分析研究提供了有力的工具。

5.1　采用状态空间的输出反馈设计法

设线性定常系统被控对象的连续状态方程为

$$\begin{cases}\dot{\boldsymbol{x}}(t)=\boldsymbol{A}\boldsymbol{x}(t)+\boldsymbol{B}\boldsymbol{u}(t) & \boldsymbol{x}(t)\big|_{t=t_0}=\boldsymbol{x}(t_0)\\ \boldsymbol{y}(t)=\boldsymbol{C}\boldsymbol{x}(t)\end{cases}\tag{5-1}$$

式中，$\boldsymbol{x}(t)$ 是 n 维状态向量；$\boldsymbol{u}(t)$ 是 r 维控制向量；$\boldsymbol{y}(t)$ 是 m 维输出向量；$\boldsymbol{A}$ 是 $n\times n$ 维状态矩阵；$\boldsymbol{B}$ 是 $n\times r$ 维控制矩阵；$\boldsymbol{C}$ 是 $n\times m$ 维输出矩阵。采用状态空间的输出反馈设计法的目的是：利用状态空间表达式，设计出数字控制器 $\boldsymbol{D}(z)$，使得多变量计算机控制系统满足所需要的性能指标，即在控制器 $\boldsymbol{D}(z)$ 的作用下，系统输出 $\boldsymbol{y}(t)$ 经过 N 次采样（N 拍）后，跟踪参考输入函数 $r(t)$ 的瞬变响应时间为最小。具有输出反馈的多变量计算机控制系统如图 5-1 所示。

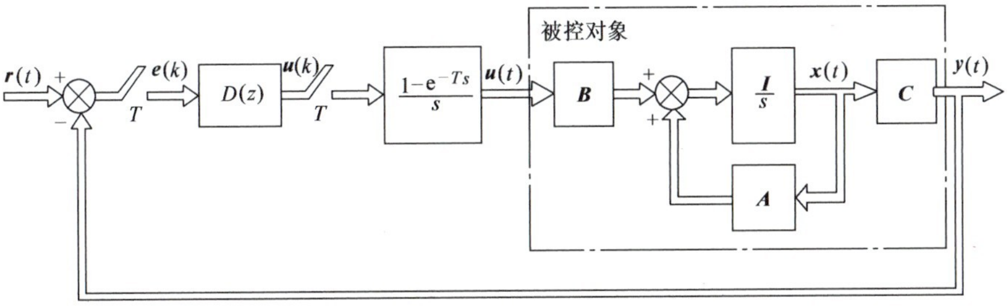

图 5-1　具有输出反馈的多变量计算机控制系统

假设参考输入函数 $\boldsymbol{r}(t)$ 是 m 维阶跃函数向量，即

$$\boldsymbol{r}(t)=\boldsymbol{r}_0\cdot 1(t)=(r_{01}r_{02}\cdots r_{0m})^{\mathrm{T}}\cdot 1(t)\tag{5-2}$$

先找出在 $\boldsymbol{D}(z)$ 的作用下，输出是最少 N 拍跟踪输入的条件。设计时，应首先把被控对象离散化，用离散状态空间方程表示被控对象。

5.1.1　连续状态方程的离散化

在 $\boldsymbol{u}(t)$ 的作用下，式（5-1）的解为

$$\boldsymbol{x}(t)=\mathrm{e}^{\boldsymbol{A}(t-t_0)}\boldsymbol{x}(t_0)+\int_{t_0}^{t}\mathrm{e}^{\boldsymbol{A}(t-\tau)}\boldsymbol{B}\boldsymbol{u}(\tau)\mathrm{d}\tau \tag{5-3}$$

式中，$\mathrm{e}^{\boldsymbol{A}(t-t_0)}$ 是被控对象的状态转移矩阵；$\boldsymbol{x}(t_0)$ 是初始状态向量。若已知被控对象的前面有一零阶保持器，即

$$\boldsymbol{u}(t)=\boldsymbol{u}(k),\quad kT\leqslant t<(k+1)T \tag{5-4}$$

式中，T 为采样周期。现在要求将连续被控对象模型连同零阶保持器一起进行离散化。

在式（5-3）中，若令 $t_0=kT$，$t=(k+1)T$，同时考虑到零阶保持器的作用，则式（5-3）变为

$$\boldsymbol{x}(k+1)=\mathrm{e}^{\boldsymbol{A}T}\boldsymbol{x}(k)+\int_{kT}^{(k+1)T}\mathrm{e}^{\boldsymbol{A}(kT+T-\tau)}\mathrm{d}\tau\boldsymbol{B}\boldsymbol{u}(k) \tag{5-5}$$

若令 $t=kT+T-\tau$，则式（5-5）可进一步化为离散状态方程

$$\begin{cases}\boldsymbol{x}(k+1)=\boldsymbol{F}\boldsymbol{x}(k)+\boldsymbol{G}\boldsymbol{u}(k)\\ \boldsymbol{y}(k)=\boldsymbol{C}\boldsymbol{x}(k)\end{cases} \tag{5-6}$$

$$\boldsymbol{F}=\mathrm{e}^{\boldsymbol{A}T},\quad \boldsymbol{G}=\int_0^T\mathrm{e}^{\boldsymbol{A}\tau}\mathrm{d}\tau\boldsymbol{B} \tag{5-7}$$

式（5-6）便是式（5-1）的等效离散状态方程。可见离散化的关键，是式（5-7）中矩阵指数及其积分的计算。

5.1.2　最少拍无纹波系统的跟踪条件

由式（5-1）中的系统输出方程可知，$\boldsymbol{y}(t)$ 以最少的 N 拍跟踪参考输入 $\boldsymbol{r}(t)$，必须满足条件

$$\boldsymbol{y}(N)=\boldsymbol{C}\boldsymbol{x}(N)=\boldsymbol{r}_0 \tag{5-8}$$

仅按条件式（5-8）设计的系统将是有纹波系统，为设计无纹波系统，还必须满足条件

$$\dot{\boldsymbol{x}}(N)=0 \tag{5-9}$$

这是因为，在 $NT\leqslant t\leqslant(N+1)T$ 的间隔内，控制信号 $\boldsymbol{u}(t)=\boldsymbol{u}(N)$ 为常向量，由式（5-1）知，当 $\dot{\boldsymbol{x}}(N)=0$ 时，则在 $NT\leqslant t\leqslant(N+1)T$ 的间隔内 $\boldsymbol{x}(t)=\boldsymbol{x}(N)$，而且不改变。就是说，若使 $t\geqslant NT$ 时的控制信号满足

$$\boldsymbol{u}(t)=\boldsymbol{u}(N),\quad t\geqslant NT \tag{5-10}$$

此时，$\boldsymbol{x}(t)=\boldsymbol{x}(N)$ 且不改变，则使条件式（5-8）对 $t\geqslant NT$ 时始终满足下式

$$\boldsymbol{y}(t)=\boldsymbol{C}\boldsymbol{x}(t)=\boldsymbol{C}\boldsymbol{x}(N)=\boldsymbol{r}_0,\quad t\geqslant NT \tag{5-11}$$

下面讨论系统的输出跟踪参考输入所用最少拍数 N 的确定方法。式（5-8）确定的跟踪条件为 m 个，式（5-9）确定的附加跟踪条件为 n 个，为满足式（5-8）和式（5-9）组成的 $(m+n)$ 个跟踪条件，$(N+1)$ 个 r 维的控制向量 $\{\boldsymbol{u}(0)\quad \boldsymbol{u}(1)\quad\cdots\quad \boldsymbol{u}(N-1)\quad \boldsymbol{u}(N)\}$ 必须至少提供 $(m+n)$ 个控制参数，亦即

$$(N+1)r\geqslant(m+n) \tag{5-12}$$

最少拍数 N 应取满足式（5-12）的最小整数。

5.1.3　输出反馈设计法的设计步骤

(1) 将连续状态方程进行离散化

对于由式（5-1）给出的被控对象的连续状态方程，用采样周期 T 对其进行离散化，通过计算式（5-7），可求得离散状态方程为式（5-6）。

(2) 求满足跟踪条件式（5-8）和附加条件式（5-9）的 $U(z)$

被控对象的离散状态方程式（5-6）的解为

$$\boldsymbol{x}(k) = \boldsymbol{F}^{k}\boldsymbol{x}(0) + \sum_{j=0}^{k-1}\boldsymbol{F}^{k-j-1}\boldsymbol{G}\boldsymbol{u}(j) \tag{5-13}$$

被控对象在 N 步控制信号 $\{\boldsymbol{u}(0)\quad \boldsymbol{u}(1)\quad \cdots\quad \boldsymbol{u}(N-1)\}$ 作用下的状态为

$$\boldsymbol{x}(N) = \boldsymbol{F}^{N}\boldsymbol{x}(0) + \sum_{j=0}^{N-1}\boldsymbol{F}^{N-j-1}\boldsymbol{G}\boldsymbol{u}(j)$$

假定系统的初始条件 $x(0)=0$，则有

$$\boldsymbol{x}(N) = \sum_{j=0}^{N-1}\boldsymbol{F}^{N-j-1}\boldsymbol{G}\boldsymbol{u}(j) \tag{5-14}$$

根据条件式（5-8），有

$$\boldsymbol{r}_0 = \boldsymbol{y}(N) = \boldsymbol{C}\boldsymbol{x}(N) = \sum_{j=0}^{N-1}\boldsymbol{C}\boldsymbol{F}^{N-j-1}\boldsymbol{G}\boldsymbol{u}(j)$$

用分块矩阵形式来表示，得到

$$\boldsymbol{r}_0 = \sum_{j=0}^{N-1}\boldsymbol{C}\boldsymbol{F}^{N-j-1}\boldsymbol{G}\boldsymbol{u}(j) = (\boldsymbol{C}\boldsymbol{F}^{N-1}\boldsymbol{G} \vdots \boldsymbol{C}\boldsymbol{F}^{N-2}\boldsymbol{G} \vdots \cdots \vdots \boldsymbol{C}\boldsymbol{F}\boldsymbol{G} \vdots \boldsymbol{C}\boldsymbol{G})\begin{pmatrix}\boldsymbol{u}(0)\\ \boldsymbol{u}(1)\\ \vdots\\ \boldsymbol{u}(N-2)\\ \boldsymbol{u}(N-1)\end{pmatrix} \tag{5-15}$$

再由条件式（5-9）和式（5-1）知，有

$$\dot{\boldsymbol{x}}(N) = \boldsymbol{A}\boldsymbol{x}(N) + \boldsymbol{B}\boldsymbol{u}(N) = \boldsymbol{0}$$

将式（5-4）代入上式，得

$$\sum_{j=0}^{N-1}\boldsymbol{A}\boldsymbol{F}^{N-j-1}\boldsymbol{G}\boldsymbol{u}(j) + \boldsymbol{B}\boldsymbol{u}(N) = 0$$

或

$$(\boldsymbol{A}\boldsymbol{F}^{N-1}\boldsymbol{G} \vdots \boldsymbol{A}\boldsymbol{F}^{N-2}\boldsymbol{G} \vdots \cdots \vdots \boldsymbol{A}\boldsymbol{G} \vdots \boldsymbol{B})\begin{pmatrix}\boldsymbol{u}(0)\\ \boldsymbol{u}(1)\\ \vdots\\ \boldsymbol{u}(N-1)\\ \boldsymbol{u}(N)\end{pmatrix} = 0 \tag{5-16}$$

由式（5-15）和式（5-16）可以组成确定（N+1）个控制序列 $\{\boldsymbol{u}(0)\quad \boldsymbol{u}(1)\quad \cdots\quad \boldsymbol{u}(N-1)\quad \boldsymbol{u}(N)\}$ 的统一方程组为

$$\begin{pmatrix} CF^{N-1}G & \vdots & CF^{N-2}G & \vdots & & \vdots & CG & \vdots & 0 \\ & \vdots & & \vdots & \cdots & \vdots & & \vdots & \\ AF^{N-1}G & \vdots & AF^{N-2}G & \vdots & & \vdots & AG & \vdots & B \end{pmatrix}\begin{pmatrix} u(0) \\ u(1) \\ \vdots \\ u(N-1) \\ u(N) \end{pmatrix}=\begin{pmatrix} r_0 \\ \vdots \\ 0 \end{pmatrix} \tag{5-17}$$

若方程式（5-17）有解，并设解为

$$u(j)=P(j)r_0,\quad j=0,1,\cdots,N \tag{5-18}$$

当 $k=N$ 时，控制信号 $u(k)$ 应满足

$$u(k)=u(N)=P(N)r_0,\quad k\geqslant N$$

这样就由跟踪条件求得了控制序列 $\{y(k)\}$，其 Z 变换为

$$\begin{aligned} U(z) &= \sum_{k=0}^{\infty} u(k)z^{-k} = \left[\sum_{k=0}^{N-1} P(k)z^{-k} + P(N)\sum_{k=N}^{\infty} z^{-k}\right] r_0 \\ &= \left[\sum_{k=0}^{N-1} P(k)z^{-k} + \frac{P(N)z^{-N}}{1-z^{-1}}\right] r_0 \end{aligned} \tag{5-19}$$

(3) 求取误差序列 $\{e(k)\}$ 的 Z 变换 $E(z)$

误差向量为

$$e(k)=r(k)-y(k)=r_0-Cx(k)$$

假定 $x(0)=0$，将式（5-13）代入上式，得

$$e(k)=r_0-\sum_{j=0}^{k-1} CF^{(k-j-1)}Gu(j)$$

再将式（5-18）代入上式，则

$$e(k)=\left[I-\sum_{j=0}^{k-1} CF^{(k-j-1)}GP(j)\right] r_0$$

误差序列 $\{e(k)\}$ 的 Z 变换为

$$E(z)=\sum_{k=0}^{\infty} e(k)z^{-k}=\sum_{k=0}^{N-1} e(k)z^{-k}+\sum_{k=N}^{\infty} e(k)z^{-k}$$

式中，$\sum_{k=N}^{\infty} e(k)z^{-k}=0$。因为满足跟踪条件式（5-8）和附加条件式（5-9），即当 $k\geqslant N$ 时误差信号应消失，因此

$$E(z)=\sum_{k=0}^{N-1} e(k)z^{-k}=\sum_{k=0}^{N-1}\left[I-\sum_{j=0}^{k-1} CF^{(k-j-1)}GP(j)\right] r_0 z^{-k} \tag{5-20}$$

(4) 求控制器的脉冲传递函数 $D(z)$

根据式（5-19）和式（5-20）可求得 $D(z)$ 为

$$D(z)=\frac{U(z)}{E(z)} \tag{5-21}$$

例 5-1　设二阶单输入单输出系统，其状态方程为

$$\begin{cases} \dot{x}(t)=Ax(t)+Bu(t) \\ y(t)=Cx(t) \end{cases}$$

其中 $A=\begin{pmatrix} -1 & 0 \\ 1 & 0 \end{pmatrix}$，$B=\begin{pmatrix} 1 \\ 0 \end{pmatrix}$，$C=(0\quad 1)$，采样周期 $T=1\text{s}$，试设计最少拍无纹波控制器

$\boldsymbol{D}(z)$。

解　$\boldsymbol{F}=\mathrm{e}^{AT}=\begin{pmatrix}\mathbf{e}^{-1} & 0\\ 1-\mathbf{e}^{-1} & 1\end{pmatrix}=\begin{pmatrix}0.368 & 0\\ 0.632 & 1\end{pmatrix}$，$\boldsymbol{G}=\int_0^T \mathrm{e}^{A\tau}\mathrm{d}\tau\boldsymbol{B}=\begin{pmatrix}1-\mathbf{e}^{-1}\\ \mathbf{e}^{-1}\end{pmatrix}=\begin{pmatrix}0.632\\ 0.368\end{pmatrix}$

离散状态方程为

$$\begin{cases}\boldsymbol{x}(k+1)=\boldsymbol{F}\boldsymbol{x}(k)+\boldsymbol{G}\boldsymbol{u}(k)\\ \boldsymbol{y}(k)=\boldsymbol{C}\boldsymbol{x}(k)\end{cases}$$

要设计无纹波系统，跟踪条件应满足

$$(N+1)r\geqslant(m+n)$$

而 $n=2$，$r=1$，$m=1$，因此取 $N=2$ 即可满足上式条件。

由式（5-17）可得
$$\begin{pmatrix}\boldsymbol{CFG} & \boldsymbol{CG} & \boldsymbol{0}\\ \boldsymbol{AFG} & \boldsymbol{AG} & \boldsymbol{B}\end{pmatrix}\begin{pmatrix}\boldsymbol{u}(0)\\ \boldsymbol{u}(1)\\ \boldsymbol{u}(2)\end{pmatrix}=\begin{pmatrix}\boldsymbol{r}_0\\ 0\\ 0\end{pmatrix}$$

即

$$\begin{pmatrix}0.768 & 0.368 & 0\\ -0.232 & -0.632 & 1\\ 0.232 & 0.632 & 0\end{pmatrix}\begin{pmatrix}u(0)\\ u(1)\\ u(2)\end{pmatrix}=\begin{pmatrix}r_0\\ 0\\ 0\end{pmatrix}$$

进一步得
$$\begin{pmatrix}u(0)\\ u(1)\\ u(2)\end{pmatrix}=\begin{pmatrix}P(0)\\ P(1)\\ P(2)\end{pmatrix}r_0=\begin{pmatrix}1.58\\ -0.58\\ 0\end{pmatrix}r_0$$

$$P(0)=1.58,P(1)=-0.58,P(2)=0$$

由式（5-19）和 $N=2$ 知

$$\boldsymbol{U}(z)=\left[\sum_{k=0}^{N-1}\boldsymbol{P}(k)z^{-k}+\frac{\boldsymbol{P}(N)z^{-N}}{1-z^{-1}}\right]\boldsymbol{r}_0=\left[P(0)+P(1)z^{-1}+\frac{P(2)z^{-2}}{1-z^{-1}}\right]r_0$$
$$=(1.58-0.58z^{-1})r_0$$

由式（5-20）和 $N=2$ 知

$$\boldsymbol{E}(z)=\sum_{k=0}^{N-1}\left[\boldsymbol{I}-\sum_{j=0}^{k-1}\boldsymbol{CF}^{(k-j-1)}\boldsymbol{GP}(j)\right]\boldsymbol{r}_0z^{-k}=\{\boldsymbol{I}+[\boldsymbol{I}-\boldsymbol{CGP}(0)]z^{-1}\}\boldsymbol{r}_0$$
$$=(1+0.418z^{-1})r_0$$

所以数字控制器 $\boldsymbol{D}(z)$ 为

$$\boldsymbol{D}(z)=\frac{\boldsymbol{U}(z)}{\boldsymbol{E}(z)}=\frac{1.58-0.58z^{-1}}{1+0.418z^{-1}}$$

5.2　采用状态空间的极点配置设计法

在计算机控制系统中，除了使用输出反馈控制外，还较多地使用状态反馈控制，因为由状态输入就可以完全地确定系统的未来行为。图 5-2 给出了计算机控制系统的典型结构。在 5.1.1 节中，讨论了连续的被控对象同零阶保持器一起进行离散化的问题，同时忽略数字控制器的量化效应，则图 5-2 可以简化为如图 5-3 所示的离散系统。

下面按离散系统的情况来讨论控制器的设计。本节讨论利用状态反馈的极点配置方法来

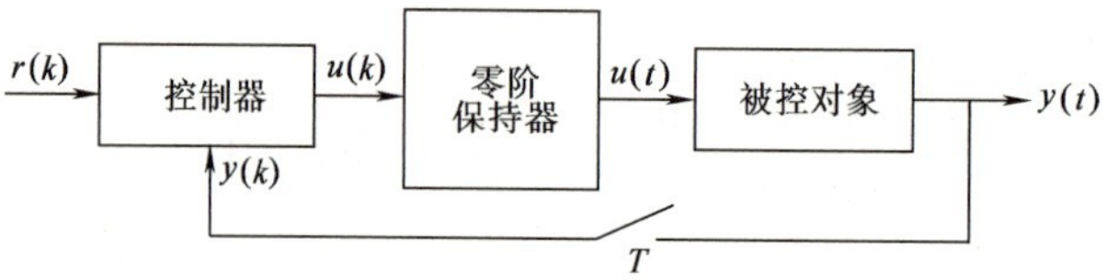

图 5-2　计算机控制系统的典型结构

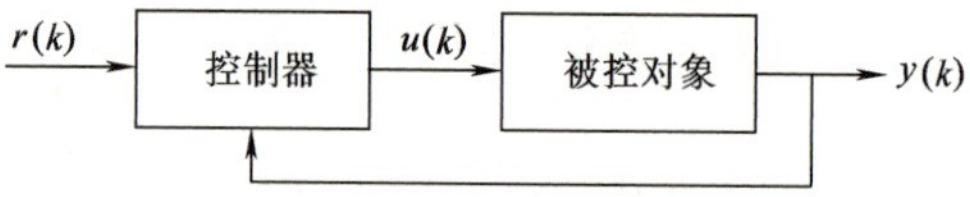

图 5-3　简化的离散系统结构

设计控制规律，首先讨论调节系统［$r(k)=0$］的情况，然后讨论跟踪系统，即如何引入外界参考输入 $r(k)$。

按极点配置设计的控制器通常由两部分组成：一部分是状态观测器，它根据所量测到的输出量 $y(k)$ 重构出全部状态 $\hat{x}(k)$；另一部分是控制规律，它直接反馈重构的全部状态。图 5-4 给出了调节系统的情况［即 $r(k)=0$］。

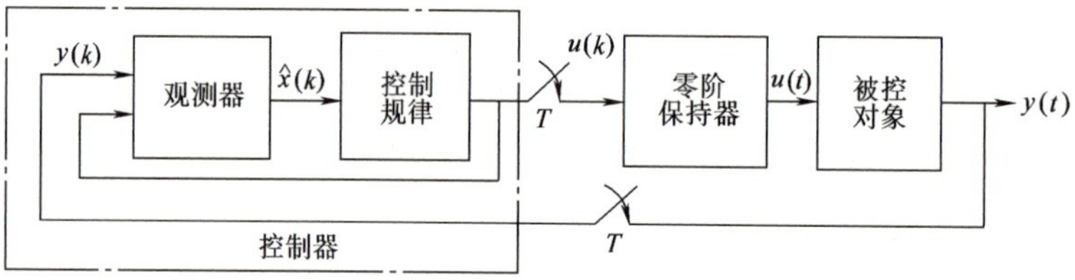

图 5-4　调节系统［$r(k)=0$］中控制器的结构

5.2.1　按极点配置设计控制规律

为了按极点配置设计控制规律，暂设控制规律反馈的是实际对象的全部状态，而不是重构的状态，如图 5-5 所示。

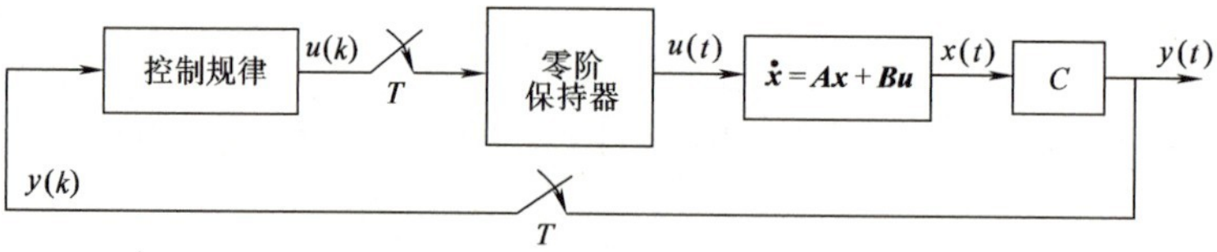

图 5-5　按极点配置设计控制规律

设连续被控对象的状态方程为

$$\begin{cases}\dot{\boldsymbol{x}}(t)=\boldsymbol{A}\boldsymbol{x}(t)+\boldsymbol{B}\boldsymbol{u}(t)\\ \boldsymbol{y}(t)=\boldsymbol{C}\boldsymbol{x}(t)\end{cases} \tag{5-22}$$

由 5. 1. 1 节知，相应的离散状态方程为

$$\begin{cases}\boldsymbol{x}(k+1)=\boldsymbol{F}\boldsymbol{x}(k)+\boldsymbol{G}\boldsymbol{u}(k)\\ \boldsymbol{y}(k)=\boldsymbol{C}\boldsymbol{x}(k)\end{cases} \tag{5-23}$$

且

$$\begin{cases}\boldsymbol{F}=\mathrm{e}^{\boldsymbol{A}T}\\ \boldsymbol{G}=\int_0^T \mathrm{e}^{\boldsymbol{A}\tau}\mathrm{d}\tau \boldsymbol{B}\end{cases} \tag{5-24}$$

式中，T 为采样周期。若图 5-5 中的控制规律为线性状态反馈，即

$$\boldsymbol{u}(k)=-\boldsymbol{L}\boldsymbol{x}(k) \tag{5-25}$$

则要设计出反馈控制规律 $\boldsymbol{L}$，以使闭环系统具有所需要的极点配置。

将式（5-25）代入式（5-23）得到闭环系统的状态方程为

$$\boldsymbol{x}(k+1)=(\boldsymbol{F}-\boldsymbol{G}\boldsymbol{L})\boldsymbol{x}(k) \tag{5-26}$$

显然，闭环系统的特征方程为

$$|z\boldsymbol{I}-\boldsymbol{F}+\boldsymbol{G}\boldsymbol{L}|=0 \tag{5-27}$$

设给定所需要的闭环系统的极点为 z_i（$i=1,\ 2,\ \cdots,\ n$），则很容易求得要求的闭环系统特征方程为

$$\begin{aligned}\beta(z)&=(z-z_1)(z-z_2)\cdots(z-z_n)\\&=z^n+\beta_1 z^{n-1}+\cdots+\beta_n=0\end{aligned} \tag{5-28}$$

由式（5-27）和式（5-28）可知，反馈控制规律 $\boldsymbol{L}$ 应满足如下的方程

$$|z\boldsymbol{I}-\boldsymbol{F}+\boldsymbol{G}\boldsymbol{L}|=\beta(z) \tag{5-29}$$

若将式（5-29）的行列式展开，并比较两边 z 的同次幂系数，则一共可得到 n 个代数方程。对于单输入的情况，$\boldsymbol{L}$ 中未知元素的个数与方程的个数相等，因此一般情况下可获得 $\boldsymbol{L}$ 的唯一解。而对于多输入的情况，仅根据式（5-29）并不能完全确定 $\boldsymbol{L}$，设计计算比较复杂，这时需同时附加其他的限制条件才能完全确定 $\boldsymbol{L}$。本节只讨论单输入的情况。

可以证明，对于任意的极点配置，$\boldsymbol{L}$ 具有唯一解的充分必要条件是被控对象完全能控，即

$$\operatorname{rank}[\boldsymbol{G}\quad \boldsymbol{F}\boldsymbol{G}\quad \cdots\quad \boldsymbol{F}^{n-1}\boldsymbol{G}]=n \tag{5-30}$$

这个结论的物理意义也是很明显的，只有当系统的所有状态都是能控的，才能通过适当的状态反馈控制，使得闭环系统的极点配置在任意指定的位置。

由于人们对于 S 平面中的极点分布与系统性能的关系比较熟悉，因此可首先根据相应连续系统性能指标的要求来给定 S 平面中的极点，然后再根据 $z_i=\mathrm{e}^{S_iT}$（$i=1,\ 2,\ \cdots,\ n$）的关系求得 Z 平面中的极点分布，其中 T 为采样周期。

例 5-2　被控对象的传递函数 $G(s)=\dfrac{1}{s^2}$，采样周期 $T=0.1\mathrm{s}$，采用零阶保持器。现要求闭环系统的动态响应相当于阻尼系数为 $\xi=0.5$，无阻尼自然振荡频率 $\omega_n=3.6$ 的二阶连续系统，用极点配置方法设计状态反馈控制规律 $\boldsymbol{L}$，并求 $\boldsymbol{u}(k)$。

解　被控对象的微分方程为 $\ddot{y}(t)=u(t)$，定义两个状态变量分别为 $x_1(t)=y(t)$，$x_2(t)=\dot{x}_1(t)=\dot{y}(t)$ 得到 $\dot{x}_1(t)=x_2(t)$，$\dot{x}_2(t)=\ddot{y}(t)=u(t)$，故有

$$\begin{pmatrix}\dot{x}_1(t)\\ \dot{x}_2(t)\end{pmatrix}=\begin{pmatrix}0&1\\0&0\end{pmatrix}\begin{pmatrix}x_1(t)\\x_2(t)\end{pmatrix}+\begin{pmatrix}0\\1\end{pmatrix}u(t)$$

$$\boldsymbol{y}(t)=(1\quad 0)\begin{pmatrix}x_1(t)\\x_2(t)\end{pmatrix}$$

对应的离散状态方程为

$$\begin{cases}\boldsymbol{x}(k+1)=\begin{pmatrix}1 & T\\0 & 1\end{pmatrix}\boldsymbol{x}(k)+\begin{pmatrix}\dfrac{T^2}{2}\\T\end{pmatrix}\boldsymbol{u}(k)\\ \boldsymbol{y}(k)=(1\quad 0)\boldsymbol{x}(k)\end{cases}$$

代入 $T=0.1\text{s}$ 得

$$\begin{cases}\boldsymbol{x}(k+1)=\begin{pmatrix}1 & 0.1\\0 & 1\end{pmatrix}\boldsymbol{x}(k)+\begin{pmatrix}0.005\\0.1\end{pmatrix}\boldsymbol{u}(k)\\ \boldsymbol{y}(k)=(1\quad 0)\boldsymbol{x}(k)\end{cases}$$

且

$$(\boldsymbol{G}\quad \boldsymbol{FG})=\begin{pmatrix}0.005 & 0.015\\0.1 & 0.1\end{pmatrix}$$

因为 $\begin{vmatrix}0.005 & 0.015\\0.1 & 0.1\end{vmatrix}\neq 0$，所以系统能控。

根据要求，求得 S 平面上两个期望的极点为

$$s_{1,2}=-\xi\omega_n\pm\text{j}\sqrt{1-\xi^2}\,\omega_n=-1.8\pm\text{j}3.12$$

利用 $z=\text{e}^{ST}$ 的关系，可求得 Z 平面上的两个期望的极点为

$$z_{1,2}=0.835\text{e}^{\pm\text{j}0.312}$$

于是得到期望的闭环系统特征方程为

$$\beta(z)=(z-z_1)(z-z_2)=z^2-1.6z+0.7 \tag{5-31}$$

若状态反馈控制规律为

$$\boldsymbol{L}=(L_1\quad L_2)$$

则闭环系统的特征方程为

$$|z\boldsymbol{I}-\boldsymbol{F}+\boldsymbol{GL}|=\left|\begin{pmatrix}z & 0\\0 & z\end{pmatrix}-\begin{pmatrix}1 & 0.1\\0 & 1\end{pmatrix}+\begin{pmatrix}0.005\\0.1\end{pmatrix}(L_1\quad L_2)\right|$$

$$=z^2+(0.1L_2+0.005L_1-2)z+0.005L_1-0.1L_2+1 \tag{5-32}$$

比较式（5-31）和式（5-32），可得

$$\begin{cases}0.1L_2+0.005L_1-2=-1.6\\0.005L_1-0.1L_2+1=0.7\end{cases}$$

求解上式，得 $L_1=10$，$L_2=3.5$，即 $\boldsymbol{L}=(10\quad 3.5)$

则
$$\boldsymbol{u}(k)=-\boldsymbol{Lx}(k)=-(10\quad 3.5)\boldsymbol{x}(k)$$

5.2.2　按极点配置设计状态观测器

前面讨论的按点配置设计控制规律时，假定全部状态均可直接用于反馈，而实际上这是难以做到的，因为有些状态无法量测。因此必须设计状态观测器，根据所量测的输出 $\boldsymbol{y}(k)$ 和 $\boldsymbol{u}(k)$ 重构全部状态。因而实际反馈的是重构状态 $\hat{\boldsymbol{x}}(k)$，而不是真实的状态 $\boldsymbol{x}(k)$，即 $\boldsymbol{u}(k)=-\boldsymbol{L}\hat{\boldsymbol{x}}(k)$，如图 5-2 所示。常用的状态观测器有 3 种：预报观测器、现时观测器和降阶观测器。

1. 预报观测器

常用的观测器方程为

$$\hat{\boldsymbol{x}}(k+1)=\boldsymbol{F}\hat{\boldsymbol{x}}(k)+\boldsymbol{G}\boldsymbol{u}(k)+\boldsymbol{K}[\boldsymbol{y}(x)-\boldsymbol{C}\hat{\boldsymbol{x}}(k)] \tag{5-33}$$

其中 $\hat{\boldsymbol{x}}$ 是 $\boldsymbol{x}$ 的状态重构，K 为观测器的增益矩阵。由于（k+1）时刻的状态重构只用到了 kT 时刻的量测量 $\boldsymbol{y}(k)$，因此称式（5-33）为预报观测器，其结构如图 5-6 所示。

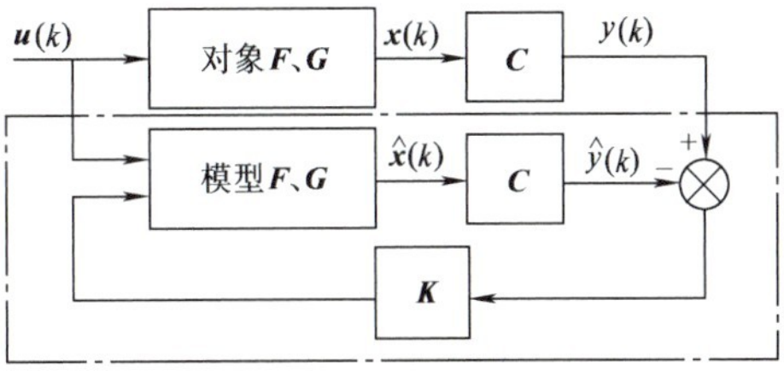

图 5-6　预报观测器

设计观测器的关键在于如何合理地选择观测器的增益矩阵 $\boldsymbol{K}$。定义状态重构误差为

$$\tilde{\boldsymbol{x}}=\boldsymbol{x}-\hat{\boldsymbol{x}} \tag{5-34}$$

则

$$\tilde{\boldsymbol{x}}(k+1)=\boldsymbol{x}(k+1)-\hat{\boldsymbol{x}}(k+1)=\boldsymbol{F}\boldsymbol{x}(k)+\boldsymbol{G}\boldsymbol{u}(k)-\boldsymbol{F}\hat{\boldsymbol{x}}(k)-\boldsymbol{G}\boldsymbol{u}(k)-\boldsymbol{K}[\boldsymbol{C}\boldsymbol{x}(k)-\boldsymbol{C}\hat{\boldsymbol{x}}(k)]$$

$$=[\boldsymbol{F}-\boldsymbol{K}\boldsymbol{C}][\boldsymbol{x}(k)-\hat{\boldsymbol{x}}(k)]=[\boldsymbol{F}-\boldsymbol{K}\boldsymbol{C}]\tilde{\boldsymbol{x}}(k) \tag{5-35}$$

因此，如果选择 $\boldsymbol{K}$ 使系统［式（5-35）］渐近稳定，那么重构误差必定会收敛到零，即使系统［式（5-35）］是不稳定的，在重构中引入观测量反馈，也能使误差趋于零。式（5-35）称为观测器的误差动态方程，该式表明，可以通过选择 $\boldsymbol{K}$，使状态重构误差动态方程的极点配置在期望的位置上。

如果出现观测器期望的极点 $z_i(i=1,\ 2,\ \cdots,\ n)$，那么求得观测器期望的特征方程为

$$\alpha(z)=(z-z_1)(z-z_2)\cdots(z-z_n)=z^n+\alpha_1 z^{n-1}+\cdots+\alpha_n=0 \tag{5-36}$$

由式（5-35）可得观测器的特征方程（即状态重构误差的特征方程）为

$$|z\boldsymbol{I}-\boldsymbol{F}+\boldsymbol{K}\boldsymbol{C}|=0 \tag{5-37}$$

为了获得期望的状态重构性能，由式（5-36）和式（5-37）可得

$$\alpha(z)=|z\boldsymbol{I}-\boldsymbol{F}+\boldsymbol{K}\boldsymbol{C}| \tag{5-38}$$

对于单输入单输出系统，通过比较式（5-38）两边 z 的同次幂的系数，可求得 $\boldsymbol{K}$ 中 n 个未知数。对于任意的极点配置，$\boldsymbol{K}$ 具有唯一解的充分必要条件是系统完全能观，即

$$\mathbf{rank}\begin{pmatrix}\boldsymbol{C}\\ \boldsymbol{C}\boldsymbol{F}\\ \vdots\\ \boldsymbol{C}\boldsymbol{F}^{n-1}\end{pmatrix}=n \tag{5-39}$$

2. 现时观测器

采用预报观测器时，现时的状态重构 $\hat{\boldsymbol{x}}(k)$ 只用了前一时刻的输出量 $y(k-1)$，使得现时的控制信号 $\boldsymbol{u}(k)$ 中也包含了前一时刻的输出量。当采样周期较长时，这种控制方式将影响系统的性能。为此，可采用如下的观测器方程

$$\begin{cases}\bar{\boldsymbol{x}}(k+1)=\boldsymbol{F}\hat{\boldsymbol{x}}(k)+\boldsymbol{G}\boldsymbol{u}(k)\\ \hat{\boldsymbol{x}}(k+1)=\bar{\boldsymbol{x}}(k+1)+\boldsymbol{K}[y(k+1)-\boldsymbol{C}\bar{\boldsymbol{x}}(k+1)]\end{cases} \tag{5-40}$$

由于（k+1）T 时刻的状态重构 $\hat{\boldsymbol{x}}$（k+1）用到了现时刻的量测量 $y(k+1)$，因此称式（5-40）为现时观测器。

由式（5-23）和式（5-40）可得状态重构误差为

$$\tilde{\boldsymbol{x}}(k+1)=\boldsymbol{x}(k+1)-\hat{\boldsymbol{x}}(k+1)=[\boldsymbol{F}\boldsymbol{x}(k)+\boldsymbol{G}\boldsymbol{u}(k)]-\{\bar{\boldsymbol{x}}(k+1)+\boldsymbol{K}[\boldsymbol{C}\boldsymbol{x}(k+1)-\boldsymbol{C}\bar{\boldsymbol{x}}(k+1)]\}$$

$$=[\boldsymbol{F}-\boldsymbol{KCF}]\widetilde{\boldsymbol{x}}(k) \tag{5-41}$$

从而求得现时观测器状态重构误差的特征方程为

$$|z\boldsymbol{I}-\boldsymbol{F}+\boldsymbol{KC}|=0 \tag{5-42}$$

同样，为了获得期望的状态重构性能，可由下式确定 $\boldsymbol{K}$ 的值

$$\alpha(z)=|z\boldsymbol{I}-\boldsymbol{F}+\boldsymbol{KC}| \tag{5-43}$$

和预报观测器的设计一样，系统必须完全能观时才能求得 $\boldsymbol{K}$。

3. 降阶观测器

预报和现时观测器都是根据输出量重构全部状态，即观测器的阶数等于状态的个数，因此称为全阶观测器。实际系统中，所能量测到的 $\boldsymbol{y}(k)$ 中，已直接给出了一部分状态变量，这部分状态变量不必通过估计获得。因此，只要估计其余的状态变量就可以了，这种阶数低于全阶的观测器称为降阶观测器。

将原状态向量分成两部分，即

$$\boldsymbol{x}(k)=\begin{pmatrix}\boldsymbol{x}_a(k)\\ \boldsymbol{x}_b(k)\end{pmatrix} \tag{5-44}$$

式中，$\boldsymbol{x}_a(k)$ 是能够量测到的部分状态；$\boldsymbol{x}_b(k)$ 是需要重构的部分状态。据此，原被控对象的状态方程式（5-23）可以分块写成

$$\begin{pmatrix}\boldsymbol{x}_a(k+1)\\ \boldsymbol{x}_b(k+1)\end{pmatrix}=\begin{pmatrix}\boldsymbol{F}_{aa} & \boldsymbol{F}_{ab}\\ \boldsymbol{F}_{ba} & \boldsymbol{F}_{bb}\end{pmatrix}\begin{pmatrix}\boldsymbol{x}_a(k)\\ \boldsymbol{x}_b(k)\end{pmatrix}+\begin{pmatrix}\boldsymbol{G}_a\\ \boldsymbol{G}_b\end{pmatrix}\boldsymbol{u}(k) \tag{5-45}$$

式（5-45）展开并写成

$$\begin{cases}\boldsymbol{x}_b(k+1)=\boldsymbol{F}_{bb}\boldsymbol{x}_b(k)+[\boldsymbol{F}_{ba}\boldsymbol{x}_a(k)+\boldsymbol{G}_b\boldsymbol{u}(k)]\\ \boldsymbol{x}_a(k+1)-\boldsymbol{F}_{aa}\boldsymbol{x}_a(k)-\boldsymbol{G}_a\boldsymbol{u}(k)=\boldsymbol{F}_{ab}\boldsymbol{x}_b(k)\end{cases} \tag{5-46}$$

将式（5-46）与式（5-23）比较后，可建立如下的对应关系

式（5-23）	式（5-46）
$\boldsymbol{x}(k)$	$\boldsymbol{x}_b(k)$
$\boldsymbol{F}$	$\boldsymbol{F}_{bb}$
$\boldsymbol{Gu}(k)$	$\boldsymbol{F}_{ba}\boldsymbol{x}_a(k)+\boldsymbol{G}_b\boldsymbol{u}(k)$
$\boldsymbol{y}(k)$	$\boldsymbol{x}_a(k+1)-\boldsymbol{F}_{aa}\boldsymbol{x}_a(k)-\boldsymbol{G}_a\boldsymbol{u}(k)$
$\boldsymbol{C}$	$\boldsymbol{F}_{ab}$

参考预报观测器方程式（5-33），可以写出相应于式（5-46）的观测器方程为

$$\begin{aligned}\hat{\boldsymbol{x}}_b(k+1)=&\boldsymbol{F}_{bb}\hat{\boldsymbol{x}}_b(k)+[\boldsymbol{F}_{ba}\boldsymbol{x}_a(k)+\boldsymbol{G}_b\boldsymbol{u}(k)]+\\ &\boldsymbol{K}[\boldsymbol{x}_a(k+1)-\boldsymbol{F}_{aa}\boldsymbol{x}_a(k)-\boldsymbol{G}_a\boldsymbol{u}(k)-\boldsymbol{F}_{ab}\hat{\boldsymbol{x}}_b(k)]\end{aligned} \tag{5-47}$$

式（5-47）便是根据已量测到的状态 $\boldsymbol{x}_a(k)$，重构其余状态 $\hat{\boldsymbol{x}}_b(k)$ 的观测器方程。由于 $\boldsymbol{x}_b(k)$ 的阶数低于 $\boldsymbol{x}(k)$ 的阶数，所以称为降阶观测器。

由式（5-46）和式（5-47）可得状态重构误差为

$$\widetilde{\boldsymbol{x}}_{\mathrm{b}}(k+1)=\boldsymbol{x}_b(k+1)-\hat{\boldsymbol{x}}_b(k+1)=(\boldsymbol{F}_{bb}-\boldsymbol{KF}_{ab})[\boldsymbol{x}_b(k)-\hat{\boldsymbol{x}}_b(k)]$$

$$=(F_{bb}-KF_{ab})\tilde{x}_b(k) \tag{5-48}$$

从而求得降阶观测器状态重构误差的特征方程为

$$|zI-F_{bb}+KF_{ab}|=0 \tag{5-49}$$

同理，为了获得期望的状态重构性能，由式（5-36）和式（5-49）可得

$$\alpha(z)=|zI-F_{bb}+KF_{ab}| \tag{5-50}$$

观测器的增益矩阵 K 可由式（5-50）求得。若给定降阶观测器的极点，也即 $\alpha(z)$ 为已知，如果仍只考虑单输出（即 $x_a(k)$ 的维数为 1）的情况，根据式（5-50）即可解得增益矩阵 K。这里，对于任意给定的极点，K 具有唯一解的充分必要条件也是系统完全能观，即式（5-39）成立。

例 5-3　设被控对象的连续状态方程为

$$\begin{cases}\dot{x}(t)=Ax(t)+Bu(t)\\ y(t)=Cx(t)\end{cases} \tag{5-51}$$

式中，$A=\begin{pmatrix}0 & 1\\ 0 & 0\end{pmatrix}$；$B=\begin{pmatrix}0\\ 1\end{pmatrix}$；$C=(1\quad 0)$。

采样周期为 $T=0.1\text{s}$，要求确定 K。

（1）设计预报观测器，并将观测器特征方程的两个极点配置在 $z_{1,2}=0.2$ 处。

（2）设计现时预测器，并将观测器特征方程的两个极点配置在 $z_{1,2}=0.2$ 处。

（3）假定 x_1 是能够量测的状态，x_2 是需要估计的状态，设计降阶观测器，并将观测器特征方程的极点配置在 $z=0.2$ 处。

解　将式（5-51）离散化，得离散状态方程为

$$\begin{cases}x(k+1)=Fx(k)+Gu(k)\\ y(k)=Cx(k)\end{cases} \tag{5-52}$$

其中

$$F=e^{AT}=\begin{pmatrix}1 & T\\ 0 & 1\end{pmatrix},G=\int_0^T e^{A\tau}d\tau B=\begin{pmatrix}\frac{T^2}{2}\\ T\end{pmatrix} \tag{5-53}$$

将 $T=0.1\text{s}$ 代入式（5-53）得

$$F=\begin{pmatrix}1 & 0.1\\ 0 & 1\end{pmatrix},G=\begin{pmatrix}0.005\\ 0.1\end{pmatrix}$$

（1）由已知条件知

$$\alpha(z)=(z-z_1)(z-z_2)=(z-0.2)^2=z^2-0.4z+0.04=0 \tag{5-54}$$

$$|zI-F+KC|=\left|\begin{pmatrix}z & 0\\ 0 & z\end{pmatrix}-\begin{pmatrix}1 & 0.1\\ 0 & 1\end{pmatrix}+\begin{pmatrix}k_1\\ k_2\end{pmatrix}(1\quad 0)\right|$$

$$=z^2-(2-k_1)+1-k_1+0.1k_2=0 \tag{5-55}$$

比较式（5-54）和式（5-55），得

$$\begin{cases}2-k_1=0.4\\ 1-k_1+0.1k_2=0.04\end{cases}$$

解得

$$\begin{cases}k_1=1.6\\ k_2=6.4\end{cases}\qquad 即\ K=\begin{pmatrix}1.6\\ 6.4\end{pmatrix}$$

（2）由已知条件知

$$\alpha(z)=(z-z_1)(z-z_2)=(z-0.2)^2=z^2-0.4z+0.04=0 \tag{5-56}$$

$$|zI-F+KCF|=\left|\begin{pmatrix} z & 0 \\ 0 & z \end{pmatrix}-\begin{pmatrix} 1 & 0.1 \\ 0 & 1 \end{pmatrix}+\begin{pmatrix} k_1 \\ k_2 \end{pmatrix}(1 \quad 0)\begin{pmatrix} 1 & 0.1 \\ 0 & 1 \end{pmatrix}\right|$$

$$=z^2+(k_1+0.1k_2-2)z+1-k_1=0 \tag{5-57}$$

比较式（5-56）和式（5-57），得

$$\begin{cases} k_1+0.1k_2-2=-0.4 \\ 1-k_1=0.04 \end{cases}$$

解得

$$\begin{cases} k_1=0.96 \\ k_2=6.4 \end{cases} \quad 即 \quad K=\begin{pmatrix} 0.96 \\ 6.4 \end{pmatrix}$$

（3）由前面知

$$F=\begin{pmatrix} 1 & 0.1 \\ 0 & 1 \end{pmatrix}=\begin{pmatrix} F_{aa} & F_{ab} \\ F_{ba} & F_{bb} \end{pmatrix}$$

$$\alpha(z)=z-0.2=0 \tag{5-58}$$

$$|zI-F_{bb}+KF_{ab}|=z-1+0.1K \tag{5-59}$$

比较式（5-58）和式（5-59），得

$$K=0.8$$

5.2.3　按极点配置设计控制器

前面分别讨论了按极点配置设计的控制规律和状态观测器，这两部分组成了状态反馈控制器，如图5-4所示的调节系统（$r(k)=0$ 的情况）。

1. 控制器的组成

设被控对象的离散状态方程为

$$\begin{cases} x(k+1)=Fx(k)+Gu(k) \\ y(k)=Cx(k) \end{cases} \tag{5-60}$$

设控制器由预报观测器和状态反馈控制规律组合而成，即

$$\begin{cases} \hat{x}(k+1)=F\hat{x}(k)+Gu(k)+K[y(k)-C\hat{x}(k)] \\ u(k)=-L\hat{x}(k) \end{cases} \tag{5-61}$$

2. 分离性原理

由式（5-60）和式（5-61）构成的闭环系统（见图5-4）的状态方程可写成

$$\begin{cases} x(k+1)=Fx(k)-GL\hat{x}(k) \\ \hat{x}(k+1)=KCx(k)+(F-GL-KC)\hat{x}(k) \end{cases} \tag{5-62}$$

再将式（5-62）改写成

$$\begin{pmatrix} x(k+1) \\ \hat{x}(k+1) \end{pmatrix}=\begin{pmatrix} F & -GL \\ KC & F-GL-KC \end{pmatrix}\begin{pmatrix} x(k) \\ \hat{x}(k) \end{pmatrix} \tag{5-63}$$

由式（5-63）构成的闭环系统的特征方程为

$$\gamma(z)=\left|zI-\begin{pmatrix} F & -GL \\ KC & F-GL-KC \end{pmatrix}\right|$$

$$= \begin{vmatrix} zI-F & GL \\ -KC & zI-F+GL+KC \end{vmatrix}$$

$$= \begin{vmatrix} zI-F+GL & GL \\ zI-F+GL & zI-F+GL+KC \end{vmatrix} \text{（第二列加到第一列得）}$$

$$= \begin{vmatrix} zI-F+GL & GL \\ 0 & zI-F+KC \end{vmatrix} \text{（第二行减去第一行得）}$$

$$= |zI-F+GL| \cdot |zI-F+KC|$$

$$= \beta(z) \cdot \alpha(z) = 0$$

即

$$\gamma(z) = \alpha(z) \cdot \beta(z) \tag{5-64}$$

由此可见，式（5-63）构成的闭环系统的 $2n$ 个极点由两部分组成：一部分是按状态反馈控制规律设计所给定的 n 个控制极点；另一部分是按状态观测器设计所给定的 n 个观测器极点，这就是“分离性原理”。根据这一原理，可分别设计系统的控制规律和观测器，从而简化了控制器的设计。

3. 状态反馈控制器的设计步骤

综上可归纳出采用状态反馈的极点配置法设计控制器的步骤如下：

1）按闭环系统的性能要求给定几个控制极点。

2）按极点配置设计状态反馈控制规律，计算 $\boldsymbol{L}$。

3）合理地给定观测器的极点，并选择观测器的类型，计算观测器增益矩阵 $\boldsymbol{K}$。

4）最后根据所设计的控制规律和观测器，由计算机来实现。

4. 观测器及观测器类型选择

以上讨论了采用状态反馈控制器的设计，控制极点是按闭环系统的性能要求来设置的，因而控制极点成为整个系统的主导极点。观测器极点的设置应使状态重构具有较快的跟踪速度。如果量测输出中无大的误差或噪声，则可考虑观测器极点都设置在 Z 平面的原点。如果量测输出中含有较大的误差或噪声，则可考虑按观测器极点所对应的衰减速度比控制极点对应的衰减速度快约 4 或 5 倍的要求来设置。观测器的类型选择应考虑以下两点：

1）如果控制器的计算延时与采样周期处于同一数量级，则可考虑选用预报观测器，否则可用现时观测器。

2）如果量测输出比较准确，而且它是系统的一个状态，则可考虑用降阶观测器，否则用全阶观测器。

例 5-4　在例 5-2 中，系统的离散状态方程为

$$\boldsymbol{x}(k+1) = \begin{pmatrix} 1 & 0.1 \\ 0 & 1 \end{pmatrix} \boldsymbol{x}(k) + \begin{pmatrix} 0.005 \\ 0.1 \end{pmatrix} \boldsymbol{u}(k)$$

并知系统是能控的。系统的输出方程为

$$\boldsymbol{y}(k) = (1 \quad 0)\boldsymbol{x}(k)$$

系统的采样周期为 0.1s，试设计状态反馈控制器，以使控制极点配置在 $z_1 = 0.6$，$z_2 = 0.8$，使观测器（预报观测器）的极点配置在 $0.9 \pm j0.1$ 处。

解　由例 5-2 和例 5-3 可知，系统是能控和能观的。根据分离性原理，系统控制器设计可按以下进行。

（1）设计控制规律

求对应控制极点 $z_1=0.6$，$z_2=0.8$ 的特征方程

$$\beta(z)=(z-0.6)(z-0.8)=z^2-1.4z+0.48=0$$

而
$$|zI-F+GL|=z^2+(0.005L_1+0.1L_2-2)z+1+0.005L_1-0.1L_2=0$$

由
$$\beta(z)=|zI-F+GL|$$

可解得 $\begin{cases}0.005L_1+0.1L_2-2=-1.4\\1+0.005L_1-0.1L_2=0.48\end{cases}$　即 $\begin{cases}L_1=8\\L_2=5.6\end{cases}$

故有
$$\boldsymbol{L}=(8\quad 5.6)$$

（2）设计预报观测器

求对应观测器极点 $0.9\pm j0.1$ 的特征方程

$$\alpha(z)=(z-0.9-j0.1)(z-0.9+j0.1)=z-1.8z+0.82=0$$

而
$$|zI-F+KC|=z^2-(2-k_1)z+1-k_1+0.1k_2=0$$

由
$$\alpha(z)=|zI-F+KC|$$

可解得 $\begin{cases}2-k_1=1.8\\1-k_1+0.1k_2=0.82\end{cases}$　即 $\begin{cases}k_1=0.2\\k_2=0.2\end{cases}$

故有
$$\boldsymbol{K}=\begin{pmatrix}0.2\\0.2\end{pmatrix}$$

（3）设计控制器

系统的状态反馈控制器为

$$\begin{cases}\hat{\boldsymbol{x}}(k+1)=\boldsymbol{F}\hat{\boldsymbol{x}}(k)+\boldsymbol{G}\boldsymbol{u}(k)+\boldsymbol{K}[\boldsymbol{y}(k)-\boldsymbol{C}\hat{\boldsymbol{x}}(k)]\\\boldsymbol{u}(k)=-\boldsymbol{L}\hat{\boldsymbol{x}}(k)\end{cases}$$

且有
$$\boldsymbol{L}=(8\quad 5.6),\boldsymbol{K}=\begin{pmatrix}0.2\\0.2\end{pmatrix}$$

前面讨论了调节系统的设计，即在图 5-4 中 $r(k)=0$ 的情况。在调节系统中，控制的目的在于有效地克服干扰的影响，使系统维持在平衡状态。不失一般性，系统的平衡状态可取为零状态，假设干扰为随机的脉冲型干扰，且相邻脉冲干扰之间的间隔大于系统的响应时间。当出现脉冲干扰时，它将引起系统偏离零状态。当脉冲干扰撤除后，系统将从偏离的状态逐渐回到零状态。

然而，对于阶跃型或常值干扰，前面所设计的控制器不一定使系统具有满意的性能。按照前面的设计，其控制规律为状态的比例反馈，因此若在干扰加入点的前面不存在积分作用，则对于常值干扰，系统的输出将存在稳态误差。克服稳态误差的一个有效方法是加入积分控制。下面来研究如何按极点配置设计 PI（比例积分）控制器，以克服常值干扰所引起的稳态误差。

设被控对象的离散状态方程为

$$\begin{cases}\boldsymbol{x}(k+1)=\boldsymbol{F}\boldsymbol{x}(k)+\boldsymbol{G}\boldsymbol{u}(k)+\boldsymbol{v}(k)\\\boldsymbol{y}(k)=\boldsymbol{C}\boldsymbol{x}(k)\end{cases}\tag{5-65}$$

其中 $\boldsymbol{v}(k)$ 为阶跃干扰。显然，当 $k\geqslant1$ 时，$\Delta\boldsymbol{v}(k)=0$。对上式两边取差分得

$$\begin{cases}\Delta\boldsymbol{x}(k+1)=\boldsymbol{F}\Delta\boldsymbol{x}(k)+\boldsymbol{G}\Delta\boldsymbol{u}(k),\quad k\geqslant1\\\Delta\boldsymbol{y}(k+1)=\boldsymbol{C}\Delta\boldsymbol{x}(k+1)\end{cases}\tag{5-66}$$

将式（5-66）改写成

$$\begin{cases} \boldsymbol{y}(k+1)=\boldsymbol{y}(k)+\boldsymbol{CF}\Delta\boldsymbol{x}(k)+\boldsymbol{CG}\Delta\boldsymbol{u}(k), & k\geqslant 1 \\ \Delta\boldsymbol{x}(k+1)=\boldsymbol{F}\Delta\boldsymbol{x}(k)+\boldsymbol{G}\Delta\boldsymbol{u}(k) \end{cases} \tag{5-67}$$

令

$$\boldsymbol{m}(k)=\begin{pmatrix} \boldsymbol{y}(k) \\ \Delta\boldsymbol{x}(k) \end{pmatrix} \quad \overline{\boldsymbol{F}}=\begin{pmatrix} \boldsymbol{I} & \boldsymbol{CF} \\ \boldsymbol{0} & \boldsymbol{F} \end{pmatrix} \quad \overline{\boldsymbol{G}}=\begin{pmatrix} \boldsymbol{CG} \\ \boldsymbol{G} \end{pmatrix} \tag{5-68}$$

则有

$$\boldsymbol{m}(k+1)=\overline{\boldsymbol{F}}\boldsymbol{m}(k)+\overline{\boldsymbol{G}}\Delta\boldsymbol{u}(k) \tag{5-69}$$

仍按极点配置设计控制规律的算法，针对式（5-69）设计如下的状态反馈控制规律

$$\Delta\boldsymbol{u}(k)=-\boldsymbol{Lm}(k)=-\boldsymbol{L}_1\boldsymbol{y}(k)-\boldsymbol{L}_2\Delta\boldsymbol{u}(k) \tag{5-70}$$

其中

$$\boldsymbol{L}=(\boldsymbol{L}_1 \quad \boldsymbol{L}_2) \tag{5-71}$$

再对式（5-70）两边作求和运算得

$$\boldsymbol{u}(k)=-\boldsymbol{L}_1\sum_{i=1}^{k}y(i)-\boldsymbol{L}_2\boldsymbol{x}(k) \tag{5-72}$$

显然，式（5-72）中 $\boldsymbol{u}(k)$ 由两部分组成：前项代表积分控制，由于假设 $r(k)=0$，平衡状态又取为零状态，所以式（5-72）是输出量的积分控制；后项代表状态的比例控制，并要求全部状态直接反馈。式（5-72）称为按极点配置设计的 PI 控制规律。图 5-7 所示为采用 PI 控制规律的系统结构。

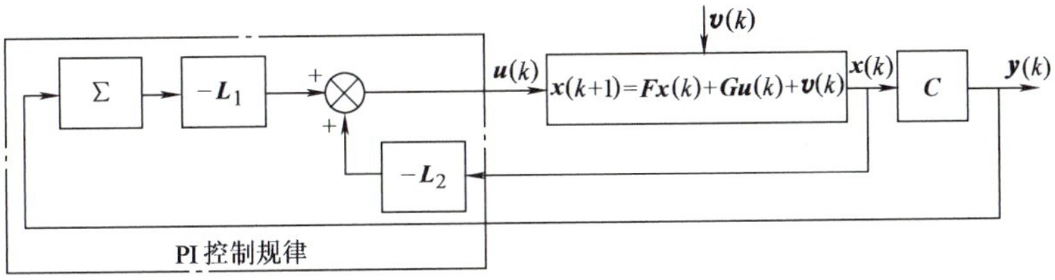

图 5-7　按极点配置设计的 PI 控制规律

下面说明为什么这样的控制规律能够抑制阶跃型干扰而无稳态误差。将式（5-70）代入式（5-69）得

$$\boldsymbol{m}(k+1)=(\overline{\boldsymbol{F}}-\overline{\boldsymbol{G}}\boldsymbol{L})\boldsymbol{m}(k) \tag{5-73}$$

矩阵（$\overline{\boldsymbol{F}}-\overline{\boldsymbol{G}}\boldsymbol{L}$）的特征值即为给定的闭环极点，显然它们都应在单位圆内，也即式（5-73）所示的闭环系统一定是渐近稳定的。从而对于任何初始条件均有

$$\lim_{k\to\infty}\boldsymbol{m}(k)=0 \tag{5-74}$$

由于 $\boldsymbol{y}(k)$ 是 $\boldsymbol{m}(k)$ 的一个状态，显然也应有

$$\lim_{k\to\infty}\boldsymbol{y}(k)=0 \tag{5-75}$$

式（5-75）表明，尽管存在常值干扰 $\boldsymbol{v}(k)$，输出的稳态值终将回到零，也即不存在稳态误差。

在图 5-7 中，PI 控制规律要求全部状态直接反馈，这在实际上往往是不现实的。因此可仿照前面类似的方法，通

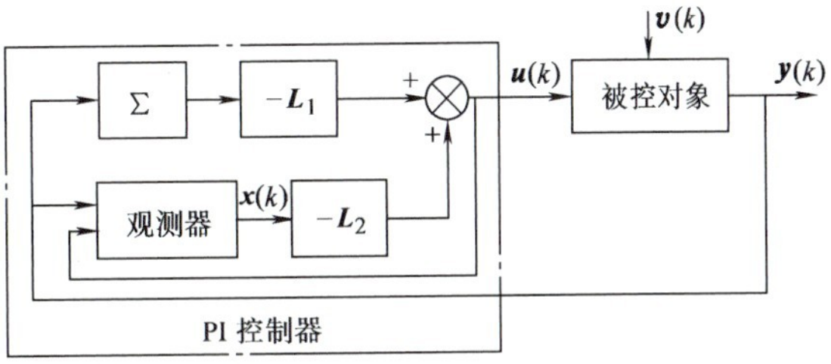

图 5-8　含有观测器的 PI 控制器的系统结构

过构造观测器来获得状态重构 $\hat{\boldsymbol{x}}(k)$，然后再线性反馈 $\hat{\boldsymbol{x}}(k)$。图 5-8 给出了含有观测器的 PI 控制器的系统结构图。

5.2.4　跟踪系统设计

为了消除常值干扰所产生的稳态误差，前文讨论了调节系统 $[r(k)=0]$ 的 PI 控制规律设计（见图 5-7，这里暂不考虑观测器）。在图 5-7 的基础上，可以很容易地画出引入参考输入时相应的跟踪系统的结构如图 5-9 所示。

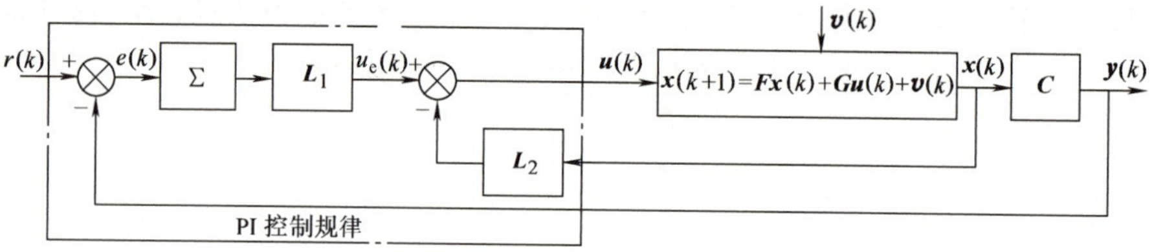

图 5-9　带 PI 控制规律的跟踪系统

根据图 5-9 可得控制规律为

$$\boldsymbol{u}(k)=\boldsymbol{L}_1\sum_{i=1}^{k}e(i)-\boldsymbol{L}_2\boldsymbol{x}(k) \tag{5-76}$$

其中 $\boldsymbol{L}_1$ 和 $\boldsymbol{L}_2$ 仍按极点配置方法进行设计，见式（5-70）。对于这样的控制规律，在常值参考输入以及在常值干扰作用下均不存在稳态误差，下面来说明这一点。

根据迭加原理，可分别考虑以下两种情况：①$r(k)=0$，$\boldsymbol{v}(k)$ = 常数；②$r(k)$ = 常数，$\boldsymbol{v}(k)=0$。

对于情况①，图 5-9 即化简为图 5-7，前面已经说明图 5-7 的控制规律对常值干扰不存在稳态误差。对于情况②，即只考虑常值参数输入的情况，系统可描述为

$$\boldsymbol{x}(k+1)=\boldsymbol{F}\boldsymbol{x}(k)+\boldsymbol{G}\boldsymbol{u}(k) \tag{5-77}$$

$$\boldsymbol{y}(k)=\boldsymbol{C}\boldsymbol{x}(k) \tag{5-78}$$

$$\boldsymbol{u}(k)=u_e(k)-\boldsymbol{L}_2\boldsymbol{x}(k) \tag{5-79}$$

$$u_e(k)=\boldsymbol{L}_1\sum_{i=0}^{k}e(i) \tag{5-80}$$

将式（5-79）代入式（5-77）可得

$$\boldsymbol{x}(k+1)=(\boldsymbol{F}-\boldsymbol{G}\boldsymbol{L}_2)\boldsymbol{x}(k)+\boldsymbol{G}u_e(k) \tag{5-81}$$

$$\boldsymbol{x}(\infty)=(\boldsymbol{I}-\boldsymbol{F}+\boldsymbol{G}\boldsymbol{L}_2)^{-1}\boldsymbol{G}u_e(\infty) \tag{5-82}$$

由式（5-78）得

$$\boldsymbol{y}(\infty)=\boldsymbol{C}\boldsymbol{x}(\infty)=\boldsymbol{C}(\boldsymbol{I}-\boldsymbol{F}+\boldsymbol{G}\boldsymbol{L}_2)^{-1}\boldsymbol{G}u_e(\infty) \tag{5-83}$$

由于按极点配置法设计的闭环系统是渐近稳定的，所以当 $r(k)$ = 常数时一定有 $\boldsymbol{y}(\infty)$ = 常数，从而根据式（5-83）也一定有 $u_e(\infty)$ = 常数。根据式（5-80），$u_e(\infty)$ 是误差 $e(k)=r(k)-y(k)$ 的积分，所以一定有 $e(\infty)=0$，即 $\boldsymbol{y}(\infty)=r(\infty)$，也就是说，对于常值参考输入，系统的稳态误差等于零。事实上，由图 5-9 可知，因在系统的开环回路中有一个积分环节，故上面的结论是很明显的。

为了进一步提高系统的无静差度，还可引入参考输入 $r(k)$ 的顺馈控制，如图 5-10 所示。

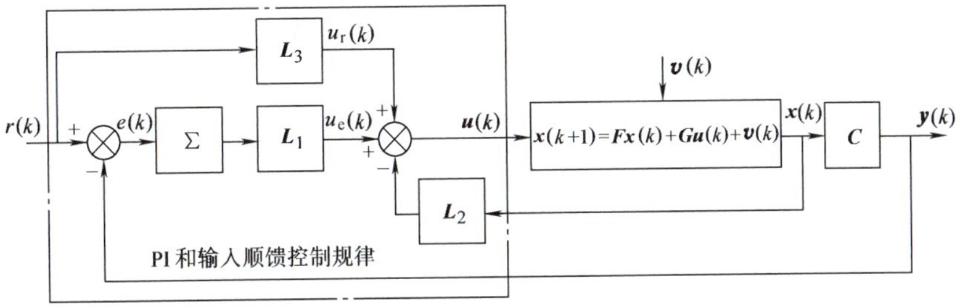

图 5-10　带 PI 控制和输入顺馈的跟踪系统

图 5-10 比图 5-9 多了一个输入顺馈通道，控制规律中的其他参数 $\boldsymbol{L}_1$ 和 $\boldsymbol{L}_2$ 仍用和以前一样的方法进行设计。剩下的问题是如何确定顺馈增益系数 $\boldsymbol{L}_3$。仿照和前面式（5-83）的推导不难求得当 $r(k)$= 常数时

$$\boldsymbol{y}(\infty)=\boldsymbol{C}(\boldsymbol{I}-\boldsymbol{F}+\boldsymbol{G}\boldsymbol{L}_2)^{-1}\boldsymbol{G}[u_r(\infty)+u_e(\infty)] \tag{5-84}$$

稳态时有 $\boldsymbol{y}(\infty)=r(\infty)$，同时希望在式（5-84）中 $u_e(\infty)=0$ 以提高系统的无静差度，因此得到

$$u_r(\infty)=\frac{1}{\boldsymbol{C}(\boldsymbol{I}-\boldsymbol{F}+\boldsymbol{G}\boldsymbol{L}_2)^{-1}\boldsymbol{G}}r(\infty)=\boldsymbol{L}_3 r(\infty) \tag{5-85}$$

从而得

$$\boldsymbol{L}_3=\frac{1}{\boldsymbol{C}(\boldsymbol{I}-\boldsymbol{F}+\boldsymbol{G}\boldsymbol{L}_2)^{-1}\boldsymbol{G}} \tag{5-86}$$

在图 5-10 中，仍然要求全部状态直接反馈，这在实际上常常也是不现实的。因此可仿照与前面类似的方法，通过构造观测器来获得状态重构 $\hat{\boldsymbol{x}}(k)$，然后再反馈 $\hat{\boldsymbol{x}}(k)$。最后画出包含观测器及积分的控制器如图 5-11 所示。在图 5-11 中，可根据需要选用前面讨论过的任何一种形式的观测器。

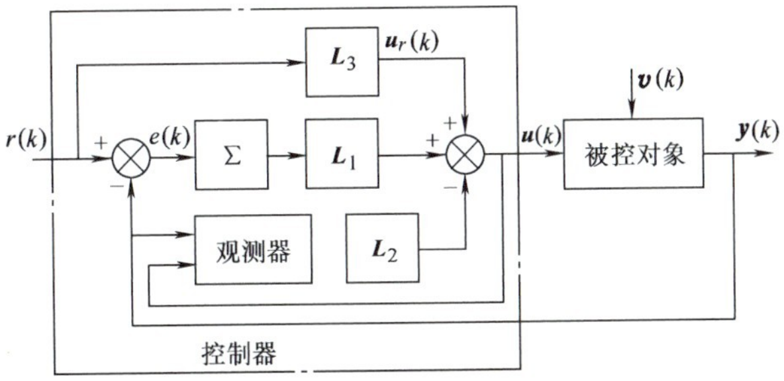

图 5-11　带观测器及 PI 和顺馈控制的跟踪系统

5.3　采用状态空间的最优化设计法

前面用极点配置法解决了系统的综合问题，其主要设计参数是闭环极点的位置，而且仅限于说明单输入单输出系统。本节将讨论更一般的控制问题。假设过程对象是线性的，且可以是时变的并有多个输入和多个输出，另外在模型中还加入了过程噪声和量测噪声。若性能指标是状态和控制信号的二次型函数，则综合的问题被形式化为使此性能指标为最小的问题，由此可得到的最优控制器是线性的，这样的问题称为线性二次型（Linear Quadratic，

LQ）控制问题。如果在过程模型中考虑了高斯随机扰动，则称为线性二次型高斯（Linear Quadratic Gaussian，LQG）控制问题。

本节首先在所有状态都可用的条件下导出了LQ问题的最优控制规律，如果全部状态是不可测的，就必须估计出它们，这可用状态观测器来完成。然后对随机扰动过程，可以求出使估计误差的方差为最小的最优估计器，它称为卡尔曼（Kalman）滤波器，这种估计器的结构与状态观测器相同，但其增益矩阵 $\boldsymbol{K}$ 的确定方法是不同的，而且它一般为时变的。最后根据分离性原理来求解LQG问题的最优控制，并采用卡尔曼滤波器来估计状态。采用LQG最优控制器的调节系统［$r(k)=0$］如图5-12所示。

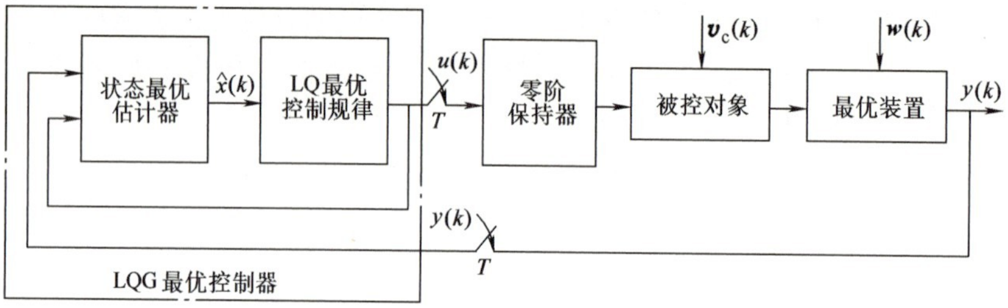

图5-12　采用LQG最优控制器的调节系统［$r(k)=0$］结构

5.3.1　LQ最优控制器设计

现在来求解完全状态信息情况下的LQ最优控制问题。其最优控制器由离散动态规划来确定。

1. 问题的描述

首先考虑确定性的情况，即无过程干扰 $\boldsymbol{v}_c(k)$ 和量测噪声 $\boldsymbol{w}(k)$ 的情况。设被控对象的连续状态方程为

$$\begin{cases}\dot{\boldsymbol{x}}(t)=\boldsymbol{A}\boldsymbol{x}(t)+\boldsymbol{B}\boldsymbol{u}(t), & \boldsymbol{x}(0)\text{给定}\\ \boldsymbol{y}(t)=\boldsymbol{C}\boldsymbol{x}(t)\end{cases} \tag{5-87}$$

且连续的被控对象和离散控制器之间采用零阶保持器连接，即

$$\boldsymbol{u}(t)=\boldsymbol{u}(k),\quad kT\leqslant T\leqslant(k+1)T \tag{5-88}$$

式中，T 为采样周期。

为了便于分析和设计，先将式（5-87）按5.1.1节的离散化算法，求得离散状态方程为

$$\begin{cases}\boldsymbol{x}(k+1)=\boldsymbol{F}\boldsymbol{x}(k)+\boldsymbol{G}\boldsymbol{u}(k)\\ \boldsymbol{y}(k)=\boldsymbol{C}\boldsymbol{x}(k)\end{cases} \tag{5-89}$$

式中

$$\begin{cases}\boldsymbol{F}=\mathrm{e}^{\boldsymbol{A}T}\\ \boldsymbol{G}=\displaystyle\int_0^T \mathrm{e}^{\boldsymbol{A}\tau}\mathrm{d}\tau\boldsymbol{B}\end{cases} \tag{5-90}$$

系统控制的目的是按线性二次型性能指标函数

$$J=\boldsymbol{x}^{\mathrm{T}}(NT)\boldsymbol{Q}_0\boldsymbol{x}(NT)+\int_0^{NT}[\boldsymbol{x}^{\mathrm{T}}(t)\overline{\boldsymbol{Q}}_1\boldsymbol{x}(t)+\boldsymbol{u}^{\mathrm{T}}(t)\overline{\boldsymbol{Q}}_2\boldsymbol{u}(t)]\mathrm{d}t \tag{5-91}$$

为最小，来设计离散的最优控制器 $\boldsymbol{L}$，使

$$\boldsymbol{u}(k)=-\boldsymbol{L}\boldsymbol{x}(t) \tag{5-92}$$

其中，加权矩阵 $\boldsymbol{Q}_0$ 和$\overline{\boldsymbol{Q}}_1$ 为非负定对称矩阵，$\overline{\boldsymbol{Q}}_2$ 为正定对称阵，N 为正整数。

式（5-91）即为 LQ 最优控制器。带 LQ 最优控制器调节系统［$r(k)=0$］结构如图 5-13 所示。

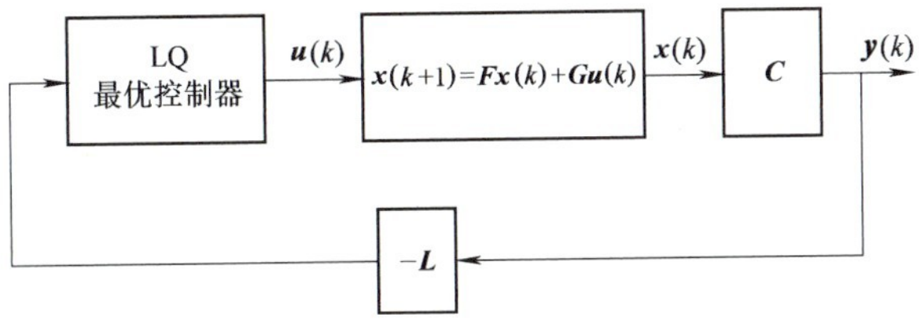

图 5-13　带 LQ 最优控制器的调节系统［$r(k)=0$］结构

当 N 为有限时，称为有限时间最优调节器问题。实际上应用最多的是要求 $N=\infty$，设计无限时间最优调节器，计算 $\boldsymbol{L}(k)$ 的稳态解。

2. 二次型性能指标函数的离散化

二次型性能指标函数式（5-91）是以连续时间形式表示的，并可进一步表示为

$$J=\boldsymbol{x}^{\mathrm{T}}(N)\boldsymbol{Q}_0\boldsymbol{x}(N)+\sum_{k=0}^{N-1}J(k) \tag{5-93}$$

且

$$J(k)=\int_{kT}^{(k+1)T}[\boldsymbol{x}^{\mathrm{T}}(t)\overline{\boldsymbol{Q}}_1\boldsymbol{x}(t)+\boldsymbol{u}^{\mathrm{T}}(t)\overline{\boldsymbol{Q}}_2\boldsymbol{u}(t)]\mathrm{d}t \tag{5-94}$$

根据式（5-87）和式（5-88），当 $kT\leqslant t\leqslant(k+1)T$ 时可以解得

$$\begin{aligned}\boldsymbol{x}(t)&=\mathrm{e}^{\boldsymbol{A}(t-kT)}\boldsymbol{x}(k)+\int_{kT}^{t}\mathrm{e}^{\boldsymbol{A}(t-\tau)}\boldsymbol{B}\boldsymbol{u}(\tau)\mathrm{d}\tau\\&=\mathrm{e}^{\boldsymbol{A}(t-kT)}\boldsymbol{x}(k)+\int_{kT}^{t}\mathrm{e}^{\boldsymbol{A}(t-\tau)}\mathrm{d}\tau\boldsymbol{B}\boldsymbol{u}(k)\end{aligned} \tag{5-95}$$

将式（5-95）和式（5-88）代入式（5-94），并整理得

$$J(k)=\boldsymbol{x}^{\mathrm{T}}(k)\boldsymbol{Q}_1\boldsymbol{x}(k)+2\boldsymbol{x}^{\mathrm{T}}(k)\boldsymbol{Q}_{12}\boldsymbol{u}(k)+\boldsymbol{u}^{\mathrm{T}}(k)\boldsymbol{Q}_2\boldsymbol{u}(k) \tag{5-96}$$

式中

$$\boldsymbol{Q}_1=\int_0^T\mathrm{e}^{\boldsymbol{A}^{\mathrm{T}}t}\overline{\boldsymbol{Q}}_1\mathrm{e}^{\boldsymbol{A}t}\mathrm{d}t \tag{5-97}$$

$$\boldsymbol{Q}_{12}=\left[\int_0^T\mathrm{e}^{\boldsymbol{A}^{\mathrm{T}}t}\overline{\boldsymbol{Q}}_1\left(\int_0^t\mathrm{e}^{\boldsymbol{A}\tau}\mathrm{d}\tau\right)\mathrm{d}t\right]\boldsymbol{B} \tag{5-98}$$

$$\boldsymbol{Q}_2=\boldsymbol{B}^{\mathrm{T}}\left[\int_0^T\left(\int_0^t\mathrm{e}^{\boldsymbol{A}^{\mathrm{T}}\tau}\mathrm{d}\tau\right)\overline{\boldsymbol{Q}}_1\left(\int_0^t\mathrm{e}^{\boldsymbol{A}\tau}\mathrm{d}\tau\right)\mathrm{d}t\right]\boldsymbol{B}+\overline{\boldsymbol{Q}}_2T \tag{5-99}$$

将式（5-96）代入式（5-93）得到等效的离散二次型性能指标函数为

$$J=\boldsymbol{x}^{\mathrm{T}}(N)\boldsymbol{Q}_0\boldsymbol{x}(N)+\sum_{k=0}^{N-1}[\boldsymbol{x}^{\mathrm{T}}(k)\boldsymbol{Q}_1\boldsymbol{x}(k)+2\boldsymbol{x}^{\mathrm{T}}(k)\boldsymbol{Q}_{12}\boldsymbol{u}(k)+\boldsymbol{u}^{\mathrm{T}}(k)\boldsymbol{Q}_2\boldsymbol{u}(k)] \tag{5-100}$$

3. 最优控制规律计算

对式（5-89）所示的离散被控对象，若使式（5-100）所示的离散二次型性能指标函数为最小，则式（5-92）所示的离散控制规律 $\boldsymbol{L}$ 的递推公式为

$$\boldsymbol{u}(k)=-\boldsymbol{L}(k)\boldsymbol{x}(k) \tag{5-101}$$

$$\boldsymbol{L}(k)=[\boldsymbol{Q}_2+\boldsymbol{G}^{\mathrm{T}}\boldsymbol{S}(k+1)\boldsymbol{G}]^{-1}[\boldsymbol{G}^{\mathrm{T}}\boldsymbol{S}(k+1)\boldsymbol{F}+\boldsymbol{Q}_{12}^{\mathrm{T}}] \tag{5-102}$$

$$S(k)=[F-GL(k)]^{T}S(k+1)[F-GL(k)]+L^{T}(k)Q_2L(k)+ Q_1-L^{T}(k)Q_{12}^{T}-Q_{12}L(k) \tag{5-103}$$

$$S(N)=Q_0 \tag{5-104}$$

并有

$$J_{\min}=x^{T}(0)S(0)x(0) \tag{5-105}$$

式中，$k=N-1$，$N-2$，…。

下面用离散动态规划证明以上的结论。在证明以上结论之前，可利用配方的方法求下式的最小值

$$F(u)=u^{T}su+r^{T}u+u^{T}r \tag{5-106}$$

其中 s 是对称正定的 $n\times n$ 阶矩阵，而 u 和 r 都是 n 维向量。把 $F(u)$ 重写成

$$\begin{aligned}F(u)&=u^{T}su+r^{T}u+u^{T}r\\&=u^{T}su+r^{T}u+u^{T}r+r^{T}s^{-1}r-r^{T}s^{-1}r\\&=(u+s^{-1}r)^{T}s(u+s^{-1}r)-r^{T}s^{-1}r\end{aligned} \tag{5-107}$$

就可以求出函数的最小值。

式（5-107）第一项总是非负的，因此当

$$u=-s^{-1}r \tag{5-108}$$

时就得到 $F(u)$ 的最小值为

$$F_{\min}=-r^{T}sr \tag{5-109}$$

利用以上配方的方法，就可证明式（5-101）~式（5-105）的成立。

令

$$J_i=x^{T}(N)Q_0x(N)+\sum_{k=0}^{N-1}[x^{T}(k)Q_1x(k)+2x^{T}(k)Q_{12}u(k)+u^{T}(k)Q_2u(k)] \tag{5-110}$$

当 $i=N$ 时，由式（5-110）可得

$$J_N=x^{T}(N)s(N)x(N) \tag{5-111}$$

其中

$$S(N)=Q_0$$

当 $i=N-1$ 时，由式（5-110）和式（5-111）有

$$J(N-1)=J_N+x^{T}(N-1)Q_1x(N-1)+2x^{T}(N-1)Q_{12}u(N-1)+ u^{T}(N-1)Q_2u(N-1) \tag{5-112}$$

利用式（5-89）和式（5-111）得

$$\begin{aligned}J(N-1)=&[Fx(N-1)+Gu(N-1)]^{T}S(N)[Fx(N-1)+Gu(N-1)]+\\&x^{T}(N-1)Q_1x(N-1)+x^{T}(N-1)Q_{12}u(N-1)+\\&u^{T}(N-1)Q_{12}^{T}x(N-1)+u^{T}(N-1)Q_2u(N-1)\end{aligned} \tag{5-113}$$

式（5-113）进一步表示为

$$\begin{aligned}J(N-1)=&x^{T}(N-1)[Q_1+F^{T}S(N)F]x(N-1)+u^{T}(N-1)[Q_2+G^{T}S(N)G]u(N-1)+\\&x^{T}(N-1)[Q_{12}+F^{T}S(N)G]u(N-1)+u^{T}(N-1)[Q_{12}^{T}+G^{T}S(N)F]x(N-1)\end{aligned} \tag{5-114}$$

利用式（5-108）和式（5-109），可求得控制规律为

$$u(N-1)=-L(N-1)x(N-1) \tag{5-115}$$

且

$$L(N-1)=[Q_2+G^{T}S(N)G]^{-1}[Q_{12}^{T}+G^{T}S(N)F] \tag{5-116}$$

将式（5-115）和式（5-116）代入式（5-113）得

$$[J(N-1)]_{\min}=x^{T}(N-1)S(N-1)x(N-1) \tag{5-117}$$

且

$$S(N-1)=[F-GL(N-1)]^{T}S(N)[F-GL(N-1)]+L^{T}(N-1)Q_2L(N-1)+ Q_1-L^{T}(N-1)Q_{12}^{T}-Q_{12}L(N-1)$$

仿照以上类似的方法和步骤可求得 $u(N-2)$，$u(N-3)$，…，$u(k)$，最后将以上计算 $u(k)$ 的公式归纳为式（5-101）~式（5-105），即证得结论。

当终端时刻（NT）为有限时，利用递推公式（5-102）~式（5-104）可求得 $L(k)$ 的时变解。实际应用最多的是要求（NT）→∞ 的情况，因而需要计算 $L(k)$ 的定常解，这时可利用该递推公式进行计算，直到 $S(k)$ 和 $L(k)$ 收敛到稳态值为止。

例 5-5　设被控对象的连续状态方程为

$$\dot{x}(t)=Ax(t)+Bu(t)$$

其中，$A=\begin{pmatrix}0 & 1\\0 & -1\end{pmatrix}$，$B=\begin{pmatrix}0\\1\end{pmatrix}$，连续二次型性能指标函数中的加权矩阵为

$$Q_0=\begin{pmatrix}1 & 0\\0 & 0\end{pmatrix},\overline{Q}_1=\begin{pmatrix}1 & 0\\0 & 0\end{pmatrix},\overline{Q}_2=0.01$$

采样周期 $T=0.5$s。求解 LQ 最优控制器 L。

解　利用式（5-90）求得

$$F=\begin{pmatrix}1 & 0.39347\\0 & 0.60653\end{pmatrix},\quad G=\begin{pmatrix}0.10653\\0.39347\end{pmatrix}$$

利用式（5-97）~式（5-99）求得

$$Q_1=\begin{pmatrix}0.5 & 0.10653\\0.10653 & 0.02912\end{pmatrix},\quad Q_{12}=\begin{pmatrix}0.018469\\0.005674\end{pmatrix},\quad Q_2=0.0061963$$

由式（5-102）~式（5-104）求得

$$\begin{cases}L=(4.2379 \quad 2.2216)\\ S=\begin{pmatrix}0.51032 & 0.11479\\0.11479 & 0.040289\end{pmatrix}\end{cases}$$

5.3.2　状态最优估计器设计

所有状态全用于反馈，这在实际上是难于做到的，因为有些状态无法量测，即使量测到的信号中还可能含有量测噪声，下面讨论状态最优估计。

设连续被控对象的状态方程（见图 5-12）为

$$\begin{cases}\dot{x}=Ax+Bu+v_c\\ y=Cx+w\end{cases} \tag{5-118}$$

式中，v_c 为过程干扰；w 为量测噪声。设 v_c 和 w 为高斯白噪声，即

$$Ev_c(t)=0, Ev_c(t)v_c^{T}(\tau)=V_c\delta(t-\tau) \tag{5-119}$$

$$Ew(t)=0, Ew(t)w^{T}(t)=W\delta(t-\tau) \tag{5-120}$$

式中，V_c 是非负定对称阵；W 是正定对称阵，并假设 $v_c(t)$ 和 $w(t)$ 互不相关。

1. 连续被控对象的状态方程的离散化

为了设计离散的 Kalman 滤波器，可首先将式（5-118）所示的连续模型进行离散化，从而采样系统的 Kalman 滤波问题便转化为相应的离散系统的设计问题。

方程式（5-118）的解可写为

$$\boldsymbol{x}(t)=\mathrm{e}^{\boldsymbol{A}(t-t_0)}\boldsymbol{x}(t_0)+\int_{t_0}^{t}\mathrm{e}^{\boldsymbol{A}(t-\tau)}\boldsymbol{B}\boldsymbol{u}(\tau)\mathrm{d}\tau+\int_{t_0}^{t}\mathrm{e}^{\boldsymbol{A}(t-\tau)}\boldsymbol{v}_{\mathrm{c}}(\tau)\mathrm{d}\tau \tag{5-121}$$

这里也假定在连续的被控对象前面有一个零阶保持器，因而有

$$\boldsymbol{u}(t)=\boldsymbol{u}(kT)\qquad kT\leqslant t\leqslant(k+1)T \tag{5-122}$$

其中 T 为采样周期，令 $t_0=kT$，$t=(k+1)T$，则由式（5-121）可得

$$\boldsymbol{x}(k+1)=\mathrm{e}^{\boldsymbol{A}T}\boldsymbol{x}(k)+\int_0^T\mathrm{e}^{\boldsymbol{A}\tau}\mathrm{d}\tau\boldsymbol{B}\boldsymbol{u}(k)+\int_0^T\mathrm{e}^{\boldsymbol{A}\tau}\boldsymbol{v}_{\mathrm{c}}(kT+T-\tau)\mathrm{d}\tau \tag{5-123}$$

式（5-123）可写成

$$\boldsymbol{x}(k+1)=\boldsymbol{F}\boldsymbol{x}(k)+\boldsymbol{G}\boldsymbol{u}(k)+\boldsymbol{v}_{\mathrm{d}}(k) \tag{5-124}$$

其中

$$\boldsymbol{F}=\mathrm{e}^{\boldsymbol{A}T},\boldsymbol{G}=\int_0^T\mathrm{e}^{\boldsymbol{A}\tau}\mathrm{d}\tau\boldsymbol{B} \tag{5-125}$$

$$\boldsymbol{v}_{\mathrm{d}}(k)=\int_0^T\mathrm{e}^{\boldsymbol{A}\tau}\boldsymbol{v}_{\mathrm{c}}(kT+T-\tau)\mathrm{d}\tau \tag{5-126}$$

式（5-124）便是等效的离散模型，$\boldsymbol{v}_{\mathrm{d}}(k)$ 是等效的离散随机序列，可以求得

$$\begin{aligned}E\boldsymbol{v}_{\mathrm{d}}(k)&=E\left[\int_0^T\mathrm{e}^{\boldsymbol{A}\tau}v_{\mathrm{c}}(kT+T-\tau)\mathrm{d}\tau\right]\\&=\int_0^T\mathrm{e}^{\boldsymbol{A}\tau}[E\boldsymbol{v}_{\mathrm{c}}(kT+T-\tau)]\mathrm{d}\tau=0\end{aligned} \tag{5-127}$$

$$\begin{aligned}E\boldsymbol{v}_{\mathrm{d}}(k)\boldsymbol{v}_{\mathrm{d}}^{\mathrm{T}}(\mathrm{j})&=E[\int_0^T\mathrm{e}^{\boldsymbol{A}\tau}\boldsymbol{v}_{\mathrm{c}}(kT+T-\tau)\mathrm{d}\tau][\int_0^T\mathrm{e}^{\boldsymbol{A}\sigma}\boldsymbol{v}_{\mathrm{c}}(jT+T-\sigma)\mathrm{d}\sigma]^{\mathrm{T}}\\&=\int_0^T\int_0^T\mathrm{e}^{\boldsymbol{A}\tau}[E\boldsymbol{v}_{\mathrm{c}}(kT+T-\tau)\boldsymbol{v}_{\mathrm{c}}^{\mathrm{T}}(jT+T-\sigma)]\mathrm{e}^{\boldsymbol{A}^{\mathrm{T}}\sigma}\mathrm{d}\tau\mathrm{d}\sigma=\boldsymbol{V}\delta_{kj}\end{aligned} \tag{5-128}$$

其中

$$\boldsymbol{V}=\int_0^T\int_0^T\mathrm{e}^{\boldsymbol{A}\tau}\boldsymbol{V}_{\mathrm{c}}\delta(\sigma-\tau)\mathrm{e}^{\boldsymbol{A}^{\mathrm{T}}\sigma}\mathrm{d}\tau\mathrm{d}\sigma=\int_0^T\mathrm{e}^{\boldsymbol{A}\tau}\boldsymbol{V}_{\mathrm{c}}\mathrm{e}^{\boldsymbol{A}^{\mathrm{T}}\tau}\mathrm{d}\tau \tag{5-129}$$

$$\delta_{kj}=\begin{cases}1, & k=j\\0, & k\neq j\end{cases} \tag{5-130}$$

故有

$$E\boldsymbol{v}_{\mathrm{d}}(k)=0 \tag{5-131}$$

$$E\boldsymbol{v}_{\mathrm{d}}(k)\boldsymbol{v}_{\mathrm{d}}^{\mathrm{T}}(j)=\boldsymbol{V}\delta_{kj} \tag{5-132}$$

同理，有

$$E\boldsymbol{w}(k)\boldsymbol{w}^{\mathrm{T}}(j)=\boldsymbol{W}\delta_{kj} \tag{5-133}$$

可见，$\boldsymbol{v}_{\mathrm{d}}(k)$ 是等效的离散白噪声序列，其协方差可以由式（5-129）计算出来。

进一步将系统的量测方程离散化为

$$\boldsymbol{y}(k)=\boldsymbol{C}\boldsymbol{x}(k)+\boldsymbol{w}(k) \tag{5-134}$$

这样，就得到连续被控对象式（5-118）所对应的离散被控对象为

$$\boldsymbol{x}(k+1)=\boldsymbol{F}\boldsymbol{x}(k)+\boldsymbol{G}\boldsymbol{u}(k)+\boldsymbol{v}_{\mathrm{d}}(k) \tag{5-135}$$

$$\boldsymbol{y}(k)=\boldsymbol{C}\boldsymbol{x}(k)+\boldsymbol{w}(k) \tag{5-136}$$

从而系统式（5-118）的状态最优估计问题便转化成了离散系统式（5-135）、式（5-136）的

Kalman 滤波问题。

2. Kalman 滤波公式的推导

在方程式（5-135）、式（5-136）中，由于存在随机的干扰 $\boldsymbol{v}_d(k)$ 和随机的测量噪声 $\boldsymbol{w}(k)$，因此系统的状态向量 $\boldsymbol{x}(k)$ 也为随机向量，其中 $\boldsymbol{y}(k)$ 是能够量测的输出量。问题是根据量测量 $\boldsymbol{y}(k)$ 估计 $\boldsymbol{x}(k)$，若记 $\boldsymbol{x}(k)$ 的估计量为 $\hat{\boldsymbol{x}}(k)$，则

$$\tilde{\boldsymbol{x}}=x(k)-\hat{\boldsymbol{x}}(k) \tag{5-137}$$

为状态估计误差，因而

$$\boldsymbol{P}(k)=E\tilde{\boldsymbol{x}}(k)\tilde{\boldsymbol{x}}^{\mathrm{T}}(k) \tag{5-138}$$

为状态估计误差的协方差阵。显然 $\boldsymbol{P}(k)$ 为对称非负定阵。这里估计的准则为：根据量测量 $\boldsymbol{y}(k)$，$\boldsymbol{y}(k-1)$，…，最优地估计出 $\hat{\boldsymbol{x}}(k)$ 以使 $\boldsymbol{P}(k)$ 极小（由于 $\boldsymbol{P}(k)$ 是非负定阵，因而可以比较其大小），这样的估计称为最小方差估计。

根据最优估计理论，最小方差估计为

$$\hat{\boldsymbol{x}}(k)=E[\boldsymbol{x}(k)|\boldsymbol{y}(k),\boldsymbol{y}(k-1),\cdots] \tag{5-139}$$

即 $\boldsymbol{x}(k)$ 的最小方差估计 $\hat{\boldsymbol{x}}(k)$ 等于在给定直到 k 时刻的所有量测量 y 的情况下 $\boldsymbol{x}(k)$ 的条件期望。为了后面推导的方便，下面引入更一般的记号

$$\hat{\boldsymbol{x}}(k)(j|k)=E[\boldsymbol{x}(j)|\boldsymbol{y}(k),\boldsymbol{y}(k-1),\cdots] \tag{5-140}$$

若 $k>j$，表示根据直到现时刻的量测量来估计过去时刻的状态，通常称这样的情况为平滑或内插；若 $k<j$，表示根据直到现时刻的量测量来估计将来时刻的状态，通常称这样的情况为预报或外推；若 $k=j$，表示根据直到现时刻的量测量来估计现时刻的状态，通常称这样的情况为滤波。本节所讨论的状态最优估计问题即是指的滤波问题。为了便于后面的推导，根据式（5-140）进一步引入如下记号：

$\hat{\boldsymbol{x}}(k-1)\underline{\underline{\Delta}}\hat{\boldsymbol{x}}(k-1\|k-1)$	为 $k-1$ 时刻的状态估计
$\tilde{\boldsymbol{x}}(k-1)=\boldsymbol{x}(k-1)-\hat{\boldsymbol{x}}(k-1)$	为 $k-1$ 时刻的状态估计误差
$\boldsymbol{P}(k-1)=E\tilde{\boldsymbol{x}}(k-1)\tilde{\boldsymbol{x}}^{\mathrm{T}}(k-1)$	为 $k-1$ 时刻状态估计误差协方差阵
$\hat{\boldsymbol{x}}(k\|k-1)$	为一步预报估计
$\tilde{\boldsymbol{x}}(k\|k-1)=\boldsymbol{x}(k)-\hat{\boldsymbol{x}}(k\|k-1)$	为一步预报估计误差
$\boldsymbol{P}(k\|k-1)=E\tilde{\boldsymbol{x}}(k\|k-1)\tilde{\boldsymbol{x}}^{\mathrm{T}}(k\|k-1)$	为一步预报估计误差协方差阵
$\hat{\boldsymbol{x}}(k)\underline{\underline{\Delta}}\hat{\boldsymbol{x}}(k\|k)$	为 k 时刻的状态估计
$\tilde{\boldsymbol{x}}(k)=\boldsymbol{x}(k)-\hat{\boldsymbol{x}}(k)$	为 k 时刻的状态估计误差
$\boldsymbol{P}(k)=E\tilde{\boldsymbol{x}}(k)\tilde{\boldsymbol{x}}^{\mathrm{T}}(k)$	为 k 时刻状态估计误差协方差阵

先求一步预报，根据式（5-140）和式（5-135）可得

$$\begin{aligned}\hat{\boldsymbol{x}}(k|k-1)&=E[\boldsymbol{x}(k)|\boldsymbol{y}(k-1),\boldsymbol{y}(k-2),\cdots]\\&=E\{[\boldsymbol{Fx}(k-1)+\boldsymbol{Gu}(k-1)+\boldsymbol{v}_d(k-1)]|\boldsymbol{y}(k-1),\boldsymbol{y}(k-2),\cdots\}\\&=E[\boldsymbol{Fx}(k-1)|\boldsymbol{y}(k-1),\boldsymbol{y}(k-2),\cdots]+E[\boldsymbol{Gu}(k-1)|\boldsymbol{y}(k-1),\boldsymbol{y}(k-2),\cdots]+\\&\quad E[\boldsymbol{v}_d(k-1)|\boldsymbol{y}(k-1),\boldsymbol{y}(k-2),\cdots]\end{aligned} \tag{5-141}$$

根据前面的定义，式（5-141）中的第一项即为 $\boldsymbol{F}\hat{\boldsymbol{x}}(k-1)$。由于 $\boldsymbol{u}(k-1)$ 是输入到被控对象的确定性量，因此式（5-141）中的第二项仍为 $\boldsymbol{G}\boldsymbol{u}(k-1)$。第三项中由于 $\boldsymbol{y}(k-1)$，$\boldsymbol{y}(k-2)$，…均与 $\boldsymbol{v}_{\mathrm{d}}(k-1)$ 不相关，因此根据式（5-127）知第三项应为零，从而求得一步预报方程为

$$\hat{\boldsymbol{x}}(k|k-1)=\boldsymbol{F}\hat{\boldsymbol{x}}(k-1)+\boldsymbol{G}\boldsymbol{u}(k-1) \tag{5-142}$$

根据式（5-135）和式（5-142），可以求得一步预报估计误差为

$$\begin{aligned}\tilde{\boldsymbol{x}}(k|k-1)&=\boldsymbol{x}(k)-\hat{\boldsymbol{x}}(k|k-1)\\&=[\boldsymbol{F}\boldsymbol{x}(k-1)+\boldsymbol{G}\boldsymbol{u}(k-1)+\boldsymbol{v}_{\mathrm{d}}(k-1)]-\boldsymbol{F}\hat{\boldsymbol{x}}(k-1)+\boldsymbol{G}\boldsymbol{u}(k-1)\\&=\boldsymbol{F}\tilde{\boldsymbol{x}}(k-1)+\boldsymbol{v}_{\mathrm{d}}(k-1)\end{aligned} \tag{5-143}$$

从而可进一步求得一步预报估计误差的协方差阵为

$$\begin{aligned}\boldsymbol{P}(k|k-1)&=E\tilde{\boldsymbol{x}}(k|k-1)\tilde{\boldsymbol{x}}^{\mathrm{T}}(k|k-1)=E[\boldsymbol{F}\tilde{\boldsymbol{x}}(k-1)+\boldsymbol{v}_{\mathrm{d}}(k-1)][\boldsymbol{F}\tilde{\boldsymbol{x}}(k-1)+\boldsymbol{v}_{\mathrm{d}}(k-1)]^{\mathrm{T}}\\&=\boldsymbol{F}[E\tilde{\boldsymbol{x}}(k-1)\tilde{\boldsymbol{x}}^{\mathrm{T}}(k-1)]\boldsymbol{F}^{\mathrm{T}}+\boldsymbol{F}[E\tilde{\boldsymbol{x}}(k-1)\boldsymbol{v}_{\mathrm{d}}^{\mathrm{T}}(k-1)]+\\&\quad[E\boldsymbol{v}_{\mathrm{d}}(k-1)\tilde{\boldsymbol{x}}^{\mathrm{T}}(k-1)]\boldsymbol{F}^{\mathrm{T}}+E\boldsymbol{v}_{\mathrm{d}}(k-1)\boldsymbol{v}_{\mathrm{d}}^{\mathrm{T}}(k-1)\end{aligned} \tag{5-144}$$

根据前面的定义，式（5-144）中第一项为 $\boldsymbol{F}\boldsymbol{P}(k-1)\boldsymbol{F}^{\mathrm{T}}$。根据式（5-135），$\boldsymbol{v}_{\mathrm{d}}(k-1)$ 只影响 $\boldsymbol{x}(k)$ 而与 $\boldsymbol{x}(k-1)$ 不相关，因此 $\boldsymbol{v}_{\mathrm{d}}(k-1)$ 也与 $\boldsymbol{y}(k-1)=\boldsymbol{C}\boldsymbol{x}(k-1)+\boldsymbol{w}(k-1)$不相关，而 $\tilde{\boldsymbol{x}}(k-1)=\boldsymbol{x}(k-1)-\hat{\boldsymbol{x}}(k-1)$，$\hat{\boldsymbol{x}}(k-1)$ 中也只包含了直到 $k-1$ 时刻的量测量 y 的信息，因此 $\boldsymbol{v}_{\mathrm{d}}(k-1)$ 与 $\hat{\boldsymbol{x}}(k-1)$ 也不相关，从而式（5-144）中的第二项和第三项均为零。根据式（5-128）显然式（5-144）中的第四项应等于 $\boldsymbol{V}$，从而上式简化为

$$\boldsymbol{P}(k|k-1)=\boldsymbol{F}\boldsymbol{P}(k-1)\boldsymbol{F}^{\mathrm{T}}+\boldsymbol{V} \tag{5-145}$$

设 $\boldsymbol{x}(k)$ 的最小方差估计具有如下形式

$$\hat{\boldsymbol{x}}(k)=\hat{\boldsymbol{x}}(k|k-1)+\boldsymbol{K}(k)[\boldsymbol{y}(k)-\boldsymbol{C}\hat{\boldsymbol{x}}(k|k-1)] \tag{5-146}$$

式中，$\boldsymbol{K}(k)$ 称为状态估计器或卡尔曼（Kalman）滤波增益矩阵。该估计器方程具有明显的物理意义，式中第一项 $\hat{\boldsymbol{x}}(k|k-1)$是 $\boldsymbol{x}(k)$ 的一步最优预报估计，它是根据直到 $k-1$ 时刻的所有量测量的信息而得到的关于 $\boldsymbol{x}(k)$ 的最优估计，式中第二项是修正项，它根据最新的量测量信息 $\boldsymbol{y}(k)$ 来对最优预报估计进行修正。在第二项中

$$\hat{\boldsymbol{y}}(k|k-1)=\boldsymbol{C}\hat{\boldsymbol{x}}(k|k-1) \tag{5-147}$$

是关于量测量 $\boldsymbol{y}(k)$ 的一步预报估计，而

$$\tilde{\boldsymbol{y}}(k|k-1)=\boldsymbol{y}(k)-\hat{\boldsymbol{y}}(k|k-1)=\boldsymbol{y}(k)-\boldsymbol{C}\hat{\boldsymbol{x}}(k|k-1) \tag{5-148}$$

是关于量测量 $\boldsymbol{y}(k)$ 的一步预报误差，也称新息（Innovation），即它包含了最新量测量的信息，因此式（5-146）所表示的状态最优估计可以看成是一步最优预报与新息的加权平均，其中增强矩阵 $\boldsymbol{K}(k)$ 可认为是加权矩阵。从而问题变为如何合适地选择 $\boldsymbol{K}(k)$，以获得 $\boldsymbol{x}(k)$ 的最小方差估计，即使得状态估计误差协方差

$$\boldsymbol{P}(k)=E\tilde{\boldsymbol{x}}(k)\tilde{\boldsymbol{x}}^{\mathrm{T}}(k)=E[\boldsymbol{x}(k)-\hat{\boldsymbol{x}}(k)][\boldsymbol{x}(k)-\hat{\boldsymbol{x}}(k)]^{\mathrm{T}} \tag{5-149}$$

为最小。由于式（5-148）是关于 $\boldsymbol{y}(k)$ 的线性方程，因此使式（5-149）最小的估计是关于 $\boldsymbol{x}(k)$ 的线性最小方差估计，由于前面假设了 $\boldsymbol{v}_{\mathrm{d}}(k)$ 和 $\boldsymbol{w}(k)$ 均为高斯白噪声序列，因此 $\boldsymbol{x}(k)$ 和 $\boldsymbol{y}(k)$ 也将均为正态分布的随机序列，根据估计理论可知，所得线性最小方差估计即为最小方差估计。如果只是假设 $\boldsymbol{v}_{\mathrm{d}}(k)$ 和 $\boldsymbol{w}(k)$ 是白噪声序列，那么所得状态最优估计

是线性最小方差估计，但不一定是最小方差估计。

现在的问题变为，寻求 $\boldsymbol{K}(k)$ 以使 $\boldsymbol{P}(k)$ 极小。可以证明，使 $\boldsymbol{P}(k)=E\tilde{\boldsymbol{x}}(k)\tilde{\boldsymbol{x}}^{\mathrm{T}}(k)$ 极小等价于使如下的标量函数

$$J=E\tilde{\boldsymbol{x}}(k)\tilde{\boldsymbol{x}}^{\mathrm{T}}(k) \tag{5-150}$$

极小。其中 J 表示 $\boldsymbol{x}(k)$ 的各个分量的方差之和，因而它是标量。下面即按此准则来寻求 $\boldsymbol{K}(k)$。根据式（5-136）和式（5-146）可求得 $\boldsymbol{x}(k)$ 的状态估计误差为

$$\begin{aligned}\tilde{\boldsymbol{x}}(k)&=\boldsymbol{x}(k)-\hat{\boldsymbol{x}}(k)=\boldsymbol{x}(k)-\hat{\boldsymbol{x}}(k|k-1)-\boldsymbol{K}(k)[\boldsymbol{y}(k)-\boldsymbol{C}\hat{\boldsymbol{x}}(k|k-1)]\\&=\tilde{\boldsymbol{x}}(k|k-1)-\boldsymbol{K}(k)\boldsymbol{C}\tilde{\boldsymbol{x}}(k|k-1)-\boldsymbol{K}(k)\boldsymbol{w}(k)\\&=[\boldsymbol{I}-\boldsymbol{K}(k)\boldsymbol{C}]\tilde{\boldsymbol{x}}(k|k-1)-\boldsymbol{K}(k)\boldsymbol{w}(k)\end{aligned} \tag{5-151}$$

根据式（5-151），进一步求得状态估计误差的协方差阵为

$$\begin{aligned}\boldsymbol{P}(k)&=E\tilde{\boldsymbol{x}}(k)\tilde{\boldsymbol{x}}^{\mathrm{T}}(k)\\&=E\{[\boldsymbol{I}-\boldsymbol{K}(k)\boldsymbol{C}]\tilde{\boldsymbol{x}}(k|k-1)-\boldsymbol{K}(k)\boldsymbol{w}(k)\}\{[\boldsymbol{I}-\boldsymbol{K}(k)\boldsymbol{C}]\tilde{\boldsymbol{x}}(k|k-1)-\boldsymbol{K}(k)\boldsymbol{w}(k)\}^{\mathrm{T}}\\&=[\boldsymbol{I}-\boldsymbol{K}(k)\boldsymbol{C}]\boldsymbol{P}(k|k-1)[\boldsymbol{I}-\boldsymbol{K}(k)\boldsymbol{C}]^{\mathrm{T}}+\boldsymbol{K}(k)\boldsymbol{W}\boldsymbol{K}^{\mathrm{T}}(k)\end{aligned} \tag{5-152}$$

在式（5-152）中，由于 $\boldsymbol{w}(k)$ 与 $\tilde{\boldsymbol{x}}(k|k-1)$ 不相关，因此交叉相乘项的期望值为零。

为了在式（5-152）中寻求 $\boldsymbol{K}(k)$ 以使 $\boldsymbol{P}(k)$ 极小，可让 $\boldsymbol{K}(k)$ 取得一个增量 $\Delta\boldsymbol{K}(k)$，即 $\boldsymbol{K}(k)$ 变为 $\boldsymbol{K}(k)+\Delta\boldsymbol{K}(k)$，从而 $\boldsymbol{P}(k)$ 相应地变为 $\boldsymbol{P}(k)+\Delta\boldsymbol{P}(k)$。根据式（5-152）可以求得

$$\begin{aligned}\Delta\boldsymbol{P}(k)=&[-\Delta\boldsymbol{K}(k)\boldsymbol{C}]\boldsymbol{P}(k|k-1)[\boldsymbol{I}-\boldsymbol{K}(k)\boldsymbol{C}]^{\mathrm{T}}+\\&[\boldsymbol{I}-\boldsymbol{K}(k)\boldsymbol{C}]\boldsymbol{P}(k|k-1)[-\boldsymbol{C}^{\mathrm{T}}\Delta\boldsymbol{K}^{\mathrm{T}}(k)]+\Delta\boldsymbol{K}(k)\boldsymbol{W}\boldsymbol{K}^{\mathrm{T}}(k)+\boldsymbol{K}(k)\boldsymbol{W}\Delta\boldsymbol{K}^{\mathrm{T}}(k)\\=&-\Delta\boldsymbol{K}(k)\boldsymbol{R}^{\mathrm{T}}-\boldsymbol{R}\Delta\boldsymbol{K}^{\mathrm{T}}(k)\end{aligned} \tag{5-153}$$

式中

$$\boldsymbol{R}=[\boldsymbol{I}-\boldsymbol{K}(k)\boldsymbol{C}]\boldsymbol{P}(k|k-1)\boldsymbol{C}^{\mathrm{T}}-\boldsymbol{K}(k)\boldsymbol{W} \tag{5-154}$$

如果 $\boldsymbol{K}(k)$ 能够使得式（5-152）中的 $\boldsymbol{P}(k)$ 取极小值，那么对于任意的增益 $\Delta\boldsymbol{K}(k)$ 均应有 $\Delta\boldsymbol{P}(k)=0$，要使该点成立，则必须有

$$\begin{aligned}\boldsymbol{R}&=[\boldsymbol{I}-\boldsymbol{K}(k)\boldsymbol{C}]\boldsymbol{P}(k|k-1)\boldsymbol{C}^{\mathrm{T}}-\boldsymbol{K}(k)\boldsymbol{W}\\&=\boldsymbol{P}(k|k-1)\boldsymbol{C}^{\mathrm{T}}-\boldsymbol{K}(k)[\boldsymbol{C}\boldsymbol{P}(k|k-1)\boldsymbol{C}^{\mathrm{T}}+\boldsymbol{W}]=0\end{aligned} \tag{5-155}$$

$$\boldsymbol{K}(k)=\boldsymbol{P}(k|k-1)\boldsymbol{C}^{\mathrm{T}}[\boldsymbol{C}\boldsymbol{P}(k|k-1)\boldsymbol{C}^{\mathrm{T}}+\boldsymbol{W}]^{-1} \tag{5-156}$$

从该式可以看出，原先假设 $\boldsymbol{W}$ 为正定对称阵的条件可以放宽为 $[\boldsymbol{W}+\boldsymbol{C}\boldsymbol{P}(k|k-1)\boldsymbol{C}^{\mathrm{T}}]$ 是正定对称阵。

最后将所有的 Kalman 滤波递推公式归纳如下

$$\hat{\boldsymbol{x}}(k|k-1)=\boldsymbol{F}\hat{\boldsymbol{x}}(k-1)+\boldsymbol{G}\boldsymbol{u}(k-1) \tag{5-157}$$

$$\hat{\boldsymbol{x}}(k)=\hat{\boldsymbol{x}}(k|k-1)+\boldsymbol{K}(k)[\boldsymbol{y}(k)-\boldsymbol{C}\hat{\boldsymbol{x}}(k|k-1)] \tag{5-158}$$

$$\boldsymbol{K}(k)=\boldsymbol{P}(k|k-1)\boldsymbol{C}^{\mathrm{T}}[\boldsymbol{C}\boldsymbol{P}(k|k-1)\boldsymbol{C}^{\mathrm{T}}+\boldsymbol{W}]^{-1} \tag{5-159}$$

$$\boldsymbol{P}(k|k-1)=\boldsymbol{F}\boldsymbol{P}(k-1)\boldsymbol{F}^{\mathrm{T}}+\boldsymbol{V} \tag{5-160}$$

$$\boldsymbol{P}(k)=[\boldsymbol{I}-\boldsymbol{K}(k)\boldsymbol{C}]\boldsymbol{P}(k|k-1)[\boldsymbol{I}-\boldsymbol{K}(k)\boldsymbol{C}]^{\mathrm{T}}+\boldsymbol{K}(k)\boldsymbol{W}\boldsymbol{K}^{\mathrm{T}}(k) \tag{5-161}$$

$\hat{\boldsymbol{x}}(0)$ 和 $\boldsymbol{P}(0)$ 给定，$k=1, 2, \cdots$。

从上面的递推公式可以看出，若 Kalman 滤波增益矩阵 $\boldsymbol{K}(k)$ 已知，则根据式（5-157）和

式（5-158）便可依次计算出状态最优估计 $\hat{\boldsymbol{x}}(k)$，$k=1, 2, \cdots$，因此必须先计算出 $\boldsymbol{K}(k)$。

3. Kalman 滤波增益矩阵 $\boldsymbol{K}(k)$ 的计算

$\boldsymbol{K}(k)$ 可以直接根据式（5-159）~式（5-161）的递推公式进行计算，下面给出迭代计算的程序流程：

1）给定参数 $\boldsymbol{F}$、$\boldsymbol{C}$、$\boldsymbol{V}$、$\boldsymbol{W}$、$\boldsymbol{P}(0)$，给定迭代计算总步数 N，并置 $k=1$。

2）按式（5-160）计算 $\boldsymbol{P}(k|k-1)$。

3）按式（5-161）计算 $\boldsymbol{P}(k)$。

4）按式（5-159）计算 $\boldsymbol{K}(k)$。

5）如果 $k=N$，转 7)，否则转 6)。

6）$k \leftarrow k+1$，转 2)。

7）输出 $\boldsymbol{K}(k)$ 和 $\boldsymbol{P}(k)$，$k=1, 2, \cdots, N$。

在上述迭代过程中，当 k 逐渐增加时，$\boldsymbol{K}(k)$ 和 $\boldsymbol{P}(k)$ 将趋于稳态值。而且只要初始 $\boldsymbol{P}(0)$ 是非负定对称阵，则 $\boldsymbol{K}(k)$ 和 $\boldsymbol{P}(k)$ 的稳态值将与 $\boldsymbol{P}(0)$ 无关。因此，如果只需要计算 $\boldsymbol{K}(k)$ 的稳态值，则可取 $\boldsymbol{P}(0)=0$ 或 $\boldsymbol{P}(0)=\boldsymbol{I}$。

5.3.3 LQG 最优控制器设计

由 LQ 最优控制器和状态最优估计器两部分，就组成了 LQG 最优控制器。设连续被控对象即式（5-118）的离散状态方程即式（5-135）和式（5-136）为

$$\begin{cases}\boldsymbol{x}(k+1)=\boldsymbol{F}\boldsymbol{x}(k)+\boldsymbol{G}\boldsymbol{u}(k)+\boldsymbol{v}_{\mathrm{d}}(k)\\ \boldsymbol{y}(k)=\boldsymbol{C}\boldsymbol{x}(k)+\boldsymbol{w}(k)\end{cases} \tag{5-162}$$

由 LQ 最优控制器和状态最优估计器组成的 LQG 最优控制器的方程为

$$\hat{\boldsymbol{x}}(k|k-1)=\boldsymbol{F}\hat{\boldsymbol{x}}(k-1)+\boldsymbol{G}\boldsymbol{u}(k-1) \tag{5-163}$$

$$\hat{\boldsymbol{x}}(k)=\hat{\boldsymbol{x}}(k|k-1)+\boldsymbol{K}(k)[\boldsymbol{y}(k)-\boldsymbol{C}\hat{\boldsymbol{x}}(k|k-1)] \tag{5-164}$$

$$\boldsymbol{u}(k)=-\boldsymbol{L}(k)\hat{\boldsymbol{x}}(k) \tag{5-165}$$

显然，设计 LQG 最优控制器的关键是按分离性原理分别计算 Kalman 滤波器增益矩阵 $\boldsymbol{K}$ 和最优控制器 $\boldsymbol{L}$。图 5-12 已给出了采用 LQG 最优控制器的系统框图。

为了计算 LQG 最优控制器，首先按式（5-159）~式（5-161）迭代计算 $\boldsymbol{K}(k)$，直至趋于稳态值 $\boldsymbol{K}$ 为止；然后按式（5-102）~式（5-104）迭代计算 $\boldsymbol{L}(k)$，直到趋于稳态值 $\boldsymbol{L}$ 为止。

闭环系统的调节性能取决于最优控制器，而最优控制器的设计又依赖于被控对象的模型（矩阵 $\boldsymbol{A}$，$\boldsymbol{B}$，$\boldsymbol{C}$）、干扰模型（协方差阵 $\boldsymbol{V}$，$\boldsymbol{W}$）和二次型性能指标函数中加权矩阵（$\boldsymbol{Q}_0$，$\overline{\boldsymbol{Q}}_1$，$\overline{\boldsymbol{Q}}_2$）的选取。被控对象的模型可通过机理分析方法、实验方法和系统辨识方法来获取。Kalman 滤波器增益矩阵 $\boldsymbol{K}$ 的计算取决于过程干扰协方差阵 $\boldsymbol{V}$ 和量测噪声协方差阵 $\boldsymbol{W}$，而最优控制器 $\boldsymbol{L}$ 的计算又取决于加权矩阵。在设计过程中，一般凭经验或试凑给出 $\boldsymbol{V}$、$\boldsymbol{W}$ 和加权矩阵，通过计算不断调整，逐步达到满意的调节系统。

5.3.4 跟踪系统设计

前面讨论了调节系统（见图 5-12）的设计，它主要考虑了系统的抗干扰性能。对于跟踪系统，除了考虑系统应有好的抗干扰性能外，还要求系统对参考输入具有好的跟踪响应性

能。因此，对于跟踪系统，可首先按调节系统来设计，使其具有好的抗干扰性能，然后再按一定的方式引入参考输入，使其满足跟踪性能的要求。

由于这里的 LQG 系统与 5.2 节的采用状态空间的极点配置法设计的系统具有完全相同的结构，因此这里可用 5.2.4 节所介绍的同样方法来引入参考输入。在 5.2 节中主要讨论了单输入单输出的情况，本节 LQG 问题可适合于一般的多变量系统。为了消除由于模型参数不准所引起的跟踪稳态误差和常值干扰所产生的稳态误差，可采用与图 5-11 相类似的系统结构，如图 5-14 所示。

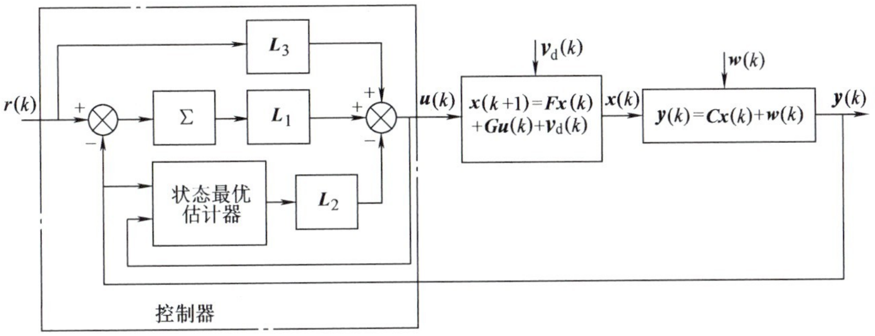

图 5-14　带最优估计器及 PI 和顺馈控制的跟踪系统

在图 5-14 中，状态最优估计按 5.3.2 节中给出的方法进行设计，$\boldsymbol{L}_1$ 和 $\boldsymbol{L}_2$ 按 5.3.4 节中介绍 PI 调节的方法进行设计。如果进一步提高系统的无静差度，可以引入顺馈增益矩阵 $\boldsymbol{L}_3$，参考式（5-86）可求得（假设控制量和输出量的维数相等）

$$\boldsymbol{L}_3=[\boldsymbol{C}(\boldsymbol{I}-\boldsymbol{F}+\boldsymbol{G}\boldsymbol{L}_2)^{-1}\boldsymbol{G}]^{-1} \tag{5-166}$$

习　题

1. 设一阶单输入单输出系统的状态方程为

$$\begin{cases}\dot{x}(t)=ax(t)+bu(t)\\ y(t)=cx(t)\end{cases}$$

采样周期为 T，试设计最少拍无纹波控制器 $D(z)$。

2. 被控对象的传递函数为

$$G(s)=\frac{1}{s(0.1s+1)}$$

采样周期 $T=0.1\mathrm{s}$，采用零阶保持器。按极点配置方法设计状态反馈控制规律 $\boldsymbol{L}$，使闭环系统的极点配置在 Z 平面 $z_{1,2}=0.8\pm\mathrm{j}0.25$ 处，求 $\boldsymbol{L}$ 和 $\boldsymbol{u}(k)$。

3. 在上题中，进行全状态直接反馈，但只能测到一个状态变量。现设计一个状态观测器（预报观测器），极点配置在 $z_{1,2}=0.3\pm\mathrm{j}0.5$ 处，试求观测器的增益矩阵。

4. 什么是分离性原理？该原理有何指导意义？

第6章　先进控制技术

教学重点难点

本章主要讨论先进控制技术中的模糊控制技术、神经网络控制技术、专家控制技术和预测控制技术。先进控制技术主要解决传统的、经典的控制技术所难以解决的控制问题，代表着控制技术最新的发展方向，并且与多种智能控制算法是相互交融、相互促进发展的。目前先进控制技术仍处于不断发展和完善阶段。对于自适应控制、自抗扰控制、非线性控制、分层递阶智能控制、学习控制和鲁棒控制等先进控制技术，本章最后一节作简单介绍。

6.1　模糊控制技术

在日常生活中，人们往往用“较少”“较多”“小一些”“很少”等模糊语言来进行控制。例如，当人们拧开水阀向水桶放水时，有这样的经验：桶里没有水或水较少时，应开大水阀门；桶里的水比较多时，水阀应拧小一些；水桶快满时应把阀门拧很小；水桶里的水满时，应迅速关掉水阀。

“模糊”是人类感知万物、获取知识、思维推理、决策实施的重要特征。“模糊”比“清晰”所拥有的信息容量更大，内涵更丰富，更符合客观世界。模糊控制理论（Fuzzy Control Theory）由美国著名学者加利福尼亚大学教授 L. A. Zadeh 于 1965 年首先提出。它以模糊数学为基础，采用语言规则表示方法和先进的计算机技术，并由模糊推理进行决策的一种高级控制策略，而且发展至今已成为人工智能领域中的一个重要分支。

1974 年，英国伦敦大学教授 E. H. Mamdani 研制成功第一个模糊控制器，充分展示了模糊控制技术的应用前景。模糊控制技术是由模糊数学、自动控制理论、计算机科学、人工智能、知识工程等多门学科相互渗透，且理论性很强的科学技术。

6.1.1　模糊控制的数学基础

1. 模糊集合

在人类的思维中，有许多模糊的概念，如大、小、冷、热等，都没有明确的内涵和外延，只能用模糊集合来描述；有的概念具有清晰的内涵和外延，如一枚硬币的正面和反面。前者称为模糊集合，用 A 表示，后者叫作普通集合（或经典集合）。

如果把模糊集合的特征函数称为隶属函数，记作 $\mu_A(x)$，则 $\mu_A(x)$ 表示元素 x 属于模糊集合 A 的程度。隶属函数是模糊数学中最基本的概念，我们用隶属函数来给出模糊集合：在

论域 U 上的模糊集合 A，由隶属函数 $\mu_A(x)$ 来表征，$\mu_A(x)$ 在 [0，1] 区间内连续取值。$\mu_A(x)$ 的大小反映了元素 x 对于模糊集合 A 的隶属程度。

例如，研究人这个论域的集合，某人是否属于老年人集合的隶属函数，可用下式进行计算：

$$\mu_{老年人}(x)=\frac{1}{1+\left(\frac{5}{x-50}\right)^2}$$

式中，x 表示 50 岁以上的年龄（即 $x>50$），由计算可得

$$\mu_{老年人}(55)=0.5$$
$$\mu_{老年人}(60)=0.8$$
$$\mu_{老年人}(70)=0.94$$

这表明 55 岁的只能是“半老”，而 70 岁的人属于“老年人”集合的隶属程度为 0.94。

2. 模糊集合的运算

对于给定论域 U 上的模糊集合 A、B、C，借助于隶属函数定义它们之间的运算如下。

1）相等：$\forall x\in U$，都有 $\mu_A(x)=\mu_B(x)$，则称 A 与 B 相等，记作 $A=B$。

2）补集：$\forall x\in U$，都有 $\mu_B(x)=1-\mu_A(x)$，则称 B 是 A 的补集，记作 $B=\overline{A}$。

3）包含：$\forall x\in U$，都有 $\mu_A(x)\geqslant\mu_B(x)$，则称 A 包含 B，记作 $A\supseteq B$。

4）并集：$\forall x\in U$，都有 $\mu_C(x)=\max\{\mu_A(x),\mu_B(x)\}=\mu_A(x)\vee\mu_B(x)$，则称 C 是 A 与 B 的并集，记作 $C=A\cup B$。

5）交集：$\forall x\in U$，都有 $\mu_C(x)=\min\{\mu_A(x),\mu_B(x)\}=\mu_A(x)\wedge\mu_B(x)$，则称 C 是 A 与 B 的交集，记作 $C=A\cap B$。

另外，普通集合中交换律、幂等律、结合律、分配律、吸收律、摩根定律也同样适用于模糊集合的运算。

3. 模糊关系

（1）关系

客观世界的各事物之间普遍存在着联系，描写事物之间联系的数学模型之一就是关系。关系常用符号 R 表示。

① 关系的概念：若 R 为由集合 X 到集合 Y 的普通关系，则对任意 $x\in X$，$y\in Y$ 都只能有以下两种情况：

x 与 y 有某种关系，即 xRy；

或 x 与 y 无某种关系，即 $x\overline{R}y$。

②直积集：由 X 到 Y 的关系 R，也可用序对（x，y）来表示，其中 $x\in X$，$y\in Y$。所有有关系 R 的序对可以构成一个 R 集。

在集合 X 与集合 Y 中各取出一元素排成序对，所有这样序对的集合叫作 X 和 Y 的直积集（也称笛卡儿乘积集），记为

$$X\times Y=[(x,y)\mid x\in X,y\in Y]$$

显然，R 集是 X 和 Y 的直积集的一个子集，即

$$R\subset X\times Y$$

例如，有两个集合甲和乙，其中

$$甲=\{x\mid x\ 为甲班乒乓队队员\},乙=\{y\mid y\ 为乙班乒乓队队员\}$$

若 R 表示甲与乙之间对抗赛关系，甲队的 1 和乙队的 a 建立对打关系记为 $1Ra$；甲队的 2 和乙队的 b 建立对打关系，记为 $2Rb$；同理有 $3Rc$。则有

$$甲\times乙=\{(1,a)(1,b)(1,c)(2,a)(2,b)(2,c),(3,a),(3,b)(3,c)\}$$

而

$$R=\{(1,a),(2,b),(3,c)\}$$

显然

$$R\subset 甲\times乙$$

③ 几个常见的关系：常见的关系有自反性、对称性和传递性等关系。

自反性关系：一个关系 R，若对 $\forall x\in X$，都有 xRX，即集合的每一个元素 x 都与自身有这一关系，则称 R 为具有自反性关系。例如，把 X 看作是集合，同族关系便具有自反性，但父子关系不具有自反性。

对称性关系：一个 X 中的关系 R，对于 $\forall x$，$y\in X$，若有 xRy，必有 yRx，即满足这一关系的两个元素的地位可以对调，则称 R 为具有对称性关系。例如，兄弟关系和朋友关系都具有对称性，但父子关系不具有对称性。

传递性关系：一个 X 中的关系 R，对于 $\forall x$，y，$z\in X$，若有 xRy，yRz，则必有 xRz，则称 R 具有传递性关系。例如，兄弟关系和同族关系具有传递性，但父子关系不具有传递性。

具有自反性和对称性的关系称为相容关系，具有传递性的相容关系称为等价关系。

(2) 模糊关系

两组事物之间的关系不宜用“有”或“无”作肯定或否定回答时，可以用模糊关系来描述。集合 X 到集合 Y 中的一个模糊关系 R 是直积空间 $X\times Y$ 中的一个模糊子集合。集合 X 到集合 X 中的模糊关系，称为集合 X 上的模糊关系。

一般说来，只要给出直积空间 $X\times Y$ 中的模糊集 R 的隶属函数 $\mu_R(x,\ y)$，集合 X 到集合 Y 的模糊关系 R 也就确定了。模糊关系也有自反性、对称性、传递性等关系。

自反性：一个模糊关系 R，若对 $\forall x\in X$，必有 $\mu_R(x,x)=1$，即每一个元素 x 与自身隶属于模糊关系 R 的程度为 1，则称 R 为具有自反性的模糊关系。例如，相象关系就具有自反性，仇敌关系就不具有自反性。

对称性：一个模糊关系 R，若 $\forall x$，$y\in X$，均有 $\mu_R(x,y)=\mu_R(y,x)$，即 x 与 y 隶属于模糊关系 R 的程度和 y 与 x 隶属于模糊关系 R 的程度相同，则称 R 为具有对称性的模糊关系。例如，相象关系就具有对称性，而相爱关系就不具有对称性。

传递性：一个模糊关系 R，若对 $\forall x$，y，$z\in X$，均有 $\min[\mu_R(x,y),\mu_R(y,z)]\leqslant\mu_R(x,z)$，即 x 与 y 隶属于模糊关系 R 的程度和 y 与 z 隶属于模糊关系 R 的程度中较小的一个值都小于 x 和 z 隶属于关系 R 的程度，则称 R 为具有传递性的模糊关系。

(3) 模糊矩阵

当用矩阵来表示模糊关系时，矩阵中的 a_{ij} 表示集合 X 中第 i 个元素和集合 Y 中第 j 个元素隶属于模糊关系 R 的程度，记为 $\mu_R(x,\ y)$。其中 $\mu_R(x,\ y)$ 在闭区间 [0, 1] 中取值，把元素在闭区间 [0, 1] 中取值的矩阵称为模糊矩阵。

模糊矩阵的一般形式为

$$\boldsymbol{A}=\begin{pmatrix} a_{11} & a_{12} & \cdots & a_{1n} \\ a_{21} & a_{22} & \cdots & a_{2n} \\ \vdots & \vdots & & \vdots \\ a_{m1} & a_{m2} & \cdots & a_{mn} \end{pmatrix} \tag{6-1}$$

其中 $0\leqslant a_{ij}\leqslant 1$，$1\leqslant i\leqslant m$，$1\leqslant j\leqslant n$，矩阵 $\boldsymbol{A}$ 可记为 $\boldsymbol{A}=(a_{ij})$。

① 对于 $\boldsymbol{A}=(a_{ij})$ 和 $\boldsymbol{B}=(b_{ij})$，若有 $c_{ij}=\max(a_{ij},b_{ij})=a_{ij}\vee b_{ij}$，则称 $\boldsymbol{C}=(c_{ij})$ 为 $\boldsymbol{A}$ 和 $\boldsymbol{B}$ 的并，记为 $\boldsymbol{C}=\boldsymbol{A}\cup\boldsymbol{B}$。

② 对于 $\boldsymbol{A}=(a_{ij})$ 和 $\boldsymbol{B}=(b_{ij})$，若有 $c_{ij}=\min(a_{ij},b_{ij})=a_{ij}\wedge b_{ij}$，则称 $\boldsymbol{C}=(c_{ij})$ 为 $\boldsymbol{A}$ 和 $\boldsymbol{B}$ 的交，记为 $\boldsymbol{C}=\boldsymbol{A}\cap\boldsymbol{B}$。

③ 对于 $\boldsymbol{A}=(a_{ij})$，则 $(1-a_{ij})$ 为 $\boldsymbol{A}$ 的补矩阵，记为 $\overline{\boldsymbol{A}}$。

④ 模糊矩阵的乘法运算与普通矩阵乘法类似，所不同的是并非两项相乘后再相加，而是先取小后取大。若 $\boldsymbol{C}=\boldsymbol{A}\circ\boldsymbol{B}$（符号“$\circ$”表示矩阵乘法），则 $\boldsymbol{C}$ 中的元素 $c_{ij}=\max\{\min(a_{ik},b_{kj})\}=\vee(a_{ik}\wedge b_{kj})$。

若有

$$\boldsymbol{A}=\begin{pmatrix}a_{11} & a_{12}\\ a_{21} & a_{22}\end{pmatrix}\qquad \boldsymbol{B}=\begin{pmatrix}b_{11} & b_{12}\\ b_{21} & b_{22}\end{pmatrix}\tag{6-2}$$

则

$$\boldsymbol{A}\circ\boldsymbol{B}=\begin{pmatrix}(a_{11}\wedge b_{11})\vee(a_{12}\wedge b_{21}) & (a_{11}\wedge b_{12})\vee(a_{12}\wedge b_{22})\\ (a_{21}\wedge b_{11})\vee(a_{22}\wedge b_{21}) & (a_{21}\wedge b_{12})\vee(a_{22}\wedge b_{22})\end{pmatrix}\tag{6-3}$$

4. 模糊逻辑

建立在取真“1”和取假“0”二值基础上的数理逻辑，已成为计算机科学的基础理论。然而，在研究复杂的系统时，二值逻辑就显得无能为力了。因为复杂系统不仅结构和功能复杂，涉及大量的参数和变量，而且具有模糊的特点。

模糊逻辑的真值 x 在区间［0，1］中连续取值，x 越接近 1，说明真的程度越大。模糊逻辑是二值逻辑的直接推广，因此，模糊逻辑是无限多值逻辑，也就是连续值逻辑。模糊逻辑仍有二值逻辑的逻辑并（析取）、逻辑交（合取）、逻辑补（否定）的运算。

5. 模糊推理

应用模糊理论，可以对模糊命题进行模糊的演绎推理和归纳推理。这里主要讨论假言推理和条件语句。

(1) 假言推理

设 a、b 分别被描述为 X 与 Y 中的模糊子集 A 与 B 中的元素，$(a)\to(b)$ 表示从 A 到 B 的一个模糊关系，它是 $X\times Y$ 的一个模糊子集，记作 $A\to B$（如 A 则 B），它的隶属函数为

$$\mu_{A\to B}(x,y)=[\mu_A(x)\wedge\mu_B(y)]\vee[1-\mu_A(x)]\tag{6-4}$$

例如，若 x 小则 y 大，已给 x 较小，试问 y 如何？

设论域

$$X=\{1,2,3,4,5\}=Y$$

$$[小]=\frac{1}{1}+\frac{0.5}{2}+\frac{0}{3}+\frac{0}{4}+\frac{0}{5}$$

$$[较小]=\frac{1}{1}+\frac{0.4}{2}+\frac{0.2}{3}+\frac{0}{4}+\frac{0}{5}$$

$$[大]=\frac{0}{1}+\frac{0}{2}+\frac{0}{3}+\frac{0.5}{4}+\frac{1}{5}$$

则 $A\to B=[若\ x\ 小则\ y\ 大](x,y)=[[小](x)\wedge[大](y)]\vee[1-[小](x)]$

算得矩阵 **R** 如下：

$$\mu_{小\to大}(x,y)=\begin{pmatrix}0&0&0&0.5&1\\0.5&0.5&0.5&0.5&0.5\\1&1&1&1&1\\1&1&1&1&1\\1&1&1&1&1\end{pmatrix}=\boldsymbol{R}$$

矩阵中各元素的值是按隶属函数算出来的。如第 2 行第 4 列中的 0.5 是这样算得的：

$$\mu_{小\to大}(2,4)=[\mu_{小}(2)\wedge\mu_{大}(4)]\vee[1-\mu_{小}(2)]$$
$$=[0.5\wedge 0.5]\vee[1-0.5]=0.5$$

然后，进行合成运算，由模糊集合较小的定义，可进行如下的合成运算：

$$[较小]\circ[若\ x\ 小则\ y\ 大]=A_1\circ R=(1\quad 0.4\quad 0.2\quad 0\quad 0)\circ R$$
$$=(0.4\quad 0.4\quad 0.4\quad 0.5\quad 1)$$

结果与 $[大]=\frac{0}{1}+\frac{0}{2}+\frac{0}{3}+\frac{0.5}{4}+\frac{1}{5}$ 相比较，可得到“Y 比较大”。

(2) 模糊条件语句

在模糊自动控制中，应用较多的是模糊条件语句。它的一般语言格式为“若 A 则 B，否则 C”。用模糊关系表示为

$$R=(A\times B)\cup(\overline{A}\times C) \tag{6-5}$$

或表示为

$$R=(a\to b)\cup(\overline{a}\to c) \tag{6-6}$$

式中，a 在论域 X 上，对应于 X 上的模糊子集 A；b，c 在论域 Y 上，对应于 Y 上的模糊子集 B，C。$(a\to b)\cup(\overline{a}\to c)$ 表示 $X\times Y$ 的一个模糊子集 R，$R=(A\times B)\cup(\overline{A}\times C)$，则隶属函数：

$$\mu_{(A\to B)\vee(\overline{A}\to C)}(x,y)=[\mu_A(x)\wedge\mu_B(y)]\vee[(1-\mu_A(x))\wedge\mu_C(y)] \tag{6-7}$$

若输入 A 时，根据模糊关系的合成规则，即可按下式求得

$$B=A\circ R=A\circ[(A\times B)\cup(\overline{A}\times C)] \tag{6-8}$$

即

$$B=A\circ[(A\to B)\vee(\overline{A}\to C)] \tag{6-9}$$

例如，若 x 轻则 y 重，否则 y 不很重。已知 x 很轻，试问 y 如何？已知 $X=Y=\{1,2,3,4,5\}$。

$$A=[轻]=\frac{1}{1}+\frac{0.8}{2}+\frac{0.6}{3}+\frac{0.4}{4}+\frac{0.2}{5}$$

$$B=[重]=\frac{0.2}{1}+\frac{0.4}{2}+\frac{0.6}{3}+\frac{0.8}{4}+\frac{1}{5}$$

$$C=[不很重]=\frac{0.96}{1}+\frac{0.84}{2}+\frac{0.64}{3}+\frac{0.36}{4}+\frac{0}{5}$$

$$A'=[很轻]=\frac{1}{1}+\frac{0.64}{2}+\frac{0.36}{3}+\frac{0.16}{4}+\frac{0.04}{5}$$

为了求得输出，首先利用公式算出 $(A\to B)\vee(\overline{A}\to C)$ 的模糊矩阵 **R** 为

$$R=\begin{pmatrix}0.2 & 0.4 & 0.6 & 0.8 & 1\\ 0.2 & 0.4 & 0.6 & 0.8 & 0.8\\ 0.4 & 0.4 & 0.6 & 0.6 & 0.6\\ 0.6 & 0.6 & 0.6 & 0.4 & 0.4\\ 0.8 & 0.8 & 0.64 & 0.36 & 0.2\end{pmatrix}$$

矩阵中各元素的值是按照隶属函数计算而得出的。如矩阵中第 5 行第 4 列的 0.36 是这样得到的：

$$\mu_{(A\to B)\vee(\bar{A}\to C)}=[\mu_{轻}(5)\wedge\mu_{重}(4)]\vee[(1-\mu_{轻}(5))\wedge\mu_{不很重}(4)]$$

于是

$$B' = A'\circ(A\to B)\vee(\bar{A}\to C)= A'\circ R=(0.36\quad 0.4\quad 0.6\quad 0.8\quad 1)$$

即

$$B'=\frac{0.36}{1}+\frac{0.4}{2}+\frac{0.6}{3}+\frac{0.8}{4}+\frac{1}{5}$$

用模糊语言来说，就是近似于［重］。

条件语句在模糊控制中得到了广泛的应用，实际上模糊控制规律都是模糊条件语句。

6.1.2　模糊控制原理

模糊控制系统通常由模糊控制器、输入/输出接口、执行机构、测量装置和被控对象 5 个部分组成，如图 6-1 所示。

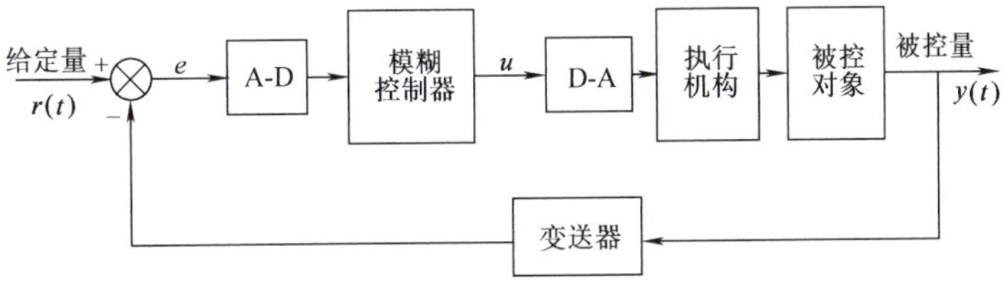

图 6-1　模糊控制系统的组成

根据图 6-1 可知，模糊控制系统与通常的计算机控制系统的主要区别是采用了模糊控制器。模糊控制器是模糊控制系统的核心，一个模糊系统的性能优劣，主要取决于模糊控制器的结构，所采用的模糊规则、合成推理算法以及模糊决策的方法等因素。下面来讨论模糊控制器的组成和各部分的工作原理。

模糊控制器主要包括输入量模糊化接口、知识库、推理机、输出量清晰化接口 4 个部分，如图 6-2 所示。

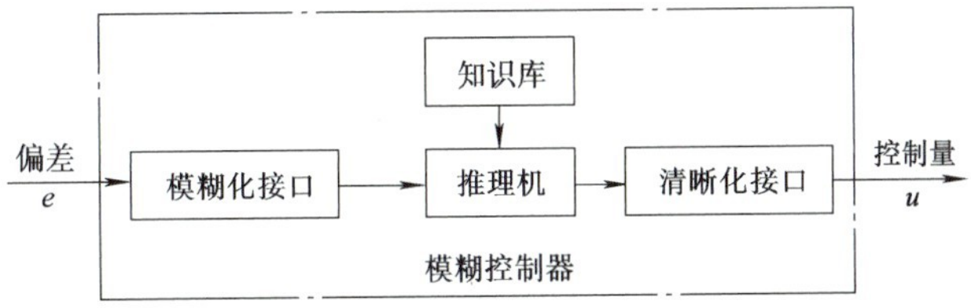

图 6-2　模糊控制器的组成

1. 模糊化接口

模糊控制器的确定量输入必须经过模糊化接口模糊化后，转换成一个模糊矢量才能用于模糊控制，具体可按模糊化等级进行模糊化。

例如，取值在 [a，b] 间的连续量 x 经公式

$$y=\frac{12}{b-a}\left(x-\frac{a+b}{2}\right) \tag{6-10}$$

变换为取值在 [-6，6] 之间的连续量 y，再将 y 模糊化为 7 级，相应的模糊量用模糊语言表示如下：

在-6 附近称为负大，记为 NL；

在-4 附近称为负中，记为 NM；

在-2 附近称为负小，记为 NS；

在 0 附近称为适中，记为 ZO；

在 2 附近称为正小，记为 PS；

在 4 附近称为正中，记为 PM；

在 6 附近称为正大，记为 PL。

因此，对于模糊输入变量 y，其模糊子集为 y= {NL，NM，NS，ZO，PS，PM，PL}。

这样，它们对应的模糊子集可用表 6-1 表示。表中的数为对应元素在对应模糊集中的隶属度。当然，这仅是一个示意性的表，目的在于说明从精确量向模糊量的转换过程。实际的模糊集要根据具体问题来规定。

表 6-1　模糊变量 y 不同等级的隶属度值

等级 / 隶属度 / 模糊变量	-6	-5	-4	-3	-2	-1	0	1	2	3	4	5	6
PL	0	0	0	0	0	0	0	0	0.2	0.4	0.7	0.8	1
PM	0	0	0	0	0	0	0	0	0.2	0.7	1	0.7	0.2
PS	0	0	0	0	0	0	0.3	0.8	1	0.7	0.5	0.2	0
ZO	0	0	0	0	0.1	0.6	1	0.6	0.1	0	0	0	0
NS	0	0.2	0.5	0.7	1	0.8	0.3	0	0	0	0	0	0
NM	0.2	0.7	1	0.7	0.2	0	0	0	0	0	0	0	0
NL	1	0.8	0.7	0.4	0.2	0	0	0	0	0	0	0	0

2. 知识库

知识库由数据库和规则库两部分组成。

数据库所存放的是所有输入/输出变量的全部模糊子集的隶属度矢量值，若论域为连续域，则为隶属度函数。对于以上例子，需将表 6-1 中内容存放于数据库，在规则推理的模糊关系方程求解过程中，向推理机提供数据。但要说明的是，输入变量和输出变量的测量数据集不属于数据库存放范畴。

规则库就是用来存放全部模糊控制规则的，在推理时为“推理机”提供控制规则。模糊控制器的规则是基于专家知识或手动操作经验来建立的，它是按人的直觉推理的一种语言表示形式。模糊规则通常由一系列的关系词连接而成，如 if-then、else、also、end、or 等。关系词必须经过“翻译”，才能将模糊规则数值化。如果某模糊控制器的输入变量为 e（误差）和 ec（误差变化），它们相应的语言变量为 E 与 EC。对于控制变量 U，给出下述一族模糊规则：

R_1: if E is NL and EC is NL then U is PL

R_2: if E is NL and EC is NM then U is PL

R_3: if E is NL and EC is NS then U is PM

R_4: if E is NL and EC is ZO then U is PM

R_5: if E is NM and EC is NL then U is PL

R_6: if E is NM and EC is NM then U is PL

R_7: if E is NM and EC is NS then U is PM

R_8: if E is NM and EC is ZO then U is PM

R_9: if E is NS and EC is NL then U is PL

R_{10}: if E is NS and EC is NM then U is PL

R_{11}: if E is NS and EC is NS then U is PM

R_{12}: if E is NS and EC is ZO then U is PS

R_{13}: if E is ZO and EC is NL then U is PL

R_{14}: if E is ZO and EC is NM then U is PM

R_{15}: if E is ZO and EC is NS then U is PM

R_{16}: if E is ZO and EC is ZO then U is ZO

通常把 if... 部分称为“前提部”；而 then... 部分称为“结论部”，语言变量 E 与 EC 为输入变量，而 U 为输出变量。

3. 推理机

推理机是模糊控制器中，根据输入模糊量和知识库（数据库、规则库）完成模糊推理，并求解模糊关系方程，从而获得模糊控制量的功能部分。模糊控制规则也就是模糊决策，它是人们在控制生产过程中的经验总结。这些经验可以写成下列形式：

“如 A 则 B” 型，也可以写成 if A then B。

“如 A 则 B 否则 C” 型，也可以写成 if A then B else C。

“如 A 且 B 则 C” 型，也可以写成 if A and B then C。

对于更复杂的系统，控制语言可能更复杂。例如，“如 A 且 B 且 C 则 D” 等。

最简单的单输入单输出的控制系统如下所示：

则控制决策可用“如 A 则 B” 语言来描述，即若输入为 A_1，则输出为

$$B_1 = A_1 \circ R = A_1 \circ (A \times B) \tag{6-11}$$

双输入单输出的控制系统表示如下：

其控制决策可用“如 A 且 B 则 C” 型控制语言来描述。如果输入为 A_1、B_1，则输出 C_1 为

$$C_1 = (A_1 \times B_1) \circ R = (A_1 \times B_1) \circ (A \times B \times C) \tag{6-12}$$

确定一个控制系统的模糊规则就是要求得模糊关系 R，而模糊关系 R 的求得又取决于控制的模糊语言。

4. 清晰化接口

通过模糊决策所得到的输出是模糊量，要进行控制必须经过清晰化接口将其转换成精确量。若通过模糊决策所得的输出量为

$$B_1=\{\mu_{C(\mu_1)/\mu_1},\mu_{C(\mu_2)/\mu_2},\cdots,\mu_{C(\mu_n)/\mu_n}\} \tag{6-13}$$

经常采用下面3种方法，将其转换成精确的执行量。

（1）选择隶属度大的原则

若对应的模糊决策的模糊集 C 中，元素 $u^* \in U$ 满足

$$\mu_{C(u^*)} \geqslant \mu_{C(u)} \qquad u \in U \tag{6-14}$$

则取 u^*（精确量）作为输出控制量。

如果这样的隶属度最大点 u^* 不唯一，就取它们的平均值 $\overline{u^*}$ 或（u_1^*，u_p^*）的中点（$\overline{u_1^*}+\overline{u_p^*}$）/2 作为输出执行量（其中 $u_1^* \leqslant u_2^* \leqslant \cdots \leqslant u_p^*$）。这种方法简单、易行、实时性好，但它概括的信息量少。

例如，若

$$C=\frac{0.2}{2}+\frac{0.7}{3}+\frac{1}{4}+\frac{0.7}{5}+\frac{0.2}{6}$$

则按最大隶属度原则应取执行量 $u^*=4$。

又如，若

$$C=\frac{0.1}{-4}+\frac{0.4}{-3}+\frac{0.8}{-2}+\frac{1}{-1}+\frac{1}{0}+\frac{0.4}{1}$$

则按平均值法，应取 $u^*=\frac{0+(-1)}{2}=\frac{-1}{2}=-0.5$

（2）加权平均原则

该方法的输出控制量 u^* 的值由下式来决定

$$u^*=\frac{\sum_i \mu_{C(u_i)}u_i}{\sum_i \mu_{C(u_i)}} \tag{6-15}$$

在这种方法中，可以选择权系数 K_i，其计算公式为

$$u^*=\frac{\sum_i K_i u_i}{\sum_i K_i} \tag{6-16}$$

加权直接影响着系统的响应特性，因此该方法可以通过修改加权系数，以改善系统的响应特性。例如，若 $C=\frac{0.2}{2}+\frac{0.7}{3}+\frac{1}{4}+\frac{0.7}{5}+\frac{0.2}{6}$，则可求得 u^* 为

$$u^*=\frac{2\times0.2+3\times0.7+4\times1+5\times0.7+6\times0.2}{0.2+0.7+1+0.7+0.2}=4$$

（3）中位数判决

在最大隶属度判决法中，只考虑了最大隶属数，而忽略了其他信息的影响。中位数判决法是将隶属函数曲线与横坐标所围成的面积平均分成两部分，以分界点所对应的论域元素 u_i 作为判决输出。

6.1.3　模糊控制器设计

根据图 6-1 和图 6-2 可知，设计一个模糊控制系统的关键是设计模糊控制器，而设计一个模糊控制器需要选择模糊控制器的结构、选取模糊规则、确定模糊化和清晰化方法、确定模糊控制器的参数、编写模糊控制算法程序。

1. 模糊控制器的结构设计

(1) 单输入单输出结构

在单输入单输出系统中，受人类控制过程的启发，一般可设计成一维或二维模糊控制器。在极少情况下，才有设计成三维控制器的要求。这里所讲的模糊控制器的维数，通常是指其输入变量的个数。

① 一维模糊控制器。这是一种最为简单的模糊控制器，其输入和输出变量均只有一个。假设模糊控制器输入变量为 X，输出变量为 Y，此时的模糊规则（X 一般为控制误差，Y 为控制量）为

R_1：if X is A_1　then Y is B_1 or

⋮

R_2：if X is A_n　then Y is B_n

这里，A_1，…，A_n 和 B_1，…，B_n 均为输入/输出论域上的模糊子集。这类模糊规则的模糊关系为

$$R_{(x,y)} = \bigcup_{i=1}^{n} A_i \times B_i \tag{6-17}$$

② 二维模糊控制器。这里的二维指的是模糊控制器的输入变量有两个，而控制器的输出只有一个。这类模糊规则的一般形式为

$$R_i\text{:if}\quad X_1\quad \text{is } A_i^1 \text{ and } X_2\quad \text{is } A_i^2 \text{ then } Y \text{ is } B_i$$

这里，A_i^1、A_i^2和 B_i 均为论域上的模糊子集。这类模糊规则的模糊关系为

$$R_{(x,y)} = \bigcup_{i=1}^{n} (A_i^1 \times A_i^2) \times B_i \tag{6-18}$$

在实际系统中，X_1 一般取为误差，X_2 一般取为误差变化率，Y 一般取为控制量。

(2) 多输入多输出结构

工业过程中的许多被控对象比较复杂，往往具有一个以上的输入和输出变量。

以二输入三输出为例，则有

$$R_i\text{:if}(X_1 \text{ is } A_i^1 \text{ and } X_2\quad \text{is } A_i^2)\text{then}(Y_1 \text{ is } B_i^1 \text{ and } Y_2 \text{ is } B_i^2 \text{ and } Y_3 \text{ is } B_i^3)$$

由于人对具体事物的逻辑思维一般不超过三维，因而很难对多输入多输出系统直接提取控制规则。例如，已有样本数据（X_1，X_2，Y_1，Y_2，Y_3），则可将之变换为（X_1，X_2，Y_1），（X_1，X_2，Y_2），（X_1，X_2，Y_3）。这样，首先把多输入多输出系统化为多输入单输出的结构形式，然后用单输入单输出系统的设计方法进行模糊控制器设计。这样做不仅设计简单，而且经人们的长期实践检验也是可行的，这就是多变量控制系统的模糊解耦问题。

2. 模糊规则的选择和模糊推理

(1) 模糊规则的选择

① 模糊语言变量的确定。一般说来，一个语言变量的语言值越多，对事物的描述就越准确，可能得到的控制效果就越好。当然，过细的划分反而使控制规则变得复杂，因此应视

具体情况而定。如误差等的语言变量的语言值一般取为｛负大，负中，负小，负零，正零，正小，正中，正大｝。

② 语言值隶属函数的确定。语言值的隶属函数又称为语言值的语义规则，它有时以连续函数的形式出现，有时以离散的量化等级形式出现。连续的隶属函数描述比较准确，而离散的量化等级简洁直观。

③ 模糊控制规则的建立。模糊控制规则的建立常采用经验归纳法和推理合成法。所谓经验归纳法，就是根据人的控制经验和直觉推理，经整理、加工和提炼后构成模糊规则的方法，它实质上是从感性认识上升到理性认识的一个飞跃过程。推理合成法是根据已有的输入/输出数据对，通过模糊推理合成，求取模糊控制规则。

(2) 模糊推理

模糊推理有时也称为似然推理，其一般形式为

① 一维形式

if X is A then Y is B

if X is A_1 then Y is ?

② 二维形式

if X is A and Y is B then Z is C

3. 清晰化

清晰化的目的是根据模糊推理的结果，求得最能反映控制量的真实分布。目前常用的方法有 3 种，即最大隶属度法、加权平均原则和中位数判决法。

4. 模糊控制器论域及比例因子的确定

众所周知，任何系统的信号都是有界的。在模糊控制系统中，这个有限界一般称为该变量的基本论域，它是实际系统的变化范围。以两输入单输出的模糊控制系统为例，设定误差的基本论域为 $(-|e_{max}|, |e_{max}|)$，误差变化率的基本论域为 $(-|ec_{max}|, |ec_{max}|)$，控制量的变化范围为 $(-|u_{max}|, |u_{max}|)$。类似地，设误差的模糊论域为

$$E=\{-l,-(l-1),\cdots,0,1,2,\cdots,l\}$$

误差变化率的论域为

$$E_C=\{-m,-(m-1),\cdots,0,1,2,\cdots,m\}$$

控制量所取的论域为

$$N=\{-n,-(n-1),\cdots,0,1,2,\cdots,n)\}$$

若用 α_e，α_c，α_u 分别表示误差、误差变化率和控制量的比例因子，则有

$$\alpha_e=l/|e_{max}| \tag{6-19}$$

$$\alpha_c=m/|ec_{max}| \tag{6-20}$$

$$\alpha_u=n/|u_{max}| \tag{6-21}$$

一般说来，α_e 越大，系统的超调越大，过渡过程就越长；α_e 越小，则系统变化越慢，稳态精度降低。α_c 越大，则系统输出变化率越小，系统变化越慢；若 α_c 越小，则系统反应越加快，但超调增大。

5. 编写模糊控制器的算法程序

第一步：设置输入、输出变量及控制量的基本论域，即 $e\in(-|e_{max}|,|e_{max}|)$，$ec\in(-|ec_{max}|, |ec_{max}|)$，$u\in(-|u_{max}|, |u_{max}|)$。预置量化常数 α_e、α_c、α_u、采样周期 T。

第二步：判断采样时间到否，若时间已到，则转第三步，否则转第二步。

第三步：启动 A-D 转换，进行数据采集和数字滤波等。

第四步：计算 e 和 ec，并判断它们是否已超过上（下）限值，若已超过，则将其设定为上（下）限值。

第五步：按给定的输入比例因子 α_e、α_c 量化（模糊化）并由此查询控制表。

第六步：查得控制量的量化值清晰化后，乘上适当的比例因子 α_u。若 u 已超过上（下）限值，则设置为上（下）限值。

第七步：启动 D-A 转换，作为模糊控制器实际模拟量输出。

第八步：判断控制时间是否已到，若是则停机，否则，转第二步。

6.1.4　双输入单输出模糊控制系统设计

一般的模糊控制器都是采用双输入单输出的系统，即在控制过程中，不仅对实际偏差自动进行调节，还要求对实际误差变化率进行调节，这样才能保证系统稳定，不致产生振荡。

1. 模糊控制器的基本结构

对于双输入单输出系统，采用模糊控制器的闭环系统如图 6-3 所示。

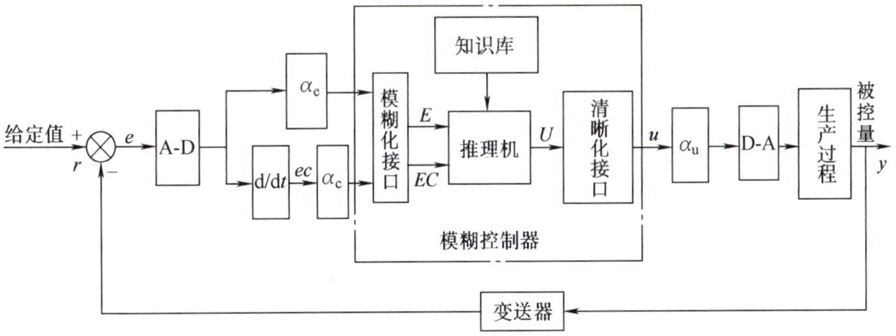

图 6-3　双输入单输出系统采用模糊控制器的闭环系统框图

图中：e 为实际偏差，α_e 为偏差比例因子；ec 为实际偏差变化率，α_c 为偏差变化率比例因子；u 为控制量，α_u 为控制量的比例因子。

2. 模糊化

设置输入/输出变量的论域，并预置常数 α_e、α_c、α_u，如果偏差 $e \in (-|e_{max}|, |e_{max}|)$，且 $l=6$，则由式（6-19）知误差的比例因子为 $\alpha_e = 6/|e_{max}|$，这样就有

$$E=\alpha_e \cdot e$$

采用就近取整的原则，得 E 的论域为

$\{-6,-5,-4,-3,-2,-1,-0,0,1,2,3,4,5,6\}$

利用负大［NL］、负中［NM］、负小［NS］、负零［NO］、正零［PO］、正小［PS］、正中［PM］、正大［PL］8 个模糊状态来描述变量 e，那么 e 的赋值如表 6-2 所示。

表 6-2　偏差 e 的赋值表

模糊变量 \ 隶属度 \ e	-6	-5	-4	-3	-2	-1	-0	0	1	2	3	4	5	6
PL	0	0	0	0	0	0	0	0	0	0	0.1	0.4	0.8	1.0
PM	0	0	0	0	0	0	0	0	0	0.2	0.7	1.0	0.7	0.2

（续）

模糊变量 \ 隶属度 e	-6	-5	-4	-3	-2	-1	-0	0	1	2	3	4	5	6
PS	0	0	0	0	0	0	0	0.3	0.8	1.0	0.5	0.1	0	0
PO	0	0	0	0	0	0	0	1.0	0.6	0.1	0	0	0	0
NO	0	0	0	0	0.1	0.6	1.0	0	0	0	0	0	0	0
NS	0	0	0.1	0.5	1.0	0.8	0.3	0	0	0	0	0	0	0
NM	0.2	0.7	1.0	0.7	0.2	0	0	0	0	0	0	0	0	0
NL	1.0	0.8	0.4	0.4	0.1	0	0	0	0	0	0	0	0	0

如果偏差变化率 $ec \in (-|ec_{max}|, \ |ec_{max}|)$，且 $m=6$，则由式（6-20）采用类似方法得 ec 的论域为 $\{-6,-5,-4,-3,-2,-1,0,1,2,3,4,5,6\}$。

若采用负大［NL］、负中［NM］、负小［NS］、零［O］、正小［PS］、正中［PM］、正大［PL］7 个模糊状态来描述 ec，那么 ec 的赋值如表 6-3 所示。

表 6-3　偏差变化率 *ec* 的赋值表

模糊变量 \ 隶属度 ec	-6	-5	-4	-3	-2	-1	0	1	2	3	4	5	6
PL	0	0	0	0	0	0	0	0	0	0.1	0.4	0.8	1.0
PM	0	0	0	0	0	0	0	0	0.2	0.7	1.0	0.7	0.2
PS	0	0	0	0	0	0	0	0.9	1.0	0.7	0.2	0	0
O	0	0	0	0	0	0.5	1.0	0.5	0	0	0	0	0
NS	0	0	0.2	0.7	1.0	0.9	0	0	0	0	0	0	0
NM	0.2	0.7	1.0	0.7	0.2	0	0	0	0	0	0	0	0
NL	1.0	0.8	0.4	0.1	0	0	0	0	0	0	0	0	0

类似地，得到输出 u 的论域［由式（6-21）得到］$\{-7,-6,-5,-4,-3,-2,-1,0,1,2,3,4,5,6,7\}$，也采用 NL、NM、NS、O、PS、PM、PL 7 个模糊状态来描述 u，那么 u 的赋值如表 6-4 所示。

表 6-4　输出 *u* 的赋值表

模糊变量 \ 隶属度 u	-7	-6	-5	-4	-3	-2	-1	0	1	2	3	4	5	6	7
PL	0	0	0	0	0	0	0	0	0	0	0	0.1	0.4	0.8	1.0
PM	0	0	0	0	0	0	0	0	0	0.2	0.7	1.0	0.7	0.2	0
PS	0	0	0	0	0	0	0	0.4	1.0	0.8	0.4	0.1	0	0	0
O	0	0	0	0	0	0	0.5	1.0	0.5	0	0	0	0	0	0
NS	0	0	0	0.1	0.4	0.8	1.0	0.4	0	0	0	0	0	0	0
NM	0	0.2	0.7	1.0	0.7	0.2	0	0	0	0	0	0	0	0	0
NL	1.0	0.8	0.4	0.1	0	0	0	0	0	0	0	0	0	0	0

3. 模糊控制规则、模糊关系和模糊推理

对于双输入单输出的系统，一般都采用“If A and B then C”来描述。因此，模糊关系为

$$R=A\times B\times C$$

模糊控制器在某一时刻的输出值为

$$U(k)=[E(k)\times EC(k)]\circ R$$

为了节省 CPU 的运算时间，增强系统的实时性，节省系统存储空间的开销，通常离线进行模糊矩阵 $\boldsymbol{R}$ 及输出 $U(k)$ 的计算。本模糊控制器把实际的控制策略归纳为控制规则表，如表 6-5 所示，表中“ * ”表示在控制过程中不可能出现的情况，称之为“死区”。

表 6-5　推理语言规则表

EC \ 输出 U \ E	NL	NM	NS	NO	PO	PS	PM	PL
PL	PL	PM	NL	NL	NL	NL	*	*
PM	PL	PM	NM	NM	NS	NS	*	*
PS	PL	PM	NS	NS	NS	NS	NM	NL
O	PL	PM	PS	O	O	NS	NM	NL
NS	PL	PM	PS	PS	PS	PS	NM	NL
NM	*	*	PS	PM	PM	PM	NM	NL
NL	*	*	PL	PL	PL	PL	NM	NL

4. 清晰化

采用隶属度大的规则进行模糊决策，将 $U(k)$ 经过清晰化转换成相应的确定量，把运算的结果存储在系统中，如表 6-6 所示。系统运行时通过查表得到确定的输出控制量，然后输出控制量乘上适当的比例因子 α_u，其结果用来进行 D-A 转换输出控制，完成控制生产过程的任务。

表 6-6　控制表

ec \ u \ e	−6	−5	−4	−3	−2	−1	−0	0	1	2	3	4	5	6
−6	7	6	7	6	4	4	4	4	2	1	0	0	0	0
−5	6	6	6	6	4	4	4	4	2	1	0	0	0	0
−4	7	6	7	6	4	4	4	4	2	1	0	0	0	0
−3	6	6	6	6	5	5	5	5	2	−2	0	−2	−2	−2
−2	7	6	7	6	4	4	1	1	0	−3	−3	−4	−4	−4
−1	7	6	7	6	4	4	1	1	0	−3	−3	−7	−6	−7
0	7	6	7	6	4	1	0	0	−1	−4	−6	−7	−6	−7
1	4	4	4	3	1	0	−1	−1	−4	−4	−6	−7	−6	−7
2	4	4	4	2	0	0	−1	−1	−4	−4	−6	−7	−6	−7
3	2	2	2	0	0	0	−1	−1	−3	−3	−6	−6	−6	−6
4	0	0	0	−1	−1	−3	−4	−4	−4	−4	−6	−7	−6	−7
5	0	0	0	−1	−1	−2	−4	−4	−4	−4	−6	−6	−6	−6
6	0	0	0	−1	−1	−1	−4	−4	−4	−4	−6	−7	−6	−7

6.2　神经网络控制技术

神经网络控制（Neural Networks Control，NNC）是一种基本上不依赖于精确数学模型的先进控制方法，比较适用于那些具有不确定性或高度非线性的控制对象，并具有较强的适应和学习功能。

6.2.1　神经网络基础

1. 生物神经元模型

人脑是由大量的神经细胞组合而成的，它们之间相互连接。每个神经细胞（也称为神经元）结构如图 6-4 所示。

由图可以看出，脑神经元由细胞体、树突和轴突等构成。细胞体是神经元的中心 ，它一般又由细胞核、细胞膜等组成。树突是神经元的主要接收器，它主要用来接收信息。轴突的作用主要是传导信息 ，它将信息从轴突起点传到轴突末梢，轴突末梢与另一个神经元的树突或细胞体构成一种突触的机构，通过突触实现神经元之间的信息传递。

2. 人工神经元模型

人工神经网络是利用物理器件或仿真程序来模拟生物神经网络的某些结构和功能。图 6-5 是最典型的人工神经元模型。

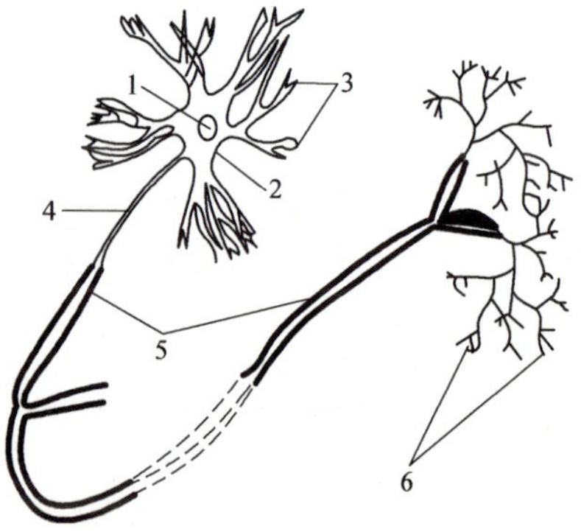

图 6-4　神经细胞结构

1—细胞核　2—细胞体　3—树突

4—轴突　5—髓鞘　6—轴突末梢

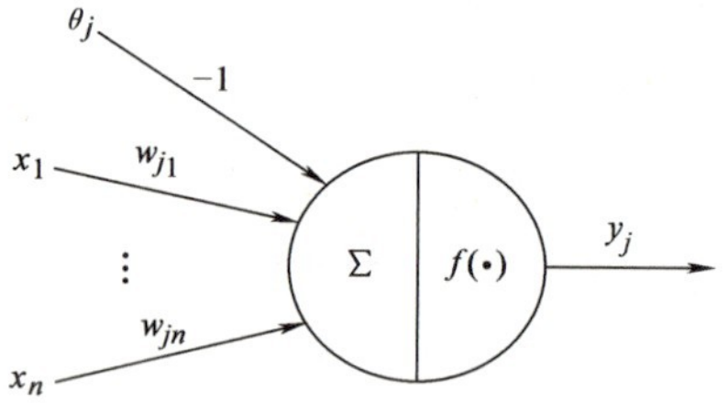

图 6-5　人工神经元模型

人工神经元模型的输入/输出关系为

$$s_j = \sum_{i=1}^{n} w_{ji}x_i - \theta_j = \sum_{i=0}^{n} w_{ji}x_i \quad (x_0 = \theta_j, w_{j0} = -1), \quad y_j = f(s_j) \tag{6-22}$$

式中，θ_j 为阈值；w_{ji} 为连接权系数；$f(\cdot)$ 为输出变换函数。表 6-7 为几种常用的神经元变换函数。

3. 人工神经网络

人工神经网络是一个并行和分布式的信息处理网络结构，该网络结构一般由许多个神经元组成，每个神经元有一个单一的输出，它可以连接到很多其他的神经元，其输入有多个连接通路，每个连接通路对应一个连接权系数。神经网络是一个具有如下性质的有向图：

表 6-7　常用的神经元变换函数

序号	变换函数	数学表达式	曲线形状
1	比例函数	$y=f(s)=s$	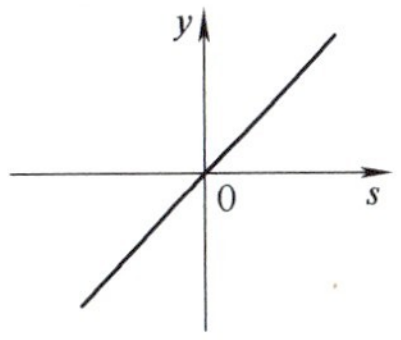
2	符号函数	$y=f(s)=\begin{cases}1, s\geqslant 0\\-1, s<0\end{cases}$	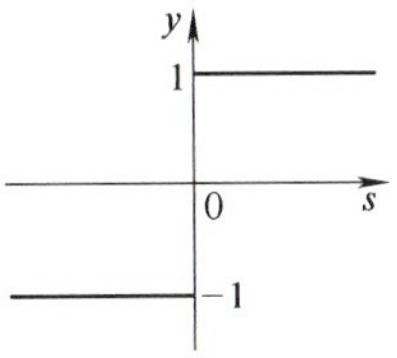
3	阶跃函数	$y=f(s)=\begin{cases}1, s\geqslant 0\\0, s<0\end{cases}$	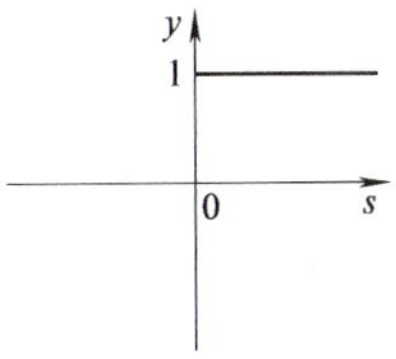
4	饱和函数	$y=f(s)=\begin{cases}1, s>\dfrac{1}{k}\\ks, -\dfrac{1}{k}\leqslant s\leqslant\dfrac{1}{k}\\-1, s<-\dfrac{1}{k}\end{cases}$	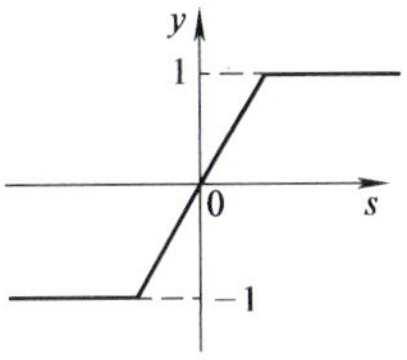
5	双曲函数	$y=f(s)=\dfrac{1-e^{-\mu s}}{1+e^{-\mu s}}$	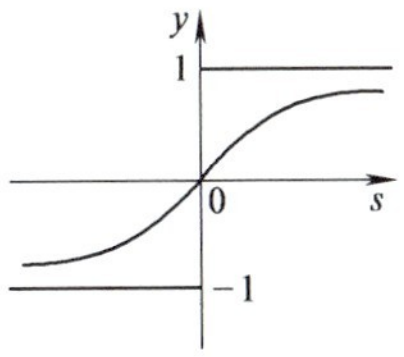
6	s 形函数	$y=f(s)=\dfrac{1}{1+e^{-\mu s}}$	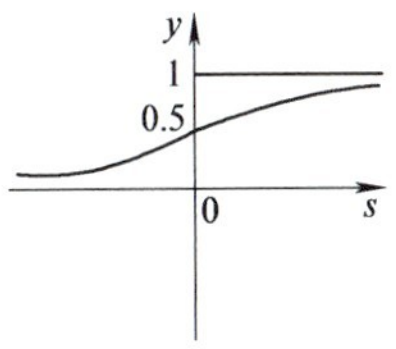

① 对于每个结点有一个状态变量 x_j。

② 结点 i 到结点 j 有一个连接权系数 w_{ji}。

③ 对于每一个结点有一个阈值 θ_j。

④ 对于每个结点定义一个变换函数 $f_j[x_i, w_{ji}, \theta_j(i\neq j)]$，最常见的情形为

$$f\left(\sum_i w_{ji}x_i - \theta_j\right) \tag{6-23}$$

图 6-6 表示了两个典型的神经网络结构，图 6-6a 为前馈型网络，图 6-6b 为反馈型网络。

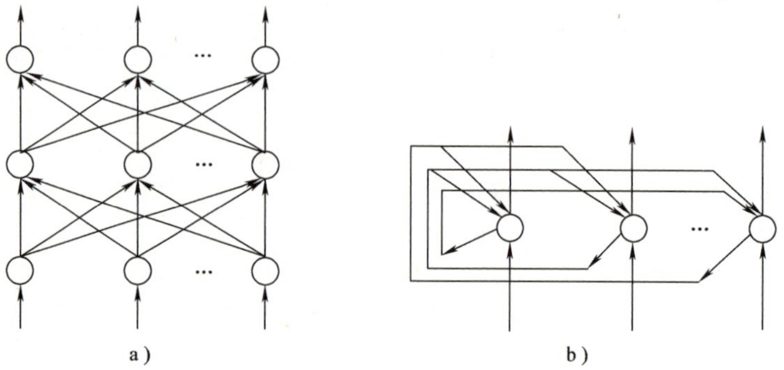

图 6-6 典型的神经网络结构

常见的神经网络包括 BP（Back Propagation）神经网络、Hopfield 神经网络、Boltzmann 机神经网络、径向基（Radial Basis Function，RBF）神经网络等。

6.2.2 神经网络控制

典型的神经网络控制包括神经网络监督控制（或称神经网络学习控制）、神经网络自适应控制（自校正、模型参考控制，含直接与间接自适应控制）、神经网络内模控制、神经网络预测控制等。

1. 神经网络监督控制

一般来说，当被控对象的解析模型未知或部分未知时，利用传统的控制理论设计控制器是极其困难的，但这并不等于该系统是不可控的。在许多实际控制问题中，人工控制或 PID 控制可能是唯一的选择。但在工况条件极其恶劣，或控制任务只是一些单调、重复和繁重的简单操作时，有必要应用自动控制器代替上述手工操作。

取代人工控制的途径有多种。可以将手工操作中的经验总结成普通的规则或模糊规则，然后构造相应的专家控制器或模糊控制器，其中专家控制器将在 6.3 节中讲到。在知识难于表达的情况下，可以应用神经网络学习人的控制行为，即对人工控制器建模，然后用此神经网络控制器代替之。

例如，可以考虑在传统控制器，如 PID 控制器基础上，再增加一个神经网络控制器（Neural Networks Control，NNC），如图 6-7 所示，此时神经网络控制器实际是一个前馈控制器，因此它建立的是被控对象的逆模型。神经网络控制器通过向传统控制器的输出进行学习、在线调整自己，目标是使反馈误差 $e(t)$ 或 $u_1(t)$ 趋近于零，从而使自己逐渐在控制作用中占据主导地位，以便最终取消反馈控制器的作用。当系统出现干扰时，反馈控制器仍然可以重新起作用，采用这种前馈加反馈的监督控制方法，不仅可确保控制系统的稳定性和鲁棒性，而且可有效地提高系统的精度和自适应能力。

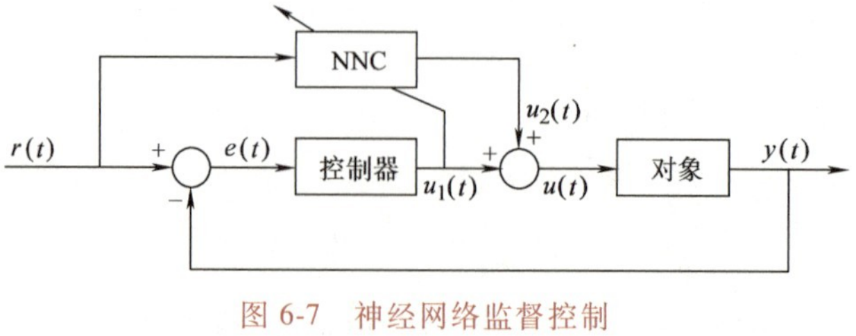

图 6-7 神经网络监督控制

2. 神经网络直接逆控制

神经网络直接逆控制就是将被控对象的神经网络逆模型直接与被控对象串联起来，以便使期望输出（即网络输入）与对象实际输出之间的传递函数等于 1，从而在将此网络作为前馈控制器后，使被控对象的输出为期望输出。直接逆控制已被应用于机器人控制。例如，Miller 应用神经网络直接逆控制，使 PUMA 机械手的跟踪精度达到百分之一的数量级。

神经网络直接逆控制的可用性在相当程度上取决于模型的准确程度。由于缺乏反馈，简单连接的直接逆控制缺乏鲁棒性。为此，我们一般应使其具有在线学习能力，即逆模型的连接权必须能够在线修正。

图 6-8 给出了两种结构方案。在图 6-8a 中，NN1 和 NN2 具有完全相同的网络结构（逆模型），并且采用相同的学习算法，即 NN1 和 NN2 的连接权都沿 $E=\frac{1}{2}\sum_k e(k)^{\mathrm{T}}e(k)$ 的负梯度方向进行修正。上述评价函数也可采用其他更一般的加权形式，这时的结构方案如图 6-8b 所示。

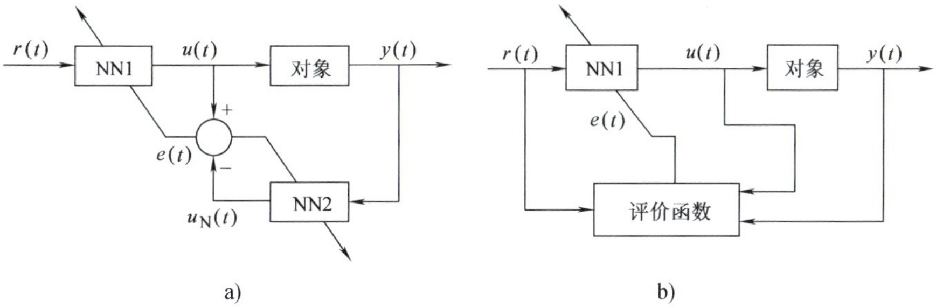

图 6-8　神经网络直接逆控制

3. 神经网络自适应控制

神经网络自适应控制可分为自校正控制（STC）与模型参考控制（MRAC）两种。两者的区别是：自校正控制将根据对系统正向和（或）逆模型辨识的结果，直接调节控制器内部参数，使系统满足给定的性能指标。而在模型参考控制中，闭环控制系统的期望性能由一个稳定的参考模型描述，它被定义为$\{r(t),y^m(t)\}$输入-输出对，控制系统的目的就是要使被控对象的输出 $y(t)$ 一致渐近地趋近于参考模型的输出，即 $\lim_{t\to\infty}\|y(t)-y^m(t)\|\leqslant\varepsilon$，其中，$\varepsilon$ 是一个给定的小正数。

(1) 神经网络自校正控制

神经网络自校正控制也分为间接与直接控制。它们的根本区别在于，前者使用常规控制器，离线辨识的神经网络估计器需要具有足够高的建模精度；而后者则同时使用神经网络控制器和神经网络估计器，其中估计器可进行在线修正。

1）直接自校正控制。神经网络直接自校正控制，有时也称神经网络直接逆控制，它们本质上是完全一致的，其结构图如图 6-8 所示。

2）间接自校正控制。神经网络间接自校正自适应控制的结构框图如图 6-9 所示。假定被控对象为如下单变量仿射非线

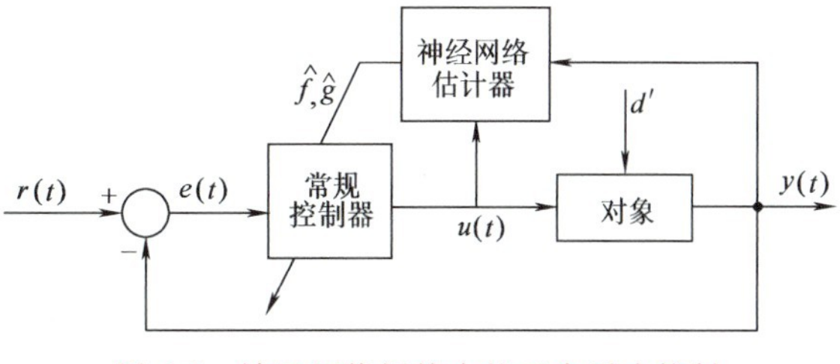

图 6-9　神经网络间接自校正自适应控制

性系统

$$y_{k+1}=f(y_k)+g(y_k)u_k \tag{6-24}$$

如果利用神经网络对非线性函数 $f(y_k)$ 和 $g(y_k)$ 进行离线辨识，得到具有足够逼近精度的估计值 $\hat{f}(y_k)$ 和 $\hat{g}(y_k)$，则常规控制律可直接给出为

$$u_k=[y_{d,k+1}-\hat{f}(y_k)]/\hat{g}(y_k) \tag{6-25}$$

式中，$y_{d,k+1}$ 是 $k+1$ 时刻的期望输出值。

类似地，也可以利用神经网络估计输出响应的特性参数，如上升时间 t_s、超调量 $\sigma\%$ 或二阶系统的自然振荡频率 ω_n 及阻尼系数 ζ 等，然后用常规的极点配置方法调整控制器的参数。

(2) 神经网络模型参考控制

神经网络模型参考控制也有直接与间接控制之分，分别如图 6-10 和图 6-11 所示。

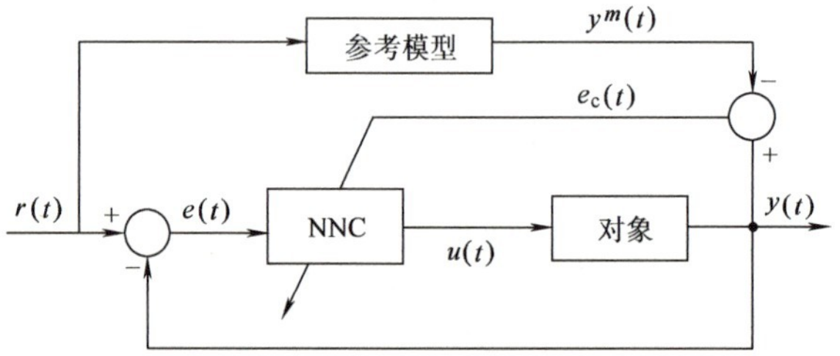

图 6-10　神经网络直接模型参考自适应控制

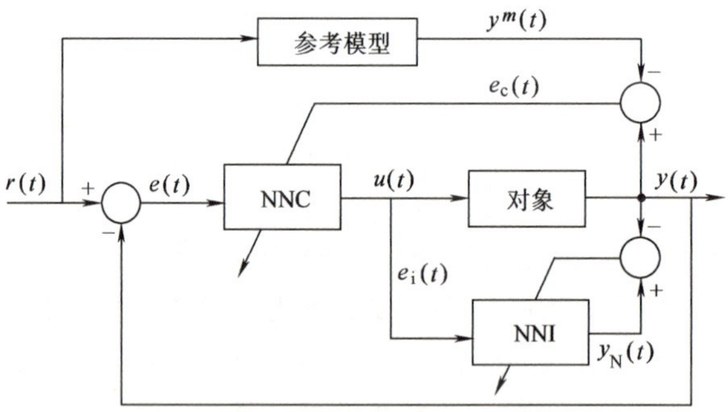

图 6-11　神经网络间接模型参考自适应控制

1）直接模型参考控制

在图 6-10 对应的神经网络直接模型参考控制中，神经网络控制器的作用是使被控对象与参考模型输出之差 $e_c(t)=y(t)-y^m(t)\to 0$ 或 $e_c(t)$ 的二次型最小。

2）间接模型参考控制

如图 6-11 所示，神经网络辨识器 NNI 首先离线辨识被控对象的正向模型，并可由在线学习进行修正。

4. 神经网络内模控制

在内模控制中，系统的正向模型与实际系统并联，两者输出之差被用作反馈信号，此反馈信号又由前向通道的滤波器及控制器进行处理。图 6-12 给出了内模控制的神经网络实现。其中，被控对象的正向模型及控制器（逆模型）均由神经网络实现，滤波器仍然是常规的线性滤波器。

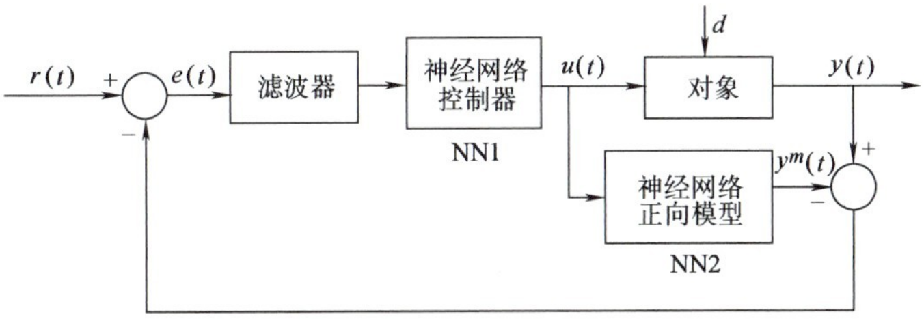

图 6-12　神经网络内模控制

6.3　专家控制技术

6.3.1　专家系统

专家系统是一种计算机程序，其内部含有大量的某个领域专家水平的知识和经验，能够利用人类专家的知识和解决问题的经验方法来处理该领域的高水平难题。专家系统是一个具有大量的专门知识与经验的程序系统，它应用人工智能技术和计算机，根据某领域一个或多个专家提供的知识和经验，进行推理和判断，模拟人类专家的决策过程，以便解决那些需要人类专家才能处理好的复杂问题。

1. 专家系统结构

图 6-13 为理想专家系统的结构图，主要包括接口、知识库、黑板、解释器、推理机等部分。

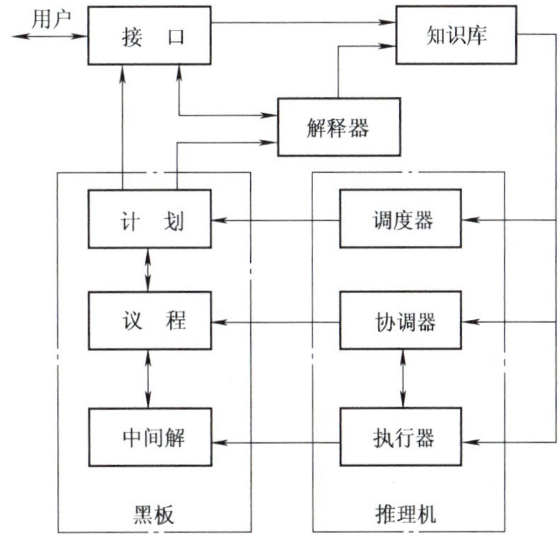

图 6-13　理想专家系统结构图

接口（界面）是人与系统进行信息交流的媒介，它为用户提供了直观方便的交互作用手段。接口的功能是识别与解释用户向系统提供的命令、问题和数据等信息，并把这些信息转化为系统的内部表示形式。另一方面，接口也将系统向用户提出的问题、得出的结果和做出的解释以用户易于理解的形式提供给用户。

知识库包括两部分内容。一部分是已知的同当前问题有关的数据信息；另一部分是进行推理时要用到的一般知识和领域知识，这些知识大多以规则、网络和过程等形式表示。

黑板是用来记录系统推理过程中用到的控制信息、中间假设和中间结果的数据库。它包括计划、议程和中间解 3 部分。计划记录了当前问题总的处理计划、目标、问题的当前状态和问题背景。议程记录了一些待执行的动作，这些动作大多是由黑板中已有结果与知识库中的规则作用而得到的。中间解区域存放当前系统已产生的结果和候选假设。

推理机包括调度器、协调器和执行器。调度器按照系统建造者所给出的控制知识，从议程中选择一项作为系统下一步要执行的动作。执行器应用知识库及黑板中记录的信息，执行调度器所选定的动作。协调器的主要作用是当得到新数据或新假设时，对已得到的结果进行修正，以保持结果前后的一致性。

解释器的功能是向用户解释系统的行为，包括解释结论的正确性及系统输出其他候选解的原因。为完成这一功能，通常需要利用黑板中记录的中间结果、中间假设和知识库中的知识。

2. 建造专家系统的步骤

建立专家系统的步骤一般如下：

(1) 设计初始数据库

知识库的设计是建立专家系统最重要和最艰巨的任务。初始知识库的设计包括：

① 问题知识化，即辨别所研究问题的实质，如要解决的任务是什么，它是如何定义的，可否把它分解为子问题或子任务，它包含哪些典型数据等。

② 知识概念化，即概括知识表示所需要的关键概念及其关系，如数据类型、已知条件和目标、提出的假设及控制策略等。

③ 概念形式化，即确定用来组织知识的数据结构形式，应用人工智能中各种知识表示方法把与概念化过程有关的关键概念、子问题及信息流特征等变换为比较正式的表达，它包括假设空间、过程模型和数据特性等。

④ 形式规则化，即编制规则，把形式化了的知识变换为由编程语言表示的可供计算机执行的语句和程序。

⑤ 规则合法化，即确认规则化了的知识的合理性，检验规则的有效性。

(2) 原型机的开发与试验

在选定知识表达方法之后，即可着手建立整个系统所需要的实验子集，它包括整个模型的典型知识，而且只涉及与试验有关的足够简单任务和推理过程。

(3) 知识库的改进与归纳

反复对知识库及推理规则进行改进试验，归纳出更完善的结果。经过较长时间的努力，可以使系统在一定范围内达到人类专家的水平。

6.3.2 专家控制介绍

专家系统是一种计算机程序，它通过模拟人类专家的推理过程和知识，能以人类专家的水平解决问题。专家系统技术使我们能够把数学算法和控制工程师的操作经验融合到一起，可以最大限度地利用已有知识，达到传统控制方式难以取得的控制效果。瑞典学者Aström最早将专家系统技术引入了自动控制，并在1984年最早提出了专家控制的概念。专家控制系统的关键是通过基于知识结构的启发式逻辑的应用，使其比常规控制系统更灵活，更容易适应情况的变化。

与传统控制相比，专家控制利用先验知识和在线信息，具备实时推理和决策的能力，能对时变系统、非线性系统和易受到各种干扰的受控过程给出有效的控制决策，并通过增加知识量来不断改善控制系统的性能，它能够取代熟练操作工人完成程序性任务，运行方便可靠。专家控制系统特别适合操作环境频繁或剧烈变化、在有限时间间隔内必须做出决策结果、需要专家经验或采用符号逻辑解决问题的场合，或者数学模型不存在或不充分的、结构不清楚的过程，以及用常规算法实现需很大计算量和高昂代价的复杂问题。

专家控制系统大致可以分为以下几类：

1. 基于规则的专家自整定控制

常规控制器的参数，例如PID，由控制工程师和装置操作员来确定，以IF...THEN...ELSE

规则形式存储在知识库中。当系统运行时，通过一个模式分类和辨识器获取过程的特征行为。推理机构根据调整规则和分类模式自动地调整控制器的参数，使系统的性能得到提高。基于规则的专家自整定控制器结构如图 6-14 所示。

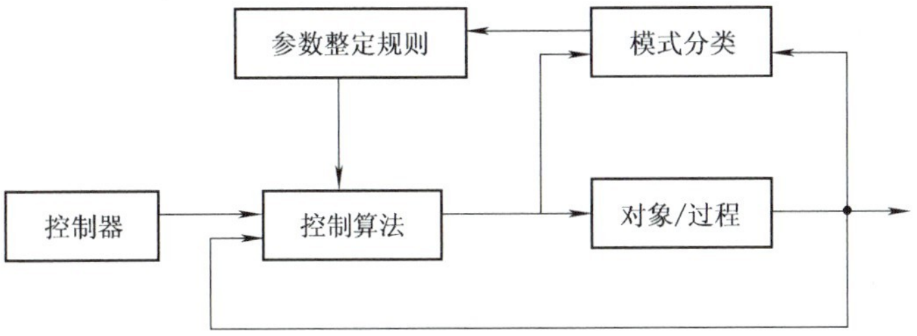

图 6-14　基于规则的专家自整定控制结构图

专家整定控制器提供了一个将实时控制算法（从简单的 PID 控制到自适应控制）和逻辑运算结合在一起的结构。Aström 给出了一种智能 PID 控制器，其中各种不同的控制算法，例如 P、PI、PD 和 PID，控制参数都可以根据数据库和过程的分类进行选择和调整，如根据死区时间和过程增益。

2. 专家监督控制

专家监督控制系统的结构通常包括一个含有信号处理和常规控制算法的直接控制层，和一个含有知识库和推理机构的监督层，用来在线进行性能检测、故障检测和诊断。监督控制更注重于对系统的监督、目标优化、故障分析和诊断、紧急情况处理和决策。如图 6-15 所示为专家监督控制系统结构框图。

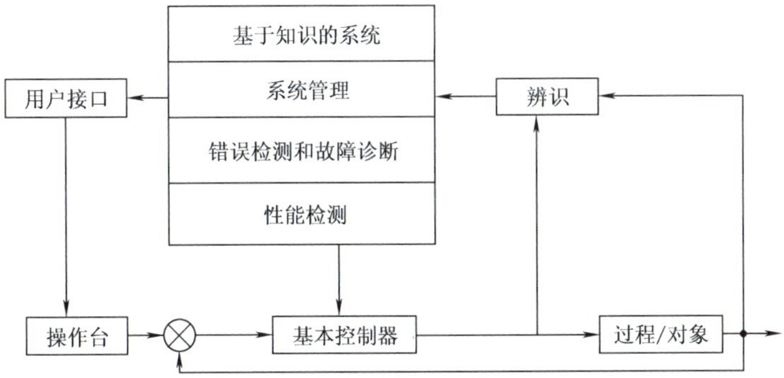

图 6-15　专家监督控制系统结构框图

监督控制系统的决策是与主要扰动、技术故障、不合适的人工介入等情况相联系的。很多任务可以由监督控制规划来完成，如开机、关机、过程优化、故障诊断、误操作行为、始止时刻参数估计程序和报警操作等。专家监督控制系统是一种重要的基于知识的控制系统。它们通常被应用在流程工业和加工制造系统中，以获得高质量、低消耗，并进行故障诊断、紧急情况处理和危险预报等。

3. 混合型专家控制

混合型专家控制系统是一种复合式的智能控制系统，它应用多层递阶结构，综合各种技术，包括专家系统技术、模式识别、模糊逻辑、神经元网络和计算机过程控制技术。由于知识来源多种多样，在混合型专家控制系统中多采用黑板式结构。黑板是通过适当地划分问题的范围来最大限度地保证知识来源独立性的工作空间。这种结构可以容纳各式各样的知识，用户可以在任何知识源中存储或读取信息。黑板用来对有关问题中间决策进行记录和表格化。

混合型专家控制系统能够有效地在完整性与简洁性之间取得折中，从而最大限度提高系统性能。例如，某个基于规则的方法只能够处理某些领域的问题，而一个神经元网络由于具备并行处理和在线学习的能力可以在某些特定场合使用。这样，在一定条件下把专家系统技术和神经元网络结合起来可以获得更好的控制效果。

混合型专家控制系统具备许多优良的特性，如非单调性推理、模式精确匹配、面向对象规划、超越规则和实时性。目前，混合型专家控制系统不如基于规则的控制器和专家监督控制系统那样成熟，并存在一些有待进一步研究的问题。

4. 仿人智能控制

1980年前后，我国的周其鉴、李祖枢等人提出了仿人智能控制的研究方向，这种仿人智能控制的研究和专家控制有着密切的联系，通常将其归为专家控制的一个方向。

仿人智能控制所要研究的主要目标不是被控对象，而是控制器本身，研究控制器的结构和功能如何更好地模拟控制专家宏观上大脑的功能和行为功能。仿人智能控制器的研究从分层递阶智能控制系统的最低层次（直接控制级）着手，直接对人的控制经验、技巧和各种直觉推理逻辑进行测辨、概括和总结，编制成各种简单实用、精度高、鲁棒性强、能实时运行的控制算法，并用于实际控制系统。仿人智能控制方法的基本原理是模仿人的启发式直觉推理逻辑，即通过特征辨识判断系统当前所处的特征状态，确定控制的策略，进行多模态控制或决策。

仿人智能控制器有多种模式，如仿人比例控制、仿人智能积分控制、智能采样控制、仿人智能开关控制等。它通常可表示为一种高阶产生式系统结构，它由目标级产生式和间接级产生式组成，具体的结构是分层递阶的，并遵照层次随“智能增加而精度降低”的原则，较高层解决较低层中的状态描述、操作变更以及规则选择等问题，间接影响整个控制问题的求解。这种高阶产生式系统结构实际上是一种分层信息处理与决策机构。

仿人智能控制拥有分层的信息处理和决策机构，具备在线特征辨识和特征记忆的特点，运用启发式直觉推理逻辑，使用建立在经典控制理论基础之上的多模态控制方法，实现被控对象的仿人式智能化控制，在很大程度上体现了专家控制的思想，具有其本质特征。

6.3.3　专家控制基本思想

实际控制系统中存在的启发式逻辑本质上是实现控制目标的各种规律性的经验知识。这些经验知识难以用一般的数值形式表达，而适宜于用符号形式加以描述；再者，这些经验知识既不能简单地罗列，又难以用解析的方法综合，也必须给予恰当的组织，并且能够自动地进行推理。因此，专家控制系统必须建立起数学模型与知识模型相结合的广义知识模型，它的运行机制必须是包含数值算法在内的知识推理。人工智能中的专家系统技术为此类经验知识的表示和处理提供了有效的方法。

1. 专家控制的知识表示

专家控制系统是基于知识的系统，可以把其涉及的知识分为两类：一类是对象知识，其中一部分属于先验知识，如控制问题类型、受控变量等，另一部分是属于系统运行时的动态知识，如参数变化和中间控制结果等；另一类是控制知识，其中一部分属于定量知识，即各种有关的解析算法，另一部分属于定性知识，即各种有关的经验原则等。

知识表示方法有以下几种：

(1) 产生式规则表示法

其知识库由大量的产生式规则组成，其规则的一般形式为

IF 条件 1　AND 条件 2　... AND 条件 N

THEN 结论或动作

其中条件、动作或结论可以用自然语言或数学式表达。

用规则表示知识的优点是表达方式简单，与人类思维过程比较接近，容易理解。规则具有独立性，且含的知识量少，容易修改扩充。

(2) 框架表示法

框架本身是一种表示定型状态的数据结构，其顶层是固定的，表示某个固定的概念、对象或事件，其下层由一些称为槽的结构组成。每个槽可以按实际情况被一定类型的实例或数据所填充（赋值），所填写的内容称为槽值；每个槽可有若干个侧面；相互关联的若干个框架可以连接起来组成框架系统，以表示一个完整的知识。为了表示与时间相关的知识，利用框架的槽值可以是一个过程的特点，用附加的过程（一段程序）来描述时序性的知识，也可以在框架中设几个槽来定义与时间有关的属性，如时间格式、时间区间标记和时间值等。

在基于框架的专家系统中可方便地进行默认推理，即在对框架的槽填值或搜索时，如无特别说明，则默认框架的槽继承了父框架的相应槽值，并在此基础上做进一步的处理和推理，这样可以处理动态变化和干扰环境下不完整的数据输入。

(3) 状态空间表示法

这是一种过程式知识表示法，它利用状态变量和操作来表示系统或问题的有关知识。状态空间可表示为三元组

$$(\{S_S\},\{F\},\{S_T\})$$

式中，S_S 表示初始状态集合；F 表示操作集合；S_T 表示目标状态集合。由于状态空间表示中隐含了时间关系，即状态转移对应动作的执行顺序，可直接用来表示实时控制知识。

利用状态空间表示法可较好地表达与时序有关的控制知识，利用图的存储及搜索技术进行问题的求解，提高系统的精度和灵活性。但随着知识量的增大，状态空间急剧增大，可能出现组合爆炸，需与其他方式共同使用。

(4) 混合表示法

混合表示法包括两种结合。

1）框架与规则相结合。在规则中包含框架或框架中的槽值，即允许规则的项，如条件、结论等，是框架或框架的槽值，当以某种方式使这些框架匹配成功时，就认为该规则成立，其规则的形式可表示为

IF 框架实例 1　AND 框架实例 2

THEN 框架实例 N

2）数学模型与基于规则的技术相结合。实时控制专家系统在知识库中不仅要存储以规则形式表达的经验性知识，还必须吸收大量已成熟的数学模型和方法，在推理过程中把它们有机地结合起来。

(5) 其他知识表达形式

例如语义网络、谓词逻辑等，都可以被应用到专家控制中的知识库的构建上，而人工智能技术也相应地提供了针对上述知识表达方式的推理方法。

可以将专家控制的知识库分为数据库和规则库分别加以构造。数据库中包括静态数据和

动态数据、系统的性能指标以及推导的中间过程的结论等，这些知识通常用框架表示法来进行组织。而各种启发式推理逻辑构成规则库，其中的知识通常用产生式规则表示法加以描述。对知识的这种分类组织形式比较简单，被绝大多数的现有的专家控制系统所采用，能够满足基本的工程需要。

2. 专家控制的推理与控制策略

专家控制的推理机制可以表示为如下模型：

$$U=f(E,K,I) \tag{6-26}$$

式中，$U=\{u_1,u_2,\cdots,u_m\}$ 为控制器的输出作用集；$E=\{e_1,e_2,\cdots,e_n\}$ 为控制器的输入集；$K=\{k_1,k_2,\cdots,k_p\}$ 为系统的数据项集；$I=\{i_1,i_2,\cdots,i_q\}$ 为具体推理机构的输出集。

依照产生式规则表达形式，f 可被看作一种智能算子，其基本形式为

IF E AND K THEN <IF I THEN U>

即根据输入信息和系统中的知识进行推理，然后根据推理结果输出相应的控制行为。这个智能算子可以根据不同的知识表达方法，选择不同的推理方式，应用不同的推理策略，从而具有不同的具体表示形式。

专家控制往往带有模糊性、不确定性和不完全性，因此专家控制的推理计算过程也要具备某种不确定性。通过将知识库中的知识赋予相应的可信度，在推理过程中完成可信度的转移和计算，可以得到带有可信度的推理结果。从这一意义上讲，推理的方式可以分为以下几种。

（1）演绎推理

演绎推理是把前提所具备的可信度完全转移到结论上去。如果把领域知识表示成必然的因果关系，则按逻辑关系进行的推理所得的结论是肯定的。前提与结论具有相同的可信度。

（2）归纳推理

归纳推理把前提所具有的可信度部分地转移到结论上去，从而推出一个比前提可信度低的结论。应用归纳推理可以从个别的事物和现象推出普遍性规律。

（3）确定性推理

针对不确定的事实，根据不充分的论据和不完全的知识进行推理，是在条件检索和执行推理的基础上加入对不确定性知识的处理，如贝叶斯（Bayes）概率法。

此外，由于实时性要求，实时控制专家系统往往还应同时具有时序推理、并行推理、非单调推理等其他推理功能。

专家控制的推理策略主要有以下几种：

1）数据驱动控制策略，也称前向链控制，基于此策略的推理称为正向推理。

2）目标驱动控制策略，也称后向链控制，基于此策略的推理称为反向推理。

3）双向推理控制策略，正向推理与反向推理的综合。

正向推理和反向推理各有优缺点。正向推理可以充分利用用户已知的信息，但推理目的不明确；反向推理的目的性较强，但却不能充分利用用户已知的信息；双向推理则结合了两者的优点，先通过数据驱动帮助选择初始目标，然后用目标驱动求解这个目标。目前大多数实时控制专家系统采用正向推理策略，也有的采用了双向推理策略。

6.3.4　专家控制组织结构

专家控制系统的一般结构如图 6-16 所示。在这个结构图中，知识库独立于知识处理机构。由于其模块化结构，非常灵活，很容易被扩展和修改。知识库存放着关于过程的特殊领

域的知识、控制工程原理、控制专家与操作员的经验和各种解析算法，它是整个系统的基础。推理机构的任务是根据一系列推理规则，使用知识和在线信息推理得到问题解答。信息处理器的主要功能是处理在线信息，提出或识别信息特征，从而获得动态过程的当时状态和未来趋势，并且为知识库和推理机构的决策过程提供有用信息。学习子系统根据在线信息特征提取知识，从而提高解决问题的能力。知识获取子系统自动或半自动获得专家知识。解释机构向操作者提供推理的过程和结果。装置操作员可以通过使用界面向知识库输入指令，可以监测系统的操作状态。

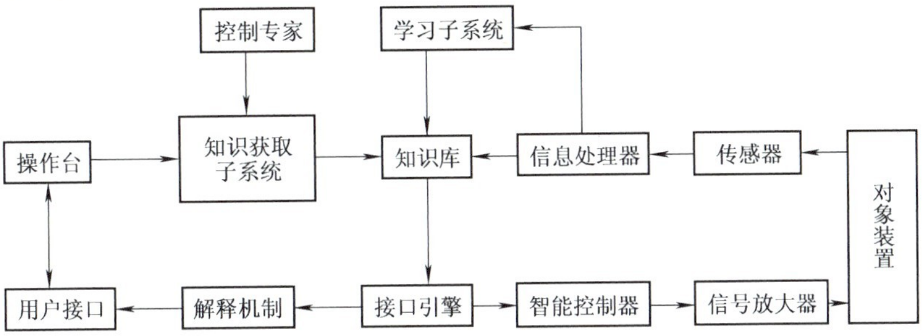

图 6-16　专家控制系统的一般结构

这种系统的组织结构有两个显著特点：

1）知识库可以由定量知识与定性知识分离构造。数值算法位于知识库的底层，直接与控制器相连接，以便得到快速的控制响应。而作为推理机制规则来源的各种定性知识处于较高的智能层次，实现以启发式逻辑推理为主的控制功能。

2）用户可以通过知识获取系统直接地与内部规则、进而间接地与数值算法进行交互，以便操作人员可以对控制系统进行离线的修改和在线的监督干预。

以上是专家控制系统应具备的主要特征，而实际使用的专家控制系统只需在一定程度上具备这些功能。

6.4　预测控制技术

预测控制即模型预测控制（Model Predictive Control，MPC），是一类控制算法的统称。预测控制的算法有几十种，其中具有代表性的主要有动态矩阵控制（Dynamic Matrix Control，DMC）、模型算法控制（Model Algorithmic Control，MAC）以及广义预测控制（Generalized Predictive Control，GPC）等。虽然这些算法的表示形式和控制方法各不相同，但其基本思想都是采用工业生产过程中较易测取的被控对象阶跃响应或脉冲响应等非参数模型，从中取一系列采样时刻的数值作为描述被控对象动态特性的信息，由此预测未来的控制量及响应，从而构成预测模型。预测控制系统的基本组成有预测模型、反馈校正、滚动优化、参考轨迹等部分。

预测控制系统结构如图 6-17 所示，主要由内部模型、预测模型、参考轨迹和预测控制算法组成。

6.4.1　内部模型

内部模型即为被控对象的阶跃响应或脉冲响应，图 6-18 所示为通过实验方法采集被控对象的阶跃响应或脉冲响应，分别以 $\hat{a}(t)$ 和 $\hat{h}(t)$ 表示。

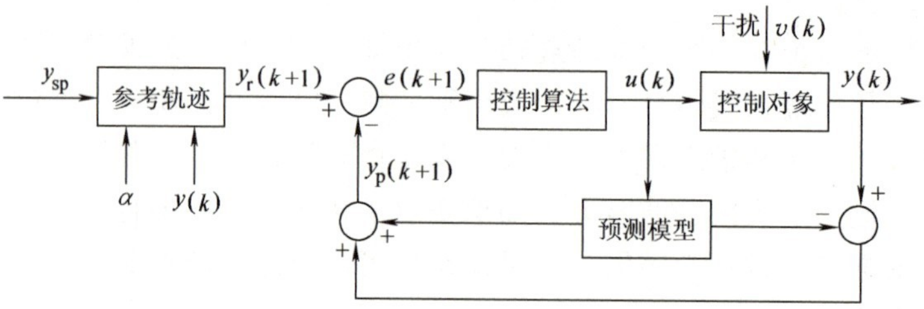

图 6-17 预测控制系统结构图

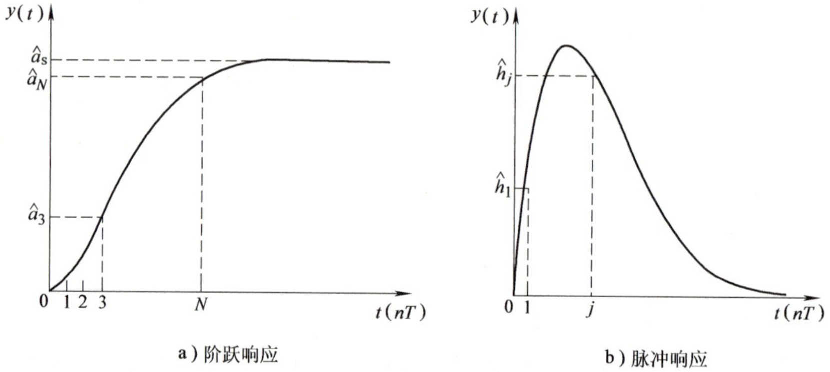

图 6-18 被控对象的阶跃响应或脉冲响应

被控对象的阶跃响应如图 6-18a 所示，采样周期为 T，对每个采样时刻 jT 有对应的响应值 $\hat{a}_j$，从 $t=0$ 开始变化直到 $t=NT$ 时刻对象趋向稳态值 $\hat{a}_s$，其中 N 为截断步长。这有限个响应信息 $\hat{a}_j(j=1, 2, \cdots, N)$ 的集合就是被控对象的内部模型。

被控对象的脉冲响应如图 6-18b 所示，采样周期为 T，对每个采样时刻 jT 有对应的响应值 $\hat{h}_j$，从 $t=0$ 开始变化直到 $t=NT$ 时刻对象趋向稳态值 $\hat{h}_s=0$，其中 N 为截断步长。这有限个响应信息 $\hat{h}_j(j=1, 2, \cdots, N)$ 的集合就是被控对象的内部模型。

6.4.2 预测模型

根据内部模型的信息，预测未来的控制量及响应，即构成预测模型。

1. 基于阶跃响应的开环预测模型

针对图 6-18a 所示的被控对象阶跃响应，设预测步长为 P，预测模型的输出为 y_m，则根据内部模型计算获得从 k 时刻起到 P 时刻的预测输出 $y_m(k+i)$ 为

$$\begin{aligned} y_m(k+i) &= \hat{a}_s u(k-N+i-1) + \sum_{j=1}^{N} \hat{a}_j \Delta u(k+i-j) \\ &= \hat{a}_s u(k-N+i-1) + \sum_{j=1}^{N} \hat{a}_j \Delta u(k+i-j)\mid_{i<j} + \\ &\quad \sum_{j=1}^{N} \hat{a}_j \Delta u(k+i-j)\mid_{i\geqslant j}, \qquad i=1,2,L,P \end{aligned} \tag{6-27}$$

式中，被控对象输入增量 $\Delta u(k+i-j)=u(k+i-j)-u(k+i-j-1)$。

式（6-27）中第一、二项相加是 k 时刻以前输入变化序列对输出变量 y_m 作用的预测；第三项是 k 时刻以后输入变化序列对输出变量的作用，也就是对输出变量受到未来输入序列

影响的预测。

式（6-27）可进一步写成向量的形式：

$$\boldsymbol{y}_{\mathrm{m}}(k+1)=\hat{a}_s\boldsymbol{u}(k)+\boldsymbol{A}_1\Delta\boldsymbol{u}_1(k)+\boldsymbol{A}_2\Delta\boldsymbol{u}_2(k+1) \tag{6-28}$$

式中

$$\boldsymbol{y}_{\mathrm{m}}(k+1)=(y_{\mathrm{m}}(k+1),y_{\mathrm{m}}(k+2),\cdots,y_{\mathrm{m}}(k+P))^{\mathrm{T}}$$
$$\boldsymbol{u}(k)=(u(k-N),u(k-N+1),\cdots,u(k-N+P-1))^{\mathrm{T}}$$
$$\Delta\boldsymbol{u}_1(k)=(\Delta u(k-N+1),\Delta u(k-N+2),\cdots,\Delta u(k-1))^{\mathrm{T}}$$
$$\Delta\boldsymbol{u}_2(k)=(\Delta u(k),\Delta u(k+1),\cdots,\Delta u(k+P-1))^{\mathrm{T}}$$

$$\boldsymbol{A}_1=\begin{pmatrix}\hat{a}_N & \hat{a}_{N-1} & \cdots & \hat{a}_2\\ & \hat{a}_N & \cdots & \hat{a}_3\\ 0 & \ddots & & \vdots\\ & & \hat{a}_N\cdots & \hat{a}_{P+1}\end{pmatrix}_{P\times(N-1)}\qquad \boldsymbol{A}_2=\begin{pmatrix}\hat{a}_1 & & & \\ \hat{a}_2 & \hat{a}_1 & 0 & \\ \vdots & \vdots & \ddots & \\ \hat{a}_P & \hat{a}_{P-1} & \cdots & \hat{a}_1\end{pmatrix}_{P\times P}$$

2. 基于脉冲响应的开环预测模型

针对图 6-18b 所示的被控对象脉冲响应，设预测步长为 P，预测模型的输出为 y_{m}，则根据内部模型计算获得从 k 时刻起到 P 时刻的预测输出 $y_{\mathrm{m}}(k+i)$ 为

$$y_{\mathrm{m}}(k+i)=\sum_{j=1}^{N}\hat{h}_j u(k+i-j),\quad i=1,2,\cdots,P \tag{6-29}$$

也可写成

$$y_{\mathrm{m}}(k+i-1)=\sum_{j=1}^{N}\hat{h}_j u(k+i-j-1),\quad i=1,2,\cdots,P-1 \tag{6-30}$$

由式（6-29）减去式（6-30），则可得到控制增量式

$$y_{\mathrm{m}}(k+i)=y_{\mathrm{m}}(k+i-1)+\sum_{j=1}^{N}\hat{h}_j\Delta u(k+i-j) \tag{6-31}$$

式中，被控对象输入增量 $\Delta u(k+i-j)=u(k+i-j)-u(k+i-j-1)$。

式（6-31）可进一步写成向量的形式：

$$\boldsymbol{y}_{\mathrm{m}}(k+1)=\boldsymbol{H}_1\boldsymbol{u}_1(k)+\boldsymbol{H}_2\boldsymbol{u}_2(k+1) \tag{6-32}$$

式中

$$\boldsymbol{y}_{\mathrm{m}}(k+1)=(y_{\mathrm{m}}(k+1),y_{\mathrm{m}}(k+2),\cdots,y_{\mathrm{m}}(k+P))^{\mathrm{T}}$$
$$\boldsymbol{u}_1(k)=(u(k-N+1),u(k-N+2),\cdots,u(k-1))^{\mathrm{T}}$$
$$\boldsymbol{u}_2(k+1)=(u(k),u(k+1),\cdots,u(k+P-1))^{\mathrm{T}}$$

$$\boldsymbol{H}_1=\begin{pmatrix}\hat{h}_N & \hat{h}_{N-1} & \cdots & \hat{h}_2\\ & \hat{h}_N & \cdots & \hat{h}_3\\ 0 & \ddots & & \vdots\\ & & \hat{h}_N\cdots & \hat{h}_{P+1}\end{pmatrix}_{P\times(N-1)}\qquad \boldsymbol{H}_2=\begin{pmatrix}\hat{h}_1 & & & \\ \hat{h}_2 & \hat{h}_1 & 0 & \\ \vdots & \vdots & \ddots & \\ \hat{h}_P & \hat{h}_{P-1} & \cdots & \hat{h}_1\end{pmatrix}_{P\times P}$$

上述式（6-28）和式（6-32）是分别根据被控对象阶跃响应和脉冲响应得到的 k 时刻的预测模型，它们完全依赖于被控对象的内部模型，而与被控对象的 k 时刻的实际输出无关，所以称为开环预测模型。

3. 闭环预测模型

由于被控制对象的非线性、时变及随机干扰，使得预测模型的预测输出值 $y_{\mathrm{m}}(k)$ 与被

控对象的实际输出值 $y(k)$ 之间存在偏差。因此，需要对开环预测模型进行修正。修正的方法之一是将第 k 步的实际输出值 $y(k)$ 与预测输出值 $y_m(k)$ 之间的偏差加到模型的预测输出值 $y_m(k+1)$，得到闭环预测模型 $y_p(k+1)$ 为

$$\boldsymbol{y}_p(k+1)=\boldsymbol{y}_m(k+1)+\boldsymbol{h}_0[y(k)-y_m(k)] \tag{6-33}$$

式中

$$\boldsymbol{y}_p(k+1)=(y_p(k+1),y_p(k+2),\cdots,y_p(k+P))^T$$

$$\boldsymbol{h}_0=(1,1,\cdots,1)^T$$

以被控对象的脉冲响应预测模型为例，其闭环预测模型为

$$\begin{aligned}\boldsymbol{y}_p(k+1)&=y_m(k+i)+[y(k)-y_m(k)]\\&=y(k)+[y_m(k+i)-y_m(k)]\\&=y(k)+\sum_{j=1}^{N}\hat{h}_j[\Delta u(k+i-j)+\Delta u(k+i-j-1)+\cdots+\\&\quad\Delta u(k+2-j)+\Delta u(k+1-j)],\qquad i=1,2,\cdots,P\end{aligned} \tag{6-34}$$

考虑到脉冲响应和阶跃响应之间的关系为

$$\hat{a}_i=\sum_{j=1}^{i}\hat{h}_j \tag{6-35}$$

则由式（6-34）可得被控对象的脉冲响应的闭环预测模型为

$$\boldsymbol{y}_p(k+1)=\boldsymbol{h}_0y(k)+\boldsymbol{p}+\boldsymbol{A}\Delta\boldsymbol{u}(k+1) \tag{6-36}$$

式中

$$\boldsymbol{y}_p(k+1)=(y_p(k+1),y_p(k+2),\cdots,y_p(k+P))^T$$

$$\boldsymbol{h}_0=(1,1,\cdots,1)^T$$

$$\boldsymbol{p}=(P_1,P_2,\cdots,P_p)^T$$

$$\Delta\boldsymbol{u}(k+1)=(\Delta u(k),\Delta u(k+1),\cdots,\Delta u(k+P-1))^T$$

$$\boldsymbol{A}=\begin{pmatrix}\hat{a}_1 & & & \\ \hat{a}_2 & \hat{a}_1 & 0 & \\ \vdots & \vdots & \ddots & \\ \hat{a}_p & \hat{a}_{p-1} & \cdots & \hat{a}_1\end{pmatrix}$$

式（6-36）为动态矩阵控制（DMC）算法的闭环预测模型，矩阵 **A** 称为动态矩阵。

从以上闭环预测模型可以看出，由于在每个预测时刻都引入被控对象的实际输出值闭环 $y(k)$ 和预测输出值 $y_m(k)$ 之间的偏差，使闭环预测模型不断得到及时修正，从而有效克服模型的不精确性和对象存在的不确定性。

6.4.3 预测控制算法

预测控制的目的是使被控制对象的输出变量 $y(t)$ 沿着一条预定的曲线逐渐到达设定值 y_{sp}，这条预定的曲线称为参考轨迹 y_r。考虑到被控对象的动态特性，减小过量的控制作用使被控对象的输出能平滑地到达设定值，通常选用一阶指数形式的参考轨迹

$$\begin{cases}y_r(k+1)=\alpha^iy(k)+(1-\alpha^i)y_{sp}, & i=1,2,\cdots,P\\ y_r(k)=y(k)\end{cases} \tag{6-37}$$

式中，$\alpha=\exp(-T/\tau)$；T 为采样周期；τ 为参考轨迹的时间常数。通常 $0\leqslant\alpha<1$。

由预测控制算法求出一组 M 个控制量 $\boldsymbol{u}(k)=[u(k),u(k+1),\cdots,u(k+M-1)]^{\mathrm{T}}$，使选定的目标函数最优，此处 M 称为控制步长。目标函数可以取不同形式，如

$$J=\sum_{i=1}^{P}[y_{\mathrm{p}}(k+i)-y_{\mathrm{r}}(k+i)]^{2}\omega_{i} \tag{6-38}$$

式中，ω_i 为非负的加权系数，用来调整将来各采样时刻误差在品质指标 J 中所占的比例。

由于参考轨迹已定，可以选取常用的优化方法，如最小二乘法、梯度法等。通过优化求解得到现时刻的一组最优控制输入 $[u(k),u(k+1),\cdots,u(k+M-1)]$，只将其中第一个控制输入 $u(k)$ 作用于被控对象。等到下一个采样时刻（$k+1$），再根据采集到的被控对象输出 $y(k+1)$，重新进行优化求解，又得到一组最优控制输入，也只将其中第一个控制输入 $u(k+1)$ 作用于被控对象。如此类推，不断滚动优化，始终把优化建立在实际的基础上，有效地克服对象中一些不确定的因素，使系统具有较好的鲁棒性。尽管这种滚动优化在有限时域内进行，优化目标有一定的局限性，得到的是全局次优解，但能够及时考虑到模型失配等不确定的因素，这一点对复杂的工业生产过程的应用尤为重要。

1. 动态矩阵控制（DMC）

动态矩阵控制具有算法简单、计算量小和鲁棒性强等特点。动态矩阵控制算法首先要建立 DMC 预测模型，然后按照滚动优化和反馈校正的步骤实现预测控制。

动态矩阵控制算法的脉冲响应离散卷积模型为

$$\boldsymbol{y}_{\mathrm{p}}(k+1)=\boldsymbol{h}_{0}y(k)+\boldsymbol{p}+\boldsymbol{A}\Delta\boldsymbol{u}(k+1)$$

设预测步长为 P，控制步长为 M，取 $M<P$，则式中 $\boldsymbol{A}\Delta\boldsymbol{u}(k+1)$ 项分别表示为

$$\Delta\boldsymbol{u}=(\Delta u(k),\Delta u(k+1),\cdots,\Delta u(k+M-1))^{\mathrm{T}} \tag{6-39}$$

$$\boldsymbol{A}=\begin{pmatrix}\hat{a}_{1} & & & \\ \hat{a}_{2} & \hat{a}_{1} & 0 & \\ \vdots & \vdots & \ddots & \\ \hat{a}_{M} & \hat{a}_{M-1} & \cdots & \hat{a}_{1} \\ \vdots & \vdots & \ddots & \\ \hat{a}_{P} & \hat{a}_{P-1} & \cdots & \hat{a}_{P-M+1}\end{pmatrix}_{P\times M}$$

若采用式（6-27）中的参考轨迹，则系统的误差方程为

$$\boldsymbol{e}=\boldsymbol{y}_{\mathrm{r}}-\boldsymbol{y}_{\mathrm{p}}=\begin{pmatrix}1-\alpha \\ 1-\alpha^{2} \\ \vdots \\ 1-\alpha^{P}\end{pmatrix}[y_{\mathrm{sp}}-y(k)]-\boldsymbol{A}\Delta\boldsymbol{u}-p \tag{6-40}$$

令

$$\boldsymbol{e}'=\begin{pmatrix}(1-\alpha)e_{k}-p_{1} \\ (1-\alpha^{2})e_{k}-p_{2} \\ \vdots \\ (1-\alpha^{P})e_{k}-p_{P}\end{pmatrix}$$

式中，$e_k=y_{\mathrm{sp}}-y(k)$，表示 k 时刻设定值与实际输出值之差。

则式（6-40）可改写为

$$\boldsymbol{e}=-\boldsymbol{A}\Delta\boldsymbol{u}+\boldsymbol{e}' \tag{6-41}$$

式中，$\boldsymbol{e}$ 表示参考轨迹与闭环预测值之差，$\boldsymbol{e}'$表示参考轨迹与零输入下闭环预测值之差。

若取目标函数为

$$\boldsymbol{J}=\boldsymbol{e}^{\mathrm{T}}\boldsymbol{e} \tag{6-42}$$

将式（6-41）代入式（6-42），可以得到无约束条件下目标函数最小时的最优控制量 $\Delta\boldsymbol{u}$ 为

$$\Delta\boldsymbol{u}=(\boldsymbol{A}^{\mathrm{T}}\boldsymbol{A})^{-1}\boldsymbol{A}^{\mathrm{T}}\boldsymbol{e}' \tag{6-43}$$

如果取预测步长 P 等于控制步长 M，则可求得控制向量的精确解为

$$\Delta\boldsymbol{u}=\boldsymbol{A}^{-1}\boldsymbol{e}' \tag{6-44}$$

需要指出的是，虽然计算出最优控制量 $\Delta\boldsymbol{u}$ 序列，但是通常只把第一项 $\Delta u(k)$ 作用于被控制对象，等到下一个采样时刻再重新计算 $\Delta\boldsymbol{u}$ 序列，仍然输出该序列中的第一项，以此类推，这也是预测控制算法的特点之一。

2. 模型算法控制（MAC）

模型算法控制主要由内部预测模型、输入参考轨迹、输出预测和滚动优化几部分组成。

假定对象实际脉冲响应为 $\boldsymbol{h}=(h_1,h_2,\cdots,h_N)^{\mathrm{T}}$，预测模型脉冲响应为 $\hat{\boldsymbol{h}}=(\hat{h}_1,\hat{h}_2,\cdots,\hat{h}_N)^{\mathrm{T}}$。

已知开环预测模型为

$$y_{\mathrm{m}}(k+i)=\sum_{j=1}^{N}\hat{h}_j u(k-j+i) \tag{6-45}$$

这里假设预测步长 $P=1$，控制步长 $L=1$，即为单步预测、单步控制问题。实现最优时，应有 $y_{\mathrm{r}}(k+1)=y_{\mathrm{m}}(k+1)$，则有

$$\begin{aligned} y_{\mathrm{r}}(k+1)&=y_{\mathrm{m}}(k+1)\\ &=\sum_{j=2}^{N}\hat{h}_j u(k-j+1)+\hat{h}_1 u(k) \end{aligned}$$

由上式可得

$$u(k)=\frac{1}{\hat{h}_1}\left[y_{\mathrm{r}}(k+1)-\sum_{j=2}^{N}\hat{h}_j u(k-j+1)\right] \tag{6-46}$$

假设

$$\begin{aligned} &y_{\mathrm{r}}(k+1)=\alpha y(k)+(1-\alpha)y_{\mathrm{sp}}\\ &\boldsymbol{u}(k-1)=(u(k-1),u(k-2),\cdots,u(k+1-N))^{\mathrm{T}}\\ &\boldsymbol{\Phi}=(\boldsymbol{e}_2,\ \boldsymbol{e}_3,\ \cdots,\ \boldsymbol{e}_{N-1},\ 0)^{\mathrm{T}} \end{aligned}$$

式中，第 i 项为 $\boldsymbol{e}_i=(0,0,\cdots,1,0,\cdots,0)^{\mathrm{T}}$。则单步控制 $u(k)$ 为

$$u(k)=\frac{1}{\hat{h}_1}[(1-\alpha)y_{\mathrm{sp}}+(\alpha\boldsymbol{h}^{\mathrm{T}}-\hat{\boldsymbol{h}}^{\mathrm{T}}\boldsymbol{\Phi})\boldsymbol{u}(k-1)] \tag{6-47}$$

如果考虑闭环预测控制，用闭环预测模型式（6-36）代替式（6-45），可以得到闭环下的控制 $u(k)$ 为

$$u(k)=\frac{1}{\hat{h}_1}\left\{y_{\mathrm{r}}(k+1)-[y(k)-y_{\mathrm{m}}(k)]-\sum_{j=2}^{N}\hat{h}_j u(k-j+1)\right\}$$

$$u(k)=\frac{1}{\hat{h}_1}\{(1-\alpha)y_{\mathrm{sp}}+[\hat{\boldsymbol{h}}^{\mathrm{T}}(\boldsymbol{I}-\boldsymbol{\Phi})-\boldsymbol{h}^{\mathrm{T}}(1-\alpha)]\boldsymbol{u}(k-1)\} \tag{6-48}$$

对于更一般情况下的 MAC 控制律推导如下：

已知对象预测模型和闭环校正预测模型分别为

$$y_{\mathrm{m}}(k+1)=\hat{a}_{\mathrm{s}}u(k)+\boldsymbol{A}_1\Delta u_1(k)+\boldsymbol{A}_2\Delta u_2(k+1)$$

$$y_{\mathrm{p}}(k+1)=y_{\mathrm{m}}(k+1)+\boldsymbol{h}_0[y(k)-y_{\mathrm{m}}(k)]$$

输出参考轨迹为 $y_{\mathrm{r}}(k+1)$，设系统误差方程为

$$e(k+1)=y_{\mathrm{r}}(k+1)-y_{\mathrm{p}}(k+1) \tag{6-49}$$

如果选取目标函数

$$\boldsymbol{J}=\boldsymbol{e}^{\mathrm{T}}\boldsymbol{Q}\boldsymbol{e}+\Delta\boldsymbol{u}_2^{\mathrm{T}}\boldsymbol{R}\Delta\boldsymbol{u}_2 \tag{6-50}$$

式中，$\boldsymbol{Q}$ 为非负定加权对称矩阵，$\boldsymbol{R}$ 为正定加权对称矩阵。

使上述目标函数最小，可求得最优控制量 $\Delta\boldsymbol{u}_2$ 为

$$\Delta\boldsymbol{u}_2=(\boldsymbol{A}_2^{\mathrm{T}}\boldsymbol{Q}\boldsymbol{A}_2+\boldsymbol{R})^{-1}\boldsymbol{A}_2^{\mathrm{T}}\boldsymbol{Q}\boldsymbol{e}' \tag{6-51}$$

式中，$\boldsymbol{e}'$是指参考轨迹与在零输入响应下闭环预测输出之差

$$e'(k+1)=y_{\mathrm{r}}(k+1)-\{\hat{a}_{\mathrm{s}}u(k)+A_1\Delta u_1(k)+h_0[y(k)-y_{\mathrm{m}}(k)]\} \tag{6-52}$$

6.5　其他先进控制技术

本节简要介绍分级自适应控制、自抗扰控制、非线性控制、分层递阶智能控制、学习控制和鲁棒控制等技术。这些控制技术相互交融、相互促进，用于常规及复杂控制技术难以解决的控制问题，代表着控制技术的新兴发展方向。根据需要，这些控制算法的详细内容读者可查阅有关文献。

1. 自适应控制

自适应控制可以看作一个能根据环境变化智能调节自身特性的反馈控制系统，以使系统能按照一些设定的标准工作在最优状态。目前所研究的自适应控制系统主要有两大类，即模型参考自适应控制系统和自校正控制系统。

2. 自抗扰控制

自抗扰控制（Active Disturbance Rejection Control，ADRC）是由韩京清先生于 1998 年正式提出的，其独特之处在于它把作用于被控对象的所有不确定因素归结为“未知扰动”，而用对象的输入/输出数据对它进行估计并补偿。自抗扰控制最大的优点就是不要求被控对象有精确的数学模型。自抗扰控制器主要由三部分组成：跟踪微分器（Tracking Differentiator）、扩展状态观测器（Extended State Observer）和非线性状态误差反馈控制律（Nonlinear State Error Feedback Law）。跟踪微分器的作用是安排过渡过程，给出合理的控制信号，解决了响应速度与超调性之间的矛盾。扩展状态观测器用来解决模型未知部分和外部未知扰动综合对控制对象的影响。非线性状态误差反馈控制律给出被控对象的控制策略。

3. 非线性控制

近年来，非线性控制系统理论与应用研究取得了许多可喜的进展，尤其是非线性系统控制设计和机器人控制设计领域。所谓非线性系统，指的是系统的状态与输出变量在外部条件的影响下，不能用线性关系来描述的系统。系统受到的这种影响是相对于系统输入的运动特性来说的。由于组成系统的各部件在不同程度上存在非线性的性质，因此在实际生活中，绝对线性的系统是不存在的。为了改善系统的非线性特性，需要设计控制器来获得系统的优越性能，由此产生了相平面分析、描述函数分析、反馈线性化、滑模控制、无源性控制、反步

控制等非线性控制方法。

4. 分层递阶智能控制

分层递阶智能控制是由 Saridis 提出的，作为一种认知和控制系统的统一方法论，其控制是根据分层管理系统中十分重要的“精度随智能提高而降低”的原理而分级分配的。这种分级递阶控制由组织级、协调级、执行级三级组成。

5. 学习控制

学习控制能够通过与控制对象和环境的闭环交互作用，根据过去获得的经验信息，逐步改进控制系统的性能。学习控制具有一定的自主性，学习控制系统的性能随时间而变，学习控制具有记忆功能和性能反馈。学习控制大致可分为基于模式识别的学习控制、基于迭代和重复的学习控制以及基于联结的学习控制等。

6. 鲁棒控制

鲁棒性（Robustness）就是系统的健壮性。所谓“鲁棒性”，是指控制系统在一定（结构，大小）的参数摄动下，维持某些性能的特性。鲁棒控制是一个着重控制算法可靠性研究的控制器设计方法。鲁棒性一般定义为在实际环境中为保证安全要求控制系统最小必须满足的要求。对时间域或频率域来说，鲁棒控制方法一般假设过程动态特性的信息和它的变化范围。一些算法不需要精确的过程模型但需要一些离线辨识。一般鲁棒控制系统的设计是以一些最差的情况为基础的，因此一般系统并不工作在最优状态。鲁棒控制方法适用于稳定性和可靠性作为首要目标的应用，同时工业过程的动态特性已知并且不确定因素的变化范围可以预估。

习　题

1. 先进控制技术主要包括哪些控制技术？
2. 模糊控制器的主要组成部分有哪些？
3. 请给出双输入单输出模糊控制器的设计步骤与设计内容。
4. 神经网络控制中常用的神经元变换函数有哪些？
5. 神经网络控制主要包括哪些控制方法？
6. 专家控制技术主要分哪几大类？
7. 专家控制的推理策略主要有哪几种？
8. 预测控制系统主要由哪几部分组成？DMC 和 MAC 算法的基本原理是什么？

第 7 章　计算机控制系统的软件设计技术

教学重点难点

在计算机控制系统中，不但有硬件，还有软件。软件是工业控制机的程序系统，它可分为系统软件和应用软件。所谓应用软件就是面向控制系统本身的程序，它是根据系统的具体要求，由用户自己设计的。软件设计的方法有两种，一种是由用户利用计算机语言自己编制需要的应用程序；另一种是利用组态软件，选择相应的模块，进行功能的综合。本章将详细介绍程序设计技术、人机接口（HMI/SCADA）技术、测量数据预处理技术、数字控制器的工程实现、系统的有限字长数值问题以及软件抗干扰技术。

7.1　程序设计技术

一个完整的程序设计过程可以用图 7-1 来说明。首先要分析用户的要求，这大约占整个程序设计工作量的 10%；然后编写程序的说明，这大约也占 10%；接着进行程序的设计与编码，这大约占 30%左右，其中设计与编码几乎各占 15%；最后进行测试和调试，这要花费整个程序设计工作量的 40%以上。

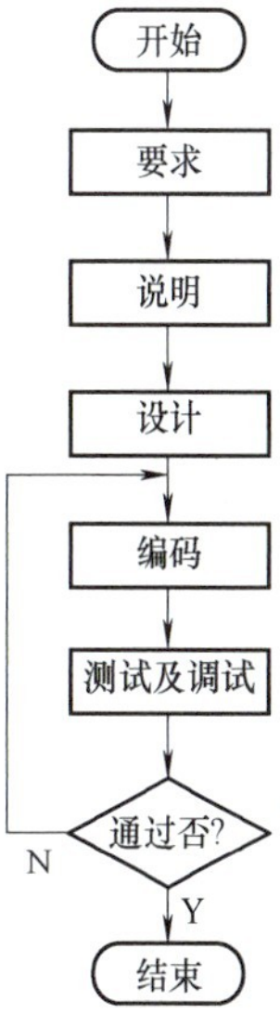

图 7-1　程序设计过程

一个控制系统要完成的任务往往是错综复杂的。程序设计的首要一步，就是要把程序承担的各项任务明确地定义出来。应用程序设计的每一步都是相互影响的。设计者往往同时在几个步骤上进行设计，如手编程序、查错、文件编制可能同时进行。

7.1.1　模块化与结构化程序设计

1. 模块化程序设计

模块化程序设计的出发点是把一个复杂的系统软件，分解为若干个功能模块，每个模块执行单一的功能，并且具有单入口单出口结构。模块化程序设计的传统方法是建立在把系统功能分解为程序过程或宏指令的基础上。但在很大的系统里，这种分解往往导致大量过程，这些过程虽然容易理解，但却有复杂的内部依赖关系，因此带来一些问题不好解决。

（1）自底向上模块化设计

首先对最低层模块进行编码、测试和调试。这些模块正常工作后，就可以用它们来开发较高层的模块。例如，在编主程序前，先开发各个子程序，然后用一个测试用的主程序来测试每一个子程序。这种方法是汇编语言设计常用的方法。

(2) 自顶向下模块化设计

首先对最高层进行编码、测试和调试。为了测试这些最高层模块，可以用“结点”来代替还未编码的较低层模块，这些“结点”的输入和输出满足程序的说明部分要求，但功能少得多。该方法一般适合用高级语言来设计程序。

上述两种方法各有优缺点。在自底向上开发中，高层模块设计中的根本错误也许要很晚才能发现。在自顶向下开发中，程序大小和性能往往要在开发关键性的低层模块时才会表现出来。实际工作中，最好将两种方法结合起来，先开发高层模块和关键性低层模块，并用“结点”来代替以后开发的不太重要的模块。

2. 结构化程序设计

结构化程序设计的概念最早由 E. W. Dijkstra 提出。1965 年他在一次会议上指出：“可以从高级语言中取消 GO TO 语句”，“程序的质量与程序中所包含的 GO TO 语句的数量成反比。”1966 年，C. Böhm 和 G. Jacopini 证明了只用三种基本的控制结构就能实现任何单入口单出口的程序。这三种基本的控制结构是“顺序”“选择”“循环”，它们的流程图分别如图 7-2 中的 a、b、c 所示。

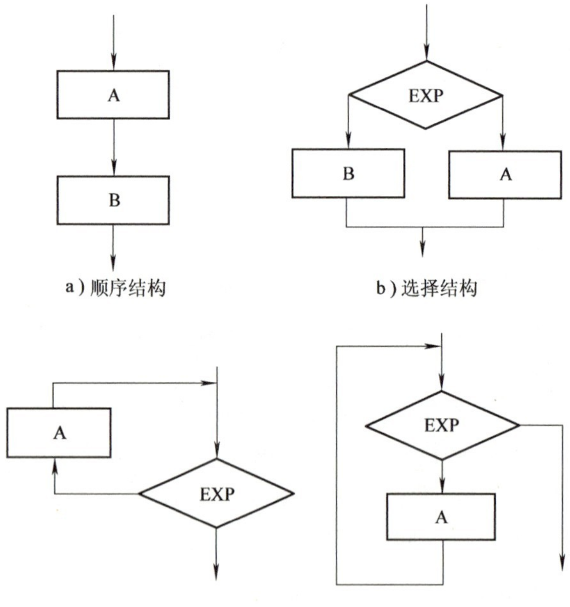

图 7-2　程序的基本控制结构

实际上，用顺序结构和循环结构（又称 DO-WHILE 结构）完全可以实现选择结构（又称 IF-THEN-ELSE 结构），因此理论上最基本的控制结构只有两种。Böhm 和 Jacopini 的证明给结构化程序设计技术奠定了理论基础。

结构化程序设计是一种程序设计技术，它采用自顶向下逐步求精的设计方法和单入口单出口的控制结构。关于逐步求精方法，Niklaus Wirth 曾做过如下说明：“我们对付复杂问题的最重要的办法是抽象，因此，对一个复杂的问题不应该立即用计算机指令、数字和逻辑符号来表示，而应该用较自然的抽象语句来表示，从而得出抽象程序。抽象程序对抽象的数据进行某些特定的运算并用某些合适的记号（可能是自然语言）来表示。对抽象程序做进一步的分解，并进入下一个抽象层次，这样的精细化过程一直进行下去，直到程序能被计算机接受为止。这时的程序可能是用某种高级语言或机器指令书写的。”在总体设计阶段采用自顶向下逐步求精的方法，可以把一个复杂问题的解法分解和细化成一个由许多模块组成的层次结构的软件系统。在详细设计或编码阶段采用自顶向下逐步求精的方法，可以把一个模块的功能逐步分解细化为一系列具体的处理步骤或某种高级语言的语句。

程序设计通常分为 5 个步骤，即问题定义、程序设计、编码、调试、改进和再设计。问题定义阶段是要明确计算机完成哪些任务、执行什么程序、决定输入/输出的形式、与接口硬件电路的连接配合以及出错处理方法；程序设计是利用程序对任务进行描述，使用的方法有模块程序设计法和结构化程序设计法；编码是指程序设计人员选取一种适当的高级（或汇编）语言书写程序；调试是利用各种测试方法检查程序的正确性；改进和再设计是根据调试中的问题对原设计作修改，并对程序进行改进设计和补充。

7.1.2　面向过程与面向对象的程序设计

1. 面向过程的程序设计及其局限性

过程式程序设计是面向功能的。编写程序时首先要定义所要实现的功能，然后设计为实现这些功能所要执行的步骤，这些步骤就是过程。编写代码实际上等于分解这些步骤，使每一步直接对应一行代码。这就是过程式编程中的“逐步求精”过程。所谓程序就是过程和顺序。为实现代码的重用，代码按照功能被组织到过程和函数中，以便需要时可反复调用。

这种方式不利于中大型软件的开发与维护，小部分数据或功能的改变会涉及很多的相关程序。分析其原因主要有两点：一是由于结构化方法将过程和数据分离为相互独立的实体，程序员在编程时必须时刻考虑所要处理数据的格式，对于不同的数据格式做相同的处理或对于相同的数据格式做不同处理时都需要编写不同的程序，所以结构化程序的可重用性不好。二是当数据和过程相对独立时，总存在着使用错误的数据调用正确的程序模块，或使用正确的数据调用错误的程序模块的危险，这就要求程序员必须尽可能地保持数据与程序间的相容性和一致性，显然这是比较困难的。而应用面向对象方法，可以较好地解决上述问题。

2. 面向对象的程序设计

与结构化方法采用的许多符合人类思维习惯的原则和策略（如自顶向下、逐步求精等）方法不同，面向对象方法更强调运用人类在逻辑思维中经常采用的思想方法与原则，如抽象、分类、继承、封装等，使软件开发人员能用自然思维的方法思考问题，用其他人也能理解的方法表达求解问题的方法。这两种方法在概念上存在以下主要区别：

（1）模块与对象

结构化方法中的模块是对功能的抽象，每个模块是一个处理单位，具有输入和输出功能。而面向对象方法的对象也具有模块性，但它是包括数据和操作的整体，是对数据和功能的抽象和统一。可以说，对象包含了模块的概念。

（2）过程调用和消息传递

在结构化程序设计中，过程是一个独立的实体，可以显示被其他过程（模块）调用，调用数据或信息可以通过实参传递。而在面向对象程序设计中，方法是隶属于对象的，是对象功能的体现，不能有独立存在的方法。消息传递机制很自然地与分布式并行程序、多机系统和网络通信模型取得一致。在结构化设计中，同一个参数的调用，其结果是相同的。但在面向对象中的消息传递则不同，同一消息的多次传递可能会产生不同的结果。

(3) 类型和类

类型和类都是对数据和操作的抽象，即定义了一组具有共同特征的数据和可以作用于其上的一组操作。但是，类型比较偏重于操作抽象，类则集成了数据抽象和操作抽象。另外，类引入了继承机制，实现了可扩充性。

(4) 静态链接和动态链接

在面向对象系统中，通过消息的激活机制，可以把对象之间的静态链接联系在一起，使整个机体运转起来，实现系统的动态链接。

面向对象方法学的基本原则是在用计算机解决问题时，按人们通常的思维方式建立问题域的模型，设计尽可能自然地表现求解方法的软件。因此，采用了面向对象的设计方法后，程序不仅易于被人理解，而且易于维护和修改，从而提高了程序的可靠性和可维护性；同时，可以提高公共问题域中程序模块化和重用化的可能性。

7.1.3 高级语言 I/O 控制台编程

对于 PC 总线工业控制机，下面以 Turbo C 为例来说明其访问 I/O 端口的编程。Turbo C 通常有库函数，允许直接访问 I/O 端口，头文件〈conio. h〉中定义了 I/O 端口例程。inportb 和 outportb 分别从指定端口读一个字节数据和向指定端口写一个字节数据，inportw 和 outportw 分别从指定端口读一个字数据和向指定端口写一个字数据。

例如：

```
a = inportw(0x210);
b = inportb(0x220);
```

第一条指令表示将端口 210H 的 16 位二进制数（一个字）输入给变量 a，第二条指令表示将端口 220H 的 8 位二进制数（一个字节）输入给变量 b。在 C 语言中，0x 起头的是 16 进制数。

又如：

```
outportw(0x230,0x3435);
outportb(0x240,0x26);
```

第一条指令表示将二字节数 3435H 输出到端口 230H 中，第二条指令表示将单字节数 26H 输出到端口 240H 中。详细内容请参阅 Turbo C 方面的资料。

7.2 人机接口（HMI/SCADA）技术

7.2.1 HMI/SCADA 的含义

HMI（Human Machine Interface）广义的解释就是“使用者与机器间沟通、传达及接收信息的一个接口”。利用计算机数据处理的强大功能，向用户提供诸如工艺流程图显示、动态数据画面显示、参数修改与设置、报表编制、趋势图生成、报警画面、打印参数以及生产管理等多种功能，为系统提供良好的人机界面。一般而言，HMI 系统必须有几项基本的能力：

- 实时数据趋势显示——把获取的数据立即显示在屏幕上。
- 历史数据趋势显示——把数据库中的数据作可视化的呈现。
- 自动记录数据——自动将数据存储至数据库中，以便日后查看。
- 警报的产生与记录——使用者可以定义一些警报产生的条件，比如温度或压力超过临界值，在这样的条件下系统会产生警报，通知作业员处理。

- 报表的产生与打印——能把数据转换成报表的格式，并能够打印出来。
- 图形接口控制——操作者能够通过图形接口直接控制机台等装置。

凡是具有系统监控和数据采集功能的软件，都可称为 SCADA（Supervisor Control and Data Acquisition）软件。它是建立在 PC 基础之上的自动化监控系统，具有以下的基本特征：图形界面、系统状态动态模拟、实时数据和历史趋势、报警处理系统、数据采集和记录、数据分析、报表输出。

SCADA 软件和硬件设备的连接方式主要可归纳为三种：

(1) 标准通信协议

工业领域常用的标准协议有 ARCNET、CAN Bus、Device Net、Lon Works、Modbus、Profibus。SCADA 软件和硬件设备，只要使用相同的通信协议，就可以直接通信，不需再安装其他驱动程序。

(2) 标准数据交换接口

常用的有 DDE（Dynamic Data Exchange）与 OPC（OLE for Process Control）。使用标准的数据交换接口，SCADA 软件以间接方式通过 DDE 或 OPC 内部数据交换中心（Data Exchange Center）和硬件设备通信。这种方式的优点在于，不管硬件设备是否使用标准的通信协议，制造商只需提供一套 DDE 或 OPC 的驱动，即可支持大部分的 SCADA 软件。

(3) 绑定驱动（Native Driver）

绑定驱动程序是指针对特定硬件和目标设计的驱动。这种方式的优点是执行效率比使用其他驱动方式高，但缺点是兼容性差。制造商必须针对每一种 SCADA 软件提供特定的驱动程序。

HMI/SCADA 设计有两种方法：基于监控组态软件和基于可视化高级语言。

用组态软件实现监控，可以利用组态软件提供的硬件驱动功能直接与硬件进行通信，不需编写通信程序，且功能强大、灵活性好、可靠性高，但软件价格高，对硬件的依赖比较大，当组态软件不支持相关的硬件时就会受到限制。在复杂控制系统中可以采用此方法。

用户利用面向对象的可视化高级编程语言，自行编制软件实现系统监控，其中包括数据通信、界面实现、数据处理、实时监控和实时数据库功能等内容，灵活性好，系统投资低，能适用于各种系统。但系统开发工作量大，特别是要实现工业生产中复杂的流程和工艺的逼真显示要花费大量的时间，可靠性难保证，对设计人员的经验和技术水平的要求高，这种方法需要自己编写通信程序。

7.2.2　基于监控组态软件设计人机接口

组态最早来自英文 Configuration，其含义是使用软件工具对计算机及软件的各种资源进行配置，达到使计算机或软件按照预先设置自动完成特定任务，满足使用者要求的目的。监控组态软件，即监控和数据采集（Supervisory Control and Data Acquisition，SCADA）软件，是指一些数据采集与过程控制的专用软件，它们是在自动控制系统监控层一级的软件平台和开发环境，使用灵活的组态方式，为用户提供快速构建工业自动控制系统监控功能的、通用层次的软件工具。

目前，越来越多的自动化系统工程师已不再采用从芯片→电路设计→模块制作→系统组装调试→…的传统模式来设计计算机控制系统了，而是采用监控组态的系统集成模式。典型的监控组态软件，国内主要有组态王Kingview（北京亚控科技发展有限公司的组态王是国内组态软件产品的典型代表）、MCGS（北京昆仑通态自动化软件科技有限公司）、Force Control（北京三维力控科技有限公司）等；国外主要有InTouch（美国Wonderware公司，堪称监控组态软件的“鼻祖”）、Fix（美国Intellution公司）、WinCC（德国西门子公司）等。

计算机控制系统的监控组态软件功能可分为两个主要方面，即硬件组态和软件组态。硬件组态常以总线式（ISA总线、PCI总线或PCI-E总线）工业控制机为主进行选择和配置。软件组态常以监控组态软件为主来实现，控制工程师在不必了解计算机的硬件和程序的情况下，在CRT屏幕上采用菜单方式，用填表的办法对输入、输出信号用“仪表组态”方法进行软连接。控制系统的软件组态是生成整个系统的重要技术，对每一个控制回路分别依照其控制回路图进行。最重要的工作是设计3个画面，即总貌画面、分组画面、回路画面。

组态工作是在监控组态软件支持下进行的，监控组态软件主要包括控制组态、图形生成系统、显示组态、I/O通道登记、单位名称登记、实时和历史趋势曲线登记、报警系统登记、报表生成系统共8个方面的内容。有些系统可根据特殊要求而进行一些特殊的组态工作。控制工程师利用工程师键盘，以人机会话方式完成组态操作，系统组态结果存入磁盘存储器中，以作为运行时使用。

7.2.3　基于可视化高级语言设计人机接口

1. Visual Basic（VB）

1991年，Microsoft公司推出了Visual Basic 1.0，它的诞生标志着软件设计和开发的一个新时代的开始。Visual Basic为开发Windows应用程序提供了强有力的工具。它极大地改变了人们对Windows的看法以及编写Windows应用程序的方式，简化了界面的设计，使程序员可以直观地设计应用程序的用户界面。通过事件驱动机制，用户在界面上的任何操作都自动被映射到了相应的处理代码上。这样，程序员可以将精力集中在程序功能的实现上，无须像以前那样需要耗费大量的精力为界面编写代码。Visual Basic还提供了对象的链接与嵌入（Object Linking and Embedding，OLE）功能，也就是在应用程序里，可以通过控制其他应用程序中的对象来借用它们的某些功能。而后多年，Visual Basic经过了多次发展。2020年3月11日，Microsoft宣布不会再开发VB或增加功能。

2. Visual C++（VC++）

自1993年Microsoft公司推出Visual C++ 1.0后，Visual C++已成为软件开发的首选工具。基于编译程序，编程人员能够设计出良好的具有Windows界面特性的应用程序。Visual C++ 6.0是到目前为止使用最普遍的Visual C++编译程序版本。它包含Microsoft基本类（Foundation Class）和可以用来设计复杂的对话框、菜单、工具条、图像、应用程序所需的很多其他组件，可简化和加速Windows应用程序的开发。基于VC++能够开发出各式各样的适应用户要求的监控界面。

目前，用户使用较多的版本是Visual C++ 2022。工控产品公司都提供ActiveDAQ控件，这是一套高效数据采集开发组件，可以方便地应用于Visual C++、Visual Basic以及支持Active控件的组态软件中，通过控件的属性、事件、方法可以很方便地对控件进行编程，用来开发数据采集的各种功能，包括模拟量输入/输出（软件/中断/DMA）、数字量输入/输出、脉冲量输入/输出等。

3. C#

C#语言是 Microsoft 公司在 2000 年推出的一款面向对象的编程语言，凭借其通用的语法和便捷的使用方法受到了很多企业和开发人员的青睐。它不仅去掉了 C++和 Java 语言中的一些复杂特性，还提供了可视化工具，能够高效地编写程序。C#语言具备了面向对象语言的特征，即封装、继承、多态，并且添加了事件和委托，增强了编程的灵活性。

Visual Studio 2015 是专门的一套基于组件的开发工具，主要用于 .NET 平台下的软件开发，C#语言作为 .NET 平台下的首选编程语言，集成了大量类库，开发效率高，开发周期短。在该开发工具下可以开发控制台应用程序、Windows 窗体应用程序、ASP. NET 网站程序等。.NET 平台内封装了大量网络应用，数据库方面的类库，直接调用非常方便，支持串口、TCP 编程等。在工业控制界面编程可使用 Winform、WPF。其中 WPF 属于新一代界面引擎，无须通过 GDI+画图，直接与显卡 DirectX 交互，渲染速度很快。WPF 是 Microsoft 专门为界面编程打造的类库。在 Winform 开发过程中，经常用到的模块包括数据字典模块、参数配置模块、权限管理模块等。

7.3　测量数据预处理与系统有限字长

在计算机控制系统中，经常需对生产过程的各种信号进行测量。测量时，一般先用传感器把生产过程的信号转换成电信号，然后用 A-D 转换器把模拟信号变成数字信号，读入计算机中。对于这样得到的数据，一般要进行一些预处理，其中最基本的为线性化处理、标度变换和系统误差的自动校准。

7.3.1　误差自动校准

系统误差是指在相同条件下，经过多次测量，误差的数值（包括大小符号）保持恒定，或按某种已知的规律变化的误差。这种误差的特点是，在一定的测量条件下，其变化规律是可以掌握的，产生误差的原因一般也是知道的。因此，原则上讲，系统误差是可以通过适当的技术途径来确定并加以校正的。在系统的测量输入通道中，一般均存在零点偏移和漂移，从而产生放大电路的增益误差及器件参数的不稳定等现象，它们会影响测量数据的准确性，这些误差都属于系统误差。有时必须对这些系统误差进行自动校准。其中偏移校准在实际中应用最多，并且常采用程序来实现，称为数字调零。数字调零电路如图 7-3 所示。

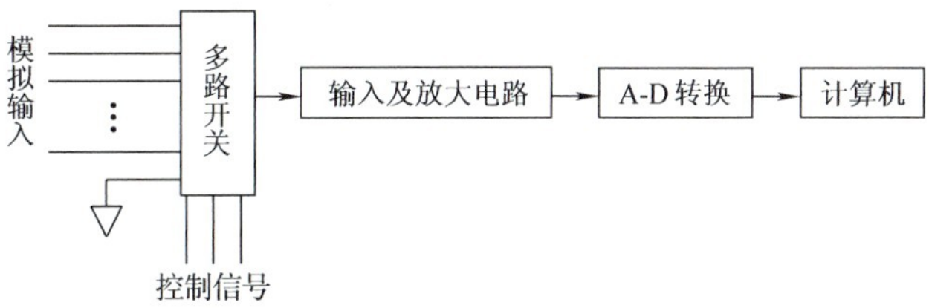

图 7-3　数字调零电路

在测量时，先把多路输入接到所需测量的一组输入电压上进行测量，测出这时的输入值为 x_1，然后把多路开关的输入接地，测出零输入时 A-D 转换器的输出为 x_0，用 x_1 减去 x_0 即为实际输入电压 x。采用这种方法，可去掉输入电路、放大电路及 A-D 转换器本身的偏移及随时间和温度而发生的各种漂移的影响，从而大大降低对这些电路器件的偏移值的要求，简化硬件成本。

除了数字调零外，还可以采用偏移和增益误差的自动校准。自动校准的基本思想是在系统开机后或每隔一定时间自动测量基准参数，如数字电压表中的基准参数为基准电压和零电压，然后计算误差模型，获得并存储误差补偿因子。在正式测量时，根据测量结果和误差补偿因子，计算校准方程，从而消除误差。自动校准技术有很多种，下面介绍两种比较常用的方法。

1. 全自动校准

全自动校准由系统自动完成，不需人的介入，其电路结构如图 7-4 所示。该电路的输入部分加有一个多路开关。系统在刚上电时或每隔一定时间时，自动进行一次校准。这时，先把开关接地，测出输入值 x_0，然后把开关接 V_R，测出输入值 x_1，并存放 x_1、x_0。在正式测量时，如测出的输入值为 x，则这时的 V 可用下式计算得出

$$V=\frac{x-x_0}{x_1-x_0}V_R \tag{7-1}$$

采用这种方法测得的 V 与放大器的漂移和增益变化无关，与 V_R 的精度也无关。这样可大大提高测量精度，降低对电路器件的要求。

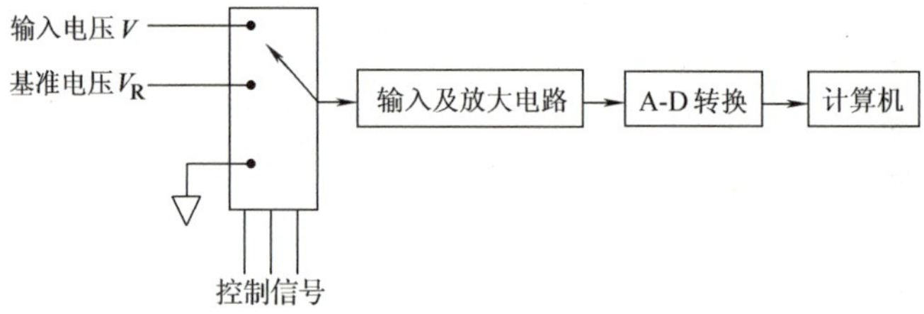

图 7-4　全自动校准电路

2. 人工自动校准

全自动校准只适于基准参数是电信号的场合，并且它不能校正由传感器引入的误差。为了克服这种缺点，可采用人工自动校准。

人工自动校准的原理与全自动校准差不多。只是现在不是自动定时进行校准，而是由人工在需要时接入标准的参数进行校准测量，把测得的数据存储起来，供以后使用。一般人工自动校准只测一个标准输入信号 y_R，零信号的补偿由数字调零来完成。设数字调零后测出的数据分别为 x_R（接校准输入 y_R 时）和 x（接被测输入 y 时），则可按下式来计算 y：

$$y=\frac{y_R}{x_R}x \tag{7-2}$$

如果在校准时，计算并存放 y_R/x_R 的值，则测量校准时，只需进行一次乘法即可。

有时校准输入信号 y_R 不容易得到，这时可采用现时的输入信号 y_i。校准时，计算机测出这时的对应输入 x_i，而人采用其他的高精度仪器测出这时的 y_i，并输入计算机中，然后计算机计算并存放 y_i/x_i 的值，代替前面的 y_R/x_R 作校准系数。

人工自动校准特别适于传感器特性随时间会发生变化的场合。如常用的湿敏电容等湿度传感器，其特性随着时间的变化会发生变化，一般一年以上变化会大于精度容许值，这时可采用人工自动校准。即每隔一段时间（如一个月或三个月），用其他方法测出这时的湿度值，然后把它作为校准值输入测量系统，以后测量时，计算机将自动用该输入值来校准以后的测量值。

7.3.2　线性化处理和非线性补偿

1. 铂热电阻的阻值与温度的关系

Pt100 铂热电阻适用于-200~850℃全部或部分范围内测温，其主要特性是测温精度高，稳定性好。根据 IEC 标准 751-1983 规定，Pt100 铂热电阻的阻值与温度的关系为

在-200~0℃范围内，有

$$R_t=R_0[1+At+Bt^2+C(t-100℃)t^3] \tag{7-3}$$

在 0~850℃范围内，有

$$R_t=R_0(1+At+Bt^2) \tag{7-4}$$

式中，$A=3.90802\times10^{-3}℃^{-1}$；$B=-802\times10^{-7}℃^{-2}$；$C=-4.27350\times10^{-12}℃^{-4}$；$R_0=100\Omega$（0℃时的电阻值）。

若已知铂热电阻的阻值 R_t，按照式（7-3）或式（7-4）计算温度 t，对于工业控制机来说，占用的计算量比较大。一般地，先离线计算出温度与铂热电阻阻值的对应关系表即分度表，然后分段进行线性化，即用多段折线代替曲线。线性化过程，首先判断测量数据处于哪一折线段内，然后按相应段的线性化公式计算出线性值，也可以采用查表法求取温度值。

2. 热电偶的热电势与温度的关系

热电偶的热电势同所测温度之间也是非线性关系。例如，铁-康铜热电偶，在 0~400℃范围内，当允许误差在±1℃以内时，按下式计算温度：

$$T=a_4E^4+a_3E^3+a_2E^2+a_1E \tag{7-5}$$

式中，E 为热电势（mV）；T 为温度（℃）；$a_1=1.9750953\times10$；$a_2=-1.8542600\times10^{-1}$；$a_3=8.3683958\times10^{-1}$；$a_4=-1.3280568\times10^{-4}$。

又例如，镍铬-镍铝热电偶，在 400~1000℃范围内，按下式计算温度：

$$T=b_4E^4+b_3E^3+b_2E^2+b_1E+b_0 \tag{7-6}$$

式中，E 为热电势（mV）；T 为温度（℃）；$b_0=-2.4707112\times10$；$b_1=-2.9465633\times10$；$b_2=-3.1332620\times10^{-1}$；$b_3=6.5075717\times10^{-3}$；$b_4=-3.9663834\times10^{-5}$。

已知热电偶的热电势，按照上述公式计算温度，对于小型工业控制机来说，占用的计算量比较大。为了简单起见，可分段进行线性化，即用多段折线代替曲线。线性化过程是，首先判断测量数据处于哪一折线段内，然后按相应段的线性化公式计算出线性值。折线段的分法并不是唯一的，可以视具体情况和要求来定。当然，折线段数越多，线性化精度就越高，软件开销也相应增加。

3. 孔板差压与流量的关系

用孔板测量气体或液体的流量 Q，差压变送器输出的孔板差压信号 Δp 同实际流量 Q 之间成二次方关系，即

$$Q=K\sqrt{\Delta p} \tag{7-7}$$

式中，K 是流量系数。

为了计算二次方根，可采用牛顿（Newton）迭代法。设

$$y=\sqrt{x},\quad x>0$$

$$y(n)=\frac{1}{2}\left[y(n-1)+\frac{x}{y(n-1)}\right] \tag{7-8}$$

或

$$y(n)=y(n-1)+\frac{1}{2}\left[\frac{x}{y(n-1)}-y(n-1)\right] \tag{7-9}$$

关于牛顿迭代法的原理，以及初始值 $y(0)$ 的选取，读者可参考有关文献。

4. 气体体积流量的非线性补偿

来自被控对象的某些检测信号，与真实值有偏差。例如，用孔板测量气体的体积流量，当被测气体的温度和压力与设计孔板的基准温度和基准压力不同时，必须对用式（7-7）计算出的流量 Q 进行温度和压力补偿。一种简单的补偿公式为

$$Q_0=Q\sqrt{\frac{T_0p_1}{T_1p_0}} \tag{7-10}$$

式中，T_0 为设计孔板的基准绝对温度（K）；p_0 为设计孔板的基准绝对压力；T_1 为被测气体的实际绝对温度（K）；p_1 为被测气体的实际绝对压力。

对于某些无法直接测量的参数，必须首先检测与其有关的参数，然后依照某种计算公式，才能间接求出它的真实数值。例如，精馏塔的内回流流量是可检测的外回流流量、塔顶气相温度与回流液温度之差的函数，即

$$Q_1=Q_2\left(1+\frac{C_p}{\lambda}\Delta T\right) \tag{7-11}$$

式中，Q_1 为内回流流量；Q_2 为外回流流量；C_p 为液体比热；λ 为液体汽化潜热；ΔT 为塔顶气相温度与回流液温度之差。

7.3.3 标度变换方法

计算机控制系统在读入被测模拟信号并转换成数字量后，往往要转换成操作人员所熟悉的工程值。这是因为被测量对象的各种数据的量纲与 A-D 转换的输入值是不一样的。例如，压力的单位为 Pa，流量的单位为 m^3/h，温度的单位为℃等。这些参数经传感器和 A-D 转换后得到一系列的数码，这些数码值并不一定等于原来带有量纲的参数值，它仅仅对应于参数值的大小，故必须把它转换成带有量纲的数值后才能运算、显示或打印输出，这种转换就是标度变换。标度变换有各种类型，它取决于被测参数的传感器的类型，应根据实际要求来选用适当的标度变换方法。

1. 线性变换公式

这种标度变换的前提是参数值与 A-D 转换结果之间为线性关系，是最常用的变换方法。它的变换公式如下：

$$Y=(Y_{max}-Y_{min})(X-N_{min})/(N_{max}-N_{min})+Y_{min} \tag{7-12}$$

式中，Y 表示参数测量值；Y_{max} 表示参数量程最大值；Y_{min} 表示参数量程最小值；N_{max} 表示 Y_{max} 对应的 A-D 转换后的输入值；N_{min} 表示量程起点 Y_{min} 对应的 A-D 转换后的输入值；X 表示测量值 Y 对应的 A-D 转换值。

一般情况：在编程序时，Y_{max}、Y_{min}、N_{max}、N_{min} 都是已知的，因而可把式（7-12）变成如下形式：

$$Y=SC_1X+SC_0 \tag{7-13}$$

式中，SC_1、SC_0 为一次多项式的两个系数，SC_0 取决于零点值，SC_1 为扩大因子。使用式（7-13）进行标度变换时，只需进行一次乘法和一次加法。如直接按式（7-12）计算，则需进行四次加减法、一次乘法、一次除法。在编程前，应根据 Y_{max}、Y_{min}、N_{max}、N_{min} 先算出

SC_1 和 SC_0，然后编出按 X 计算 Y 的程序。

2. 公式转换法

有些传感器测出的数据与实际的参数不是线性关系，它们有着由传感器和测量方法决定的函数关系，并且这些函数关系可用解析式来表示，这时可直接按解析式来计算。

例如，当用差压变送器来测量信号时，由于差压与流量的二次方成正比，这样实际流量 Y 与差压变送器并经 A-D 转换后的测量值 X 成二次方根关系。这时可采用如下计算公式：

$$Y=(Y_{max}-Y_{min})\sqrt{\frac{X-N_{min}}{N_{max}-N_{min}}}+Y_{min} \tag{7-14}$$

式中，各参数的意义与式（7-12）相同。在实际编程序时，这个公式也可像前面一样，变换成如下容易计算的形式：

$$Y=SC_2\sqrt{X-SC_1}+SC_0 \tag{7-15}$$

式中，SC_2、SC_1、SC_0 均由 Y_{max}、Y_{min}、N_{max}、N_{min} 按式（7-14）计算得出。

3. 其他标度变换法

许多非线性传感器并不像上面讲的流量传感器那样，可以写出一个简单的公式，或者虽然能够写出，但计算相当困难。这时可采用多项式插值法，也可以用线性插值法或查表进行标度变换。

7.3.4　越限报警处理

由采样读入的数据或经计算机处理后的数据是否超出工艺参数的范围，计算机要加以判别，如果超越了规定数值，就需要通知操作人员采取相应的措施，确保生产的安全。

越限报警是工业控制过程常见而又实用的一种报警形式，它分为上限报警、下限报警及上下限报警。如果需要判断的报警参数是 x_n，该参数的上下限约束值分别是 x_{max} 和 x_{min}，则上下限报警的物理意义如下：

1）上限报警：若 $x_n>x_{max}$，则上限报警，否则继续执行原定操作。

2）下限报警：若 $x_n<x_{min}$，则下限报警，否则继续执行原定操作。

3）上下限报警：若 $x_n>x_{max}$，则上限报警，否则对下式做判别：$x_n<x_{min}$ 否？若是，则下限报警，否则继续原定操作。

根据上述规定，程序可以实现对被控参数 y、偏差 e 以及控制量 u 进行上下限检查。

7.3.5　量化误差来源

到目前为止，所讨论的计算机控制系统均只考虑了信号在时间上的离散化问题，而并未考虑幅值上的量化效应，图 7-5 给出了计算机控制系统的典型结构，为便于分析，图中将采样过程单独画出，而实际的 A-D 转换器中包含了采样过程。

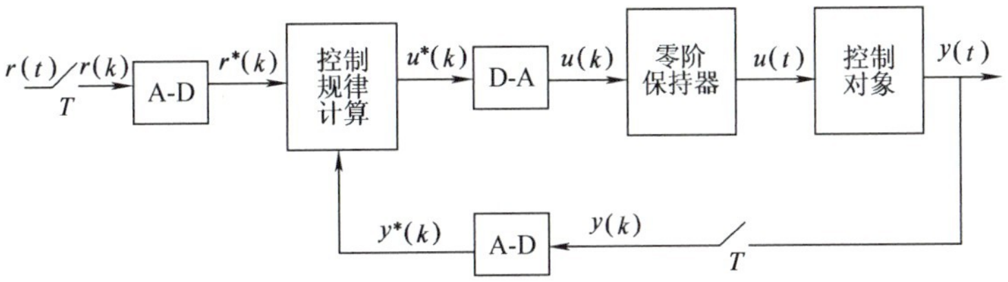

图 7-5　计算机控制系统的典型结构

1. 量化误差

设计算机字长为 n_1，采用定点无符号整数，则机内数的最小单位

$$q=\frac{1}{2^{n_1}-1}\approx 2^{-n_1}$$

称为量化单位。为了便于理解 q，下面举例说明。设模拟电压是 0~5V，采用 8 位、12 位 A-D 转换器，则可表示的最小单位分别是

$$q_1=\frac{5000}{2^8-1}=19.6078\text{mV}$$

$$q_2=\frac{5000}{2^{12}-1}=1.2210\text{mV}$$

通过 A-D 转换可计算出模拟电压 x 相当于多少个整量化单位，即

$$x=Lq+\varepsilon \tag{7-16}$$

式中，L 为整数，对于余数 $\varepsilon(\varepsilon<q)$ 可以用截尾或舍入来处理。

所谓截尾就是舍掉数值中小于 q 的余数 $\varepsilon(\varepsilon<q)$，其截尾误差 ε_t 为

$$\varepsilon_t=x_t-x \tag{7-17}$$

式中，x 为实际数值；x_t 为截尾后的数值。显然 $-q<\varepsilon_t\leqslant 0$。

所谓舍入是指，当被舍掉的余数 ε 大于或等于量化单位的一半时，则最小有效位加 1；而当余数 ε 小于量化单位的一半时，则舍掉 ε。这时舍入误差为

$$\varepsilon_r=x_r-x \tag{7-18}$$

式中，x 为实际数值；x_r 为舍入后的数值。显然，$-q/2\leqslant\varepsilon_r\leqslant q/2$。

在计算机控制系统中数值误差源有 3 个：首先被测参数（模拟量）经 A-D 转换器变成数字量时产生了第一次量化误差。在运算之前，运算式的参数（如 PID 算式中的 K_P、T_I、T_D 等）必须预先置入指定的内存单元。由于字长有限，对参数可采用截尾或舍入来处理。另外在运算过程中，也会产生误差，这些是在 CPU 内产生的第二次量化误差。计算机输出的数字控制量经 D-A 转换器变成模拟量，在模拟量输出装置内产生了第三次量化误差。

2. 量化误差来源

从图 7-6 可以看出，产生量化误差的原因主要有以下几个方面。

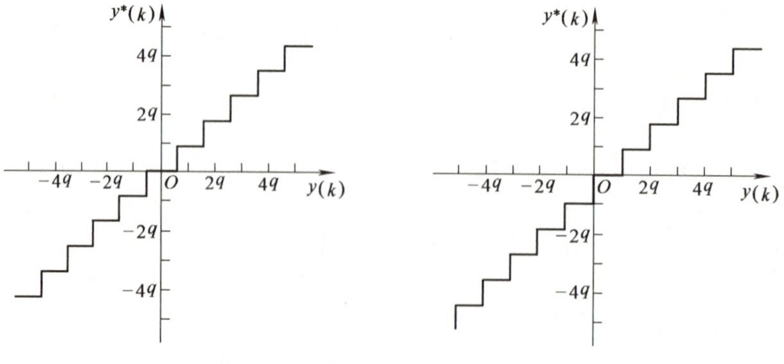

图 7-6　A-D 转换器的输出关系

(1) A-D 转换的量化效应

经过 A-D 转换，它将模拟信号变换为时间上离散、幅值上量化的数字信号，根据 A-D

转换装置的不同实现原理，它将实现如图 7-6a 或图 7-6b 所示的两种输入/输出关系（图中以 $y(k)$ 为例），其中图 7-6a 表示四舍五入的情况，图 7-6b 表示截尾的情况。

图中 q 称为量化单位，它的大小取决于 A-D 转换信号的最大幅度及转换的字长，设 $y(k)$ 的最大信号为 $\pm y_m$，转换字长为 n_1，若转换后的二进制数用原码表示，则总共可表示 $2^{n_1}-1$ 个数，若用补码表示，则总共可产生 2^{n_1} 个数。由于在计算机中的数一般采用补码表示，因此可以算得量化单位 q 的大小为

$$q=\frac{2y_m}{2^{n_1}}=\frac{y_m}{2^{n_1-1}} \tag{7-19}$$

q 的大小反映了 A-D 转换装置分辨能力，通常称 $q/(2y_m)=2^{-n_1}$ 为 A-D 转换的分辨率，典型的 A-D 转换的位数为 8、10、12 或 14 位，其分辨率分别为 0.4%、0.1%、0.025% 或 0.006%。

图 7-6 所示的输入/输出关系显示了典型的非线性特性，当 n_1 比较大（如 $n_1 \geqslant 12$），即 A-D 转换的分辨率较高时，A-D 转换的量化效应对系统性能的影响较小，一般可以忽略它的影响，但当 $n_1 \leqslant 10$ 时，它将对系统性能产生影响，后面将要具体地分析它的影响。

(2) 控制规律计算中的量化效应

根据图 7-5，经过量化的数字信号送入计算机的中央处理单元进行控制规律的计算。设计算所用的字长为 n_2，一般 $n_2 \geqslant n_1$，由于计算所用字长也是有限的，因此计算过程中也产生量化误差。另外，在计算过程中，采用定点还是浮点运算也是很关键的问题，由于浮点运算一般均需要用双倍字长，因此量化误差通常很小，可以忽略不计。但是浮点数运算速度较慢，而在计算机实时控制中，常常对计算速度有很高的要求，因此，很多地方仍主要采用定点运算。对于定点数表示，加或减的运算是准确的。问题是合适地选定比例因子，以避免出现上溢或下溢的问题。对于乘或除的运算，结果产生双倍的字长，但是结果数仍只能用单字长来表示，因而这里也产生量化的问题，这里对于低位数也可采用舍入或截尾两种方法进行处理。

(3) 控制参数的量化效应

在进行控制规律的计算时，其中的一些参数与要求的参数值也会存在一定的误差，字长越长，这种误差便越小，在工程上，由于控制对象的模型也是不准确的，其参数误差有时可高达 20%，因此，一般说来也不必要求控制器参数非常准确。因此，控制参数的量化效应通常可以忽略，但是在有些问题中，问题本身对控制器参数很灵敏，因此参数的量化效应也可能对系统性能产生很大的影响。

(4) D-A 转换的量化效应

由于计算所用的字长通常要比 D-A 转换的字长要长，因此，经过 D-A 转换后，从 $u^*(k)$ 到 $u(k)$ 之间（见图 7-5），也存在如图 7-6 所示的量化效应。

7.3.6　A-D、D-A 及运算字长的选择

为减少量化误差，在条件允许的情况下，可尽量加大字长。下面分别讨论 A-D 转换器、D-A 转换器和运算的字长选取。

1. A-D 转换器的字长选择

为把量化误差限制在所允许的范围内，应使 A-D 转换器有足够的字长。确定字长要考

虑的因素是：输入信号 x 的动态范围和分辨率。

（1）输入信号的动态范围

设输入信号的最大值和最小值之差为

$$x_{max}-x_{min}=(2^{n_1}-1)\lambda \tag{7-20}$$

式中，n_1 为 A-D 转换器的字长；λ 为转换当量（mV/bit）。则动态范围为

$$2^{n_1}-1=\frac{x_{max}-x_{min}}{\lambda} \tag{7-21}$$

因此，A-D 转换器字长

$$n_1 \geqslant \log_2(1+\frac{x_{max}-x_{min}}{\lambda}) \tag{7-22}$$

（2）分辨率

有时对 A-D 转换器的字长要求以分辨率形式给出。分辨率定义为

$$D=\frac{1}{2^{n_1}-1} \tag{7-23}$$

例如，8 位的分辨率为

$$D=\frac{1}{2^8-1}\approx 0.0039215$$

16 位的分辨率为

$$D=\frac{1}{2^{16}-1}\approx 0.0000152$$

如果所要求的分辨率为 D_0，则字长

$$n_1 \geqslant \log_2\left(1+\frac{1}{D_0}\right) \tag{7-24}$$

例如，某温度控制系统的温度范围为 0~200℃，要求分辨为 0.005（即相当于 1℃），可求出 A-D 转换器字长

$$n_1 \geqslant \log_2\left(1+\frac{1}{D_0}\right)=\log_2\left(1+\frac{1}{0.005}\right)\approx 7.65$$

因此，取 A-D 转换器字长 n_1 为 8 位。

2. D-A 转换器的字长选择

D-A 转换器输出一般都通过功率放大器后驱动执行机构。设执行机构的最大输入值为 u_{max}（或 i_{max}），最小输入值为 u_{min}（或 i_{min}），灵敏度为 λ，参照式（7-22）可得 D-A 转换器的字长

$$n_1 \geqslant \log_2\left(1+\frac{u_{max}-u_{min}}{\lambda}\right) \tag{7-25}$$

或

$$n_1 \geqslant \log_2\left(1+\frac{i_{max}-i_{min}}{\lambda}\right) \tag{7-26}$$

即 D-A 转换器的输出经过功率放大器后应满足执行机构输入动态范围的要求。一般情况下，可选 D-A 字长小于或等于 A-D 字长。

在计算机控制中，常用的 A-D 和 D-A 转换器字长为 8 位、10 位和 12 位，按照上述公式估算出的字长取整后再选这两种之一。特殊被控对象，可选更高分辨率（如 14 位、16 位）的 A-D 和 D-A 转换器。

目前，计算机中的数据处理常采用浮点数而不是定点数，浮点数的运算精度和字长可以不用考虑。

7.4　数字控制器的工程实现

数字控制器的算法程序可被所有的控制回路公用，只是各控制回路提供的原始数据不同。因此，必须为每个回路提供一段内存数据区（即线性表），以便存放参数。既然数字控制器是公共子程序，那就应该在设计时，必须考虑各种工程实际问题，并含有多种功能，以便用户选择。数字控制器算法的工程实现可分为 6 部分，如图 7-7 所示。此外，为了便于数字控制器的操作显示，通常给每个数字控制器配置一个回路操作显示器，它与模拟的调节器的面板操作显示相类似。下面以数字 PID 控制器为例来说明数字控制器的工程实现。

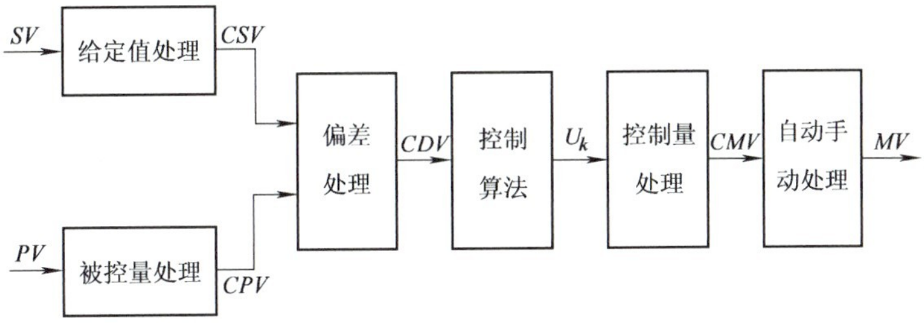

图 7-7　数字控制器的工程实现

7.4.1　给定值和被控量处理

1. 给定值处理

给定值处理包括选择给定值 *SV* 和给定值变化率限制 *SR* 两部分，如图 7-8 所示。通过选择软开关 *CL/CR*，可以构成内给定状态或外给定状态；通过选择软开关 *CAS/SCC*，可以构成串级控制或 *SCC* 控制。

(1) 内给定状态

当软开关 *CL/CR* 切向 *CL* 位置时，选择操作员设置的给定值 *SVL*。这时系统处于单回路控制的内给定状态，利用给定值键可以改变给定值。

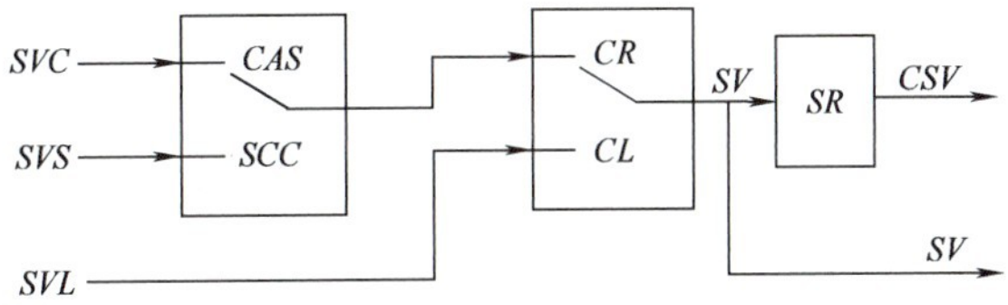

图 7-8　给定值处理

(2) 外给定状态

当软开关 *CL/CR* 切向 *CR* 位置时，给定值来自上位计算机、主回路或运算模块。这时系统处于外给定状态。在此状态下，可以实现以下两种控制方式。

1) SCC 控制

当软开关 *CAS/SCC* 切向 *SCC* 位置时，接收来自上位计算机的给定值 *SVC*，以便实现二级计算机控制（监督控制）。

2）串级控制

当软开关 CAS/SCC 切向 CAS 位置时，给定值 SVC 来自主调节模块，实现串级控制。

（3）给定值变化率限制

为了减少给定值突变对控制系统的扰动，防止比例、微分饱和，以实现平稳控制，需要对给定值的变化率 SR 加以限制。变化率的选取要适中，过小会使响应变慢，过大则达不到限制的目的。

综上所述，在给定值处理中，共有 3 个输入量（SVL，SVC，SVS），两个输出量（SV，CSV），两个开关量（CL/CR，CAS/SCC），一个变化率（SR）。为了便于 PID 控制程序调用这些量，需要给每个 PID 控制模块提供一段内存数据区来存储以上变量。

2. 被控量处理

为了安全运行，需要对被控量 PV 进行上下限报警处理，其原理如图 7-9 所示。

当 $PV>PH$（上限值）时，则上限报警状态（PHA）为“1”；

当 $PV<PL$（下限值）时，则下限报警状态（PLA）为“1”。

当出现上、下限报警状态（PHA，PLA）时，它们通过驱动电路发出声或光，以便提醒操作员注意。为了不使 PHA/PLA 的状态频繁改变，可以设置一定的报警死区（HY）。为了实现平稳控制，需要对参与控制的被控量变化率 PR 加以限制。变化率的选取要适中，过小会使响应变慢，过大则达不到限制的目的。

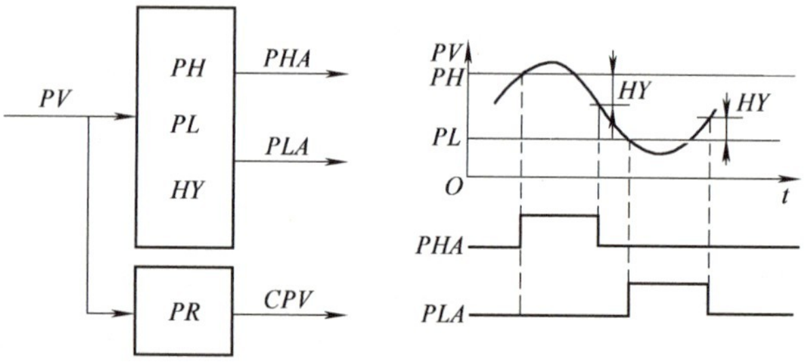

图 7-9　被控量处理

被控量处理数据区存放 1 个输入量 PV，3 个输出量 PHA、PLA 和 CPV，4 个参数 PH、PL、HY 和 PR。

7.4.2　偏差处理

偏差处理分为计算偏差、偏差报警、非线性特性和输入补偿 4 部分，如图 7-10 所示。

1. 计算偏差

根据正/反作用方式（D/R）计算偏差 DV，即

当 $D/R=0$，代表正作用，此时偏差 $DV_+=CPV-CSV$；

当 $D/R=1$，代表反作用，此时偏差 $DV_-=CSV-CPV$。

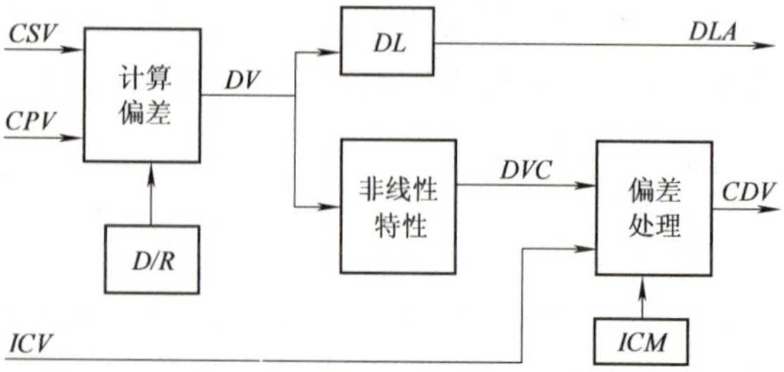

图 7-10　偏差处理

2. 偏差报警

对于控制要求较高的对象，不仅要设置被控制量 PV 的上、下限报警，而且要设置偏差报警。当偏差绝对值 $|DV|>DL$ 时，则偏差报警状态 DLA 为“1”。

3. 输入补偿

根据输入补偿方式 ICM 状态，决定偏差 DVC 与输入补偿量 ICV 之间的关系，即

当 $ICM=0$，代表无补偿，此时 $CDV=DVC$；

当 $ICM=1$，代表加补偿，此时 $CDV=DVC+ICV$；

当 $ICM=2$，代表减补偿，此时 $CDV=DVC-ICV$；

当 $ICM=3$，代表置换补偿，此时 $CDV=ICV$。

利用加、减输入补偿，可以分别实现前馈控制和纯滞后补偿（Smith）控制。

4. 非线性特性

为了实现非线性 PID 控制或带死区的 PID 控制，设置了非线性区 $-A$ 至 $+A$ 和非线性增益 K，非线性特性如图 7-11 所示。即

当 $K=0$ 时，则为带死区的 PID 控制；

当 $0<K<1$ 时，则为非线性 PID 控制；

当 $K=1$ 时，则为正常的 PID 控制。

偏差处理数据区共存放 1 个输入补偿量 ICV，2 个输出量 DLA 和 CDV，2 个状态量 D/R 和 ICM，以及 4 个参数 DL、$-A$、$+A$ 和 K。

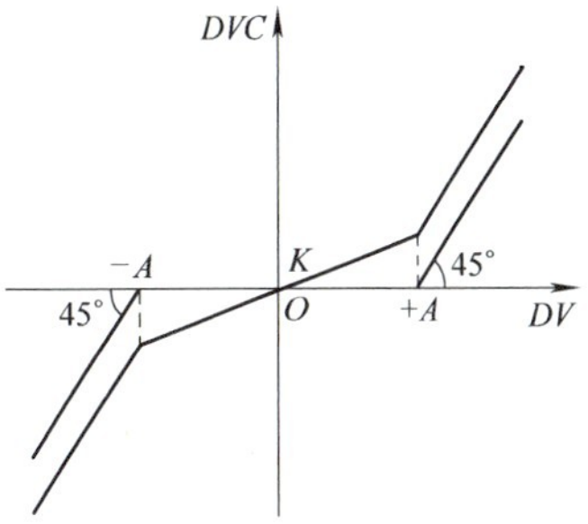

图 7-11　非线性特性

7.4.3　控制算法的实现

在自动状态下，需要进行控制计算，即按照各种控制算法的差分方程，计算控制量 U，并进行上、下限限幅处理，如图 7-12 所示。以 PID 控制算法为例，当软开关 DV/PV 切向 DV 位置时，则选用偏差微分方式；当软开关 DV/PV 切向 PV 位置时，则选用测量（即被控量）微分方式。

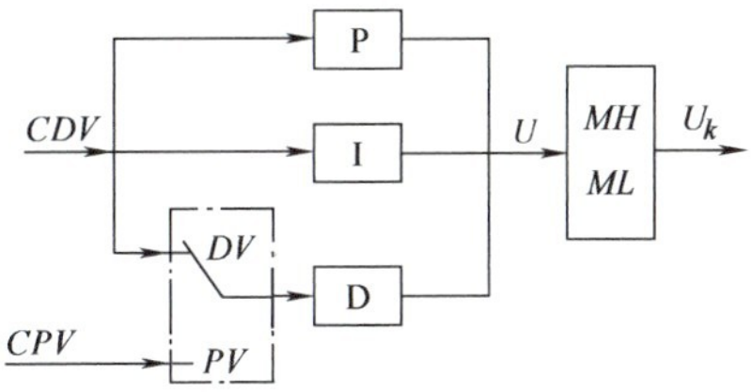

图 7-12　PID 计算

在 PID 计算数据区，不仅要存放 PID 参数（K_P 或 δ，T_I，T_D）和采样控制周期 T，还要存放微分方式 DV/PV、积分分离值 ε，控制量上限限值 MH 和下限限值 ML，以及控制量 U_k。为了进行递推运算，还应保存历史数据，如 $e(k-1)$、$e(k-2)$ 和 $u(k-1)$。

7.4.4　控制量处理

一般情况下，在输出控制量 U_k 以前，还应经过图 7-13 所示的各项处理和判断，以便扩展控制功能，实现安全平稳操作。

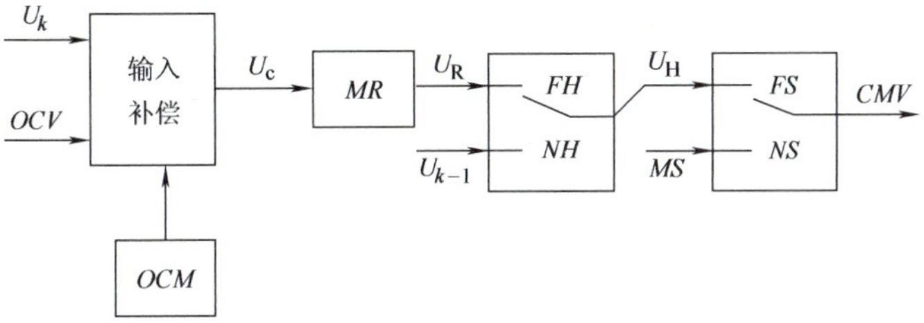

图 7-13　控制量处理

1. 输入补偿

根据输出补偿方式 OCM 的状态，决定控制量 U_k 与输出补偿量 OCV 之间的关系，即

当 $OCM=0$，代表无补偿，此时 $U_c=U_k$；

当 $OCM=1$，代表加补偿，此时 $U_c=U_k+OCV$；

当 $OCM=2$，代表减补偿，此时 $U_c=U_k-OCV$；

当 $OCM=3$，代表置换补偿，此时 $U_c=OCV$。

利用输出和输入补偿，可以扩大实际应用范围，灵活组成复杂的数字控制器，以便组成复杂的自动控制系统。

2. 变化率限制

为了实现平稳操作，需要对控制量的变化率 MR 加以限制。变化率的选取要适中，过小会使操作缓慢，过大则达不到限制的目的。

3. 输出保持

当软开关 FH/NH 切向 NH 位置时，现时刻的控制量 $u(k)$ 等于前一时刻的控制量 $u(k-1)$，也就是说，输出控制量保持不变。当软开关 FH/NH 切向 FH 位置时，又恢复正常输出方式。软开关 FH/NH 状态一般来自系统安全报警开关。

4. 安全输出

当软开关 FS/NS 切向 NS 位置时，现时刻的控制量等于预置的安全输出量 MS。当软开关 FS/NS 切向 FS 位置时，又恢复正常输出方式。软开关 FS/NS 状态一般来自系统安全报警开关。

控制量处理数据区需要存放输出补偿量 OCV 和补偿方式 OCM，变化率限制值 MR，软开关 FH/NH 和 FS/NS，安全输出量 MS，以及控制量 CMV。

7.4.5　自动/手动切换技术

在正常运行时，系统处于自动状态；而在调试阶段或出现故障时，系统处于手动状态。图 7-14 为自动/手动切换处理框图。

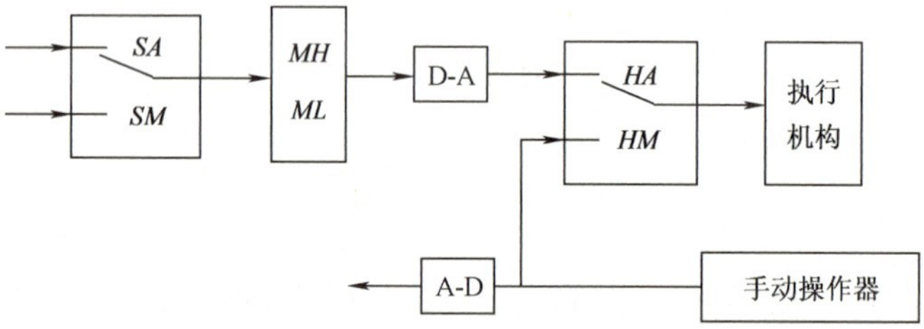

图 7-14　自动/手动切换处理框图

1. 软自动/软手动

当软开关 SA/SM 切向 SA 位置时，系统处于正常的自动状态，称为软自动（SA）；反之，切向 SM 位置时，控制量来自操作键盘或上位计算机，此时系统处于计算机手动状态，称为软手动（SM）。一般在调试阶段，采用软手动（SM）方式。

2. 控制量限幅

为了保证执行机构工作在有效范围内，需要对控制量 U_s 进行上、下限限幅处理，使得 $MH \leqslant MV \leqslant ML$，再经 D-A 转换器输出 DC 0～10mA 或 DC 4～20mA。

3. 自动/手动

对于一般的计算机控制系统，可采用手动操作器作为计算机的后备操作。当切换开关处于 HA 位置时，控制量 MV 通过 D-A 输出，此时系统处于正常的计算机控制方式，称为自动状态（HA 状态）；反之，若切向 HM 位置，则计算机不再承担控制任务，由运行人员通过手动操作器输出 DC 0~10mA 或 DC 4~20mA 信号，对执行机构进行远方操作，这称为手动状态（*HM* 状态）。

4. 无平衡无扰动切换

所谓无平衡无扰动切换，是指在进行手动到自动或自动到手动的切换之前，无须由人工进行手动输出控制信号与自动输出控制信号之间的对位平衡操作，就可以保证切换时不会对执行机构的现有位置产生扰动。为此，应采取以下措施。

为了实现从手动到自动的无平衡无扰动切换，在手动（*SM* 或 *HM*）状态下，尽管并不进行 PID 计算，但应使给定值（*CSV*）跟踪被控量（*CPV*），同时也要把历史数据如 $e(k-1)$ 和 $e(k-2)$ 清零，还要使 $u(k-1)$ 跟踪手动控制量（*MV* 或 *VM*）。这样，一旦切向自动而 $u(k-1)$ 又等于切换瞬间的手动控制量，这就保证了 PID 控制量的连续性。当然，这一切需要有相应的硬件电路配合。

当从自动（*SA* 与 *HA*）切向软手动（*SM*）时，只要计算机应用程序工作正常，就能自动保证无扰动切换。当从自动（*SA* 与 *HA*）切向硬手动（*HM*）时，通过手动操作器电路，也能保证无扰动切换。

从输出保持状态或安全输出状态切向正常的自动工作状态时，同样需要进行无扰动切换，为此可采取类似的措施，不再赘述。

自动手动切换数据区需要存放软手动控制量 *SMV*，软开关 *SA/SM* 状态，控制量上限限值（*MH*）和下限限值（*ML*），控制量 *MV*，切换开关 *HA/HM* 状态，以及手动操作器输出 *VM*。

以上讨论了 PID 控制程序的各部分功能及相应的数据区。完整的 PID 控制模块数据区除了上述各部分外，还有被控量量程上限 *RH* 和量程下限 *RL*、工程单位代码、采样（控制）周期等。该数据区是 PID 控制模块存在的标志，可把它看作数字 PID 控制器的实体。只有正确地填写 PID 数据区后，才能实现 PID 控制系统。

采用上述数字控制器，不仅可以组成单回路控制系统，而且可以组成串级、前馈、纯滞后补偿（Smith）等复杂控制系统，对于后面两种系统还应增加补偿器运算模块。利用该控制模块和各种功能运算模块的组合，可以组成各种控制系统来满足生产过程控制的要求。

7.5　软件抗干扰技术

为了提高工业控制系统的可靠性，仅靠硬件抗干扰措施是不够的，需要进一步借助于软件措施来克服某些干扰。在计算机控制系统中，如能正确地采用软件抗干扰措施，与硬件抗干扰措施构成双道抗干扰防线，无疑将大大提高工业控制系统的可靠性。经常采用的软件抗干扰技术是数字滤波技术、开关量的软件抗干扰技术、指令冗余技术、软件陷阱技术等。下面分别加以介绍。

7.5.1　数字滤波技术

一般微机应用系统的模拟输入信号中，均含有各种噪声和干扰，它们来自被测信号源本身、传感器、外界干扰等。为了进行准确测量和控制，必须消除被测信号中的噪声和干扰。噪声有两大类：一类为周期性的；另一类为不规则的。前者的典型代表为 50Hz 的工频干扰。对于这类信号，采用积分时间等于 20ms 的整数倍的双积分 A-D 转换器，可有效地消除其影响。后者为随机信号，它不是周期信号。对于随机干扰，可以用数字滤波方法予以削弱或滤除。所谓数字滤波，就是通过一定的计算或判断程序减少干扰在有用信号中的比重，故实质上它是一种程序滤波。数字滤波克服了模拟滤波器的不足，它与模拟滤波器相比，有以下几个优点：

- 数字滤波是用程序实现的，不需要增加硬设备，所以可靠性高，稳定性好。
- 数字滤波可以对频率很低（如 0.01Hz）的信号实现滤波，克服了模拟滤波器的缺陷。
- 数字滤波器可以根据信号的不同，采用不同的滤波方法或滤波参数，具有灵活、方便、功能强的特点。

由于数字滤波器具有以上优点，所以数字滤波在微机应用系统中得到了广泛的应用。

1. 算术平均值法

算术平均值法是要按输入的 N 个采样数据 $x_i(i=1\sim N)$，寻找这样一个 y，使 y 与各采样值间的偏差的二次方和为最小，即

$$E=\min\left[\sum_{i=1}^{N}(y-x_i)^2\right] \tag{7-27}$$

由一元函数求极值原理可得

$$y=\frac{1}{N}\sum_{i=1}^{N}x_i \tag{7-28}$$

这时，可满足式（7-27）。式（7-28）即是算术平均值的算法。

设第二次测量的测量值包括信号成分 s_i 和噪声成分 c_i，则进行 N 次测量信号成分之和为

$$\sum_{i=1}^{N}s_i=NS \tag{7-29}$$

噪声的强度是用均方根来衡量的，当噪声为随机信号时，进行 N 次测量的噪声强度之和为

$$\sqrt{\sum_{i=1}^{N}c_i^2}=\sqrt{N}C \tag{7-30}$$

式（7-29）和式（7-30）中，S、C 分别表示进行 N 次测量后信号和噪声的平均幅度。

这样对 N 次测量进行算术平均后的信噪比为

$$\frac{NS}{\sqrt{N}C}=\sqrt{N}\frac{S}{C} \tag{7-31}$$

式中，S/C 是求算术平均值前的信噪比。因此采用算术平均值法后，使信噪比提高了 $\sqrt{N}$ 倍。

算术平均值法适用于对一般的具有随机干扰信号的滤波。它特别适于信号本身在某一数值范围附近作上下波动的情况，如流量、液平面等信号的测量。由式（7-30）可知，算术平均值法对信号的平滑滤波程度完全取决于 N。当 N 较大时，平滑度高，但灵敏度低，即外界信号的变化对测量计算结果 y 的影响小；当 N 较小时，平滑度较低，但灵敏度高。应按具体情况选取 N，如对一般流量测量，可取 $N=8\sim16$；对压力等测量，可取 $N=4$。

2. 中位值滤波法

中位值滤波法的原理是对被测参数连续采样 m 次（$m\geqslant3$）且是奇数，并按大小顺序排列；再取中间值作为本次采样的有效数据。中位值滤波法和平均值滤波法结合起来使用，滤

波效果会更好。即在每个采样周期，先用中位值滤波法得到 m 个滤波值，再对这 m 个滤波值进行算术平均，得到可用的被测参数。

3. 限幅滤波法

由于大的随机干扰或采样器的不稳定，使得采样数据偏离实际值太远，为此采用上、下限限幅，即

当 $y(n) \geqslant y_H$ 时，取 $y(n)=y_H$（上限值）；

当 $y(n) \leqslant y_L$ 时，取 $y(n)=y_L$（下限值）；

当 $y_L<y(n)<y_H$ 时，取 $y(n)$。

而且采用限速（亦称限制变化率），即

当 $|y(n)-y(n-1)| \leqslant \Delta y_0$ 时，取 $y(n)$；

当 $|y(n)-y(n-1)| > \Delta y_0$ 时，取 $y(n)= y(n-1)$。

式中，Δy_0 为两次相邻采样值之差的可能最大变化量。Δy_0 值的选取，取决于采样周期 T 及被测参数 y 应有的正常变化率。因此，一定要按照实际情况来确定 Δy_0、y_H 及 y_L，否则，非但达不到滤波效果，反而会降低控制品质。

4. 惯性滤波法

常用的 RC 滤波器的传递函数是

$$\frac{Y(s)}{X(s)}=\frac{1}{T_f s+1} \tag{7-32}$$

式中，$T_f= RC$。RC 滤波器的滤波效果取决于滤波时间常数 T_f。因此，RC 滤波器不可能对极低频率的信号进行滤波。为此，人们模仿式（7-32）做成一阶惯性滤波器亦称低通滤波器，即在 $t=kT$（T 为采样周期，k 为采样序列）时将式（7-32）写成差分方程

$$T_f\frac{y(k)-y(k-1)}{T}+y(k)=x(k) \tag{7-33}$$

稍加整理得

$$y(k)=\frac{T}{T_f+T}x(k)+\frac{T_f}{T_f+T}y(k-1)=(1-\alpha)x(k)+\alpha y(k-1) \tag{7-34}$$

式中，$\alpha=\dfrac{T_f}{T_f+T}$称为滤波系数，且 $0<\alpha<1$；T 为采样周期；T_f 为滤波器时间常数。

根据惯性滤波器的频率特性，若滤波系数 α 越大，则带宽越窄，滤波频率也越低。因此，需要根据实际情况，适当选取 α 值，使得被测参数既不出现明显的纹波，反应又不太迟缓。

以上讨论了 4 种数字滤波方法，在实际应用中，究竟选取哪一种数字滤波方法，应视具体情况而定。平均值滤波法适用于周期性干扰，中位值滤波法和限幅滤波法适用于偶然的脉冲干扰，惯性滤波法适用于高频及低频的干扰信号，加权平均值滤波法适用于纯迟延较大的被控对象。如果同时采用几种滤波方法，一般先用中位值滤波法或限幅滤波法，然后再用平均值滤波法。如果应用不恰当，非但达不到滤波效果，反而会降低控制品质。

7.5.2　开关量的软件抗干扰技术

1. 开关量（数字量）信号输入抗干扰措施

干扰信号多呈毛刺状，作用时间短，利用这一特点，在采集某一开关量信号时，可多次

重复采集，直到连续两次或两次以上结果完全一致方为有效。若多次采样后，信号总是变化不定，可停止采集，给出报警信号，由于开关量信号主要来自各类开关型状态传感器，如限位开关、操作按钮、电气触点等，对这些信号的采集不能用多次平均方法，必须绝对一致才行。

如果开关量信号超过 8 个，可按 8 个一组进行分组处理，也可定义多字节信息暂存区，按类似方法处理。在满足实时性要求的前提下，如果在各次采集数字信号之间接入一段延时，效果会好一些，就能对抗较宽的干扰。

2. 开关量（数字量）信号输出抗干扰措施

输出设备是电位控制型还是同步锁存型，对干扰的敏感性相差较大。前者有良好的抗“毛刺”干扰能力，后者不耐干扰，当锁存线上出现干扰时，它就会盲目锁存当前的数据，也不管此时数据是否有效。输出设备和惯性（响应速度）与干扰的耐受能力也有很大关系。惯性大的输出设备（如各类电磁执行机构）对“毛刺”干扰有一定的耐受能力。惯性小的输出设备（如通信口、显示设备）耐受能力就小一些。在软件上，最为有效的方法就是重复输出同一个数据。只要有可能，其重复周期尽可能短些。外设接收到一个被干扰的错误信息后，还来不及做出有效的反应，一个正确的输出信息又来到了，就可及时防止错误动作的产生。另外，各类数据锁存器尽可能和 CPU 安装在同一电路板上，使传输线上传送的都是已锁存好的电位控制信号，对于重要的输出设备，最好建立检测通道，CPU 可以检测通道来确定输出结果的正确性。

7.5.3 指令冗余技术

对于嵌入式应用系统，当 CPU 受到干扰后，往往将一些操作数当作指令码来执行，引起程序混乱。当程序弹飞到某一单字节指令上时，便自动纳入正轨。当弹飞到某一双字节指令上时，有可能落到其操作数上，从而继续出错。当程序弹飞到三字节指令上时，因它有两个操作数，继续出错的机会就更大。因此，应多采用单字节指令，并在关键的地方人为地插入一些单字节指令（NOP）或将有效单字节指令重复书写，这便是指令冗余。指令冗余无疑会降低系统的效率，但在绝大多数情况下，CPU 还不至于忙到不能多执行几条指令的程度，故这种方法被广泛采用。

在一些对程序流向起决定作用的指令之前插入两条 NOP 指令，以保证弹飞的程序迅速纳入正确轨道。在某些对系统工作状态重要的指令前也可插入两条 NOP 指令，以保证正确执行。指令冗余技术可以减少程序弹飞的次数，使其很快纳入程序轨道，但这并不能保证在失控期间不干坏事，更不能保证程序纳入正常轨道后就太平无事了，解决这个问题必须采用软件容错技术。

7.5.4 软件陷阱技术

在嵌入式应用系统中，指令冗余使弹飞的程序安定下来是有条件的，首先弹飞的程序必须落到程序区，其次必须执行到冗余指令。所谓软件陷阱，就是一条引导指令，强行将捕获的程序引向一个指定的地址，在那里有一段专门对程序出错进行处理的程序。如果把这段程序的入口标号记为 ERR，那么软件陷阱即为一条无条件转移指令，为了加强其捕捉效果，一般还在它前面加 2 条 NOP 指令，因此真正的软件陷阱由 3 条指令构成：

NOP

```
NOP
JMP ERR
```

软件陷阱安排在以下 4 种地方：

1）未使用的中断向量区。

2）未使用的大片 ROM 空间。

3）表格。

4）程序区。

由于软件陷阱都安排在正常程序执行不到的地方，故不影响程序执行效率，在当前 EPROM 容量不成问题的条件下，还是多多益善。

习　题

1. 什么是模块化程序设计和结构化程序设计？程序设计通常分为哪 5 个步骤？

2. HMI/SCADA 的含义是什么？监控组态软件设计有哪两种方法？基于监控组态软件可实现哪些功能？

3. 某热处理炉温度变化范围为 0～1350℃，经温度变送器变换为 1～5V 电压送至 ADC0809，ADC0809 的输入范围为 0～5V。当 $t=kT$ 时，ADC0809 的转换结果为 6AH，问此时的炉内温度为多少度？

4. 为使数字 PID 控制器实现从手动到自动的无平衡无扰动切换，应采取哪些措施？

5. 某炉温度变化范围为 0～1500℃，要求分辨率为 3℃，温度变送器输出范围为 0～5V。若 A-D 转换器的输入范围也为 0～5V，则求 A-D 转换器的字长应为多少位？若 A-D 转换器的字长不变，现在通过变送器零点迁移而将信号零点迁移到 600℃，此时系统对炉温变化的分辨率为多少？

6. 某执行机构的输入变化范围为 4～20mA，灵敏度为 0.05mA，应选 D-A 转换器的字长为多少位？

7. 数字控制器算法的工程实现可分为哪几个部分？请图示说明。

8. 编制一个能完成中位值滤波加上算术平均值滤波的子程序。设对变量采样测量 7 次，7 个采样值排序后取中间的 3 个采样值平均，每个采样值为 12 位二进制数。

第 8 章　分布式测控网络技术

教学重点难点

数据通信是工业测控网络和分散型测控系统的关键技术。在一个规模较大的工业测控系统中，常常会有几十个、几百个甚至更多的测量和控制对象，即使速度很高的系统也难以满足要求，因此必须将任务分给多个计算机系统并行工作，不同地理位置和不同功能的计算机之间需要交换信息，如果把它们按照统一的协议连接起来就构成了计算机分布式测控网络系统。

本章主要介绍工业网络和通信技术、基于串行总线的测控网络技术、分布式控制系统、现场总线技术、系统集成技术、综合自动化技术、工业互联网和智能工厂。

8.1　工业网络技术

近年来，工业网络技术获得了迅速发展，它不同于以传递信息为目的的邮电通信网络，也不同于以共享资源和处理信息为主要目的的局域网络，它传输信息的最终目的是导致物质或能量的运动。它不仅要在工业环境中可靠运行，而且要控制现场的各类生产过程，使工业自动化系统发挥最佳性能。工业网络的能力有限，拓扑结构封闭，而且其承载的协议和数据是专用的。不过，这些解决方案正在被应用更广泛的标准（如以太网）所取代，这些标准运行 TCP/IP 甚至 Web 协议，而不是专用的接口。工业网络开始走向标准化。

8.1.1　工业网络概述

1. 网络拓扑结构

网络中互连的点称为节点或站，节点间的物理连接结构称为拓扑，采用拓扑学来研究节点和节点间连线（称链路）的几何排列。局部网络通常有四种拓扑结构：星形、环形、总线型和树形，如图 8-1 所示。

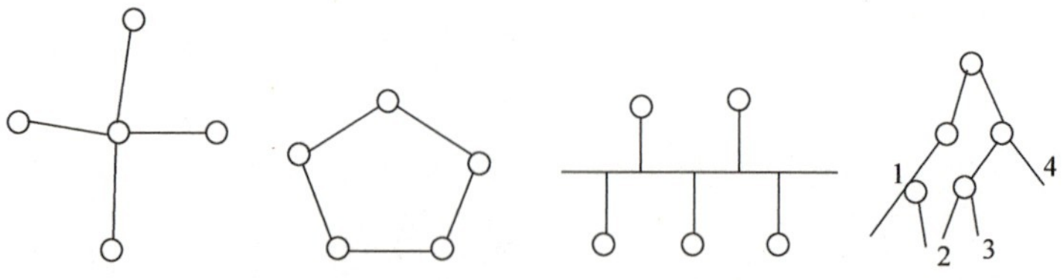

a) 星形　　b) 环形　　c) 总线型　　d) 树形

图 8-1　局域网的拓扑结构

(1) 星形结构

图 8-1a 是星形结构。星形的中心节点是主节点，它接收各分散节点的信息再转发给相应节点，具有中继交换和数据处理功能。当某一节点想传输数据时，它首先向中心节点发送一个请求，以便同另一个目的节点建立连接。一旦两节点建立了连接，则在这两点间就像是有一条专用线路连接起来一样，进行数据通信。可见，中心节点的转接技术是星形结构传输信息的核心，其故障会危及全网，故要求工作必须绝对可靠。中心节点负担重、成本高，可靠性差是星形结构的最大弱点。

归纳星形结构网络的特点如下：

1）网络结构简单，便于控制和管理，建网容易。

2）网络延迟时间短，传输错误率较低。

3）网络可靠性较低，一旦中央节点出现故障将导致全网瘫痪。

4）网络资源大部分在外围点上，相互之间必须经过中央节点中转才能传送信息，资源共享能力较差。

5）通信电路都是专用线路，利用率不高，因此网络成本较高。

(2) 环形结构

环形网络结构如图 8-1b 所示。其各节点通过环接口连于一条首尾相连的闭合环形通信线路中，环网中，数据按事先规定好的方向从一个节点单向传送到另一个节点。任何一个节点发送的信息都必须经过环路中的全部环接口。只有当传送信息的目的地址与环上某节点的地址相等时，信息才被该节点的环接口接收；否则，信息传至下一节点的环接口，直到发送到该信息发送的节点环接口为止。由于信息从源节点到目的节点都要经过环路中的每个节点，故任何节点的故障均导致环路不能正常工作，可靠性差。

环形结构网络具有以下特点：

1）信息流在网络中沿固定的方向流动，故两节点之间仅有唯一的通路，简化了路径选择控制。

2）环路中每个节点的收发信息均由环接口自举控制，因此控制软件较简单。

3）环形结构其节点数的增加将影响信息的传输效率，故扩展受到一定的限制。

环形网络结构较适合于信息处理和自动化系统中使用，是微机局部网络中常用的结构之一。特别是 IBM 公司推出令牌环网之后，环形网络结构就被越来越多的人所采用。

(3) 总线型结构

总线型结构如图 8-1c 所示。各节点经其接口，通过一条或几条通信线路与公共总线连接。其任何节点的信息都可以沿着总线传输，并且能被总线中的任何一节点所接收。由于它的传输方向是从发送节点向两端扩散，类同于广播电台发射的电磁波向四周扩散一样，因此，总线型结构网络又被称为广播式网络。

总线型网络的接口内具有发送器和接收器。接收器接收总线上的串行信息，并将其转换为并行信息送到节点；发送器则将并行信息转换成串行信息广播发送到总线上。当在总线上发送的信息目的地址与某一节点的接口地址相符时，传送的信息就被该节点接收。由于一条公共总线具有一定的负载能力，因此总线长度有限，其所能连接的节点数也有限。总线型网络具有如下特点：

1）结构简单灵活，扩展方便。

2）可靠性高，网络响应速度快。

3）共享资源能力强，便于广播式工作。

4）设备少，价格低，安装和使用方便。

5）由于所有节点共用一条总线，因此总线上传送的信息容易发生冲突和碰撞，故不宜用在实时性要求高的场合。解决总线信息冲突（通常称之为瓶颈）是总线型结构的重要问题。

(4) 树形结构

树形结构如图 8-1d 所示。它是分层结构，适用于分级管理和控制系统。它与星形结构相比，由于通信线路总长度较短，故连网成本低，易于维护和扩展，但结构较星形结构复杂。网络中除叶节点中标有数字 1、2、3、4 的各点及其连线外，任一节点或连线的故障均影响其所在支路网络的正常工作。树形网络具有如下特点：

1）树形网络是由多个层次的星形结构纵向连接而成，树的每个节点都是计算机或转接设备。

2）与星形网络相比，树形网络总长度短，成本较低，节点易于扩充，但是树形网络复杂，与节点相连的链路有故障时，对整个网络的影响较大。

3）树形网络易于扩展。

4）树形网络故障隔离较容易。

5）越靠近树的根部，节点的性能就越好，各个节点对根的依赖性太大。

目前，总线型结构是使用最广泛的结构，也是一种传统的主流网络结构。实际组建网络时，网络拓扑结构不一定仅限于某一种，通常是几种拓扑结构的综合。

2. 介质访问控制技术

在局部网络中，由于各节点通过公共传输通路（也称为信道）传输信息，因此任何一个物理信道在某一时间段内只能为一个节点服务，即被某节点占用来传输信息，这就产生了如何合理使用信道、合理分配信道的问题，也就是各节点既充分利用信道的空间时间传送信息，也不至于发生各信息间的互相冲突。传输访问控制方式的功能就是合理解决信道的分配。目前微机局部网络常用的传输访问控制方式有三种，即冲突检测的载波侦听多路访问（CSMA/CD）；令牌环（Token Ring）；令牌总线（Token Bus）。三种方式都得到 IEEE 802 委员会的认可，成为国际标准，下面分别说明。

(1) 冲突检测的载波侦听多路访问（CSMA/CD）

CSMA/CD 是由 Xerox 公司提出的，又称随机访问技术或争用技术，主要用于总线型和树形网络结构。该控制方式的工作原理是：当某一节点要发送信息时，首先要侦听网络中有无其他节点正发送信息，若没有则立即发送；否则，即网络中已有某节点发送信息（信道被占用），该节点就需等待一段时间再侦听，直至信道空闲，开始发送。载波侦听多路访问是指多个节点共同使用同一条线路，任何节点发送信息前都必须先检查网络的线路是否有信息传输。

CSMA 技术中，需解决信道被占用时等待时间的确定和信息冲突两个问题。

确定等待时间的方法是：

1）当某节点检测到信道被占用后，继续检测下去，待发现信道空闲时，立即发送。

2）当某节点检测到信道被占用后就延迟一个随机的时间，然后再检测。重复这一过程，直到信道空闲，开始发送。

解决冲突的问题可有多种办法，这里只说明冲突检测的解决办法。当某节点开始占用网络信道发送信息时，该点再继续对网络检测一段时间，也就是说该点一边发送一边接收，且把收到的信息和自己发送的信息进行比较，若比较结果相同，说明发送正常进行，可以继续发送；若比较结果不同，说明网络上还有其他节点发送信息，引起数据混乱，发生冲突，此时应立即停止发送，等待一个随机时间后，再重复以上过程。

CSMA/CD 原理较简单，且技术上较易实现。网络中各节点处于同等地位，无须集中控制，但不能提供优先级控制，所有节点都有平等竞争的能力，在网络负载不重的情况下，有较高的效率，但当网络负载增大时，发送信息的等待时间加长，效率显著降低。

(2) 令牌环（Token Ring）

令牌环（Token Ring）全称是令牌通行环（Token Passing Ring），仅适用于环形网络结构。在这种方式中，令牌是控制标志，网中只设一张令牌，只有获得令牌的节点才能发送信息，发送完后，令牌又传给相邻的另一节点。令牌传递的方法是：令牌依次沿着每个节点传送，使每个节点都有平等发送信息的机会。令牌有“空”和“忙”两个状态。“空”表示令牌没有被占用，即令牌正在携带信息发送。当“空”的令牌传送至正待发送信息的节点时，该节点立即发送信息并置令牌为“忙”状态。在一个节点占令牌期间，其他节点只能处于接收状态。当所发信息绕环一周，并由发送节点清除，“忙”令牌又被置为“空”状态，绕环传送令牌。当下一节点要发送信息时，则下一节点便得到这一令牌，并可发送信息。

令牌环的优点是能提供可调整的访问控制方式，能提供优先权服务，有较强的实时性。缺点是需要对令牌进行维护，且空闲令牌的丢失将会降低环路的利用率；控制电路复杂。

(3) 令牌总线（Token Bus）

令牌总线方式主要用于总线型或树形网络结构中。受令牌环的影响，它把总线型或树形传输介质上的各个节点形成一个逻辑环，即人为地给各节点规定一个顺序（如可按各节点号的大小排列）。逻辑环中的控制方式类同于令牌环。不同的是令牌总线中，信息可以双向传送、任何节点都能“听到”其他节点发出的信息。为此，节点发送的信息中要有指出下一个要控制的节点的地址。由于只有获得令牌的节点才可发送信息（此时其他节点只收不发），因此该方式不要检测冲突就可以避免冲突。令牌总线具有如下优点：

1）吞吐能力大，吞吐量随数据传输速率的提高而增加。

2）控制功能不随电缆线长度的增加而减弱。

3）不需冲突检测，故信号电压可以有较大的动态范围。

4）具有一定的实时性。

可见，采用总线方式网络的连网距离较 CSMA/CD 及 Token Ring 方式的网络远。

令牌总线的重要缺点是节点获得令牌的时间开销较大，一般一个节点都需要等待多次无效的令牌传送后才能获得令牌。表 8-1 对 3 种访问控制方式进行了比较。

表 8-1　3 种访问控制方式比较

控制方式 / 性能比较	CSMA/CD	Token Ring	Token Bus
低负载	好	中	差
高负载	差	好	好
短　包	差	中	中
长　包	中	好	差

3. 信息交换技术

为了提高计算机通信网的通信设备和线路的利用率，有必要研究通信网络上信息交换技术。复杂网络系统中，两站之间交换信息存在路径选择问题，即如何控制信息传输，才能提高通信效率。

通常使用三种信息交换技术：线路交换、报文交换和分组交换。每种信息交换技术的详细内容，读者可参见计算机网络方面的资料，这里不再赘述。

4. 差错控制技术

在通信线路上传输信息时，往往由于各种干扰，使接收端收到的信息出现错误。提高传输质量的方法有两种：第一种方法是改善信道的电性能，使误码率降低；第二种方法是接收端检验出错误后，自动纠正错误，或让发送端重新发送，直至接收到正确的信息为止。通常把第一种方法称为差错控制技术。

差错控制技术包括检验错误和纠正错误。检错方法有两种：奇偶校验和循环冗余校验。纠错方式有三种：重发纠错、自动纠错和混合纠错。

8.1.2　数据通信编码技术

不同系统或不同计算机之间主要采用并行通信或串行通信两种方式。并行通信的速度高，但传送距离短，通常小于 10m；串行通信的速度低，但传送的距离很长，通常可达几十至几千米，甚至更远。发展串行通信的目的是为了在长距离间有效地传送数据，并尽可能减少通信线的条数。串行通信传输速率用波特率表示，波特率就是每秒传输二进制代码的位数。串行通信可分为异步和同步传送两种。

对于传输数字信号来说，最普遍而最简单的方法是用两个不同的电压来表示数字位的两个状态（1 或 0）。例如，零电压表示 0，而恒定的正电压表示 1；或者用恒定的负电压表示 0，而恒定的正电压表示 1，如图 8-2 所示。该图用四种不同的脉冲代码来传输数字信号 10110010。图 8-2a 属于不归零码 NRZ，在码元之间没有间隔，所以难以判定一位的结束和另一位的开始，需要有某种方法来使发送端和接收端同步。

图 8-2b、图 8-2c 属于归零码 RZ，它们的共同点是每一位中间有一个跳变，位中间的跳变既作为同步时钟，也作为数据：从高到低的跳变表示 1，从低到高的跳变表示 0。接收端利用位中间跳变很容易分离出同步时钟脉冲。因此，这两种传输编码得到广泛应用。由于时钟数据包含于信号数据流中，因此这两种编码被人们称为自同步编码。

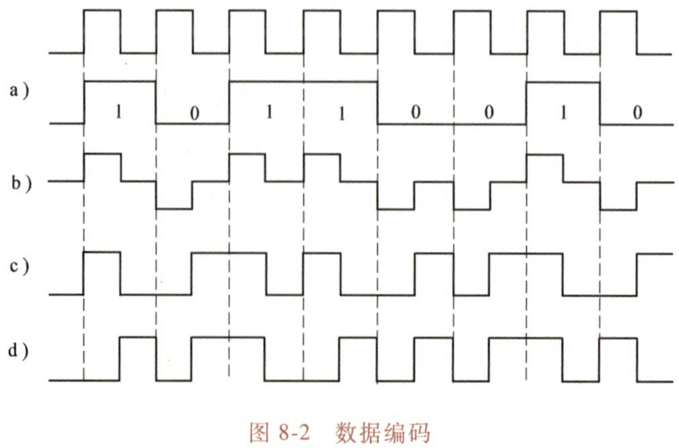

图 8-2　数据编码

通常把图 8-2c 称为曼彻斯特（Manchester）编码，它的改进形式如图 8-2d 所示。用每位开始有无跳变来表示 0 或 1，即只要有电压变化（不管其变化方向如何）就表示 0，无电压变化就表示 1。人们把这种编码称为差动曼彻斯特编码。在使用双绞线作传输介质的网络中，这种编码是非常方便的。由于变化的极性无关紧要，因此，当把设备接到通信网上时，完全可以不考虑哪条线应该接哪个端子。

8.1.3　网络协议及其层次结构

在计算机网络中各终端用户之间，用户与资源之间或资源与资源之间的对话与合作必须按照预先规定的协议进行。

分层设计方法对计算机和通信的未来同样重要。某一层的修改不会破坏整个设计或影响其他层的工作，甚至不影响相邻层的工作。相邻层之间通过接口发生联系。接口是包含在信息处理系统中的同一节点内部的不同功能层次之间有关的一组规则。

由于每层完成不同的功能，故接口是必不可少的。同一层中的某实体借助于该层协议与该层中另一实体通信。一个单独实体必须既是发送者又是接收者，它使得整个交互过程规范化。这种交互过程借助于刻画单独实体的动作而构成该层协议。

利用分层方法，可以容易地实现网际连网、网络配置间的连接。利用对应于某分层结构的协议，在系统的逻辑成分间建立有效的联系而不影响其他层。例如，网络的传输方式可从并行改为串行而不影响除最低层外的其他层。

为了实现计算机系统之间的互连，1977 年国际标准化组织（ISO）提出了开放系统互连（Open System Interconnection，OSI）参考模型。这个网络层次结构模型规定了 7 个功能层，每层都使用它自己的协议。“开放”这个词是指一个系统若符合这些国际标准，它将对世界上遵守同样标准的所有系统开放。OSI 层次结构如图 8-3 所示。下面简单介绍 7 层的内容。

图 8-3　OSI 模型

1. 物理层（Physical Layer）

物理层在信道上传输未经处理的信息。该层协议涉及通信双方的机械、电气和连接规程。如接插件的型号，每根线的作用，表示 1 用多少伏，0 用多少伏，一位占多宽，传输能否在两个方向同时进行，如何进行初始的连接，如何拆除连接等。RS-232C、RS-422A、RS-423A、RS-485 等均为物理层协议。该层协议已有国际标准，即 CCITT（国际电报电话咨询委员会）1976 年提出的 X. 25 建议的第一级。

2. 数据链路层（Data Link Layer）

数据链路层的任务是将可能有差错的物理链路改造成对于网络层来说是无差错的传输线路。它把输入数据组成数据帧，并在接收端检验传输的正确性。若正确则回送确认信息，若不正确则抛弃该帧，等待发送端超时重发。同步数据链路控制（SDLC）、高级数据链路控制（HDLC）以及异步串行数据链协议都属于此范围。

3. 网络层（Network Layer）

网络层也称分组层，它的任务是使网络中传输分组。网络层规定了分组（第三层的信息单位）在网络中是如何传输的。

网络层控制网络上信息的切换和路由选择。因此，本层要为数据从源点到终点建立物理和逻辑的连接。

该层的国际标准化协议是 X. 25 的第三级。

4. 传输层 （Transport Layer）

传输层的基本功能是从会话层接收数据，把它们传到网络层并保证这些数据全部正确地到达另一端。

传输层是一真正的源-目的或端-端层，即在源计算机上的程序与目的机上的类似程序使报头和控制报文进行对话。它负责确保高质量的网络服务，它的一个重要功能是控制端到端的数据完整性。其总目的是作为网络层和会话层的一个接口，确保网络层为会话层和网络的高级功能提供高质量的服务。

5. 会话层 （Session Layer）

会话层控制建立或结束一个通信会话的进程。这一层检查并决定一个正常的通信是否正在发生。如果没有发生，这一层必须在不丢失数据的情况下恢复会话，或根据规定，在会话不能正常发生的情况下终止会话。

用户（即两个表示层进程）之间的连接称为会话。为了建立会话，用户必须提供希望连接的远程地址（会话地址），会话双方首先需要彼此确认，以证明它有权从事会话和接收数据，然后两端必须同意在该会话中的各种选择项（如半双工或全双工）的确定，在这以后开始数据传输。

6. 表示层 （Presentation Layer）

表示层实现不同信息格式和编码之间的转换。常用的转换有：正文压缩，如将常用的词用缩写字母或特殊数字编码，消去重复的字符和空白等；提供加密、解密；不同计算机间不相容文件格式的转换（文件传输协议），不相容终端输入/输出格式的转换（虚拟终端协议）。

7. 应用层 （Application Layer）

应用层的内容视对系统的不同要求而定。它规定在不同应用情况下所允许的报文集合和对每个报文所采取的动作。

这一层负责与其他高级功能的通信，如分布式数据库和文件传输。这一层解决了数据传输完整性的问题或与发送/接收设备的速度不匹配的问题。

8.1.4 IEEE 802 标准

美国电气与电子工程师协会（IEEE）是世界上最大的专业协会。成立于 1980 年 2 月的 IEEE 802 课题组（IEEE Standards Project 802）于 1981 年底提出了 IEEE 802 局域网标准，重要的是对数据链路层又划分出两个子层。OSI 模型与 IEEE 802 标准的关系如图 8-4 所示。IEEE 802 标准将数据链路层分为逻辑链路控制（LLC）层和介质访问（存取）控制（MAC）层。逻辑链路控制层主要提供寻址、排序、差错控制等功能。介质访问（存取）控制层主要提供传输介质和访问控制方式。IEEE 802 为局部网络制定的标准，包括以下内容：

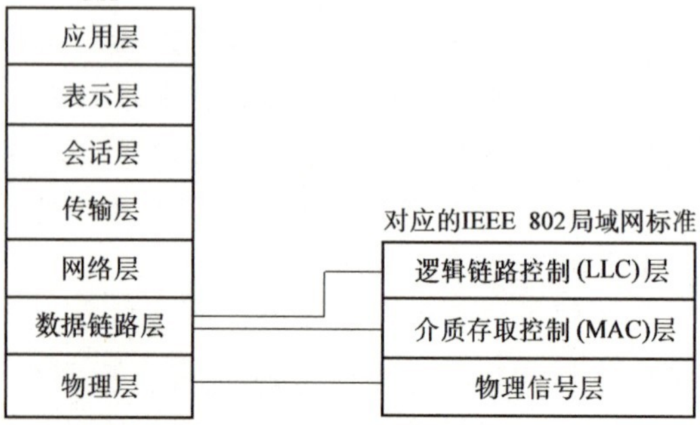

图 8-4 OSI 模型与 IEEE 802 标准的关系

IEEE 802. 1：系统结构和网络互连；

IEEE 802.2：逻辑链路控制；

IEEE 802.3：CSMA/CD 总线访问方法和物理层技术规范；

IEEE 802.4：Token Passing Bus 访问方法和物理层技术规范；

IEEE 802.5：Token Passing Ring 访问方法和物理层技术规范；

IEEE 802.6：城市网络访问方法和物理层技术规范；

IEEE 802.7：宽带网络标准；

IEEE 802.8：光纤网络标准；

IEEE 802.9：集成声音数据网络。

物理信号（PS）层：完成数据的封装/拆装、数据的发送/接收管理等功能，并通过介质存取器件（也称收发器）收发数据信号。

介质存取控制（MAC）层：支持介质存取，并为逻辑链路控制层提供服务。它支持的介质存取法包括载波检测多路存取/冲突检测（CSMA/CD）、令牌总线（Token Bus）和令牌环（Token Ring）。

逻辑链路控制（LLC）层：支持数据链路功能、数据流控制、命令解释及产生响应等，并规定局部网络逻辑链路控制（LNLLC）协议。

此外，网络层也有变化。在 IEEE 802 标准中，定义了 3 种主要的局域网络技术，它们的介质访问控制分别是 CSMA/CD（IEEE 802.3）、令牌总线（IEEE 802.4）、令牌环（IEEE 802.5）。

8.1.5　工业网络的性能评价和选型

工业网络和计算机局部网络虽然没有本质的不同，但仍有一些差别，因为 IEEE 802 标准并没有充分考虑工厂环境。现结合工业测控环境简要讨论工业网络的选型。

1. 工业网络的性能评价

从拓扑结构和介质访问控制方式的角度对工业网络的性能进行评价，其评价准则可归纳为吞吐能力、稳定性、确定性、可靠性和灵活性 5 个方面。目前，工业网络主要采用星形、环形、总线型拓扑结构。星形结构在办公自动化领域和邮电系统中得到了广泛应用，但在工业自动化领域里，由于其固有的缺陷而较少使用。总线型和环形结构成为工业网络的主流拓扑结构，最容易实现令牌控制方式，因为它们是静态互连拓扑中最简单的两种，并且完全对称，也不经过中间节点。对令牌方式来说，总线和环的适应性又有不同。环是点到点连接，非相邻节点的信息传输必须经过其他节点，只是它可以实现检查转发，不但提高了传输速率，还节省了大量的缓存空间。而总线是多点连接，真正的广播介质访问方式，令牌传递不像环那样在结构上简单一致，它在物理总线上形成了一个逻辑环路，由于这个逻辑环不固定，因此令牌传递和维护的算法要比环形复杂一些。

令牌环数据吞吐能力高于令牌总线，主要原因在于控制结构上的差异，其中主要是介质访问方式的差异。令牌总线是广播式的，无论数据或令牌，或回答信息，都要独占介质，使传送数据的有效时间减少。而令牌环是顺序循环访问，类似于流水作业，一定条件下有并行工作的特性，其数据、令牌、回答信息可同时传递，增强了数据吞吐能力。由于同一原因，在负载变化的环境中，令牌环的稳定性能较令牌总线好。另外在小负载时，令牌空转时间多，而总线在处理令牌时，延迟比环形大。由于令牌总线和令牌环在控制结构的通信方式上一样，因此确定性相同。因为总线是无源连接，信息传输又不需转发，所以特别可靠，它增减节点都无须断开原系统，有硬连接的节点进退网的操作也比较简单，因此令牌总线可靠性和灵活性强于令牌环。

2. 工业网络的选型

（1）大型系统的工业网络选型

大型系统常采用分散型控制的模式，系统主要分为三级，并采用纵向层次结构，其网络选型可按以下考虑。

1）分散过程控制级：主要完成自动调节和程序控制，可靠性、实时性要求较高。系统一般按调节回路或设备分布，呈典型递阶控制特性，横向联系少。本级数据量不大，数据包较短，地理分布区域也较小。采用令牌总线、主从总线或星形结构比较合适，从性能价格比考虑，主从总线结构最佳。

2）集中操作监控级：该级数据处理量较大，数据包较长且规整，实时性、可靠性、灵活性也较高。系统一般按设备和功能混合分布，横向联系较多。因此，该级采用令牌总线较好。

3）综合信息管理级：该级数据多且传输量大，系统按功能横向分布，地域范围广，灵活性要求较低，工作站容量大。因此，本级宜采用令牌环结构。

（2）中小型系统的工业网络选型

主从总线和星形结构兼有简单、易实现、技术成熟、经济等优点。其主要缺陷是由于分布性不良引起的可靠性问题，从根本上影响了它作为主流结构的资格。但在系统的分散过程控制级，控制系统大多呈递阶特性，其特征就是上下级关系的主从性，此缺陷即被覆盖。加之该级分散度越来越高，数据少，距离近，环结构明显不适用。如果节点不多，令牌总线大材小用，因此可选择主从式总线和星形结构。

令牌环是一种很有前途的网络结构。它是有源的点到点传输，可覆盖面积大，适用于大数据量、大范围通信。也由于这点，其可靠性略差。它在增减节点时，要断开原系统，这些性能均不如总线。令牌环和令牌总线的这些特点，正好符合管理级和监控级各自的要求。

对只有集中操作监控级和分散过程控制级的中小型系统，考虑到结构上的一致性，便于设计和维护，两级同时使用令牌总线也不错。在数据传输量大，节点较少且分散的场合，监控级直接选用令牌环也是较好的结构形式。另外，星形结构目前具有比较厚实的基础和技术上的继承性。因此这种结构在短时期内也是适用和有效的，尤其是在老企业的技术改造中。

8.2　集散控制系统

集散控制系统（Distributed Control System，DCS）也称分布式控制系统，是以计算机为基础，采用控制功能分散、显示操作集中、兼顾分而自治和综合协调的设计原则的新一代仪表控制系统。DCS 综合了计算机（Computer）技术、控制（Control）技术、CRT 显示技术、通信（Communication）技术即 4C 技术，集中了连续控制、批量控制、逻辑顺序控制、数据采集等功能。先进的集散控制系统将以计算机集成制造/过程系统（CIMS/CIPS）为目标，以新的控制方法、现场总线智能化仪表、专家系统、局域网络等新技术，为用户实现过程控制自动化与信息管理自动化相结合的管控一体化的综合集成系统。

DCS 采用分散控制、集中操作、综合管理和分而自治的设计原则。系统的安全可靠、通用灵活性、最优控制性能和综合管理能力，为工业过程的计算机控制开创了新方法。本章首先概述分散型控制系统、DCS 的特点、DCS 的体系结构、典型的 DCS，然后分别介绍 DCS 的分散过程控制级、集中操作监控级、综合信息管理级。

8.2.1　DCS 概述

自从美国的 Honeywell 公司于 1975 年成功地推出了世界上第一套 DCS 以来，世界上有几十家自动化公司推出了上百种 DCS，虽然这些系统各不相同，但在体系结构方面却大同小异，所不同的只是采用了不同的计算机、不同的网络和设备。如今 DCS 已经走向成熟并获得了广泛应用。DCS 的发展历程也是不断地由小到大规模的过程，从最初的小规模控制系统发展到综合控制管理系统，从而使工业控制系统进入了信息管理与综合控制的时代。本节主要介绍 DCS 的体系结构、特点和典型型式。

1. DCS 的体系结构

随着计算机技术、网络技术和企业管理科学的发展，人们对企业综合自动化的层次也趋于简洁和明朗。根据整个企业集团的综合自动化与管理功能，DCS 的体系结构可划分为四级，即现场设备级（Device）、分散控制级（Control）、集中监控级（MES）和综合管理级（ERP）。DCS 各级的功能如图 8-5 所示，其体系结构如图 8-6 所示。

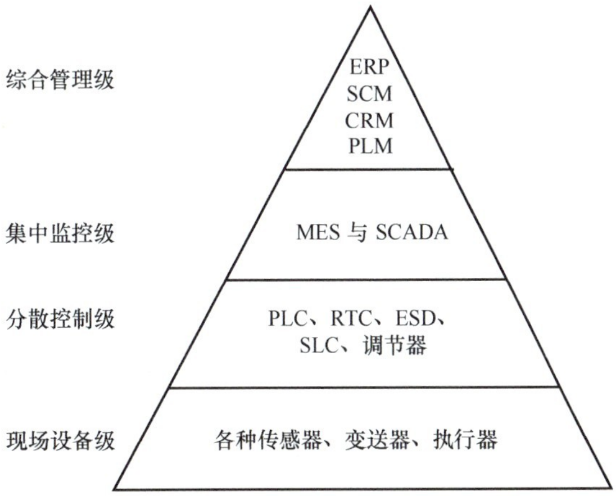

图 8-5　DCS 各级的功能

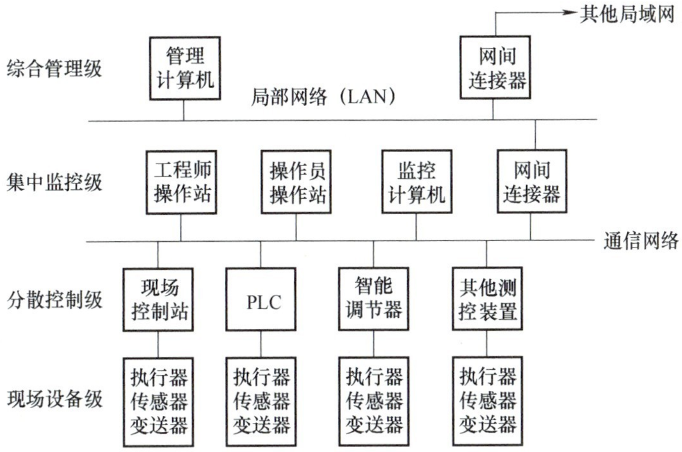

图 8-6　DCS 的体系结构

(1) 现场设备级

现场设备级，主要包括现场仪表（传感器、变送器）和执行器，主要工作是把现场的各种物理信号（如温度、压力、流量、位移等）转变成电信号或数字信号，并进行一些必要的处理（滤波、简单诊断等），或者把各种控制输出信号转变成物理变量（如阀位、位移等）。到目前为止，该层的主要功能没有根本的变化。该层与分散控制级的主要接口仍然是4~20mA模拟量或电平信号（开关量）。不过，随着现场总线技术的普及和现场总线智能仪器仪表的成熟和成本的大幅度降低，将来应用现场总线通信的各种智能仪表和执行机构会越来越流行。随着全厂综合自动化的发展，各种控制电机特别是集成控制和驱动于一体的电机设备也归为这一类。

(2) 分散控制级

分散控制级是直接面向生产过程的，是DCS的控制基础，它直接完成数据采集、调节控制、顺序控制等控制功能，其输入是现场仪表（传感器、变送器）和电气开关的测量信号，其输出是用来驱动执行机构。构成这一级的主要装置有：

1）现场控制站（工业控制机）。

2）可编程序控制器（PLC）。

3）智能调节器。

4）其他测控装置。

(3) 集中监控级

这一级以操作监视为主要任务，兼有部分管理功能。这一级是面向操作员和控制系统工程师的，因而这一级配备有技术手段齐备、功能强的计算机系统及各类外部装置，特别是CRT显示器和键盘，以及需要较大存储容量的硬盘或软盘支持，另外还需要功能强的软件支持，确保工程师和操作员对系统进行组态、监视和操作，对生产过程实行高级控制策略、调度优化、故障诊断、质量评估。其具体组成包括：

1）监控计算机。

2）工程师显示操作站。

3）操作员显示操作站。

(4) 综合管理级

这一级由管理计算机、办公自动化系统、工厂自动化服务系统构成，从而实现整个企业的综合信息管理。综合管理主要包括生产管理和经营管理，主要有企业资源计划（ERP）、供应链管理（SCM）、客户关系管理（CRM）和产品周期管理（PLM）。

另外，DCS各级之间的信息传输主要依靠通信网络系统来支持。根据各级的不同要求，通信网也分成低速、中速、高速通信网络。低速网络面向分散过程控制级；中速网络面向集中操作监控级；高速网络面向管理级。

2. DCS的特点

对一个规模庞大、结构复杂、功能全面的现代化生产过程控制系统，首先按系统结构进行垂直方向分解成现场设备级、分散控制级、集中监控级、综合管理级，各级相互独立又相互联系；然后对每一级按功能进行水平方向分成若干个子块。与一般的计算机控制系统相比，DCS具有以下几个特点。

(1) 硬件积木化

DCS采用积木化硬件组装式结构。由于硬件采用这种积木化组装结构，使得系统配置灵活，可以方便地构成多级控制系统。如果要扩大或缩小系统的规模，只需按要求在系统中增加或拆除部分单元，而系统不会受到任何影响。这样的组合方式，有利于企业分批投资，逐步形成一个在功能和结构上从简单到复杂、从低级到高级的现代化管理系统。

（2）软件模块化

DCS 为用户提供了丰富的功能软件，用户只需按要求选用即可，大大减少了用户的开发工作量。功能软件主要包括控制软件包、操作显示软件包和报表打印软件包等，并提供至少一种过程控制语言，供用户开发高级的应用软件。

控制软件包为用户提供各种过程控制的功能，主要包括数据采集和处理、控制算法、常用运算式和控制输出等功能模块。这些功能固化在现场控制站、PLC、智能调节器等装置中。用户可以通过组态方式自由选用这些功能模块，以便构成控制系统。

操作显示软件为用户提供了丰富的人机接口联系功能，在 CRT 和键盘组成的操作站上进行集中操作和监视。可以选择多种 CRT 显示画面，如总貌显示、分组显示、回路显示、趋势显示、流程显示、报警显示和操作指导等画面，并可以在 CRT 画面上进行各种操作，所以它可以完全取代常规模拟仪表盘。

报表打印软件包可以向用户提供每小时、班、日、月工作报表，打印瞬时值、累计值、平均值、打印事件报警等。

过程控制语言可供用户开发高级应用程序，如最优控制、自适应控制、生产和经营管理等。如 Honeywell 公司的 TDC 3000 提供了一种源于 PASCAL 语言结构、面向过程控制的高级控制语言 CL；YOKOGAWA 公司的系列产品中提供了嵌入式控制语言实时 BASIC；Wonderware 公司的 Intouch 提供了一种正文编辑程序。国内一些比较出色的 DCS 中也提供了控制语言，北京和利时公司的 HS2000 系统提供了功能块图、梯形图、计算公式等几种程序设计的方式；浙大中控的 SUPON JX-300 集散控制系统提供了梯形图语言和一种高级程序设计语言 SC。

（3）控制系统组态

DCS 设计了使用方便的面向问题的语言（Problem Oriented Language，POL），为用户提供了数十种常用的运算和控制模块，控制工程师只需按照系统的控制方案，从中任意选择模块，并以填表的方式来定义这些软功能模块，进行控制系统的组态。系统的控制组态一般是在操作站上进行的。填表组态方式极大地提高了系统设计的效率，解除了用户使用计算机必须编程序的困扰，这也是 DCS 能够得到广泛应用的原因之一。

（4）通信网络的应用

通信网络是分散型控制系统的神经中枢，它将物理上分散配置的多台计算机有机地连接起来，实现了相互协调、资源共享的集中管理。通过高速数据通信线，将现场控制站、局部操作站、监控计算机、中央操作站、管理计算机连接起来，构成多级控制系统。

DCS 一般采用同轴电缆或光纤作为通信线，也使用双绞线，通信距离可按用户要求从十几米到十几公里，通信速率为 1~10Mbit/s，而光纤高达 100Mbit/s。由于通信距离长和速度快，可满足大型企业的数据通信，实现实时控制和管理的需要。

（5）可靠性高

DCS 的可靠性高体现在系统结构、冗余技术、自诊断功能、抗干扰措施和高性能的元件。

3. 典型的 DCS

CENTUM-XL 是日本横河电机公司推出的分散型控制系统，其结构如图 8-7 所示。CENTUM 采用 HF 通信总线，基本长度为 2km，使用中继器可延长到 10km，通信速度为 1Mbit/s。另外备有光导纤维通信系统 YEWLINK32，环形结构，节点间长度为 5km，环形线总长为 20km，通信速度为 32Mbit/s。同时采用两根同轴电缆，实现冗余化通信。HF 通信总线上可以连接 32 台设备，图 8-7 中，YEWCOM-9000 为管理计算机，AIWS 为人工智能站，ECM 为计算机站，ENGS 为工程师站，EOPS 为中央操作站，PRIN 为打印机，COPY 为复制机，COPSV 为局部操作站，CFCS2/EFCS 为现场控制站，CFCD2/EFCD 为双重化控制站，CFMS2/EFMS 为现场监视站，CFBS2 为高分散控制站。

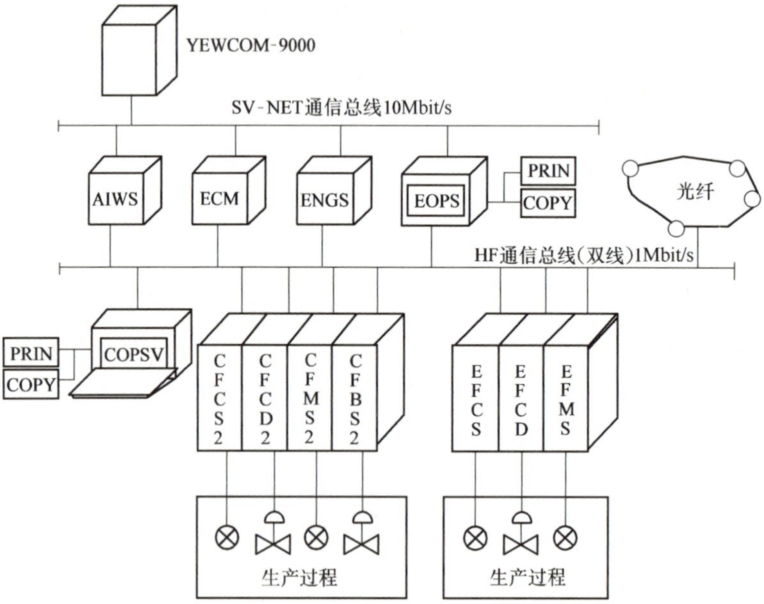

图 8-7　CENTUM-XL 控制系统结构

现场控制站（CFCS2）和双重化现场控制站（CFCD2）内部有 255 个软功能模块（亦称内部仪表）和 40 张命令表，使用填表语言构成 40 个回路的控制系统。高分散现场控制站（CFBS2）内安装 6 个独立的现场控制单元（CFCU2），每个 CFCU2 具有 63 个软功能模块和 4 张顺序命令表，可以组成 8 个控制回路。现场监视站（CFMS2）可以输入 255 点模拟信号，如热电偶、热电阻和 DC mV 等。

为了提高系统的可靠性，控制站采用两种冗余方式，一种是 1 对 1 备用（如 CFCD2），另一种是 *N* 对 1（*N* 最大为 12）备用（如 CFBS2）。CFCD2 内有两套完全相同的 CPU、输入/输出、电源和内部总线，其中一套处于工作状态，另一套处于热备状态。一旦发生故障，进入无扰动切换。CFBS2 是高分散型现场控制站，其内部有 6 个独立的现场控制单元 CFCU2，当某一个单元发生故障时，备用单元 BCU 便立即投入运行。CENTUM 从 1975 年问世以来，不断加以改进，1988 年又推出 CENTUM-XL 分散控制系统，如图 8-7 所示。该系统将控制、操作、管理、专家系统、开发和维护等功能融为一体，并且有计算机辅助设计（CAD）功能。它所采用的 SV-NET 通信总线按国际标准 MAP（Manufacture Automation Protocol）设计，通信速度为 10Mbit/s，传送距离标准为 500m，加光适配器可达 5500m，最多可连接 100 台设备。

CENTUM-XL 保留了原有的 HF 通信总线，并增加了现场控制站的功能。例如，现场控制站（EFCS）的 255 个内部仪表，80 个为控制单元，100 个为指示单元，75 个为运算单元；另外还有 200 张顺序命令表，一般控制周期为 1s，并且有 0.2s 周期的高速控制。双重化现场控制站（EFCD）采用 1 对 1 备用。现场监视站（EFMS）可以输入 255 点模拟信号，如热电偶、热电阻和 DC mV 信号等；不仅有信号处理功能，而且有控制功能，比如补偿积算 127 个、内部仪表有 255 个、内部开关 255 个，关系式和运算式 147 个等。

CENTUM-XL 具有 3 个操作站（EOPS），EOPS 采用 32 位 CPU（MC 68020），内存 4MB/8MB，硬磁盘 40MB/80MB，彩色 CRT 显示器；一台 EOPS 可连接 3 个操作台（EOPC）、4 台打印机和一台彩色复制机；具有各种图形画面、语音信息和音响信息，监视 16000 点、300 幅画面和 2300 点趋势记录。计算机站（ECM）采用 UNIX 操作系统，支持实时多任务 BASIC 语言、FORTRAN 语言和 C 语言，进行高级控制、生产管理和经营管理等。人工智能站（AI-WS）是一台具有人工智能的专家系统，进行最优化控制与决策。工程师站（ENGS）进行计算机辅助设计（CAD），系统生成和控制系统组态等。

8.2.2 DCS 的分散控制级

DCS 的分散控制级，直接与生产过程现场的传感器（热电偶、热电阻）、变送器（温度、压力、液位、流量变送器等）、执行机构（调节阀、电磁阀等）、电气开关（输入/输出触点）相连接，完成生产过程控制，并能与集中操作监控级进行数据通信，接收显示操作站下传加载的参数和作业命令，以及将现场工作情况信息整理后向显示操作站报告。

分散控制级有许多类型的测控装置，但最常用的类型有 3 种，即现场控制站、智能调节器、可编程序控制器（PLC）。下面将分别讨论。

1. 现场控制站

现场控制站是 DCS 的核心，系统主要的控制功能由它来完成。系统的性能、可靠性等重要指标也都要依靠现场控制站保证，因此对它的设计、生产及安装都有很高的要求。本书主要以 PCI 总线工业控制机作为现场控制站加以介绍。

（1）现场控制站的构成

现场控制站由以下 5 个部分构成，下面分别给出。

1）机箱（柜）。现场控制站的机箱（柜）内部均装有多层机架，以供安装电源及各种部件用。其外壳均采用金属材料，活动部分之间有良好的电气连接，使其为内部的电子设备提供电磁屏蔽。为保证电磁屏蔽效果，也为了操作人员的安全，机柜要求可靠接地，接地电阻应小于 4Ω。

为保证机箱（柜）电子设备的散热降温，一般均装有风扇，以提供强制风冷气流。为防止灰尘侵入，在与箱（柜）内进行空气交换时，最好采用正压送风将箱（柜）外低温空气经过过滤网过滤后压入箱（柜）内。

2）电源。高效、无干扰、稳定的供电系统是现场控制站工作的重要保证。现场控制站内各功能模板所需直流电源一般有+5V、±15V（或±12V）、+24V 等。而对主机供电的电源一般均要求与对现场检测仪表或执行机构供电的电源在电气上互相隔离，以减少相互干扰。

3）PCI 总线工业控制机。PCI 总线工业控制机主要由主机、外部设备和过程输入/输出通道组成，主要进行信号的采集、控制计算和控制输出，详见第 2 章。

4）通信控制单元。通信控制单元实现分散过程控制级与集中操作监控级的数据通信。

5）手动/自动显示操作单元。其作为后备安全措施，可以显示测量值PV、给定值SP、自动阀位输出值、手动阀位输出值，并具有硬手动操作功能，可直接调整输出阀位值。

（2）现场控制站的功能

现场控制站的功能主要有六种，即数据采集功能、DDC控制功能、顺序控制功能、信号报警功能、打印报表功能、数据通信功能。

1）数据采集功能。对过程参数，包括各类热电偶信号、热电阻信号、压力、液位、流量等信号进行数据采集、变换、处理、显示、存储、趋势曲线显示、事故报警等。

2）DDC控制功能。DDC控制包括接收现场的测量信号，进而求出设定值与测量值的偏差，并对偏差进行PID控制运算，最后求出新的控制量，并将此控制量转换成相应的电流送至执行机构。

3）顺序控制功能。它通过来自过程状态输入/输出信号和反馈控制功能等状态信号，按预先设定的顺序和条件，对控制的各阶段进行逐次控制。

4）信号报警功能。对过程参量设置上限值和下限值，若超过上限和下限分别进行上限和下限报警；对非法的开关量状态进行报警；对出现的事故进行报警。信号报警是以声音、光或CRT屏幕显示颜色变化表示。

5）打印报表功能。定时打印报表；随机打印过程参数；事故报表自动记录打印。

6）数据通信功能。完成分散过程控制级与集中操作监控级之间的信息交换。

（3）现场控制站的工作方式

1）控制模式。

① 自动：是指处于自动工作状态，给定值由本地给定，由给定值减去测量值作为偏差，由控制算法运算后输出控制量。

② 软手动：用软件实现手动操作，利用键盘进行输出值的增加或减少操作去直接控制阀位值，在CRT上可显示出输出阀位值。

③ 串级：主回路的输出值，送到副回路作为它的给定值。

④ 硬手动：将现场控制站切换到模拟显示操作单元，由操作者操作该单元直接控制输出阀位值。

⑤ 上位机：由上位机设定给定值，然后传送给现场控制站；上位机也可以由高级控制算法的运算结果自动修改给定值，再传送给现场控制站，从而完成优化控制。

控制模式的优先级是：硬手动>软手动>自动>串级>上位机。

2）无扰动切换操作。在控制系统中，由于工作模式的切换，可能会引起输出阀位值的突然变化，产生扰动，因此需采取以下措施实现无扰切换。

① PV跟踪（PV是测量值）：在各种手动模式下，把PV送给给定值，即使PV=SP，从而保证了偏差为零，输出值则不受影响。

② 阀位值跟踪：采用阀位值反馈的办法，将手动输出阀值自动反馈输入到现场控制站的输入通道，作为一个检测点信号输入，经过转换及变换后送到模拟量输出通道，此时输出的值正好跟踪手动输出的阀位值。

③ 工作模式判定：自动、手动、串级、上位机等工作模式均有相应的标志状态，以供判断。

有了以上三种措施就可完成手动/自动方式的无扰切换。

但是，从自动到手动切换时如何保证无扰切换呢？首先要求模拟显示操作单元应能显示自动模式的输出阀位值，同时也能显示手动输出阀位值，当切换之前，将手动输出阀位值与自动阀位值调到相同，然后再换到手动模式，就保证了无扰切换。

2. 智能调节器

以微处理器技术为基础的智能调节器（如单回路、多回路智能调节器）使用日益广泛，由于它们具有数据通信功能，因此在 DCS 的分散过程控制级也得到了广泛的应用。智能调节器是一种数字化的过程控制仪表，其外表类似于一般的盘装仪表，而其内部由微处理器（如单片机 8051 系列、8098 系列）、RAM、ROM、模拟量和数字量 I/O 通道、电源等部分构成的一个微型计算机系统。一般有单回路、2 回路、4 回路或 8 回路的调节器，至于控制方式除一般 PID 之外，还可组成串级控制、前馈控制等。

智能调节器不仅可接收 4~20mA 电流信号输入的设定值，还具有异步通信接口 RS-422/485、RS-232 等，可与上位机连成主从式通信网络，接收上位机下传的控制参数，并上报各种过程参数。

3. 可编程序控制器（PLC）

PLC 与智能调节器最大的不同点是：它主要配制的是开关量输入、输出通道，用于执行顺序控制功能。PLC 主要用于生产过程中按时间顺序控制或逻辑控制的场合，以取代复杂的继电器控制装置。

在较新型的 PLC 中，也提供了模拟量控制模块，其输入/输出的模拟量标准与智能调节器相同。同时也提供了 PID 等控制算法，PLC 的高可靠性和它的不断增强的功能，使它在 DCS 中得到了广泛的应用。

PLC 一般均带有通信接口，可与上位机连成主从式总线型网络，从而构成 DCS。

8.2.3　DCS 的集中监控级

DCS 的集中监控级主要是显示操作站，它完成显示、操作、记录、报警等功能。它把过程参量的信息集中化，把各个现场配置的控制站的数据进行收集，并通过简单的操作，进行过程量的显示、各种工艺流程图的显示、趋势曲线的显示以及改变过程参数，如设定值、控制参数、报警状态等信息，这就是它的显示操作功能。

显示操作站的另一功能是系统组态，因此可进行控制系统的生成、组态。

1. 显示操作站的构成

显示操作站主要由监控计算机、键盘、CRT 显示器、打印机等几部分构成。

（1）监控计算机

当今 DCS 的显示操作站功能强、速度快、记录数据量大，因此对显示操作站的监控计算机提出了很高的要求。一般 DCS 的显示操作站的监控计算机都采用 32 位的微机，内存一般在 512MB 以上，硬盘 40GB 以上。

（2）键盘

在显示操作站中，有两种类型的键盘，一种为操作员键盘，另一种为工程师键盘。工程师键盘通常利用标准 ASCII 代码 101 键盘；操作员键盘则是面向操作工操作键盘，力求操作简单、直观、易掌握。

1）操作员键盘

操作员键盘多采用有防水、防尘能力，有明确图案标志的薄膜键盘。这种键盘从键的分布上充分考虑了操作直观、方便。在键体内装有电子蜂鸣器，以提示报警信息和操作响应。

随着显示技术的发展，许多 DCS 厂家引入了触摸屏显示输入技术，这样可省略操作员键盘，而是直接在屏上设有敏感区，操作员只要用手指触一下该点就可以达到输入操作的目的。

2）工程师键盘

DCS 的工程师键盘是系统控制工程师用来编程和组态用的键盘。该键盘一般采用大家较熟悉的标准键盘。

(3) CRT 显示器

作为显示操作站的 CRT 显示器均为彩色显示器，且分辨率较高，尺寸为 17in、19in 或 21in。显示分辨率为 1280×1024 或更高。

(4) 打印机

打印机是 DCS 显示操作站不可缺少的外设。一般的 DCS 配备两台打印机，一台用于生产记录报表和报警列表打印；另一台用来复制流程画面，常采用彩色打印机。

2. 显示操作站的功能

显示操作站为用户提供仪表化的操作环境，通过 CRT 操作来实现整个分散型控制系统的高效率运转。它是信息集中分配中心，也是显示操作的中心。具有控制系统的生成、组态、集中监视操作、报警、显示、报表、通信等功能。显示操作站主要是和操作员以及工程师有关的系统的功能。

(1) 操作员功能

操作员功能主要是指正常运行时的工艺监视和运行操作，主要由画面指示构成。

1）DDC 标准三画面。

① 总貌画面：用来监视分散型控制系统的运行状态，可指示出仪表的位号，测量的光柱图形。在本画面中可指示出一些运行状态发生异常时，相应的仪表位号指示变成红色，在闪光的同时，发出报警声音。

② 组貌画面：将 DDC 控制回路分成小组，通常每组 8 个回路，在操作时操作对应的键，就可选择出相应的组貌画面。DDC 组貌画面每幅显示 8 个 DDC 回路。

③ 回路画面：也称调整画面。回路画面显示单个 DDC 回路的各参数，利用此画面可进行控制参数的修改、设定，完成单个回路的控制作用。在回路处于串级状态下，在回路画面上可同时显示出相关回路的状态及参数。

2）图形显示功能。可进行工艺流程图的显示，一幅工艺流程图由两部分组成，一个是不随工况变化的基本图形，称为静态图；另一个是随工况的变化而变化的数据、曲线、图形等，称为动态图，并且定时刷新其变化部分。工艺流程图可利用彩色 CRT 显示器的多种颜色予以组合，从而做到显示美观、醒目。

3）趋势曲线画面。趋势曲线画面具有趋势曲线显示功能。对过程参数的变化趋势进行记录、显示、存储，同时，在一幅画面显示多条曲线，以不同的颜色加以区分。当一个系统趋势曲线数目较多时，也同样进行分组登记、分组显示。

趋势曲线可被存储起来，以便具有历史趋势曲线的显示功能，一般可达到一天或一个月，必要时还可以将趋势曲线存储在软盘中加以保存。操作员可通过趋势曲线的变化及时掌握过程变化情况；也可以通过历史趋势曲线分析控制系统运行状态，分析事故原因以及产品质量好坏的原因。

4）操作指导画面。为了指导操作员准确及时地操作，帮助操作员记忆众多的操作项目，而设计了操作指导画面。如果按画面要求操作正确，则能正常进展。操作指导画面不接受错误操作，而且，当有错误操作时工序无法前进，从而保证了安全生产。

5）报警画面。报警画面按时间顺序记录过程数据发生上、下限报警和设备异常等，并且通过颜色变化、闪光文字和声响来区分报警级别，以引起操作员注意，立即采取相应措施。

(2) 工程师功能

工程师功能主要包括系统的组态功能、系统的控制功能、系统的维护功能、系统的管理功能等。

1）系统的组态功能。构成一个应用系统，需进行系统的组态工作，系统工程师可依照给定的运算功能模块进行选择、连接、组态和设定参数，用户无须编制程序。组态工作是在系统运行之前进行的，或者说是离线进行的，一旦组态完成，系统就具备了运行能力。

2）系统的控制功能。执行由系统组态功能所生成的系统控制，包括：反馈控制功能，即依据组态执行相应的控制功能，直到信号输出；顺序控制功能，执行顺序语言编写的功能，完成预定的开关量输入/输出顺序控制功能。

3）系统的维护功能。用于定期检验各个作业，且在系统的建立、修改时，把内容保存在盘中。

4）系统的管理功能。对系统进行管理，包括监视功能和控制功能的管理、制表、事故报警、打印等管理。

8.2.4　DCS 的综合管理级

综合管理级在 DCS 中用来实现整个企业（或工厂）的综合信息管理，主要执行生产管理和经营管理功能。DCS 的综合信息管理级实际上是一个管理信息系统（Management Information System，MIS），MIS 是借助于自动化数据处理手段进行管理的系统。MIS 由计算机硬件、软件、数据库、各种规程和人共同组成。

1. MIS 的基本概念

MIS 一词是 J. D. Gallagher 在 1961 年首先提出来的，他认为可以开发一个以计算机为主体、信息处理为中心的综合性系统，即管理信息系统（MIS）。早期所提出的 MIS，设想它是单个的、高度集中的系统，认为它能够处理所有的组织功能，实践证明这是非常复杂而又不现实的。现在，MIS 的概念是一些子系统的联合，这些子系统是通过信息而发生联系的。这意味着在一个企业中，可以组建若干个相关的信息系统，分别为不同的管理需要服务。从总体来说，MIS 应向用户提供信息，以便改进决策能力和提高效率，这意味着信息是 MIS 最主要的资源。

(1) 管理

管理是指运用组织、计划、指导、控制、协调等基本行动，来有效地利用人力、材料、资金、设备和方法等各种资源，发挥最高的效率，以实现一个组织机构所预定的目标和任务。

管理的过程是从计划开始，然后予以实施，在实施过程中加以控制，这三步活动构成循环过程，通过反馈再修改计划。管理作为一个过程，它由三部分组成：第一，对组织机构所有的活动和一切资源加以有效地安排和调配；第二，通过计划、组织、领导、控制、协调来实行对组织机构的管理；第三，建立目标，有了目标就有了发展方向，因此管理是一个为一定目标服务的过程。

管理工作的 6 个要素是：目标、信息、人员、资金、设备、物资，它们构成物流、人流和信息流。管理信息有两类：一类是变动信息，另一类是固定信息。管理的基本职能是：计划、组织、领导、控制、激励、协调、通信。这些管理职能对于不同层次的管理，其重要性也不相同。对企业内的上层管理部门，计划（也称规划）是最主要的职能，组织是第二位的职能，而领导和控制职能相对前两项职能来说并不是主要的；对企业的中下层管理部门的职能，领导和控制是主要的职能，除了制订短期计划和日常调度是中下层管理部门的职能以外，战略规划和战术规划以及组织职能不是其主要职能。一般来说，激励和协调属于领导这一基本职能范围，通信可以属于组织职能范围。

所谓通信职能是指信息从一个人那里传递到另一个那里，使信息、思想、知识等得到传播。一个企业的存在，依赖于一个良好的通信网络系统。据统计，一个管理人员从事的日常管理工作（如发布命令、领导和协调等活动）所花的时间有 85% 以上是用于通信，当通信系统失灵时，企业的活动将陷入混乱。

(2) 信息

按照国际标准化组织（International Standard Organization，ISO）的定义，信息是对人有用的、能够影响人们行为的数据。数据是对事实、概念或指令的一种特殊表达形式，它可以用人工或自动化装置进行通信、翻译或处理。按照 ISO 的定义，人们日常所说的数字、文字、图形、图像、声音等都可以看作是数据。

信息有 6 个特征：可储存性，就是可以保存在某种介质中；再使用性，即可多次使用；可传输性，就是通过某种方式从甲地传送到乙地；可销售性，就是可作为商品出售；可压缩性，就是能够根据要求提取部分信息；增值性，是指信息积累到一定程度后能产生质的变化。

(3) 系统

按 ISO 的定义，系统是指由人、机器和各种方法构成的，用于完成一组特定功能的集合体。系统具有递归的含义，一个系统可以从属于一个比它更大的系统。

2. MIS 的组成

(1) MIS 的硬件组成

根据图 8-5 可知，在 DCS 当中主要由管理计算机、办公自动化服务系统、工厂自动化服务系统构成综合信息管理级，这些部分也就是 MIS 的硬件组成，主要用来支持 MIS 的软件实现和运行。

(2) MIS 的软件组成

企业 MIS 是一个以数据为中心的计算机信息系统。企业中的信息有两类：管理活动信息（包括日常管理、制订计划、战略性总体规划等信息）和职能部门活动的信息（包括生产制造、市场经营、财务、人事等信息）。企业 MIS 可粗略地分为市场经营管理、生产管理、财务管理和人事管理 4 个子系统。子系统从功能上说应尽可能地独立，子系统之间通过信息而相互联系。

1）市场经营管理子系统。市场经营管理的主要功能是为决策人提供有关市场各种信息。该子系统的主要数据来源是顾客，他们向企业提出订货产品的质量和性能等方面的要求，以及使用产品后的反馈意见。另一个主要数据来源是企业的市场调查人员，他们收集有关市场的情报资料。市场经营管理信息子系统一般由计划与市场研究、分配、销售 3 个部分组成。

2）生产管理子系统。生产管理就是按照预先确定的产品数量、质量和完成期限，运用科学的方法，经过周密的计划与安排，按照特定制造过程，生产出合乎标准的产品。生产管理的职能包括预测、计划、控制 3 部分。

预测：预测是生产管理的第一步，它是计划的必要前提。

计划：计划是生产管理的第二步，在生产管理中有两种计划，即工厂计划和生产计划。工厂计划是指对工厂的布置以及生产设备和厂内运输路线做出合理的安排和计划。生产计划是根据预测的利润、市场需要、生产能力这 3 个因素，合理地安排计划期间企业生产的产品品种、数量和完成期限，有效地使用资金、人力、材料、设备等资源。生产计划要解决 4 个问题：制造什么？如何制造？在何处制造？在什么时候完成？生产计划首先要对产品进行分析，根据工艺流程，安排制作程序；其次是安排材料计划；最后安排劳动计划。

控制：控制是生产管理的第三步，控制就是监督生产计划的具体实施。当实际情况与生产计划发生偏差时，要分析原因并及时纠正，以确保生产计划的顺利完成。生产管理中的控制包括生产控制、质量控制和库存控制。

3）财务管理子系统。财务管理的重点是为了完成企业的总体目标，有效地组织和运用现有的资源，也就是科学地组织和运用企业的流动资金和固定资产。

4）人事管理子系统。人事管理信息子系统的数据来源是有关作业的数据和人事变动的数据。一般说来，人事管理信息子系统由人事档案、人事计划、劳动管理组成。

3. DCS 中 MIS 的功能

DCS 的综合信息管理级主要由 MIS 来实现生产管理和经营管理。这一级进行市场预测及经济信息分析，根据原材料库存情况，生产进度，工艺流程及工艺参数，生产统计、报表，进行长期性的趋势分析，做出生产和经营决策，确保最佳化的经济效益。DCS 的综合信息管理级实际上是由 MIS 的市场经营管理和生产管理子系统来完成的。

8.3　现场总线控制系统

随着自动化、计算机、网络、通信和系统集成等技术的发展，现场总线控制系统（Fieldbus Control System，FCS）应运而生，FCS 给自动化领域带来了深刻变革。现场总线不单单是一种通信技术，也不仅仅是用数字仪表代替模拟仪表，它是用新一代的现场总线控制系统（FCS）代替传统的分散型控制系统（DCS），实现现场总线通信网络与控制系统的集成。

8.3.1　现场总线概述

1. 现场总线及其体系结构

根据国际电工委员会（International Electrotechnical Commission，IEC）标准和现场总线基金会（Fieldbus Foundation，FF）的定义：现场总线是连接智能现场设备和自动化系统的数字式、双向传输、多分支结构的通信网络。现场总线是用于过程自动化和制造自动化最底层的现场仪表或现场设备互连的通信网络。现场总线控制系统将通信线一直延伸到生产现场或生产设备，在生产现场直接构成现场通信网络，是现场通信网络与控制系统的集成。现场总线的体系结构主要表现在以下6个方面。

(1) 现场通信网络

现场总线把通信一直延伸到生产现场或生产设备，用于过程自动化和制造自动化的现场设备或现场仪表互连的现场通信网络，如图8-8所示，该图代表了FF现场总线控制系统的网络结构。

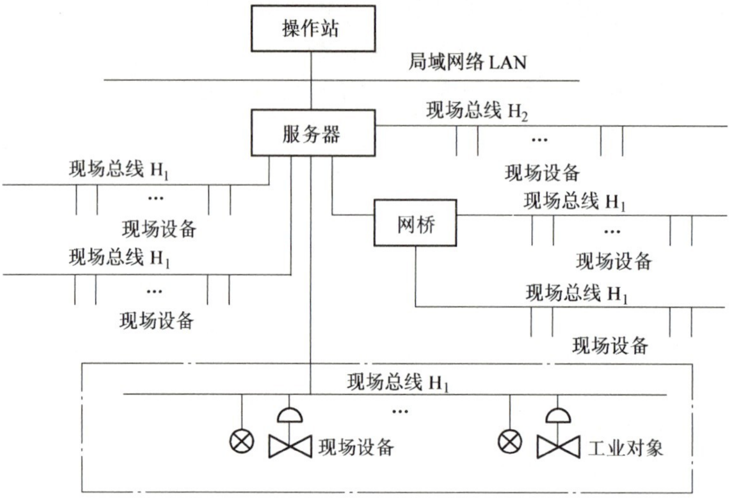

图8-8　FF现场总线控制系统网络结构

(2) 现场设备互连

现场设备或现场仪表是指变送器、执行器、服务器和网桥、辅助设备、监控设备等。这些设备通过一对传输线互连（见图8-8），传输线可使用双绞线、同轴电缆、光纤和电源线等，并可根据需要因地制宜地选择不同类型的传输介质。

1）变送器。常用的变送器有温度、压力、流量、物位和分析5大类，每类又有多个品种。变送器既有检测、变换和补偿功能，又有PID控制和运算功能。

2）执行器。常用的执行器有电动和气动两大类，每类又有多个品种。执行器的基本功能是控制信号的驱动和执行，还内含调节阀输出特性补偿、PID控制和运算功能，另外有阀门特性自动校验和自诊断功能。

3）服务器和网桥。服务器下接 H_1 和 H_2，上接局域网（Local Area Network，LAN）；网桥上接 H_2，下接 H_1（见图8-8）。

4）辅助设备。辅助设备有 H_1/气压转换器、H_1/电流转换器、电流/H_1 转换器、安全栅、总线电源、便携式编程器等。

5）监控设备。监控设备主要有工程师站、操作员站和计算机站。工程师站提供现场总线控制系统组态，操作员站提供工艺操作与监视，计算机站用于优化控制和建模。

(3) 互操作性

现场设备或现场仪表种类繁多，没有任何一家制造商可以提供一个工厂所需的全部现场设备，所以，不同厂商产品的交互操作与互换是不可避免的。用户不希望为选用不同的产品而在硬件或软件上花很大力气，而希望选用各厂商性能价格比最优的产品集成在一起，实现“即接即用”，用户希望对不同品牌的现场设备统一组态，构成其所需要的控制回路，这就是现场总线设备互操作性的含义。现场设备互连是基本要求，只有实现互操作性，用户才能自由地集成 FCS。

(4) 分散功能块

FCS 废弃了 DCS 的输入/输出单元和控制站，把 DCS 控制站的功能块分散地分配给现场仪表，从而构成虚拟控制站。由于功能分散在多台现场仪表中，并可统一组态，供用户灵活选用各种功能块，构成所需控制系统实现彻底的分散控制，如图 8-9 所示。其中差压变送器含有模拟量输入功能块（AI110），调节阀含有 PID 控制功能块（PID110）及模拟量输出功能块（AO110），这 3 个功能块构成流量控制回路。

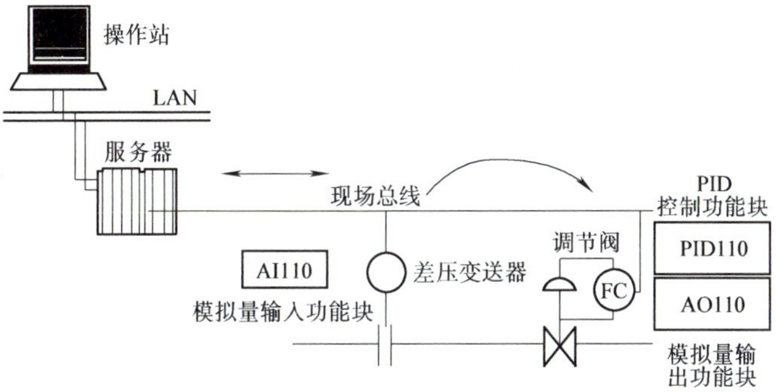

图 8-9　FCS 中的分散功能块

(5) 通信线供电

通信线供电方式允许现场仪表直接从通信线上摄取能量，这种方式提供用于本质安全环境的低功耗现场仪表，与其配套的还有安全栅。众所周知，许多生产现场有可燃性物质，所有现场设备必须严格遵守安全防爆标准，现场总线设备也不例外。

(6) 开放式互连网络

现场总线为开放式互连网络，既可与同层网络互连，也可与不同层网络互连。开放式互连网络还体现在网络数据库共享，通过网络对现场设备和功能块统一组态，使不同厂商的网络及设备融为一本，构成统一的 FCS，如图 8-8 所示。

2. 现场总线控制系统的变革

(1) 现场总线对自动化领域的变革

现场总线对当今的自动化领域带来以下 7 个方面的变革：用一对通信线连接多台数字仪表代替一对信号线只能连接一台仪表；用多变量、双向、数字通信方式代替单变量、单向、模拟传输方式；用多功能的现场数字仪表代替单功能的现场模拟仪表；用分散式的虚拟控制站代替集中式的控制站；用现场总线控制系统（FCS）代替传统的分散控制系统（DCS）；变革传统的信号标准、通信标准和系统标准；变革传统的自动化系统体系结构、设计方法和安装调试方法。自动化领域这场变革的深度和广度都将超过历史上任何一次，必将开创自动化控制的新纪元。

(2) FCS 对 DCS 的变革

1）FCS 的信号传输实现了全数字化，最底层的传感器和执行器就采用现场总线网络，从最底层开始逐层向上直至最高层均为通信网络互连。

2）图 8-9 所示的 FCS 的系统结构是全分散式，它废弃了图 8-10 所示的 DCS 的输入/输出单元和控制站，由现场设备或现场仪表取而代之，即把 DCS 控制站的功能化整为零，分散地分配给现场仪表，从而构成虚拟控制站，实现彻底的分散控制。

3）FCS 的现场设备具有互操作性，不同厂商的现场设备既可互连也可互换，并可以统一组态，彻底改变传统 DCS 控制层的封闭性和专用性。

4）FCS 的通信网络为开放式互连网络，既可同层网络互连，也可与不同层网络互连，用户可极方便地共享网络数据库。

5）FCS 的技术和标准实现了全开放，无专利许可要求，可供任何人使用。

以上变革导致了一个全数字化、全分散式、全开放、可互操作和开放式互连网络的新一代 FCS 的出现。

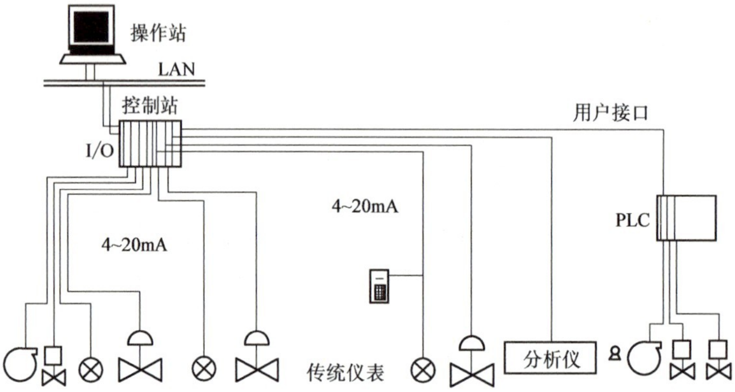

图 8-10　传统 DCS 控制层

3. 现场总线产生的原因

现场总线变革传统的模拟仪表和 DCS，有人表示不理解，认为模拟仪表和 DCS 技术相当成熟，几十年形成的标准和系列已被世界公认，一旦变革可能吃力不讨好。为此有必要分析模拟仪表的缺点和现场总线的优点，两者比较促使了现场总线的产生。

（1）模拟仪表的缺点

1）一对一结构。一台仪表，一对传输线，单向传输一个信号，如图 8-10 所示。这种一对一结构造成接线庞杂、工程周期长、安装费用高、维护困难。

2）可靠性差。模拟信号传输不仅精度低而且易受干扰。为此采用各种抗干扰措施和提高精度措施，其结果增加了成本。

3）失控状态。操作员在控制室既不了解模拟仪表工作状态，也不能对其进行参数调整，更不能预测故障，导致操作员对其处于“失控”状态。由于操作员不能及时发现现场仪表的故障而发生的事故已屡见不鲜。

4）互换性差。尽管模拟仪表统一了信号标准 DC 4~20mA，可是大部分技术参数仍由制造厂商自定，致使不同厂商的仪表无法互换。

（2）现场总线的优点

1）一对 N 结构。一对传输线，N 台仪表，双向传输多个信号，如图 8-8 所示。这种一对 N 结构使得接线简单、工程周期短、安装费用低、维护容易。如果增加现场设备或现场仪表，只需并行挂接到电缆上，无须架设新的电缆。

2）可靠性高。数字信号传输抗干扰强、精度高，无须采用抗干扰措施和提高精度的措施，从而减少了成本。

3）可控状态。操作员在控制室既可了解现场设备或现场仪表的工作状况，也能对其进行参数调整，还可预测或寻找故障，始终处于操作员的远程监视与可控状态，提高了系统的可靠性、可控性和可维护性。

4）互换性。用户可自由选择不同制造厂商的现场设备或仪表进行互连互换，实现“即接即用”。

5）互操作性。用户可把不同厂商的仪表集成在一起，进行统一组态。

6）综合功能。现场仪表既有检测、变换和补偿功能，又有控制和运算功能，实现一表多用，节省了成本。

7）分散控制。控制站分散在现场仪表中，通过现场仪表就可构成控制回路，实现彻底的分散控制，提高了系统的可靠性、自治性和灵活性，如图 8-8 所示。

8）统一组态。由于引入功能块的概念，所有制造厂商都使用相同的功能块，并统一组态方法。这样组态变得非常简单，用户不需要因为现场设备或现场仪表种类不同带来组态方法的不同，而进行培训或学习组态方法及编程语言。

9）开放式系统。现场总线为开放式互连网络，所有技术和标准是公开的，用户可自由集成不同厂商的通信网络，既可与同层网络互连，也可与不同层网络互连；另外，用户可极方便地共享网络数据库。

由于模拟仪表的诸多缺点，传统 DCS 无法摆脱模拟仪表的束缚，这就产生了现场总线和新一代 FCS。FF 以现场总线示范工程与传统 DCS 相比，各项费用节省率为：导线 82%，螺钉 63%，接口板 50%，安全栅 50%，另外还节省材料费、工时费等。

每台现场设备就是一台微处理器，既有 CPU、内存、接口和通信等数字信号处理，还有非电量信号检测、变换和放大等模拟信号处理。现场总线的出现得益于微处理器技术、通信技术、集成电路技术的发展。

4. 现场总线的发展过程

早在 20 世纪 80 年代中期，国外就提出现场总线，但研究工作进展缓慢，而且无国际标准可遵守。下面列举部分国际组织研究现场总线经过，以便了解现场总线标准的产生历程。

（1）ISA/SP50

1984 年，美国仪表学会（Instrument Society of America，ISA）下属的标准实施（Standard and Practice，SP）第 50 组，简称 ISA/SP50 开始制定现场总线标准。1992 年，国际电工委员会（IEC）批准了 SP50 物理层标准。

（2）PROFIBUS

1986 年，德国开始制定过程现场总线（Process Field Bus）标准，简称 PROFIBUS。1990 年，完成了 PROFIBUS 标准制定工作，在德国标准 DIN19245 中对其进行了论述。1994 年，PROFIBUS 组织又推出了用于过程自动化的现场总线 PROFIBUS-PA（Process Automation），通过总线供电，提供本质安全。

（3）ISP 和 ISPF

1992 年，由 Siemens、Foxboro、Rosemount、Fisher、Yokogawa（横河）、ABB 等公司成立 ISP 组织，以德国标准 PROFIBUS 为基础制定总线标准。1993 年成立了 ISP 基金会（ISP Foundation，ISPF）。

(4) World FIP

1993 年，由 Honeywell、Bailey 等公司牵头，成立了 World FIP，约有 120 多个公司加盟，以法国标准 FIP 为基础制定现场总线标准。

(5) HART 和 HCF

1986 年，由 Rosemount 提出 HART（Highway Addressable Remote Transducer）协议，即可寻址远程传感器数据通路通信协议，它是在 DC 4~20mA 模拟信号上叠加 FSK 数字信号，既可用作 DC 4~20mA 模拟仪表，也可用作数字通信仪表。显然，这是现场总线的过渡性协议。1993 年，成立了 HART 通信信息基金会 HCF，约有 70 多个公司加盟，如 Siemens、Yokogawa（横河）、E+H、Fisher、Rosemount 等。

(6) FF

由于各大公司或企业集团极力维护自身的利益，互不相让，致使现场总线标准化工作进展缓慢。但广大用户要求革新模拟仪表和 DCS，尽快使用现场总线，而且当今的技术已经能满足现场总线的硬件环境和软件环境，各大仪表和 DCS 制造商又想早点有利可图，不想维持僵局。在这种情况下，1994 年 ISPF 和 World FIP 握手言和，成立了现场总线基金会（Fieldbus Foundation，FF），总部设在美国德克萨斯州（Texas）的奥斯汀（Austin）。该基金会聚集了世界著名仪表、DCS 和自动化设备制造商、研究机构和最终用户。

现场总线基金会（FF）成立以来的工作进展比较快，推动了现场总线的研究和产品开发。FF 是一个非商业的公正的国际标准化组织，其宗旨是制定统一的国际现场总线标准，为世界上任何一个制造商或用户提供现场总线标准。

8.3.2　五种典型的现场总线

目前，世界上出现多种现场总线的企业、集团或国家标准。这使人们十分困惑，既然现场总线有如此多的优点，为什么统一标准却十分困难？这里存在两个方面的原因：第一是技术原因，第二是商业利益。目前较流行的现场总线主要有以下五种：CAN、LONWORKS、PROFIBUS、HART、FF。

1. CAN（控制器局域网络）

控制器局域网络（Controller Area Network，CAN）是由德国 Bosch 公司为汽车的监测和控制而设计的，逐步发展到用于其他工业领域的控制。CAN 已成为 ISO 11898 标准。CAN 具有如下特性：

1）CAN 通信速率为 5kbit · s^{-1}/10km、1Mbit · s^{-1}/40m，节点数 110 个，传输介质为双绞线或光纤等。

2）CAN 采用点对点、一点对多点及全局广播几种方式发送接收数据。

3）CAN 可实现全分布式多机系统且无主、从机之分，每个节点均主动发送报文，用此特点可方便地构成多机备份系统。

4）CAN 采用非破坏性总线优先级仲裁技术，当两个节点同时向网络上发送信息时，优先级低的节点主动停止发送数据，而优先级高的节点可不受影响地继续发送信息；按节点类型分成不同的优先级，可以满足不同的实时要求。

5）CAN 支持四类报文帧：数据帧、远程帧、出错帧、超载帧。采用短帧结构，每帧有效字节数为 8 个。这样传输时间短，受干扰的概率低，且具有较好的检错效果。

6）CAN 采用循环冗余校验（Cyclic Redundancy Check，CRC）及其他检错措施，保证

了极低的信息出错率。

7）CAN 节点具有自动关闭功能，当节点错误严重的情况下，则自动切断与总线的联系，这样不影响总线正常工作。

8）CAN 单片机：Motorola 公司生产带 CAN 模块的 MC68HC05x4，Philips 公司生产的 82C200，Intel 公司生产带 CAN 模块的 P8XC592。

9）CAN 控制器：Philips 公司生产的 82C200，Intel 公司生产的 82527。

10）CAN I/O 器件：Philips 公司生产的 82C150，具有数字和模拟 I/O 接口。

2. LONWORKS（局部操作网络）

局部操作网络（Local Operating Network）LONWORKS 由美国 Echelon 公司研制，主要有如下特性：

1）LONWORKS 通信速率为 78kbit · s^{-1}/2700m、1.25Mbit · s^{-1}/130m，节点数 32000 个，传输介质为双绞线、同轴电缆、光纤、电源线等。

2）LONWORKS 采用 Lon Talk 通信协议，该协议遵循国际标准化组织（ISO）定义的开放系统互连（Open System Interconnection，OSI）全部 7 层模型。

3）LONWORKS 的核心是 Neuron（神经元）芯片，内含了 3 个 8 位的 CPU：第 1 个 CPU 为介质访问控制处理器，实现 Lon Tank 协议的第 1 层和第 2 层；第 2 个 CPU 为网络处理器，实现 Lon Talk 协议的第 3~6 层；第 3 个 CPU 为应用处理器，实现 Lon Talk 协议的第 7 层，执行用户编写的代码及为用户代码所调用的操作系统服务。

4）Neuron 芯片的编程语言为 Neuron C，它是从 ANSI C 派生出来的。LONWORKS 提供了一套开发工具 LonBuilder 与 NodeBuilder。

5）Lon Talk 协议提供了 5 种基本类型的报文服务：确认（Acknowledged），非确认（Unacknowledged），请求/响应（Request/Response），重复（Repeated），非确认重复（Unacknowledged Repeated）。

6）Lon Talk 协议的介质访问控制子层（MAC）对 CSMA 做了改进，采用一种新的称作 Predictive P-Persistent CSMA 的协议，根据总线负载随机调整时间槽 n（1~63），从而在负载较轻时使介质访问延迟最小化，而在负载较重时使冲突的可能最小化。

3. PROFIBUS（过程现场总线）

过程现场总线（Process Field Bus）PROFIBUS 是德国标准，1991 年在 DIN 19245 中公布了标准，PROFIBUS 有几种改进型，分别用于不同的场合，例如：

1）PROFIBUS-PA（Process Automation）用于过程自动化，通过总线供电，提供本质安全型，可用于危险防爆区域。

2）PROFIBUS-FMS（Fieldbus Message Specification）用于一般自动化。

3）PROFIBUS-DP（Decentralized Periphery）用于加工自动化，适用于分散的外围设备。

PROFIBUS 引入功能模块的概念，不同的应用需要使用不同的模块。在一个确定的应用中，按照 PROFIBUS 规范来定义模块，写明其硬件和软件的性能，规范设备功能与 PROFIBUS 通信功能的一致性。

PROFIBUS 为开放系统协议，为了保证产品质量，在德国建立了 FZI 信息研究中心，对制造厂和用户开放，对其产品进行一致性检测和实验性检测。

4. HART（可寻址远程传感数据通路）

可寻址远程传感数据通路（Highway Addressable Remote Transducer，HART）是美国

Rosemount 研制，HART 协议参照 ISO/OSI 模型的第 1、2、7 层，即物理层、数据链路层和应用层，主要有如下特性：

1）物理层：采用基于 Bell 202 通信标准的 FSK 技术，即在 DC 4~20mA 模拟信号上叠加 FSK 数字信号，逻辑 1 为 1200Hz，逻辑 0 为 2200Hz，波特率为 1200bit/s，调制信号为 ±0.5mA 或 0.25$V_{p\text{-}p}$（250Ω 负载）。用屏蔽双绞线单台设备距离 3000m，而多台设备互连距离 1500m。

2）数据链路层：数据帧长度不固定，最长 25B。可寻地址为 0~15，当地址为 0 时，处于 DC 4~20mA 与数字通信兼容状态；当地址为 1~15 时，则处于全数字通信状态。通信模式为“问答式”或“广播式”。

3）应用层：规定了三类命令，第一类是通用命令，适用于遵守 HART 协议的所有产品；第二类是普通命令，适用于遵守 HART 协议的大部分产品；第三类是特殊命令，适用于遵守 HART 协议的特殊产品。另外，为用户提供了设备描述语言（Device Description Language，DDL）。

5. FF（现场总线基金会）现场总线

现场总线基金会（Fieldbus Foundation，FF）推行的现场总线标准以 IEC/ISA SP-50 标准为蓝本，无专利许可要求，可供任何人使用。FF 现场总线标准共有 4 层协议，即物理层、数据链路层、应用层和用户层。下面简单介绍该标准各层协议的主要技术内容。对用户而言，物理层和用户层比较重要，因为前者有关于系统安装的若干规定，后者有关于组态的内容。

（1）物理层（Physical Layer）

物理层标准号是 IEC1158-2。已有多家公司生产出低速总线 H_1 标准的专用芯片（ASIC），并可出售，它们是 Smar、YOKOGAWA、Shipstar、Borst、Automation、Fuji、VSLI。物理层的任务是接收来自数据链路层数据经再加工变为电信号进行传输，或接收到信号后进行相反的处理并将数据送交数据链路层。

物理层定义了传送数据帧的结构，信号波形的幅度限制，以及传输介质，波特率、功耗和网拓扑结构。

1）传输介质可以采用有线电缆、光纤和无线通信。目前采用有线电缆作为传输介质，已给出标准见 ISA-SP50.02 Port2。例如，使用屏蔽双绞线：H_1 标准（31.25kbit/s）为#18AWG；H_2 标准（1Mbit/s）为#22AWG；H_2 标准（2.5Mbit/s）为#22AWG。

2）通过有线电缆传送信号的波特率定义了两种速率标准。

H_1：31.25kbit/s 低速率网络。采用 H_1 标准，可以利用现有的有线电缆，能满足本质安全要求和利用同一电缆向现场装置供电。采用 H_1 标准在同一电缆线上连接 2~6 台现场装置，可以满足本质安全要求。采用 H_1 标准在同一电缆线上连接 2~12 台现场装置，但不满足本质安全要求。如果单独用电缆线供电，那么，在同一传输信号的电缆线上，可以连接 2~32 台的现场装置，但不满足本质安全要求。

H_2：1Mbit/s/2.5Mbit/s 高速网络。H_2 标准大大提高了传输波特率，但不能用信号线供电。

3）H_1 标准最大传输距离为 1900m（无须中继器），最多串接 4 台中继器。H_2 标准在 1Mbit/s 波特率下，最大传送距离 750m；在 2.5Mbit/s 波特率下，最大传送距离 500m。

4）现场总线协议支持总线型、树形和点对点形三种拓扑结构。其中，树形结构仅支持

低速 H_1 版本。

5）编码方式和报文结构：控制设备的数据交换采用同步串行半双工方式，设备可在同一媒体中发送和接收数据，但发送和接收过程不能同时进行。现场总线数据信号采用自时钟 Manchester 编码方式。由于数据传输过程是同步的，因此每帧数据无须使用起始位和停止位。在 Manchester 码中，编码时钟和数据结合在一起，所以上升沿代表逻辑 0，下降沿代表逻辑 1。

每帧报文的格式由前同步符（Preamble）、首界定符（Start delimiter）、数据段和尾界定符（End delimiter）四部分组成，如图 8-11 所示。前同步符相当于电话信号中的振铃信号，用于唤醒接收设备，并使之与发送设备保持同步。每段报文中数据段的开头和结尾部分由定界符标出。请注意，界定符不同于 Manchester 码，它用非数据正 N_+和非数据负 N_-表示，这样可以有效地标明数据段的范围。前同步符和定界符由发送设备中的物理层自动加到报文中，并在接收设备的物理层中被自动去掉。

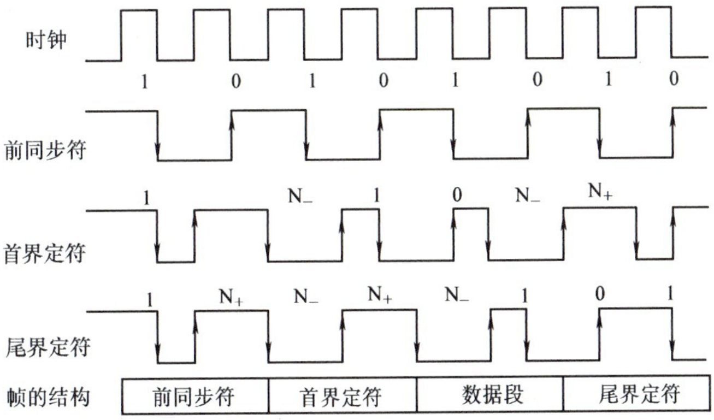

图 8-11　现场总线报文结构

(2) 数据链路层（Data Link Layer）

这一层由上下两部分组成：下层部分功能是对传输介质传送的信号进行发送、接收控制；上层部分功能是对数据链路进行控制，保证数据传送到指定的装置。

在现场总线网络中的装置可以是主站，也可以是从站。主站有控制发送、接收数据的权利，从站仅有响应主站访问的权利。

现场总线为实现对传送的信号进行发送、接收控制，采用了融令牌和查询通信方式为一体的技术。在一个网络中可以有几个主站。初始化时，仅允许一个站处于讲工作状态。讲工作状态传来后，主站查询从站，并用特殊的帧结构把讲工作状态送给另一主站。

在网络中的装置均要有不冲突的站地址。所有的帧中包含目标地址和源地址。

为了满足系统的可靠性，传送的数据必须可靠，所以在发送站的每一帧中加了两个字节的帧检查序列码（FCS）。在接收站进行解码，可以判断是否有错。

在现场总线系统有两类信息：工作信息和背景信息。工作信息是指在装置之间传送的数据，如过程变量；背景信息是指在某装置与操作台之间传送的数据，如组态和诊断。

总之，数据链路层的任务是保证数据的完整性和决定何时与谁进行对话，数据链路帧格式如下：

格式控制	目标地址	源地址	参数	数据	校验

(3) 应用层（Application Layer）

现场总线访问子层（Fieldbus Access Sublayer，FAS）和现场总线报文规范（Fieldbus Messaging Specification，FMS）两部分构成了应用层。

FAS提供三类服务：发布/索取（Publisher/Subscriber），客户机/服务器（Client/Server），报告分发（Report Distribution），这三类服务被称为虚拟通信关系（Virtual Communication Relationships，VCR）。

FMS规定了访问应用进程（Application Process，AP）的报文格式及服务。FMS与对象字典（Object Dictionary，OD）配合，为现场设备规定了功能接口。FMS通过调用VCR，在现场设备之间传递报文。

(4) 用户层

用户层规定了标准的“功能块”供用户组态成为系统，利用功能块数据结构执行数据采集、控制和输出功能。每一个功能块包含一种对数据进行处理的算法，用户为每一个功能块定义一个名称，称为块标记，在同一网络中名称必须唯一。数据被分解成输入、输出和内部变量。

利用句法、标记、参数名称在整个现场总线网络中寻找功能块。现场装置对用户在功能块中读/写的数据按预先的算法进行处理，并具有将改变了的特性下装到整个现场总线网络的应用层的能力。

FF规定了如下基本功能块：模入（AI）；控制选择（CS）；模出（AO）；开入（DI）；P、PD控制；开出（DO）；手动（ML）；PID、PI、I控制；偏置/增益（BG）；比率（RA）。它还规定了如下先进功能模块：脉冲输入、步进输出PID、输入选择、复杂模出、装置控制、信号特征、复杂开关出、设定值程序发生、定时、分离器、运算、模拟接口、超前滞后补偿、积算、开关量接口、死区、模拟报警、算术运算、开关量报警等。

8.4　工业以太网测控系统

8.4.1　工业以太网概述

1. 以太网概述

以太网是当今现有局域网采用的最通用的通信协议标准，组建于20世纪70年代早期。Ethernet（以太网）是一种传输速率为10M~10Gbit/s的常用局域网（LAN）标准。在以太网中，所有计算机被连接到一条同轴电缆上，采用具有冲突检测的载波监听多路访问（Carrier Sense Multiple Access/Collision Detection，CSMA/CD）技术，采用竞争机制和总线拓扑结构。以太网由共享传输媒体，如双绞线电缆或同轴电缆和多端口集线器、网桥或交换机构成。在星形或总线型配置结构中，集线器/交换机/网桥通过电缆使得计算机、打印机和工作站彼此之间相互连接。

2. 工业以太网

所谓工业以太网（Industrial Ethernet），就是应用于工业自动化领域的以太网技术，是基于IEEE 802.3（Ethernet）的强大的区域和单元网络。近几年来，随着工业互联网技术的普及与推广，以太网也得到了飞速发展，特别是以太网通信速率的提高、交换技术的发展，给解决以太网的非确定性问题带来了新的契机。首先，以太网的通信速率从10Mbit/s发展到10Gbit/s，在相同通信量的条件下，通信速率的提高意味着网络负荷的减轻和碰撞的减少，也就意味着提高确定性；其次，以太网交换机为连接在其端口上的每个网络节点提供了独立的带宽，连接在同一个交换机上面的不同设备不存在资源争夺，这就相当于每个设备独占一个网段；再次，全双工通信技术又为每一个设备与交换机端口之间提供了发送与接收的专用通道，使不同以太网设备之间的冲突大大降低（半双工交换式以太网）或完全避免（全双工交换式以太网）。因此，以太网成为“确定性”网络，从而为它应用于工业自动化控制消除了主要障碍。

3. 工业以太网原理及体系结构

现场总线基金会（FF）于 2000 年发布 Ethernet 规范，称 HSE（High Speed Ethernet）。HSE 是以太网协议 IEEE 802.3、TCP/IP 协议簇与 FFⅢ的结合体。FF 现场总线基金会明确将 HSE 定位于实现控制网络与 Internet 的集成。

工业以太网协议有多种，如 EtherNet/IP、ProfiNet、EtherCAT、Modbus TCP、Powerlink、CC-Link IE Field、Sercos Ⅲ、HSE 等。对应于 ISO/OSI 通信参考模型，工业以太网协议在物理层和数据链路层均采用了 IEEE 802.3 标准，在网络层和传输层则采用被称为以太网“事实上”标准的 TCP/IP 协议簇（包括 UDP、TCP、IP、ARP、ICMP、IGMP 等协议），它们构成了工业以太网的低四层。在高层协议上，工业以太网协议通常都省略了会话层、表示层，而定义了应用层，有的工业以太网协议还定义了用户层（如 HSE），如图 8-12 所示。

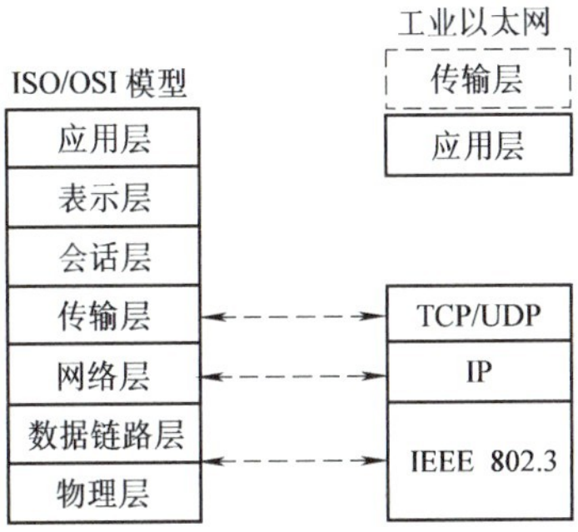

图 8-12　工业以太网通信模型

以太网根据不同系统规模和具体情况，灵活采用星形、环形（包括冗余双环）、线形（或类总线型）结构等网络拓扑结构。工业以太网中使用的通信线缆包括同轴电缆、双绞线和光缆，遵循 IEEE 指定的相关标准。根据工业环境的状况，工业以太网对环境的适应性要比传统的商业以太网更强，包括设备、通信缆、连接件在内的防爆性、抗腐蚀性、机械强度、电磁兼容性等。

工业以太网的关键技术包括工业以太网通信的实时性、工业以太网的网络生存性和可用性、工业以太网的网络安全、工业以太网的传输距离、工业以太网的互可操作性与应用性协议。

4. 工业以太网的应用

工业以太网在技术上与商用以太网（即 IEEE 802.3 标准）兼容，但在产品设计时，在材质的选用、产品的强度和适用性方面能满足工业现场的需要，具有环境适应性强、可靠性和安全性高、安装方便的特点。因此，与其他现场总线或工业通信网络相比，以太网具有应用广泛、成本低廉、通信速率高、软硬件资源丰富、易于 Internet 连接、可持续发展潜力大的优点，因此不仅垄断了工厂综合自动化的信息管理层网络，而且在过程监控层网络也得到了广泛应用，并且有直接向下延伸，应用于工业现场设备层网络的趋势。

8.4.2　工业以太网测控系统设计

工业最常用的网络结构有基于 PLC 的分布式测控网络、基于 IPC 的测控网络（RS-485 总线架构、现场总线架构、工业以太网架构及以上方式组合架构等）。以太网类产品因其远距离的数据传输能力和高速的数据通信能力正在成为工业应用的主导。以太网 I/O 模块向上提供一路 10/100Mbit/s 以太网接口，利用其提供的 I/O 转以太网功能，能够将分散分布在工业现场的各种 I/O 数据通过工业以太网集中采集至服务器，系统的相应指令也可以通过工业以太网发至工业现场设备用于控制系统运行。

1. 基于ADAM-6000模块的工业以太网结构

ADAM-6000系列产品是基于Ethernet的数据采集和控制模块，它们集数据采集和网络传输能力于一身。使用这些模块可以轻而易举地建立低成本、适应于各个行业的基于Ethernet的数据采集和控制系统。通过标准的以太网，ADAM-6000模块可以实时地将来自传感器的数据发送到局域网/以太网节点上。

(1) ADAM-6000模块的主要特征

ADAM-6000模块具有10/100Mbit/s自适应网络能力，支持工业通用的Modbus/TCP、UDP。通过UDP/IP，可以同时向8个以太网节点发送数据。研华还为ADAM-6000提供了OPC服务器，在支持OPC的HMI/SCADA软件中可以方便地使用。

ADAM-6000模块预置了智能数学函数，提升了系统的性能。其中，数字量输入模块提供了计数、总和函数；数字量输出模块提供了脉冲输出、继电器输出函数；模拟量输入模块提供了最大/最小/平均数据计算；模拟量输出模块提供了PID回路控制函数。

ADAM-6000模块在同一个模块上集成多种类型的数据采集I/O。ADAM-6000模块都提供了一个预置的Web页面，可以通过网络来实时显示端口数据、报警信号和模块状态，可通过网络浏览器实时监控端口数据。ADAM-6000模块支持通用的Modbus/TCP，可以便捷地同网络控制器或内置了Modbus/TCP的HMI/SCADA软件连接使用。研华还为Modbus/TCP提供了OPC服务器来和支持客户OPC的软件连接ADAM-6000模块实时数据，用户无须担心是否需要额外的驱动。以Modbus/TCP标准为基础，ADAM-6000固件灌入了Modbus/TCP服务器。同时，研华还提供了DLL驱动程序、OPC服务器以及Window配置工具。用户可以使用Window配置工具，通过Modbus/TCP驱动程序或Modbus/TCP OPC服务器与HMI软件结合，配置DA&C系统，也可以使用DLL驱动程序或ActiveX控件开发应用系统。

(2) 基于ADAM-6000模块的硬件架构

工业以太网系统由研华ADAM-6000系列模块组成，其结构如图8-13所示，包括热电阻输入模块ADAM-6015、差分模拟量输入模块ADAM-6017、热电偶输入模块ADAM-6018、具有以太网10/100Base-T接口的数字量输入/输出模块ADAM-6050、ADAM-6051，以及具有以太网10/100Base-T接口的继电器输出模块ADAM-6060、32位计数器模块ADAM-6051、模拟量输出模块ADAM-6024。TL-WA200和EDS-16通过RJ45接头进行连接。

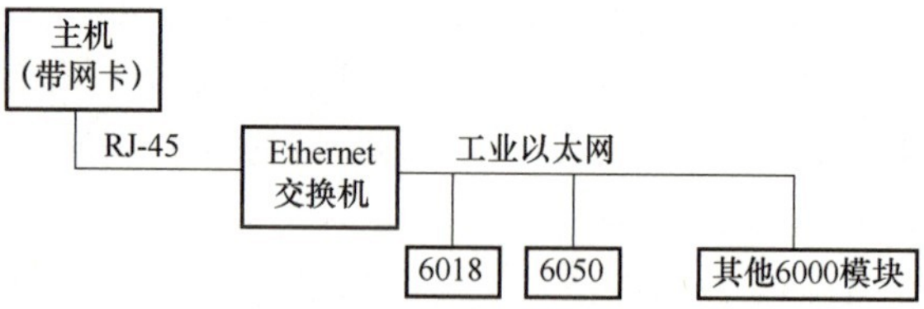

图8-13　基于工业以太网的测控系统结构

(3) 常用的ADAM-6000系列远程I/O模块

1）模拟量输入/输出模块。模拟量输入模块通过为A-D提供的光电隔离和3000V变压器隔离防止对地环路/浪涌电压对设备造成损坏。

ADAM-6015是16位6通道热电阻输入模块，各通道输入范围可调。可以连接Pt100、Pt1000、Balco 500或者Ni50、Ni508热电阻。以工程单位形式向主机发送数据。

ADAM-6017是16位8通道差分模拟量输入模块，通道输入范围均可程控。

ADAM-6018是16位8通道热电偶输入模块，所有通道的输入范围均可程控。

ADAM-6024是3个模拟量输入/1个模拟量输出。

2）数字量输入/输出模块。ADAM-6050 具有 12 个数字量输入，6 个输出通道，并且为以太网的无缝连接提供了 10/100 Base-T 接口。ADAM-6051 提供 12 路数字量输入，2 路数字量输出和 2 个计数器（10MHz 时基），并且为以太网的无缝连接提供了 10/100 Base-T 接口。

3）继电器输出模块。ADAM-6060 提供 6 路继电器输出，6 路模拟量输入，并且为以太网的无缝连接提供了 10/100 Base-T 接口。除了以太网口、内置网页，ADAM-6050 还提供了 6 路继电器输出和 6 路模拟量输入。

2. ADAM 以太网模块的应用软件

ADAM-6000 系列模块使用集成的专用应用软件进行系统配置，应用软件名称为 ADAM-5000TCP/6000 Utility Program，该软件同时支持 ADAM-5000/TCP 和 ADAM-6000 模块，提供了图形化的界面来方便用户的配置工作，同时也可以方便地用来监控远端的 DA&C 系统。

3. 基于研华 ADAM-6000 模块构成工业以太网测控系统举例

下面，以研华 ADAM-6050 开关量输入/输出模块为例，介绍其在工业以太网测控系统中的应用。研华 ADAM-6050 是一款基于以太网的数据采集模块，支持 ASCII 码、Modbus/TCP、TCP/IP、UDP。该模块不仅可以实现通用的开关量输入/输出，也可以实现计频计数和脉冲输出及延时输出。同时，该模块支持 P2P 和 GCL 功能，P2P 和 GCL 功能实现了在无控制器的情况下，ADAM-6050 和其他同类模块之间的数据通信与逻辑处理能力。P2P 和 GCL 编程采用简单易学的图形化编程，既可以实现单个模块的逻辑处理，也可以实现多个模块的逻辑处理。当 ADAM-6050 运行控制逻辑时，用户可在计算机中通过 ADAM. NET utility 观察当前的逻辑执行情况。除此之外，任何一台计算机都可通过 HMI/SCADA 软件或网页浏览器（如 IE）等访问逻辑过程输入/输出变化，因此整个系统是开放的，任何人不论何时何地都可方便进行监控。

（1）系统模块选用

5 个 12 路输入/6 路输出开关量模块 ADAM-6050；8 个工业 10/100TX 单模光纤媒体转换器 EKI-2541S；1 个工业级 8 端口非网管型以太网交换机 EKI-2528。

（2）系统架构图

基于研华 ADAM-6000 模块构成工业以太网测控系统架构如图 8-14 所示。

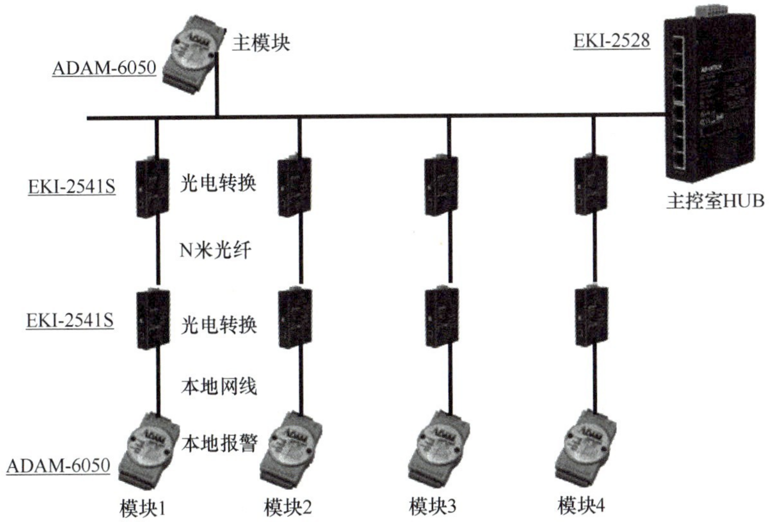

图 8-14　工业以太网测控系统架构

从图 8-14 可以看出，整个系统架构简单，仅需 5 个 ADAM-6050 模块就可以实现多个分布在不同地域的工厂主要报警状态的监控，无须另外的计算机。如果原有 Ethernet 网络架构，则可将 ADAM-6050 模块直接接入网络中，更可节省布线。

8.5　系统集成与综合自动化系统

8.5.1　系统集成

1. 系统集成的含义

系统（System）是由多个元素有机结合在一起，并执行特定功能以达到特定目标的集合体，系统应有整体性、层次性、相关性、目的性以及环境适应性等特性。

集成（Integration）又可称为综合，可理解为一个整体的各部分之间能彼此自动地、协调地工作，以发挥整体效益，达到整体优化的目的。集成不仅仅是各种元素的简单拼接，而且要产生集成的效果。

系统集成（System Integration）可理解为按系统整体性原理，将原来没有联系或联系不紧密的元素组成为具有一定功能的，满足一定目标、相互联系、彼此协调工作的新系统的过程、技术与科学，由此引出系统集成工程、系统集成技术、系统集成方法或理论、系统集成体系结构或框架以及系统集成商等。网络系统集成是各类系统集成的重要基础或支撑环境，计算机网络系统是一个重要的组成部分。

2. 网络系统集成框架

（1）控制网络与企业网络的集成框架

在现场总线控制系统（FCS）的层次结构中，出于基础的现场控制层和操作监控层是 FCS 必须具有的基本结构，属于控制网络；上面的生产管理层和决策管理层是企业信息网络必须具有的基本结构，属于信息网络或数据网络。这两类网络的集成可以看作 FCS 和企业网络的集成。FCS 和企业网络的集成技术可以有以下两种框架。

1）网间连接技术。FCS 网络和企业网络之间通过网桥、路由器或网关等网间连接器互联，如图 8-15a 所示。从协议的层次看，网桥（或交换器）是在链路层将数据帧存储转发，路由器是在网络层转发数据，一般把用于网络层以上的网络连接器通称为网关。

2）OPC 技术。对象链接嵌入（Object Linking and Embedding，OLE）技术已广泛应用，OPC 是用于过程控制的对象链接嵌入（OLE for Process Control）技术。OPC 采用客户/服务层（Client/Server）结构，OPC 服务器对下层设备提供接口，使得现场控制层的各种过程信息能够进入 OPC 服务器，从而实现向下互联；另外，OPC 服务器还对上层设备提供标准的接口，使得上层企业网络设备能够取得 OPC 服务器中的数据，从而实现向上互联。而且这两种互联都是双向的，也就是说，OPC 是 FCS 和企业网络之间连接的桥梁，如图 8-15b 所示。

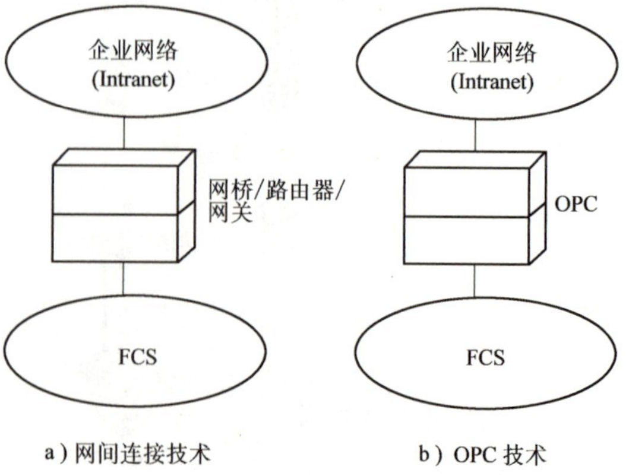

图 8-15　FCS 和企业网络的集成

FCS 和企业网络的集成以及 FCS 和互联网络的集成还涉及一些关键技术，包括：

① OPC，用于过程控制的对象链接嵌入技术。

② ODBC，开放数据库连接（Open Data Base Connectivity）技术。

③ ASP，动态服务器主页（Active Server Page）技术。

④ ActiveX，用于客户端和服务器端的 ActiveX，包含 3 种对象，即 ActiveX control，ActiveX scripting，ActiveX document。

⑤ ADO，ActiveX 数据对象（ActiveX Data Object）用于 Web 服务器中数据库编程。

FCS 和网络的集成可构成远程监控系统（Remote Supervisory System，RSS），实现 Infranet、Intranet 和 Internet 的互联。人们通过网络对远方生产过程进行监控和控制，对现场设备进行诊断和维护，对生产企业进行管理和指导。

(2) 控制网络系统集成框架

控制网络的系统集成主要考虑现场总线控制系统与分布式控制系统的异构系统集成。FCS 和 DCS 各自成独立的系统，在两个系统之间设网关互相联系，两个系统分别保持其独立性，而又相互联系，如图 8-16 所示。

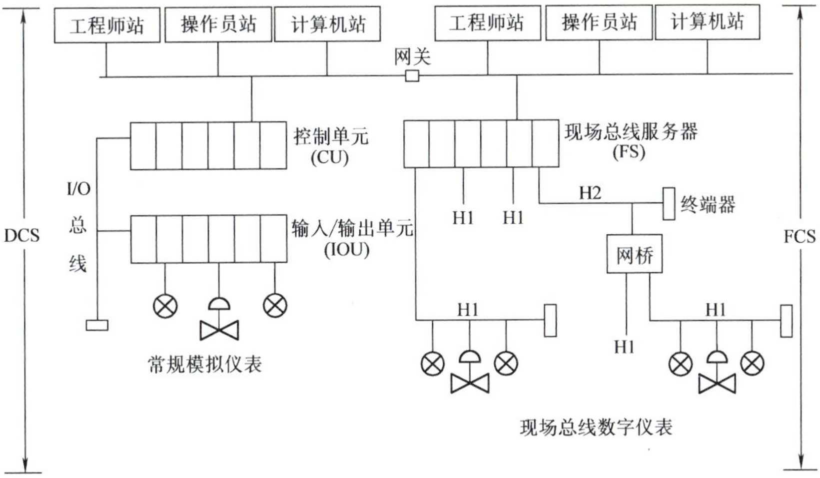

图 8-16　FCS 与 DCS 的集成

3. 集成系统的体系结构

随着工业设备、控制技术、计算机、通信技术都越来越开放和标准化，按照一定的标准将不同供货商的产品和服务进行组合，构成集成的开放系统，由服务供应商承担责任和风险，对用户提供“交钥匙”（Turn-key）工程，成为系统集成的主要任务。系统集成不是一套单一的系统，也不是一套计算机硬件（包括计算机系统和网络），更不是一套软件（如 ERP）；系统集成不仅仅是开放系统和标准化，而是一种融合了应用系统行业特征、计算机知识、通信技术和系统工程方法的综合技术，它包含了许多思想、哲理和观念，是指导应用系统建设的总体规划、分步实施的方法和策略，是向用户提供符合需求的一体化解决方案。

虽然对于各个不同的行业，系统集成的主要任务和所参考的技术有所不同，但从广义上来看，所有系统集成都包括系统体系结构、物理集成、信息集成、功能集成、经营集成和人机集成等方面的内容，因此都必须按照一定的系统化方法来进行。

(1) 集成系统的体系结构

考虑系统体系结构，以系统的手段定义系统结构、参考模型，提出形式化建模方法、系统化分析与设计方法及综合指标评价方法，可以降低集成风险，提高集成效益，有效延展集成系统的生命周期。

集成系统的体系结构，目的在于为特定的系统集成提供一整套结构（Structure）、模型（Model）、基础设施（Infrastructure）和实施方法（Implementation）。也可以从视角（或观点）、时间尺度和参考模型这3个方面来理解集成系统的体系结构。从时间角度来看待系统集成，它应该包括系统概念形成、可行性论证、需求分析、设计和实施以及运行等阶段。系统总是有生有灭的，而且系统的生灭是不断循环的。每个阶段所面临的任务不同，采用的技术手段和方法各异，核心问题呈现各自特有的重点。集成的基础设施是集成自动化企业中另一项重要内容。因为在实践中，各种应用系统的集成往往是在多厂商提供的各种异构的软件、硬件的基础上，把各项单元技术的应用综合为一个整体，这就需要有一个能把不同层次的异构系统联系在一起的超级操作系统以及集成的基础设施。一般认为，应用系统的集成基础设施至少包括：实现全系统范围的信息交换和通信管理的通信服务，实现全系统范围的数据及数据管理的信息服务，包括应用程序、机器和人的前端服务，以及实现经营过程控制服务、活动控制服务和资源管理服务的经营过程服务。这些服务的基本作用是完成异构的同化作用，使得用户可以通过集成的基础设施而方便地使用异构系统。

实施方法也属于集成系统体系结构的一部分。在探讨自动化系统集成时，应将系统工程的思想和方法贯彻于始终，明确提出每个阶段的任务、重点、方法、可使用的模型和技术，确立各阶段的文档要求，分清各人的责任，使得每项工作都紧密围绕核心的集成问题，每个人的每项活动都可以检查。

（2）系统集成的内容与方法

1）系统集成的核心——信息集成。狭义的系统集成就是信息集成，即利用计算机、通信、数据库等信息处理技术和设备，采用一定的系统结构和设施对组织内外的业务数据流进行操作、传输和重组。信息集成所涉及的关键技术是数据分析、处理与操作，即通常所谓数据库技术。

2）系统集成的基础——物理集成。将系统所覆盖的各种通信、计算、控制和处理资源（包括计算机、机械处理设备与操作管理人员）实际连接起来，形成一个相互通信的整体（或称为系统的基础设施，infrastructure），这是物理集成的主要内容。

物理集成的关键技术是计算机及通信网络技术。一般而言，集成系统的网络可以分成Infranet（企业控制网）、Intranet（企业内部网）和Extranet（企业外部网）3个部分。值得注意的是，网络技术的发展对系统的组织管理模式不断提出新的挑战，如今的制造业已出现了“扁平化结构”“动态企业联盟”以及“虚拟企业”等趋势。好的系统集成者不仅仅为应用系统搭建一个可用网络，而是要深入分析应用系统业务流需求，找到它们与网络技术的关联，进而设计出更完整有效的应用系统基础设施。

3）系统集成的目标——功能集成。系统集成的任务是利用先进技术重组应用系统经营流程，从而实现既定功能，并为企业获得进一步发展空间。因此，系统集成者必须从系统功能的角度入手解剖应用系统业务流，分析数据关系，而不是反其道而行之。

进行系统功能分析和设计的常用方法有U/C（使用/创建）矩阵、HIPO（递阶输入-处理-输出）、IDEF0等。读者可从中选用。

4）系统集成的关键——人机集成。系统集成中容易被忽视的是对人的考虑。集成系统不是完全自动化的系统，这是因为：有时因为成本或技术原因必须采用人力取代可能的自动化设备；人是系统的创建者、指挥者，人必须闭环在应用系统中。有数据表明，制造业中70%的系统故障源于人的错误判断或操作，金融系统中人的决策错误会造成重大经济损失。因此，集成的系统应是一个人机系统，即人机合理分工合作的人、机、环境和谐的系统。

人机集成可以从 3 个角度来考虑：从实施的角度确定自动化与人的创新劳动的分界；从生命周期的角度确定人、机在各阶段中的作用；从系统结构的角度确定不同人机交互的层次。

5）系统集成的灵魂——经营集成。任何企业都有一定的经营目标。制造企业是以最优质的产品最大程度地满足客户要求以获得最大利润；证券服务要以最快捷、准确全面的信息和分析帮助投资者迅速做出正确判断和行动；政府机关以服务大众、稳定社会为目标。系统集成最终必须为经营目标服务，为经营者提供更好的经营环境。

虚拟企业是经营集成的一个良好实例。所谓虚拟企业，指原来独立经营的企业因为共同的利益彼此合作，形成地理上分布、经营上协调的虚拟实体。系统集成者在进行新的应用系统集成时，要充分考虑给予经营者更多的经营优势，如引入 GDSS（群决策支持系统）、CSCW（计算机支持协同工作）、动态企业联盟、Extranet 等。

6）系统集成的约束——价值集成。系统集成者面临的集成任务常常是对原有分散的信息资源进行重新整合，而不是建立一个全新的系统。因此，如何使原有系统价值得以保留，是价值集成要解决的问题。原有系统的价值可能体现在客户数据等信息资源上，也可能体现在各种档次的计算机、操作设备等软硬件资源上，还可能体现在管理、操作人员的经验上。

7）系统集成的保证——技术集成。系统集成者必须密切关注技术的发展进程，主动将最新的技术思想和成熟的产品引入系统设计中，以确保设计的系统在若干年内仍具有生命力。

在具体的系统集成实践中，集成需要妥善处理先进性与实用性、通用性与专用性、长远与当前、开放性和安全性的技术协调。

8.5.2　五层 Purdue 模型

在图 8-17 所示的 Purdue 模型中，综合自动化系统从功能上分为过程控制、过程优化、生产调度、企业管理和经营决策 5 个层次，将生产过程和管理过程明显分开。

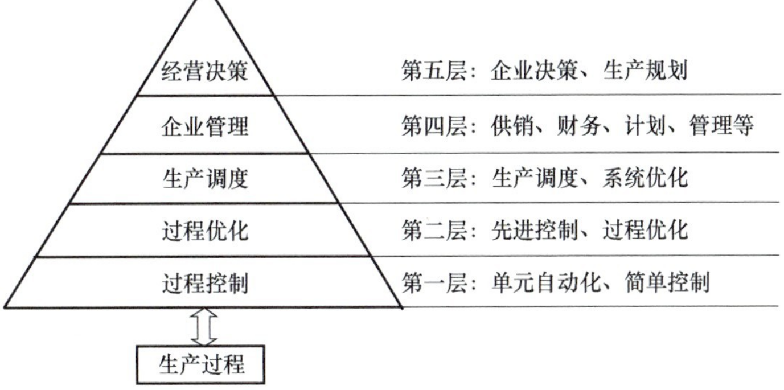

图 8-17　Purdue 模型

工业生产过程是连续进行的，不能中断。各层之间的联系如图 8-18 所示。各个层次的作用分别如下。

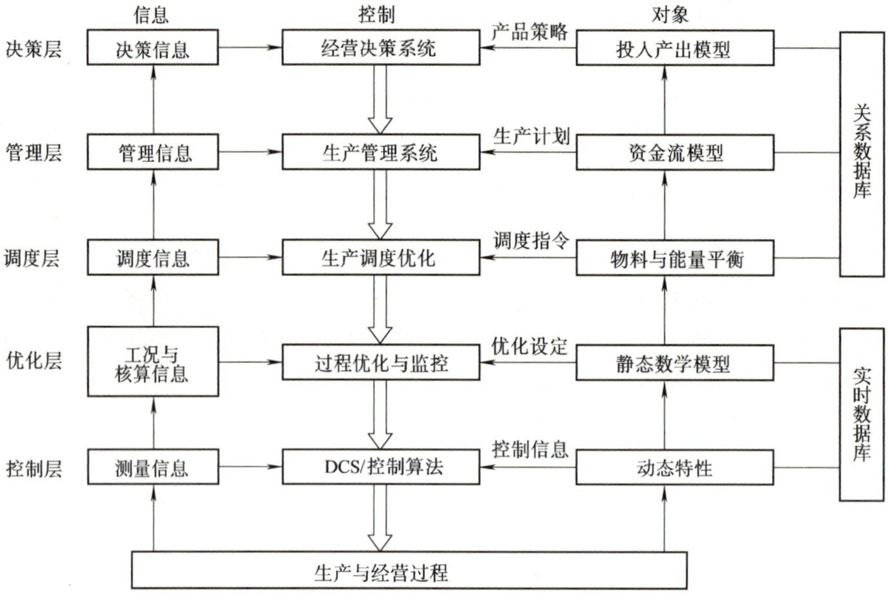

图 8-18　制造业综合自动化系统的功能层次

1）经营决策系统：依据企业内部和外部信息对企业产品策略、重要长远目标、发展规划和企业经营提出决策支持。

2）生产管理系统：对厂级、车间、各科室的生产和业务信息实现集成管理，并依据经营决策指令制订年、季、月综合计划。

3）生产调度系统：完成生产计划分解，将年、月生产计划分解成旬、周、五日、三日或日作业调度计划，以形成调度指令，即时指挥生产。

4）过程优化系统：根据调度指令完成过程优化操作、先进控制、故障诊断、过程仿真等功能。

5）过程控制系统：完成对生产过程的监测和常规控制。

虽然这种体系框架在综合自动化系统的发展过程中起过很大的推动作用，但随着研究与开发的深入，它在综合自动化系统的设计和应用实践中遇到了较大问题。在工业企业的生产经营活动中，除了底层的过程控制与顶层的企业管理和经营决策外，在中间层次是很难将生产行为与管理行为截然分开的。因此，在涉及大量既有生产性质又有管理性质的信息时，根据五层结构模型就很难明确划分应该属于综合自动化系统的哪一层次，这就造成了综合自动化系统研究与开发过程中概念的混乱和标准的难以统一。

8.5.3　ERP-MES-PCS 三层结构

1. ERP-MES-PCS 三层结构模型

为较好地解决上述问题，人们希望从企业经营管理、生产管理和过程控制 3 个方面实现企业的综合自动化，如图 8-19 所示，即建立企业资源计划（Enterprise Resources Planning，ERP）系统、生产执行系统（Manufacturing Execution System，MES）和生产过程控制系统（Process Control System，PCS）。三层结构的优势在于：

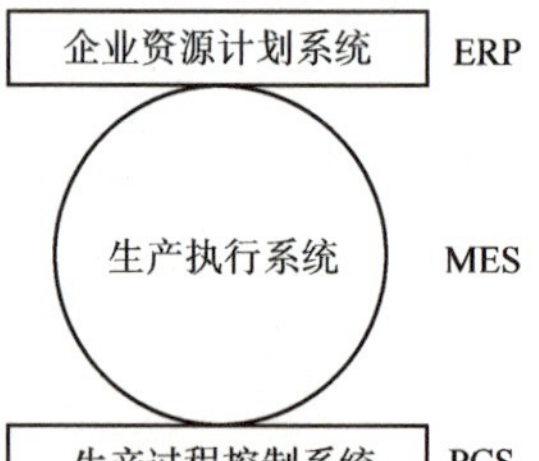

图 8-19　综合自动化系统

(1) 更适合于扁平化的现代企业结构

相比于传统的五层 CIM 体系结构，ERP-MES-PCS 构成的三层

结构更符合现代企业生产管理结构“扁平化”思想，促使管理以职能功能为中心向以过程为中心转变，更易于集成和实现，进而解决了当前软件生产经营总经营层和生产层之间脱节的现状。

(2) 生产成本较低

目前，许多软件开发商支持开发的 MES 软件，MES 广泛采用分布式技术和重构技术，容易建立和被操作人员迅速掌握，开发费用较低。同时，由于当前许多企业已经购买和实现了企业的生产层和管理层的软件，可以在这些系统的基础上实现企业的集成，成本较低。

(3) 适用范围广

MES 较好地解决了工业中存在的过程、设备、原料费用高，不可控因素多，计划与实际生产脱节等问题。

这一结构将综合自动化系统分为单纯考虑生产过程问题的过程控制系统（PCS），单纯考虑企业经营管理问题的企业资源规划（ERP），以及考虑生产与管理结合问题的中间层生产执行系统（MES），使流程工艺综合自动化系统中原本难以处理的具有生产与管理双重性质的信息问题得到解决。

2. PCS

过程控制系统（PCS）是针对生产过程的需求和特点，运用控制理论对控制系统进行分析和综合，并采用适当的技术手段加以实现，以满足生产过程的安全性、经济性和稳定性等经济技术指标，其目标是使某一生产过程处于最佳运行状态。由于工业生产规模大，工艺流程复杂，若由人力直接参与操作与控制，劳动强度大，容易出事故，因此，工业企业生产过程自动化程度比其他企业要高，大多数都采用仪表控制，特别是采用分布式控制系统（DCS）或可编程序控制器（PLC）来控制底层的工业生产过程。有些企业已采用先进控制技术，以保证生产单元和装置的平稳优化控制。

3. MES

生产执行系统（MES）根据企业的设备、原材料等情况，主要负责生产管理和调度执行。MES 由生产调度系统编制生产调度指令，对各生产装置（或单元）进行优化计算，给出优化配方或生产方案（设定值），从而使控制层按照优化的配方或生产方案对底层工业生产过程进行实时操作与控制。MES 通过控制包括物料、设备、人员、流程指令和设施在内的所有工厂资源来提高制造竞争力，提供了一个统一平台，系统地集成诸如质量控制、文档管理、生产调度等功能。MES 软件系统的功能主要包括物料管理、资源管理、作业/订单管理、质量管理、操作管理及行业法规管理等。

4. ERP

企业经营管理决策层利用 ERP 给出企业产品策略，包括产品品种、数量、上市时间等指标，并制订出优化生产计划。ERP 负责生产计划制订、库存控制和财务管理，侧重于企业生产组织、生产管理、经营决策等方面的优化。软件功能组成上，ERP 系统包含了主生产计划、生产作业计划、物料需求计划、销售管理、采购管理、成本管理、库存管理、财务管理及生产数据管理；同时，ERP 系统还增加了体现工业特点的配方管理、计量单位的转换、关联产品、副产品流程作业管理、维护管理、供应链管理（SCM）、客户关系管理（CRM）和产品周期管理（PLM）等功能。

综合自动化在获取生产流程所需全部信息的基础上，将分散的控制系统、生产调度系统和管理决策系统有机地集成起来，综合运用自动化技术、信息技术、计算机技术、生产加工技术和现代管理技术，从生产过程的全局出发，通过对生产活动所需的各种信息的集成，集控制、监测、优化、调度、管理、经营、决策于一体，形成一个能适应各种生产环境和市场需求的、总体最优的、高质量、高效益、高柔性的现代化企业综合自动化系统，以达到提高企业经济效益、适应能力和竞争能力的目的。

8.5.4　综合自动化系统的实现

在现代工业生产中，综合自动化系统（Integrated Automation System，IAS）不仅包括各种简单和复杂的自动调节系统、顺序逻辑控制系统、自动批处理控制系统、连锁保护系统等，也包括各生产装置先进控制、企业实时生产数据集成、生产过程流程模拟与优化、生产设备故障诊断和维护、根据市场和生产设备状态进行生产计划和排产调度系统、以产品质量和成本为中心的生产管理系统、营销管理系统和财务管理系统等，涉及产品物流增值链和产品生命周期的所有过程，为企业提供全面的解决方案。

1. CIMS

CIM是英文Computer Integrated Manufacturing的缩写，译为计算机集成制造。这一概念最早由美国的约瑟夫·哈林顿（J. Harrington）博士于1973年提出。

CIMS（Computer Integrated Manufacture System）是未来工厂自动化的一种模式。借助于计算机的硬件、软件技术，综合运用现代管理技术、制造技术、信息技术、自动化技术、系统工程技术，将企业生产全部过程中有关人、技术、经营管理三要素及其信息流、物流有机地集成并优化运行，以使产品上市快、质量好、成本低、服务优，达到提高企业市场竞争能力的目的。

2. CIPS

CIMS应用到流程工业又称计算机集成过程系统（Computer Integrated Process System，CIPS），也叫流程工业综合自动化系统，在石油、化工、能源、食品、制药、炼钢和造纸等行业得到了广泛的实施和应用。CIPS充分利用企业内、外部的各种信息，将经营管理与生产控制有机地结合起来，可以为流程工业带来更大的经济效益。

3. CPS

信息物理系统（Cyber-Physical System，CPS）是一个综合计算、网络和物理环境的多维复杂系统，通过3C（Computation、Communication、Control）技术的有机融合与深度协作，实现大型工程系统的实时感知、动态控制和信息服务。CPS实现计算、通信与物理系统的一体化设计，可使系统更加可靠、高效、实时协同，具有重要而广泛的应用前景。

CPS的意义在于将物理设备联网，是连接到互联网上，让物理设备具有计算、通信、精确控制、远程协调和自治5大功能。CPS本质上是一个具有控制属性的网络，但它又有别于现有的控制系统。CPS把通信放在与计算和控制同等地位上，因为CPS强调的分布式应用系统中物理设备之间的协调是离不开通信的。CPS对网络内部设备的远程协调能力、自治能力、控制对象的种类和数量，特别是在网络规模上远远超过现有的工控网络。

实现中国制造2025或工业4.0的前提之一是构建智能工厂，其核心要素包括了信息物理系统（CPS）、物联网（Internet of Things，IoT）、智能认知、社交媒体、云计算、移动互联网以及M2M（Machine to Machine）。智能工厂将从现在通过中央控制中的模式转向通过自行优化和控制其制造流程来实现。

(1) 中国制造 2025

针对第四次工业革命，我国提出了“中国制造 2025”。随着新型工业化、信息化、城镇化、农业现代化同步推进，我国载人航天、载人深潜、大型飞机、北斗卫星导航、超级计算机、高铁装备、百万千瓦级发电装备、万米深海石油钻探设备等一批重大技术装备取得突破，形成了若干具有国际竞争力的优势产业和骨干企业，具备了建设工业强国的基础和条件。

依托优势企业，紧扣关键工序智能化、关键岗位机器人替代、生产过程智能优化控制、供应链优化，建设重点领域智能工厂、数字化车间，建立智能制造标准体系和信息安全保障系统，搭建智能制造网络系统平台。很多企业已经建立了比较完善的智能工厂，研发、制造、运营、服务等全流程和全产业链初步实现了智能化。今后需要在以下十大重点领域进行突破：新一代信息技术产业、高档数控机床和机器人、航空航天装备、海洋工程装备及高技术船舶、先进轨道交通装备、节能与新能源汽车、电力装备、农机装备、新材料、生物医药及高性能医疗器械。

(2) 工业 4.0

为了在新一轮工业革命中占领先机，在德国工程院、弗劳恩霍夫协会、西门子公司等德国学术界和产业界的建议和推动下，“工业 4.0”项目在 2013 年 4 月的汉诺威工业博览会（Hannover Messe）上被正式推出。该项目是 2010 年 7 月德国政府“高技术战略 2020”确定的十大未来项目之一，旨在支持工业领域新一代革命性技术的研发与创新。

“工业 4.0”已经成为制造业的一个流行概念，包括更高层次的互联性、更智能的设备、机器与设备之间的通信。工业 4.0 的关键是智能工厂。位于德国安贝格（Amberg）的西门子电子工厂（Siemens Electronic Works）是新一代智能工厂的一个很好例子。该工厂的内部是一组智能机器，它们能够协调从生产线到产品配送等一切要素。西门子电子工厂拥有超过 16 亿个机器组件，其产品种类多达 950 种。在工业 4.0 时代，机器设备具有强大数据处理能力，它们提供的信息、统计数据和动态分析能够使生产变得更精益、更节能。

8.6　网络化控制系统

随着计算机网络的广泛应用以及网络技术的不断发展，控制系统的结构正在发生变化。使用专用或公用计算机网络代替传统控制系统中的点对点结构，实现传感器、控制器和执行器等系统单元之间信息可以相互传递的系统，不仅在部件散布在大范围区域的广域分布式系统（如大型工业过程控制系统）中，甚至在集中的小型局域系统（如航天器、舰船以及新型高性能汽车等）中都正在或者将要得到使用。在这样的控制系统中，检测、控制、协调和指令等各种信号均可通过数据网络进行传输，而估计、控制和诊断等功能也可以在不同的网络节点中分布执行。工业控制网络的发展为实现系统的网络化控制提供了可能与条件，同时也为控制系统的分析带来了新的问题与挑战。

8.6.1　网络化控制系统的定义

通过网络形成闭环的反馈控制系统称为网络化控制系统（Networked Control System，NCS）。NCS 与传统的点对点结构的系统相比，具有可以实现资源共享、远程操作与控制、较高的诊断能力、安装与维护简单、能有效减少系统的重量和体积、增加系统的灵活性、柔韧性和可靠性等诸多优点。另外，使用无线网络技术还可以实现用广泛大量散布的廉价传感器与远距离的控制器、执行器构成某些特殊用途的 NCS，这是传统的点对点结构的控制系统所无法实现的。NCS 的研究正成为国际学术界研究的一个热点，而 NCS 也将成为工业控制技术发展的必然趋势。

8.6.2　网络化控制系统的结构和模型

1. 结构

网络化控制系统（NCS）是在控制通道和反馈通道中加入实时通信网络而形成的一种闭环控制系统。采用网络化控制系统的优势在于它可以减轻系统复杂的接线工作，有利于对系统进行故障诊断和维护以及提高系统的灵活性。但同时，由于通信网络的引入，网络延时也随之被带入控制系统中，这不仅使得传统控制理论中的许多合理假设不能直接应用到网络化控制系统中，而且也给本来性能良好的控制系统带来不稳定的因素，甚至会导致系统不稳定。

一种典型的网络化控制系统的通信网络中的信号主要在 3 个节点间传递，它们是：

- 传感器（Sensor）节点；
- 控制器（Controller）节点；
- 执行器（Actuator）节点。

基本的网络化控制系统结构如图 8-20 所示。

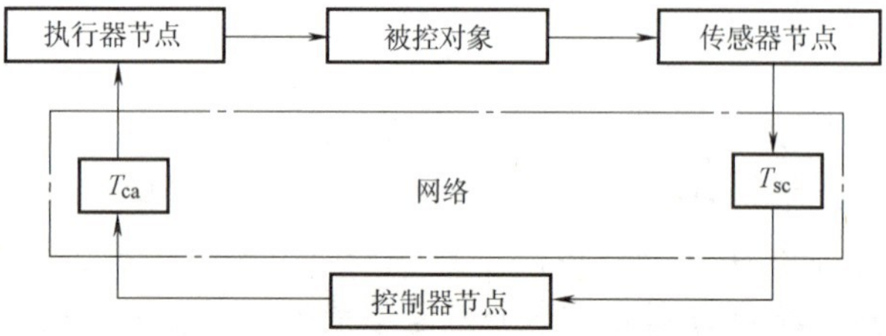

图 8-20　基本的网络化控制系统结构

被控对象的输出在传感器节点进行采样，采样后的离散信号以数据包的形式通过通信网络传送到控制器的输入端，网络传输的延时为 T_{sc}。控制器根据传送来的信号和参考输入按控制规律进行运算得到控制信号，计算延时为 T_0。将计算得到的控制信号以数据包的形式通过通信网络传送到执行器节点，网络传输的延时为 T_{ca}。在执行器节点将数据包拆包得到离散的控制信号，再经零阶保持器后生成分段连续的控制输入。

2. 带有时延的网络化控制系统模型

如前面提到的，在不同节点间数据信息的传递都会因网络的存在而产生一定的时间延迟（简称为时延）。时间延迟的大小与网络负载、设备的优先级及网络的稳定性有关。在网络化控制系统的理论研究中，通常使用下述时间延迟的模型：

- 固定时延；
- 随机时延。

实际上，控制器要根据每一步的采样数据来计算相应的控制量，所以此刻控制器中也会产生一段时延，如果这段时延远小于通信网络中的时延，则可近似忽略；若时延较大而不能忽略，则可将这段时延归结到控制器到执行机构的时延中。

在网络化控制系统中，当传感器、执行器和控制器通过网络进行数据交换时会出现延迟，如果设计中没有考虑到这种延迟，则将降低控制系统的性能甚至使系统不稳定。

3. 控制系统设计

设连续的控制对象模型可以表示为

$$\begin{cases}\dot{x}(t)=Ax(t)+Bu(t)\\ y(t)=Cx(t)\end{cases}$$

在控制对象前面要有零阶保持器，即

$$u(t)=u(t_k),t_k\leqslant t<t_{k+1}$$

式中，t_k、t_{k+1} 是接收到控制信号的两个相邻时刻。

执行器的动作是由事件来驱动的，也就是当采样信号传送到控制器时，控制器才启动程序进行计算，并将计算得到的控制信号通过网络传送给执行器。这就导致了控制信号到达执行器的时间是不确定的，执行器接收到控制信号后，将其通过零阶保持器后作为控制对象的输入。因此，控制对象的输入 $u(t)$ 将是如图 8-21 所示的宽度不等的阶梯形信号。这样的控制信号，在接收到控制信号的两个相邻时刻之间维持恒定，其通过零阶保持器产生，把采样时刻定为 $0=t_0<t_1<\cdots<t_k<\cdots$。

同时假定两个采样时刻之间的时间差最大为 η，即

$$t_{k+1}-t_k=\eta_k\leqslant\eta,\forall k\geqslant 0$$

在两采样点之间的任意时刻 t，距离 t_k 时刻的时间 $t-t_k$，定义 $d(t)$ 为时滞，则有 $d(t)=t-t_k$，其中 $0\leqslant d(t)<\eta$。

针对这里定义的时滞 $d(t)$，具有以下两个特点：

1）$\dot{d}(t)=1$；$t\in[t_k,\ t_{k+1})$；在 t_k 时刻不连续。

2）$d(t)$ 的最大值为 η。

由此，可将 $t_k=t-d(t)$ 引入 $u(t_k)$ 中，$u(t_k)$ 可表示为

$$u(t_k)=Kx(t-d(t))$$

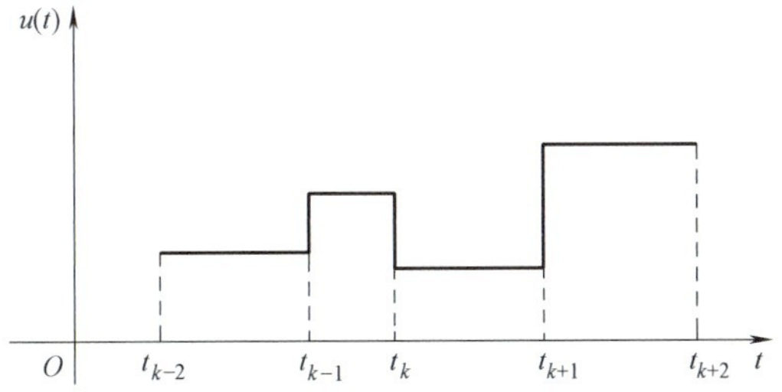

图 8-21　网络化控制系统中的控制信号

8.6.3　网络化控制系统的常见问题

在传统的计算机控制系统中都假设对被控对象的采样为等周期采样，这种假设使得对系统的分析大大简化。然而，在 NCS 中这种等周期采样的假设将不再成立。在 NCS 中，对采样数据的传输可以是周期的，也可以是非周期的，这将取决于控制网络的介质访问控制（MAC）协议。

在 NCS 中，控制环路的性能不仅依赖于控制算法，而且也依赖于对共享的网络资源的调

度。这里所说的网络调度发生在网络用户层，而不是发生在传输层，调度算法关心的是被控对象传输数据的快慢和被传输对象的数据所拥有的优先权，而不关心被发送的数据如何更有效地从出发点到达目的地以及当线路堵塞时应采取何种措施，这些问题在网络层由线路优化和堵塞控制算法来考虑。另外，发生在用户层的调度控制还可以调度控制环的采样周期和采样时刻，以尽量避免网络中碰撞现象的发生，从而最大限度地减少数据的传输时延。在网络环境下，多用户共享通信线路且流量变化不规则，所以，当NCS的传感器、控制器和执行器通过网络交换数据时，必然会导致网络诱导时延，它会降低系统的性能，甚至引起系统的不稳定。

在网络中，由于不可避免地存在网络阻塞和连接中断，这又必然会导致数据包的丢失。虽然大多数网络都具有重新传输的机制，但它们也只能在一个有限的时间内传输，当超出这个时间后，数据就会丢失。传统的点对点结构的控制系统基本上都是同步和定时的系统，它可以对系统中参数或者未建模动态具有较强的鲁棒性，但可能完全不能容忍数据网络的结构和参数的改变（网络中的数据包丢失可以看作网络结构和参数的改变）。因此在NCS的设计中，对数据包的丢失问题必须寻找相应的解决方法。

在NCS中，当控制器和执行器有一个为时钟驱动时，便存在时钟同步问题。时钟同步又可分为硬件同步和软件同步。在NCS中，由于系统的节点有可能分布在一个较大的物理空间中，用硬件同步一般比较困难，多采用软件同步方式，一般是通过在网络上定时广播同步时钟的方式实现。

8.6.4　网络化控制系统性能分析

网络化控制系统的特征是通过一系列的通信信道构成一个或多个控制闭环。当把网络与控制相提并论时，网络化控制系统的主要问题是对象物理设备即被控系统的性能和稳定性，而不仅仅是网络的性能和稳定性。必须注意到，尽管网络在控制系统中仅仅是信息传输的通道，但却非常重要。另一方面，控制系统设计的反馈环在网络中应该有尽可能少的覆盖范围，因为网络可能还有其他许多不相关的通信任务。将计算机网络集成为控制系统取代传统的点对点有线连接，有使系统成本降低、负担减轻、节约能量、安装与维护简化及可靠性高等很多好处，因此网络化控制系统广泛应用于工厂、交通、智能建筑系统及其他场合。通信网络用于交换空间分布式系统的部件如管理计算机、控制器和智能I/O设备（如智能传感器和驱动器）间的信息与控制信号。

1. 网络化控制系统的稳定性

网络化控制系统的特征是控制元件（传感器、控制器和执行器等）通过网络进行信息（参考输入、设备输出、控制输入等）交换。网络化控制系统与传统的控制回路不同，在其应用中需要考虑更多的问题。首先，网络把设备连接到共享介质，在进行数据交换时会出现网络延迟，包括传感器到控制器的延迟和控制器到执行器的延迟，这种延迟可能是正常的，也可能是时变的，甚至是随机的，如果在设计时不考虑这种延迟会降低系统性能甚至使系统不稳定；其次，网络以包的方式传递信息，信息包不但会发生传输延迟，还可能会发生传输时的包丢失；另外，由于不恰当的网络仲裁，网络上某些节点会发生包不能到达的情况。

与一般的集散控制系统如Honeywell的DCS不同，在DCS中控制模型只是松散的连接，大多数实时控制任务（传感、计算、执行）在独立模型内执行，仅有开关信号、报警信号、监控信息等在串行网络传输。而在网络化控制系统中，传感器和执行器都带有网络接口，安装在网络链路上而成为实时控制网络中的独立节点，因此，控制系统的检测和控制数据都要在网上传输。为了完成控制任务，网络节点成为控制系统的节点。所以表示网络性能的参数，包括传输率、介质访问协议、信息包长度等都会影响控制性能。

在网络化控制系统的设计中，采用两种主要方法来解决这些问题。一种方法是只考虑控制系统本身而不考虑包延迟和丢失，设计一个通信协议来减少出现上述情况的可能性。例如，当网络负载超出网络能处理的限制时，应用各种避免和控制拥塞的算法来获得更好的性能。另一种方法是将网络协议和负载视为给定条件来设计控制类型。

2. 对网络导致的延迟补偿

通常在采样速率快的情况下，离散控制系统的设计和性能与连续系统比较接近。但是在网络化控制系统中，快速采样会增加网络负担，反而导致更长时间的信号延迟。因此找一个既能满足网络延迟又能使网络性能达到理想的采样速率，对网络化控制系统的设计很重要。

网络化控制系统的稳定域与采样周期 T 和网络延迟 τ 之间的关系有关。可以看到，当采样周期 T 很小时，系统的网络延迟 τ 可能接近一个采样周期；当 T 变大时，τ/T 的上限变小。对于一般系统，不能确切地分析稳定区域，但仍然可以通过仿真来确定稳定区域。传感器到控制器的延迟与控制器到执行器的延迟性质不同。只要传感器和控制器的时钟是同步的，并且消息标记了时间，传感器到控制器的延迟就能够知道，因此，可以用一个估计器近似地重构没有延迟的对象状态，并可用于控制计算。而控制器到执行器的延迟则不同，因为控制器不知道信号需要多长时间才能到达执行器，所以在控制计算时不可能做到精确地校正。

网络化控制系统的估计器主要有两个功能：一方面作为通用的状态估计器，用其中一部分可测状态（对象输出）估计对象所有的状态；另一方面是补偿传感器的延迟，使估计更为准确。因此区分两种不同情况：状态的全反馈和部分反馈。

3. 网络化控制系统的丢包问题

在使用网络化控制系统时，不仅要考虑网络产生延迟，而且要考虑数据包丢失。网络有时被认为是不可靠的数据传输通道，有时会发生包碰撞和网络连接失败的情况。当发生包碰撞时，与其重发不如丢弃旧包发送新包。因此，有必要分析成功率，即获得希望稳定性的数据发送速率。

一个有数据包丢失的网络化控制系统可以模型化为具有限制事件发生速率的异步动态系统。这种类型的系统是一个混合系统，包含连续和离散动态特性。连续动态特性由微分或差分方程描述，而离散动态特性由有固定频率的外部离散事件异步驱动支配。

4. 网络化控制系统状态观测器

在网络化控制系统中，虽然都是存在于网络传输中的时延，但传感器到控制器之间的时延和控制器到执行器之间的时延有各自的特性。假定传感器和控制器的时序同步（实现的方式如通过在网络上定时发送高优先级的时钟同步信号），同时信息的传输是时间驱动的，那么控制器接收传感器传输来的数据从而产生控制信号时，时延是可知的。因此，可以通过设计合理的观测器来重构系统，获得能用于控制计算的新的无时延的对象状态近似值。而因为控制器和执行器均使用事件驱动方式，控制器无法获得控制信号到达执行器的时间，因此无法在控制计算过程中对控制器到执行器之间的时延进行正确的修正。

应用在网络化控制系统中的观测器至少要具备以下两个功能：一是能作为传统观测器使用，能根据部分状态数据如被控对象的输出等，来估计被控对象的全状态；二是能通过对传感器到控制器之间的时延的补偿来获得更准确的预测估计，因为对象的被控状态的估计值决定于该时刻的采样输出以及传感器到控制器之间的时延。

8.7　工业互联网与智能工厂

8.7.1　无线传感器网络

1. 无线传感器网络的定义

无线传感器网络（Wireless Sensor Network，WSN）：指一组在空间上分散且专用的传感器，用于监视和记录环境的物理状况并在中央位置组织收集数据。无线传感器网络是一种分布式传感网络，它的末梢是可以感知和检查外部世界的传感器。WSN 中的传感器通过无线方式通信，因此网络设置灵活，设备位置可以随时更改，还可以和互联网进行有线或无线方式的连接。通过无线通信方式形成一个多跳自组织网络。

2. 无线传感器网络的组成

无线传感器网络主要由三大部分组成，包括节点、传感网络和用户。其中，节点一般是通过一定方式将节点覆盖在一定的范围，整个范围按照一定要求能够满足监测的范围。传感网络是最主要的部分，它将所有的节点信息通过固定的渠道进行收集，然后对这些节点信息进行一定的分析计算，将分析后的结果汇总到一个基站，最后通过卫星通信传输到指定的用户端，从而实现无线传感的要求。

3. 无线传感器网络的功能

无线传感器网络是一项通过无线通信技术把数以万计的传感器节点以自由式进行组织与结合进而形成的网络形式。构成传感器节点的单元分别为数据采集单元、数据传输单元、数据处理单元以及能量供应单元。其中数据采集单元通常都是采集监测区域内的信息并加以转换，比如光强度、大气压力与湿度等；数据传输单元则主要以无线通信和交流信息以及发送/接收采集来的数据信息为主；数据处理单元通常处理的是全部节点的路由协议和管理任务以及定位装置等；能量供应单元为缩减传感器节点占据的面积，会选择微型电池的构成形式。

无线传感器网络当中的节点分为两种，一个是汇聚节点，另一个是传感器节点。汇聚节点主要指的是网关能够在传感器节点当中将错误的报告数据剔除，并与相关的报告相结合将数据加以融合，对发生的事件进行判断。汇聚节点与用户节点连接可借助广域网络或卫星直接通信，并对收集到的数据进行处理。

传感器网络实现了数据的采集、处理和传输三种功能。它与通信技术和计算机技术共同构成信息技术的三大支柱。无线传感器网络是由大量的静止或移动的传感器以自组织和多跳的方式构成的无线网络，以协作地感知、采集、处理和传输网络覆盖地理区域内被感知对象的信息，并最终把这些信息发送给网络的所有者。

4. 无线传感器网络的应用

无线传感器网络可探测包括地震、电磁、温度、湿度、噪声、光强度、压力、土壤成分、移动物体的大小、速度和方向等周边环境情况，也可用于军事、航空、防爆、救灾、环境、医疗、保健、家居、工业、商业等领域。

8.7.2　物联网

物联网（Internet of Thing，IoT）即“万物相连的互联网”，是互联网基础上的延伸和扩展的网络，将各种信息传感设备与网络结合起来而形成的一个巨大网络，可实现任何时间、任何地点，人、机、物的互联互通。

1999 年，美国麻省理工学院（MIT）自动识别（Auto-ID）中心的阿希顿（Ashton）教授首先提出“物联网”的概念。

2005 年 11 月 17 日，在突尼斯举行的信息社会世界峰会（WSIS）上，国际电信联盟（ITU）发布了《ITU 互联网报告 2005：物联网》，正式提出了“物联网”的概念。

物联网的定义是：通过红外传感器、射频识别（RFID）、激光扫描仪、全球定位系统等信息传感设备，按约定的协议，把任何物体与互联网相连接，从而进行信息交换与通信，以实现对物体的智能化识别、定位、监控、跟踪和管理的一种网络。

工业物联网则是以数据为血液，为工业互联网提供各种有用的信息和养分。在工业互联网体系内，工业软件是灵魂，是整体控制编排的中枢。工业物联网是工业互联网中的基建，它连接了设备层和网络层，为平台层、软件层和应用层奠定了坚实的基础。工业物联网涵盖了云计算、网络、边缘计算和终端，全面打通工业互联网中的关键数据流。

物联网的五大核心技术包括感知层、信息汇聚层、传输层、信息处理层、应用层，下面分别进行介绍。

1. 感知层

(1) 传感器技术

传感器技术同计算机技术与通信技术一起被称为信息技术的三大技术。从仿生学观点，如果把计算机看成处理和识别信息的“大脑”，把通信系统看成传递信息的“神经系统”，那么传感器就是“感觉器官”。微型无线传感技术以及以此组件的传感网是物联网感知层的重要技术手段。

(2) 射频识别（Radio Frequency Identification，RFID）技术

RFID 是通过无线电信号识别特定目标并读/写相关数据的无线通信技术。RFID 已经在身份证、电子收费系统和物流管理等领域有了广泛应用。RFID 技术市场应用成熟，标签成本低廉，但 RFID 一般不具备数据采集功能，多用来进行物品的甄别和属性的存储，且在金属和液体环境下应用受限，RFID 技术属于物联网的信息采集层技术。

(3) 微机电系统（Micro-electro Mechanical System，MEMS）技术

微机电系统是指利用大规模集成电路制造工艺，经过微米级加工，得到的集微型传感器、执行器以及信号处理和控制电路、接口电路、通信和电源于一体的微型机电系统。MEMS 技术属于物联网的信息采集层技术。

(4) 全球定位系统（Global Position System，GPS）技术

GPS 是具有海、陆、空全方位实时三维导航与定位能力的新一代卫星导航与定位系统。GPS 作为移动感知技术，是物联网延伸到移动物体采集移动物体信息的重要技术，更是物流智能化、智能交通的重要技术。

2. 信息汇聚层

(1) 无线传感器网络（Wireless Sensor Network，WSN）

WSN 基本功能是将一系列空间分散的传感器单元通过自组织的无线网络进行连接，从而将各自采集的数据通过无线网络进行传输汇总，以实现对空间分散范围内的物理或环境状况的协作监控，并根据这些信息进行相应的分析和处理。WSN 技术贯穿物联网的三个层面，是结合了计算、通信、传感器三项技术的一门新兴技术，具有较大范围、低成本、高密度、

灵活布设、实时采集、全天候工作的优势，且对物联网其他产业具有显著带动作用。

(2) 无线保真（Wireless Fidelity，WiFi）

WiFi是一种基于接入点（Access Point）的无线网络结构，目前已有一定规模的布设，在部分应用中与传感器相结合。WiFi技术属于物联网的信息汇总层技术。

(3) ZigBee

ZigBee是一种近距离、低复杂度、低功耗、低速率、低成本的双向无线通信技术，主要适用于自动控制和远程控制领域，是为了满足小型廉价设备的无线联网和控制而提出的。

ZigBee是IEEE 802.15.4技术的商业名称，其联盟由英国Invensys公司、日本三菱电气公司、美国摩托罗拉公司以及荷兰飞利浦半导体公司等组成，已经吸引了上百家芯片公司、无线设备开发商和制造商加盟。ZigBee技术因其较低的速率，比较适合于无线控制和自动化应用。

(4) 蓝牙（Blue Tooth）

蓝牙技术是一个开放性的、短距离无线通信技术标准IEEE 802.15。其通信原理是依靠专用的蓝牙芯片，使设备在短距离范周内发送无线电信号来寻找另一个蓝牙设备，一旦找到，相互之间便开始通信和交换信息。

(5) 近距离无线通信（Near Field Communication，NFC）

NFC是一种非接触式识别和互联技术。NFC技术具有距离近、能耗低，通信距离不超过20cm；更具安全性，是一种近距离的私密通信方式；与非接触智能卡技术兼容；传输速率较低等特点。

(6) 超宽带（Ultra Wide Band，UWB）技术

UWB是一种新型无线通信技术，采用时间间隔极短（小于1ns）的脉冲进行通信，又称为脉冲无线电、时域或无载波通信。其工作原理是发送和接收间隔严格受控的高斯单周期超短时脉冲。超短时单周期脉冲决定了信号的带宽很宽，接收机直接用一级前端交叉相关器就把脉冲序列转换成基带信号，省去了传统通信设备中的中频级，极大地降低了设备复杂性。

3. 传输层

(1) 通信网

通信网是一种使用交换设备及传输设备，将地理上分散用户终端设备互连起来实现通信和信息交换的系统。通信最基本的形式是在点与点之间建立通信系统，但这不能称为通信网，只有将许多的通信系统（传输系统）通过交换系统按一定拓扑结构组合在一起才能称为通信。也就是说，有了交换系统才能使某一地区内任意两个终端用户相互接续，才能组成通信网。

(2) 新一代无线通信技术

4G：2013年前后问世，可称为宽带接入和分布网络，是集3G与WLAN于一体，能够传输高质量视频图像，包括宽带无线固定接入、宽带无线局域网、移动宽带系统和交互式广播网络。

5G：2019年启用，核心任务是频谱效率提升、工作频段扩展、网络密度增加。相比于4G，5G在网络延迟、数据流量、峰值数据速率、可用频谱等方面具有更强的优势。

(3) 移动互联网

移动互联网是移动通信和互联网融合的产物，继承了移动随时、随地、随身和互联网分

享、开放、互动的优势。

(4) 中国下一代广播电视网（NGB）

NGB 是以有线电视数字化和移动多媒体广播（CMMB）的成果为基础，以自主创新的“高性能带宽信息网”核心技术为支撑，构建适合我国国情的、三网融合的、有线无线相结合的、全程全网的下一代广播电视网络。

(5) 窄带物联网（NB-IoT）

NB-IoT 是一种基于移动蜂窝网，面向低功耗、广覆盖的接入技术，能够很好地应对未来移动蜂窝网接入技术在应用规模、运营成本以及接入成本等方面的竞争。

4. 信息处理层

信息处理层包括专家系统、云计算、API、客户管理、GIS、ERP 等。

(1) 企业资源计划（ERP）

ERP 是指建立在信息技术基础上，以系统化的管理思想，为企业决策层及员工提供决策运行手段的管理平台。ERP 技术属于物联网的信息处理层技术。

(2) 专家系统（Expert System）

专家系统是一个含有大量的某个领域专家水平的知识与经验，能够利用人类专家的知识和经验来处理该领域问题的智能计算机程序系统。专家系统属于信息处理层技术。

(3) 云计算

云计算概念是由 Google 提出的，这是一个美丽的网络应用模式，是指 IT 基础设施的交付和使用，通过网络以按需、易扩展的方式获得所需的资源。

5. 应用层

应用层主要是根据行业特点，借助互联网技术手段，开发各类的行业应用解决方案，将物联网的优势与行业的生产经营、信息化管理、组织调度结合起来，形成各类的物联网解决方案，构建智能化的行业应用。例如，交通行业涉及的就是智能交通技术；电力行业采用的是智能电网技术；物流行业采用的智慧物流技术等。垂直行业的应用还要更多涉及系统集成技术、资源打包技术等。

8.7.3　工业大数据与工业互联网

1. 工业大数据

工业大数据即工业数据的总和，分成三类，即企业信息化数据、工业物联网数据以及外部跨界数据。人和机器是大数据产生主体，人产生的数据有设计数据、业务数据和产品数据，机器数据有生产设备和工业产品数据。

2. 工业互联网（Industrial Internet）

工业互联网不是工业的互联网，而是工业互联的网。工业互联网涵盖了工业物联网。工业互联网是要实现人、机、物的全面互联，追求的是数字化；而工业物联网强调的是物与物的连接，追求的是自动化。

工业互联网是新一代信息通信技术与工业经济深度融合的新型基础设施、应用模式和工业生态，通过对人、机、物、系统等的全面连接，构建起覆盖全产业链、全价值链的全新制造和服务体系，为工业乃至产业数字化、网络化、智能化发展提供了实现途径，是第四次工业革命的重要基石。

工业互联网是物联网、大数据、云计算等新一代信息技术与工业系统深度融合集成而形成的一种新的应用生态。在工业互联网的"采集、传输、计算"三要素中，采集端通过物联网技术实现机器、物品、人、控制系统的数据收集与相关连接。物联网（IoT）已经成为当前工业互联网发展的关键技术。5G+工业物联网带来大量的场景创新，海量设备接入使得边缘计算需求快速增长。

工业互联网不是互联网在工业的简单应用，而是具有更为丰富的内涵和外延。它以网络为基础、平台为中枢、数据为要素、安全为保障，既是工业数字化、网络化、智能化转型的基础设施，也是互联网、大数据、人工智能与实体经济深度融合的应用模式，同时也是一种新业态、新产业，将重塑企业形态、供应链和产业链。

当前，工业互联网融合应用向国民经济重点行业广泛拓展，形成平台化设计、智能化制造、网络化协同、个性化定制、服务化延伸、数字化管理六大新模式，赋能、赋智、赋值作用不断显现，有力地促进了实体经济提质、增效、降本、绿色、安全发展。

8.7.4　数字化车间与智能工厂

"中国制造 2025"提出以推进信息化和工业化深度融合为主线，大力发展智能制造，构建信息化条件下的产业生态体系和新型制造模式。"中国制造 2025"进一步指出：推进制造过程智能化，在重点领域试点建设智能工厂/数字化车间。数字化车间是建设智能工厂的重要基础，也是智能制造的重要一环，是制造企业实施智能制造的主战场，是制造企业走向智能制造的起点。

1. 数字化车间

数字化车间是基于生产设备、生产设施等硬件设施，以降本提质增效、快速响应市场为目的，在对工艺设计、生产组织、过程控制等环节优化管理的基础上，通过数字化、网络化、智能化等手段，在计算机虚拟环境中，对人、机、料、法、环、测等生产资源与生产过程进行设计、管理、仿真、优化、可视化等工作，以信息数字化及数据流动为主要特征，对生产资源、生产设备、生产设施以及生产过程进行精细、精准、敏捷、高效地管理与控制。数字化车间是智能车间的第一步，也是智能制造的重要基础，其本质是信息的集成。

2. 智能工厂

智能工厂作为实现智能制造的关键要素之一，是企业物资流、信息流、能源流的枢纽节点，是企业将设计数据、原材料变成用户所需要产品的物化环节，是创造物质财富的工具。智能工厂是通过信息技术与制造业的深度融合，以订单为导向、以数据为驱动、以智能为生产模式，采用数字孪生、物联网、大数据、人工智能、工业互联网等技术，将工厂内生产资源、生产要素、生产工艺、生产制造、生产管理等各环节高度协同，实现数字化设计、智能化生产、智慧化管理、协同化制造、绿色化制造、安全化管控和社会经济效益大幅提升的现代化工厂，其本质是人机有效交互。

3. 智能制造

智能制造是一种由智能机器和人类专家共同组成的人机一体化智能系统，它在制造过程中能进行智能活动，诸如分析、推理、判断、构思和决策等。通过人与智能机器的合作共事，去扩大、延伸和部分地取代人类专家在制造过程中的脑力劳动。它把制造自动化的概念更新，扩展到柔性化、智能化和高度集成化，其本质是人机一体化。

习　题

1. 工业局部网络通常有哪四种拓扑结构？各有什么特点？
2. 工业局部网络常用的传输访问控制方式有哪三种？各有什么优缺点？
3. 国际标准化组织（ISO）提出的开放系统互连参考模型即 OSI 模型是怎样的？
4. IEEE 802 标准包括哪些主要内容？
5. 什么是现场总线？有哪几种典型的现场总线？它们的特点各是怎样的？
6. 举例说明基于工业以太网的测控系统结构形式是怎样的？
7. 什么是系统集成？有哪几种系统框架？它们的特点是怎样的？
8. 什么是 CIMS、CIPS 和 CPS？ERP-MES-PCS 三层结构模型各层的结构和特点是怎样的？
9. 什么是网络化控制系统？网络化控制系统结构是怎样的？
10. 什么是无线传感器网络、物联网、工业互联网和智能工厂？

第 9 章　计算机控制系统设计与实现

教学重点难点

计算机控制系统设计既是一个理论问题，又是一个工程问题。计算机控制系统的理论设计包括：建立被控对象的数学模型；确定满足一定技术经济指标的系统目标函数，寻求满足该目标函数的控制规律；选择适宜的计算方法和程序设计语言；进行系统功能的软、硬件界面划分，并对硬件提出具体要求。计算机控制系统的工程设计，不仅要掌握生产过程的工艺要求，以及被控对象的动态和静态特性，而且要通晓自动检测技术、计算机技术、通信技术、自动控制技术、网络技术、微电子技术等。

本章主要介绍计算机控制系统设计的原则与步骤、计算机控制系统的工程设计与实现、计算机控制系统的设计举例。

9.1　系统设计的原则与步骤

尽管计算机控制的生产过程多种多样，系统的设计方案和具体的技术指标也是千变万化，但在计算机控制系统的设计与实现过程中，方案论证应遵循以下设计原则与步骤。

9.1.1　系统设计的原则

1. 安全可靠

工业控制计算机不同于一般的用于科学计算或管理的计算机，它的工作环境比较恶劣、社会因素比较复杂，周围的各种干扰随时地威胁着它的正常运行，而且它所担当的控制重任又不允许它发生异常现象。这是因为，一旦控制系统出现故障，轻者影响生产，重者造成事故，产生不良后果。因此，在设计过程中需解决社会、环境和工程项目管理等问题，要把安全可靠放在首位。

首先要选用高性能的工业控制计算机，保证其在恶劣的工业环境下仍能正常运行。其次是设计可靠的控制方案，并具有各种安全保护措施，比如报警、事故预测、事故处理、不间断电源等。

为了预防计算机故障，还常设计后备装置，对于一般的控制回路，选用手动操作为后备；对于重要的控制回路，选用常规控制仪表作为后备。这样，一旦计算机出现故障，就把后备装置切换到控制回路中去，维护生产过程的正常运行。

对于特殊的控制对象，设计两台计算机，互为备用地执行任务，称为双机系统。双机系统的工作方式一般分为备份工作方式和双工工作方式两种。在备份工作方式中，一台作为主机投入系统运行，另一台作为备份机也处于通电工作状态，作为系统的热备份机，当主机出现故障时，专用程序切换装置便自动地把备份机切入系统运行，承担起主机的任务，而故障排除后的原主机则转为备份机，处于待命状态。在双工工作方式中，两台主机并行工作，同步执行同一个任务，并比较两机执行结果，如果比较相同，则表明正常工作，否则再重复执行，再校验两机结果，以排除随机故障干扰，若经过几次重复执行与校对，两机结果仍然不相同，则启动故障诊断程序，将其中一台故障机切离系统，让另一台主机继续执行。

2. 操作维护方便

操作方便表现在操作简单、直观形象、便于掌握，并不强求操作工要掌握计算机知识才能操作。既要体现操作的先进性，又要兼顾原有的操作习惯和技术规范。例如，操作工已习惯了 PID 调节器的面板操作，就设计成回路操作显示面板，或在 CRT 画面上设计成回路操作显示画面。

维修方便体现在易于查找故障，易于排除故障。采用标准的功能模板式结构，便于更换故障模板。并在功能模板上安装工作状态指示灯和监测点，便于维修人员检查。另外配置诊断程序，用来查找故障。

3. 实时性强

工业控制机的实时性，表现在对内部和外部事件能及时地响应，并做出相应的处理，不丢失信息，不延误操作。计算机处理的事件一般分为两类，一类是定时事件，如数据的定时采集、运算控制等；另一类是随机事件，如事故、报警等。对于定时事件，系统设置时钟，保证定时处理；对于随机事件，系统设置中断，并根据故障的轻重缓急，预先分配中断级别，一旦事故发生，保证优先处理紧急故障。

4. 通用性好

计算机控制的对象千变万化，工业控制计算机的研制开发需要有一定的投资和周期。一般来说，不可能为一台装置或一个生产过程研制一台专用计算机。尽管对象多种多样，但从控制功能来分析归类，仍然有共性。比如，过程控制对象的输入、输出信号统一为 DC 0~10mA 或 DC 4~20mA，可以采用单回路、串级、前馈等常规 PID 控制。因比，系统设计时应考虑能适应各种不同设备和各种不同控制对象，并采用积木式结构，按照控制要求灵活构成系统。这就要求系统的通用性要好，并能灵活地进行扩充。

工业控制机的通用灵活性体现在两方面，一是硬件模板设计采用标准总线结构（如 PC 总线），配置各种通用的功能模板，以便在扩充功能时，只需增加功能模板就能实现；二是软件模块或控制算法采用标准模块结构，用户使用时不需要二次开发，只需按要求选择各种功能模块，灵活地进行控制系统组态。

5. 经济效益高

计算机控制应该带来高的经济效益，系统设计时要考虑性能价格比，要有市场竞争意识。经济效益表现在两个方面，一是系统设计的性能价格比要尽可能高；二是投入产出比要尽可能低。

9.1.2　系统设计的步骤

计算机控制系统的设计虽然随被控对象、控制方式、系统规模的变化而有所差异，但系统设计的基本内容和主要步骤大致相同，系统工程项目的研制可分为 4 个阶段：工程项目与控制任务的确定阶段；工程项目的设计阶段；离线仿真和调试阶段；在线调试和运行阶段。下面对这 4 个阶段作必要的说明。

1. 工程项目与控制任务的确定阶段

工程项目与控制任务的确定一般按图 9-1 所示的流程进行。该流程既适合于甲方，也适合于乙方。所谓甲方，就是任务的委托方，甲方有时是直接用户，有时是本单位的上级主管部门，有时也可能是中介单位。乙方是系统工程项目的承接方。国际上习惯称甲方为“买方”，称乙方为“卖方”。在一个计算机控制系统工程的研制和实施中，总是存在着甲乙双方关系。因此，能够对整个工程任务的研制过程中甲乙双方的关系及工作的内容有所了解是有益的。

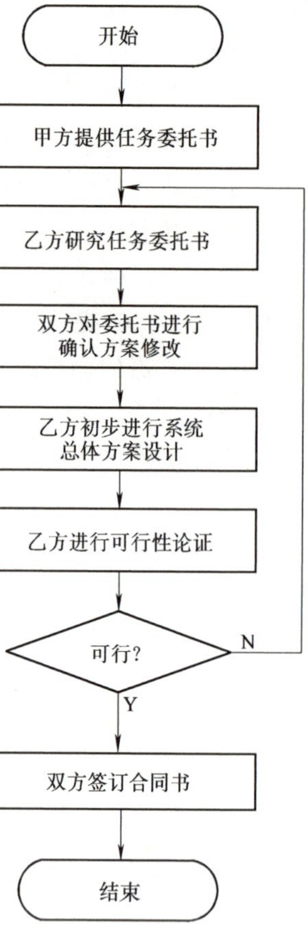

图 9-1 确定控制任务的流程

(1) 甲方提供任务委托书

在委托乙方承接系统工程项目前，甲方一定要提供正式的书面任务委托书。该委托书一定要有明确的系统技术性能指标要求，还要包含经费、计划进度、合作方式等内容。

(2) 乙方研究任务委托书

乙方在接到任务委托书后要认真阅读，并逐条进行研究。对含混不清、认识上有分歧和需补充或删节的地方要逐条标出，并拟订出要进一步弄清的问题及修改意见。

(3) 双方对委托书进行确认性修改

在乙方对委托书进行认真研究之后，双方应就委托书的确认或修改事宜进行协商和讨论。为避免因行业和专业不同所带来的局限性，在讨论时应有各方面有经验的人员参加。经过确认或修改过的委托书中不应有含义不清的词汇和条款，而且双方的任务和技术界面必须划分清楚。

(4) 乙方初步进行系统总体方案设计

由于任务和经费没有落实，所以这时总体方案的设计只能是粗线条的。在条件允许的情况下，应多做几个方案以便比较。这些方案应在“粗线条”的前提下尽量详细，其把握的尺度是能清楚地反映出三大关键问题：技术难点、经费概算、工期。

(5) 乙方进行方案可行性论证

方案可行性论证的目的是要估计承接该项任务的把握性，并为签订合同后的设计工作打下基础。论证的主要内容是：技术可行性、经费可行性、进度可行性。特别要指出，对控制项目尤其是对可测性和可控性应给予充分重视。

如果论证的结果可行，接着就应做好签订合同前的准备工作；如果不可行，则应与甲方进一步协商任务委托书的有关内容或对条款进行修改。若不能修改，则合同不能签订。

(6) 签订合同书

合同书是双方达成一致意见的结果，也是以后双方合作的唯一依据和凭证。合同书（或协议书）应包含如下内容：经过双方修改和认可的甲方“任务委托书”的全部内容；双方的任务划分和各自应承担的责任；合作方式；付款方式；进度和计划安排；验收方式及条件；成果归属及违约的解决办法。

2. 工程项目的设计阶段

工程项目的设计阶段的流程如图 9-2 所示，主要包括组建项目研制小组、系统总体方案的设计、方案论证与评审、硬件和软件的细化设计、硬件和软件的调试、系统的组装。

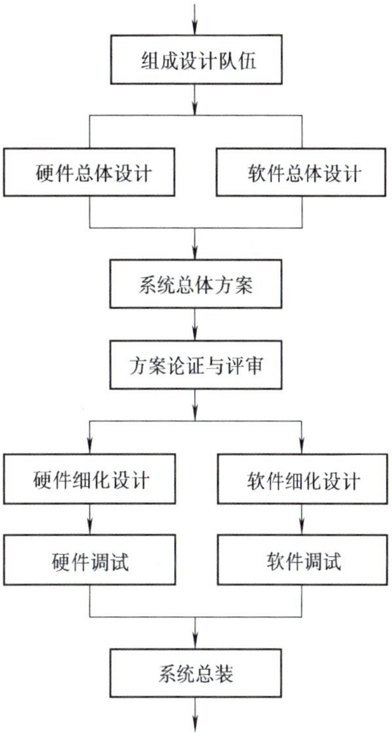

图 9-2　工程项目的设计阶段流程

(1) 组建项目研制小组

在签订了合同或协议后，系统的研制进入设计阶段。为了完成系统设计，应首先把项目组成员确定下来。这个项目组应由懂得计算机硬件、软件和有控制经验的技术人员组成，还要明确分工和相互的协调合作关系。

(2) 系统总体方案

系统总体方案包括硬件总体方案和软件总体方案。硬件和软件的设计是互相有机联系的。因此，在设计时要经过多次的协调和反复，最后才能形成合理的统一在一起的总体设计方案。总体方案要形成硬件和软件的方块图，并建立说明文档，包括控制策略和控制算法的确定等。

(3) 方案论证与评审

方案论证与评审是对系统设计方案的把关和最终裁定。评审后确定的方案是进行具体设计和工程实施的依据，因此应邀请有关专家、主管领导及甲方代表参加。评审后应重新修改总体方案，评审过的方案设计应该作为正式文件存档，原则上不应再做大的改动。

(4) 硬件和软件的分别细化设计

此步骤只能在总体方案评审后进行，如果进行太早会造成资源的浪费和返工。所谓细化设计就是将方块图中的方块划到最底层，然后进行底层块内的结构细化设计。对于硬件设计来说，就是选购模板以及设计制作专用模板；对软件设计来说，就是将一个个模块编成一条条的程序。

(5) 硬件和软件的分别调试

实际上，硬件、软件的设计中都需边设计边调试边修改，往往要经过几个反复过程才能完成。

(6) 系统的组装

硬件细化设计和软件细化设计后，分别进行调试。之后就可进行系统的组装，组装是离线仿真和调试阶段的前提和必要条件。

3. 离线仿真和调试阶段

离线仿真和调试阶段的流程如图 9-3 所示。所谓离线仿真和调试是指在实验室而不是在工业现场进行的仿真和调试。离线仿真和调试试验后，还要进行考机运行。考机的目的是要在连续不停机的运行中暴露问题和解决问题。

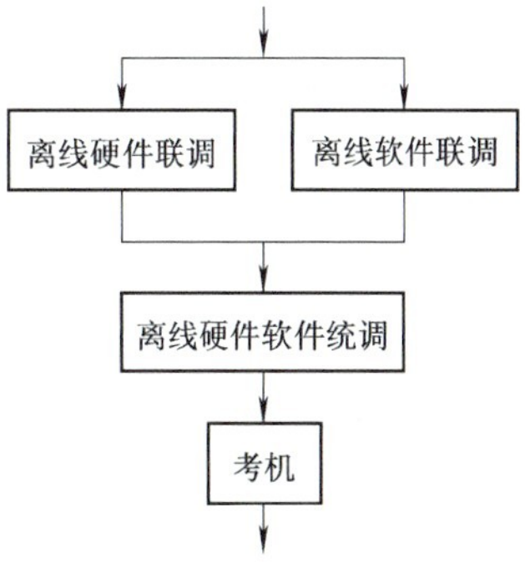

图 9-3　离线仿真和调试流程

4. 在线调试和运行阶段

系统离线仿真和调试后便可进行在线调试和运行。所谓在线调试和运行就是将系统和生产过程连接在一起，进行现场调试和运行。尽管上述离线仿真和调试工作非常认真、仔细，现场调试和运行仍可能出现问题，因此必须认真分析加以解决。系统运行正常后，再试运行一段时间，即可组织验收。验收是系统项目最终完成的标志，应由甲方主持乙方参加，双方协同办理。验收完毕应形成验收文件存档。整个过程可用图9-4来形象地说明。

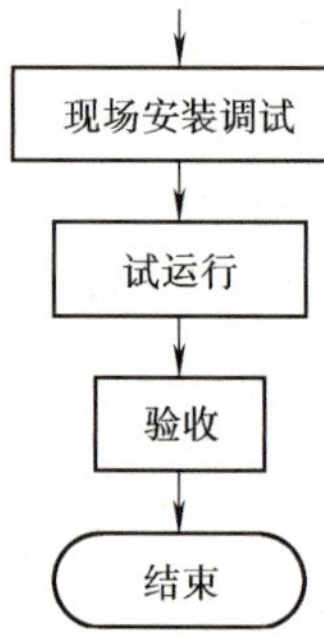

图9-4　在线调试和运行流程

9.2　系统的工程设计与实现

作为一个计算机控制系统工程项目，在研制过程中应该经过哪些步骤，应该怎样有条不紊地保证研制工作顺利进行，这是需要认真考虑的。如果步骤不清，或者每一步需要做什么不明确，就有可能引起研制过程中的混乱甚至返工。本章9.1.2节详细地介绍了计算机控制系统工程项目的设计步骤，实际系统工程项目的设计与实现应按此步骤进行。本节就系统的工程设计与实现的具体问题作进一步的讨论，这些具体问题对实际工作有重要的指导意义。

9.2.1　系统总体方案设计

设计一个性能优良的计算机控制系统，要注重对实际问题的调查。通过对生产过程的深入了解、分析以及对工作过程和环境的熟悉，才能确定系统的控制任务，提出切实可行的系统总体设计方案。

1. 硬件总体方案设计

依据合同书（或协议书）的技术要求和已做过的初步方案，开展系统的硬件总体设计。总体设计的方法是“黑箱”设计法。所谓“黑箱”设计，就是画方块图的方法。用这种方法做出的系统结构设计，只需明确各方块之间的信号输入/输出关系和功能要求，而不需知道“黑箱”内具体结构。硬件总体方案设计主要包含以下几个方面的内容。

（1）确定系统的结构和类型

根据系统要求，确定采用开环还是闭环控制。闭环控制还需进一步确定是单闭环还是多闭环控制。实际可供选择的控制系统类型有：操作指导控制系统；直接数字控制（DDC）系统；监督计算机控制（SCC）系统；分级控制系统；分散型控制系统（DCS）；工业测控网络系统等。

（2）确定系统的构成方式

系统的构成方式应优先选择采用工业控制机来构成系统的方式。工业控制机具有系列化、模块化、标准化和开放结构，有利于系统设计者在系统设计时根据要求任意选择，像搭积木般地组建系统。这种方式可提高研制和开发速度，提高系统的技术水平和性能，增加可靠性。

当然，也可以采用通用的可编程序控制器（PLC）或智能调节器来构成计算机控制系统（如分散型控制系统、分级控制系统、工业网络）的前端机（或下位机）。

(3) 现场设备选择

现场设备选择主要包含传感器、变送器和执行机构的选择，这些装置的选择要正确，它是影响系统控制精度的重要因素之一。

(4) 其他方面的考虑

总体方案中还应考虑人机联系方式、系统的机柜或机箱的结构设计、抗干扰等方面的问题。

2. 软件总体方案设计

依据合同书（或协议书）的技术要求和已做过的初步方案，进行软件的总体设计。软件总体设计和硬件总体设计一样，也是采用结构化的“黑箱”设计法。先画出较高一级的方框图，然后再将大的方框分解成小的方框，直到能表达清楚为止。软件总体方案还应考虑确定系统的数学模型、控制策略、控制算法等。

3. 系统总体方案

将上面的硬件总体方案和软件总体方案合在一起构成系统的总体方案。总体方案论证可行后，要形成文件，建立总体方案文档。系统总体文件的内容包括：

1）系统的主要功能、技术指标、原理性框图及文字说明。

2）控制策略和控制算法，如 PID 控制、达林算法、Smith 补偿控制、最少拍控制、串级控制、前馈控制、解耦控制、模糊控制、最优控制等。

3）系统的硬件结构及配置，主要的软件功能、结构及框图。

4）方案比较和选择。

5）保证性能指标要求的技术措施。

6）抗干扰和可靠性设计。

7）机柜或机箱的结构设计。

8）经费和进度计划的安排。

对所提出的总体设计方案要进行合理性、经济性、可靠性及可行性论证。论证通过后，便可形成作为系统设计依据的系统总体方案图和设计任务书，以指导具体的系统设计过程。

9.2.2　硬件的工程设计与实现

采用总线式工业控制机进行系统的硬件设计，可以解决工业控制中的众多问题。由于总线式工业控制机的高度模块化和插板结构，因此可以采用组合方式来大大简化计算机控制系统的设计。采用总线式工业控制机，只需要简单地更换几块模板，就可以很方便地变成另外一种功能的控制系统。在计算机控制系统中，一些控制功能既能由硬件实现，也能用软件实现，故系统设计时，硬件、软件功能的划分要综合考虑。如是工业测控网络结构，可根据前面介绍的分布式测控网络技术设计控制系统的硬件。

1. 选择系统的总线和主机机型

(1) 选择系统的总线

系统采用总线结构，具有很多优点。采用总线可以简化硬件设计，用户可根据需要直接选用符合总线标准的功能模板，而不必考虑模板插件之间的匹配问题，使系统硬件设计大大简化；系统可扩性好，仅需将按总线标准研制的新的功能模板插在总线槽中即可；系统更新性好，一旦出现新的微处理器、存储器芯片和接口电路，只要将这些新的芯片按总线标准研制成各类插件，即可取代原来的模板而升级更新系统。

1）内总线选择。常用的工业控制机内总线有两种，即ISA总线和PCI总线，根据板卡类型需要选择其中一种。

2）外总线选择。根据计算机控制系统的基本类型，如果采用分级控制系统（DCS）等，必然有通信的问题。外总线就是计算机与计算机之间、计算机与智能仪器或智能外设之间进行通信的总线，它包括通用串行总线（USB）和串行通信总线（RS-232C）。另外还有可用来进行远距离通信、多站点互连的通信总线RS-422和RS-485。具体选择哪一种，要根据通信的速率、距离、系统拓扑结构、通信协议等要求来综合分析才能确定。但需要说明的是RS-422和RS-485总线在工业控制机的主机中没有现成的接口装置，必须另外选择相应的通信接口板。

（2）选择主机机型

在总线式工业控制机中有许多机型，即因采用的CPU不同而不同。以ISA总线工业控制机为例，其CPU有Intel Pentium Ⅲ、Intel Pentium 4、Intel Pentium D、AMD AM2 Sempron、AMD AM2 Athlon64等多种品牌和型号，内存、硬盘、主频、显示卡、CRT显示器也有多种规格。设计人员可根据要求合理地进行选型。

2. 选择输入/输出通道模板

一个典型的计算机控制系统，除了工业控制机的主机以外，还必须有各种输入/输出通道模板，其中包括数字量I/O（即DI/DO）、模拟量I/O（即AI/AO）、脉冲量I/O（即PI/PO）等模板。

（1）数字量（开关量）输入/输出（DI/DO）模板

PC总线的并行I/O接口模板多种多样，通常可分为TTL电平的DI/DO和带光电隔离的DI/DO。通常和工业控制机共地装置的接口可以采用TTL电平，而其他装置与工业控制机之间则采用光电隔离。对于大容量的DI/DO系统，往往选用大容量的TTL电平DI/DO板，而将光电隔离及驱动功能安排在工业控制机总线之外的非总线模板上，如继电器板（包括固体继电器板）等。

（2）模拟量输入/输出（AI/AO）模板

AI/AO模板包括A-D、D-A板及信号调理电路等。AI模板输入可能是0~±5V、1~5V、0~10mA、4~20mA以及热电偶、热电阻和各种变送器的信号。AO模板输出可能是0~5V、1~5V、0~10mA、4~20mA等信号。选择AI/AO模板时必须注意分辨率、转换速度、量程范围等技术指标。

（3）脉冲量输入/输出（PI/PO）模板

PI/PO模板包括带光电隔离、脉冲输入信号调理、脉冲输出信号驱动的脉冲量输入/输出模板。

系统中的输入/输出模板，可按需要进行组合，不管哪种类型的系统，其模板的选择与组合均由生产过程的输入参数和输出控制通道的种类和数量来确定。

3. 选择传感器/变送器和执行机构

（1）选择传感器/变送器

根据实际应用情况，选择了模拟量、开关量、脉冲量传感器，需要再选择相应的模拟量、开关量、脉冲量信号调理电路装置，以便变成标准信号，送至工业控制机进行处理，实现数据采集。

变送器是将被测变量（如温度、压力、物位、流量、电压、电流等）转换为可远传的统一标准信号（0~10mA、4~20mA 等）的仪表，且输出信号与被测变量有一定的对应关系。在控制系统中其输出信号被送至工业控制机进行处理，实现数据采集。

DDZ-Ⅲ型变送器输出的是 4~20mA 信号，供电电源为 DC 24V 且采用二线制，DDZ-Ⅲ型比 DDZ-Ⅱ型变送器性能好，使用方便。DDZ-S 系列变送器是在总结 DDZ-Ⅱ型和 DDZ-Ⅲ型变送器的基础上，吸取了国外同类变送器的先进技术，采用模拟技术与数字技术相结合，开发出的新一代变送器。现场总线仪表也将被推广应用。

常用的变送器有温度变送器、压力变送器、液位变送器、差压变送器、流量变送器、各种电量变送器等。系统设计人员可根据被测参数的种类、量程、被测对象的介质类型和环境来选择变送器的具体型号。

（2）选择执行机构

执行机构是控制系统中必不可少的组成部分，它的作用是接收计算机发出的控制信号，并把它转换成调整机构的动作，使生产过程按预先规定的要求正常运行。

执行机构分为气动、电动、液压三种类型。气动执行机构的特点是结构简单、价格低、防火防爆；电动执行机构的特点是体积小、种类多、使用方便；液压执行机构的特点是推力大、精度高。常用的执行机构为气动和电动的。

在计算机控制系统当中，将 0~10mA 或 4~20mA 电信号经电气转换器转换成标准的 0.02~0.1MPa 气压信号之后，即可与气动执行机构（气动调节阀）配套使用。电动执行机构（电动调节阀）直接接收来自工业控制机的输出信号 4~20mA 或 0~10mA，实现控制作用。

另外，还有各种有触点和无触点开关装置、脉冲装置也是执行机构，实现开关动作。电磁阀作为一种开关阀在工业中也得到了广泛的应用。

在系统中，选择气动调节阀、电动调节阀、电磁阀、有触点和无触点开关之中的哪一种，要根据系统的要求来确定。但要实现连续的、精确的控制目的，必须选用气动或电动调节阀，而对要求不高的控制系统可选用电磁阀。

9.2.3 软件的工程设计与实现

用工业控制机来组建计算机控制系统不仅能减小系统硬件设计工作量，而且还能减小系统软件设计工作量。一般工业控制机都配有实时操作系统或实时监控程序，各种控制、运算软件、组态软件等可使系统设计者在最短的周期内，开发出目标系统软件。如是工业测控网络结构，可根据前面介绍的分布式测控网络技术设计控制系统的软件。

一般工业控制机把工业控制所需的各种功能以模块形式提供给用户。其中包括控制算法模块（多为 PID），运算模块（四则运算、开方、最大值/最小值选择、一阶惯性、超前滞后、工程量变换、上下限报警等数十种），计数/计时模块，逻辑运算模块，输入模块，输出模块，打印模块，CRT 显示模块等。系统设计者根据控制要求，选择所需的模块就能生成系统控制软件，因而软件设计工作量大为减小。为了便于系统组态（即选择模块组成系统），工业控制机提供了组态语言。

当然并不是所有的工业控制机都能给系统设计带来上述方便，有些工业控制机只能提供硬件设计的方便，而应用软件需自行开发；若从选择单片机入手来研制控制系统，系统的全部硬件、软件均需自行开发研制。自行开发控制软件时，应先画出程序总体流程图和各功能模块流程图，再选择程序设计语言，然后编制程序。程序编制应先模块后整体。具体程序设计内容包含以下几个方面。

1. 数据类型和数据结构规划

在系统总体方案设计中，系统的各个模块之间有着各种因果关系，互相之间要进行各种信息传递。如数据处理模块和数据采集模块之间的关系，数据采集模块的输出信息就是数据处理模块的输入信息，同样，数据处理模块和显示模块、打印模块之间也有这种产销关系。各模块之间的关系体现在它们的接口条件上，即输入条件和输出结果上。为了避免产销脱节现象，就必须严格规定好各个接口条件，即各接口参数的数据结构和数据类型。这一步工作可以这样来做：将每一个执行模块要用到的参数、要输出的结果列出来，对于与不同模块都有关的参数，只取一个名称，以保证同一个参数只有一种格式。然后为每一参数规划一个数据类型和数据结构。

从数据类型上来分类，可分为逻辑型和数值型，但通常将逻辑型数据归到软件标志中去考虑。数值型可分为定点数和浮点数。定点数有直观、编程简单、运算速度快的优点，其缺点是表示的数值动态范围小，容易溢出。浮点数则相反，数值动态范围大、相对精度稳定、不易溢出，但编程复杂，运算速度低。

如果某参数是一系列有序数据的集合，如采样信号序列，则不只有数据类型问题，还有一个数据存放格式问题，即数据结构问题。这部分内容在前面章节作了介绍，这里不再讨论。

2. 资源分配

完成数据类型和数据结构的规划后，便可开始分配系统的资源了。系统资源包括ROM、RAM、定时器/计数器、中断源、I/O地址等。ROM资源用来存放程序和表格，这也是明显的。I/O地址、定时器/计数器、中断源在任务分析时已经分配好了。因此，资源分配的主要工作是RAM资源的分配。RAM资源规划好后，应列出一张RAM资源的详细分配清单，作为编程依据。

3. 实时控制软件设计

（1）数据采集及数据处理程序

数据采集程序主要包括多路信号的采样、输入变换、存储等。模拟输入信号为DC 0~10mA或DC 4~20mA、DC mV和电阻等。前两种可以直接作为A-D转换模板的输入（电流经I/V变换变为DC 0~5V电压输入），后两种经放大器放大到DC 0~5V后再作为A-D转换模板的输入。开关触点状态通过数字量输入（DI）模板输入。

输入信号的点数可根据需要选取，每个信号的量程和工业单位用户必须规定清楚。

数据处理程序主要包括数字滤波程序、线性化处理和非线性补偿、标度变换程序、越限报警程序等。

（2）控制算法程序

控制算法程序主要实现控制规律的计算，产生控制量。其中包括数字PID控制算法、达林算法、Smith补偿控制算法、最少拍控制算法、串级控制算法、前馈控制算法、解耦控制算法、模糊控制算法、最优控制算法等。实际应用时，可选择合适的一种或几种控制算法来实现控制。

（3）控制量输出程序

控制量输出程序实现对控制量的处理（上下限和变化率处理）、控制量的变换及输出，驱动执行机构或各种电气开关。控制量也包括模拟量和开关量两种。模拟控制量由D-A转换模板输出，一般为标准的 DC 0~10mA 或 DC 4~20mA 信号，该信号驱动执行机构如各种调节阀。开关量控制信号驱动各种电气开关。

(4) 实时时钟和中断处理程序

实时时钟是计算机控制系统一切与时间有关过程的运行基础。时钟有两种，即绝对时钟和相对时钟。绝对时钟与当地的时间同步，有年、月、日、时、分、秒等功能。相对时钟与当地时间无关，一般只要时、分、秒就可以，在某些场合要精确到 0.1s 甚至毫秒。

计算机控制系统中有很多任务是按时间来安排的，即有固定的作息时间。这些任务的触发和撤销由系统时钟来控制，不用操作者直接干预，这在很多无人值班的场合尤其必要。实时任务有两类：第一类是周期性的，如每天固定时间启动、固定时间撤销的任务，它的重复周期是一天；第二类是临时性任务，操作者预定好启动和撤销时间后由系统时钟来执行，但仅一次有效。作为一般情况，假设系统中有几个实时任务，每个任务都有自己的启动和撤销时刻。在系统中建立两个表格，一个是任务启动时刻表，另一个是任务撤销时刻表，表格按作业顺序编号安排。为使任务启动和撤销及时准确，这一过程应安排在时钟中断子程序中来完成。定时中断服务程序在完成时钟调整后，就开始扫描启动时刻表和撤销时刻表，当表中某项和当前时刻完全相同时，通过查表位置指针就可以决定对应作业的编号，通过编号就可以启动或撤销相应的任务。

计算机控制系统中，有很多控制过程虽与时间（相对时钟）有关，但与当地时间（绝对时钟）无关。例如，啤酒发酵微机控制系统，要求从 10℃ 降温 4h 到 5℃，保温 30h 后，再降温 2h 到 3℃，再保温。以上工艺过程与时间关系密切，但与上午、下午没有关系，只与开始投料时间有关，这一类的时间控制需要相对时钟信号。相对时钟的运行速度与绝对时钟一致，但数值完全独立。这就要求相对时钟必须另外开辟存放单元。在使用上，相对时钟要先初始化，再开始计时，计时到后便可唤醒指定任务。

许多实时任务如采样周期、定时显示打印、定时数据处理等都必须利用实时时钟来实现，并由定时中断服务程序去执行相应的动作或处理动作状态标志等。

另外，事故报警、掉电检测及处理、重要的事件处理等功能的实现也常常使用中断技术，以便计算机能对事件做出及时处理。事件处理用中断服务程序和相应的硬件电路来完成。

(5) 数据管理程序

这部分程序用于生产管理，主要包括画面显示、变化趋势分析、报警记录、统计报表打印输出等。

(6) 数据通信程序

数据通信程序主要完成计算机与计算机之间、计算机与智能设备之间的信息传递和交换。这个功能主要在分散型控制系统、分级计算机控制系统、工业网络等系统中实现。

9.2.4　系统的调试与运行

系统的调试与运行分为离线仿真与调试阶段和在线调试与运行阶段。离线仿真与调试阶段一般在实验室或非工业现场进行，在线调试与运行阶段是在生产过程工业现场进行。其中离线仿真与调试阶段是基础，主要检查硬件和软件的整体性能，为现场投运做准备，现场投运是对全系统的实际考验与检查。系统调试的内容很丰富，碰到的问题千变万化，解决的方法也多种多样，并没有统一的模式。

1. 离线仿真和调试

(1) 硬件调试

对于各种标准功能模板，按照说明书检查主要功能。比如主机板（CPU 板）上 RAM 区的读/写功能、ROM 区的读出功能、复位电路、时钟电路等的正确性。

在调试 A-D 和 D-A 模板之前，必须准备好信号源、数字电压表、电流表等。对这两种模板首先检查信号的零点和满量程，然后再分档检查。比如满量程的 25%、50%、75%、100%，并且上行和下行来回调试，以便检查线性度是否合乎要求，如有多路开关板，应测试各通路是否正确切换。

利用开关量输入和输出程序来检查开关量输入（DI）和开关量输出（DO）模板。测试时可在输入端加开关量信号，检查读入状态的正确性；可在输出端检查（用万用表）输出状态的正确性。

硬件调试还包括现场仪表和执行机构，如压力变送器、差压变送器、流量变送器、温度变送器以及电动或气动调节阀等。这些仪表必须在安装之前按说明书要求校验完毕。

如是分级计算机控制系统和分散型控制系统，还要调试通信功能，验证数据传输的正确性。

(2) 软件调试

软件调试的顺序是子程序、功能模块和主程序。有些程序的调试比较简单，利用开发装置（或仿真器）以及计算机提供的调试程序就可以进行调试。程序设计一般采用汇编语言和高级语言混合编程。对处理速度和实时性要求高的部分用汇编语言编程（如数据采集、时钟、中断、控制输出等），对速度和实时性要求不高的部分用高级语言来编程（如数据处理、变换、图形、显示、打印、统计报表等）。

一般与过程输入/输出通道无关的程序，都可用开发机（仿真器）的调试程序进行调试，不过有时为了能调试某些程序，可能要编写临时性的辅助程序。

系统控制模块的调试应分为开环和闭环两种情况进行。开环调试是检查它的阶跃响应特性，闭环调试是检查它的反馈控制功能。图 9-5 是 PID 控制模块的开环特性调试原理框图。首先可以通过 A-D 转换器输入一个阶跃电压。然后使 PID 控制模块程序按预定的控制周期 T 循环执行，控制量 u 经 D-A 转换器输出模拟电压（DC 0~5V）给记录仪记下它的阶跃响应曲线。开环阶跃响应实验可以包括以下几项：

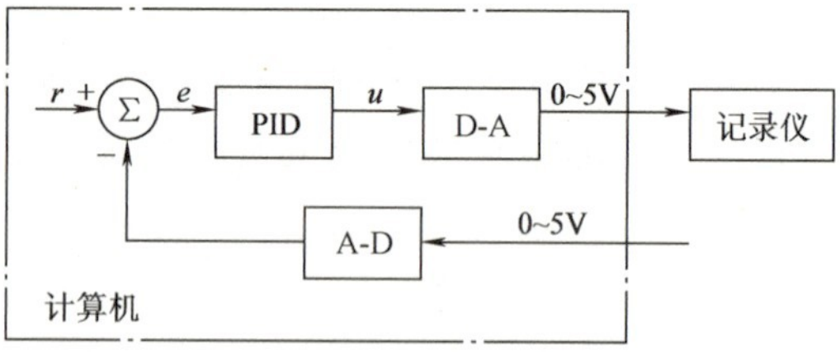

图 9-5　PID 控制模块的开环特性调试原理框图

1）不同比例带 δ（$\delta=1/K_P$）、不同阶跃输入幅度和不同控制周期下正、反两种作用方向的纯比例控制的响应。

2）不同比例带、不同积分时间、不同阶跃输入幅度和不同控制周期下正、反两种作用方向的比例积分控制的响应。

3）不同比例带、不同积分时间、不同微分时间、不同阶跃输入幅度和不同控制周期下正、反两种作用方向的比例积分微分控制的响应。

上述几项内容的实验过程中，应该分析所记录的阶跃响应曲线，不仅要定性而且要定量地检查 P、I、D 参数是否准确，并且要满足一定的精度。这一点与模拟仪表调节器有所不同，由于仪表中电容、电阻参数的分散性，以及电位器旋钮刻度盘分度不可能太细，因此不得不允许其 P、I、D 参数的刻度值有较大的误差。但是对计算机来说，完全有条件进行准确的数字计算，保证 P、I、D 参数误差很小。

在完成 PID 控制模块开环特性调试的基础上，还必须进行闭环特性调试。所谓闭环调试就是按图 9-6 构成单回路 PID 反馈控制系统。该图中的被控对象可以使用实验室物理模拟装置，也可以使用电子式模拟实验室设备。实验方法与模拟仪表调节器组成的控制系统类似，即分别做给定值 $r(k)$ 和外部扰动 $f(t)$ 的阶跃响应实验，改变 P、I、D 参数以及阶跃输入的幅度，分析被控制量 $y(t)$ 的阶跃响应曲线和 PID 控制器输出控制量 u 的记录曲线，判断闭环工作是否正确。主要分析判断以下几项内容：纯比例作用下残差与比例带的值是否吻合；积分作用下是否消除残差；微分作用对闭环特性是否有影响；正向和反向扰动下过渡过程曲线是否对称等。否则，必须根据发生的现象仔细分析，重新检查程序。必须指出，由于数字 PID 控制器比模拟 PID 调节器增加了一些特殊功能，如积分分离、测量值微分（或微分先行）、死区 PID（或非线性 PID）、给定值和控制量的变化率限制、输入/输出补偿、控制量限幅和保持等，应先暂时去掉这些特殊功能，首先试验纯 PID 控制闭环响应，这样便于发现问题。在纯 PID 控制闭环实验通过的基础上，再逐项加入上述特殊功能，并逐项检查是否正确。

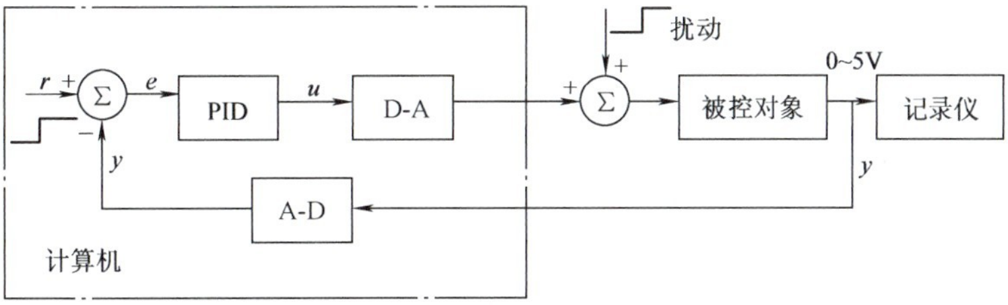

图 9-6　PID 控制模块的闭环调试框图

运算模块是构成控制系统不可缺少的一部分。对于简单的运算模块可以用开发机（或仿真器）提供的调试程序检查其输入与输出关系。而对于具有输入与输出曲线关系复杂的运算模块，如纯滞后补偿模块，可采用类似图 9-6 所示的方法进行调试，用运算模块来替换 PID 控制模块，通过分析记录曲线来检查程序是否存在问题。

一旦所有的子程序和功能模块调试完毕，就可以用主程序将它们连接在一起，进行整体调试。当然有人会问，既然所有模块都能单独地工作，为什么还要检查它们连接在一起能否正常工作呢？这是因为把它们连接在一起可能会产生不同软件层之间的交叉错误，一个模块的隐含错误对自身可能无影响，却会妨碍另一个模块的正常工作；单个模块允许的误差，多个模块连起来可能放大到不可容忍的程度等，所以有必要进行整体调试。

整体调试的方法是自底向上逐步扩大。首先按分支将模块组合起来，以形成模块子集，调试完各模块子集，再将部分模块子集连接起来进行局部调试，最后进行全局调试。这样经过子集、局部和全局三步调试，完成了整体调试工作。整体调试是对模块之间连接关系的检查，有时为了配合整体调试，在调试的各阶段编制了必要的临时性辅助程序，调试完结应删去。通过整体调试能够把设计中存在的问题和隐含的缺陷暴露出来，从而基本上消除了编程上的错误，为以后的仿真调试和在线调试及运行打下良好的基础。

（3）系统仿真

在硬件和软件分别联调后，并不意味着系统的设计和离线调试已经结束，为此，必须再进行全系统的硬件、软件统调。这次的统调试验，就是通常所说的“系统仿真”（也称为模拟调试）。所谓系统仿真，就是应用相似原理和类比关系来研究事物，也就是用模型来代替实际生产过程（即被控对象）进行实验和研究。系统仿真有以下三种类型：全物理仿真（或称在模拟环境条件下的全实物仿真）；半物理仿真（或称硬件闭路动态试验）；数字仿真（或称计算机仿真）。

系统仿真尽量采用全物理或半物理仿真。试验条件或工作状态越接近真实，其效果也就越好。对于纯数据采集系统，一般可做到全物理仿真；而对于控制系统，要做到全物理仿真几乎是不可能的。这是因为不可能将实际生产过程（被控对象）搬到自己的实验室或研究室中，因此，控制系统只能做离线半物理仿真。被控对象可用实验模型代替。不经过系统仿真和各种试验，试图在生产现场调试中一举成功的想法是不实际的，往往会被现场联调工作的现实所否定。

在系统仿真的基础上，进行长时间的运行考验（称为考机），并根据实际运行环境的要求，进行特殊运行条件的考验。例如，高温和低温剧变运行试验，振动和抗电磁干扰试验，电源电压剧变和掉电试验等。

2. 在线调试和运行

在上述调试过程中，尽管工作很仔细，检查很严格，但系统仍然没有经受实践的考验。因此，在现场进行在线调试和运行过程中，设计人员与用户要密切配合，在实际运行前制定一系列调试计划、实施方案、安全措施、分工合作细则等。现场调试与运行过程是从小到大，从易到难，从手动到自动，从简单回路到复杂回路逐步过渡。为了做到有把握，现场安装及在线调试前先要进行下列检查：

1）检测元件、变送器、显示仪表、调节阀等必须通过校验，保证精确度要求。作为检查，可进行一些现场校验。

2）各种接线和导管必须经过检查，保证连接正确。例如，孔板的上下游接压导管要与差压变送器的正负压输入端极性一致；热电偶的正负端与相应的补偿导线相连接，并与温度变送器的正负输入端极性一致等。除了极性不得接反以外，对号位置都不应接错。引压导管和气动导管必须畅通，不能中间堵塞。

3）对在流量中采用隔离液的系统，要在清洗好引压导管以后，灌入隔离液（封液）。

4）检查调节阀能否正确工作。旁路阀及上下游截断阀关闭或打开要进行确认，保证无误。

5）检查系统的干扰情况和接地情况，如果不符合要求，应采取措施。

6）对安全防护措施也要检查。

经过检查并已安装正确后，即可进行系统的投运和参数的整定。投运时应先切入手动，等系统运行接近于给定值时再切入自动。参数的整定，应按第4章和第5章介绍的方法进行。

在现场调试的过程中，往往会出现错综复杂、时隐时现的奇怪现象，一时难以找到问题的根源。此时，计算机控制系统设计者们要认真地共同分析，每个人不要轻易地怀疑别人所做的工作，以免掩盖问题的根源所在。

9.3 设计举例——啤酒发酵过程计算机控制系统

麦汁发酵过程是啤酒生产的重要环节。过去，啤酒发酵过程采用传统的手工操作控制，生产效率低，劳动强度大，不易于管理；啤酒质量差，产量低，酒损多。有些啤酒生产厂家采用常规的仪表调节系统，虽然给企业带来一些益处，但也不利于现代化管理和机动灵活地修改工艺参数。采用计算机对啤酒发酵过程进行自动控制和现代化管理，很好地解决了以上问题，获得了巨大的经济效益和社会效益。

9.3.1　啤酒发酵工艺及控制要求

1. 啤酒发酵工艺简介

啤酒发酵是一个复杂的生物化学过程，通常在锥形发酵罐中进行。在二十多天的发酵期间，根据酵母的活动能力，生长繁殖快慢，确定发酵给定温度曲线，如图 9-7 所示。要使酵母的繁殖和衰减、麦汁中糖度的消耗和双乙酰等杂质含量达到最佳状态，必须严格控制发酵各阶段的温度，使其在给定温度的±0.5℃范围内。

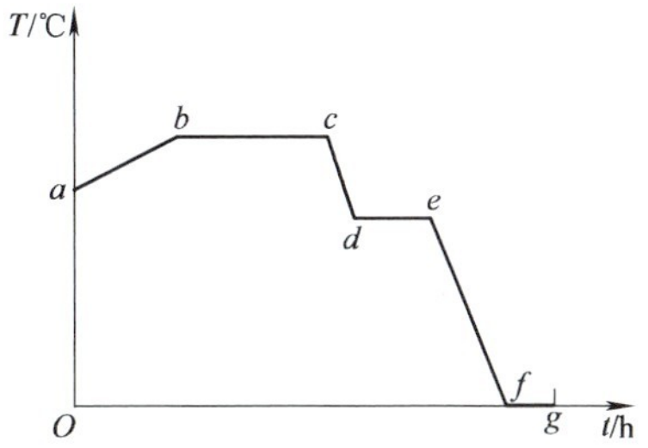

图 9-7　发酵过程温度工艺曲线

某啤酒厂要求控制 10 个 200m^3 的锥形啤酒发酵罐，这种发酵罐的内层是用不锈钢板焊接而成的，外层用白铁皮包制而成，内层与外层中间是保温材料和上中下三段冷却带，罐体由上下两部分组成，上部分是圆柱体，下部分是圆锥体，故称为锥形发酵罐。在啤酒发酵期间，当罐内温度低于给定的温度时，则要求关闭冷却带的阀门，使之自然发酵升温；当罐内温度高于给定温度时，则要求接通冷却带的阀门，自动地将冷酒精打入冷却带循环使之降温，直至满足工艺要求为止。另外，在发酵过程中，还需在各段工艺中实行保压，即要求发酵罐顶部气体压力恒定，以保证发酵过程的正确进行。

2. 系统的控制要求

1）系统共有 10 个发酵罐，每个罐测量 5 个参数，即发酵罐的上中下三段温度、罐内上部气体的压力和罐内发酵液（麦汁）的高度，共有 30 个温度测量点、10 个压力测量点、10 个液位测量点。因此共需检测 50 个参数。

2）自动控制各个发酵罐中的上中下三段温度使其按图 9-7 所示的工艺曲线运行，温度控制误差不大于±0.5℃。共有 30 个控制点。

3）系统具有自动控制、现场手动控制、控制室遥控三种工作方式。

4）系统具有掉电保护、报警、参数设置和工艺曲线修改设置功能。

5）系统具有表格、图形、曲线等显示和打印功能。

9.3.2　系统总体方案的设计

1. 发酵罐测控点的分布及管线结构

本系统有 10 个发酵罐，每个发酵罐上有 5 个检测点和 3 个控制点，其中包括上段温度 *TT*a、中段温度 *TT*b、下段温度 *TT*c、罐内上部气体压力 *PT*、液位 *LT*、上段冷带调节阀 TVa、中段冷带调节阀 TVb、下段冷带调节阀 TVc。发酵罐检测点与控制点分布及管线图如图 9-8 所示。

2. 检测装置和执行机构

检测装置中，温度检测采用 WZP-231 铂热电阻（Pt100）和 RTTB-EKT 温度变送器，其

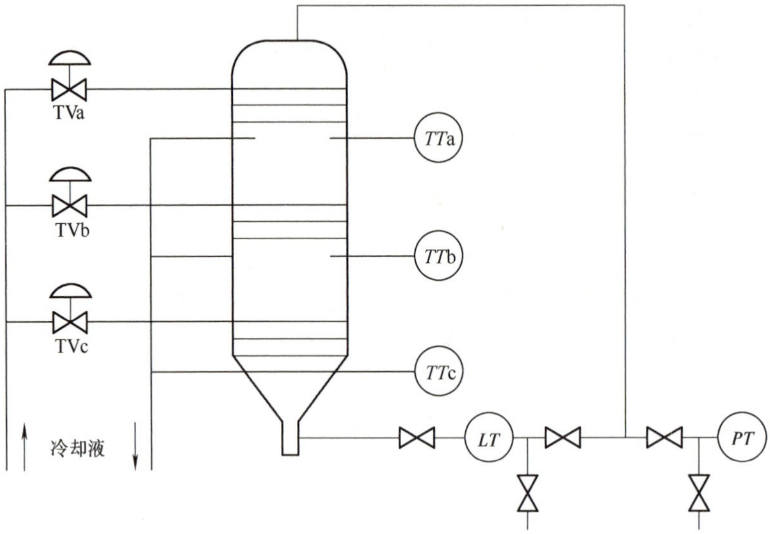

图 9-8　发酵罐检测点与控制点分布及管线图

输入量程为-20~+50℃，输出 4~20mA；压力检测采用 CECY-150G 电容式压力变送器，输入量程为 0~0.25MPa，输出 4~20mA；液位检测采用 CECU-341G 电容式液位变送器，输入量程（差压）为 0~0.2MPa，输出为 4~20mA。

执行机构采用 ZDLP-6B 电动调节阀，通径为 Dg50，流通能力为 Cg32，等百分比特性，并配有操作器 DFQ-2100。

3. 控制规律

啤酒发酵过程中，输入量为冷却液流量，输出量为发酵液温度，由操作经验和离线辨识可知，被控对象具有大惯性和纯滞后特性，而且在不同发酵阶段特性参数变化很大，这是确定控制规律的依据。

为适应温度给定值为折线的情况，在恒温段采用增量型 PI 控制算法，在升温、降温段采用 PID 控制算法，考虑到被控对象大惯性和纯滞后的特点，在控制软件设计中提供了史密斯（Smith）预估控制算法。

4. 控制系统主机及过程通道模板

本系统的控制主机选用康拓 IPC-8500 工业控制机，并配有 A-D 和 D-A 模板来实现过程通道中的信号变换。

(1) IPC-8500 工业控制机

康拓 IPC-8500 工业控制机机箱采用全钢加固型结构，内装 14 槽 ISA 总线无源母板，配有 250W 高效开关电源，带有双制冷风扇，前面板安装引风扇，开关电源内安装排风扇，引风量大于排风量，机箱内部形成微正压环境。

IPC-8500 工业控制机选用 All-In-One CPU 板，CPU 为 Intel 80486 DX2-66，板上有二级 WATCHDOG（看门狗），当应用软件不能控制系统时，可触发 NMI 和 RESET。

另外，IPC-8500 工业控制机与标准键盘、CRT 显示器、EPSON 1600K 打印机相连。

(2) 过程通道模板

本系统选择康拓 IPC-5488 32 路 12 位光电隔离 A-D 板，并配有 CMB5419-1B32 路 I/V 变换板，作为系统的模拟量输入通道。另外，选 IPC-5486 8 路 12 位光电隔离 D-A 转换板，作为模拟量输出通道。

5. 控制系统的软件

控制系统的软件主要包括采样、滤波、标度变换、控制计算、控制输出、中断、计时、打印、显示、报警、调节参数修改、温度给定曲线设定及修改、报表、图形、曲线显示等功能。

9.3.3　系统硬件和软件的设计

1. 系统硬件的设计

根据 9.3.2 节中的总体方案，可以画出控制系统的硬件组成框图，如图 9-9 所示。

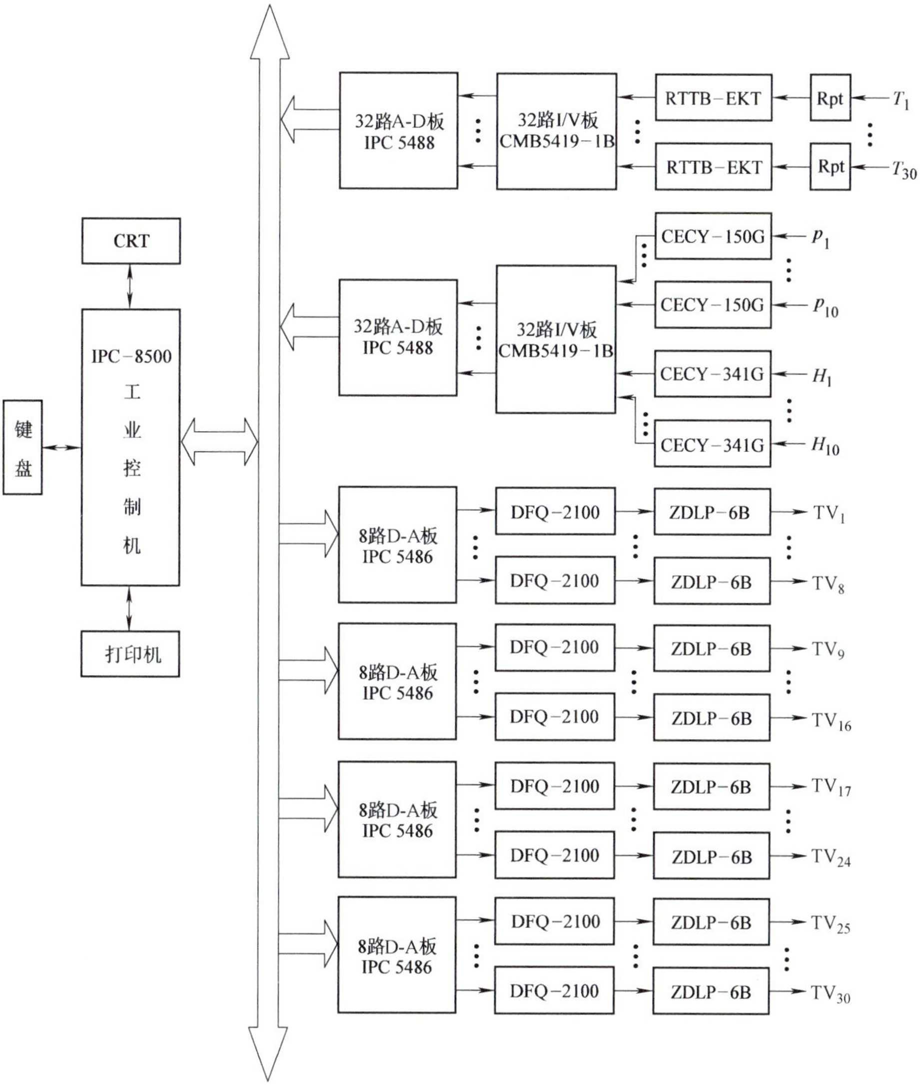

图 9-9　啤酒发酵过程计算机控制系统的硬件组成框图

(1) 模拟量输入通道设计

本系统检测 30 个温度（$T_1 \sim T_{30}$）、10 个压力（$P_1 \sim P_{10}$）、10 个液位（$H_1 \sim H_{10}$）。选用 WZP-231 铂热电阻 30 个和 RTTB-EKT 温度变送器 30 个进行温度测量和变送，即将 $-20 \sim$

+50℃变换成 DC 4~20mA 信号，送至32路I/V变换板CMB5419-1B，把 DC 4~20mA 信号变换成 DC 1~5V 信号，最后把 DC 1~5V 信号送至32路12位光电隔离 A-D 板 IPC5488，从而实现温度的数据采集。选用10台电容式压力变送器 CECY-150G，进行压力测量变送，即将0~0.25MPa 压力变换成 DC 4~20mA 信号，同样经过I/V板送至 A-D 板。选用10台电容式液位变送器 CECY-341G（实际上是单法兰差压变送器），进行液位测量和变送，即将0~0.2MPa 的差压转换成 DC 4~20mA 信号，同样经I/V变换送至 A-D 板。

(2) 模拟量输出通道设计

本系统自动控制30个温度，即使用30个电动调节阀 ZDLP-6B，通过调节阀自动调节阀门开度，从而调节冷却液（淡酒精）流量，达到控制发酵温度的目的。

在模拟输出通道中，采用8路12位光电隔离 D-A 转换板 IPC5486，将计算机输出的控制量转换成 DC 4~20mA 信号，该信号送至操作器 DFQ-2100，DFQ-2100 具有自动和手动切换功能，DFQ-2100 输出 DC 4~20mA 信号送至电动调节阀，从而实现控制30个调节阀，达到控制温度的目的。

另外，系统还配有 DC +24V 电源给变送器、操作器供电。因采用光电隔离技术，故 A-D 板和 D-A 板都采用了 DC/DC 电源变换模块，提供光电隔离所需的工作电源。

2. 系统软件的设计

(1) 数据采集程序

首先按顺序采集30个温度信号，然后再采集10个压力信号，最后采集10个液位信号，这些信号共采集5遍并存储起来，采样周期 $T=2$s。变送器输出的 DC 4~20mA 信号，经I/V变换后产生 DC 1~5V 信号，送至 IPC5488 板卡进行12位 A-D 转换。

(2) 数字滤波程序

将每个信号的5次测量值排序，去掉一个最大值和一个最小值，剩余3个求平均值即为该信号的测量结果，即采用中位值滤波法与平均值滤波法相结合来实现数字滤波。

(3) 标度变换程序

对于12位 A-D 转换 IPC5488 板卡，因 DC 0~5V 时输出为 000~FFFH，则 DC 1~5V 时输出为 333H~FFFH，即十进制 819~4095。对于12位 A-D 转换后的二进制数 x，对应的实际物理量需按下面方法求得。

1）温度的标度变换。温度的量程范围为-20~+50℃，其标度变换计算公式为

$$y=\left[\frac{50-(-20)}{4095-819}(x-819)+(-20)\right]℃=(0.021368x-37.5)℃ \tag{9-1}$$

2）压力的标度变换。压力的量程范围为0~0.25MPa，其标度变换计算公式为

$$\begin{aligned}P&=\left[\frac{0.25-0}{4095-819}(x-819)+0\right]\text{MPa}=(7.63126\times10^{5}x-0.0625)\text{MPa}\\&=(7.63126\times10^{-2}x-62.5)\text{kPa}\end{aligned} \tag{9-2}$$

3）液位的标度变换。液位的量程范围（差压）为0~0.2MPa，其标度变换公式为

$$H=\left[\frac{0.2\times10^{6}-0}{Dg(4095-819)}(x-819)+0\right]\text{m}=\frac{61.05x-50000}{Dg}\text{m} \tag{9-3}$$

式中，D 为啤酒（麦汁）的密度，单位为 kg/m^3；g 为重力加速度，单位为 m/s^2；H 的单位为 m。

(4) 给定工艺曲线的实时插补计算

给定工艺曲线由多段折线组成，每一段都是直线（见图9-7），故采用直线插补算法来

计算各个采样周期的给定值 $r(k)$，即

$$r(k)=r_{n-1}+\frac{r_n-r_{n-1}}{t_n-t_{n-1}}(t_k-t_{n-1}) \tag{9-4}$$

其中，$t_{n-1}\leqslant t_k<t_n$，$(t_{n-1},\ r_{n-1})$ 和 $(t_n,\ r_n)$ 分别是第 n 段折线的两个端点坐标。

(5) 控制算法

针对被控对象的特性，本系统采用两种控制算式。

1）PID 控制算式加特殊处理。控制器采用实际微分 PID 位置型控制算式

$$D(s)=\frac{U(s)}{E(s)}=K_{\mathrm{P}}\left(1+\frac{1}{T_{\mathrm{I}}s}+\frac{T_{\mathrm{D}}s}{\frac{T_{\mathrm{D}}}{K_d}s+1}\right)$$

这里，$T_\alpha=\frac{T_{\mathrm{D}}}{K_d}+T$，$\alpha=\frac{\frac{T_{\mathrm{D}}}{K_d}}{\frac{T_{\mathrm{D}}}{K_d}+T}$。

实际微分项的差分方程为

$$u_{\mathrm{D}}(k)=K_{\mathrm{P}}\frac{T_{\mathrm{D}}}{T_\alpha}[e(k)-e(k-1)]+\alpha u_{\mathrm{D}}(k-1)$$

实际微分数字 PID 位置型控制算法为

$$u(k)=u(k-1)+\Delta u(k) \tag{9-5}$$

$$\Delta u=q_0'e(k)+q_1'e(k-1)+q_2'e(k-2)+\alpha[u_{\mathrm{D}}(k-1)-u_{\mathrm{D}}(k-2)] \tag{9-6}$$

$$\begin{cases} q_0'=K_{\mathrm{P}}\left(1+\frac{T}{T_{\mathrm{I}}}+\frac{T_{\mathrm{D}}}{T_\alpha}\right) \\ q_1'=-K_{\mathrm{P}}\left(1+\frac{2T_{\mathrm{D}}}{T_\alpha}\right) \\ q_2'=K_{\mathrm{P}}\frac{T_{\mathrm{D}}}{T_\alpha} \end{cases}$$

$$e(k)=r(k)-y(k)$$

式中，$r(k)$ 为第 k 个采样周期的给定温度值，它由式（9-4）确定；$y(k)$ 为第 k 个采样周期的实测温度值，它由式（9-1）确定；T 为采样周期（$T=2\mathrm{s}$）。

根据被控对象的特点，在以上 PID 控制算式（实际系统还采用了积分分离措施，这里不再赘述）的基础上，进行了以下特殊处理：在保温段，$r(k)$ 不变，采用 PI 控制算式；降温段采用 PID 控制算式；为了减小被控对象纯滞后的影响，在给定温度曲线转折处作特殊处理，即由保温段转至降温段时提前开大调节阀，而在降温段转至保温段时提前关小调节阀，其目的是使温度转折时平滑过度。

由于系统中 12 位 D-A 转换采用了 IPC5486 板卡，该板卡将 000H～FFFH 的二进制 12 位数转换成 DC 4～20mA 信号，并控制调节阀（4mA 时阀门全关，20mA 时阀门全开），因此计算机送给 IPC5486 必须是 000H～FFFH（即十进制数 0～4095）的控制量。对于计算机，因十进制浮点数 0～4095 的中间值为浮点数 2047.5，故对控制量进行以下处理。

首先，整定数字 PID 控制器的参数。由于计算机中浮点数计算很方便，误差 $e(k)$ 是有

正负的浮点数，PID 输出的控制量 $u(k)$ 也是有正负的浮点数，因此选择 PID 控制的参数应尽可能保证 $u(k)$ 落在浮点数-2047.5~2047.5 之间。

其次，对控制量 $u(k)$ 进行限幅。使控制量满足 $u_{min} \leqslant u(k) \leqslant u_{max}$。当 $u(k) < u_{min}$ 时，取 $u(k)=u_{min}$；当 $u_{min} \leqslant u(k) \leqslant u_{max}$ 时，$u(k)$ 取实际计算值；当 $u(k) > u_{max}$ 时，取 $u(k)=u_{max}$。取 $u_{min}=-2047.5$，$u_{max}=2047.5$。

另外，采用加补偿（加偏移量）处理。系统需对限幅后的控制量 $u(k)$ 采用加补偿（加偏移量）处理，即新控制量 $u_c(k)$ 为

$$u_c(k)=u(k)+2047.5$$

以保证新控制量 $u_c(k)$ 严格落在 0~4095（000H~FFFH）的浮点数之间。

再者，控制量取整并变成 12 位二进制数。众所周知，由于浮点数、小数不能进行 D-A 转换，因此新控制量 $u_c(k)$ 必须取整并变成 12 位二进制数控制量 $u_m(k)$。

然后，D-A 输出控制量。将控制量 $u_m(k)$ 送给 12 位 D-A 转换 IPC5486 板卡。这样，就保证了 $u_m(k)$ 严格在 000H~FFFH 之间，满足了 IPC5486 板卡的输入/输出和调节阀的输入要求。

对于实际工程控制系统，投入运行应从手动开始，逐步将控制回路从手动控制过渡到自动控制状态，且需保证无扰动切换。控制系统切换到自动状态后，应以平衡点（给定值）处所对应的电动调节阀阀位为参考点，进行上下调节，并由此整定 PID 控制器的参数和确定控制器的输出范围。控制系统的设计、安装、调试与维护是一个系统工程，因此，具体问题应具体分析，需不断积累经验，提高整体水平。

2）史密斯（Smith）预估控制算式。根据史密斯预估控制算法，将被控对象发酵罐视为纯滞后的一阶惯性环节，并通过实验确定 K_f、T_f 和 τ，即

$$G_C(s)=\frac{K_f}{T_f s+1}e^{-\tau s} \tag{9-7}$$

其相应的差分方程为

$$y_\tau(k)=ay_\tau(k-1)+b[u(k)-u(k-N)] \tag{9-8}$$

式中，$a=\frac{T_f}{T_f+T}$；$b=K_f\frac{T}{T_f+T}$；$N=\frac{\tau}{T}$。

最后，利用史密斯预估控制的算法步骤，即可求出控制量。

（6）其他应用程序

除以上测控程序外，还有计时、打印、显示、报警、调节参数修改、报表、图形、曲线显示等功能程序，这里不再讨论。

9.3.4　系统的安装调试运行及控制效果

现场进行安装时，首先在现场安装温度、压力变送器、液位变送器、调节阀等，然后从现场敷设屏蔽信号电缆到控制室，最后将这些线缆接到工业控制计算机外面的接线端子板上。调试工作主要是对变送器进行满度和零点校准，A-D 板和 D-A 板满度和零点校准；另外就是利用试凑法确定 PID 控制器的控制参数。系统经过安装调试后，投入运行，并满足系统的控制要求。

该系统操作简单，使用维护方便，性能可靠；采用微机控制，提高了啤酒质量；改善了劳动条件，不用人工手动操作，消除了人为因素；易于现代化管理和产品质量分析；采用表格、图形、曲线直观显示，并有打印输出功能。

9.4　设计举例——机器人关节运动计算机控制系统

PUMA560 机器人是一种计算机控制的机械手，它由六个关节连接的刚性杆件组成，杆件链的一端固定在基座上，另一端则可以安装工具完成一定的操作，如焊接、喷涂和零件装配作业。关节的运动产生杆件的相应运动。从机器人的机械本体来看，机器人由手臂、手腕和工具组成并将它设计成能伸展到工作范围内的工件上，手臂部件运动的合成使手腕部件在工件处定位，以便进行适当的操作。

9.4.1　PUMA560 机器人的结构原理

对于一台如图 9-10 所示的 PUMA560 六关节机器人来说，手臂部件的运动是由腰、肩和肘关节的运动合成的，是机器人的定位机构，而手腕部件的运动则由俯仰、偏转和侧倾关节的运动合成，是机器人的定向机构。

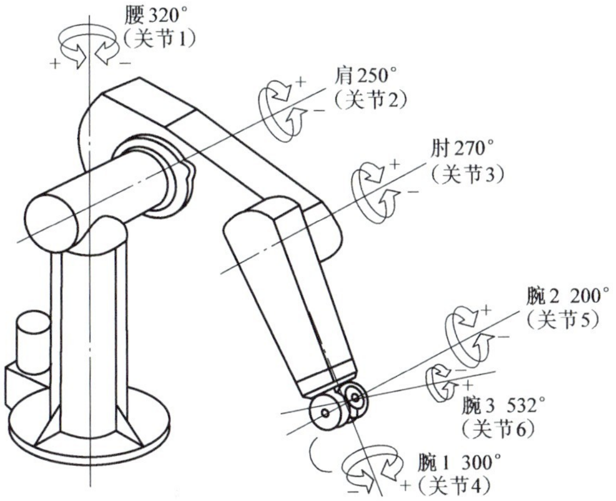

图 9-10　PUMA560 六关节机器人

随着电力电子技术、矢量控制技术和计算机控制技术的发展，机器人关节的运动中，越来越多地采用交流电动机作为驱动部件，因此，机器人每个关节都可以当作一个交流伺服机构。在工业机器人控制系统中，除了这种在低层的、实时性强的关节运动控制外，还有在系统的上层、计算的实时性要求不高的部分，如与用户的交互，子任务间的调度，运动状态的显示和关节运动控制子系统间的通信等。因此，工业机器人关节伺服控制系统的体系结构的合理性将很大程度上决定工业机器人的操作性能。

9.4.2　机器人运动学方程

1. 机器人正运动学

机器人正运动学问题是已知机器人各关节、各连杆参数及各关节变量，求机械手末端在基础坐标系中的位置和姿态。

若已知 $\boldsymbol{q}$ 为系统 6 个关节的角位移向量，$\boldsymbol{X}$ 为机械手末端工具在基础坐标系中的位置和姿态向量，则

$$\boldsymbol{X}=\boldsymbol{X}(\boldsymbol{q}) \tag{9-9}$$

式中，$\boldsymbol{X}=(x\quad y\quad z\quad \phi\quad \theta\quad \psi)^{\mathrm{T}}$；$\boldsymbol{q}=(q_1\quad q_2\quad q_3\quad q_4\quad q_5\quad q_6)^{\mathrm{T}}$。

2. 机器人逆运动学

机器人工作时，总是在基础坐标系中指定机械手末端工具的位置和姿态。为了使机械手末端工具到达期望的位置和姿态，必须驱动机器人各关节由当前角位移到达与末端工具位置和姿态相应的角位移。获得各关节的期望角位置需进行机器人逆运动学求解，即

$$\boldsymbol{q}_{\mathrm{d}}=\boldsymbol{X}_{\mathrm{d}}^{-1}(\boldsymbol{q}) \tag{9-10}$$

有关机器人正、逆运动学求解的知识可参阅有关文献，这里不作重点介绍。

9.4.3 机器人动力学方程

机器人动力学可通过欧拉-拉格朗日（Euler-Lagrange，EL）方程

$$\frac{\mathrm{d}}{\mathrm{d}t}\left(\frac{\partial L(\boldsymbol{q},\dot{\boldsymbol{q}})}{\partial \dot{\boldsymbol{q}}}\right)-\frac{\partial L(\boldsymbol{q},\dot{\boldsymbol{q}})}{\partial \boldsymbol{q}}=\boldsymbol{\tau} \tag{9-11}$$

来描述。$\boldsymbol{q}$ 和 $\dot{\boldsymbol{q}}$ 分别为系统的 6 个关节的角位移和角速度向量，$\boldsymbol{\tau}$ 为作用于 6 个关节的外力矩向量。拉格朗日函数 $\boldsymbol{L}(\boldsymbol{q},\ \dot{\boldsymbol{q}})$ 为动能 $\boldsymbol{K}(\boldsymbol{q},\ \dot{\boldsymbol{q}})$ 和势能 $\boldsymbol{P}(\boldsymbol{q})$ 之差，即

$$\boldsymbol{L}(\boldsymbol{q},\dot{\boldsymbol{q}})=\boldsymbol{K}(\boldsymbol{q},\dot{\boldsymbol{q}})-\boldsymbol{P}(\boldsymbol{q}) \tag{9-12}$$

动能可表示为

$$\boldsymbol{K}(\boldsymbol{q},\dot{\boldsymbol{q}})=\frac{1}{2}\dot{\boldsymbol{q}}^{\mathrm{T}}\boldsymbol{D}(\boldsymbol{q})\dot{\boldsymbol{q}} \tag{9-13}$$

式中，$\boldsymbol{D}(\boldsymbol{q})$ 为广义的惯性矩阵，且 $\boldsymbol{D}(\boldsymbol{q})=\boldsymbol{D}^{\mathrm{T}}(\boldsymbol{q})>\boldsymbol{0}$（对称）。利用式（9-13）可将式（9-12）写成

$$\boldsymbol{L}(\boldsymbol{q},\dot{\boldsymbol{q}})=\boldsymbol{K}(\boldsymbol{q},\dot{\boldsymbol{q}})-\boldsymbol{P}(\boldsymbol{q})=\frac{1}{2}\sum_{i,j}\boldsymbol{d}_{ij}(\boldsymbol{q})\dot{\boldsymbol{q}}_i\dot{\boldsymbol{q}}_j-\boldsymbol{P}(\boldsymbol{q}) \tag{9-14}$$

$\boldsymbol{d}_{ij}(\boldsymbol{q})$ 为矩阵 $\boldsymbol{D}(\boldsymbol{q})$ 的第（i，j）个元素。定义

$$\boldsymbol{c}_{ijk}(\boldsymbol{q})=\frac{1}{2}\left(\frac{\partial \boldsymbol{d}_{kj}(\boldsymbol{q})}{\partial \boldsymbol{q}_i}+\frac{\partial \boldsymbol{d}_{ki}(\boldsymbol{q})}{\partial \boldsymbol{q}_j}-\frac{\partial \boldsymbol{d}_{ij}(\boldsymbol{q})}{\partial \boldsymbol{q}_k}\right) \tag{9-15}$$

可将 EL 方程写成紧凑形式

$$\boldsymbol{D}(\boldsymbol{q})\ddot{\boldsymbol{q}}+\boldsymbol{C}(\boldsymbol{q},\dot{\boldsymbol{q}})\dot{\boldsymbol{q}}+\boldsymbol{G}(\boldsymbol{q})=\boldsymbol{\tau} \tag{9-16}$$

式中，$\boldsymbol{C}(\boldsymbol{q},\ \dot{\boldsymbol{q}})\dot{\boldsymbol{q}}$ 定义为离心力和哥氏（Coriolis）力；$\boldsymbol{G}(\boldsymbol{q})$ 为重力。矩阵 $\boldsymbol{C}(\boldsymbol{q},\ \dot{\boldsymbol{q}})$ 的第（k，j）个元素和重力分别定义为

$$\boldsymbol{c}_{kj}(\boldsymbol{q})=\sum_{i=1}^{n}\boldsymbol{c}_{ijk}(\boldsymbol{q})\dot{\boldsymbol{q}}_i \tag{9-17}$$

$$\boldsymbol{G}(\boldsymbol{q})=\frac{\partial \boldsymbol{P}(\boldsymbol{q})}{\partial \boldsymbol{q}} \tag{9-18}$$

9.4.4 机器人手臂的独立关节位置伺服控制

1. 位置控制的基本结构

机器人的位置控制是机器人最基本的控制任务。机器人的位置控制结构主要有两种形式，即关节空间控制结构和直角坐标空间控制结构，分别如图 9-11a、b 所示。

在图 9-11a 中，$\boldsymbol{q}_{\mathbf{d}}=(q_{\mathrm{d}1}\quad q_{\mathrm{d}2}\quad \cdots\quad q_{\mathrm{d}n})^{\mathrm{T}}$ 是期望的关节位置矢量，$\dot{\boldsymbol{q}}_{\mathrm{d}}$ 和 $\ddot{\boldsymbol{q}}_{\mathrm{d}}$ 是期望的关节

速度矢量和加速度矢量，$\boldsymbol{q}$ 和 $\dot{\boldsymbol{q}}$ 是实际的关节位置矢量和速度矢量，$\boldsymbol{\tau}=(\tau_1 \quad \tau_2 \quad \cdots \quad \tau_n)^{\mathrm{T}}$ 是关节驱动力矩矢量，$\boldsymbol{U}_1$ 和 $\boldsymbol{U}_2$ 是相应的控制矢量。

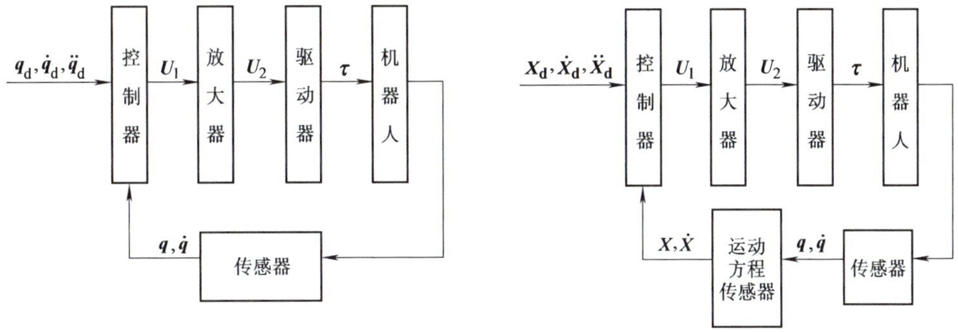

a) 关节空间控制结构　　　　b) 直角坐标空间控制结构

图 9-11　机器人位置控制基本结构

在图 9-11b 中，$\boldsymbol{X}_{\mathrm{d}}=(\boldsymbol{p}_{\mathrm{d}}^{\mathrm{T}} \quad \boldsymbol{\psi}_{\mathrm{d}}^{\mathrm{T}})^{\mathrm{T}}$ 是期望的工具位姿，其中 $\boldsymbol{p}_{\mathrm{d}}=(x_{\mathrm{d}} \quad y_{\mathrm{d}} \quad z_{\mathrm{d}})$ 表示期望的工具位置，$\boldsymbol{\psi}_{\mathrm{d}}$ 表示期望的工具姿态。$\dot{\boldsymbol{X}}_{\mathrm{d}}=(\boldsymbol{v}_{\mathrm{d}}^{\mathrm{T}} \quad \boldsymbol{w}_{\mathrm{d}}^{\mathrm{T}})^{\mathrm{T}}$，其中 $\boldsymbol{v}_{\mathrm{d}}=(\boldsymbol{v}_{\mathrm{d}_x} \quad \boldsymbol{v}_{\mathrm{d}_y} \quad \boldsymbol{v}_{\mathrm{d}_z})^{\mathrm{T}}$ 是期望的工具线速度，$\boldsymbol{w}_{\mathrm{d}}=(w_{\mathrm{d}_x},\ w_{\mathrm{d}_y},\ w_{\mathrm{d}_z})^{\mathrm{T}}$ 是期望的工具角速度，$\dot{\boldsymbol{w}}_{\mathrm{d}}$ 是期望的工具角加速度，$\boldsymbol{X}$ 和 $\dot{\boldsymbol{X}}$ 表示实际的工具位姿和工具速度。运行中的工业机器人一般采用图 9-11a 所示控制结构。该控制结构的期望轨迹是关节的角位置、角速度和角加速度，因而易于实现关节的位置伺服控制。这种控制结构的主要问题是：由于往往要求的是在直角坐标空间的机械手末端运动轨迹，因而为了实现轨迹跟踪，需将机械手末端的期望轨迹 $\boldsymbol{X}_{\mathrm{d}}$ 经逆运动学计算变换为在关节空间表示的期望轨迹 $\boldsymbol{q}_{\mathrm{d}}$。

2. PUMA560 机器人的关节位置伺服控制

若定义关节角位置误差为 $\tilde{\boldsymbol{q}}=\boldsymbol{q}-\boldsymbol{q}_{\mathrm{d}}$，并采用 PD 反馈控制，则关节驱动力矩为

$$\boldsymbol{\tau}=-\boldsymbol{K}_{\mathrm{P}}\tilde{\boldsymbol{q}}-\boldsymbol{K}_{\mathrm{D}}\dot{\tilde{\boldsymbol{q}}} \tag{9-19}$$

PUMA560 机器人关节位置伺服控制系统结构如图 9-12 所示，其控制器由 1 个 DEC LSI-11/02 计算机和 6 个 Rockwell 6503 微处理器组成，每个微处理器都配有关节编码器、DAC 和电流放大器。这种控制结构是分级安排的，其上层是 LSI-11/02 微型计算机，它的作用相当于一个监控计算机。低层是 6 个 6503 微处理器，每个关节各有一个。

处于系统上层的 LSI-11/02 计算机主要有两个作用：首先，系统与用户的在线交互作用和机器人操作的任务协调；其次，与 6503 微处理器进行子任务协调。而处于系统低层的是关节控制器，每个关节有一个控制器，由数字伺服板、模拟伺服板和功率放大器组成。6503 微处理器是机器人关节运动控制的核心，其伺服控制算法都在 6503 微处理器中执行。每一个 6503 微处理器与其 EPROM 和 DAC 位于数字伺服板上，它与 LSI-11/02 计算机间的通信是通过一个接口板进行的。接口板再和一个 16 位的并行接口板（DRV-11）相连，后者向（或从）LSI-11/02 的总线发送（或接收）数据。

6503 微处理器计算出关节误差信号，并把它传送给模拟伺服板。模拟伺服板上有为每个关节电动机设计的电流反馈。每个关节的运动控制都有两个伺服环，内环由模拟器件和补偿器组成，外环提供位置误差信息，并由 6503 微处理器每 0.875ms 更新一次。

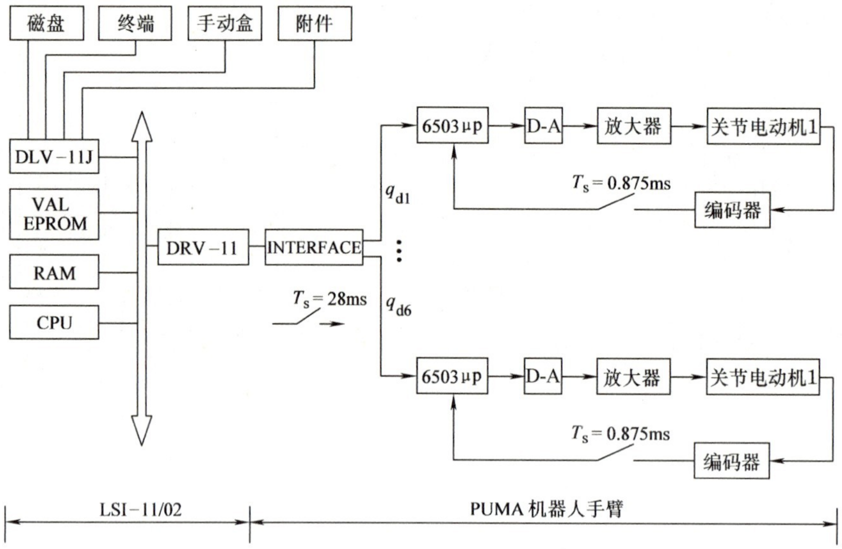

图 9-12　PUMA560 机器人关节位置伺服控制系统结构

习　题

1. 计算机控制系统设计的原则与步骤分别是什么？
2. 计算机控制系统的工程设计与实现具体问题包括哪些内容？
3. 举例说明计算机控制系统的设计实例？

参考文献

[1] 于海生，等. 计算机控制技术［M］. 2版. 北京：机械工业出版社，2016.

[2] 于海生，等. 微型计算机控制技术［M］. 3版. 北京：清华大学出版社，2017.

[3] 孙增圻. 计算机控制理论与应用［M］. 2版. 北京：清华大学出版社，2008.

[4] 杨根科，谢剑英. 微型计算机控制技术［M］. 4版. 北京：国防工业出版社，2016.

[5] 刘建昌，关守平，周玮，等. 计算机控制系统［M］. 3版. 北京：科学出版社，2022.

[6] 何克忠，李伟. 计算机控制系统［M］. 2版. 北京：清华大学出版社，2015.

[7] 疏松桂. 计算机控制系统理论与应用［M］. 北京：科学出版社，1988.

[8] 戴冠中. 计算机控制原理M］. 北京：国防工业出版社，1980.

[9] ÅSTRÖM K J，WITTENMARK B. Computer controlled systems theory and design［M］. 3rd ed. Englewood Cliffs：Prentice Hall，1997.

[10] FRANKLIN G F，POWELL J D，WORKMAN M. Digital control of dynamic systems［M］. 3rd ed. Reading：Addison Wesley Longman，Inc.，1998.

[11] SAMI FADALI M，VISIOLI A. Digital control engineering［M］. 3rd ed. London：Elsevier Inc.，Academic Press，2020.

[12] PHILLIPS C L，NAGLE H T，CHAKRABOTT A. Digital control system analysis and design［M］. 4th ed. Englewood Cliffs：Prentice Hall，2015.

[13] OGATA K. Discrete-time control systems［M］. 2nd ed. Englewood Cliffs：Prentice Hall，1995.

[14] 高等学校自动化专业教学指导分委员会. 自动化学科专业发展战略研究报告［M］. 北京：高等教育出版社，2007.

[15] 高等学校自动化专业教学指导分委员会. 高等学校本科自动化指导性专业规范（试行）［M］. 北京：高等教育出版社，2007.

[16] 张泰山. 计算机控制系统［M］. 北京：冶金工业出版社，1986.

[17] 黄一夫. 微型计算机控制技术［M］. 北京：机械工业出版社，1988.

[18] 王锦标. 计算机控制系统［M］. 北京：清华大学出版社，2004.

[19] 何雪明，吴晓光，刘有余. 数控技术［M］. 4版. 武汉：华中科技大学出版社，2021.

[20] 叶蓓华. 数字控制技术［M］. 北京：清华大学出版社，2002.

[21] 于海生，赵克友，郭雷，等. 基于端口受控哈密顿方法的PMSM最大转矩/电流控制［J］. 中国电机工程学报，2006，26（8）：82-87.

[22] 于海生，潘松峰，刘征. 智能电平衡分析测试仪［J］. 仪器仪表学报，1995，16（4）：381-386.

[23] YU H S，YU J P，WU H R，et al. Energy-shaping and integral control of the three-tank liquid level system［J］. Nonlinear Dynamics，2013，73（4）：2149-2156.

[24] YU H S，YU J P，LIU J，et al. Nonlinear control of induction motors based on state error PCH and energy-shaping principle［J］. Nonlinear Dynamics，2013，72（1）：49-59.

[25] 于海生. 自动化专业计算机控制系统课程的改革与实践［J］. 电气电子教学学报，2000，22（3）：15-17.

[26] 于海生. 大型地下商场空调系统的计算机控制［J］. 电气自动化，1999，21（6）：33-35.

[27] 卢涛，于海生，于金鹏. 永磁同步电机伺服系统的自适应滑模最大转矩/电流控制［J］. 控制理论与应用，2015，32（2）：251-255.

[28] 张海藩. 软件工程导论［M］. 4版. 北京：清华大学出版社，2003.

[29] 孙优贤，邵惠鹤，等. 工业过程控制技术：应用篇［M］. 北京：化学工业出版社，2006.

[30] 金以慧. 过程控制［M］. 北京：清华大学出版社，1993.

[31] 阳春华，桂卫华. 复杂有色金属生产过程智能建模、控制与优化 [M]. 2 版. 北京：科学出版社，2021.
[32] 褚健，荣冈. 流程工业综合自动化技术 [M]. 北京：机械工业出版社，2004.
[33] 阮毅，杨影，陈伯时. 电力拖动自动控制系统：运动控制系统 [M]. 5 版. 北京：机械工业出版社，2016.
[34] 薛安克，周亚军. 运动控制系统 [M]. 北京：高等教育出版社，2012.
[35] 王兆安，刘进军. 电力电子技术 [M]. 5 版. 北京：机械工业出版社，2009.
[36] 吴澄. 信息化与工业化融合战略研究：中国工业信息化的回顾、现状及发展预见 [M]. 北京：科学出版社，2013.
[37] 柴天佑，等. 大数据与制造流程知识自动化发展战略研究 [M]. 北京：科学出版社，2019.
[38] 吴秋峰. 自动化系统计算机网络 [M]. 北京：机械工业出版社，2001.
[39] 王桂增，王诗宓. 高等过程控制 [M]. 北京：清华大学出版社，2002.
[40] 孙增圻，邓志东，张再兴. 智能控制理论与技术 [M]. 2 版. 北京：清华大学出版社，2011.
[41] 孙增圻. 机器人智能控制 [M]. 北京：北京教育出版社，1995.
[42] 蔡自兴. 机器人学 [M]. 北京：清华大学出版社，2000.
[43] 熊有伦，等. 机器人学：建模、控制与视觉 [M]. 2 版. 武汉：华中科技大学出版社，2020.
[44] 李少远，王景成. 智能控制 [M]. 北京：机械工业出版社，2004.
[45] 王常力，罗安. 分布式控制系统（DCS）设计与应用实例 [M]. 北京：电子工业出版社，2004.
[46] 周济，李培根. 智能制造导论 [M]. 北京：高等教育出版社，2021.
[47] 吴功宜，吴英. 计算机网络 [M]. 北京：清华大学出版社，2017.
[48] 魏庆福. STD 总线工业控制机的设计与应用 [M]. 北京：科学出版社，1992.
[49] MENG X X, YU H S, ZHANG J, et al. Optimized control strategy based on EPCH and DBMP algorithms for quadruple-tank liquid level system [J]. Journal of Process? Control, 2022, 110: 121-132.
[50] MENG X X, YU H S, ZHANG J, et al. Disturbance observer-based feedback linearization control for a quadruple-tank liquid level system [J]. ISA Transactions, 2022, 122: 146-162.
[51] LIU X D, YU H S. Continuous adaptive integral-type sliding mode control based on disturbance observer for PMSM drives [J]. Nonlinear Dynamics, 2021, 104 (3): 1429-1441.
[52] WANG S B, YU H S, YU J P, et al. Neural-network-based adaptive funnel control for servo mechanisms with unknown dead-zone [J]. IEEE Transactions on Cybernetics, 2020, 50 (4): 1383-1394.
[53] WANG S B, YU H S, YU J P. Robust adaptive tracking control for servo mechanisms with continuous friction compensation [J]. Control Engineering Practice, 2019, 87: 76-82.
[54] 于海生. CAN 总线工业测控网络系统的设计与实现 [J]. 仪器仪表学报，2001，22（1）：17-21.
[55] 于海生，潘松峰. 羊毛细度参数自动分析仪的研制 [J]. 纺织学报，1997，18（1）：46-48.
[56] 于海生，赵克友，王海亮，等. 基于负载观测器的永磁同步电机能量成形控制 [J]. 系统工程与电子技术，2006，28（11）：1740-1742.
[57] 于海生，王海亮，赵克友. 永磁同步电机的哈密顿建模与 IDA 无源性控制 [J]. 电机与控制学报，2006，10（3）：229-33.
[58] 于海生，潘松峰，吴贺荣. 基于复序列 FFT 和锁相原理的电参数测量 [J]. 电网技术，2000，24（3）：59-61.
[59] 于海生. 啤酒糖化过程 Bitbus 计算机控制系统 [J]. 工业仪表与自动化装置，1999（2）：38-41.
[60] 于海生，潘松峰，吴柏林. 啤酒发酵过程计算机控制系统 [J]. 山东纺织工学院学报，1993，8（2）：36-41.
[61] 刘华波，于海生. 空间连接系统的稳定与镇定 [J]. 控制与决策，2020，35（3）：749-756.
[62] 迟洁茹，于海生，杨杰. 2-DOF SCARA 机器人轨迹的 PCH 与 PD 协调控制 [J]. 控制工程，2018，

26 (5): 916-921.

[63] 于海生，潘松峰，吴贺荣. 纺织印染机械电气传动同步控制器的研制 [J]. 纺织学报，1999，20 (4): 249-251.

[64] LV C X, YU H S, CHI J R, et al. A hybrid coordination controller for speed and heading control of underactuated unmanned surface vehicles system [J]. Ocean Engineering, 2019, 176: 222-230.

[65] LV C X, YU H S, ZHAO N, et al. Robust state-error port-controlled Hamiltonian trajectory tracking control for unmanned surface vehicle with disturbance uncertainties [J]. Asian Journal of Control, 2022, 24: 320-332.

[66] YU J P, ZHAO L, YU H S, et al. Barrier Lyapunov functions-based command filtered output feedback control for full-state constrained nonlinear systems [J]. Automatica, 2019, 105: 71-79.

[67] YU J P, SHI P, YU H S, et al. Approximation-based discrete-time adaptive position tracking control for interior permanent magnet synchronous motors [J]. IEEE Transactions on Cybernetics, 2015, 45 (7): 1363-1371.

[68] LIU H B, YU H S. Finite-time control of continuous-time networked dynamical systems [J]. IEEE Transactions on Systems, Man, and Cybernetics: Systems, 2020, 50 (11): 4623-4632.

[69] JI Z J, LIN H, YU H S. Protocols design and uncontrollable topologies construction for multi-agent networks [J]. IEEE Transactions on Automatic Control, 2015, 60 (3): 781-786.

[70] SUN X F, YU H S, YU J P, et al. Design and implementation of a novel adaptive backstepping control scheme for a PMSM with unknown load torque [J]. IET Electric Power Applications, 2019, 13 (4): 445-455.

[71] HE Z, YU H S. Fuzzy Sliding Mode Adaptive backstepping control of multiple motors winding system based on disturbance observer [J]. Journal of Electrical Engineering & Technology, 2022, 17 (3): 1815-1828.